中国国家标准汇编

2008年修订-92

中国标准出版社　编

中国标准出版社
北　京

图书在版编目（CIP）数据

中国国家标准汇编：2008年修订．92/中国标准出版社编．—北京：中国标准出版社，2009

ISBN 978-7-5066-5571-2

Ⅰ．中…　Ⅱ．中…　Ⅲ．国家标准-汇编-中国-2008
Ⅳ．T-652.1

中国版本图书馆CIP数据核字（2009）第201976号

中国标准出版社出版发行
北京复兴门外三里河北街16号
邮政编码：100045
网址 www.spc.net.cn
电话：68523946　68517548
中国标准出版社秦皇岛印刷厂印刷
各地新华书店经销

*

开本 880×1230　1/16　印张 35.5　字数 1 061 千字
2009年12月第一版　2009年12月第一次印刷

*

定价 200.00 元

ISBN 978-7-5066-5571-2

出 版 说 明

1.《中国国家标准汇编》是一部大型综合性国家标准全集。自 1983 年起，按国家标准顺序号以精装本、平装本两种装帧形式陆续分册汇编出版。它在一定程度上反映了我国建国以来标准化事业发展的基本情况和主要成就，是各级标准化管理机构，工矿企事业单位，农林牧副渔系统，科研、设计、教学等部门必不可少的工具书。

2.《中国国家标准汇编》收入我国每年正式发布的全部国家标准，分为"制定"卷和"修订"卷两种编辑版本。

"制定"卷收入上年度我国发布的、新制定的国家标准，顺延前年度标准编号分成若干分册，封面和书脊上注明"20××年制定"字样及分册号，分册号一直连续。各分册中的标准是按照标准编号顺序连续排列的，如有标准顺序号缺号的，除特殊情况注明外，暂为空号。

"修订"卷收入上年度我国发布的、被修订的国家标准，视篇幅分设若干分册，但与"制定"卷分册号无关联，仅在封面和书脊上注明"20××年修订-1,-2,-3,……"字样。"修订"卷各分册中的标准，仍按标准编号顺序排列(但不连续)；如有遗漏的，均在当年最后一分册中补齐。需提请读者注意的是，个别非顺延前年度标准编号的新制定的国家标准没有收入在"制定"卷中，而是收入在"修订"卷中。

读者配套购买《中国国家标准汇编》"制定"卷和"修订"卷则可收齐上一年度我国制定和修订的全部国家标准。

3. 由于读者需求的变化，自 1996 年起，《中国国家标准汇编》仅出版精装本。

4. 2008 年制修订国家标准共 5946 项。本分册为"2008 年修订-92"，收入新制修订的国家标准 29 项。

中国标准出版社

2009 年 10 月

目　　录

GB 16691—2008　便携式丁烷气灶及气瓶 …………………………………………………………… 1
GB/T 16696—2008　小艇　艇体标识　代码…………………………………………………………… 29
GB/T 16698—2008　α粒子发射率的测量　大面积正比计数管法 ……………………………… 35
GB/T 16712—2008　同步数字体系(SDH)设备功能块特性 …………………………………… 43
GB/T 16716.1—2008　包装与包装废弃物　第1部分:处理和利用通则……………………… 260
GB/T 16719—2008　双向拉伸聚苯乙烯(BOPS)片材…………………………………………… 267
GB/T 16722.1—2008　技术产品文件　计算机辅助技术信息处理　安全性要求 ………… 275
GB/T 16722.2—2008　技术产品文件　计算机辅助技术信息处理　原始文件 …………… 283
GB/T 16722.3—2008　技术产品文件　计算机辅助技术信息处理　产品设计过程中的状态 …… 287
GB/T 16722.4—2008　技术产品文件　计算机辅助技术信息处理　文件管理与检索系统 ……… 293
GB/T 16742—2008　颗粒粒度分布的函数表征　幂函数 ……………………………………… 303
GB/T 16750—2008　潜油电泵机组 ………………………………………………………………… 312
GB 16754—2008　机械安全　急停　设计原则 …………………………………………………… 373
GB/T 16755—2008　机械安全　安全标准的起草与表述规则 ………………………………… 382
GB/T 16758—2008　排风罩的分类及技术条件 ………………………………………………… 401
GB/T 16759—2008　消费品和有关服务的比较试验　总则 …………………………………… 413
GB/T 16769—2008　金属切削机床　噪声声压级测量方法 …………………………………… 419
GB/T 16770.1—2008　整体硬质合金直柄立铣刀　第1部分:型式与尺寸………………… 431
GB/T 16770.2—2008　整体硬质合金直柄立铣刀　第2部分:技术条件…………………… 435
GB/T 16773—2008　煤岩分析样品制备方法 …………………………………………………… 439
GB/T 16777—2008　建筑防水涂料试验方法 …………………………………………………… 453
GB/T 16779—2008　纤维增强塑料层合板拉-拉疲劳性能试验方法 ………………………… 473
GB/T 16781.1—2008　天然气　汞含量的测定　第1部分:碘化学吸附取样法……………… 479
GB/T 16784—2008　工业产品售后服务　总则 ………………………………………………… 495
GB/T 16797—2008　无碳复写纸 ………………………………………………………………… 501
GB/T 16799—2008　家具用皮革 ………………………………………………………………… 511
GB/T 16800—2008　排水用芯层发泡硬聚氯乙烯(PVC-U)管材 ……………………………… 517
GB 16808—2008　可燃气体报警控制器 ………………………………………………………… 529
GB 16809—2008　防火窗 ………………………………………………………………………… 545

ICS 75.160.30
P 45

GB

中华人民共和国国家标准

GB 16691—2008
代替 GB 16691—1996 和 GB 16692—1996

便携式丁烷气灶及气瓶

Portable butane cookers and gas cylinders

2008-12-29 发布　　　　2009-12-01 实施

中华人民共和国国家质量监督检验检疫总局
中国国家标准化管理委员会　发布

前 言

本标准5.1.1.1、5.1.1.2、5.1.1.4中一氧化碳的体积浓度，5.1.1.5中气瓶底部表面温升，5.1.1.7、5.1.2.1.12、5.1.2.1.13、5.1.2.1.16、5.1.2.1.23、5.1.2.1.24，6.2.1表4中的A、B、G、H，6.2.3、6.3.5.2、6.3.5.3、6.3.5.6、6.6为强制性条款，其余为推荐性条款。

本标准修改采用日本标准JIS S 2147—1998《便携式液化石油气灶》和JIS S 2148—1998《便携灶用气瓶》。

本标准与JIS S 2147—1998和JIS S 2148—1998相比，结构性差异参见附录A。

本标准与JIS S 2147—1998和JIS S 2148—1998相比，主要技术差异如下：

——对便携式丁烷灶烟气中的一氧化碳体积浓度指标加严；

——增加了耗气量精度要求，熄火保护装置的性能要求；

——将气瓶内压测试，改为测量气瓶温升；

——修订了调压器耐用性及耐温项目测试内容；

——对便携灶用丁烷气瓶尺寸中增加了气瓶的容积要求，以提高安全性；

——增加了检验规则一章，该章是按我国现行标准GB/T 2828.1的要求并考虑到该产品的特殊性进行编写的。

本标准代替GB 16691—1996《便携式丁烷气灶》和GB 16692—1996《便携灶用丁烷气瓶》。

本标准与GB 16691—1996和GB 16692—1996相比，主要变化如下：

——扩充了烟气中一氧化碳体积浓度的计算公式；

——增加了熄火保护装置的性能要求；

——增加了气瓶安装时防止误操作的测试内容；

——将气瓶内压测试，改为测量气瓶温升；

——提高了热效率，放宽了烟气中一氧化碳体积浓度要求；

——修订了调压器耐用性及耐温项目测试内容；

——加严了最大行程尺寸和初期喷射行程尺寸要求。

本标准的附录A为资料性附录，附录B为规范性附录。

本标准由中华人民共和国住房和城乡建设部提出。

本标准由建设部城镇燃气标准技术归口单位中国市政工程华北设计研究院归口。

本标准起草单位：中国市政工程华北设计研究院、国家燃气用具质量监督检验中心、岩谷气具（珠海）有限公司、南通日燃工业制造有限公司。

本标准主要起草人：张金环、王启、姜世伟、方建华、王帆。

本标准于1996年12月18日首次发布。本次修订为第一次修订。

便携式丁烷气灶及气瓶

1 范围

本标准规定了便携式丁烷气灶（以下简称便携灶）及便携灶用丁烷气瓶（以下简称气瓶）的要求、试验方法、检验规则、标志、包装、运输、贮存。

本标准适用于便携式丁烷灶及便携灶用灌装丁烷气、一次性使用的气瓶。

其他用途（例如气灯、气焊等）的气瓶，在连接尺寸符合要求时可参照执行。

2 规范性引用文件

下列文件中的条款通过本标准的应用而成为本标准的条款。凡是注日期的引用文件，其随后的所有修改单（不包括勘误的内容）或修订版均不适用于本标准，然而，鼓励根据本标准达成协议的各方研究是否可使用这些文件的最新版本。凡是不注日期的引用文件，其最新版本适用于本标准。

GB/T 1740 漆膜耐湿热测定法

GB/T 1765 测定耐湿热、耐盐雾、耐候性（人工加速）的漆膜制备法

GB/T 1771 色漆和清漆 耐中性盐雾性能的测定

GB/T 2520 冷轧电镀锡薄钢板

GB/T 2828.1 计数抽样检验程序 第1部分：按接收质量限（AQL）检索的逐批检验抽样计划

GB/T 2903 铜-铜镍（康铜）热电偶丝

GB/T 3768 声学 声压法测定噪声源声功率级 反射面上方采用包络测量表面的简易法

GB/T 3772 铂铑10-铂热电偶丝

GB 9052.1 油气田液化石油气

GB/T 9251 气瓶水压试验方法

GB/T 10410.3 液化石油气组分气相色谱分析法

QB/T 3826 轻工产品金属镀层和化学处理层的耐腐蚀试验方法 中性盐雾试验（NSS）法

QB/T 3832 轻工产品金属镀层腐蚀试验结果的评价

YY 1001.1 玻璃注射器 第1部分：全玻璃注射器

3 术语和定义

下列术语和定义适用于本标准。

3.1

耗气量 butane consumption

单位时间内便携灶所耗用的丁烷气质量。

3.2

额定耗气量 rated butane consumption

设计规定便携灶的耗气量。

3.3

过压切断装置　high-pressure cut-off device

当气瓶压力达到一定数值时自动将气瓶与灶体脱开或将气路关闭的装置。

3.4

正常使用状态　normal work status

气瓶装入便携灶的全过程工作状态。

3.5

额定灌装量　rated pack

设计规定的装入丁烷气的质量，也是气瓶所标识的灌装量。

4　型号

4.1　代号

a）　BDZ——便携式丁烷气灶；

b）　BDP——便携灶用丁烷气瓶。

4.2　型号的编制方法

□-□-□

企业自编号：产品特征号或设计序号（用汉语拼音字母和/或阿拉伯数字表示）

产品主要特性指标（用阿拉伯数字表示）

产品名称（用大写汉语拼音表示）

4.3　示例

例 1：“BDZ-160-××”表示便携式丁烷气灶额定耗气量为 160 g/h。

例 2：“BDP-240-××”表示便携灶用丁烷气瓶额定灌装量为 240 g。

5　便携灶

5.1　要求

5.1.1　性能

便携灶的性能要求应符合表 1 的规定：

表 1　便携灶性能要求

条款	项目	性能要求		试验方法
5.1.1.1	丁烷气通路的气密性	气瓶出口至调压器	不漏气	5.2.2.1
		调压器至阀门（包括旋塞阀、电磁阀等）		
		阀门至火孔		
5.1.1.2	丁烷气通路的耐压	无泄漏、无变形和损坏		5.2.2.2
5.1.1.3	耗气量准确度	－12%～＋12%		5.2.2.3

表 1（续）

条款	项目		性能要求		试验方法
5.1.1.4	燃烧状态	正常使用状态	火焰传递时间小于 4 s，且无爆燃现象		5.2.2.4
			无离焰现象		
			无熄火		
			火焰均匀		
			无回火		
			燃烧噪声 60 dB 以下		
			熄火噪声 85 dB 以下		
			一氧化碳的体积浓度应小于 0.08%，耐用性试验后应小于 0.14%		
			无黑烟		
			正常燃烧时黄焰不接触电极		
		使用超大型锅	无火焰晃动、模糊与刺激性气味		
5.1.1.5	温升/K	正常使用状态	操作时手必须触及的部位	金属部位≤25	5.2.2.5 和 5.2.2.11
				非金属部位≤35	
			操作时手可能触及的部位	≤65	
			操作时手不易触及的部位	≤105	
			阀门表面	≤50 或经耐热试验后不漏气且无影响使用的故障	
			调压器表面	≤35 或经耐热试验后不漏气，便携灶耗气量变化值小于 5%	
			点火装置表面	≤50 或经耐热试验后无影响使用的故障	
			干电池表面	≤20	
			气瓶底部表面	≤0	
			壳体下面木台表面	≤65	
		使用超大型锅	壳体下面木台表面	≤100	
5.1.1.6	电点火性能		10 次点火中有 8 次可以点燃，并无连续不点燃及爆燃现象		5.2.2.6
5.1.1.7	过压切断装置的动作性能		在 0.4 MPa～0.7 MPa 范围内动作。其中对于关闭气路结构形式的便携灶，装置动作后气体通路不应再自动开启		5.2.2.7
5.1.1.8	熄火保护装置		开阀时间≤15 s，闭阀时间≤60 s		5.2.2.8

表 1（续）

<table>
<tr><th>条款</th><th colspan="2">项目</th><th colspan="3">性能要求</th><th>试验方法</th></tr>
<tr><td rowspan="9">5.1.1.9</td><td rowspan="9">耐用性</td><td>旋塞阀</td><td colspan="2">12 000 次</td><td>不漏气，且无影响使用的故障</td><td rowspan="9">5.2.2.9</td></tr>
<tr><td>电点火装置</td><td colspan="2">12 000 次</td><td>符合电点火性能要求</td></tr>
<tr><td>熄火保护装置</td><td colspan="2">6 000 次</td><td>符合熄火保护装置性能要求，且无影响使用的故障</td></tr>
<tr><td>电磁阀</td><td colspan="2">30 000 次</td><td>不漏气，且无影响使用的故障</td></tr>
<tr><td rowspan="2">调压器</td><td>常压时（0.2 MPa）</td><td>30 000 次</td><td>便携灶耗气量变化值小于 5%</td></tr>
<tr><td>高压时（过压切断装置动作的压力）</td><td>1 000 次</td><td>便携灶耗气量变化值小于 5%</td></tr>
<tr><td>过压切断装置</td><td colspan="2">1 000 次</td><td>不漏气，且符合过压切断装置的动作性能要求</td></tr>
<tr><td>气瓶与便携灶的连接处</td><td colspan="2">6 000 次</td><td>不漏气</td></tr>
<tr style="display:none"></tr>
<tr><td>5.1.1.10</td><td colspan="2">热效率</td><td colspan="3">48%以上</td><td>5.2.2.10</td></tr>
<tr><td colspan="7">注：在高原地区使用便携灶应考虑海拔高度对耗气量的影响。</td></tr>
</table>

5.1.2　**结构与尺寸**

5.1.2.1　**一般结构**

便携灶及其各部件的设计，均应考虑到不漏气、防火灾等安全性与耐久性。在正常运输、安装、使用条件下，不应损坏、不应产生影响使用的变形；加工制造尺寸均应符合设计要求；并应符合下列各项要求：

5.1.2.1.1　由外部可看清便携灶燃烧器的燃烧状态。

5.1.2.1.2　易用火柴、点火器等点燃燃烧器。

5.1.2.1.3　使用或清扫时，手可触及部位应光滑。

5.1.2.1.4　清扫时需要拆卸的部件应能用普通工具拆卸、安装。

5.1.2.1.5　组装用的螺钉应牢靠，维修、检查时需要拆卸的部件，应经受住反复装卸。

5.1.2.1.6　丁烷气通路应符合下列规定：

a）气体管路不得安装在过热或受腐蚀的地方，或者采取不妨碍使用的防护措施；

b）连接部分无论用焊接、螺纹连接或法兰连接都应严密不漏气；

c）装有 5.1.2.2 规定的旋塞阀；

d）装有 5.1.2.3 规定的喷嘴；

e）装有 5.1.2.4 规定的燃烧器。

5.1.2.1.7　装有 5.1.2.6 规定的锅支架。

5.1.2.1.8　装有 5.1.2.7 规定的承液盘。

5.1.2.1.9　气瓶的装卸应方便、灵活、可靠。

5.1.2.1.10　气瓶应水平安装，安装错位时，不能使用。

5.1.2.1.11　气瓶安装状态，气瓶与灶体连接处不应有丁烷气漏出。

5.1.2.1.12　正常使用状态，备用气瓶不应放入灶体内。

5.1.2.1.13　旋塞阀处于开启状态时，气瓶应无法安装。

5.1.2.1.14　安装气瓶的盒内应不能存留丁烷气。

5.1.2.1.15 装有调压器。

5.1.2.1.16 应装有5.1.2.9规定的过压切断安全装置。

5.1.2.1.17 便携灶使用的其他装置(未使用的除外)应符合下列规定:

a) 调风板符合5.1.2.5的规定;
b) 电点火装置符合5.1.2.8的规定;
c) 熄火保护装置符合5.1.2.10的规定。

5.1.2.1.18 正常使用状态,除支腿以外,其他部位不得接触台面。

5.1.2.1.19 在正常安装使用情况下应不容易移动或翻倒。

5.1.2.1.20 根据5.2.3.2试验,在任一方向倾斜10°以下的角度时,便携灶不应翻倒及可能引起火灾的部件移动或脱落。

5.1.2.1.21 按照5.2.3.3进行的振动及跌落试验后无漏气、无损坏,并符合燃烧状态要求。

5.1.2.1.22 按照5.2.3.5 b)试验,在正常荷载作用下,不应产生破损及影响使用的变形。

5.1.2.1.23 正常使用状态,由气瓶放出的燃料应是气体状态。

5.1.2.1.24 按照5.2.3.6.1试验,承液盘与锅支架倒着放置时应不能点火,或不能平稳放置检验用锅。

5.1.2.1.25 按照5.2.3.6.2试验,当气瓶放置不正确时,灶体和气瓶的连接应不能正常操作。

5.1.2.2 旋塞阀

旋塞阀应符合下列规定:

a) 气路通畅、开闭灵活可靠;
b) 标有开关方向,开为逆时针。

5.1.2.3 喷嘴

喷嘴应设在不易被灰尘、脏物等堵塞的位置或状态。

5.1.2.4 燃烧器

燃烧器应符合下列规定:

a) 铆接、焊接及其他部位没有妨碍使用的缺陷;
b) 火孔制作正确,不得产生影响燃烧的变形;
c) 与其他关联部件(如喷嘴、电点火器)应能保持其正确的相对位置,在正常使用时不应移动或脱落;
d) 除火焰必需接触的部位以外,其他部位不得因受热而损伤;
e) 容易清扫。

5.1.2.5 调风板

调风板应符合下列规定:

a) 风量调节简便(使用时无需调节的除外),灵活可靠,正常使用时不应改变设定的位置;
b) 调风板手柄应设置在容易进行操作的位置。

5.1.2.6 锅支架

锅支架应符合下列规定:

a) 按5.2.3.5 a)进行试验,应无变形和损坏;
b) 在正常使用状态下稳定。

5.1.2.7 承液盘

承液盘应符合下列规定:

a) 具有能承接溢出液汁的形状;
b) 不用工具可拆下安装。但对承液盘与上盖板是一体的结构,可使用常用工具拆卸(便携灶内部易于清扫的除外)。

5.1.2.8 电点火装置

利用放电火花作点火的电点火装置,应符合下列规定:

a) 使用的干电池容易更换;

b) 电极安装在不经常接触黄焰的位置;

c) 电极与燃烧器的对应位置及电极间隙正常使用时固定不变;

d) 高压配线与不带电的金属部分之间的距离应大于电极间隙,或具有良好的绝缘,使点火时不漏电;

e) 正常使用时,手可触及的高压配线,应有绝缘措施,绝缘电阻应大于 5 MΩ。

5.1.2.9 过压切断装置

过压切断装置应符合下列要求

a) 便携灶气路高压侧压力在 0.4 MPa～0.7 MPa 范围内能将气路自动关闭;或能将气瓶自动卸下,以停止供气;

b) 对于在 0.4 MPa～0.7 MPa 范围内关闭气体通路的便携灶,在气体通路关闭后,供气压力变化时,气路也不能再自动打开。

5.1.2.10 熄火保护装置

熄火保护装置,应符合下列要求:

a) 燃烧器未点燃、意外熄火或火焰检测器失效时,应能关闭燃烧器的燃气通路;

b) 火焰检测器与燃烧器的相对位置,在正常使用状态下应保持不变。

5.1.3 材料

用在便携灶上的材料,在正常使用及最不利的条件下要能承受可能来自机械、化学和耐热的作用,并且应满足下列各项规定。

5.1.3.1 除衬垫类及密封材料以外的与丁烷气接触的材料应选用合适的耐热和耐腐蚀材料,从气瓶连接处到喷嘴托架入口 350 ℃不熔化,从喷嘴托架到火孔 500 ℃不熔化,并应符合下列规定:

a) 按 5.2.4.1 规定的温度进行耐热试验,不熔化、不变形;

b) 按 5.2.4.2 a)进行试验,不腐蚀;

c) 按 5.2.4.2 b)进行试验,无锈蚀、膨胀及剥离;

d) 经 5.2.4.4 规定的钢球冲击试验,搪瓷部分不脱落。

5.1.3.2 气路部位使用的衬垫类、密封材料及其他金属以外的保持气密的材料,应符合下列规定:

a) 作衬垫用的橡胶、塑料等材料,按 5.2.4.3 a)试验时,质量变化率应小于 20%,并且不应有影响使用的软化、变质等现象;

b) 作密封材料用的密封脂按 5.2.4.3 b)试验时,当丁烷气温度 20℃时质量变化率小于 10%,丁烷气温度 4 ℃时质量变化率小于 25%。

5.1.3.3 导电材料应为铜及其合金,或者具有同等以上电气性能、耐热性能和机械性能不易锈蚀的材料。

5.1.3.4 气路、燃烧部位及靠近电气装置附近的保温材料、隔热材料等,按 5.2.4.5 进行耐燃性试验时应不燃烧,或者即便燃烧,在熄灭火源时,1 min 以内应自行熄灭。

5.1.3.5 调风板、锅支架、承液盘应采用 500 ℃不熔化、不易燃、耐腐蚀材料。

5.1.3.6 便携灶支腿应符合下列规定:

a) 与台面接触的部位应采用橡胶或其他不易滑动的材料;

b) 与台面接触的橡胶或其他非金属材料,按 5.2.4.6 进行试验时,应无妨碍使用的变形;

c) 接触台面部位用的橡胶,其硬度 HS(邵尔 A)应为 50～90。

5.1.3.7 燃烧器底座应采用不易燃的耐腐蚀材料。

5.1.4 外观

便携灶外壳应平整,表面处理应均匀,无皱纹、裂痕、脱漆、掉瓷及其他明显的外观缺陷。

5.1.5 标志

目测检查标志应符合 5.4.1 的要求。

5.2 试验方法

5.2.1 试验条件

5.2.1.1 实验室条件

实验室在项目无特殊规定时，应具备下列条件，但按试验项目要求不影响试验结果时，也可不按此规定。

a) 实验室温度为 20 ℃±15 ℃，试验过程中的温度变化应小于 5 K。实验室温度应在距便携灶水平 1 m 外测定，将温度计的探头固定在和与便携灶的顶面大致相同的高度，在前、左、右三处测定，取其平均值为室温，但温度计的探头部分，不应受便携灶排出的烟气、辐射热等的影响；

b) 实验室内空气中的 CO 含量不超过 0.002%，CO_2 含量不超过 0.2%，且不应有影响燃烧的气流。

5.2.1.2 试验气及气瓶

应使用本标准规定的丁烷气及气瓶。

5.2.1.3 试验用主要仪器仪表

试验用主要仪器仪表见表 2。

表 2 试验用主要仪器仪表

用途 （试验项目）	仪器仪表名称	规格	
		范围	精度或最小刻度
室温测定	温度计	0 ℃～50 ℃	0.5 ℃
水温测定	温度计	0 ℃～100 ℃	0.2 ℃
表面温度测定	表面温度计	0 ℃～250 ℃	2.0 ℃
燃气成分分析	色谱仪	—	—
氧含量测定	气体分析仪	0%～21%	0.1%
一氧化碳含量测定	气体分析仪	0%～0.2%	0.001%
二氧化碳含量测定	气体分析仪	0%～15%	0.1%
噪声测定	声级计	40 dB～120 dB	0.5 dB
时间测定	秒表	—	0.1 s
风速测定	风速仪	0 m/s～10 m/s	0.1 m/s
丁烷气与空气压力测定	压力表	0 MPa～1.6 MPa	0.05 MPa
丁烷质量测定	天平	0 g～500 g	0.5 g
尺寸测定	千分尺	—	0.01 mm
	卡尺	—	0.02 mm
	钢直尺	1 000 mm	1 mm

5.2.2 性能试验

5.2.2.1 丁烷气通路的气密性试验

5.2.2.1.1 气瓶出口至调压器

按图 1 所示的试验装置接好气源，阀门全开，加压 0.9 MPa，用试验液检查各部位有无漏气现象。对于安装有气瓶脱落形过压切断装置的便携灶，试验压力为装置动作的压力。

5.2.2.1.2 调压器至阀门

便携灶装上气瓶，阀门置于关闭状态，用试验液或检查火等检查各部位有无漏气现象。

5.2.2.1.3 阀门至火孔

将阀门开启，点燃燃烧器，用检查火检查各部位有无漏气现象。

5.2.2.2 丁烷气通路的耐压试验

将便携灶接在图1所示的试验装置上，阀门全开，在气瓶出口与调压器之间加压1.3 MPa持续1 min，目测检查调压器的高压侧是否有漏气、变形及损坏现象。该试验应在过压切断装置不动作的情况下进行。

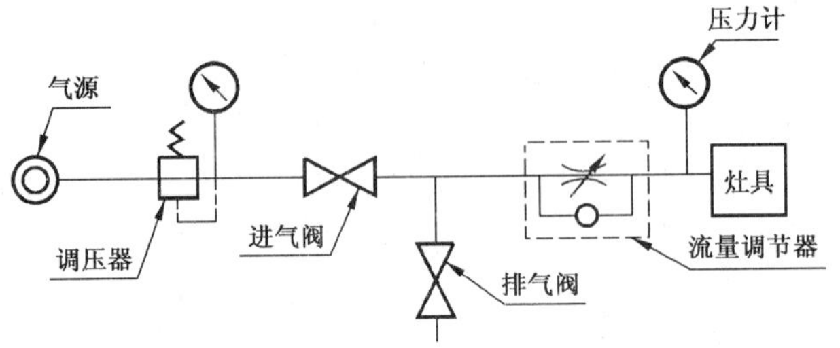

图1 耐压、气密性试验装置

5.2.2.3 耗气量准确度试验

5.2.2.3.1 试验条件

试验条件规定如下：

a) 试验用气瓶是用5.2.1.2规定的试验气瓶在20 ℃～25 ℃的空气中放置2 h以上；

b) 试验室温度为20 ℃～25 ℃；

c) 便携灶的设置状态是将阀门开至最大，试验用锅按表3所规定的尺寸，注水量为锅深度的1/2以上，可调空气量的燃烧器调节为燃烧处于良好的状态。

表3 试验用锅规格尺寸

燃气消耗量 W/(g/h)	锅的公称直径/cm	测热效率时的水量/kg
$W \leqslant 90$	14	0.65
$90 < W \leqslant 115$	16	1.0
$115 < W \leqslant 145$	18	1.4
$145 < W \leqslant 175$	20	2.0
$175 < W \leqslant 210$	22	2.7
$210 < W \leqslant 250$	24	3.5
$W > 250$	26	4.4
—	28	—
—	30	—
—	32	—

5.2.2.3.2 试验方法

a) 对3个气瓶各进行30 min的燃烧试验，按式(1)计算耗气量。按式(2)计算耗气量准确度。

$$W = \frac{2}{3} \times \sum_{i=1}^{3} (W_{Oi} - W_i) \quad \cdots\cdots(1)$$

式中：

W——耗气量的数值，g/h；

W_{Oi}——试验前气瓶质量的数值，g；

W_i——试验后气瓶质量的数值，g。

b) 按式(2)计算耗气量准确度。

$$\Delta W = \frac{W - W_n}{W_n} \quad \cdots\cdots(2)$$

式中：

ΔW——耗气量准确度，质量分数（%）；

W——实测耗气量的数值，g/h；

W_n——额定耗气量的数值，g/h。

5.2.2.4 **燃烧状态试验**

5.2.2.4.1 **正常使用状态**

5.2.2.4.1.1 **试验条件**

试验条件符合 5.2.2.3.1 规定，且气瓶内的气量应大于额定灌装量的 50%。

5.2.2.4.1.2 **便携灶的状态**

便携灶的设置状态按照 5.2.2.3.1 c) 的规定。

5.2.2.4.1.3 **试验方法**

a) 火焰传递　对于有气量调节装置的便携灶，只在气量最大状态重复以下检验 5 次：

1) 主燃烧器的一个火孔点燃后，检查全部火孔是否迅速传递。并检测火焰传遍全部火孔的时间。

点火方法：对于用点火装置直接点火的，有点火燃烧器或小火燃烧器的，使用自身装置点火；没有这些装置的，用火柴或引用火种点火。

2) 检查有无爆燃　着火时噪声超过 80 dB 为有爆燃。

3) 设有点火燃烧器或小火燃烧器的，检查由这种燃烧器点燃主燃烧器火孔着火的难易程度。

b) 离焰　冷态点燃燃烧器 15 s 后，目测检查有 1/3 以上火焰离开燃烧器火孔的判为离焰；

c) 熄火　点燃燃烧器 15 s 后，目测检查火焰离开燃烧器火孔并造成火焰熄灭的判为熄火；

d) 火焰的均匀性　点燃燃烧器，火焰稳定后目测检查火焰是否均匀；

e) 回火　点燃燃烧器 30 min 后，目测检查是否回火。火焰在燃烧器内部燃烧以及由于回火而熄灭的判为回火；

f) 燃烧噪声　点燃全部燃烧器，检查以下最大燃烧噪声；

使用普通声级计，按图 2 所示三点进行试验，以 A 档测定。

1) 试验点应放在距燃具外壳中心 1 m 处，但不能受到排出烟气的影响。

2) 环境本底噪声应小于 40 dB，或比实测噪声低 10 dB 以上，否则按 GB/T 3768 修正。

3) 选取图 2 中三点噪声最大值。

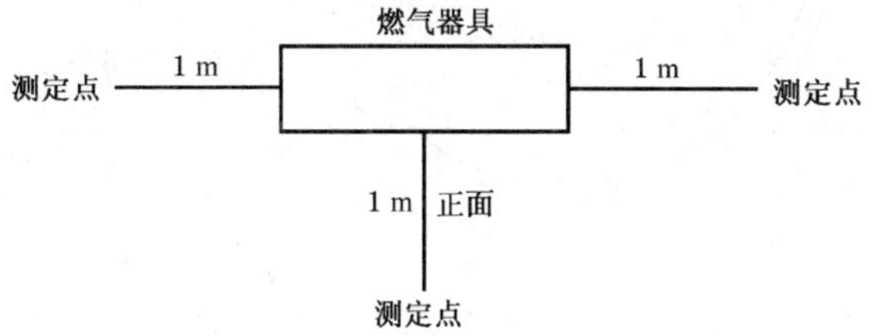

图 2　噪声试验位置

g) 熄火噪声　在燃烧器点燃 30 min 后进行熄火操作；

进行熄火操作时，应迅速手动关闭旋塞阀。测定的最大噪声加 5 dB 作为熄火噪声。

h) CO 浓度　便携灶内放入气量为额定灌装量的气瓶，点燃燃烧器 15 min 后，在距锅底向上约 40 mm 处（如图 3 所示）沿锅周围均匀抽取烟气，测定烟气中的 CO 及 O_2 浓度，按式(3)计算 CO 浓度。

$$CO_{\alpha=1} = \frac{CO' - CO''(O_2'/20.9)}{1-(O_2'/20.9)} \quad \cdots\cdots(3)$$

对于试验中能确定气体成分的情况，测定干燥烟气中 CO 及 CO_2 浓度，按式(4)计算 CO 的浓度。

$$CO_{\alpha=1} = CO' \times \frac{CO_{2\max}}{CO_2' - CO_2''} \quad \cdots\cdots(4)$$

式中：

$CO_{\alpha=1}$——过剩空气系数 α 等于 1 时，干烟气样中一氧化碳含量的数值，体积分数(%)；

CO'——干烟气样中一氧化碳含量的数值，体积分数(%)；

CO''——室内空气(干燥状态)中的一氧化碳含量的数值，体积分数(%)；

O_2'——干烟气中氧含量的数值，体积分数(%)；

$CO_{2\max}$——过剩空气系数 α 等于 1 时，干烟气样中的二氧化碳含量计算的数值，体积分数(%)；

CO_2'——干烟气中的二氧化碳含量测定的数值，体积分数(%)；

CO_2''——室内空气(干燥状态)中的二氧化碳含量的数值，体积分数(%)。

取样器如图 4 所示，试验用锅及加水量按表 3 规定。

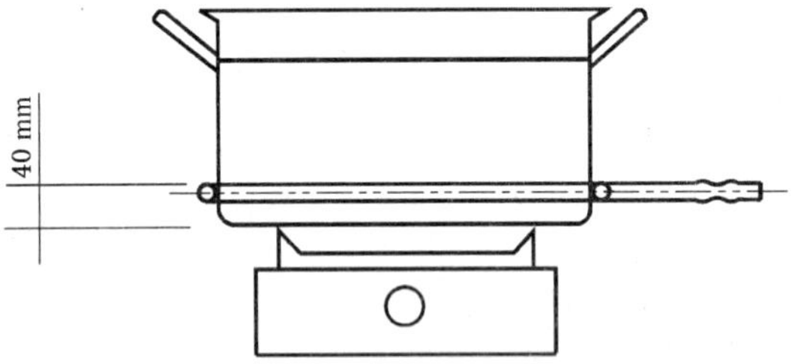

图 3　烟气取样位置

单位为毫米

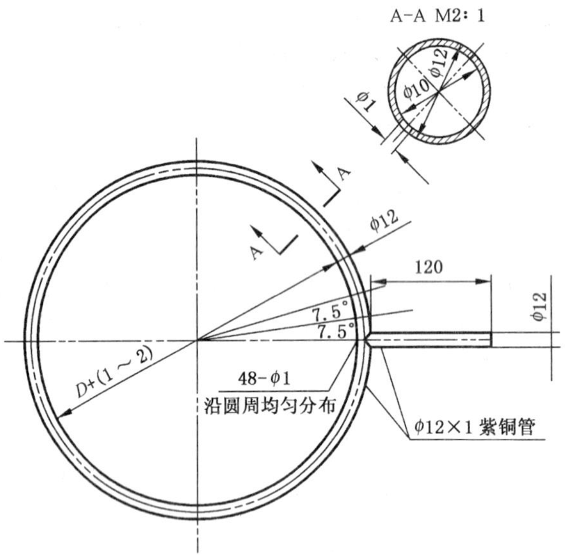

D——距锅底 40 mm 处的锅直径。

图 4　环形烟气取样器

i) 黑烟　点燃燃烧器后 30 min 期间(点火时除外)，目测检查燃烧器上放置的锅底是否有黑烟；

j) 接触黄焰　点燃燃烧器 15 min 后，目测检查有无黄焰，若有黄焰。测试在任意 1 min 内电极连续接触黄焰在 30 s 以上为电极经常接触黄焰。

5.2.2.4.2　超大型锅的使用状态

使用超大型锅的状态试验采用比表 3 所示相应试验用锅公称直径大 60 mm，点燃燃烧器，阀门开至最大，检查燃烧是否稳定。

5.2.2.5　温升试验

5.2.2.5.1　正常温升

正常温升试验按下列规定进行：

a) 试验用气瓶与5.2.1.2相同；

b) 便携灶状态符合下列规定：

1) 将便携灶安装在图5所示的测温板上，在指定要用防热板或与其类似的板（以下简称防热板等）来安装时，在指定的条件下用防热板等状态进行试验；

2) 便携灶处于耗气量最大，同时，符合5.2.2.3.1 c)规定的状态。

c) 点燃燃烧器1 min后连续运行30 min时测量各部位温度，同时测定室温，二者之差为温升；

d) 气瓶底部表面温度中的“气瓶底部”指的是：气瓶底部靠近出气口部位，如果便携灶使用了导热板等形式的加热装置，测试点尽量远离热量导入点。

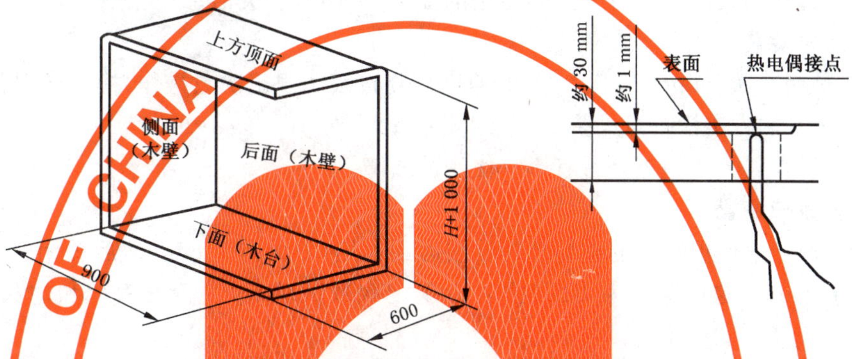

H——便携灶高度。

注1：木壁、木台的材料应使用5～7层胶合板，木台表面应涂漆，木壁表面应涂不亮的黑漆。

注2：木壁、木台的尺寸应比燃具稍大。

注3：应尽量多埋热电偶（阻），使其成网状。

注4：热电偶（阻）应埋在木壁、木台深1 mm处。

注5：热电偶（阻）应按GB/T 3772和GB/T 2903选用。

图5 木壁及木台表面温度测温板

5.2.2.5.2 使用超大型锅时的温升

使用超大型锅时的温升试验比表3的相应试验用锅公称直径大60 mm，按5.2.2.5.1的方法进行试验。

5.2.2.6 电点火性能试验

5.2.2.6.1 试验条件

试验条件同5.2.2.3.1，使用干电池的将电压设定为额定电压的70%（此时不能点火的采用能点火的最低电压）。

5.2.2.6.2 试验方法

a) 预先进行数次预备性点火；

b) 每次点火应在燃烧器接近室温时进行；

c) 点火操作方式及点火速度，按点火器不同，规定如下：

1) 单发式压电点火器一回操作为一次，每次速度控制在0.5 s～1 s时间内；

2) 回转式点火器以转动一回为一次，每次速度控制在0.5 s～1 s时间内；

3) 脉冲放电式点火器，以在点火位置上停留2 s为一次。

d) 反复点火10次，检查着火次数及有无爆燃现象。

5.2.2.7 过压切断装置的动作性能试验

a) 将便携灶连接在图1所示试验装置上，以5.0 kPa/s的速度升压，检查过压切断装置开始动作的压力；

b) 对于关闭气路型便携灶，关闭气路后，缓慢降低供气压力，检查气路是否自动开启。

5.2.2.8 熄火保护装置性能试验

a) 开阀时间：记录从点火操作开始，到熄火保护装置处于开阀状态的时间；

b) 闭阀时间：在主燃烧器点燃 15 min 后，立即强行熄火，记录从关闭旋塞阀动作开始到熄火保护装置闭阀动作发生的时间。

5.2.2.9 耐用试验

5.2.2.9.1 旋塞阀

旋塞阀用 5 次/min～20 次/min 的速度按表 1 规定次数反复开闭后，检查下列项目：

a) 用 5.2.2.1 的方法试验，检查丁烷气通路的气密性；

b) 用目测、操作检查旋塞阀有无影响使用的损坏，关闭是否灵活。

5.2.2.9.2 电点火装置

电点火装置是用 5 次/min～20 次/min 的速度反复按表 1 规定次数操作，检查下列各项：

a) 用 5.2.2.6 的方法检查点火装置的点火性能；

b) 用目测、操作等方法检查是否有影响使用的故障。

5.2.2.9.3 熄火保护装置

点燃燃烧器，使熄火保护装置的火焰检测器接触到火焰，并保持 1 min，然后关闭气源，使燃烧器熄火，并保持不少于 1 min，这样操作为 1 次，按表 1 规定次数试验后，进行气密性和熄火保护装置性能试验。

5.2.2.9.4 电磁阀

以 10 次/min～30 次/min 的速度反复开闭，按表 1 规定次数试验后，进行开闭功能及气密性试验。

5.2.2.9.5 调压器

用 0.2 MPa 压力的空气开 2 s～3 s，停 2 s～3 s 为一次，反复按表 1 规定的次数操作，然后检查下列各项要求。

a) 气路的气密性用 5.2.2.1 方法试验，检查气路的气密性；

b) 用初次测定耗气量相同的条件(环境温度和气源等)测试耐用性试验后耗气量，并计算出耗气量变化值。

此外，还应利用与过压切断装置动作相同的压力的空气重复上述试验。

5.2.2.9.6 过压切断装置

将空气压力调为 0.7 MPa 及 0 MPa，用 5 次/min～10 次/min 的速度按表 1 规定次数反复开闭燃气通路或气瓶装卸操作，检查下列项目：

a) 用 5.2.2.1 方法试验，检查气路的气密性；

b) 用 5.2.2.7 方法检查过压切断装置动作性能。

5.2.2.9.7 气瓶与便携灶的连接

气瓶与便携灶的连接按照制造厂规定(使用说明书等)方法，用 5 次/min～10 次/min 的速度，按表 1 规定次数反复装卸气瓶后，用 5.2.2.1 的方法检查气路的气密性。

5.2.2.10 热效率试验

5.2.2.10.1 试验条件

a) 试验用气瓶符合 5.2.2.3.1 a)规定；

b) 用 5.2.2.3 的试验耗气量的试验装置连接便携灶，在便携灶上放置表 3 所示试验用锅及其注水量，水温与室温相差应小于 5 K，阀门全开。设有调风板的燃烧器应调至良好的燃烧状态；

c) 放锅方法如图 6 所示，搅拌器的加工如图 7 所示；

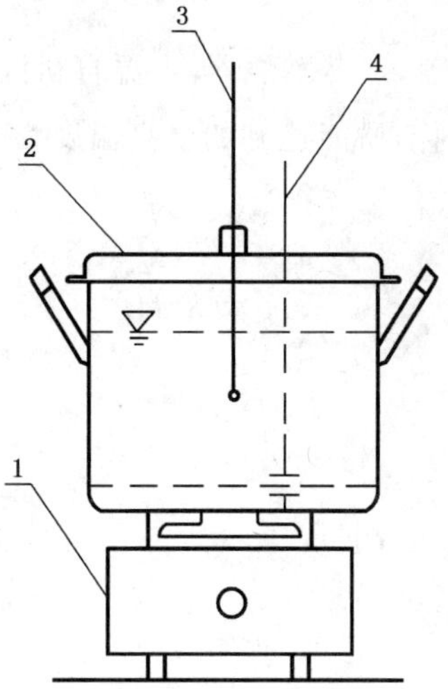

1——便携灶；

2——铝锅；

3——精密温度计；

4——搅拌器。

注 1：精密温度计应放置在水深 1/2 处的中心位置。

注 2：搅拌器应放置在不接触温度计水银球的位置。

图 6　热效率试验装置

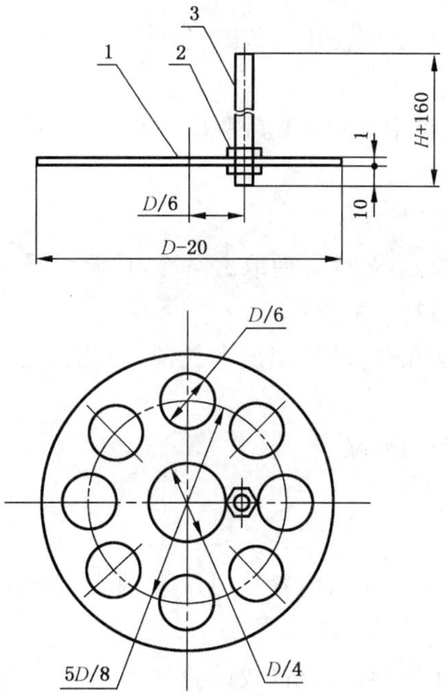

1——搅拌片；

2——螺母；

3——拉手。

注 1：D 为铝锅直径，mm；H 为铝锅高度，mm。

注 2：零件材料：搅拌片用 1 mm 铝板，拉手用 $\phi 4$ 镀锌钢丝。

图 7　搅拌器

5.2.2.10.2 **试验方法**

在注入水的试验锅上加上试验用盖，点燃燃烧器，水温自初温 t_1 上升 45 K 时，用搅拌器开始搅拌，由初温升 50 K 时断掉燃气，再继续搅拌，所能达到的最高温度为水的最终温度 t_2，测定此时耗气量(W)及其他所需值，并用式(5)算出热效率。

$$\eta = \frac{m \times c \times (t_2 - t_1)}{w \times H_i} \qquad \cdots\cdots(5)$$

式中：

η——热效率，%；

m——试验用水的质量的数值，kg；

c——水的比热的数值 4.19，kJ/(kg·K)；

t_2——试验用水的终温的数值，℃；

t_1——试验用水的初温的数值，℃；

w——实测耗气量的数值，g；

H_i——试验用气的低热值的数值，kJ/g。

5.2.2.11 **辅助部件的耐热试验**

5.2.2.11.1 **旋塞阀**

将旋塞阀装入 80 ℃的恒温箱内，经 24 h 后取出空冷，待旋塞阀与室温大致相同后，用 5.2.2.1 方法检查下列各项：

a) 气体通路的气密性；

b) 在正常操作下，检查是否有妨碍使用的故障，操作是否灵活。

5.2.2.11.2 **点火装置**

将点火装置装入 80 ℃的恒温箱中，经 24 h 后取出空冷，待点火装置与室温大致相同后，检查是否有妨碍使用的故障。

5.2.2.11.3 **调压器**

将调压器装入 70 ℃的恒温箱内，经 24 h 后取出空冷，待调压器与室温大致相同后检查下列各项：

a) 用 5.2.2.1 方法检查气路是否漏气；

b) 用初次测定耗气量相同的条件(环境温度和气源等)测试耐用性试验后耗气量，并计算出耗气量变化值；

c) 检查是否有影响正常使用的故障。

5.2.3 **结构与尺寸**

5.2.3.1 **一般试验方法**

无特殊规定的项目，可按 5.1.2 规定的内容采用目测、测量、操作及试验仪器仪表进行试验。

5.2.3.2 **倾斜翻倒试验**

倾斜翻倒试验是将便携灶置于倾斜试验机(或试验台)的水平位置上将试验机(或试验台)上的便携灶放置面慢慢倾斜到 10°时，检查是否有翻倒和可能引起火灾的部件有无移动或脱落现象。

5.2.3.3 **振动及跌落试验**

振动及跌落试验，按下列要求试验后，根据 5.2.2.1 规定丁烷气通路气密性试验方法及 5.2.2.4.1 规定的通常使用状态的试验方法，检查是否符合表 1 中丁烷气通路气密性及通常使用状态燃烧状态各项性能。

5.2.3.3.1 **振动试验**

把包装运输状态下的便携灶固定在振动试验机上。振动频率为 10 Hz。全振幅 5 mm，上下、左右各振动 30 min。

5.2.3.3.2 **跌落试验**

a) 将便携灶装上气瓶，直接设置成可点火状态后，使便携灶的燃烧器朝上，由 30 cm 高落在水平的木制地板上。

b) 把包装运输状态下的便携灶，使燃烧器朝上由 1 m 高度落到水平地面上。

5.2.3.4 **电点火装置的结构**

利用放电火花的电点火装置结构试验用下列方法：

a) 电极位置[5.1.2.8b)]用目测或按 5.2.2.4.1.3 j)检查；

b) 电极的固定[5.1.2.8 c)]采用目测。

5.2.3.5 **载荷试验**

载荷试验应按下列规定：

a) 锅支架。将锅支架水平地放置在固定盘上，其中央部位加上 50 N 静负荷(直径 260 mm 的重物)持续 5 min，用目测检查有无变形和损坏现象；

b) 便携灶。将便携灶水平置于坚固的平台上，在便携灶的各个支架中央加 50 N 静负荷(直径 260 mm 的重物)，用目测检查有无变形和损坏现象。

5.2.3.6 **防止误操作试验，按下列方法执行**

5.2.3.6.1 承液盘等防止误安装试验，目测检查承液盘翻转或承液盘与锅支架分离结构拿掉支架状态放置试验用锅进行点火操作，检查试验用锅是否能平稳的放置或能否进行点火操作。

5.2.3.6.2 气瓶防止误安装试验

a) 试验用气瓶采用表 4(气瓶及阀门尺寸)中规定的最大阀杆长度的气瓶；

b) 把气瓶从正确的位置弄错位进行安装操作，给操作扭中央加 150 N 力(旋转式加 100 N·cm 力矩)3 s，检查能否安装上；

c) 试验后正常的使用状态检查表 1 中丁烷气通路气密性，点火性能及过压切断装置的动作性能并检查是否符合 5.1.2.1.9 和 5.1.2.1.13 的要求。

5.2.4 **材料试验**

5.2.4.1 **耐热性能**

将材料试样装入高温炉中，使炉内温度慢慢升到规定的温度后，恒温 1 h，用目测或分析试样的温升记录检查有无变形或熔化现象。

5.2.4.2 **耐腐蚀性试验**

a) 电镀件盐雾试验

把电镀件放入规定的盐水喷雾设备中，在 35 ℃±2 ℃温度下，以浓度 5%的盐水溶液进行喷雾，雾化空气压力为 70 kPa～100 kPa，时间为 24 h～72 h。取出试样，检测腐蚀程度。试验方法按QB/T 3826 执行，质量评定按 QB/T 3832 执行。

b) 涂漆试样耐盐雾试验

按 GB/T 1765 的规定制备试样，然后进行盐水喷雾试验，试验方法按 GB/T 1771 的有关规定执行，腐蚀程度按 GB/T 1740 的规定评定。

5.2.4.3 **耐丁烷气性能试验**

a) 衬垫用的橡胶、塑料试验方法

把预先测量出质量的三个试样，放在温度为 5 ℃～25 ℃的正戊烷中浸泡 72 h 后，取出放在空气中 24 h 后，观察有无影响使用的变质和变形，计算三个试样各自质量变化率相加平均值，质量变化率按式(6)计算。

$$\Delta M = \frac{M - M_O}{M_O} \quad \cdots\cdots\cdots\cdots (6)$$

式中：

ΔM——质量变化率，%；

M——试验后质量的数值，g；

M_0——试验前质量的数值，g。

b) 密封脂材料试验方法

称取约 1 g 密封材料涂于铝板上，在室温下放置 24 h 后，放入图 8 所示试验设备中。打开旋塞 A 和 B，用丁烷气把内部空气排出，关闭旋塞 B，保持 U 型管内燃气压力为 5 kPa，并在 20 ℃±1 ℃和4 ℃±1 ℃条件下，分别放置 1 h，然后计算密封材料质量变化率。

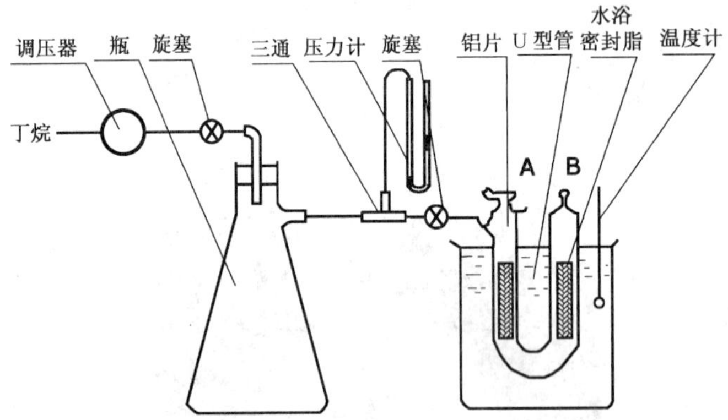

图 8　密封脂耐丁烷气试验装置

5.2.4.4　钢球冲击试验

把经过搪瓷材料处理的试样放在相应尺寸的木板上，用直径为 30 mm 的钢球从 300 mm 高处自由落下，冲击在试样上，试样的搪瓷应无脱落。

5.2.4.5　耐燃性试验(保温、隔热材料)

在材料均匀的地方，取长 150 mm±1 mm、宽 50 mm±1 mm、厚 13 mm±1 mm 的试样放在图 9 所示的装置上，用火烧 1 min 然后撤火，目测试样是否燃烧。当试样产生燃烧时，测定从燃烧开始到自行熄灭的时间。

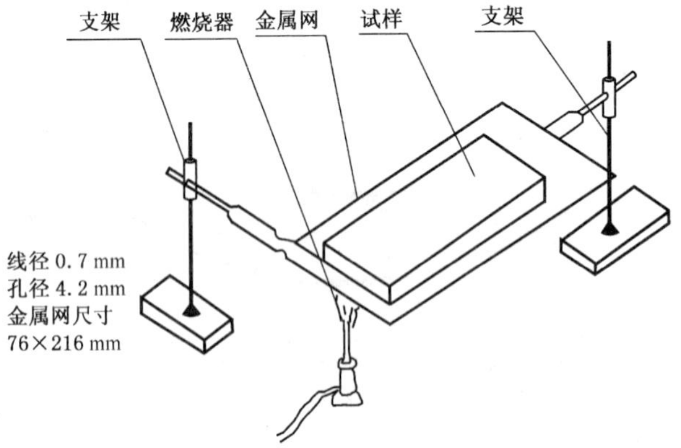

图 9　耐燃性试验装置

5.2.4.6　耐油性试验

用于支脚的橡胶等的耐油性试验，是将试样浸泡在温度 20 ℃±15 ℃的食用油内(豆油等)24 h，检查有无妨碍使用的变形。

5.3　检验规则

便携灶应进行出厂检验和型式检验。

5.3.1 出厂检验

5.3.1.1 逐台检验

每台便携灶出厂前应检验以下项目：

a) 外观；

b) 铭牌标志；

c) 丁烷气通路的气密性；

d) 电点火性能；

e) 火焰稳定性(离焰、回火)。

5.3.1.2 抽样检验

每批产品在进入成品库或在交货时的检验。

5.3.1.2.1 检验项目

除5.3.1.1规定内容以外，抽样检验还应包含过压切断装置动作性能、CO浓度、旋塞阀开闭灵活性。

5.3.1.2.2 抽样方案

按GB/T 2828.1选用检查水平S-3的一次抽样方案。

合格质量水平：

强制性条款(简称A类)：AQL=1.0；

推荐性条款(简称B类)：AQL=6.5。

5.3.1.2.3 判定规则

按5.3.1.2.2规定的抽样方案判定全部合格则为该产品合格；否则，为不合格。

不合格批允许对不合格项目百分之百检验，将不合格品剔除或修理后按5.3.1.2.2再次提交检验一次。

5.3.2 型式检验

5.3.2.1 有以下情况之一时，应进行型式检验。

a) 新产品试制定型鉴定；

b) 产品转厂生产试制定型鉴定；

c) 正式生产后，如结构、材料、工艺有较大改变，可能影响产品性能时；

d) 停产6个月后，恢复生产时；

e) 出厂检验结果与上次型式检验有较大差异；

f) 国家质量监督机构提出进行型式检验的要求时；

g) 连续生产时每1年进行一次。

5.3.2.2 检验项目

检验项目应为本标准第4章、5.1和5.4规定的项目。

5.3.2.3 样品数量

每次型式检验从出厂检验合格的产品中随机抽取3台。

5.3.2.4 单台检验判定原则

5.3.2.4.1 检验项目不合格分类

检验项目分为强制性(简称A类)不合格项目和推荐性(简称B类)不合格项目。

A类不合格项目包括：

a) 丁烷气通路的气密性；

b) 丁烷气通路的耐压；

c) 烟气中一氧化碳的体积浓度；

d) 气瓶底部表面温升；

e) 过压切断装置性能；

f) 正常使用状态，备用气瓶不能放入灶体内；

g) 旋塞阀处于开启状态，气瓶应无法安装；

h) 装有规定的过压切断安全装置；

i) 正常使用状态，由气瓶放出的燃料是气体状态；

j) 承液盘与锅支架倒着放置时不能点火，或不能平稳放置检验用锅。

B类不合格项目包括：除A类外的所有项目。

5.3.2.4.2 判定原则

单台样机经检验，有一个以上(含一个)A类不合格项目或有两个以上(含两个)B类不合格项目不符合规定时，该台样机为不合格。

5.3.2.5 型式检验的全部项目均符合标准规定时，判定该型式检验合格。任何项目不合格，需改进不合格项目，重新复检，直至所有项目合格，判定该型式检验合格。

5.4 标志、包装、运输和贮存

5.4.1 标志

标志包括铭牌标志、使用标志和安全标志。标志应贴在便携灶容易看到且不易被涂掉的位置。

5.4.1.1 铭牌标志

a) 便携灶的名称和型号；

b) 制造厂名称；

c) 产品编号和生产日期。

5.4.1.2 使用标志

在点火、熄火、调节等使用操作不易判断时，在便携灶上简易明了地标明其操作方法。

5.4.1.3 安全标志

简明地标出可能出现不安全因素的注意事项(如使用场所及防火方面的注意事项等)。

5.4.2 使用说明书

每台便携灶应有使用说明书，说明书应包括以下内容：

a) 外形结构尺寸简图及各主要部件的名称；

b) 使用丁烷气瓶的型号规格；

c) 使用场所位置及防火方面的注意事项；

d) 有关使用安全注意事项(点火、熄火、检查使用中的换气及其他)；

e) 有关丁烷气瓶的装卸方法；

f) 用完丁烷气瓶的处理(不能重复罐装等)；

g) 详细的使用操作方法(点火、熄火、火力调节方法等)；

h) 日常检查及简单故障的处理方法；

i) 其他注意事项。

5.4.3 包装

5.4.3.1 包装箱上应有如下标记：产品名称、商标、型号、重量、生产日期、厂名、厂址、邮编、执行标准、怕湿、小心轻放等标志。

5.4.3.2 包装箱内产品、合格证、使用说明书、保修单应与装箱单一致。

5.4.3.3 严禁将丁烷气瓶放入便携灶包装箱内。

5.4.4 运输

5.4.4.1 运输过程中应防止剧烈震动、挤压、雨淋及化学药品侵蚀。

5.4.4.2 搬运时必须轻拿轻放，码放牢靠，严禁抛掷和摔落。

5.4.5 贮存

5.4.5.1 成品必须贮存在干燥通风、周围无腐蚀气体的地方。

5.4.5.2 堆码高度应考虑到包装箱的强度、码放整齐，便于取放。

6 气瓶

6.1 结构

气瓶各部分结构，应考虑安全性和耐久性，并符合下列规定：

a) 咬接处应牢固可靠，端部圆滑；

b) 运输及使用时，受振动或冲击不应损坏气密性和耐压性；

c) 正常使用时丁烷气应以气体状态喷出；

d) 气瓶由便携灶中卸下时，不应漏气；

e) 阀门应有使用时易拆除的保护帽。

6.2 尺寸

6.2.1 气瓶及阀门尺寸应符合图10、图11所示和表4规定：

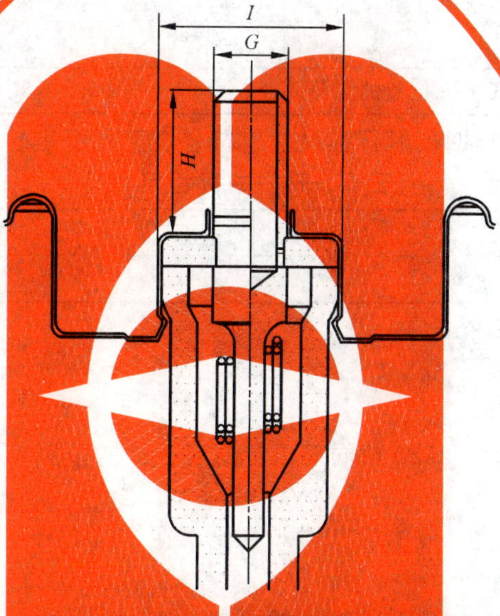

图10 瓶阀

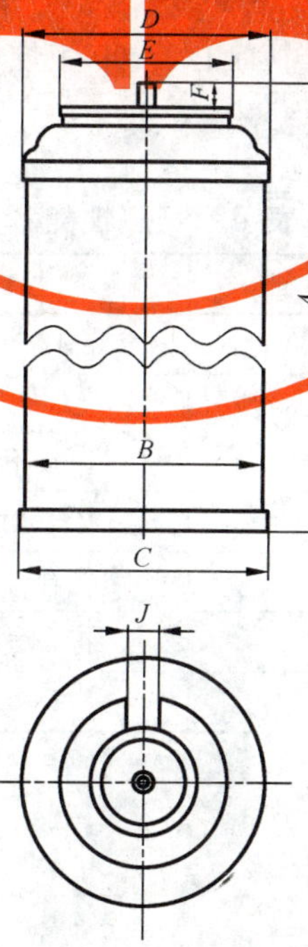

图11 气瓶

表 4　气瓶及阀门尺寸

单位为毫米

代　　号	名　　称	尺　　寸
A	瓶体总高	185.0±0.8
B	瓶体外径	65.7±0.7
C	瓶下缘外径	68.2±0.5
D	瓶上缘外径	68.5±0.5
E	阀门外径	44.5±1.0
F	阀杆高度	5.5±0.5
G	阀杆外径	4.0+0.05
H	阀杆长	7.2±0.5
I	凸台外径	10.5～10.8
J	阀门切口宽度	10.3±0.3
注：I 的尺寸指凸台上端开始 1.5 mm 位置的测量外径。		

6.2.2　阀门的最大行程尺寸和初期喷射行程尺寸应符合表 5 的规定。

表 5　阀门的行程尺寸

单位为毫米

最大行程尺寸	1.7～4.0
初期喷射行程尺寸	0.2～1.0

6.2.3　气瓶的容积应不小于 520 mL。

6.3　技术要求

6.3.1　瓶体材料

瓶体使用的材料应符合 GB/T 2520 或同等以上耐腐蚀性的金属材料。

6.3.2　密封件耐丁烷气性能

密封件应有良好的耐丁烷气性，浸泡后其质量变化率在 20%以下，且无影响使用的变质和变形。

6.3.3　丁烷气成分

C_4H_{10} 含量在 95%以上，并符合 GB 9052.1 的要求。

6.3.4　丁烷气异味

气瓶中灌装的丁烷气应带有臭味，空气中有 1/1 000 丁烷气时即可嗅出臭味。

6.3.5　气瓶的性能

其性能应满足表 6 的规定。

表 6　气瓶性能

条　款	项　目	性能要求	试验方法
6.3.5.1	阀杆压缩力	12 N～20 N	6.4.5
6.3.5.2	耐压性	无变形无泄漏	6.4.6
		不破裂	
6.3.5.3	气密性	无泄漏	6.4.7
6.3.5.4	耐振性	符合气密性要求	6.4.8
6.3.5.5	耐用性	符合气密性要求	6.4.9
6.3.5.6	灌装量误差	−2.0%～1.0%	6.4.10

6.3.6　额定灌装量

额定灌装量应为 220 g、230 g、240 g、250 g。

6.4　试验方法

6.4.1　通则

本标准的 6.1、6.2 和 6.3.1，按其规定内容，用目视和相应试验器具检测。

6.4.2 阀的初期喷射行程和最大行程尺寸试验

6.4.2.1 将灌装好丁烷气的气瓶装在专用装置上，慢慢压缩阀杆到刚刚有气泡冒出时，测量阀杆压缩尺寸。

6.4.2.2 将阀杆压缩到最大行程位置时，测量阀杆的压缩尺寸。

6.4.3 密封件耐丁烷气性试验

将预先测定质量的密封件，置于－10 ℃和 40 ℃的纯度在 95%以上的丁烷气中，分别保持 24 h，取出后分别测其质量，用式(7)计算质量变化率。并目测检查是否有影响使用的变质和变形。

$$W_p = \frac{W_E - W_O}{W_O} \quad \cdots\cdots (7)$$

式中：

W_p——密封件质量变化率，%；

W_O——密封件浸泡前的质量的数值，g；

W_E——密封件浸泡后的质量的数值，g。

6.4.4 丁烷气成分分析

按 GB/T 10410.3 标准的分析方法，从气瓶中取样分析。

6.4.5 阀杆压缩力试验

将气瓶装在专用试验装置上，将阀杆加力压缩，测出压缩 1.5 mm 时的负荷，分别试验 5 次取平均值。

6.4.6 耐压性试验

按 GB/T 9251 试验，加压至 1.3 MPa 保压 30 s，观察是否有变形及泄漏。加压至 1.5 MPa 保压 30 s观察是否破裂。

6.4.7 气密性试验

将灌好丁烷气的气瓶浸入 48 ℃～50 ℃水中 30 min。量大时允许(55±2)℃的水中，保持 110 s，观察是否漏气。

6.4.8 耐振试验

将运输包装状态的气瓶牢固的安装在振动试验台上，以 10 Hz 的频率，全振幅 5 mm，上下、左右各振动 30 min，卸下，进行 6.4.7 气密性试验，观察是否漏气。

6.4.9 耐用性试验

以每秒钟压缩一次的速度，把阀杆压缩到瓶阀全行程尺寸，连续压缩 100 次，再进行 6.4.7 的试验，检查是否漏气。此反复压缩是在丁烷气不喷出的状态下进行。

6.4.10 灌装量误差试验

测定灌装后丁烷气的气瓶的质量和清除掉丁烷气后气瓶的质量，用式(8)计算灌装丁烷气的质量。

$$M = M_O - M_E \quad \cdots\cdots (8)$$

式中 ：

M——实际灌装丁烷气的质量的数值，g；

M_O——灌装好丁烷气的气瓶质量的数值，g；

M_E——清除掉丁烷气后气瓶的质量的数值，g。

6.4.11 加臭试验

按附录 B 规定的方法试验。

6.5 检验规则

6.5.1 出厂检验

6.5.1.1 逐只检验

每只气瓶出厂前应进行气密性检验。

6.5.1.2 抽验检验

每批产品在进入成品库时的检验。以当日生产量为一批，以一只气瓶为一个单位产品。

6.5.1.2.1 **抽验项目**

抽样检验应包括以下检验项目：

a) 气密性；

b) 气瓶总高；

c) 耐压性；

d) 灌装量；

e) 容积；

f) 最大行程尺寸；

g) 阀杆压缩力；

h) 丁烷气成分。

6.5.1.2.2 **抽样方案**

应按 GB/T 2828.1，选用检查水平 S-3 一次抽样方案。

合格质量水平：

强制性条款(简称 A 类)：AQL=0.65；

推荐性条款(简称 B 类)：AQL=1.0。

其中强制性条款中的耐压性、灌装量和容积项目从检查批中各随机抽取 3 只，推荐性条款中的丁烷气成分项目从检查批中随机抽取 1 只。

6.5.1.2.3 **判定规则**

按 6.5.1.2.2 中所确定的抽样方案判断全部是合格的，判该检查批逐批检查合格；否则，为不合格。不合格批允许对不合格项目百分之百检验，将不合格品剔除，按上面有关条款再复检一次。

6.5.2 **型式检验**

6.5.2.1 有下列情况之一时，应进行型式检验：

a) 新产品试制定型鉴定；

b) 产品转厂生产试制定型鉴定；

c) 正式生产后，如结构、材料、工艺有较大改变，可能影响产品性能时；

d) 停产 6 个月后，恢复生产时；

e) 出厂检验结果与上次型式检验有较大差异；

f) 国家质量监督机构提出进行型式检验的要求时；

g) 连续生产时每 1 年进行一次。

6.5.2.2 检验项目

检验项目应为第 4 章、6.1、6.2、6.3 和 6.6 规定的项目。

6.5.2.3 样品数量

每次型式检验从出厂检验合格的产品中随机抽取 25 只。

6.5.2.4 型式检验的全部项目均符合标准规定时，判定该型式检验合格。任何项目不合格，需改进不合格项目，重新复检，直至所有项目合格，判定该型式检验合格。

6.6 **标志**

气瓶上应用不易涂掉方法标明下列内容：

a) 丁烷气；

b) 气瓶保管方法；

c) 气瓶的使用范围；

d) 制造厂名称；

e) 气瓶安装方法；

f) 一次性使用，空瓶切勿扔进火中烧弃；

g) 产品型号或标记；

h) 制造日期；

i) 额定灌装量；

j) 气瓶总质量；

k) 执行标准。

6.7 质量合格证

每个包装箱内应有检验机构代表印章的合格证。

6.8 包装、运输、贮存

6.8.1 气瓶必须有包装箱，保证气瓶在运输和存放中不受损伤。

6.8.2 搬运中轻拿轻放，防止磕碰、重物砸压。

6.8.3 气瓶应贮存在阴凉处，远离火源，防止曝晒。

附　录　A
（资料性附录）
本标准与 JIS S 2147—1998 和 JIS S 2148—1998 的结构性差异对照表

<table>
<tr><th>序号</th><th colspan="3">GB 16691—2008</th><th>JIS S 2147—1998</th><th>JIS S 2148—1998</th></tr>
<tr><td>1</td><td colspan="3">范围</td><td>适用范围</td><td>适用范围</td></tr>
<tr><td>2</td><td colspan="3">规范性引用文件</td><td>引用标准</td><td>引用标准</td></tr>
<tr><td>3</td><td colspan="3">3 术语和定义</td><td>—</td><td>—</td></tr>
<tr><td>4</td><td colspan="3">4 型号</td><td>—</td><td>—</td></tr>
<tr><td>5</td><td rowspan="7">5 便携灶</td><td rowspan="3">5.1 要求</td><td>5.1.1 性能</td><td>3. 性能</td><td>—</td></tr>
<tr><td>6</td><td>5.1.2 结构尺寸</td><td>4. 结构尺寸</td><td>—</td></tr>
<tr><td>7</td><td>5.1.3 材料</td><td>5. 材料</td><td>—</td></tr>
<tr><td>8</td><td colspan="2">5.2 试验方法</td><td>6. 试验方法</td><td>—</td></tr>
<tr><td>9</td><td colspan="2">5.3 检验规则</td><td>7. 检查</td><td>—</td></tr>
<tr><td rowspan="2">10</td><td colspan="2" rowspan="2">5.4 标志、包装、运输和贮存</td><td>8. 标志</td><td>—</td></tr>
<tr><td>9. 使用说明书</td><td>—</td></tr>
<tr><td>11</td><td rowspan="10">6 气瓶</td><td colspan="2">6.1 结构</td><td>—</td><td>5. 结构</td></tr>
<tr><td>12</td><td colspan="2">6.2 尺寸</td><td>—</td><td>6. 尺寸</td></tr>
<tr><td rowspan="3">13</td><td colspan="2" rowspan="3">6.3 技术要求</td><td>—</td><td>3. 性能</td></tr>
<tr><td>—</td><td>4. 填充气体</td></tr>
<tr><td>—</td><td>7. 材料</td></tr>
<tr><td>14</td><td colspan="2">6.4 试验方法</td><td>—</td><td>8. 试验方法</td></tr>
<tr><td>15</td><td colspan="2">6.5 检验规则</td><td>—</td><td>9. 检查</td></tr>
<tr><td>16</td><td colspan="2">6.6 标志</td><td>—</td><td>10. 标志</td></tr>
<tr><td>17</td><td colspan="2">6.7 质量合格证</td><td>—</td><td>—</td></tr>
<tr><td>18</td><td colspan="2">6.8 包装、运输和贮存</td><td>—</td><td>—</td></tr>
<tr><td>19</td><td colspan="3">附录 A（规范性附录）本标准与 JIS S 2147—1998 和 JIS S 2148—1998 的结构性差异对照表</td><td>—</td><td>—</td></tr>
<tr><td>20</td><td colspan="3">附录 B（规范性附录）丁烷气的加臭测定法</td><td>—</td><td>附录 A（规定）液化石油气的测定方法</td></tr>
</table>

附 录 B
（规范性附录）
丁烷气的加臭测定法

B.1 测定方法概要

用注射器抽取一定数量丁烷气，注入稀释用的注射器内，与注射器内的空气混合调制成试验气体，在面板外的检臭口上判断丁烷气有无臭味，从该试验气体的稀释倍数求出丁烷气的检测稀释倍数。

B.2 装置与仪器

a) 丁烷气取样袋，用塑料或橡胶压制成，容积 3 L～20 L，丁烷气透气性小，气味吸收性低，且无臭味的专用袋；
b) 丁烷气取样注射器，符合 YY 1001.1；
c) 稀释用注射器，符合 YY 1001.1，刻度误差小于 5%，容量 200 mL，前端内径 5 mm，不透丁烷气，对异味吸收小，无臭味；
d) 软管，应对丁烷气透气性及吸附性小，无异味；
e) 注射器保存箱，要有密封结构；
f) 活性碳；
g) 无臭纸；
h) 清洗剂；
i) 注射器橡胶盖；
j) 甲醇或丙酮；
k) 气体色谱仪用硅橡胶塞；
l) 弹簧夹。

B.3 操作前准备

B.3.1 注射器清洗

a) 新注射器用水清洗干净；
b) 稀释用注射器先用清水冲洗，再用清洗剂冲洗，最后用清水冲洗；
c) 高浓度异味污染的丁烷气抽样用注射器，先用清洗剂洗净，再用甲醇或丙酮彻底清洗；仍有残味时，放入沸水中煮沸，经清水洗后，放入活性碳箱内脱臭存放；
d) 将注射器内管、外管分开放入无臭室内充分干燥；
e) 将干燥后的注射器用不吸收异味的无臭纸包起来放入检臭室。

B.3.2 丁烷气的取样

a) 将软管接在丁烷气体的取样口上，通气数分钟后，用弹簧夹夹住软管前端；
b) 将软管前端接在试验气体取样袋上，经置换袋内气体数次后，用丁烷气充满取样袋，取下软管，并用气相色谱仪用硅橡胶塞塞住取样袋。

B.4 测定操作

a) 如图 B.1，将注射器针插入充满丁烷气的取样袋口上的硅橡胶塞中，抽取出丁烷气，抽满排出，反复数次后，抽取一定数量的丁烷气。

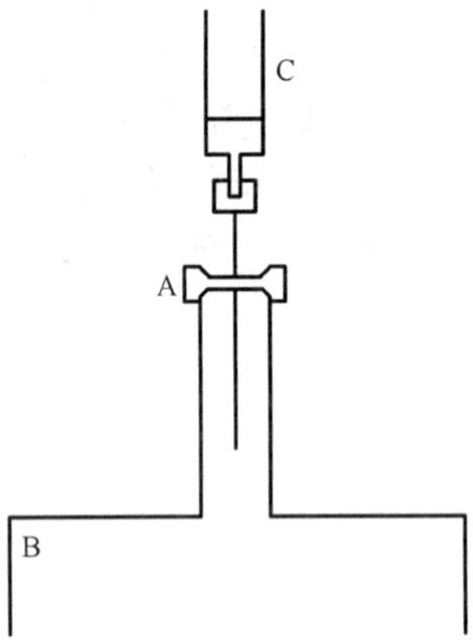

A——气体色谱仪用的硅橡塞；
B——丁烷气取样袋；
C——丁烷气取样注射器。

图 B.1　丁烷气的取样

b) 丁烷气的稀释操作如图 B.2 所示，由两个人操作。先将取有丁烷气的取样注射器针插入稀释用注射器前端孔内，然后一人抽动注射器活塞，吸入清洁的空气，与此同时另一人推压丁烷气取样用注射器，将丁烷气吸到稀释用注射器内。操作时注意不使被测试丁烷气从稀释用注射器中漏出。

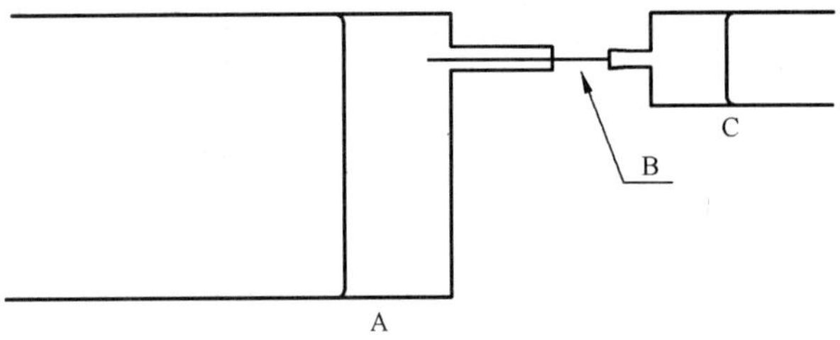

A——稀释用注射器；
B——注射针；
C——丁烷气取样注射器。

图 B.2　被试丁烷气的稀释操作

c) 注射器内气体容积达到 100 mL 或 200 mL，此时注射器内丁烷气的浓度比较高，需进一步稀释时，将注射器放置约 15 s 后，使其扩散均匀，此后排出部分气体，吸入清洁空气，如此重复操作达到要求的稀释倍数后，盖好注射器盖，放置 15 s 后，使其扩散均匀，形成测试用丁烷气试样。
d) 将稀释用注射器前端对准面板检臭孔中心线，轻轻推出全部测试用丁烷气试样，使入自然吸入，用鼻闻气体有无臭味。
e) 用过的稀释注射器用洁净空气置换，直至清除臭味。不能保证无臭味时，应换备用注射器。
f) 改变不同的稀释倍数，重复操作 a)～d)的步骤。

ICS 47.080
U 04

中华人民共和国国家标准

GB/T 16696—2008/ISO 10087:2006
代替 GB/T 16696—1996

小艇 艇体标识 代码

Small craft—Craft identification—Coding system

(ISO 10087:2006,IDT)

2008-02-14 发布

2008-09-01 实施

中华人民共和国国家质量监督检验检疫总局
中国国家标准化管理委员会 发布

前　　言

本标准等同采用 ISO 10087:2006《小艇　艇体标识　代码》(英文版)。

本标准等同翻译 ISO 10087:2006。

为便于使用,本标准作了下列编辑性修改:

——“本国际标准”一词改为“本标准”;

——用小数点“.”代替作为小数点的“,”;

——删除国际标准的前言;

——对悬置段予以编号,其他条号顺延。

本标准代替 GB/T 16696—1996《小艇　艇体标识　代码》。

本标准与 GB/T 16696—1996 相比,主要变化如下:

——对 ISO 标准的采用版本不同,GB/T 16696—1996 等同采用 ISO 10087:1995;

——引用文件 ISO 3166-1 目前国内最新版本为 GB/T 2659—2000,由于原文对其引用时未注日期,本次修订为 GB/T 2659《世界各国和地区名称代码》;

——取消了注 1,将其内容与型号年份码的规定合并。

本标准由中国船舶工业集团公司提出。

本标准由全国小艇标准化技术委员会归口。

本标准起草单位:中国船舶工业综合技术经济研究院。

本标准主要起草人:王俊。

本标准所代替标准的历次版本发布情况为:

——GB/T 16696—1996。

小艇　艇体标识　代码

1　范围

本标准规定了小艇艇体标识用代码，包括：

——制造厂所属国家标识码；

——制造厂标识码；

——系列号；

——制成月份和年份码；

——型号年份码。

本标准适用于艇体长度不大于 24 m 的各种类型和材料的小艇。

本标准不适用于海滨或浴场的游乐艇。

2　规范性引用文件

下列文件中的条款通过本标准的引用而成为本标准的条款。凡是注日期的引用文件，其随后所有的修改单（不包括勘误的内容）或修订版均不适用于本标准，然而，鼓励根据本标准达成协议的各方研究是否可使用这些文件的最新版本。凡是不注日期的引用文件，其最新版本适用于本标准。

GB/T 2659　世界各国和地区名称代码（GB/T 2659—2000，eqv ISO 3166-1:1997）

3　术语和定义

下列术语和定义适用于本标准。

3.1

艇体标识号（CIN）　craft identification number

永久性标注在小艇艇体上的一组特定的数字、字母和短横线。

3.2

制造厂　manufacturer

对在市场上出售适用本标准的产品负有责任的自然人或法人。

4　艇体标识号（CIN）的组成

4.1　CIN 应由 4.1～4.4 条中规定的 14 个连续字符及短横线(-)组成，其间无间隔符、分隔符（斜线号）或破折号。

4.2　起始的 2 个字符按 GB/T 2659 的规定，表示该小艇制造国的国家标识码，其后应标注一个短横线。

4.3　接着的 3 个字符是由国家主管机关或公认组织所指定的唯一的标识码，这个标识码可能是：

——制造厂标识码，或

——国家主管机构或公认组织标识码。

这些字符可由除数字 0 和 1 以外的数字和/或字母组成。

4.4　随后的 5 个字符表示该小艇的系列号，由以下部门指定：

——制造厂，或

——国家主管机构或公认组织。

本系列号可由数字和/或除字母 I、O 和 Q 以外的字母组成。

4.5 最后的4个字符用来表示小艇制成的月份、年份以及型号年份。

制成月份码应符合表1的规定。

表1 制成月份码

月 份	代 码	月 份	代 码
一月	A	七月	G
二月	B	八月	H
三月	C	九月	I
四月	D	十月	J
五月	E	十一月	K
六月	F	十二月	L

制成年份码应以小艇制成年份的最后一位数字来标识。

型号年份是一个12个月的周期，在此期间某型小艇拟首次开始销售。型号年份码以此年份的最后两位数字来标识。如果此周期跨两个日历年，则由制造厂决定哪一年作为型号年份。

4.6 艇体标识号(CIN)举例：NL-HXAB7A33G506

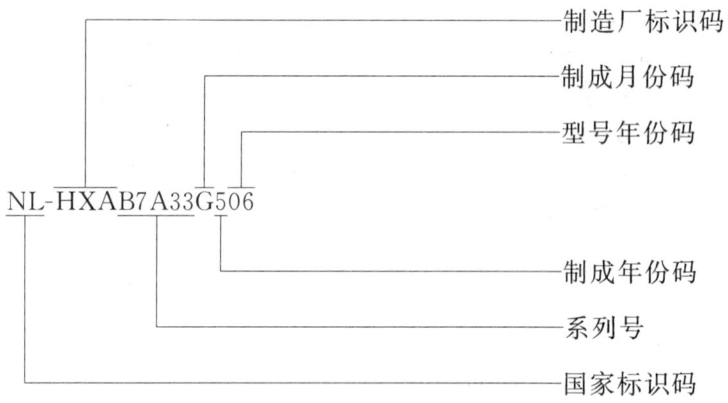

5 要求

5.1 尺寸

字符高度应不小于6 mm。

5.2 永久标志

CIN应以刻制、烧焊、印刷、浮雕、压制或其他方法永久性地标志，以使其在涂改、拆除或更换时都能被明显看出。如果标注在板上，则该板应予以紧固，以使在除去该板时将会在周围留下痕迹。

5.3 标识部位

5.3.1 CIN应醒目地标注在艉封板右舷外侧处，或标注在靠近船尾距艉封板顶、舷缘、艇体/甲板的连接线或它的帽材(取上述各项中最低者)50 mm以内。

5.3.2 有艉封板的小艇，CIN应标注在艉封板右舷。

5.3.3 无艉封板的或不宜标注在艉封板上的小艇，CIN应标注在距船尾300 mm以内处。

5.3.4 双体艇的CIN应标注在下列位置：

——艇体为永久性固定连接的，CIN应标注在右片艇体上；

——艇体分开，且都是主要结构的，CIN应在两片艇体上都予以标注；

——具有易拆解和(或)可替换艇体的小艇，CIN应标注在距右片艇体300 mm以内的后梁上，本条也适用于浮箱式双体小艇。

5.3.5 三体艇，CIN应按5.3.1或5.3.2规定，标注在中间片体上。

5.3.6　气胀式艇，CIN 应标注在刚性的后横梁或发动机的机架上，并距右舷的艇体连接处 300 mm 以内。由于该艇的结构使得 CIN 不易于看见，可把此 CIN 额外地标注在该艇的其他合适的结构上，例如标注在控制台组件上。

5.3.7　栏杆、装配件或其他附件不应遮盖按上述规定标注的 CIN。如果因小艇设计而出现这种情况，则 CIN 应标注在尽可能靠近上述规定位置的醒目处。

5.4　备用艇体标识号

备用 CIN 应固定在仅制造厂知道的隐匿位置。此位置应为艇体不可拆卸的部件，例如在一个五金舾装件的下面或里面。双体船两个片体都应有隐藏的 CIN，CIN 的位置应使其极难于接近或改变。

5.5　标注艇体标识号的时间

应在艇体建造期内将 CIN 标注在小艇上。在任何情况下，小艇都不应在未标注 CIN 时投放市场。

5.6　表示格式

CIN 应以字母数字符(阿拉伯数字和大写体字母)表示，且应从左至右读取。

6　附加内容

如果要在此小艇上距 CIN 50 mm 以内表示其他附加内容，则应用边框线把附加内容与 CIN 分隔开，或将其标注在一块单独的标牌上，以免被误认为是 CIN 的一部分。

ICS 17.240
F 04

中华人民共和国国家标准

GB/T 16698—2008
代替 GB/T 16698—1996

α粒子发射率的测量 大面积正比计数管法

Measurement of emission rate of α particle
Method for large area proportional counter

2008-09-19 发布 2009-08-01 实施

中华人民共和国国家质量监督检验检疫总局
中国国家标准化管理委员会 发布

前　言

本标准代替 GB/T 16698—1996《α 粒子发射率的测量　大面积正比计数管法》。本标准与 GB/T 16698—1996 相比主要变化如下：

a） 将正比计数管规格尺寸由 1996 版标准的 170 mm×120 mm 改为 170 mm×130 mm；

b） 删除 1996 版标准第 4 章中关于正比管、工作气体、前置放大器、高压电源、主放大器、单道脉冲分析器、死时间控制电路和定标器的要求内容；

c） 将 1996 版标准 5.3.1 的 f)项内容予以重新表述；

d） 删除 1996 版标准附录 C。

本标准的附录 A 和附录 B 为规范性附录。

本标准由中国核工业集团公司提出。

本标准由全国核能标准化技术委员会归口。

本标准起草单位：中国原子能科学研究院同位素所。

本标准主要起草人：姚历农、王晓静、张文在、綦杰。

本标准所代替标准的历次版本发布情况为：GB/T 16698—1996。

α 粒子发射率的测量 大面积正比计数管法

1 范围

本标准规定了用大面积流气式 2π 多丝正比计数管绝对测量 α 粒子发射率的原理、装置、方法及数据处理等。

本标准适用于面积不大于 170 mm×130 mm，且 α 粒子发射率在 $1\times10\ s^{-1}\sim1\times10^4\ s^{-1}(2\pi\ sr)$ 范围的 α 平面源。

本标准也可作为 β 粒子发射率测量的参考。

2 规范性引用文件

下列文件中的条款通过本标准的引用而成为本标准的条款。凡是注日期的引用文件，其随后所有的修改单(不包括勘误的内容)或修订版均不适用于本标准，然而，鼓励根据本标准达成协议的各方研究是否可使用这些文件的最新版本。凡是不注日期的引用文件，其最新版本适用于本标准。

GB/T 4960.4 核科学技术术语 放射性核素

JJF 1059 测量不确定度评定与表示

3 术语和定义

GB/T 4960.4 和 JJF 1059 确立的术语以及下列术语和定义适用于本标准。

3.1

表面发射率 surface emission rate

表面发射率是指单位时间射出源表面(或窗)的具有大于给定能量的某种粒子的数目。

3.2

大面积正比计数管 large area proportional counter

一种用于测量大面积放射源，工作在正比区的气体电离探测器。

4 基本原理

大面积 2π 多丝无窗流气式正比计数管(以下简称正比管)，是一种由多根阳极丝并联，能测量大面积 α、β 平面源粒子发射率的正比计数管，一般采用流气式工作方式，它对 α 粒子的本征探测效率接近 100%。测量时将源放入正比管内，α 粒子对工作气体电离产生正负离子对，经气体放大后，在阳极可输出正比于粒子能量的电脉冲，该脉冲经放大甄别后被定标器记录。α 粒子的脉冲计数率和正比管工作电压的关系可形成一坪曲线，在坪区中某点 α 源的计数率，经本底、死时间和小能量损失等校正后，便可得到待测源的 α 粒子表面发射率。

5 测量系统

5.1 测量系统的组成

系统由正比管、工作气体、电子仪器，工作源等组成。图 1 为由正比管、工作气体，高压电源、前置放大器、主放大器、单道脉冲分析器、死时间控制电路和定标器等电子仪器部件组成的测量系统框图。

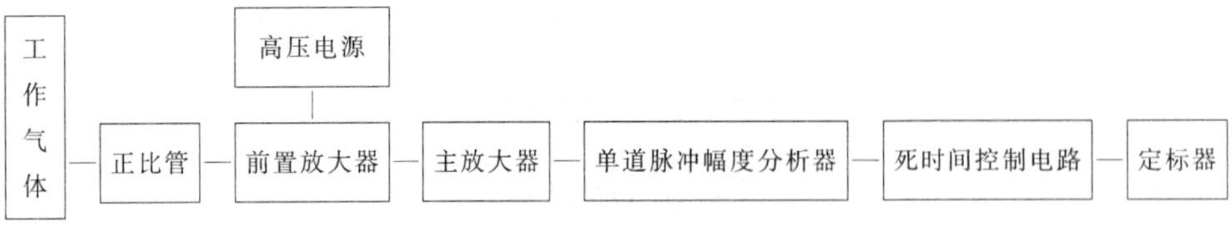

图 1　大面积正比管测量系统框图

5.2　测量系统的性能要求

测量系统应达到以下指标：

——正比管坪长大于 300 V，坪斜好于 0.5%/100 V；

——在 α 坪区工作条件下，本底计数率小于 0.5 s^{-1}；

——在正比管最大可测面积内的任何一点，α 粒子的探测效率大于 99.8%；

——系统的死时间不大于 5 μs，死时间的不确定度和稳定性均应好于 5%；

——8 h 内系统的稳定性应好于 0.5%。

5.3　标准源的要求

为了检验测量系统性能及参数，至少应备有一块 α 平面源，该源应满足下列要求：

——核纯度应好于 99.5%；

——α 粒子发射率在 $1\times10^2\ s^{-1}\sim1\times10^4\ s^{-1}$（2 π sr）之间；

——α 能谱的半宽度小于 100 keV；

——α 粒子发射率的总不确定度不大于 2%，其量值可溯源到国家计量基准或标准。源的直径小于 50 mm。

6　测量方法

6.1　测量环境条件

测量环境要求满足下列条件：

——环境温度为 10 ℃～30 ℃，测量过程中温度变化不超过 5 ℃；

——相对湿度不大于 85%；

——交流电压的稳定度好于±10%，频率的稳定度好于±2%；

——测量过程中附近不应有影响本底的放射源存在。

6.2　仪器准备

6.2.1　预热

电子仪器预热时间应不少于 15 min。

6.2.2　预置电子仪器参数

按图 1 连接各电子仪器部件，并预置合适的放大倍数、甄别阈、死时间、以及定标器的测量时间。

6.3　测量程序

6.3.1　测量正比管坪

正比管坪曲线测量程序如下：

a)　将标准源放入正比管内，然后通入工作气体，调节气体流量，使气体流量稳定在 30 mL/min 左右；

b)　通气约 5 min，直到正比管内空气排尽后，缓慢升高正比管电压至起始工作电压，然后电压逐步升高，并对应每个电压值进行计数测量；

c)　根据标准源的 α 粒子发射率值选择测量时间，使每次测量计数的不确定度小于 1%；

d)　当电压值超过坪区，计数开始迅速增加时，应停止坪曲线测量；

e)　依据测量数据，在线性坐标纸上作坪曲线，并根据坪曲线确定坪长和坪斜；

f) 建议选取坪区中点偏前处某点电压作为正比管的工作电压。

6.3.2 本底测量

测量本底程序如下：

a) 按6.3.1a)的条件给正比管通气；

b) 将高压缓慢调节到由6.3.1f)确定的工作电压；

c) 选择测量时间，使本底计数率测量值的不确定度应小于3%。

6.3.3 测量源的α粒子发射率

测量α粒子发射率的程序如下：

a) 将待测源放入正比管内，按6.3.1a)条件给正比管通气；

b) 将高压调到正比管工作电压；

c) 选择测量时间，使源的α粒子计数率测量值的不确定度小于0.2%。

6.3.4 数据处理

源的α粒子发射率E按式(1)计算：

$$E = C\left(\frac{n}{1 - n\tau} - n_b\right) \qquad \cdots\cdots(1)$$

式中：

n——包括本底在内的源计数率，单位为s^{-1}；

n_b——本底计数率，单位为s^{-1}；

τ——测量系统的死时间，单位为s；

C——小能量损失校正因子。

系统的死时间测量方法见附录A，小能量损失校正因子测量方法见附录B。

7 测量值的扩展不确定度

7.1 扩展不确定度U的一般计算公式

扩展不确定度按式(2)计算：

$$U = k\sqrt{\sum a_i^2 + \sum (b_i/j_i)^2} \qquad \cdots\cdots(2)$$

式中：

a_i——A类评定得到的不确定度分量；

b_i——B类评定得到的不确定度分量；

j_i——B类评定得到的不确定度各包含因子；

k——包含因子。

7.2 大面积正比管测量α粒子发射率的扩展不确定度

7.2.1 不确定度的A类评定

按式(3)计算：

$$u_A = \frac{1}{\sqrt{nt}} \qquad \cdots\cdots(3)$$

式中：

n——源的α粒子计数率，单位为s^{-1}；

t——测量时间，单位为s。

7.2.2 不确定度的B类评定

评定的主要分量如下：

a) 由死时间τ的不确定度$\Delta\tau$引入的分量u_{b_1}，见式(4)

$$u_{b_1} = \frac{n\Delta\tau}{1 - n\tau} \qquad \cdots\cdots(4)$$

b) 由本底计数率 n_b 的不确定度 Δn_b 引入的不确定度分量 u_{b_2}，见式(5)

$$u_{b_2} = \frac{\Delta n_b}{n} \qquad \cdots\cdots(5)$$

c) 由小能量损失校正因子 C 的不确定度 ΔC 引入的不确定分量 u_{b_3}，见式(6)

$$u_{b_3} = \frac{\Delta C}{C} \qquad \cdots\cdots(6)$$

7.2.3 扩展不确定度要求

测量平面 α 源 α 粒子发射率的总不确定度应不大于 2%($k=3$)。

附 录 A
（规范性附录）
用双源法测量系统的死时间

A.1 测量原理

系统死时间的测量方法很多，如双源法、衰变法、示波法、双脉冲产生器法、源加振荡器法、双振荡法等。其中最简易而常用的方法是双源法，它对大面积正比管测量系统更为适宜，因为在大面积正比管中有更好的几何重复性。

用双源法测量大面积正比管系统死时间的原理是：将二块 α 平面源 S_1、S_2 依次按 S_1、S_1+S_2、S_2 三种方式放入正比管中计数，得到相应的计数率为 n_1、n_{12}、n_2。已知测量系统的本底计数率为 n_b，则系统的死时间 τ 可从式(A.1)计算：

$$\tau=\frac{n_1+n_2-n_{12}-n_b}{2(n_1-n_b)(n_2-n_b)} \qquad \text{(A.1)}$$

式中：

n_1——平面源 S_1 的计数率，单位为 s^{-1}；

n_2——平面源 S_2 的计数率，单位为 s^{-1}；

n_{12}——平面源 S_1 和 S_2 的计数率，单位为 s^{-1}；

n_b——系统本底计数率，单位为 s^{-1}。

A.2 测量程序

按 5.2、5.3 中程序，将大面积正比管测量系统调节到正常工作状态，选定正比管的工作电压，然后做以下测量：

a) 选取发射率相近的同一种 α 平面源（^{241}Am 或 ^{239}Pu）二块，源的直径小于 50 mm，α 粒子发射率在 $1\times10^4\ s^{-1}(2\ \pi sr)$左右；

b) 选择合适的测量时间，测量该系统的本底，使本底计数率 n_b 值的不确定度小于 3%；

c) 将源 S_1 放入正比管中测量，得到源 S_1 的计数率 n_1；

d) 将源 S_2 放入正比管中另一位置，测量 S_1、S_2 二个源在正比管中的计数率 n_{12}；

e) 将源 S_1 从正比管中取出，源 S_2 仍留在原处，测量源 S_2 的计数率 n_2。

在 b)、c)、d) 三项测量中，均应保持相同的测量条件，并使计数率 n_1、n_{12}、n_2 值的不确定度小于 0.1%；

将以上测量所得到的 n_b、n_1、n_{12}、n_2 值代入到式(A.1)中计算，便可得到大面积正比管测量系统的死时间值。

附　录　B
（规范性附录）
小能量损失校正因子的测定方法

B.1　目的和内容

在用 2 π 正比管测量 α 源的 α 粒子发射率时，测量系统需有一甄别阈以甄别掉系统的噪声信号，同时一部分小能量 α 粒子脉冲信号也将被甄别而丢失，为了对这一部分丢失信号进行校正，需对每一测量样品的小能量损失校正因子进行测定。

B.2　测量方法原理

用 α 源甄别曲线外推的方法测定小能量损失校正因子。

B.3　测量条件

测量条件和测量 α 粒子发射率条件相同。

B.4　测量程序

B.4.1　测量不同甄别阈时的 α 源计数率

按以下步骤测量：

a)　将测量系统调节到测量 α 粒子发射率相同的工作条件，保持正比管工作电压不变；

b)　将甄别器甄别阈（或单道分析器积分甄别阈）调到 1.0 V 处，测量源的计数，选择测量时间使计数值的不确定度小于 0.3%；

c)　以步进值为 1.0 V 改变甄别阈值，使最高阈值不低于 8.0 V，按 b)的条件测量各阈值的计数；

d)　将正比管工作电压改变 100 V 左右，重复上述测量步骤一次。

B.4.2　做甄别阈外推曲线

外推曲线做法如下：

a)　将以上两组数据在直角坐标纸上做甄别阈和计数率关系曲线；

b)　将两条甄别阈曲线外推到 0.0 V 处，两曲线在纵坐标上的交点 n_0 值，即为 α 源包括小能量在内总的 α 粒子发射率值。

B.4.3　小能量损失校正因子的计算

小能量损失校正因子 C 按式(B.1)计算：

$$C = \frac{n_0}{n} \qquad \text{(B.1)}$$

式中：

n_0——甄别阈外推得到的 α 粒子发射率值；

n——未进行甄别阈外推测量的 α 粒子发射率值。

ICS 33.040.20
M 33

中华人民共和国国家标准

GB/T 16712—2008
代替 GB/T 16712—1996

同步数字体系(SDH)设备功能块特性

Characteristics of synchronous digital hierarchy (SDH) equipment functional blocks

(ITU-T G.783:2006,NEQ)

2008-10-07 发布　　2009-04-01 实施

中华人民共和国国家质量监督检验检疫总局
中国国家标准化管理委员会　发布

前　言

本标准对应于 ITU-T G.783:2006《同步数字体系(SDH)设备功能块的特性》。本标准与 ITU-T G.783:2006 的一致性程度为非等效,主要差异如下:

——重新编排了 ITU-T G.783 的相关内容。考虑到本标准主要是描述复用设备的功能,略去了 ITU-T G.783 中有关指针检测算法附录 I。

——鉴于我国 SDH 复用结构采用 AU-4 路径和仅设 2M、34M 以及 140M 三种支路接口,本标准没有选择与上述路径和支路接口无关的容器、虚容器等内容。

本标准代替 GB/T 16712—1996《同步数字体系(SDH)复用设备技术要求》。

本标准与 GB/T 16712—1996 相比主要变化如下:

——修改了标准名称为"同步数字体系(SDH)设备功能块特性";

——增加了 ITU-T G.783 中相应的复用段保护协议、命令和倒换操作。

本标准附录 A、附录 B、附录 C、附录 D、附录 E、附录 F 和附录 G 为规范性附录。

本标准由中华人民共和国工业和信息化部提出。

本标准由中国通信标准化协会归口。

本标准起草单位:武汉邮电科学研究院。

本标准起草人:何岩、吕建新、张继军、殷燕芬、刘红捷、汪俊芳、李滔、尚强、孟湘、张艳。

本标准所代替标准的历次版本发布情况为:

——GB/T 16712—1996。

同步数字体系(SDH)设备功能块特性

1 范围

本标准规定了同步数字体系(SDH)设备的功能块特性。同步数字体系(SDH)设备的功能块总图见图1。

在本标准中的功能性定义适用于SDH的用户网络接口(UNI)和网络节点接口(NNI)。

本标准适用于传送网体系设备,并非在本标准中定义的所有功能块对每种应用都是必要的。可以选择本标准中功能块的不同子集,根据本标准给出的组合规则,以不同的方式组合提供不同的设备功能。网络运营商和设备制造商可以选择为实现某种应用而选择需要哪些功能。

本标准适用于公用电信网中使用的SDH系统,专用电信网中的类似系统亦可参照使用。

2 规范性引用文件

下列文件中的条款通过本标准的引用而成为本标准的条款。凡是注日期的引用文件,其随后所有的修改单(不包括勘误的内容)或修订版均不适用于本标准,然而,鼓励根据本标准达成协议的各方研究是否可使用这些文件的最新版本。凡是不注日期的引用文件,其最新版本适用于本标准。

GB/T 13997—1999　2 048 kbit/s、8 448 kbit/s、34 368 kbit/s、139 294 kbit/s 光端机技术要求

GB/T 20185—2006　同步数字体系设备的光接口技术要求

ITU-T G.664　光传送系统的光安全进程和要求

ITU-T G.691　单通道STM-64系统和其他具有光放大器的SDH系统的光接口

ITU-T G.704　用于1 554,2 048,8 448和44 736 kbit/s系列的同步帧结构

ITU-T G.707　同步数字体系(SDH)的网络节点接口

ITU-T G.709　光传送网(OTN)的网络接口

ITU-T G.805　传送网的通用功能体系

ITU-T G.806:2006　传送设备特性　描述方法和一般功能

ITU-T G.813　同步数字体系(SDH)设备运行适用的从时钟定时特性

ITU-T G.825　基于同步数字体系(SDH)的数字网内抖动和漂移的控制

ITU-T G.841　SDH网络保护体系的类型和特性

ITU-T G.958　基于同步数字体系的光缆数字线路系统

ITU-T G.8251　光传送网(OTN)内抖动和漂移的控制

ITU-T I.732　ATM设备功能特性

3 术语和定义

下列术语和定义适用于本标准。

3.1

1+1保护架构　1+1 protection architecture

这种保护架构具有一个正常业务信号、一个工作传送实体、一个保护传送实体和永久桥接。

在源端,正常业务信号被永久桥接到工作和保护两个传送实体。在宿端,从两个传送实体中选择较好的一个正常业务信号。

由于永久桥接,所以1+1架构不允许提供不受保护的额外业务信号。

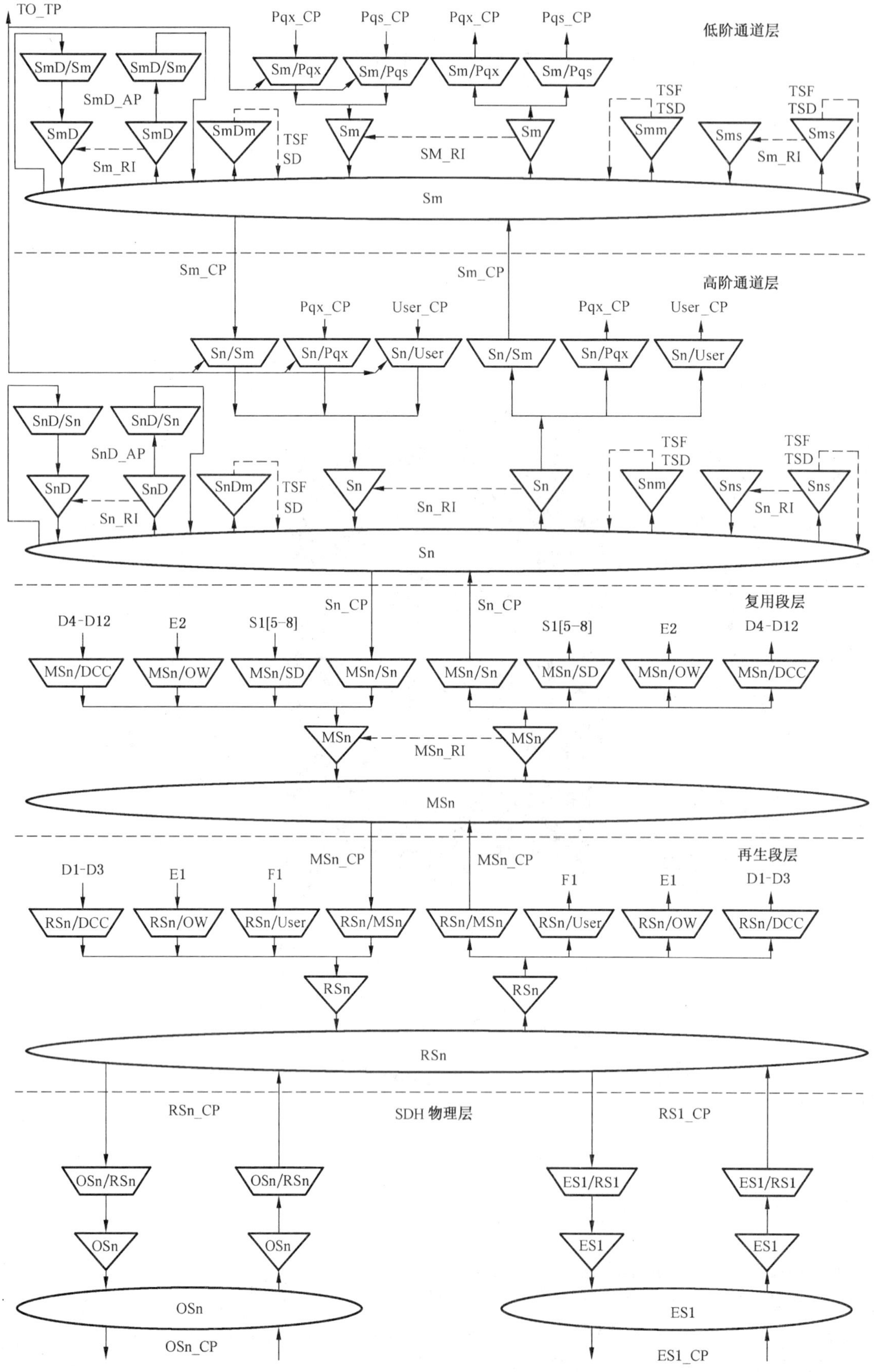

图 1　同步数字体系(SDH)设备功能块

3.2

1∶n 保护架构　1∶n protection architecture

这种保护架构具有 n 个正常业务信号、n 个工作传送实体和一个保护传送实体，其可以有一个额外业务信号。

在源端，正常业务信号或者被永久桥接到它的工作传送实体，也可以连接到保护传送实体(广播桥接的情况)，或者连接到它的工作或保护传送实体(选择器桥接的情况)。在宿端，或者从它的工作传送实体，或从保护传送实体选择正常业务信号。

当保护传送实体没有承载正常业务信号时，可以通过保护传送实体传送不受保护的额外业务信号。

3.3

适配功能　Adapted function

是完成客户层网络和服务层网络之间适配的一种原子功能。

3.4

有效路径/通道/段/子网/网络连接　Active trail/path/section/SNC/NC

可由保护选择器从中选择信号的一种路径/通道/段/子网连接/网络连接。

3.5

接入点　Access Point

由一对位于同一地点的“单向接入”点构成的“参考点”，因而它代表路径终结和适配功能之间的结合。

3.6

适配信息　Adapted Information

在“网路连接”上传递的具有特殊格式的一种信号。特殊格式规定于各具体技术性标准中。

3.7

管理单元　Administrative Unit

一个管理单元是一种提供高阶通道层和复用段之间适配的信息结构。由信息净荷和一个管理指针组成。该管理指针提供净荷帧起始相对复用段帧起始的偏移。

3.8

管理单元组　Administrative Unit Group

在 STM 净荷中占有固定的，预先定义好位置的一个或多个管理单元被称作管理单元组。

3.9

告警　alarm

一个具有吸引注意力可观察的失效(检测到的故障)指示信号，通常带有故障严重程度的提示。

3.10

全“1”　all ONEs

全容量范围的适配或特征信息都设置成逻辑“1”。

3.11

异常　anomaly

在实际和期望的特性之间可以观察到的最小差异。发生一个异常不构成进行所需功能的中断。异常作为性能监视过程的输入，用于检测失效。

3.12

原子功能　atomic function

功能分解为简化的功能，直到如若在数据传输体系框架内再分解的话就失去唯一定义时的功能。在网络观点来看，原子功能再不可分割。

3.13

AUn 告警　AUn-AIS

管理单元告警在所有的管理单元 AU-n(n=3,4,4-Xc),包括管理指针都为全“1”。

3.14

激光器自动关闭　Automatic Laser Shutdown

自动切断激光发送器和光放大器输出功率以避免处于危险等级的一种技术(程序)。

3.15

自动保护倒换　Automatic Protection Switching

节点内负责产生和终结 APS 协议和实施 APS 算法的部分。

3.16

双向路径/连接类型　bidirectional trail/connection type

通过传送网络的双向路径/连接。

3.17

双向(保护)倒换　bidirectional(protection)switching

在单方向故障(故障只影响一个方向的传输),双方向包括受影响的和不受影响的都倒换到保护路径的保护倒换方式。

3.18

比特间插奇偶校验　Bit Interleaved Parity

一种用于监测误码的方法。

3.19

广播连接类型　broadcast connection type

一个输入连接点连接多于一个输出连接点。

3.20

特征信息　Characteristic Information

在“网络连接”上传递的具有特殊格式的一种信号。特殊格式规定于各具体技术性标准中。

3.21

客户/服务层　client/server layer

任意两个邻近层网络之间的关联,由“适配”功能实施。这种关联使客户层网络中的链路连接得到服务层网络中路径的支持。

3.22

连接　connection

一种“传送实体”,它由一对“单向连接”组成,能同时在其相应的输入和输出之间双向传递信息。

3.23

连接功能　Connection function

是在一层之内的一种原子功能,如果存在连通性,它将一组原子功能之间的各条信息的汇集进行中转。虽然它可以终结任何交换协议信息并对之处理,但它不修改该汇集中信息的条数,本标准规定输入和输出之间的任何连通性结构。

3.24

连接矩阵　Connection Matrix

是一个有适当规模的矩阵,描述了指定的 VC-n,从低阶通道连接功能或高阶通道连接功能的某一侧到另一侧的 VC-n(或者相反的方向)的连接图案。

3.25

连接点　Connection Point

一种“参考点”,由位于同一地点的一对“单向连接点”组成;因而,它代表两个成对的双向“连接”的组合。

3.26

整合(合并)　consolidation

整合指为高层连接所进行的服务层路径分配,保证一个服务层路径未分配完之前,下一个服务层路径不被分配。整合将减小这些服务层的路径的数量,提高填充因子(如几个已经填充过的 VC-4 通道可以整合到一个完全填充的 VC-4)。

3.27

公共管理信息服务元素　Common Management Information Service Element

在 X.710 建议中定义的特定应用服务元素标准。

3.28

复合功能　compound function

复合功能指在一层或多层内的一组原子功能的集合。

3.29

数据通信通路　Data Communications Channel

在 STM-N 的三种数据通信通道,指 D1-D3 通道、D4-12 通道和 D13-D156 通道。

3.30

缺陷　defect

表示出现异常的密度已达到妨碍实现所要求的功能的程度。故障被用作性能监视、后续动作和确定故障原因的输入。

3.31

去同步　desynchronizer

去同步功能在时间域上平滑在解码指针调整和 VC 净荷去映射定时的时间差。

3.32

额外业务流　extra traffic

在保护通道不再保护进行中所传送的业务流,该业务流在正常业务流保护时并不传送。

3.33

失效　failure

故障原因持续足够久,使得该条目所执行所需功能的能力丧失掉。该条目可以被认为是失效,此时故障已经可以被检测到。

3.34

故障　fault

故障是执行所需动作的功能能力丧失掉。但是并不包括由于预防性的维护能力,或缺乏外部资源能力或计划的动作能力丧失等情况。

3.35

故障原因　fault cause

单个扰动或故障可能导致多个故障的检出。故障原因是企图证实故障的有关过程的结果,该故障是引起扰动或故障的原因。

3.36

功能　function

为数字传输体系(如 PDH 和 SDH)定义的一种过程,它作用在一个输入信息的汇集上来产生一个输出信息的汇集。功能是表示输出信息汇集与输入信息汇集的特性之区别的重要方式。

3.37

梳理　grooming

由于为客户层连接分配服务层路径所进行的调配,把客户层具有相似或相关特征的连接编组在一块。例如可以根据业务类型、目的地或保护种类来梳理 VC12 通道进入 VC4 通道，以方便进行相应的管理。

3.38

迟滞时间 holdoff time

在出现 SF 或者 SD 条件到实施保护倒换算法初始化之间的时间。

3.39

层 layer

允许网络功能性由连续的层次来描述的一种概念。每一个层单独的考虑它的特征信息的产生和传递。

3.40

管理信息 Management Information

通过管理点的信号。

3.41

管理点 Management Point

管理点是一种参考点，在该参考点，把一个原子功能的输出作为网元管理功能的输入；或者网元管理功能的输出作为一个原子功能的输入。管理点 MP 不是 TMN 的 Q3 接口。

3.42

复用段 Multiplex Section

复用段是在两个复用段路径终结功能之间并包括其复用段路径终结功能自身在内的路径。

3.43

复用段告警指示信号 Multiplex Section Alarm Indication Signal

在复用段产生的告警指示信号。

3.44

复用段远端告警指示信号 Multiplex Section Remote Refect Indication

在复用段产生的远端失效指示信号。

3.45

复用段开销 Multiplex Section Overhead

段开销信息加上净荷信息形成一个 STM-N。段开销包括成帧信息、维护信息性能监视信息和其他一些操作功能。段开销又可以进一步分为在再生段终结的再生段开销和在复用段终结的复用段开销。复用段开销透明地通过再生段，并在 AUG 组装和和拆装的时候终结。

3.46

网络连接 Network Connection

在终结连接点之间，由一系列连续的链路连接和/或子网连接组成。

3.47

网元功能 Network Element Function

SDH 实体内支持基于 SDH 网络传送业务如复用，交叉连接，信号再生的功能。

3.48

网络节点接口 Network Node Interface

网络节点的接口，用于与其他网络节点互联。

3.49

正常业务流 normal traffic

在工作信道/段内传送的业务流，但在保护倒换时在保护信道/段内恢复传输。正常业务流是受到保护的。

3.50

输出信号失效 Outgoing Signal Fail

串接连接终结功能的接入点输出信号失效指示。

3.51

开销访问 Overhead Access

提供对传输开销的写入和读取。

3.52

通道 path

在一个通道层的一条路径。

3.53

通道开销 Path Overhead

参看段开销。通道开销是通道的开销。

3.54

指针调整事件 Pointer Justification Event

指针调整事件是指针的 I 比特或者 D 比特反转,同时伴随着指针值增加或减少。

3.55

处理过程 process

表征一种行为或一系列行为的通用术语。

3.56

保护路径/通道/段/SNC/NC protection trail/path/section/SNC/NC

在保护倒换事件中分配的通信通道。保护信道在不发生保护事件时可以承载额外业务流。发生保护事件时受影响的正常业务流桥接到保护信道。

3.57

参考点 reference point

功能的边界点。

3.58

再生段 Regenerator Section

两个再生段终结之间路径以及再生段终结。

3.59

远端缺陷指示 Remote Defect Indication

路径终结中断点发送给特征信息产生点网元的载有特征信息状态故障的信息。

3.60

远端误码指示 Remote Error Indication

路径终结中断点发送给特征信息产生点网元的载有精确或截取的误码检测编码违例的特征信息。

3.61

远端信息 Remote Information

通过远端点的信息,如 RDI and REI。

3.62

远端点 Remote Point

是一种参考点。在该参考点,一个双向路径终结器的路径终结宿功能的输出与其路径终结源功能的输入,为将信息传送到远端点的目的而被“捆绑”。

3.63

再生段开销 Regenerator Section Overhead

段开销信息加上净荷信息形成一个 STM-N。段开销包括成帧信息、维护信息性、能监测信息和其他一些操作功能。段开销又可以进一步分为在再生段终结的再生段开销和在复用段终结的复用段开销。再生段开销在再生段终结。

3.64

段　section

一个包括 SDH 复用段开销层网络和再生段开销层网络，再加上相应适配功能的传送集合。

3.65

服务信号劣化　Server Signal Degrade

在适配功能连接点输出的信号劣化指示。

3.66

服务信号失效　Server Signal Fail

在适配功能连接点输出的信号失效指示。

3.67

信号劣化　Signal Degrade

在 dDEG 状况激活的情况下，相关的数据变为劣化的指示信号。

3.68

信号失效　Signal Fail

在近端故障状况激活的情况下，相关的数据失效的指示信号。

3.69

子网连接　Sub-Network Connection

通过子网络传输信息的传送实体，它由位于子网边界的相关端口组成。

3.70

监视未装载的 VC　supervisory unequipped VC

指增强的未使用的虚容器信号，比一般的未装载信号有更多的通道开销字节指定值。

3.71

同步传送模块　Synchronous Transport Module

一个 STM 是 SDH 中支持段层连接的信息结构，由净荷信息和段开销组成，是 125 μs 重复的块状帧结构。

3.72

电信管理网　Telecommunications Management Network

一种管理架构，包括电信设备、网络和业务的规划、指配、安装、维护、操作和管理。

3.73

终结连接点　Termination Connection Point

将路径终结功能和适配功能或连接功能“绑定”的连接点的一种特殊情况。在信息模型中，终结连接点称为路径终结点(TTP)。

3.74

定时信息　Timing Information

通过定时点的信息。

3.75

定时点　Timing Point

去往适配信息或连接功能输入的同步分配层输出信息的参考点，或者去往同步分配层输入的适配宿功能输出信息参考点。

3.76

路径 trail

一种“传送实体”，它由一对相关联的能在其相应的输入和输出之间相向同时传递信息的“单向路径”组成。

3.77

路径信号劣化 Trail Signal Degrade

在终结功能的接入点输出的信号劣化指示。

3.78

路径信号失效 Trail Signal Fail

在终结功能的接入点输出的信号失效指示。

3.79

路径终结功能 Trail Termination function

在一层内产生、附加和监视有关信息的完整性以及监控适配信息的原子功能。

3.80

转发延迟 transit delay

转发延迟定义为信息比特，在无故障路径情况下，从一个 NE 输入端口进入，至该 NE 输出端口再次出现的周期时间。

3.81

支路单元 Tributary Unit

支路单元是在低阶通道层和高阶通道层之间提供适配的信息结构。由信息净荷和支路单元指针组成，后者提供净荷相对于低阶通道或高阶通道帧起始的偏差。

3.82

支路单元告警 TU-m AIS

支路单元缺陷的指示信号。

3.83

虚容器 virtual container

虚容器是支持通道层连接的信息结构。包括净荷和通道信开销。通道信开销是 125 μs 或 500 μs 重复的块状帧结构，同步信息识别 VC-n 的帧起始位置，由服务网络层提供。

3.84

工作路径/通道/段/子网/网络连接 working trail/path/section/SNC/NC

当保护倒换事件未发生的传送正常业务流的路径/通道/段/子网/网络连接。

3.85

未装载的 VC unequipped VC

指未使用的虚容器信号，未装载信号指定通道开销字节具有全“1”信号。

3.86

未定义比特 undefined bit

如果一个比特没有定义，其值或者设为逻辑“1”或者设为逻辑“0”。

3.87

未定义字节 undefined byte

如果一个字节没有定义，其值包括 8 个未定义比特。

3.88

单向路径/连接类型 unidirectional trail/connection type

一个方向的路径/通过传送网的连接。

3.89

单向(保护)倒换　unidirectional(protection)switching

一个单向保护路径的架构是,在单向失效时(即失效只影响单个方向的传输),只进行单个方向的保护倒换。

3.90

等待恢复时间　wait-to-restore time

从传送实体的SF或SD状态消失开始,到再次传送正常业务流信号,和/或者重新选择传送业务流的时间段。

4　缩略语

下列缩略语适用于本标准。

A	Adaptation function	适配功能
AcSL	Accepted Signal Label	接受的信号标签
AcTI	Accepted TTI	接受的TTI(路径踪迹标识符)
ADM	Add-Drop Multiplexer	分/插复用器
AI	Adapted Information	适配信息
AIS	Alarm Indication Signal	告警指示信号
ALS	Automatic Laser Shutdown	自动激光器关闭
AP	Access Point	接入点
APS	Automatic Protection Switching	自动保护倒换
APSD	Automatic Power Shutdown	自动功率关闭
ATM	Asynchronous Transfer Mode	异步转移模式
BBER	Background Block Error Ratio	背景块误码率
BER	Backward Error indicator	后向误码指示
BIP	Bit Interleaved Parity	比特间插奇偶性
C	Connection function	连接功能
CI	Characteristic Information	特征信息
CK	Clock	时钟
CM	Connection Matrix	连接矩阵
CMISE	Common Management Information Service Element	通用管理信息服务元素
CP	Connection Point	连接点
CRC	Cyclic Redundancy Check	循环冗余校验
CRC-N	Cyclic Redundancy Check,width N	循环冗余校验,宽度N
CSES	Consecutive Severely Errored Seconds	连续严重误码秒
D	Data	数据
DCC	Data Communication Channel	数据通信通道
DEC	Decrement	减少
DEG	Degraded Defect	劣化缺陷
DEGM	DEG consecutive 1 second Monitoring intervals	DEG连续1秒监测间隔
DEGThr	DEG 1 second EBC Threshold	DEG 1秒EBC阈值
DS	Defect Second	故障秒
E0	Electrical interface signal 64 kbit/s	64 kbit/s电接口信号

E11	Electrical interface signal 1 544 kbit/s	1 544 kbit/s 电接口信号
E12	Electrical interface signal 2 048 kbit/s	2 048 kbit/s 电接口信号
E22	Electrical interface signal 8 448 kbit/s	8 448 kbit/s 电接口信号
E31	Electrical interface signal 34 368 kbit/s	34 368 kbit/s 电接口信号
E32	Electrical interface signal 44 736 kbit/s	44 736 kbit/s 电接口信号
E4	Electrical interface signal 139 264 kbit/s	139 264 kbit/s 电接口信号
EBC	Errored Block Count	误码块计数
EDC	Error Detection Code	误码检测编码
EDCV	Error Detection Code Violation	误码检测编码违例
EMF	Equipment Management Function	设备管理功能
EQ	Equipment	设备
Eq	ITU-T G.703 type electrical signal, bit rate order q (q=11,12,21,22,31,32,4)	ITU-T G.703 电信号类型，比特率阶 q(q=11,12,21,22,31,32,4)
ES	Electrical Section	电段
ES	Errored Second	误码秒
ES1	Electrical Section, level 1	电段(1 阶)
ExSL	Expected Signal Label	预期的信号标签
ExTI	Expected Trace Identifier	预期的踪迹标识符
F_B	Far-end Block	远端块
F_DS	Far-end Defect Second	远端失效秒
F_EBC	Far-end Errored Block Count	远端误码块计数
FAS	Frame Alignment Signal	帧定位信号
FEC	Forward Error Correction	前向纠错
FIFO	First In First Out	先进先出
FM	Fault Management	故障管理
FOP	Failure of Protocol	协议失效
FS	Forced Switch	强制倒换
FS	Frame Start signal	帧起始信号
HO	Higher Order	高阶
HOVC	Higher Order Virtual Container	高阶虚容器
HP	Higher order Path	高阶通道
ID	Identifier	标识
IEC	Incoming Error Count	输入误码计数
IF	In Frame state	帧同步状态
IM	In Multi-frame	复帧同步状态
INC	Increment	增加
IncAIS	Incoming AIS	输入告警信号指示(AIS)
LC	Link Connection	链路连接
LO	Lockout	锁定
LO	Lower Order	低阶
LOA	Loss Of Alignment	定位丢失(失位)
LOF	Loss Of Frame for LOF, LOM, LOP	帧丢失(失帧)

LOM	Loss Of Multi-frame	复帧丢失
LOP	Loss Of Pointer	指针丢失
LOS	Loss Of Signal	信号丢失
LOVC	Lower Order Virtual Container	低阶虚容器
LP	Lower order Path	低阶通道
LOS-O	LOS Overhead	LOS 开销
LOS-P	LOS Payload	LOS 净荷
LSS	Loss of PRBS Lock	PRBS 失步
LTC	Loss of Tandem Connection	串接连接丢失
LTI	Loss of all Incoming Timing references	全部输入定时参考丢失
MC	Matrix Connection	矩阵连接
MCF	Message Communications Function	消息通信功能
MI	Management Information	管理信息
MON	Monitored	监视
MND	Member Not Deskewable	成员不能解偏移
MP	Management Point	管理点
MRTIE	Maximum Relative Time Interval Error	最大相对时间间隔误差
MS	Manual Switch	人工倒换
MS	Multiplex Section	复用段
MSB	Most Significant Bit	最高比特位
MSn	Multiplex Section layer,level n(n=1,4,16)	复用段层,级别 n
MSnP2fsh	STM-N Multiplex Section 2-fibre Shared Protection Ring	STM-N 复用段 2 纤共享保护环
MSnP4fsh	STM-N Multiplex Section 4-fibre Shared Protection Ring	STM-N 复用段 4 纤共享保护环
MSOH	Multiplex Section OverHead	复用段开销
MSP	Multiplex Section Protection	复用段保护
MST	Member Status(signal)	成员状态(信号)
MSU	Member Signal Unavailable	成员信号不可用
MTIE	Maximum Time Interval Error	最大时间间隔误差
N_B	Near-end	近端
N_BBE	Near-end Background Block Error	近端背景块误码
N_DS	Near-end Defect Second	近端缺陷秒
N_EBC	Near-end Errored Block Count	近端误码块计数
NC	Network Connection	网络连接
N. C.	Not Connect	未连接
NDF	New Data Flag	新数据标志
NE	Network Element	网元
NEF	Network Element Function	网元功能
NMON	Not Monitored	未监视
NNI	Network Node Interface	网络节点接口
NU	National Use	国内使用
NUT	Non-preemptible Unprotected Traffic	非优先的未保护业务流
OAM	Operation,Administration,Maintenance	操作、管理、维护

ODI	Outgoing Defect Indication	输出故障指示
OEI	Outgoing Error Indication	输出误码指示
OF_B	Outgoing Far-end Block	输出远端块
OF_BBE	Outgoing Far-end Background Block Error	输出远端背景块误码
OF_DS	Outgoing Far-end Defect Second	输出远端缺陷秒
OF_EBC	Outgoing Far-end Errored Block Count	输出远端块误码计数
OFS	Out-of-Frame Second	帧失步秒
OHA	OverHead Access	开销访问
ON_B	Outgoing Near-end Block	输出近端块
ON_BBE	Outgoing Near-end Background Block Error	输出近端背景块误码
ON_DS	Outgoing Near-end Defect Second	输出近端缺陷秒
ON_EBC	Outgoing Near-end Errored Block Count	输出近端块误码计数
OOF	Out Of Frame	失帧
OS	Optical Section	光段
OSF	Outgoing Signal Fail	输出信号失效
OSn	Optical Section layer, level n(n=1,4,16)	n级光段层,(阶 n=1,4,16)
OW	Orderwire	公务
P0x	64 kbit/s layer(transparent)	64 kbit/s 层(透明)
P11x	1 544 kbit/s layer(transparent)	1 544 kbit/s 层(透明)
P12s	2 048 kbit/s PDH path layer with synchronous 125 μs frame structure according to ITU-T G. 704	具有 ITU-T G. 704 建议 125 μs 同步帧结构的 2 048 kbit/s PDH 通道层
P12x	2 048 kbit/s layer(transparent)	2 048 kbit/s 层(透明)
P21x	6 312 kbit/s layer(transparent)	6 312 kbit/s 层(透明)
P22e	8 448 kbit/s PDH path layer with 4 plesiochronous 2 048 kbit/s	具有 4 个准同步 2 048 kbit/s 的 8 448 kbit/s PDH 通道层
P22x	8 448 kbit/s layer(transparent)	8 448 kbit/s 层(透明)
P31e	34 368 kbit/s PDH path layer with 4 plesiochronous 8 448 kbit/s	具有 4 个准同步 8 448 kbit/s 的 34 368 kbit/s PDH 通道层
P31s	34 368 kbit/s PDH path layer with synchronous 125 μs frame structure according to ITU-T G. 832	具有 ITU-T G. 832 建议 125 μs 帧结构 34 368 kbit/s PDH 层
P31x	34 368 kbit/s layer(transparent)	34 368 kbit/s 层(透明)
P32x	44 736 kbit/s layer(transparent)	44 736 kbit/s 层(透明)
P4a	139 264 kbit/s PDH path layer with 3 plesiochronous 44 736 kbit/s	具有 3 个准同步 44 736 kbit/s 的 139 264 kbit/s PDH 通道层
P4e	139 264 kbit/s PDH path layer with 4 plesiochronous 34 368 kbit/s	具有 4 个准同步 34 368 kbit/s 的 139 264 kbit/s PDH 通道层
P4s	139 264 kbit/s PDH path layer with synchronous 125 μs frame structure according to ITU-T G. 832	具有 ITU-T G. 832 建议 125 μs 同步帧结构的 139 264 kbit/s PDH 通道层
P4x	139 264 kbit/s layer(transparent)	139 264 kbit/s 层(透明)
PC	Payload-Carrying	净荷加载

PDH	Plesiochronous Digital Hierarchy	准同步数字系列
PG	Pointer Generator	指针产生
PJC	Pointer Justification Count	指针调整计数
PJE	Pointer Justification Event	指针调整事件
PLCR	Partial Loss of Capacity Receive	接收容量部分丢失
PLCT	Partial Loss of Capacity Transmit	发送容量部分丢失
PLM	PayLoad Mismatch	净荷失配
PM	Performance Monitoring	性能监视
POH	Path OverHead	通道开销
PP	Pointer Processor	指针处理器
Pq	PDH path layer, bit rate order q(q=11,12,21,22,31,32,4)	PDH 通道层，比特速率 q(q=11,12,21,22,31,32,4)
PRC	Primary Reference Clock	主参考时钟
ProvM	Provisioned Member	装配的成员
PS	Protection Switching	保护倒换
PSE	Protection Switch Event	保护倒换事件
PTR	Pointer	指针
RDI	Remote Defect Indication	远端缺陷指示
REI	Remote Error Indication	远端误码指示
RI	Remote Information	远端信息
RP	Remote Point	远端点
RS	Regenerator Section	再生段
RSn	Regenerator Section layer, level n(n=1,4,16)	n 级再生段(n=1,4,16)
RSOH	Regenerator Section OverHead	再生段开销
RxSL	Received Signal Label	接收信号标签
RxTI	Received Trace Identifier	接收踪迹标识
S11	VC-11 path layer	VC-11 通道层
S11D	VC-11 tandem connection sublayer	VC-11 串接连接子层
S11P	VC-11 path protection sublayer	VC-11 通道保护子层
S12	VC-12 path layer	VC-12 通道层
S12D	VC-12 tandem connection sublayer	VC-12 串接连接子层
S12P	VC-12 path protection sublayer	VC-12 通道保护子层
S2	VC-2 path layer	VC-2 通道层
S2D	VC-2 tandem connection sublayer	VC-2 串接连接子层
S2P	VC-2 path protection sublayer	VC-2 通道保护子层
S3	VC-3 path layer	VC-3 通道层
S3D	VC-3 tandem connection sublayer using TCM definition according to Annex D/ITU-T G.707/Y.1322(选项 2)	使用 ITU-T G.707 附件 D 中 TCM 定义 VC-3 串接连接子层(选项 2)
S3P	VC-3 path protection sublayer	VC-3 通道保护子层
S3T	VC-3 tandem connection sublayer using TCM definition according to Annex C/ITU-T G.707/Y.1322(选项 1)	使用 ITU-T G.707 附件 C 中 TCM 定义 VC-3 串接连接子层(选项 1)

S4	VC-4 path layer	VC-4 通道层
S4D	VC-4 tandem connection sublayer using TCM definition according to Annex D/ITU-T G. 707/Y. 1322(选项 2)	使用 ITU-T G. 707 附件 D 中 TCM 定义 VC-4 串接连接子层(选项 2)
S4P	VC-4 path protection sublayer	VC-4 通道保护子层
S4T	VC-4 tandem connection sublayer using TCM definition according to Annex C/ITU-T G. 707/Y. 1322(选项 1)	使用 ITU-T G. 707 附件 C 中 TCM 定义 VC-4 串接连接子层(选项 1)
SD	Signal Degrade	信号劣化
SDH	Synchronous Digital Hierarchy	同步数字体系
SDXC	Synchronous Digital hierarchy Cross-Connect	同步数字体系交叉连接
SEC	SDH Equipment Clock	SDH 设备时钟
SEMF	Synchronous Equipment Management Function	同步设备管理功能
SES	Severely Errored Second	严重误码秒
SF	Signal Fail	信号失效
Sk	Sink	宿
Sm	lower order VC-m layer(m=12)	低阶 VC-m 层(m=12)
SmD	VC-m(m=12)tandem connection sublayer	VC-m(m=12)串接连接子层
Smm	VC-m(m=12)path layer non-intrusive monitor	VC-m(m=12)通道层非介入监视
SmP	VC-m(m=12)path protection sublayer	VC-m(m=12)通道保护子层
Sms	VC-m(m=12)path layer supervisory-unequipped	VC-m(m=12)通道层监控信号未装载
Sn	higher order VC-n layer(n=3,4,4-Xc)or lower order VC-3 layer	高阶 VC-n 层(n=3,4,4-Xc)或低阶 VC-3 层
SNC	Sub-Network Connection	子网连接
SNC/I	Inherently monitored Sub-Network Connection protection	具有内部监控的子网连接保护
SnD	VC-n(n=3,4,4-Xc)tandem connection sublayer using TCM definition according to Annex D/ITU-T G. 707/Y. 1322(选项 2)	使用 ITU-T G. 707 附件 D 中 TCM 定义的 VC-n(n=3,4,4-Xc)串接连接子层(选项 2)
Snm	VC-n(n=3,4,4-Xc)path layer non-intrusive monitor	VC-n(n=3,4,4-Xc)通道层非介入监视
SnP	VC-n(n=3,4,4-Xc)path protection sublayer	VC-n(n=3,4,4-Xc)通道保护子层
Sns	VC-n(n=3,4,4-Xc)path layer supervisory-unequipped	VC-n(n=3,4,4-Xc)通道层监控信号未装载
SnT	VC-n(n=3,4,4-Xc)tandem connection sublayer using TCM definition according to Annex C/ITU-T G. 707/Y. 1322(选项 1)	使用 ITU-T G. 707 附件 C 中 TCM 定义的 VC-n(n=3,4,4-Xc)串接连接子层(选项 1)
So	Source	源
SOH	Section Overhead	段开销
SQ	Sequence indicator	排序指示器

SQM	Sequence indicator mismatch	排序指示器失配
SPRING	Shared Protection Ring	共享保护环
SSD	Server Signal Degrade	服务信号劣化
SSF	Server Signal Fail	服务信号失效
SSM	Synchronization Status Message	同步状态消息
SSU	Synchronization Supply Unit	同步提供单元
STM	Synchronous Transport Module	同步传送模块
TCM	Tandem Connection Monitor	串接连接监视
TCP	Termination Connection Point	终结连接点
TD	Transmit Degrade	发送劣化
TF	Transmit Fail	发送失效
TFAS	Trail Trace Identifier Frame Alignment Signal	路径踪迹标识帧同步信号
TI	Timing Information	定时信息
TIM	Trace Identifier Mismatch	路径踪迹标识符失配
TLCR	Total Loss of Capacity Receive	接收总容量丢失
TLCT	Total Loss of Capacity Transmit	发送总容量丢失
TMN	Telecommunications Management Network	电信管理网
TP	Timing Point	定时点
TPmode	Termination Point mode	终结点模式
TS	Time Slot	时隙
TSD	Trail Signal Degrade	路径信号劣化
TSF	Trail Signal Fail	路径信号失效
TSL	Trail Signal Label	路径信号标签
TT	Trail Termination function	路径终结功能
TTI	Trail Trace Identifier	路径踪迹标识符
TTP	Trail Termination Point	路径终结点
TTs	Trail Termination Supervisory function	路径终结监控功能
TU	Tributary Unit	支路单元
TUG	Tributary Unit Group	支路单元组
TUG-m	Tributary Unit Group, level m	m 阶支路单元组
TU-m	Tributary Unit, level m	m 阶支路单元
TxSL	Transmitted Signal Label	发送信号标签
TxTI	Transmitted Trace Identifier	发送踪迹标识
UMST	(Persistent)Unexpected MST	持久非预期的成员状态(MST)
UNEQ	UNEQuipped	未装载
UNI	User Network Interface	用户网络接口
USR	User Channels	用户通道
VC	Virtual Container	虚容器
VCG	Virtual Concatenation Group	虚容器组
VC-n	Virtual Container, level n	n 阶虚容器
VLI	VCAT/LCAS Informatioin	VCAT/LCAS 信息
VP	Virtual Path	虚通道

W	Working	工作
WTR	Wait to Restore	等待恢复

5 描述约定

5.1 SDH 特定传输层命名

ESn　STM-N 电层段(n=1)

OSn　STM-N 光层段(n=1,4,16,64,256)

RSn　STM-N 再生段(n=1,4,16,64,256)

MSn　STM-N 复用段(n=1,4,16,64,256)

Sn　VC-n 通道层(n=3,4,4-Xc)

SnP　VC-n(n=3,4,4-Xc)路径保护子层

SnD　使用 ITU-T G.707 附件 D 中 TCM 定义的 VC-n(n=3,4,4-Xc)通道,串接连接子层(选项 2)

SnT　使用 ITU-T G.707 附件 C 中 TCM 定义的 VC-n(n=3,4,4-Xc)通道,串接连接子层(选项 1)

Sm　VC-m 通道(m=12)

SmD　VC-m 通道,串接连接子层(m=12)

Pqs　PDH 同步用户数据(q=11 for 1.5 Mbit/s,q=12 for 2 Mbit/s)。本层由 ITU-T G.705 定义。到 SDH 的适配由本标准定义。

Pqx　PDH 用户数据(q=11 for 1.5 Mbit/s,q=12 for 2 Mbit/s,q=2 for 6 Mbit/s,q=31 for 34 Mbit/s,q=32 for 45 Mbit/s,q=4 for 140 Mbit/s)。本层由 ITU-T G.705 定义。到 SDH 的适配由本标准定义。

5.2 性能和可靠性

参考 ITU-T G.806:2006 的关于转发延迟、响应时间、可用性和可靠性和激光器安全的规范。

6 监视

6.1 一般行为

监视处理的一般行为应遵守 ITU-T G.806:2006 第 6 章。

6.2 路径终结点模式和端口模式

应遵守 ITU-T G.806:2006 的 6.1。

6.3 缺陷

6.3.1 连续性监视

一般的连续性监视缺陷在 ITU-T G.806 第 6.2.1 节叙述。在这里叙述 SDH 特有的连续性监视缺陷。

6.3.1.1 信号丢失缺陷(dLOS)

STM-N 光接口:当接收器的输入功率电平跌到误码大状态的电平时,这个参数应该取值“输入信号丢失”。监测这个参数的目的是作为下列指示之一:

a) 发送器失效;

b) 光通道中断。

注:这个是只涉及输入信号质量好坏的功能性规范。不需要隐含对光的功率或 BER 大小的判断。LOS 缺陷检测的定时要求属于地区标准的范畴。一个例子如下:当检测出(解扰前的)输入信号没有过渡的时间达到 T 后,产生 LOS 缺陷,T 的取值是 2.3 $\mu s \leqslant T \leqslant 100$ μs。在时间周期等于或大于 125 μs 或者 2.5T'之后终止 LOS 缺陷,T'是有过渡长度间隔,取值 2.3 $\mu s \leqslant T' \leqslant 100$ μs。

STM-1 电接口：

——选项 1：当输入信号“无跳变”时，即对于 N 个连续脉冲间隔，其中 $10 \leqslant N \leqslant 255$，当信号电平小于或等于信号标称电平之下 35 dB 时，检出 LOS 缺陷。当输入信号有“跳变”，即对于 N 个连续脉冲间隔，其中 $10 \leqslant N \leqslant 255$，当信号电平大于或等于信号标称电平之下 15 dB 时，清除 LOS 缺陷。有“过渡”的信号相当于 CMI 编码信号。

——选项 2：当检测出（解扰前）输入信号没有过渡的时间达到 T 后，产生 LOS 缺陷，T 值为 $2.3\ \mu s \leqslant T \leqslant 100\ \mu s$。在时间周期等于或大于 125 μs 或者 $2.5T'$ 之后终止 LOS 缺陷，T' 是有过渡长度间隔，取值 $2.3\ \mu s \leqslant T' \leqslant 100\ \mu s$。

6.3.2 连接性监视

所有的连接性监视处理都是通用的，在 ITU-T G.806:2006 的 6.2.2 叙述。

6.3.3 信号质量监视

所有的信号质量监视处理都是通用的，在 ITU-T G.806:2006 的 6.2.3 叙述。

6.3.4 净荷类型监视

所有的信号净荷类型监视处理都是通用的，在 ITU-T G.806:2006 的 6.2.4 叙述。

6.3.5 定位监视

在 ITU-T G.806:2006 的 6.2.5 叙述一般的定位监视缺陷。SDH 专用的定位监视缺陷在这里叙述。

6.3.5.1 帧丢失缺陷(dLOF)

STM-N 信号：如果 OOF 状态持续存在 3 ms，必须宣告帧丢失(LOF)。为了防止间歇的 OOF 情况，积分计时器不得复位到零，直到帧同步状态持续存在 3 ms 为止。一旦处于 LOF 状态，当帧同步状态持续存在 3 ms 之后，就必须脱离该状态。

6.3.5.2 VC-1/2 映射进 HOVC 的复帧丢失缺陷(dLOM)

如果复帧定位处理(见 8.2.2)处于 OOM 状态，而且 H4 复帧在 m 个 VC-3/4 帧之内恢复，必须宣告 dLOM 缺陷。一旦进入 dLOM 状态，当复帧恢复时(复帧定位处理进入 IM 状态)，必须退出这个状态。

M 必须是在 4 到 80 范围，而且是不可指配的。

6.3.5.3 指针丢失缺陷(dLOP)

AU-n dLOP：见 ITU-T G.783 附件 A。

TU-m dLOP：见 ITU-T G.783 附件 A。

6.3.5.4 VC-3/4 虚级联的复帧丢失缺陷(dLOM)

如果两个复帧定位处理的任何一个处在复帧失步(OOM1 或 OOM2)状态(见 8.2.5.1)，而且在 m 个VC-3/4 帧之内整个 H4 两级复帧没有恢复，则必须宣告 dLOM 缺陷。一旦进入 dLOM 状态，当两个复帧定位处理处于复帧同步状态(IM1 和 IM2)时，则必须退出这个状态。

m 必须在 40 到 80 的范围之内，而且是不可指配的。

6.3.5.5 VC-1/2 虚级联的复帧丢失缺陷(dLOM)

如果两个复帧定位处理的任何一个(8.2.3.1 中扩展开销的复帧或 8.2.5.2 中虚级联帧计数的复帧)处在 OOM 状态，而且在 m 个 VC-1/2 帧之内整个虚级联两级复帧没有恢复，则必须宣告 dLOM 缺陷。一旦进入 dLOM 状态，当两个复帧定位处理处于复帧同步状态(IM 状态)，则必须退出这个状态。

m 必须在 200 到 400 的范围之内，而且是不可指配的。

注 1：仅仅对于扩展开销复帧(扩展信号标签)的 dLOM 没有规定。按照 8.2.3.2，复帧丢失(OOM 状态)会产生 dPLM。

注 2：TCM 复帧的丢失，由 ITU-T 建议规定的 dLTC 缺陷涵盖。

6.3.6 维护信号监视

一般维护监视缺陷在 ITU-T G.806:2006 的 6.2.6 叙述。SDH 特有的维护监视缺陷在此叙述。

6.3.6.1 AIS 缺陷(dAIS)

MS-n dAIS：见 ITU-T G.806:2006 的 6.2.6.2。

AU-n dAIS：见 ITU-T G.783 附件 A。

TU-m dAIS：见 ITU-T G.783 附件 A。

6.3.7 协议监视

所有的协议监视处理是通用的，在 ITU-T G.806:2006 的 6.2.7 叙述。

6.4 后续动作

所有的后续动作是通用的，在 ITU-T G.806:2006 的 6.3 叙述。

6.5 缺陷关联

所有的缺陷关联是通用的，在 ITU-T G.806:2006 的 6.4 叙述。

6.6 一秒性能监测过滤器

在 ITU-T G.806:2006 的 6.5 叙述了通用一秒性能监测计数。SDH 专有的计数在此叙述。

6.6.1 指针调整计数(pPJC＋，pPJC－)

正的指针调整计数(pPJC＋)是在一秒周期内产生的指针增量数的计数。

负的指针调整计数(pPJC－)是在一秒周期内产生的指针减量数的计数。

注：pPJC 是 15 min 和 24 h PJE(指针调整事件)计数的输入。

7 穿过 XXX_MP 参考点的信息流(XXX_MI)

关于信息流的一般描述见 ITU-T G.806:2006 的第 7 章。SDH 专用的信息流在应用原子功能中说明。

8 通用处理

8.1 线路编码和扰码处理

线路编码和扰码的一般处理过程按照 ITU-T G.806:2006 的 8.1 处理。SDH 专有的扰码处理在此说明。电的 SDH 信号的线路编码在 GB/T 13997 建议说明。

8.1.1 STM-N 扰码和解扰

扰码和解扰按 ITU-T G.707/Y.1322 建议执行。下列字节排除在扰码和解扰处理之外：

——对于 STM-0，RSOH 头一行的 3 个字节(A1，A2，J0)排除在扰码和解扰处理之外。

——对于 STM-N(N＝1，4，16，64)，RSOH 头一行(9×N 字节，包括 A1，A2，J0 以及留给国内使用或今后国际标准化使用的各个字节)排除在扰码和解扰处理之外。

——对于 STM-256，在 RSOH 的头一行的 64 A1 和 64 A2 字节排除在扰码和解扰处理之外。

8.2 定位处理

通用的定位处理按照 ITU-T G.806:2006 的 8.2 进行。SDH 专有的定位处理在此说明。

8.2.1 STM-N 帧定位

必须利用搜索包含在 STM-N 信号内的 A1、A2 字节(见 ITU-T G.707/Y.1322 建议)的方式来找到帧定位。要搜索的定帧脉型可能是包含在 STM-N 信号内 A1 和 A2 字节的子集。必须利用为定位假设的帧起始点连续地核对帧信号。如果处于帧定位状态(IF)，对于随机的未定帧信号，最大失步(OOF)检测时间必须是 625 μs。用来检验定位的算法必须是这样的：在正常情况，10^{-3}(泊松型)误码比不会导致虚假的 OOF 超过 6 min 发生一次。如果处在 OOF 状态，对于不带有仿冒定帧脉型的无误码信号，最大帧定位时间必须是 250 μs。用于从 OOF 状态恢复的算法必须是：对于随机未定帧信号，每 250 μs 时间间隔，虚假帧恢复的概率必须比 10^{-5} 更小。

8.2.2 映入 HOVC 的 VC-1 的复帧定位

如果 HOVC 的 TUG 结构包括 TUG-2，则必须在 H4 字节的比特 7 和 8 上实现复帧定位恢复 500 μs（复帧）起始相位。当在 H4 比特 7 和 8 序列内检测到误码时，必须认为复帧失步（OOM）。当发现在四个连续的 VC-n 帧内没有误码的 H4 序列时，必须认为复帧定位已恢复和必须进入复帧同步（IM）状态。

8.2.3 低阶 VC-1 扩展开销的复帧定位

VC-1 的扩展开销提供一组扩展的（8 比特）信号代码并承载虚级联的帧和序列信息。这个开销在长度为 32 个复帧的 K4 内承载[1,2]。这就保证了每 16 ms 能传输 64 比特附加开销。

8.2.3.1 复帧的产生和恢复

扩展开销用在 Sm/客户适配功能中（采用扩展信号标签）代码，以及用在虚级联的 Sm/Sm-X 适配功能中。

源方向：复帧起点指示器"0111 1111 110"被插在 K4[1]复帧序列的头 11 个比特。余下的 K4[1]复帧序列的 21 个比特用来承载扩展开销，但是规定在余下的 21 个比特内不能出现八个以上的连续"1"。对于没有包含任何扩展开销的信号，不需要实现这种处理。

宿方向：比特序列将从扩展开销复帧定位的 K4[1]恢复。必须用搜索 K4[1]的脉型"0111 1111 110"找到复帧定位。信号必须用假定的复帧定位起始位置连续地进行检验。

当检测到两个连续的 FAS 有误（即，每个 FAS 内有一个误码）时，认为帧定位已丢失（进入复帧失步（OOM）状态）。

当找到一个没有错误的 FAS 时，认为帧定位已恢复（进入复帧同步（IM）状态）。

这个处理只是在收到扩展开销的情况，才需要实行。现在，这种情况有：

——收到虚级联信号情况的 Sm/Sm-X 适配宿功能（见 8.2.5.2 和 13.5.1.2）。

——扩展信号标签是预期的和扩展信号标签漏掉了代码"101"出现在 V5[5-7]内情况下的 Sm/客户适配宿功能。

8.2.3.2 扩展信号标签的插入和恢复

Sm/客户适配功能使用扩展信号标签代码插入和恢复扩展信号标签。

源方向：如 8.2.3.1 说明的那样产生扩展开销复帧。在 V5[5-7]内发送漏掉代码"101"的扩展信号标签。八比特的扩展信号标签代码当作 K4[1]复帧序列的比特[12-19]发送。K4[1]复帧序列的比特 20 当作零发送，使得扩展信号标签不能仿冒复帧起点指示符。

宿方向：Sm/客户适配宿功能期待扩展信号标签代码必须首先从 V5[5-7]恢复 3 比特信号标签代码。根据 V5[5-7]采取下列动作：

000——按照 ITU-T G.806:2006 的 6.2.1.3 必须宣告 dUNEQ。

001——按 ITU-T G.806:2006 的 6.2.4.2 接受"装载未规定"代码。

101——如 8.2.3.1 述，必须恢复扩展开销复帧。如果复帧恢复处理处于 OOM 状态，必须宣告 dPLM。如果复帧恢复处理处于 IM 状态，必须从 K4[1]复帧序列的比特[12-19]恢复信号标签。如果接受的信号标签与预期的信号标签不符，按 ITU-T G.806:2006 的 6.2.4.2 必须宣告 dPLM。

其他——按 ITU-T G.806:2006 的 6.2.4.2，必须宣告 dPLM。

8.2.4 串联连接复帧定位

VC-3、VC-4：必须在字节 N1 的比特 7 和 8 上实现复帧定位，以便恢复在复帧比特中传送的 TTI、

RDI 和 ODI 信号。必须用搜索字节 N1 的比特 7 和 8 内脉型“1111 1111 1111 1110”的方式找出帧定位。信号必须用假定的复帧定位起始位置连续地进行检验。

注：以上叙述的 VC-4 和 VC-3 的帧定位处理只适用于 TCM 选项 2。

VC-12：必须在字节 N2 的比特 7 和 8 上实现复帧定位，以便恢复在复帧比特中传送的 TTI、RDI 和 ODI 信号。必须用搜索字节 N2 的比特 7 和 8 内脉型“1111 1111 1111 1110”的方式找出帧定位。信号必须用假定的复帧定位起始位置连续地进行检验。

当检测到两个连续的 FAS 有误时，（即，每个 FAS 内有一个误码）时，认为帧定位已丢失（进入复帧失步（OOM）状态）。

当找到一个没有错误的 FAS 时，认为帧定位已恢复（进入复帧同步（IM）状态）。

8.2.5 虚级联复帧定位

8.2.5.1 VC-3、VC-4 虚级联复帧定位

源方向：两级复帧按 ITU-T G.707/Y.1322 建议规定的那样产生。第一级使用 H4，比特 5-8 作复帧指示 MFI1。MFI1 每帧递增，从 0 到 15 计数。第二级使用第一复帧级的帧 0 内 H4，比特 1-4（比特 1-4）和帧 1 内 H4，比特 1-4（比特 5-8）作复帧指示 MFI2。MFI2 按第一级的每个复帧递增，从 0 到 255 计数。最终总的复帧长 4 096 帧（=512 ms）。

宿方向：其功能必须恢复两级 512 ms 复帧：

复帧级 1：

该功能必须在字节 H4 的比特 5 到 8 内复帧指示 MFI1 上实现复帧定位，恢复第一个（16 帧）复帧。一旦在 MFI1 序列中检出误码，必须认为级 1 复帧失步（OOM1）。当发现 4 个连续的 VC-帧内没有错误的 MFI1 序列时，就必须认为级 1 复帧定位已恢复并必须进入复帧同步状态（IM1）。

复帧级 2：

该功能必须实现在第 1 个复帧级的帧 0 和帧 1 的字节 H4 的比特 1 到 4 内的复帧指示 MFI2 上实现复帧定位，恢复第 2 个（256 帧）复帧。一旦在 MFI2 序列中检测到误码或第一复帧处于复帧失步（OOM1）状态，就必须认为级 2 复帧失步（OOM2）。一旦第一复帧级处于复帧同步（IM1）状态，就必须立即开始第二复帧的恢复。当在两个连续的第一级复帧内发现 MFI2 序列没有错误时，就必须认为级 2 复帧定位已恢复并必须进入复帧同步状态（IM2）。

8.2.5.2 VC-12 虚级联复帧定位

VC-12 虚级联的复帧定位按照 ITU-T G.707/Y.1322 建议使用包含有 5 比特帧计数器和 6 比特序列号的扩展开销。5 比特帧计数器对 32 倍的 16 ms 扩展开销复帧速率计数检测 512 ms 中的不同延迟。定位由 Sm/Sm-X 适配功能实现。

源方向：如果在 Sm-X_CI 中还没有扩展开销复帧，就必须按 8.2.3.1 产生它。此外，必须使用现行的扩展开销复帧结构。该功能必须将像 5 比特计数器值[随每个扩展开销（16 ms）复帧递增]一样的帧号插入 K4[2]复帧序列的比特 1-5。虚级联序列号必须插入 K4[2]复帧序列的比特 6-11。Sm[i]的序列号是 i-1。

注：因为虚级联的标准应用是用于采用扩展信号标签代码的净荷，在 Sm/客户适配源功能为了插入扩展信号标签而产生的 Sm-X_CI 中已经有了扩展开销复帧。

宿方向：按 8.2.3.1 恢复扩展开销复帧。从 K4[2]复帧序列的比特 1-5 恢复虚级联帧号。当扩展开销复帧定位处理在 OOM 状态，或者当从 K4[2]序列的比特 1-5 接收和预期的帧号发现错误时，该处理过程会处于复帧失步（OOM）状态。当扩展开销复帧处理处于 IM 状态和恢复了两个连续的没有错误的帧号，该处理过程进入 IM 状态。从 K4[2]序列的比特 6-11 恢复序列号。如果在 n 个（3≤n≤10）连续的扩展开销复帧内收到的序列有同样的值，新的序列号就被接受。接受的序列号与预期的序列号

相比较,用于 dSQM 缺陷检测。

8.3 信号质量监视处理

一般的信号质量监视处理在 ITU-T G.806:2006 的 8.3 叙述。SDH 专有的处理在此说明。

8.3.1 串联连接 BIP 违例的判定

VC-3、VC-4:必须对前一个 HOVC 的每个字节的每个比特 n 计算偶比特奇偶性并和从当前帧恢复的 B3 的比特 n 相比较(n=1 到 8 包括在内)。计算的和恢复的 B3 之间的差异必须当作计算块内一个或几个误码(ON_B)的证据。必须利用计算的误码数与写入路径终结源的 IEC 的误码数(见表 D.5/G.707/Y.1322)之间的差的幅度(绝对值)确定每个发送的 VC-n 的串联连接的误码性能(图 2)。如果差的幅度是 1 或更大,则检出误码的 TC 块(N_B)。

注:当前帧内 B3 数据和 IEC 读数都适用于先前的帧。

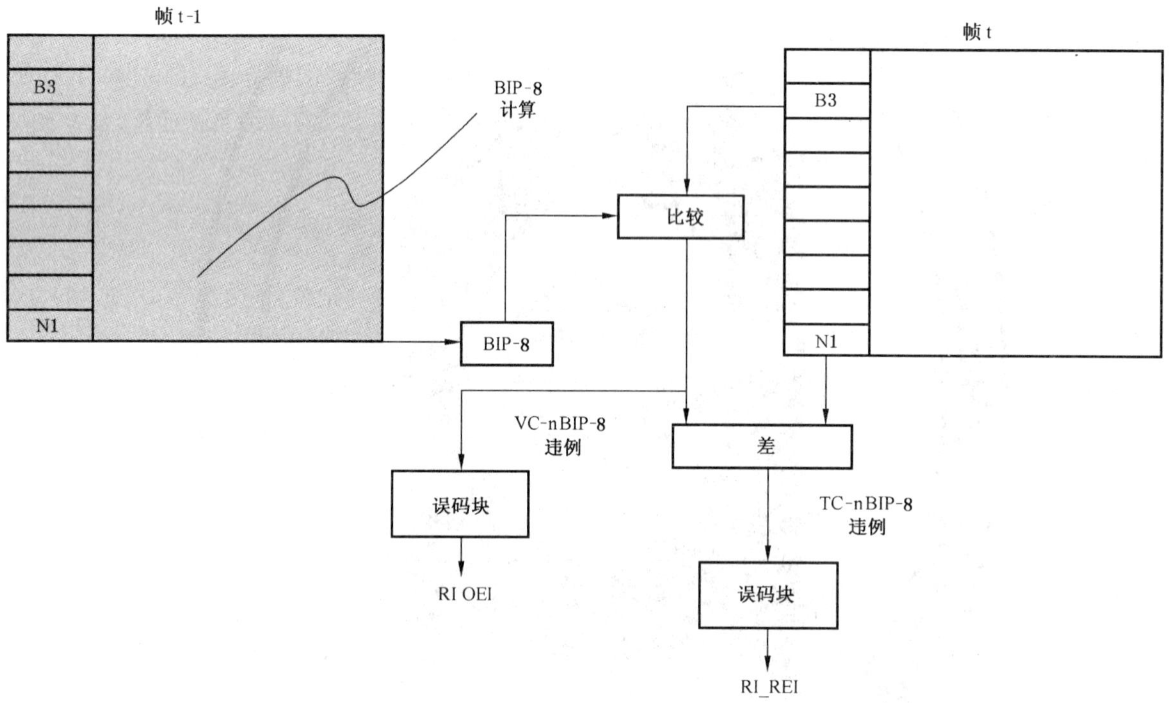

图 2 TC-n 和 BIP-8 的计算及比较

VC-12:对前一个 VC-12 的每个字节包括 V5 在内的每个比特对计算偶 BIP-2 并和从当前帧恢复的 V5 的比特 1 和 2 相比较(见图 3)。计算和恢复的 BIP-2 值之间的差当作在计算块内一个或多个误码(ON_B)的证据。此外,实际的 BIP-2 与从 N2 的比特 1 和 2 恢复的 BIP-2 相比较。其差不等于零就指示串联连接内 VC-m 已不可靠。在这种情况下,检出误码 TC 块(N_B)。

8.3.2 串联连接输入误码代码的判定

必须对前一个 VC-n(n=3,4)的每个字节包括 B3 在内的每个比特 n 计算偶 BIP-8 并和从当前帧恢复的字节 B3 相比较。计算和恢复的 BIP-8 值之间的差当作计算块内一个或几个误码的证据,并必须插入字节 N1 的比特 1 到 4(见图 4,表 C.1/G.707/Y.1322 和表 D.2/G.707/Y.1322)。如果存在 SF 状态,如表 C.1/G.707/Y.1322(TCM 选项 1)或表 D.2/G.707/Y.1322(TCM 选项 2)所规定的代码必须插入字节 N1 的比特 1 到 4 取代输入 BIP-8 违例数。

注:在串联连接输入信号内检出 BIP-8 违例为零必须以非全"0"IEC 代码编码。这样就使得在 TC 路径终点能利用这个 IEC 字段当作 TC 输入未装载 VC 和未装载 TC 之间的鉴别器。

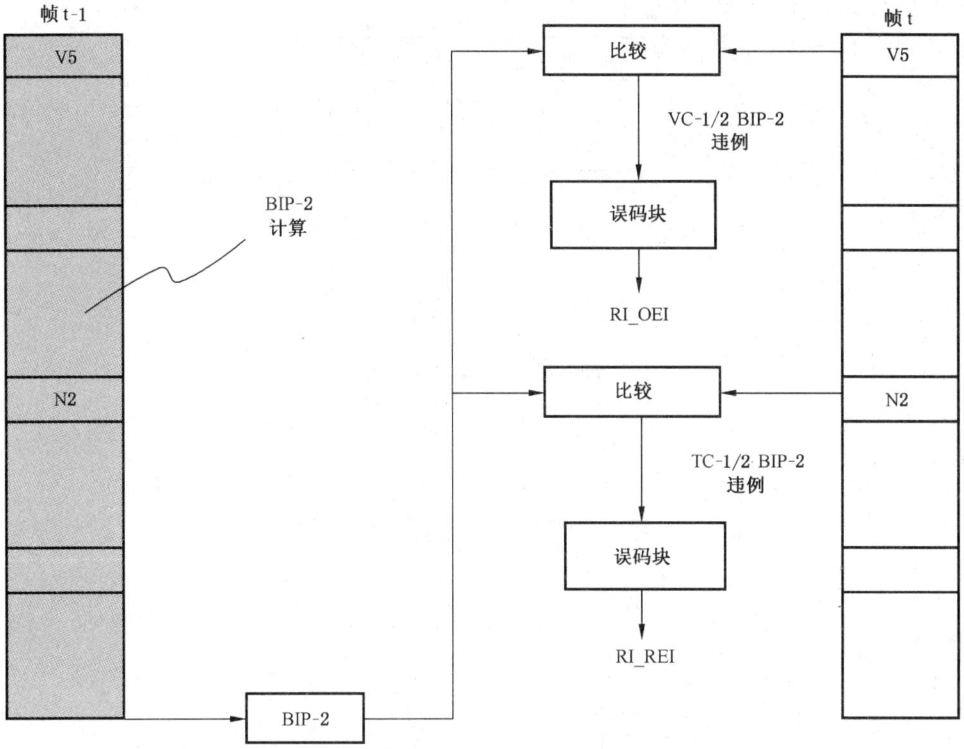

图 3 TC-1/2 和 VC-12 的 BIP-2 计算和比较

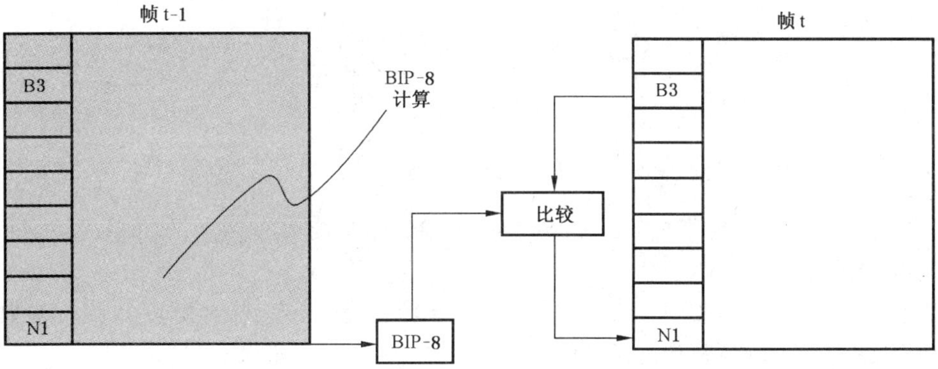

图 4 TC-n IEC 的计算和插入

8.4 BIP 矫正处理

对于添加去除串联连接开销(N1,N2),必须按照 ITU-T G.806:2006 的 8.4 的 BIP 矫正处理补偿 B3(BIP-8)和 V5[1-2](BIP-2)。

9 STM-N 物理段层(N=1,4,16,64,256)

以下说明规定 SDH 物理接口层的原子功能。它们说明如 GB/T 13997 建议、G.707/Y.1322 建议、GB/T 20185 议和 G.691 建议规定的 ES1_CP 或 OSn_CP(其中 n=1,4,16,64,256)的 SDH 设备内使用的光和电接口的物理和逻辑特性(见图 5 和图 6)。

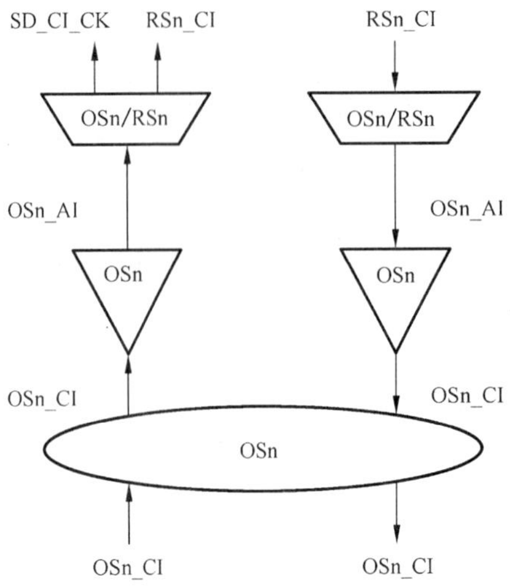

图 5 STM-N 光段原子功能

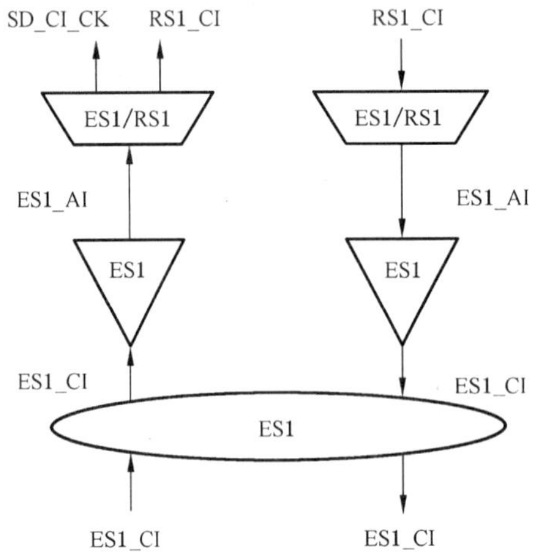

图 6 STM-1 电段原子功能

STM-N 电/光段层 CP：

在层 CP 的特征信息 OSn_CI 或 ES1_CI 是规定的功率、比特率、脉冲宽度和波长的数字、光或电(编码的)信号。规定了这种特征信号的范围。

光接口信号在 ITU-T G.957 和 G.691 建议规定。电接口信号在 GB/T 13997 建议规定。

9.1 连接功能

不适用。这个层没有连接功能要规定。

9.2 终结功能

9.2.1 STM-N 光段路径终结 OSn_TT

9.2.1.1 STM-N 光段路径终结源 OSn-Xy.z_TT_So

注：Xy.z 是 ITU-T G.957 和 G.691 建议规定的应用代码集中的一个值：{I-1，S-1.1，S-1.2，L-1.1，L-1.2，L-1.3，I-4，S-4.1，S-4.2，L-4.1，L-4.2，L-4.3，V-4.1，V-4.2，V-4.3，U-4.2，U-4.3，I-16，S-16.1，S-16.2，L-16.1，L-16.2，L-16.3，V-16.1，V-16.2，V-16.3，U-16.2，U-16.3，S-64.1，S-64.2，S-64.3，L-64.1，L-64.2，L-64.3，V-64.1，V-64.2，V-64.3}。STM-256 的应用代码尚待研究。

符号

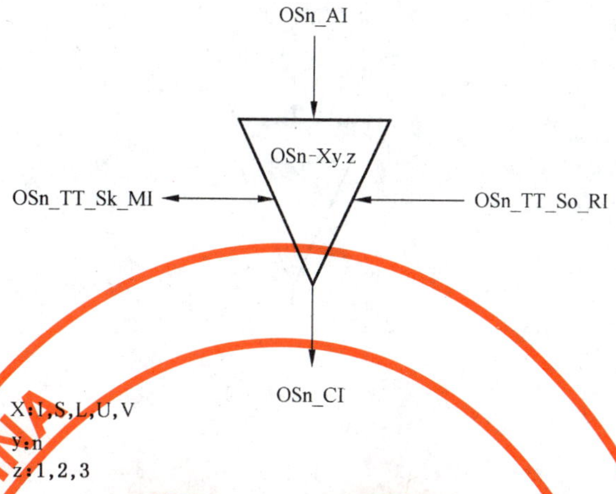

图 7　OSn-Xy. z_TT_So 的符号

接口

表 1　OSn-Xy. z_TT_So 输入和输出信号

输　入	输　出
OSn_AI_Data OSn_RI_LOS	OSn_CI_Data
注 1：如果支持，OSn_RI_LOS 由 APSD 机制使用(参见 ITU-T G. 664 建议)。 注 2：有光放大器的接口的 OSn_TT_So_MI 的定义待研究。 注 3：APSD 机制的 OSn_TT_So_MI 的定义待研究。	

处理

终结功能调节在光媒介上传输的和在 OSn_CP 上存在的数据。

光特性：该功能必须产生符合 ITU-T G. 957 和 G. 691 建议规定的 Xy. z 特征的光 STM-N 信号。

激光器安全性：参见 ITU-T G. 664 建议。

缺陷

无。

注：在本建议先前的版本和 ITU-T G. 958 建议中已规定 TF 和 TD 缺陷不再要求检测和作为与传输相关的缺陷进行报告和告警。因为 SDH 的引入，技术已成熟，而且光发送器已达到类似设备中其他部件那样可靠。在光发送器中要监测的问题应该按设备特有的方式实现，并作为现场可替换单元失效的一部分予以报告。

后续动作

无。

缺陷关联

无。

性能监测

无。

9.2.1.2　STM-N 光段路径终结宿 OSn-Xy. z_TT_Sk

注：Xy. z 是 ITU-T G. 957 和 G. 691 建议规定的应用代码集中的一个值：{I-1，S-1. 1，S-1. 2，L-1. 1，L-1. 2，L-1. 3，I-4，S-4. 1，S-4. 2，L-4. 1，L-4. 2，L-4. 3，V-4. 1，V-4. 2，V-4. 3，U-4. 2，U-4. 3，I-16，S-16. 1，S-16. 2，L-16. 1，L-16. 2，L-16. 3，V-16. 1，V-16. 2，V-16. 3，U-16. 2，U-16. 3，S-64. 1，S-64. 2，S-64. 3，L-64. 1，L-64. 2，L-64. 3，V-64. 1，V-64. 2，V-64. 3}。STM-256 的应用代码待研究。

符号

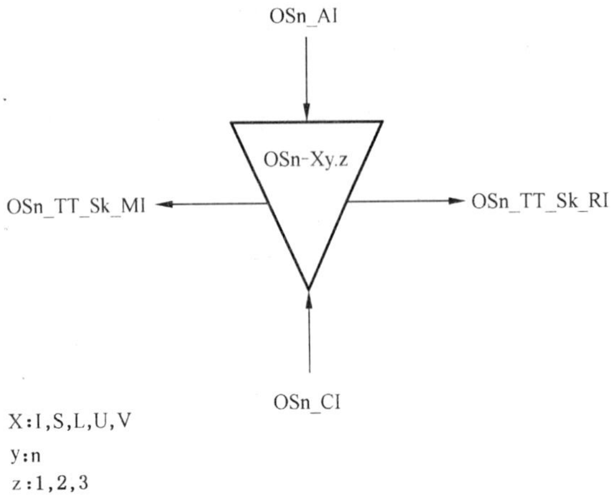

图 8　OSn-Xy. z_TT_Sk 的符号

接口

表 2　OSn-Xy. z_TT_Sk 的输入和输出信号

输　　入	输　　出
OSn_CI_Data OSn_TT_Sk_MP_PortMode	OSn_AI_Data OSn_AI_TSF OSn_RI_LOS OSn_TT_Sk_MI_cLOS
注：如果支持，OSn_RI_LOS 由 APSD 机制使用(见 ITU-T G. 664 建议)。	

处理

在 OSn_CP 的 STM-N 信号是相似格式和调整过的信号(如 8. 4 所述)它是由于在物理媒介上传输而受到了规定限度内劣化的信号。

这个功能恢复在光缆上传输的光 STM-N 信号。接口信号的物理特性规定在 ITU-T G. 957 或 G. 691 建议内。

该功能必须将通常符合 ITU-T G. 957 或 G. 691 规定的 Xy. z 特性的接收 STM-N 信号变换成内部的 OSn_AI 信号。

端口模式的操作在 ITU-T G. 806 第 6. 1 节说明。

激光器安全性：见 ITU-T G. 664 建议。

缺陷

dLOS：见 6. 2. 1. 1。

后续动作

aTSF　←　dLOS

aRI_LOS　←　dLOS

缺陷关联

cLOS　←　dLOS 和 MON

性能监测

无。

9.2.2 **STM-1 电段路径终结 ES1_TT**

9.2.2.1 **STM-1 电段路径终结源 ES1_TT_So**

符号

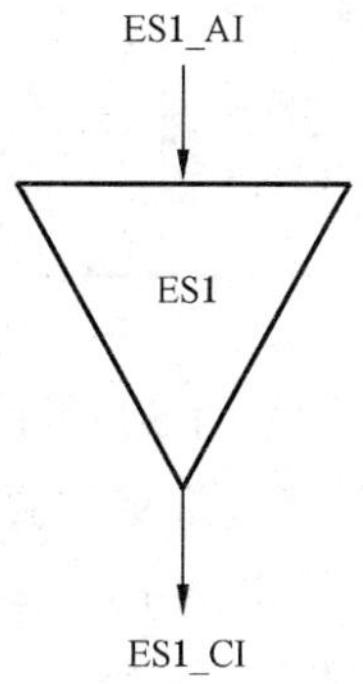

图 9 ES1_TT_So 的符号

接口

表 3 ES1_TT_So 的输入和输出信号

输　入	输　出
ES1_AI_Data	ES1_CI_Data

处理

这个功能按 GB/T 13997 建议的规定产生 STM-1 电的局内段层信号。

脉冲形状：该功能必须满足 GB/T 13997 建议规定的要求。

峰到峰电压：该功能必须满足 GB/T 13997 建议规定的要求。

上升时间：该功能必须满足 GB/T 13997 建议规定的要求。

每个方向的线对：该功能必须满足 GB/T 13997 建议规定的要求。

输出回损：该功能必须满足 GB/T 13997 建议规定的要求。

缺陷

无。

后续动作

无。

缺陷关联

无。

性能监测

无。

9.2.2.2 **STM-1 电段路径终结宿 ES1_TT_Sk**

符号

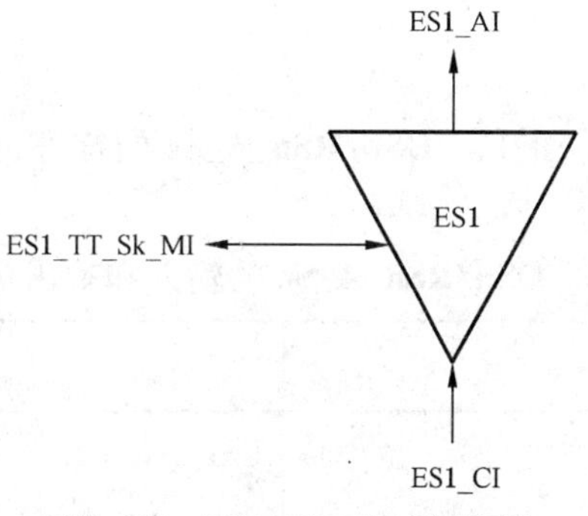

图 10 ES1_TT_Sk 的符号

接口

表 4 ES1_TT_Sk 的输入和输出信号

输　　入	输　　出
ES1_CI_Data ES1_TT_Sk_MI_PortMode	ES1_AI_Data ES1_AI_TSF ES1_TT_Sk_MI_cLOS

处理

这个功能按 GB/T 13997 建议的规定恢复电的 STM-1 局内段层信号。

输入回损：该功能必须满足 GB/T 13997 建议规定的要求。

端口模式：该功能必须满足 ITU-T G.806:2006 的 6.1 规定的端口模式。

注：端口模式处理的 AUTO 状态是任选的。

缺陷

dLOS：见 6.2.1.1。

后续动作

该功能必须实现下列后续动作：

aTSF ← dLOS

缺陷关联

该功能必须实现以下的缺陷关联，从而确定最大可能的故障原因是什么。这个故障原因必须报告给 SEMF。

cLOS ← dLOS 和 MON

性能监测

无。

9.3 适配功能

9.3.1 STM-N 光段到再生段适配 OSn/RSn_A

9.3.1.1 STM-N 光段到再生段适配源 OSn/RSn_A_So

符号

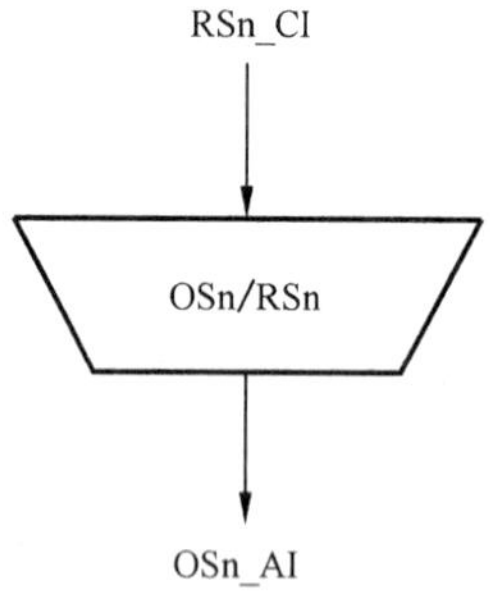

图 11 OSn/RSn_A_So 的符号

接口

表 5 OSn/RSn_A_So 的输入和输出信号

输　　入	输　　出
RSn_CI_Data RSn_CI_Clock	OSn_AI_Data

处理

这个功能按照 ITU-T G.957 或 G.691 建议提供 STM-N 信号的线路编码。

这个功能限制 OSn_AI_Data 信号内时钟信息的输出抖动，使之在表 6 和表 7 给出的 60 s 间隔上测量值之内。

SDH 再生器产生的抖动：类型 A SDH 再生器，为 2 048 kbit/s 体系的网络最佳化而应用的，在它的 STM-N 输出不得产生超过表 6 之值的抖动。

表 6　基于 2 048 kbit/s 网络内，STM-N 类型 A 再生器产生的抖动

接　口	测量频带（−3 dB 频率）[a,b]		峰到峰幅度/UI[b,c]
	高通/kHz	低通/MHz −60 dB/dec	
STM-1 光	0.5	1.3	0.30
	65	1.3	0.10
STM-4 光	1	5	0.30
	250	5	0.10
STM-16 光	5	20	0.30
	1 000	20	0.10
STM-64 光	20	80	0.30
	4 000	80	0.10
STM-256 光[d]	FFS	FFS	FFS
	16 000	320	0.10

a 高通和低通测量滤波器的传递函数规定在第 5 章/G.825。

b 对于 STM-1：　1 UI=6.43 ns
对于 STM-4：　1 UI=1.61 ns
对于 STM-16：　1 UI=0.40 ns
对于 STM-64：　1 UI=0.10 ns
对于 STM-256：　1 UI=0.025 ns

c 测量时间和通过/不通过准则规定在第 5 章/G.825。

d 对于 STM-256 的值，在本建议出版时是暂定的，ITU-T G.825 建议还没有列入。

对于实际的 1 544 kbit/s 体系包括 1 544 kbit/s、6 312 kbit/s 和 44 736 kbit/s 等速率，在网络最佳化中应用的 STM-N(N=1,4,16,64)再生器，在它的 STM-N 输出不得产生超过表 7 所列值的抖动。

表 7　基于 1 544 kbit/s 网络内，STM-N 再生器产生的抖动

接　口	测量频带（−3 dB 频率）		限值[a,b,c]
	高通/kHz	低通/MHz −60 dB/dec	
STM-1 光	12	1.3	0.1 UIpp/0.01 UIrms
STM-4 光	12	5	0.1 UIpp/0.01 UIrms
STM-16 光	12	20	0.1 UIpp/0.01 UIrms
STM-64 光	20	80	0.30 UIpp
	4 000	80	0.10 UIpp

表 7（续）

接　　口	测量频带 （—3 dB 频率）		限值[a,b,c]
	高通/kHz	低通/MHz —60 dB/dec	
STM-256 光	FFS	FFS	FFS

a 对于 STM-1、STM-4 和 STM-16 等速率，峰到峰和 rms 抖动限值要同时满足（对 STM-64 不适用）。
b 对于 STM-1：　1 UI=6.43 ns
　对于 STM-4：　1 UI=1.61 ns
　对于 STM-16：　1 UI=0.40 ns
　对于 STM-64：　1 UI=0.10 ns
　对于 STM-256：　1 UI=0.025 ns
c 测量时间和通过/不通过准则规定在第 5 节/G.825。

缺陷

无。

后续动作

无。

缺陷关联

无。

性能监测

无。

9.3.1.2　**STM-N 光段到再生段适配宿 OSn/RSn_A_Sk**

符号

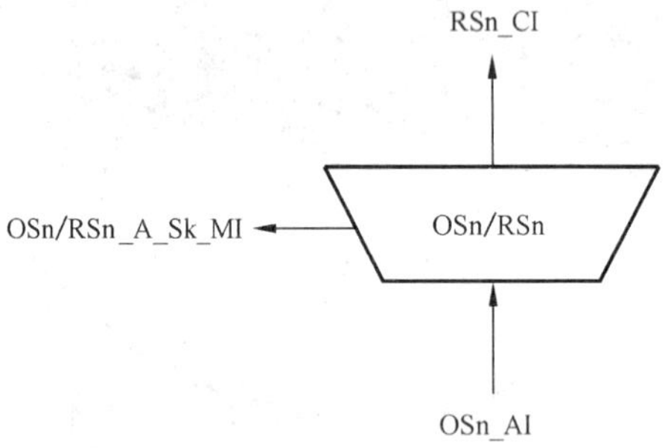

图 12　**OSn/RSn_A_Sk 的符号**

接口

表 8　**OSn/RSn_A_Sk 的输入和输出信号**

输　　入	输　　出
OSn_AI_Data OSn_AI_TSF	RSn_CI_Data RSn_CI_Clock RSn_CI_FS RSn_CI_SSF OSn/RSn_A_Sk_MI_cLOF OSn/RSn_A_Sk_MI_pOFS

处理

OSn_AP 从 OSn_TT_Sk 功能接收 OSn_AI_Data 信号和它包含的定时。OSn/RSn 功能处理这个信号，在 RSn_CP 形成数据和有关的定时。该功能还恢复 RSn_CP 的数据内的帧定位和帧起始位置的标识符。在 RSn_CP 呈现成帧的 STM-N 数据和定时。

再生：当在输入存在任何组合的下列信号状态时，该功能必须按 TBD 的最大 BER 运行。

——在 ITU-T G.957 或 G.691 建议规定范围内的任何光功率电平；

——像 ITU-T G.825 建议规定那样，抖动调制施加于输入信号；

——输入信号比特率具有 N×155 520 kbit/s±20×10^{-6}范围内的任何值。

注：频率和抖动/漂移容限可能今后在客户层要求中考虑。

为了保证对 STM-N 信号内存在连续相同数字(CID)有足够的防卫度，该功能必须遵从 15.1.4 的规范。

该功能必须这样处理信号，在没有输入抖动时在 STM-N 输出接口(在再生中继器)其固有抖动不得超过 15.1.2 规定的值。

该功能必须这样处理信号，抖动传递(在再生中继器内 STM-N 输入和 STM-N 输出之间测量)必须如 15.1.3 的规定。

帧定位处理如 8.2.1 所述。

缺陷

dLOF：见 6.2.5.1。

后续动作

该功能必须实现以下后续动作：

aAIS ← dLOF 或 AI_TSF

aSSF ← dLOF 或 AI_TSF

在宣告 aAIS 时，该功能必须在 250 μs 之内输出(符合这个接口频率限值的)全"1"(AIS)信号；在 aAIS 清除时，该功能必须在 250 μs 内输出常规数据。

缺陷关联

该功能必须实现以下缺陷关联，确定最大可能的故障原因。这个故障原因必须报告给 SEMF。

cLOF ← dLOF 和(非 AI_TSF)

性能监测

该功能必须实现下列性能监测原语处理：

至少有一个 OOF 事件的任何秒必须作为 pOFS 报告(在 ITU-T G.784 建议是任选的)。

9.3.2 STM-1 电段到再生段适配 ES1/RS1_A

9.3.2.1 STM-1 电段到再生段适配源 ES1/RS1_A_So

符号

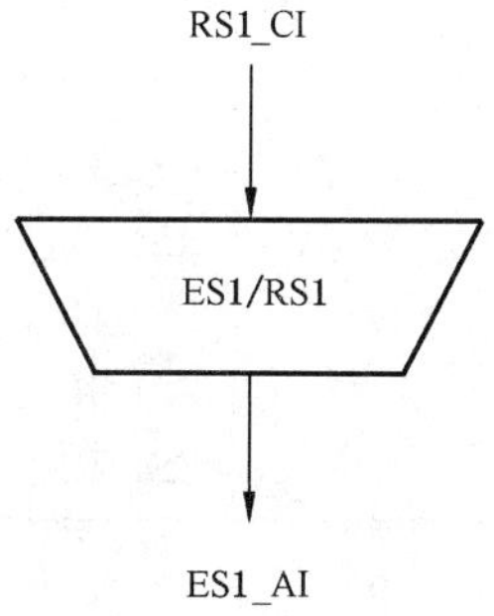

图 13 ES1/RS1_A_So 的符号

接口

表 9 ES1/RS1_A_So 的输入和输出信号

输　　入	输　　出
RS1_CI_Data RS1_CI_Clock	ES1_AI_Data

处理

这个功能按照 GB/T 13997 建议提供 STM-1 信号的 CMI 编码。

这个功能将 ES1_AI_Data 信号内时钟信息上输出抖动限制到在 60 s 间隔上 65 kHz～1.3 MHz 测量之值小于 0.075 UIpp(1 UI=6.43 ns)。

注：低于 65 kHz 的抖动和漂移由 SETS 确定，见 ITU-T G.781 建议。

缺陷

无。

后续动作

无。

缺陷关联

无。

性能监测

无。

9.3.2.2 **STM-1 电段到再生段适配宿(ES1/RS1_A_Sk)**

符号

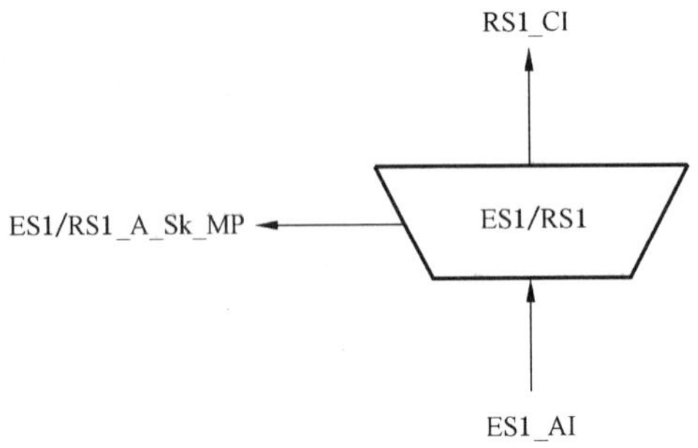

图 14 ES1/RS1_A_Sk 的符号

接口

表 10 ES1/RS1_A_Sk 的输入和输出信号

输　　入	输　　出
ES1_AI_Data ES1_AI_TSF	RS1_CI_Data RS1_CI_Clock RS1_CI_FS RS1_CI_SSF ES1/RS1_A_Sk_MI_cLOF ES1/RS1_A_Sk_MI_pOFS

处理

ES1_AP 从 ES1_TT_Sk 功能接收 ES1_AI_Data 信号和它包含的定时。ES1/RS1 功能处理这个信号，在 ES1_CP 形成数据和相关的定时。该功能还恢复在 RS1_CP 的数据内的帧定位和帧起始位置标识符。在 ES1_CP 呈现成帧的 STM-N 数据和定时。

再生：在输入存在下列信号状态的任何组合时，该功能必须安全没有误码地运行：

——输入电信号的幅度电平为 GB/T 13997 建议规定的任何值；

——施加于输入信号的抖动调制为 ITU-T G.825 建议规定的任何值；

——输入信号比特率为 155 520 kbit/s$\pm 20\times 10^{-6}$范围内任何值。

注：频率和抖动/漂移容限可能今后在客户层要求中考虑。

CMI 解码：该功能必须实现遵从 GB/T 13997 建议的 CMI 解码处理。

帧定位：STM-N 帧定位处理在 8.2.1 说明。

缺陷

dLOF：见 6.2.5.1。

后续动作

该功能必须实现下列后续动作：

aAIS ← dLOF

aSSF ← dLOF

如果检出帧丢失(LOF)，则必须在 2 帧(250 μs)以内将逻辑的全“1”(AIS)信号加到数据信号输出。一旦上述缺陷状态结束，则必须在 2 帧(250 μs)内除去逻辑全“1”信号。

缺陷关联

该功能必须实现以下缺陷关联，确定最有可能的故障原因。这个故障原因必须报告给 SEMF。

cLOF ← dLOF 和(非 AI_TSF)

性能监测

该功能必须实现下列性能监测原语处理：

至少有一个 OOF 事件的任何秒必须作为 pOFS 报告(在 ITU-T G.784 建议是任选的)。

9.4 子层功能(N/A)

没有子层功能。

10 STM-N 再生段层(N=1,4,16,64,256)

再生段层 CP 的数据(RS CI)是八比特组结构的，具有同向定时和 125 μs 帧长。图 15 至图 17 示出其格式(功能参见图 18)。

A1 定帧、A2 定帧、J0 RS 踪迹字节、B1 BIP-8 字节、E1 公务字节、F1 RS 用户字节、D1-D3 RS DCC 字节和 NU 字节组成 RS CI，与 MS CI 一起由 ITU-T G.707/Y.1322 建议规定。

1	2	3	4	5	6	7	8	9	(b 的坐标值)
1 到 n	1 到 n	1 到 n	1 到 n	1 到 n	1 到 n	1 到 n	1 到 n	1 到 n	(c 的坐标值)
A1	A1	A1	A2	A2	A2	J0	NU	NU	
B1			E1			F1	NU	NU	
D1			D2			D3			

图 15 STM-N(N=1,4,16,64)再生段 CI 数据格式(按 S(b,c)格式)

1	2	3	4	5	6	7	8	9	(b 的坐标值)
1 到 n	1 到 n	1 到 n	1 到 n	1 到 n	1 到 n	1 到 n	1 到 n	1 到 n	(c 的坐标值)
		A1	A2			J0	NU	NU	
B1			E1			F1	NU	NU	
D1			D2			D3			

注：A1 和 A2 字节数按 ITU-T G.707/Y.1322 建议规定。

图 16 STM-256 再生段 CI 数据格式(按 S(b,c)格式)

1	2	3	4	5	6	7	8	9	(b的坐标值)
1到n	1到n	1到n	1到n	1到n	1到n	1到n	1到n	1到n	(c的坐标值)
							NU	NU	
		E1				F1	NU	NU	
D1		D2				D2			

注：在 S(a,b,1)行只有 D1-D3、J0、B1、E1、F1 字节。

图 17 再生段 AI 数据格式(按 S(b,c)格式)

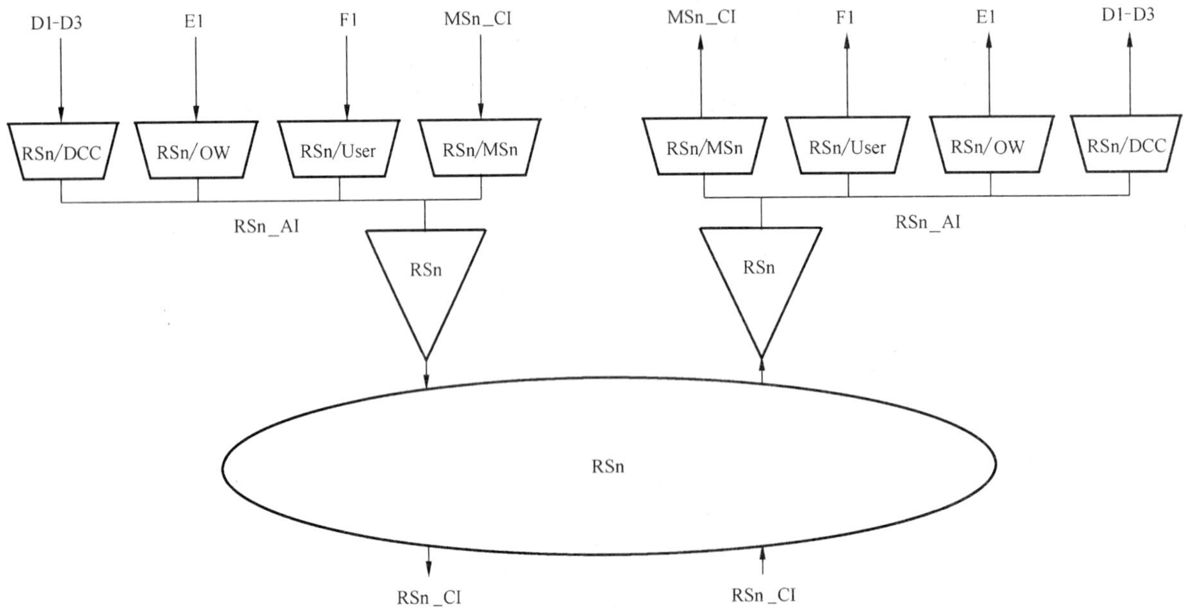

图 18 再生段功能

10.1 连接功能

不使用。

10.2 终结功能

10.2.1 STM-N 再生段路径终结 RSn_TT

RSn_TT 功能的作用就是再生段开销(RSOH)的源和宿。再生段是两个 RSn_TT 功能之间并包括它们在内的维护实体。

注:在再生器内,A1、A2 和 J0 字节可以中继(即透明地通过再生器)取代下述的终结和产生动作。参见附录 D。

10.2.1.1 STM-N 再生段路径终结源 RSn_TT_So

符号

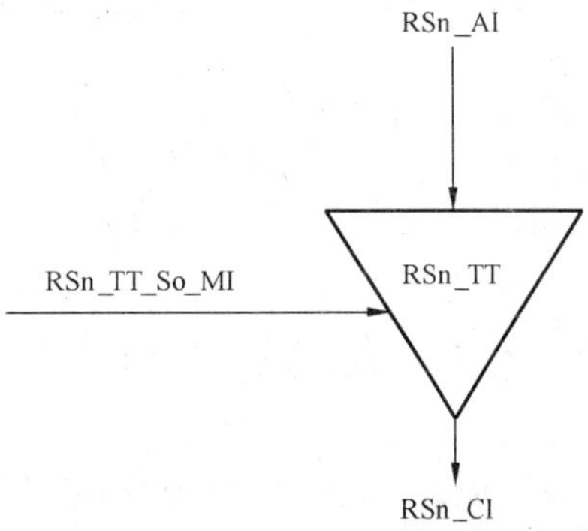

图 19 RSn_TT_So 的符号

接口

表 11 RSn_TT_So 功能的输入和输出

输　　入	输　　出
RSn_AI_Data RSn_AI_Clock RSn_AI_FrameStart RSn_TT_So_MI_TxTI	RSn_CI_Data RSn_CI_Clock

处理

在 RSn_AP 的数据是 ITU-T G.707/Y.1322 建议规定的 STM-N 信号、具有有效的复用段开销(MSOH)和 E1、D1-D3、F1 和 NU 字节。但是,在这个信号中字节 A1、A2、B1 和 J0 是不确定的。A1、A2、B1 和 J0 字节是一组符合 ITU-T G.707/Y.1322 建议的作为 RSn_TT 功能一个部分的字节,以便在 RSn_CP 给出完全格式化的 STM-N 数据和相关定时。在这些字节被设定后,RSn_TT 功能在 STM-N 信号呈现到 RSn_CP 之前对它扰码。按照 8.1.1 和 ITU-T G.707/Y.1322 建议实现扰码动作。

A1,A2:按 ITU-T G.707/Y.1322 建议产生帧定位字节 A1、A2 并插进 RSOH 的第一行。

J0:从参考点 RSn_TT_MP 导出的再生段踪迹信息(RSn_TT_So_MI_TxTI)置入 J0 字节位置。RS 踪迹的格式在 ITU-T G.707/Y.1322 建议说明。

B1:用于再生段比特误码监测功能的误码监测字节 B1 位于 STM-N 内。这个功能必须采用 ITU-T G.707/Y.1322 建议规定的偶校核的比特间插奇偶校核 8(BIP-8)代码。BIP-8 在 RSn_CP 处扰码后的前一个 STM-N 帧的所有比特上计算。其结果置于扰码前 RSOH 的字节 B1 位置。

缺陷

无。

后续动作

无。

缺陷关联

无。

性能监测

无。

10.2.1.2 **STM-N 再生段路径终结宿 RSn_TT_Sk**

符号

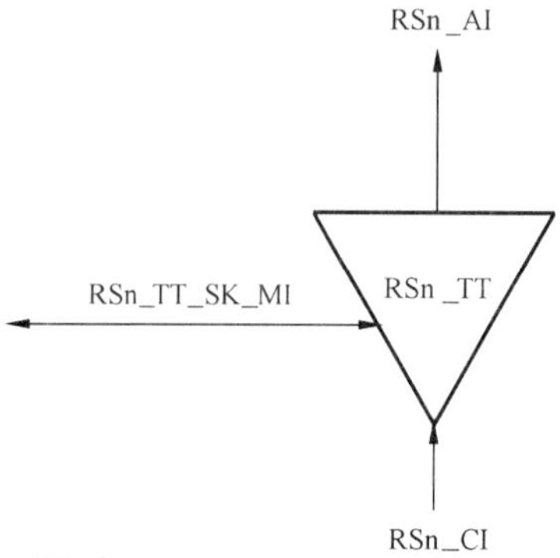

图 20 **RSn_TT_Sk 的符号**

接口

表 12 **RSn_TT_Sk 功能的输入和输出**

输　入	输　出
RSn_CI_Data	RSn_AI_Data
RSn_CI_Clock	RSn_AI_Clock
RSn_CI_FrameStart	RSn_AI_FrameStart
RSn_CI_SSF	RSn_AI_TSF
RSn_TT_Sk_MI_ExTI	RSn_TT_Sk_MI_AcTI
RSn_TT_Sk_MI_TPmode	RSn_TT_Sk_MI_cTIM
RSn_TT_Sk_MI_TIMdis	RSn_TT_Sk_MI_cSSF
RSn_TT_Sk_MI_TIMAISdis	RSn_TT_Sk_MI_pN_EBC
RSn_TT_Sk_MI_ExTImode	RSn_TT_Sk_MI_pN_DS
RSn_TT_Sk_MI_1second	
RSn_TT_Sk_MI_SSF_Reported	

处理

这个功能监测 RS 的 STM-N 信号的误码，恢复 RS 路径终结状态。它从 RSn 层特征信息抽取与净荷无关的开销字节(J0,B1)。

解扰

该功能必须将输入 STM-N 信号解扰。按 8.1.1 和 ITU-T G.707/Y.1322 建议实现解扰器的工作。

J0：从在 RSn_CP 的 RSOH 恢复字节 J0(RS 通道踪迹)。如果检测出 RS 踪迹标识符失配(RSn_TT_Sk_MI_cTIM)，则必须通过参考点 RS_TT_MP 报告。在 RS_TT_MP 也能得到接受的 J0 值(RSn_TT_Sk_MI_AcTI)。关于踪迹标识符失配处理(J0)的说明，见 ITU-T G.806：2006 的 6.2.2.2。

B1：对前一个扰码的 STM-N 帧的每个字节的每个比特计算偶比特奇偶性并与从当前帧恢复的 B1 的比特 n(包括 n=1-8)相比较。在 STM-1 的情况，计算的和恢复的 B1 值之间的差当作一个误码块(nN_B)的证据。在 STM-4、STM-16、STM-64 和 STM-256，误码块的定义尚待研究。

缺陷

dTIM：见 ITU-T G.806：2006 的 6.2.2.2。

后续动作

该功能必须实现下列后续动作。

aAIS ← CI_SSF 或(dTIM 或非 TIMAISdis)

aTSF ← CI_SSF 或(dTIM 或非 TIMAISdis)

缺陷关联

该功能必须实现下列缺陷关联,确定最有可能的故障原因。这个故障原因必须报告给 SEMF。

cTIM ← dTIM 和 MON

cSSF ← CI_SSF 和 SSF_Reported 和 MON

性能监测

该功能必须实现以下性能监测原语处理:

pN_DS ← CI_SSF 或 dTIM 或 dEQ

pN_EBC ← ΣnN_B

10.3 适配功能

10.3.1 STM-N 再生段到 STM-N 复用段适配 RSn/MSn_A

10.3.1.1 STM-N 再生段到 STM-N 复用段适配源 RSn/MSn_A_So

符号

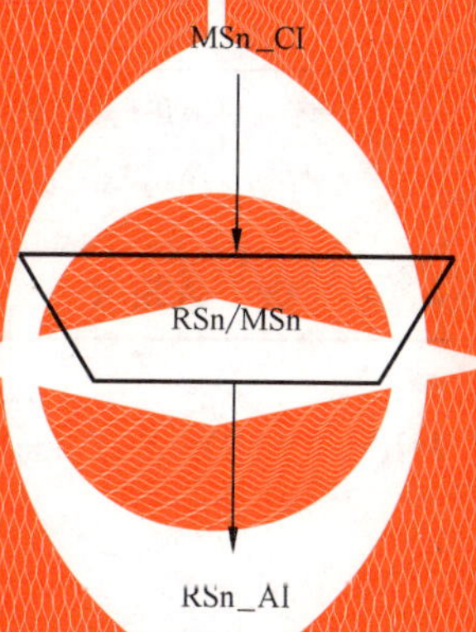

图 21 RSn/MSn_A_So 的符号

接口

表 13 RSn/MSn_A_So 功能的输入和输出

输 入	输 出
MSn_CI_Data MSn_CI_Clock MSn_CI_FrameStart MSn_CI_SSF	RSn_AI_Data RSn_AI_Clock RSn_AI_FrameStart

处理

该功能将 MSn_CI 数据复用进 ITU-T G.707/Y.1322 建议规定的 STM-N 字节的位置。

缺陷

无。

后续动作

aAIS ← CI_SSF

注:如果 CI_SSF 没有连接(当 RSn/MSn_A_So 连接于 MSn_TT_So 时),认为 SSF 是伪。

在宣告 aAIS 时,该功能必须在 250 μs 内输出全“1”信号,在 aAIS 清除时,该功能必须在 250 μs 内输出正常数据。所有全“1”信号的频率必须在 STM-N 阶的频率$\pm 20\times 10^{-6}$之内。

缺陷关联

无。

性能监测

无。

10.3.1.2 **STM-N 再生段到 STM-N 复用段适配宿 RSn/MSn_A_Sk**

符号

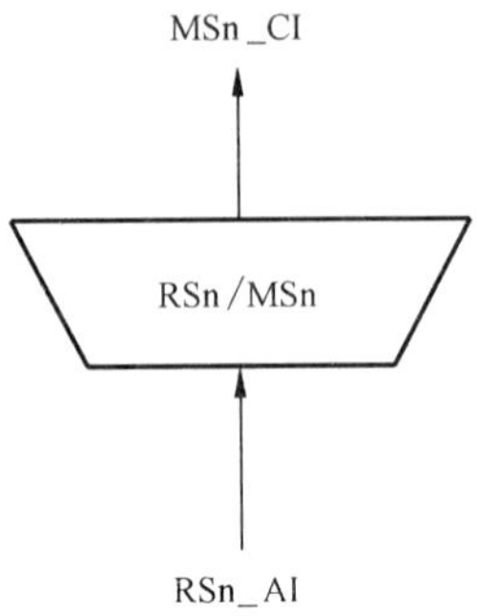

图 22 RSn/MSn_A_Sk 的符号

接口

表 14 RSn/MSn_A_Sk 功能的输入和输出

输入	输出
RSn_AI_Data RSn_AI_Clock RSn_AI_FrameStart RSn_AI_TSF	MSn_CI_Data MSn_CI_Clock MSn_CI_FrameStart MSn_CI_SSF

处理

该功能如图 15 到图 17 描述的那样从 RSn_AI 分离出 MSn_CI 数据。

缺陷

无。

后续动作

aSSF ← AI_TSF

缺陷关联

无。

性能监测

无。

10.3.2 **STM-N 再生段到 DCC 适配 RSn/DCC_A**

10.3.2.1 **STM-N 再生段到 DCC 适配源 RSn/DCC_A_So**

符号

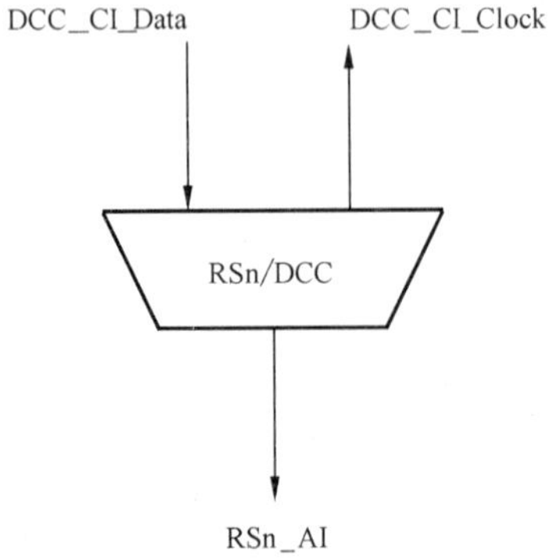

图 23 RSn/DCC_A_So 的符号

接口

表 15 RSn/DCC_A_So 功能的输入和输出

输　　入	输　　出
DCC_CI_Data RSn_AI_Clock RSn_AI_FrameStart	RSn_AI_Data DCC_CI_Clock

处理

将 DCC 数据连续地放进 RSOH 的字节 D1-D3 位置。这些字节分配给数据通信用并必须当作一个 192 kbit/s 的面向消息的通路用于 RSn_TT 功能之间需要的告警、维护、控制、监测、管理及其他通信。这个通路供内部产生的、外部产生的和维护人员专用的消息使用。所使用的协议套必须和 ITU-T G.784 建议规定的一样。

缺陷

无。

后续动作

无。

缺陷关联

无。

性能监测

无。

10.3.2.2 **STM-N 再生段到 DCC 适配宿 RSn/DCC_A_Sk**

符号

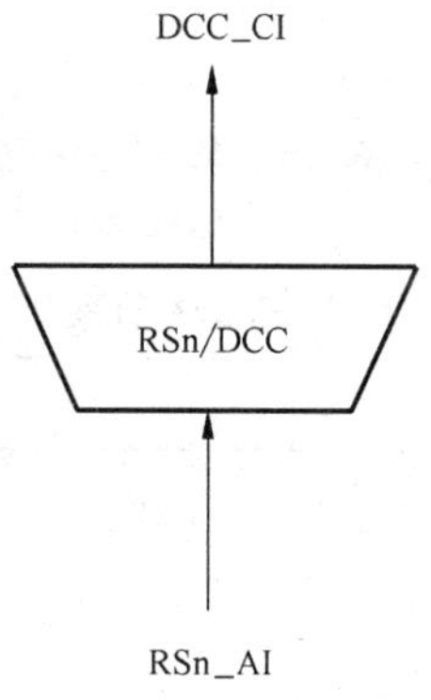

图 24 RSn/DCC_A_Sk 的符号

接口

表 16 RSn/DCC_A_Sk 功能的输入和输出

输　　入	输　　出
RSn_AI_Data RSn_AI_Clock RSn_AI_FrameStart RSn_AI_TSF	DCC_CI_Data DCC_CI_Clock DCC_CI_SSF

处理

从 RSOH 的 D1-D3 字节连续地恢复 DCC 数据。

缺陷

无。

后续动作

aSSF ← AI_TSF

缺陷关联

无。

性能监测

无。

10.3.3 STM-N 再生段到公务适配 RSn/OW_A

10.3.3.1 STM-N 再生段到公务适配源 RSn/OW_A_So

符号

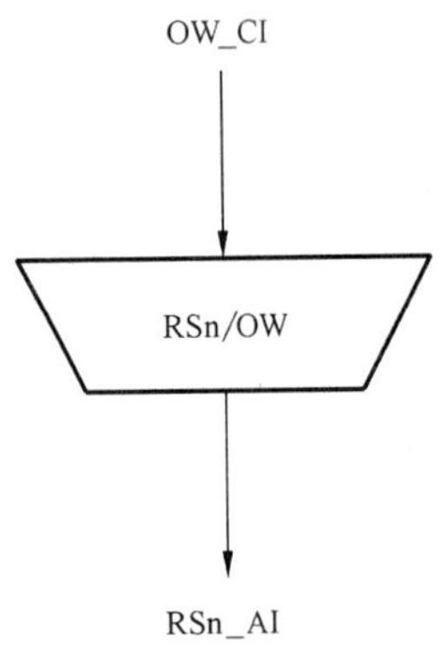

图 25 RSn/OW_A_So 的符号

接口

表 17 RSn/OW_A_So 功能的输入和输出

输 入	输 出
OW_CI_Data OW_CI_Clock OW_CI_FrameStart	RSn_AI_Data

处理

将公务安放在 RSOH 的字节 E1 位置。它提供一个光的 64 kbit/s 不受限通路，留作网元之间话音通信使用。

缺陷

无。

后续动作

无。

缺陷关联

无。

性能监测

无。

10.3.3.2 **STM-N 再生段到公务适配宿 RSn/OW_A_Sk**

符号

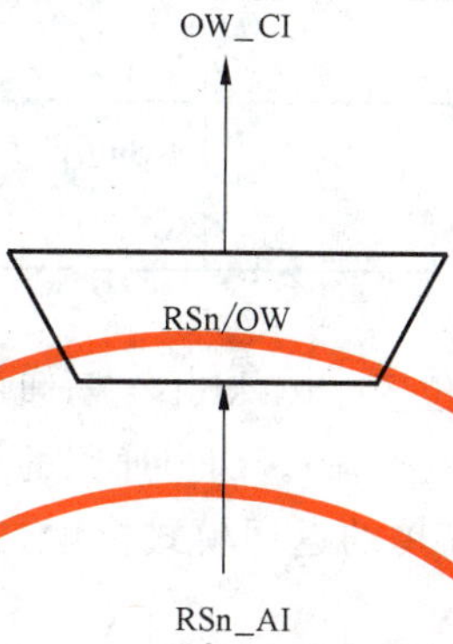

图 26 **RSn/OW_A_Sk 的符号**

接口

表 18 **RSn/OW_A_Sk 功能的输入和输出**

输　入	输　出
RSn_AI_Data	OW_CI_Data OW_CI_Clock OW_CI_FrameStart

处理

从 RSOH 的 E1 字位置恢复公务。

缺陷

无。

后续动作

aSSF ← AI_TSF

aAIS ← AI_TSF

当宣告 aAIS 时，该功能必须在两帧(250 μs)以内输出符合对这个信号频率限值(比特率在 64 kbit/s±100×10^{-6}范围内的)全"1"(AIS)信号。上述失效状态结束后，必须在两帧(250 μs)以内取消全"1"。

缺陷关联

无。

性能监测

无。

10.3.4 **STM-N 再生段到用户通路适配 RSn/User_A**

10.3.4.1 **STM-N 再生段到用户通路适配源 RSn/User_A_So**

符号

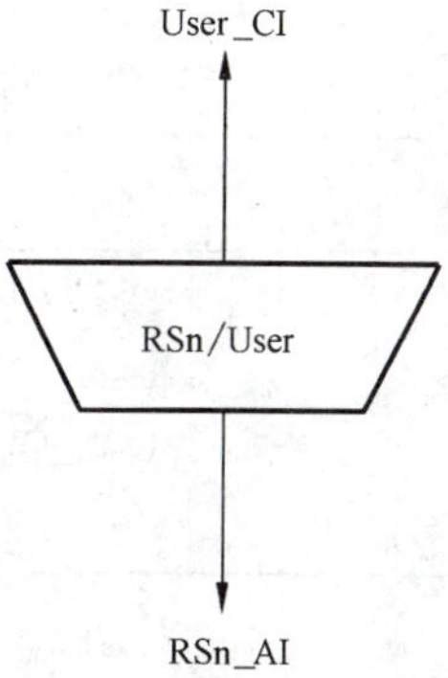

图 27 **RSn/User_A_So 的符号**

接口

表 19　RSn/User_A_So 功能的输入和输出

输　　入	输　　出
User_CI_Data User_CI_Clock	RSn_AI_Data

处理

将用户数据放进 RSOH 的字节 F1 位置。64 kbit/s 畅通的通路留给网络提供商(例如,为网络的运行)使用。在再生器、F1 字节的接入是任选的。用户通路的规范有待研究。特殊的用途,例如在没有装备操作支持系统或它不能工作时,以简单的返回模式标识失效段,还有待研究。在附录 A 给出这种用法的例子。

缺陷

无。

后续动作

无。

缺陷关联

无。

性能监测

无。

10.3.4.2　**STM-N 再生段到用户通路适配宿 RSn/User_A_Sk**

符号

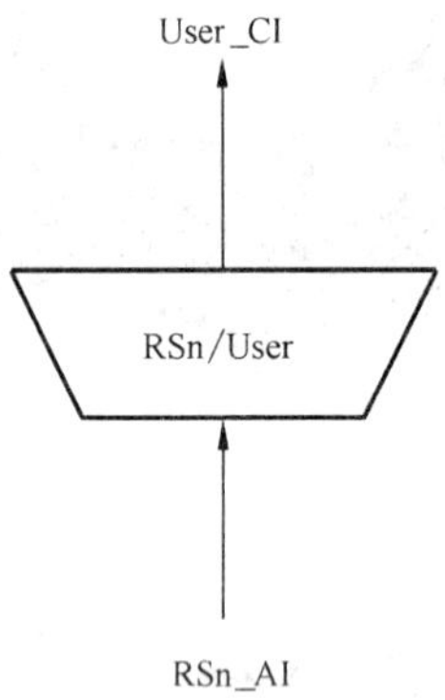

图 28　RSn/User_A_Sk 的符号

接口

表 20　RSn/User_A_Sk 功能的输入和输出

输　　入	输　　出
RSn_AI_Data RSn_AI_Clock RSn_AI_FrameStart RSn_AI_TSF	User_CI_Data User_CI_Clock User_CI_SSF

处理

从 RSOH 的 F1 字节位置恢复用户数据。

缺陷

无。

后续动作

aSSF ← AI_TSF

aAIS ← AI_TSF

当宣告 aAIS 时，该功能必须在 2 帧(250 μs)以内输出符合这个信号频率限值(比特率在 64 kbit/s $\pm 100\times 10^{-6}$范围内)的全“1”(AIS)信号。在上述失效状态结束后两帧(250 μs)以内必须去掉全“1”。

缺陷关联

无。

性能监测

无。

10.3.5 STM-N 再生段到辅助字节适配 RSn/AUX_A

按 ITU-T G.707/Y.1322 建议的规定，现在有某些 RSOH 字节留待国内用途、媒介有关的用途或今后国际标准化等使用。一个或几个这些字节可以通过 RSn/AUX_A 功能接入。在 STM-N 信号第一行内不同的字节，它们是不为传输而扰码的，在没有实际使用时必须设置为 10101010。对于其他的不用字节，在没有实际使用时，不规定脉型。

10.3.6 STM-N(N≥16)再生段到 STM-N 复用段适配、支持 FEC 的

10.3.6.1 STM-N(N≥16)再生段到 STM-N 复用段适配、FEC 透明

10.3.6.2 STM-N(N≥16)再生段到 STM-N 复用段适配 FEC 透明源功能 RSn/MSF_A _So

符号

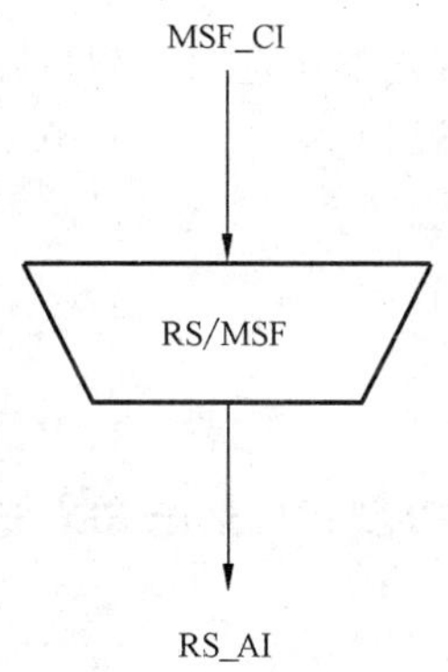

图 29 RS/MSF_A_So 的符号

接口

表 21 RSn/MSF_A_So 的输入和输出信号

输　入	输　出
MSF_CI_D MSF_CI_CK MSF_CI_FS MSF_CI_SSF	RSn_AI_D RSn_AI_CK RSn_AI_FS

处理

该功能将 MSF_CI 数据复用进 ITU-T G.707/Y.1322 建议规定的如图 30 所示 STM-N 字节的

位置。

MSF_CI 的定义==MS_CI+FEC

A1	A1	A1	A1	A1	A1	A2	A2	A2	A2	A2	A2	J0	Z0	X	X	X	X	净荷$_1$
B1	$P1_1$	Δ	Δ	Δ	Δ	E1	$P1_1$	Δ	Δ		$P1_1$	F1	X	X	X	X	X	净荷$_2$
D1	$P1_2$	Δ	Δ	Δ	Δ	D2	$P1_2$	Δ	Δ		$P1_2$	D3	$P1_3$		$P1_3$		Q1 $P1_3$	净荷$_3$
H1	H1	H1	H1	H1	H1	H2	H2	H2	H2	H2	H2	H3	H3	H3	H3	H3	H3	净荷$_4$
B2	B2	B2	B2	B2	B2	K1	$P1_4$		$P1_4$		$P1_4$	K2	$P1_5$		$P1_5$		$P1_5$	净荷$_5$
D4	D13-D60					D5						D6	$P1_6$		$P1_6$		$P1_6$	净荷$_6$
D7	D61-D108					D8						D9	$P1_7$		$P1_7$		$P1_7$	净荷$_7$
D10	D109-D156					D11						D12	$P1_8$		$P1_8$		$P1_8$	净荷$_8$
S1	$P1_9$		$P1_9$		$P1_9$		M0 M1					E2	X	X	X	X	X	净荷$_9$

注：行 n 的 FEC(奇偶性字节 P1n)覆盖净荷 n(n=1,...,9)。

行 3 的 FEC 还覆盖字节 Q1。行 4,…,9 的 FEC 还分别覆盖行 4,…,9 的 MSOH。

行 5 的 FEC 要除去奇偶性字节 P14。对于 STM-16 没有 M0,对于 STM-64 它是任选的,对于 STM-256 包含 M0。

D13-D156 只有 STM-256 才有。

图 30 MSF_CI 的定义

缺陷

无。

后续动作

aAIS ← CI_SSF

当宣告 aAIS 时,该功能必须在 250 μs 内输出全"1"信号;在 aAIS 清除后,该功能必须在 250 μs 内输出正常数据。全"1"信号的频率必须在 STM-N 阶频率$\pm 20\times 10^{-6}$以内。

缺陷关联

无。

性能监测

无。

10.3.6.3 STM-N(N≥16)再生段到 STM-N 复用段适配 FEC 透明宿功能 RSn/MSF_A _Sk

符号

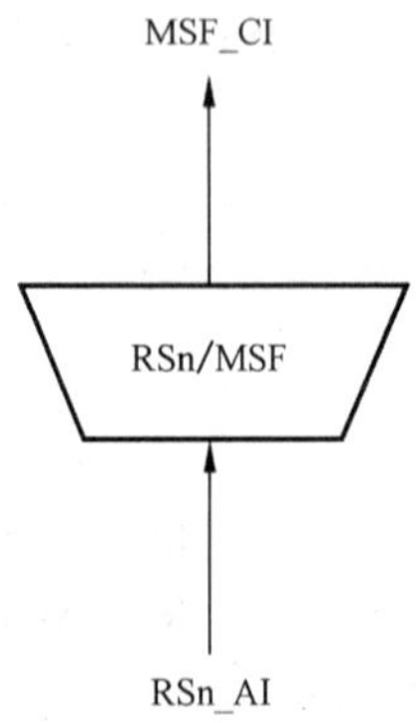

图 31 RSn/MSF_A_Sk 的符号

接口

表 22　**RSn/MSF_A_Sk 的输入和输出信号**

输　入	输　出
RSn_AI_D RSn_AI_CK RSn_AI_FS RSn_AI_TSF	MSF_CI_D MSF_CI_CK MSF_CI_FS MSF_CI_SSF

处理

该功能从 RSn_AI 分离出 MSF_CI 数据，如图 30 所示。

MSF_AIS==MSn－AIS 并添加全部 FEC 和置为“1”的 FSI 比特。

缺陷

无。

后续动作

aSSF ← AI_TSF

缺陷关联

无。

性能监测

无。

10.3.6.4 STM-N(N≥16)再生段到 STM-N 复用段适配 FEC 产生源功能 RSn/MSn-fec_A_So

符号

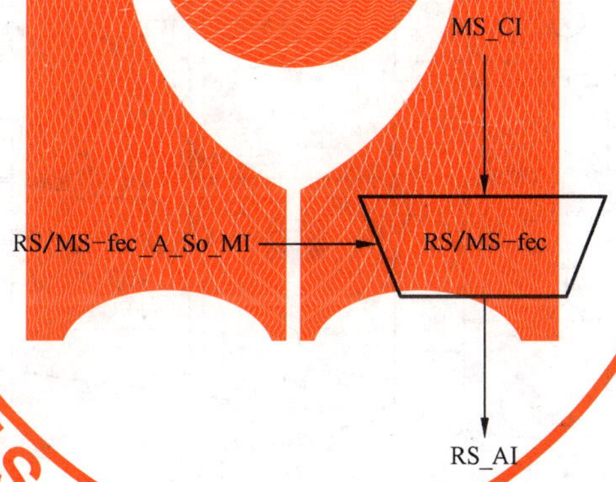

图 32　**RS/MS-fec_A_So 的符号**

接口

表 23　**RSn/MS-fec_A_So 的输入和输出信号**

输　入	输　出
MSn_CI_D MSn_CI_CK MSn_CI_FS MSn_CI_SSF RS/MS-fec_A_So_MI_FEC RS/MS-fec_A_So_MI_Delay	RSn_AI_D RSn_AI_CK RSn_AI_FS

处理

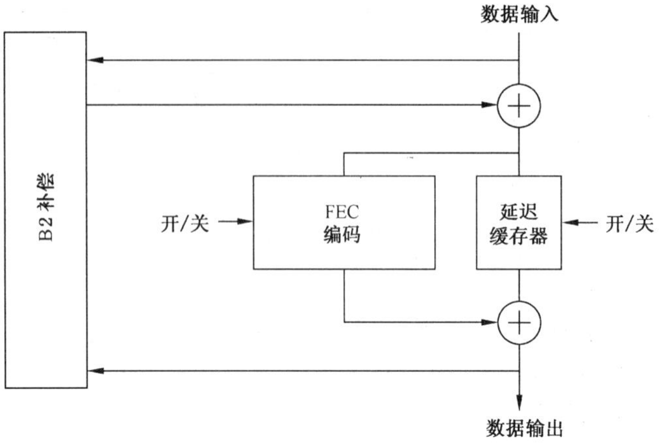

图 33 FEC 编码过程

B2 补偿必须按 ITU-T G.806:2006 的 8.4 矫正 MSF BIP。注意,FEC 的计算在 B2 补偿后进行,计算要将 B2 补偿包括进去,如图 34 所示。

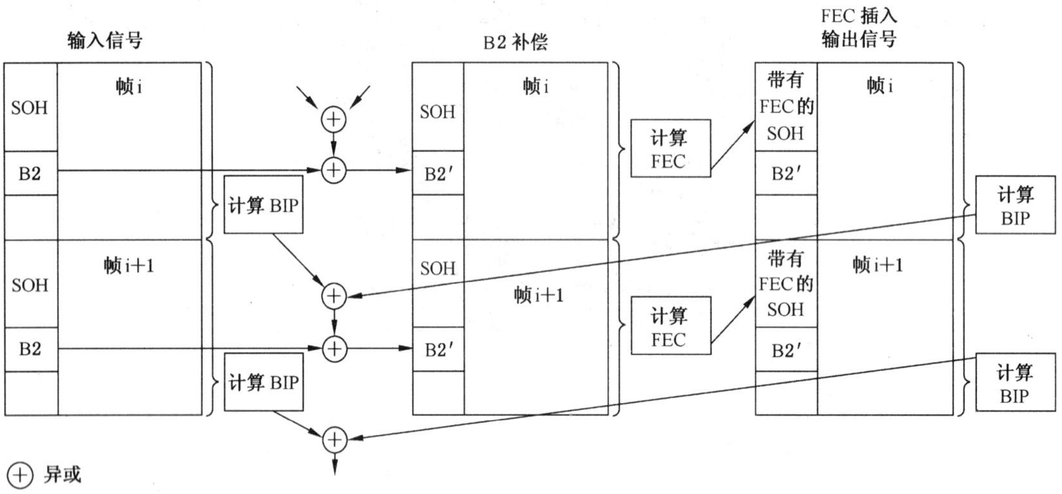

图 34 B2 补偿和 FEC 计算

缺陷

无。

后续动作

aAIS ← CI_SSF

当宣告 aAIS 时,该功能必须在 250 μs 内输出全"1"信号;在清除 aAIS 后 250 μs 内必须输出正常数据。全"1"信号的频率必须在 STM-N 阶频率 $\pm 20\times10^{-6}$ 以内。

缺陷关联

无。

性能监测

无。

10.3.6.5 STM-N(N ≥ 16)再生段到STM-N复用段适配FEC产生宿功能RSn/MSn-fec_A_Sk

符号

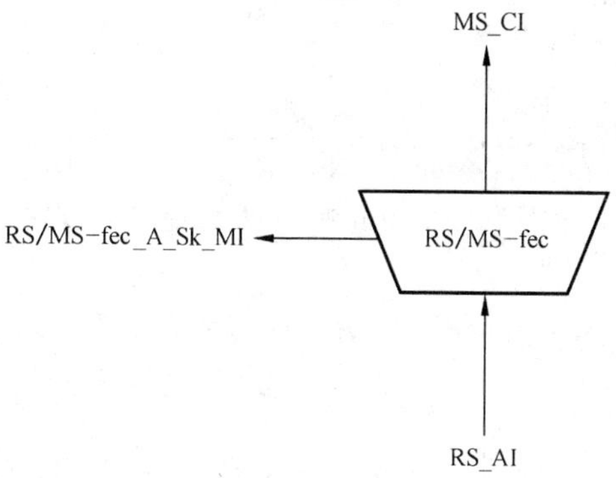

图35 RS/MS-fec_A_Sk的符号

接口

表24 RSn/MS_fec_A_Sk的输入和输出信号

输 入	输 出
RSn_AI_D RSn_AI_CK RSn_AI_FS RSn_AI_TSF	MSn_CI_D MSn_CI_CK MSn_CI_FS MSn_CI_SSF RS/MS-fec_A_Sk_MI_Delay

处理

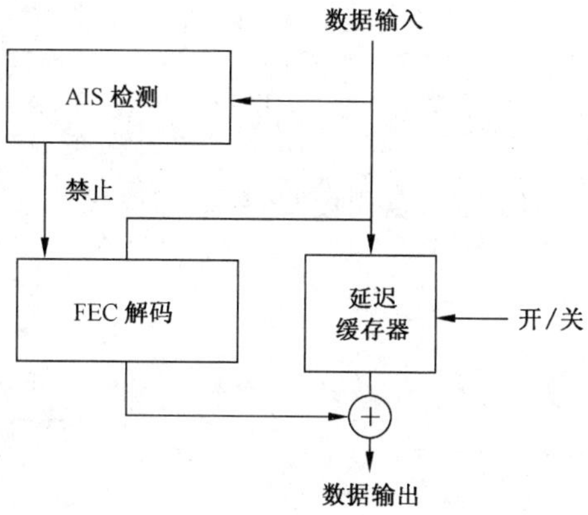

图36 FEC解码过程

矫正——延迟缓存器。

FEC状态指示(FSI)控制FEC解码器;“开”信号将使能FEC解码过程。FSI存在不存在的核查规定在A.6.2.3/G.707/Y.1322。

DEG有待研究。

缺陷

MSFdAIS:见6.2.4.1.2/G.707/Y.1322。

检出MSFdAIS,就禁止FEC解码。

后续动作

aSSF ← AI_TSF

缺陷关联

无。

性能监测

无。

10.4 子层功能

不应用。

11 STM-N 复用段层(N=1,4,16,64,256)

在复用段层 CP 的数据是同向定时和 125 μm 帧长的八比特组结构。其格式如图 37 和图 38 所示(也参见图 39)。

由 B2 BIP-24 字节、E2 公务字节、K1/K2 APS 字节、D4-D12 MS DCC 字节、S1 SSM 字节和 NU 字节构成的 MS CI 和 Sn CI 一道在 ITU-T G.707/Y.1322 建议规定。

1	2	3	4	5	6	7	8	9	(b 的坐标值)
1 到 n	1 到 n	1 到 n	1 到 n	1 到 n	1 到 n	1 到 n	1 到 n	1 到 n	(c 的坐标值)
H1	Y/H1	Y/H1	H2	1/H2	1/H2	H3	H3	H3	
B2	B2	B2	K1			K2			
D4	D13—D60		D5			D6			
D7	D61—D108		D8			D9			
D10	D109—D156		D11			D12			
S1				M0 M1		E2	NU	NU	

注 1:对于 MS0、MS1、MS4 和 MS16,M0 不存在。对于 STM-64,M0 是任选的。对于 STM-256,M0 是强制的。

注 2:D13-D156 只用于 MS256。

图 37 复用段 CI 层数据格式

1	2	3	4	5	6	7	8	9	(b 的坐标值)
1 到 n	1 到 n	1 到 n	1 到 n	1 到 n	1 到 n	1 到 n	1 到 n	1 到 n	(c 的坐标值)
H1	Y/H1	Y/H1	H2	1/H2	1/H2	H3	H3	H3	
			K1			K2			
D4	D13—D60		D5			D6			
D7	D61—D108		D8			D9			
D10	D109—D156		D11			D12			
S1						E2	NU	NU	

注:D13-D156 只用于 MS256。

图 38 复用段 AI 数据格式

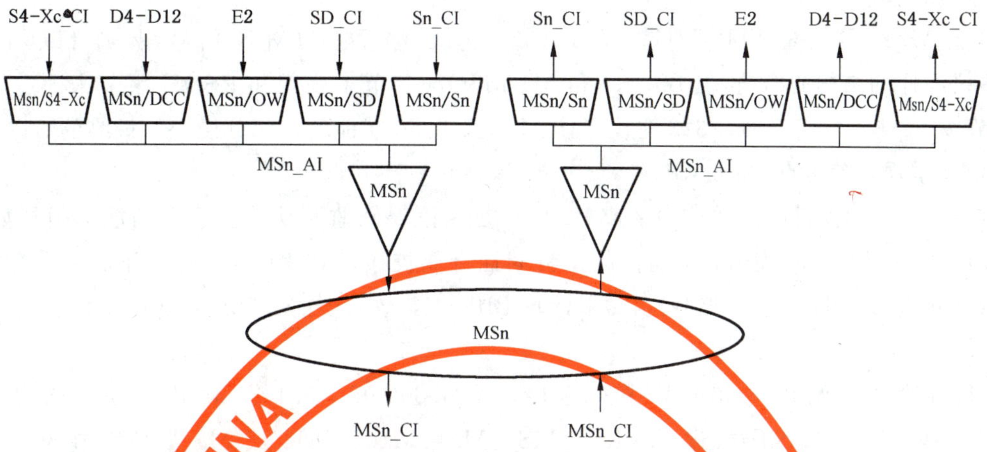

图 39　复用段功能

11.1　连接功能

不应用。

11.2　终结功能

11.2.1　STM-N 复用段路径终结 MSn_TT

MSn_TT 的作用就像复用段开销(MSOH)的 B2、M0 和 M1 字节和比特 6 到 8 的源和宿。

11.2.1.1　STM-N 复用段路径终结源 MSn_TT_So

符号

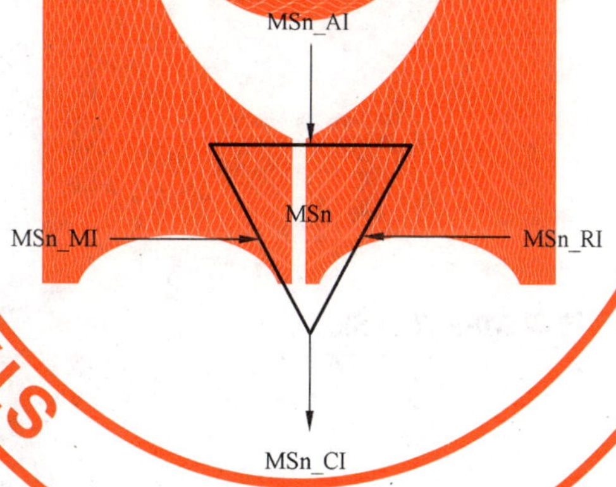

图 40　MSn_TT_So 的符号

接口

表 25　MSn_TT_So 功能的输入和输出

输　　入	输　　出
MSn_AI_Data MSn_AI_Clock MSn_AI_FrameStart MSn_RI_RDI MSn_RI_REI MSn_MI_M0_Generated	MSn_CI_Data MSn_CI_Clock MSn_CI_FrameStart

处理

在 MSn_AP 的数据是 ITU-T G.707/Y.1322 建议规定的 STM-N 信号，具有 ITU-T G.707/Y.1322 建议那样的结构的净荷，但 B2、M0 和 M1 MSOH 字节未确定和 RSOH 字节未确定。B2、M0 和 M1 字节按 ITU-T G.707/Y.1322 建议当作 MSn_TT_So 功能的一部分设定。最终的 STM-N 数据和相关的定义呈现在参考点 MSn_CP。

B2：在 STM-N 内安排的误码监测字节 B2 用于复用段误码监测功能。这个功能必须是如 ITU-T G.707/Y.1322 建议规定的使用偶奇偶性的比特间插奇偶校核(BIP-24N)代码。在前一个 STM-N 帧的所有比特(除去 RSOH 字节内那些比特)上计算 BIP-24N，放入当前 STM-N 帧的 3×N 个各个 B2 字节位置中。

M0，M1：在宿侧监测 B2 检出的误码数(见 ITU-T G.806 第 6.5.1 节)利用 aREI 传送到源侧并按 9.2.2.14/G.707/Y.1322 编码放进 MS-REI(MS0、MS1、MS4、MS16 或 MS64 是字节 M1，MS64 或 MS256 是字节 M0 和 M1)。在终结宿功能检出误码数时，终结源功能必须在 1 ms 内将那个值插入 REI 比特。

K2[6-8]：这些比特代表与 MSn_TT_Sk 有关的缺陷状态。在终结宿功能检出/清除 aRDI 时，路径终结源功能必须在 1 ms 内插入/除去 RDI 代码(110/000)。

缺陷

无。

后续动作

如果在宿侧 MSn_AP 检出 MS-AIS 缺陷(见 11.2.1.2)，则通过 aRDI(MSn_RI 的一部分)将它传到源侧，MS-RDI 必须在 1 ms 之内施加到参考点 MSn_CP 处的数据信号输出上。MS-RDI 的定义是在字节 K2 的比特位置 6、7 和 8 具有代码 110 的 STM-N 信号。在缺陷消除后，该功能必须在 1 ms 内输出正常数据。

缺陷关联

无。

性能监测

无。

11.2.1.2 STM-N 复用段路径终结宿 MSn_TT_Sk

符号

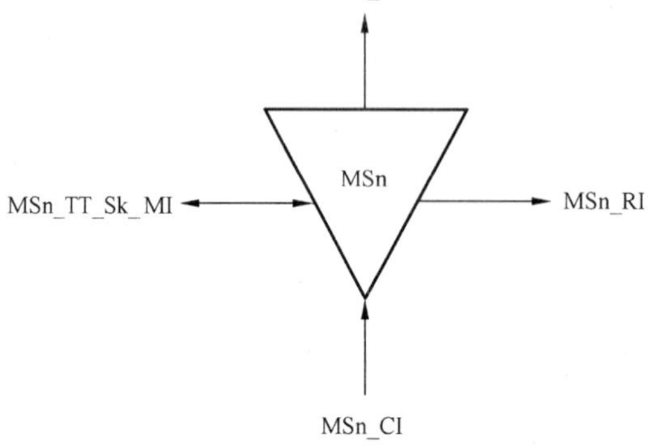

图 41 MSn_TT_Sk 的符号

接口

表 26　MSn_TT_Sk 功能的输入和输出

输　入	输　出
MSn_CI_Data	MSn_AI_Data
MSn_CI_Clock	MSn_AI_Clock
MSn_CI_FrameStart	MSn_AI_FrameStart
MSn_CI_SSF	MSn_AI_TSF
MSn_TT_Sk_MI_DEGM	MSn_AI_TSD
MSn_TT_Sk_MI_DEGTHR	MSn_RI_RDI
MSn_TT_Sk_MI_DEG_X	MSn_RI_REI
MSn_TT_Sk_MI_EXC_X	MSn_TT_Sk_MI_cEXC
MSn_TT_Sk_MI_TPMode	MSn_TT_Sk_MI_cAIS
MSn_TT_Sk_MI_1second	MSn_TT_Sk_MI_cDEG
MSn_TT_Sk_MI_AIS_Reported	MSn_TT_Sk_MI_cRDI
MSn_TT_Sk_MI_RDI_Reported	MSn_TT_Sk_MI_cSSF
MSn_TT_Sk_MI_SSF_Reported	MSn_TT_Sk_MI_pNEBC
MSn_TT_Sk_MI_M1_ignored	MSn_TT_Sk_MI_pFEBC
MSn_TT_Sk_MI_M0_ignored	MSn_TT_Sk_MI_pNDS
	MSn_TT_Sk_MI_pFDS

处理

在参考点 MSn_CP 接收 MSn_CI。MSn_TT 功能恢复 B2、M0、M1 和 K2[6-8]字节。然后，STM-N 数据和有关定时呈现在参考点 MSn_AP。

B2：从 MSOH 恢复 3×N 个误码监测 B2 字节。对 STM-N 帧计算 BIP-24N 代码。对当前帧计算出的 BIP-24N 值与从随后的帧恢复的 B2 字节相比较，误码当作 1 秒计数(pN_EBC)在参考点 MSn_TT_MP 报告。在 MSn_TT 功能内还处理 BIP-24N 误码、检出信号劣化(SD)缺陷。检出信号劣化的处理在 ITU-T G.806 第 6.2.3.1 节建议说明。

M0，M1：MS-REI 信息按照 ITU-T G.707/Y.1322 建议从字节 M1(对于 MS0、MS1、MS4、MS16 或 MS64)或从字节 M0 和 M1(对于 MS64 或 MS256)检测出来，在 MSn_TT_MP 作为 1 秒计数(pF_EBC)报告。如 M1_ignored 是"真"，nF_B 必须强置为"0"；如果 M1_ignored 是"伪"，nF_B 必须等于 REI 内之值。

注：M1_ignored 是由操作人员配备的参数，表示支持输入 STM-N 信号内的 M0/M1 字节。对于支持 M0/M1 的情况，M1_ignored 必须置为"伪"，其他情况 M1_ignored 必须置为"真"。

缺陷

dAIS：见 ITU-T G.806 第 6.2.6.2 节。

dRDI：见 ITU-T G.806 第 6.2.6.3 节。

dDEG：见 ITU-T G.806 第 6.2.3.1.1 节。

dEXC：见 ITU-T G.806 第 6.2.3.1.1 节。

后续动作

该功能必须实现以下后续动作：

aAIS ← dAIS

aRDI ← dAIS

aREI ← "误码检测代码违例数"

aTSF ← dAIS

aTSD ← dDEG

aTSFprot ← aTSF 或 dEXC

如果检出 MS-AIS 缺陷，则必须在 250 μs 内将逻辑全"1"(AIS)信号施加在参考点 MSn_AP。在以上缺陷状态结束后，必须在 250 μs 内去掉信号失效状态。

如果检出 MS-AIS 缺陷，则必须在 250 μs 内将路径信号失效（TSF）状态施加在参考点 MSn_AP。在以上缺陷状态结束后，必须在 250 μs 内去掉信号失效状态。

如果检出 MS-DEG 缺陷，则必须在 250 μs 内将路径信号劣化（TSD）状态施加在 MSn_AP。在以上缺陷状态结束后，必须在 250 μs 内去掉 TSD 状态。

缺陷关联

该功能必须实现以下缺陷关联，确定最有可能的故障原因。这个故障原因必须报告给 SEMF。

cSSF ← CI_SSF 和 SSF_Reported 和 MON

cAIS ← dAIS 和（非 CI_SSF）和 AIS_Reported 和 MON

cDEG ← dDEG 和 MON

cRDI ← dRDI 和 RDI_Reported 和 MON

cEXC ← dEXC 和 MON

性能监测

该功能必须实现以下性能监测原语处理：

pN_DS ← aTSF 或 dEQ

pF_DS ← dRDI

pN_EBC ← ΣnN_B

pF_EBC ← ΣnF_B

11.3 适配功能

11.3.1 STM-N 复用段到 Sn 层适配 MSn/Sn_A

这个功能提供高阶通道到管理单元（AU）的适配，组装和拆装 AU 组，字节间插复用及分用，和指针产生、判读和处理。

11.3.1.1 STM-N 复用段到 Sn 层适配源 MSn/Sn_A_So

符号

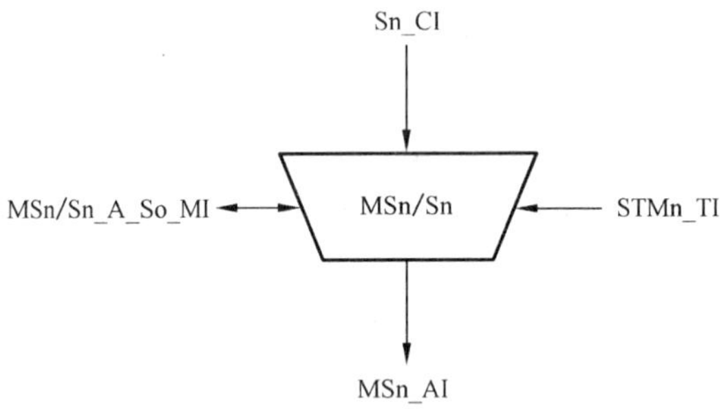

图 42 MSn/Sn_A_So 的符号

接口

表 27 MSn/Sn_A_So 功能的输入和输出

输入	输出
Sn_CI_Data Sn_CI_Clock Sn_CI_FrameStart Sn_CI_SSF STMn_TI_Clock STMn_TI_FrameStart MSn/Sn_A_So_MI_Active	MSn_AI_Data MSn_AI_Clock MSn_AI_FrameStart MSn/Sn_A_So_MI_pPJE+ MSn/Sn_A_So_MI_pPJE−

处理

PP 功能提供接收信号相对同步设备定时参考的漂移和准同步偏移的调节。在定时参考是从输入 STM-N 信号导出的情况即环定时，或者 HP 容器是用与复用段相同的定时源产生的，在这类应用中这个功能可以没有。

PP 功能能够建模为数据缓存器，它用收到的 VC 时钟定时写入数据，用从参考点 STMn_TP 导出的 VC 时钟读出(见 ITU-T G.781 建议)。当写入时钟速率超过读出时钟时，缓存器被逐渐填满，反之被抽空。缓存器的上下占用门限确定什么时候必须采用指针调整。指针处理器内分配给缓存器用于指针滞后门限间隔应该至少是(对于 AU-4)12 个字节和(对于 AU-3)4 个字节[相当与参考点 STMn_TP 与输入 STM-N 线路信号之间最大相对时间间隔误差(MRTIE)为 640 ns]。当缓存器内数据达到实际 VC 的上门限之上时，相关的帧偏移对 VC-3 递减一个字节，对 VC-4 递减三个字节，从缓存器读出相应个数的字节。当缓存器内数据跌到实际 VC 的下门限之下时，相关的帧偏移对 VC-3 递增一个字节，对 VC-4 递增三个字节，取消相应个数的读出机会。

对指针的增减进行监测可以检查网同步劣化。对输出指针调整事件(PJE)，即递增或递减的指针值，进行计数并在参考点 MSn/Sn_A_MP 报告给性能监测过滤器。PJE 计数分别报告指针递增(正的事件)和递减(负的事件)。只需要对一个从 STM-N 信号中选出的 AU-3/4 报告 PJE。

高阶通道在 Sn_CP 映射进要合并进 AU 组的 AU。N 个这样的 AUG 进行字节间插形成 MSn_AP 处的 STM-N 净荷。字节间插处理必须按 ITU-T G.707/Y.1322 建议的规定。PG 功能利用帧偏移信息，按 ITU-T G.707/Y.1322 建议的指针产生规则产生指针。MSn_AP 的数据与 STMn_TP 参考点的定时同步。

缺陷

无。

后续动作

该功能必须实现以下后续动作：

aAIS ← CI_SSF

当全“1”信号施加在参考点 Sn_CP 时，必须在 2 帧(250 μs)以内将全“1”信号(AU-AIS)加到参考点 MSn_AP。在 Sn_CP 处全“1”信号终止后，必须在 2 帧(250 μs)内终止该全“1”信号(AU-AIS)。

缺陷关联

无。

性能监测

在那个秒内产生的指针调整递增的每秒次数必须计数为 pPJE+。在那个秒内产生的指针调整递减的每秒次数必须计数为 pPJE-。

11.3.1.2 STM-N 复用段到 Sn 层适配宿 MSn/Sn_A_Sk

符号

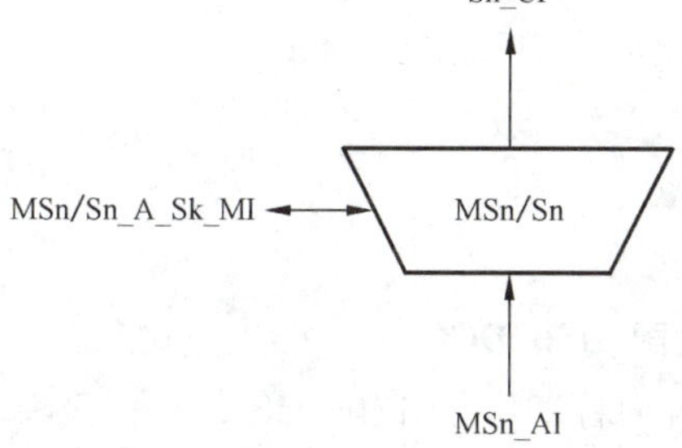

图 43 MSn/Sn_A_Sk 的符号

接口

表 28 MSn/Sn_A_Sk 功能的输入和输出

输 入	输 出
MSn_AI_Data MSn_AI_Clock MSn_AI_FrameStart MSn_AI_TSF MSn/Sn_A_Sk_MI_AIS_Reported MSn/Sn_A_So_MI_Active	Sn_CI_Data Sn_CI_Clock Sn_CI_FrameStart Sn_CI_SSF MSn/Sn_A_Sk_MI_cAIS MSn/Sn_A_Sk_MI_cLOP

处理

指针检测的算法规定在 ITU-T G.783 附件 A。指针判读器能够检测出两种缺陷状态：

——指针丢失(LOP)；

——AU-AIS。

如果检出这些缺陷之一，则必须在 2 帧(250 μs)内将逻辑全“1”信号(AIS)施加到参考点 Sn_CP。在这些缺陷终结时，必须在 2 帧(250 μs)内去掉全“1”信号。这些缺陷必须在参考点 MS/Sn_A_MP 报告给同步设备管理功能的告警过滤。

应该指出，配备的和接收的 AU 类型之间持续失配会引起 LOP 缺陷，还有检查指针区内 Y 字节能够区别那个 AU-3 和 AU-4 结构。

在 MSn_AP 收到的 Sn 净荷已去掉间插并利用 AU 指针恢复了 VC-3/VC-4/VC-4-Xc 的相位。后一种处理必须允许存在连续变化的帧偏移的情况，这种情况出现在收到的 STM-N 信号是从与本地时钟参考准同步的源导出的状况。指针判读的算法在 A.3 给出。

缺陷

dAIS：见 ITU-T G.783 附件 A。

dLOP：见 ITU-T G.783 附件 A。

后续动作

该功能必须实现下列后续动作：

aAIS ← dAIS 或 dLOP

aSSF ← dAIS 或 dLOP

当 MSn_AP 存在 SF 状况时，必须在 250 μs 内将 SF 状态施加于 Sn_CP。在 MSn_AP 以上缺陷状态终结后，必须在 250 μs 内去掉 SF 状态。

缺陷关联

该功能应实现以下缺陷关联，确定最有可能的故障原因。故障原因必须报告给 SEMF。

cAIS ← dAIS 和(非 AI_TSF)和 AIS_Reported

cLOP ← dLOP

性能监测

无。

11.3.2 STM-N 复用段到 DCC 适配 MSn/DCC_A

MSn/DCC_A 适配功能在源方向将复用段开销(MSOH)的 D4-D12 字节复用进 MSn_AI，在宿方向从 MSn_AI 分用出 D4-D12 字节。对于 STM-256、MS256/DCCX_A 适配功能在源方向将 MSOH 的 D13-D156 字节复用进 MS256_AI，在宿方向从 MS256_AI 分用出 D13-D156 字节。

11.3.2.1 **STM-N 复用段到 DCC 适配源 MSn/DCC_A_So**

符号

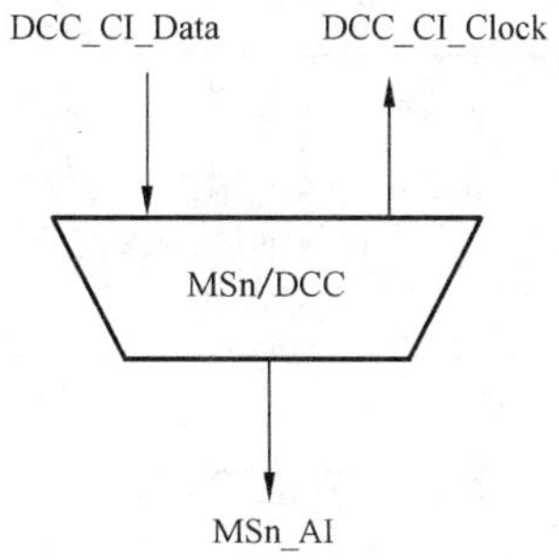

图 44 MSn/DCC_A_So 的符号

接口

表 29 MSn/DCC_A_So 功能的输入和输出

输　　入	输　　出
DCC_CI_Data STM-N_TI_FrameStart STM-N_TI_Clock	MSn_CI_Data DCC_CI_Clock

处理

DCC 数据连续地放进 MSOH 的 D4 到 D12 字节位置。应该把这个当作是单个 576 kbit/s 的基于消息的通路，用于告警、维护、控制、监测、管理和其他通信所需。它可以用于内部产生的、外部产生的和制造商规定的消息。所使用的协议套必须遵从 ITU-T G.784 建议。

缺陷

无。

后续动作

无。

缺陷关联

无。

性能监测

无。

11.3.2.2 **STM-N 复用段到 DCC 适配宿 MSn/DCC_A_Sk**

符号

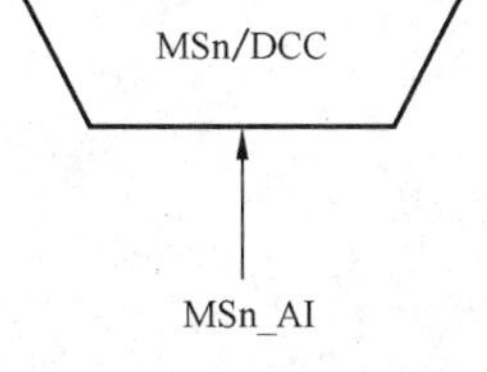

图 45 MSn/DCC_A_Sk 的符号

接口

表 30 MSn/DCC_A_Sk 功能的输入和输出

输　　入	输　　出
MSn_AI_Data MSn_AI_Clock MSn_AI_FrameStart MSn_AI_TSF	DCC_CI_Data DCC_CI_Clock DCC_CI_SSF

处理

DCC 数据连续地从 MSOH 的 D4 到 D12 字节位置恢复。

缺陷

无。

后续动作

aSSF ← AI_TSF

缺陷关联

无。

性能监测

无。

11.3.2.3 **STM-256 复用段到 DCCX 适配源 MS256/DCCX_A_So**

符号

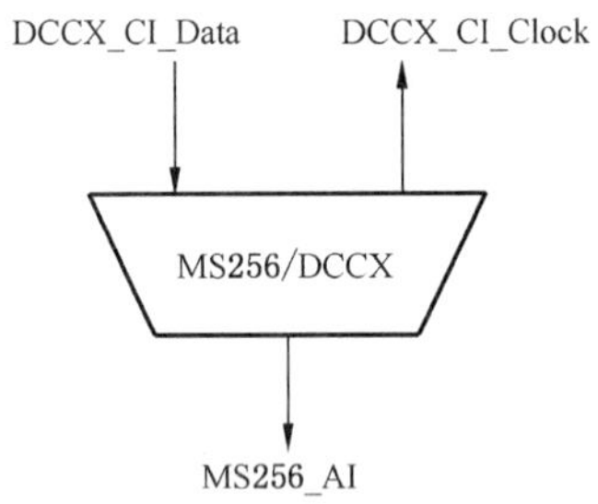

图 46 MS256/DCCX_A_So 的符号

接口

表 31 MS256/DCCX_A_So 功能的输入和输出

输　　入	输　　出
DCCX_CI_Data STM-256_TI_FrameStart STM-256_TI_Clock	MS256_CI_Data DCCX_CI_Clock

处理

DCCX 数据连续地放进 MSOH 的 D13 到 D156 字节位置。应该将这个当作单个 9216 kbit/s 基于消息的通路,用于告警、维护、控制、监测、管理和其他通信所需。它可以用于内部产生的、外部产生的和制造商规定的消息。所使用的协议套必须遵从 ITU-T G.784 建议。

缺陷

无。

后续动作

无。

缺陷关联

无。

性能监测

无。

11.3.2.4 **STM-256 复用段到 DCCX 适配宿 MS256/DCCX_A_Sk**

符号

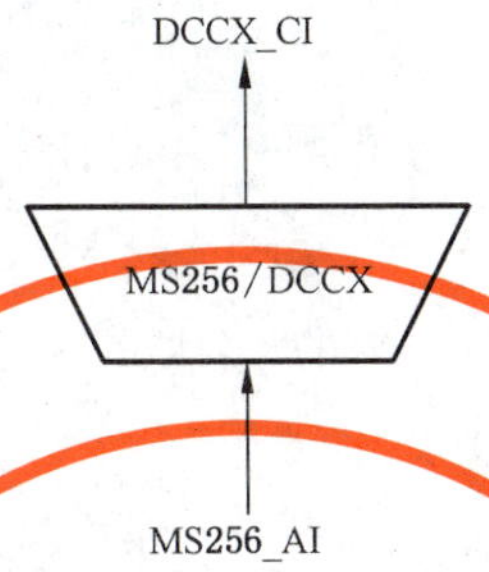

图 47 **MS256/DCCX_A_Sk 的符号**

接口

表 32 **MS256/DCCX_A_Sk 功能的输入和输出**

输 入	输 出
MS256_AI_Data MS256_AI_Clock MS256_AI_FrameStart MS256_AI_TSF	DCCX_CI_Data DCCX_CI_Clock DCCX_CI_SSF

处理

DCCX 数据连续地从 MSOH 的 D13 到 D156 字节位置恢复。

缺陷

无。

后续动作

aSSF ← AI_TSF

缺陷关联

无。

性能监测

无。

11.3.3 **STM-N 复用段到公务适配 MSn/OW_A**

MSn/OW_A 适配功能在源方向将复用段开销(MSOH)的 E2 字节复用进 MSn_AI,在宿方向从 MSn_AI 分用出 E2 字节。

11.3.3.1 **STM-N 复用段到 DCCX 公务适配源 MSn/OW_A_So**

符号

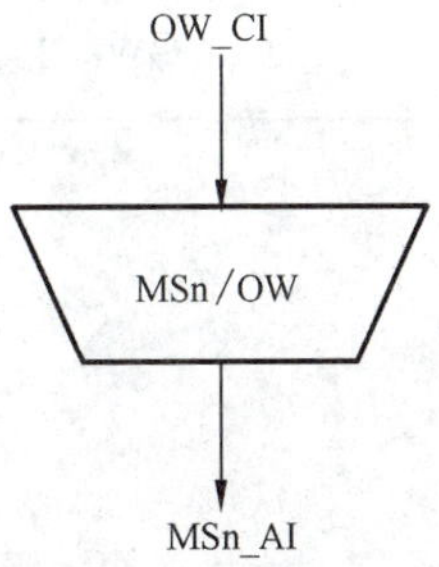

图 48 **MSn/OW_A_So 的符号**

接口

表 33 MSn/OW_A_So 功能的输入和输出

输　入	输　出
OW_CI_Data OW_CI_Clock OW_CI_FrameStart	MSn_AI_Data

处理

公务放进 E2 字节位置。它提供一个任选的 64 kbit/s 不受限通路，留给终结点之间的话音通信使用。

缺陷

无。

后续动作

无。

缺陷关联

无。

性能监测

无。

11.3.3.2 **STM-N 复用段到公务适配宿 MSn/OW_A_Sk**

符号

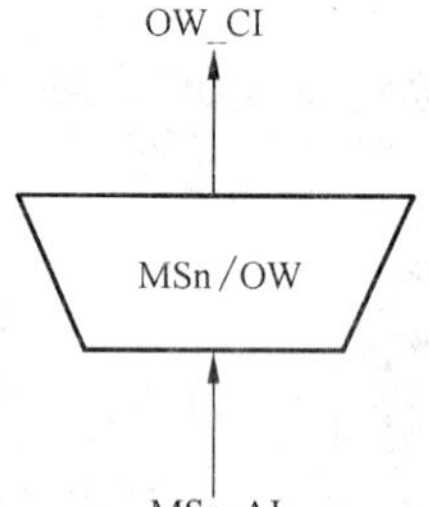

图 49 MSn/OW_A_Sk 的符号

接口

表 34 MSn/OW_A_Sk 功能的输入和输出

输　入	输　出
MSn_AI_Data MSn_AI_Clock MSn_AI_FrameStart MSn_AI_TSF	OW_CI_Data OW_CI_Clock OW_CI_FrameStart OW_CI_SSF

处理

从 MSOH 的 E2 字节位置恢复公务。

缺陷

无。

后续动作

aSSF ← AI_TSF

aAIS ← AI_TSF

一旦宣告aAIS,该功能必须在2帧(250 μs)内输出符合该信号频率限值(比特率在64 kbit/s $\pm100\times10^{-6}$范围内)的全“1”(AIS)信号。以上失效状态结束后,必须在2帧(250 μs)内取消全“1”。

缺陷关联

无。

性能监测

无。

11.3.4 STM-N复用段到同步分配适配MSn/SD_A

11.3.4.1 STM-N复用段到同步分配适配源MSn/SD_A_So

这个功能在ITU-T G.781建议说明。

11.3.4.2 STM-N复用段到同步分配适配宿MSn/SD_A_Sk

这个功能在ITU-T G.781建议说明。

11.3.5 STM-N复用段到S4-Xc层适配MSn/S4-Xc_A

11.3.5.1 STM-N复用段到S4-Xc层适配源MSn/S4-Xc_A_So

待研究。

11.3.5.2 STM-N复用段到S4-Xc层适配宿MSn/S4-Xc_A_Sk

待研究。

11.3.6 STM-N复用段到辅助字节适配MSn/AUX_A

某些MSOH字节现在留给国内用途、与媒介有关的用途或者今后国际标准化的用途,如ITU-T G.707/Y.1322建议的规定。通过MSn/AUX_A功能可以接入这些字节的一个或多个。在不用于具体的用途时其他未用字节没有规定脉型。

11.4 子层功能

11.4.1 STM-N复用段线状路径保护功能

见图50和图51。

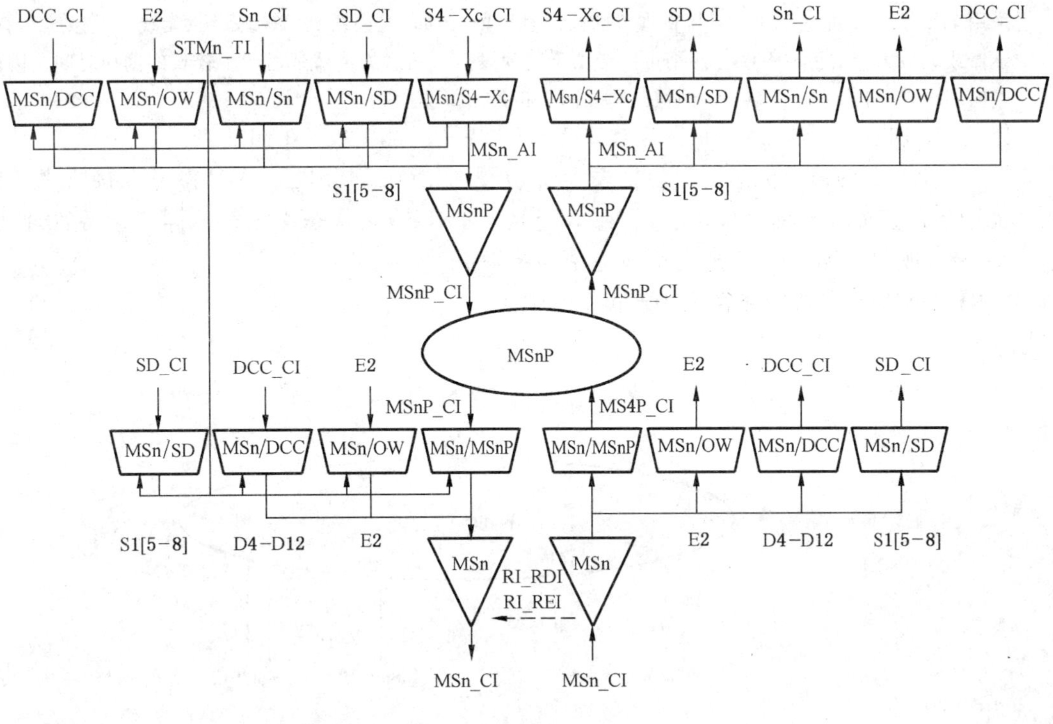

图50 STM-N复用段线状路径保护功能

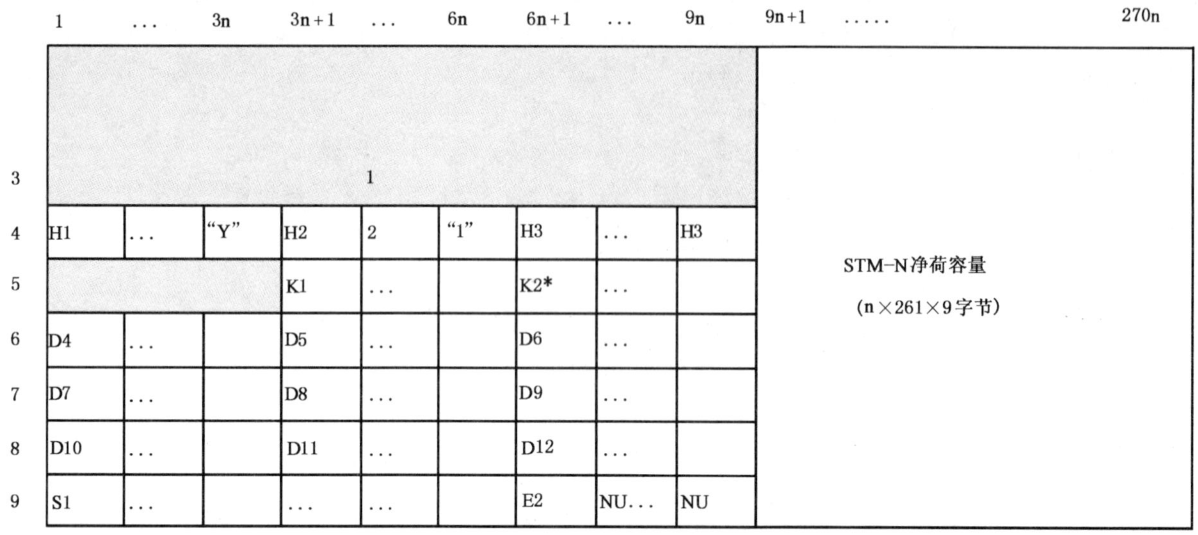

注：K2* 代表 K2 的比特 1 到 5。

图 51　MSnP_CI_D

MSP 功能为 STM-N 信号提供防备复用段内与通路相关的失效的保护，即在段开销插入其他的终结那个开销的 MSn_TT 功能的情况下的 RS 层功能，物理段层功能和来自一个 MSn_TT 功能的物理媒介。

MSP 功能在两端以同样的方式工作，监测 STM-N 信号的失效，考虑失效状态的性质和外部及远端倒换请求的性质评估系统的状态，将合适的通路倒换到保护段。两个 MSP 功能利用为 MSP 字节(在保护段 MSOH 内 K1 和 K2 字节)规定的面向比特的协议相互通信。这个协议在 7.1/G.841 说明，用于各类保护倒换方案及模式。

注 1：采用 7.1/G.841 所述 MSP 协议，在本节内长的复用段，例如，卫星系统、海缆系统、无线中继系统和有许多中继器或光放大器的传输系统上使用可能会由于物理段引入的附加传播延迟产生较长的倒换时间。因此，在某些应用中，有可能不符合 50 ms 倒换时间的网络指标。

注 2：为了方便不同能力的设备之间的互通，建议设备既支持 1:1 方案也支持 1+1 方案。

与 MSP 功能有关的信号流的说明参见表 35。MSP 功能在 MSnP_C_MP 参考点接收来自同步设备管理功能的控制参数和外部倒换请求，并在 MSnP_C_MP 输出状态指示符给同步设备管理功能，作为 7.1.2/G.841 或 B.2/G.841 所述的倒换指令的结果。

11.4.1.1　STM-N 复用段线状路径保护连接 MSnP_C

符号

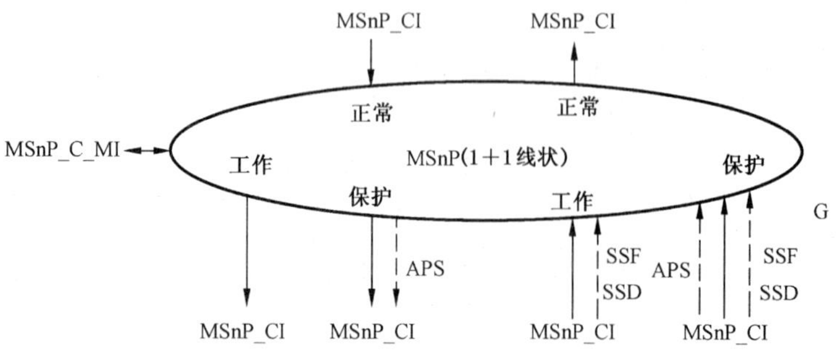

图 52　MSnP1+1_C 的符号

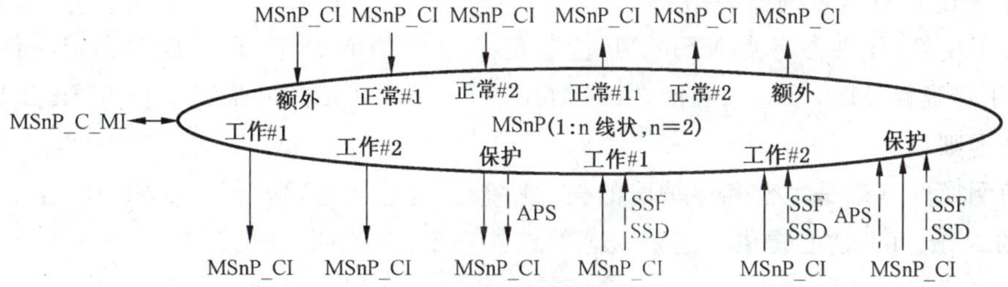

图 53 MSnP1:n_C 的符号

接口

表 35 MSnP_C 功能的输入和输出

输 入	输 出
对于 W 和 P 点的连接: MSnP_CI_Data MSnP_CI_Clock MSnP_CI_FrameStart MSnP_CI_SSF MSnP_CI_SSD MSnP_C_MI_SFpriority MSnP_C_MI_SDpriority	对于 W 和 P 点的连接: MSnP_CI_Data MSnP_CI_Clock MSnP_CI_FrameStart
对于 N 和 E 点的连接: MSnP_CI_Data MSnP_CI_Clock MSnP_CI_FrameStart	对于 N 和 E 点的连接: MSnP_CI_Data MSnP_CI_Clock MSnP_CI_FrameStart MSnP_CI_SSF
每个功能: MSnP_CI_APS MSnP_C_MI_SWtype MSnP_C_MI_EXTRAtraffic MSnP_C_MI_WTRTime MSnP_C_MI_EXTCMD	每个功能: MSnP_CI_APS MSnP_C_MI_cFOP
注:保护状态报告信号尚待研究。	

处理

在 MSn_AP 的数据是 STM-N 信号,从 STMn_TP 参考点定时,具有不确定的 MSOH 和 RSOH 字节。

对于 1+1 方案在源方向,在 MSn_AP 从 MSn/Sn_A 功能接收的信号永久地在 MSn_AP 桥接到工作和保护 MSn_TT 功能。对于 1:n 方案,在 MSn_AP 从每个工作 MSn/Sn_A 接收的信号通过 MSn_AP 送到它相应的 MSn_TT。来自额外业务流 MSn/Sn_A(如果配备有)的信号连接到保护 MSn_TT。当需要桥接,保护工作通路时,在 MSn_AP 的来自那个工作 MSn/Sn_A 的信号桥接在 MSn_AP,保护 MSn_TT 而终结额外业务流通路。

在宿方向,RSOH 和 MSOH 字节已恢复的成帧的 STM-N 信号(数据)与输入定时参考一起呈现在参考点 MSn_AP。在参考点 MSn_AP 也从所有 MSn_TT 功能接收失效状态 SF 和 SD。

在正常条件下,MSnP_C 传送来自工作 MSn_TT 功能的数据和定时,将它送到在参考点 MSn_AP 处它们的相应工作 MSn/Sn_A 功能。来自保护段的数据和定时送到额外业务流 MSn/Sn_A(如果在

1:n MSP 方案中配备有),否则就终结它。

如果实现了倒换,则在参考点 MSn_AP 接收的来自保护 MSn_TT 的数据和定时倒换到在 MSn_AP 的合适的工作通路 MSn/Sn_A 功能,并终结在 MSn_AP 处接收的来自工作 MSn_TT 的信号。

倒换启动准则

自动保护倒换的基础是工作和保护段的失效状态。这些状态,信号失效(SF)和信号劣化(SD)由在 MSn_AP 处的 MSn_TT 功能提供。这些状态的检测在 11.2 说明。

保护倒换也能够由通过同步设备管理功能接收到的倒换指令启动。

倒换时间

参见 ITU-T G.841 建议。

倒换复原

在可复原模式运行时,当工作段已从失效恢复时,工作通路必须复原,即保护段上的信号必须倒回工作段。复原使得保护段能够用于其他失效工作通路或额外业务流通路。

为防止由于间歇性失效(即,BER 在 SD 门限上下波动)引起保护倒换频繁地动作,失效段变成完全没有故障(即,BER 小于复原门限)。在失效段符合这个准则之后,在工作通路再次使用它之前必须经历一个固定的时间周期。这个周期,称为等待恢复(WTR)周期应该在 1 min～12 min 的范围,而且应该能够设定。SF 或 SD 状态必须盖过 WTR。

缺陷

无。

后续动作

在既没有额外业务流又没有正常业务流信号输入要连接到保护段输出的情况,则要将全"1"、Sn 未装备、工作信号输入或其他合适的测试信号连接到该保护段输出。

缺陷关联

cFOP ← 参见 ITU-T G.841 建议

性能监测

无。

11.4.1.2 STM-N 复用段保护路径终结 MSnP_TT

11.4.1.3 STM-N 复用段保护路径终结源 MSnP_TT_So

符号

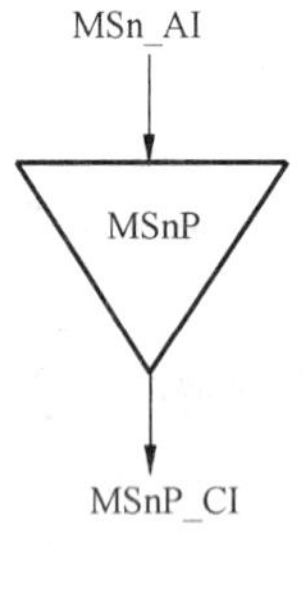

图 54 **MSnP_TT_So 的符号**

接口

表 36 **MSnP_TT_So 功能的输入和输出**

输 入	输 出
MSn_AI_Data	MSnP_CI_Data
MSn_AI_Clock	MSnP_CI_Clock
MSn_AI_FrameStart	MSnP_CI_FrameStart

处理

在 MSnP_TT_So 没有信息需要处理，在它的输出 MSn_AI 与在它的输入的 MSnP_CI 是相同的。

缺陷

无。

后续动作

无。

缺陷关联

无。

性能监测

无。

11.4.1.4 STM-N 复用段保护路径终结宿 MSnP_TT_Sk

符号

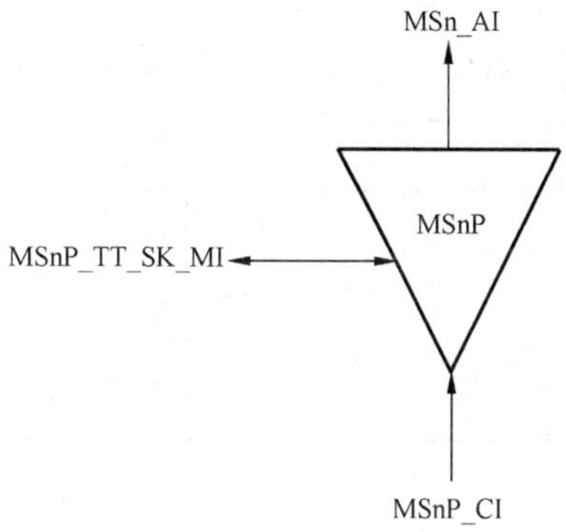

图 55 MSnP_TT_Sk 的符号

接口

表 37 MSnP_TT_Sk 功能的输入和输出

输　　入	输　　出
MSnP_CI_Data	MSn_AI_Data
MSnP_CI_Clock	MSn_AI_Clock
MSnP_CI_FrameStart	MSn_AI_FrameStart
MSnP_CI_SSF	MSn_AI_TSF
MSnP_TT_Sk_MI_SSF_Reported	MSnP_TT_Sk_MI_cSSF

处理

MSnP_TT_Sk 功能报告，作为 MSn 层的一个部分，保护 MSn 路径的状态。在所有的连接都不能用的情况下，MSnP_TT_Sk 报告保护路径的信号失效状态。

缺陷

无。

后续动作

aTSF ← CI_SSF

缺陷关联

cSSF ← CI_SSF 和 SSF_Reported

性能监测

无。

11.4.1.5 **STM-N 复用段线状路径保护适配 MSn/MSnP_A**

11.4.1.6 **STM-N 复用段到 STM-N 复用段保护层适配源 MSn/MSnP_A_So**

符号

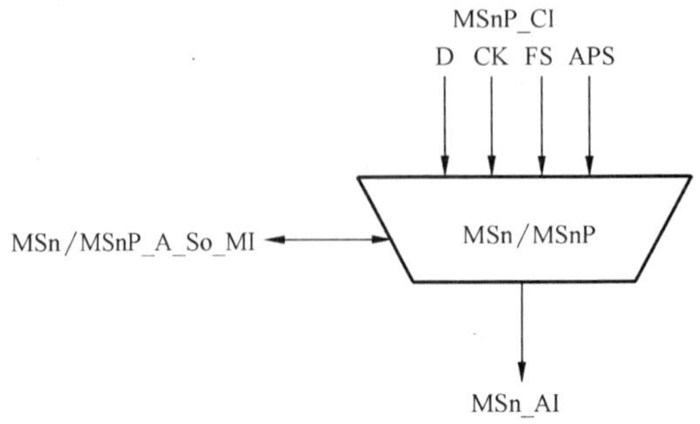

图 56 MSn/MSnP_A_So 的符号

接口

表 38 MSn/MSnP_A_So 功能的输入和输出

输　　入	输　　出
MSnP_CI_Data MSnP_CI_Clock MSnP_CI_FrameStart MSnP_CI_APS	MSn_AI_Data MSn_AI_Clock MSn_AI_FrameStart

处理

该功能必须将 MS1 APS 信号(按 7.1.1/G.841 的规则产生的 K1 和 K2 字节)和 MS1 数据信号复用到 MS1 接入点上。这个处理是保护段需要的,也可能是工作段要实现的。

缺陷

无。

后续动作

无。

缺陷关联

无。

性能监测

无。

11.4.1.7 **STM-N 复用段到 STM-N 复用段保护层适配宿 MSn/MSnP_A_Sk**

符号

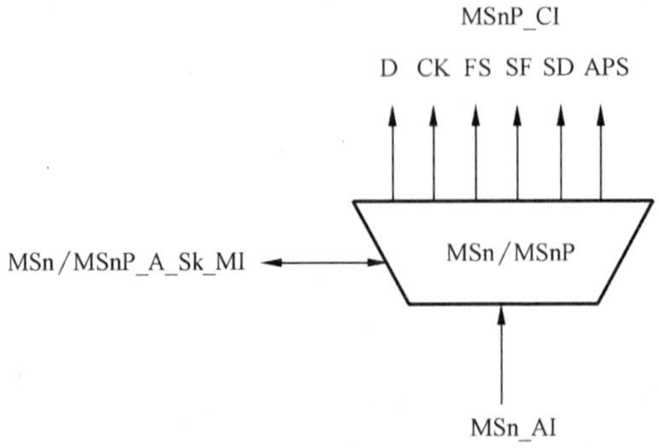

图 57 MSn/MSnP_A_Sk 的符号

接口

表 39 MSn/MSnP_A_Sk 功能的输入和输出

输　　入	输　　出
MSn_AI_Data MSn_AI_Clock MSn_AI_FrameStart MSn_AI_TSF MSn_AI_TSD	MSnP_CI_Data MSnP_CI_Clock MSnP_CI_FrameStart MSnP_CI_SSF MSnP_CI_SSD MSnP_CI_APS (for Protection signal only)

处理

该功能必须从 MS1_AI_D 信号中抽出 13 个 APS 比特 K1[1-8]和 K2[1-5]。当三个连续的帧有同样的值时必须接受新的值。该值必须通过 MS1P_CI_APS 输出。这个处理只有保护段需要。这个处理必须能够不理会来自工作段的 APS 字节。

缺陷

无。

后续动作

aSSF ← AI_TSF

aSSD ← AI_TSD

缺陷关联

无。

性能监测

无。

11.4.2 **STM-N 复用段 2 纤共享保护环功能**

本节说明 2 纤 STM-N MS SPRING 保护子层功能和 2 纤 MS SPRING 保护功能模型(见图 58)。

这个保护方案的特性、保护协议及动作规定在 ITU-T G.841 建议。

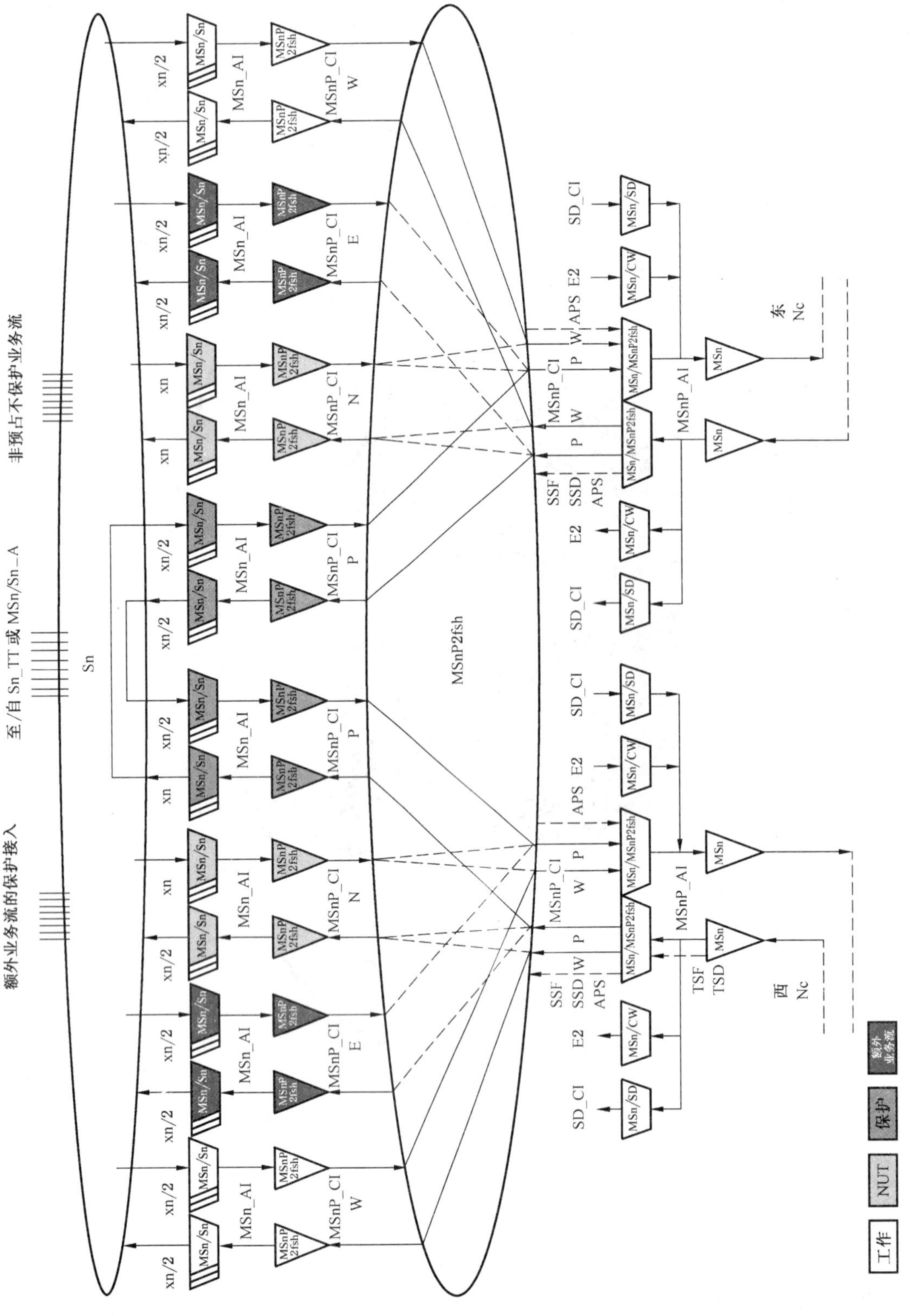

图 58 STM-n 复用段 2 纤共享保护环模型

（工作：AUG＃1 到 AUG＃n/2，保护：AUG＃(n/2＋1)到 AUG＃n）

11.4.2.1 **STM-N 复用段 2 纤共享保护环连接 MSnP2fsh_C**

符号

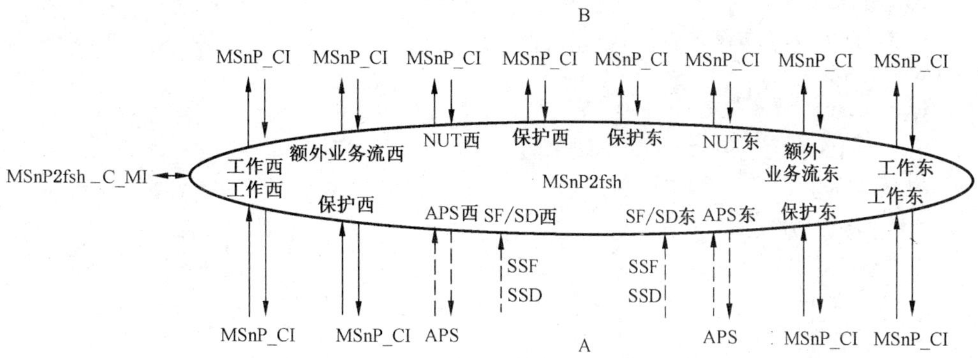

图 59 MSnP2fsh_C 的符号

接口

表 40 MSnP2fsh_C 的输入和输出信号

输　　入	输　　出
对于连接点 A 西和 A 东： MSnP2fsh_CI_Dw MSnP2fsh_CI_Dp MSnP2fsh_CI_CK MSnP2fsh_CI_FS MSnP2fsh_CI_SSF MSnP2fsh_CI_SSD MSnP2fsh_CI_APS 对于连接点 B 西和 B 东： MSnP2fsh_CI_Dw MSnP2fsh_CI_Dp MSnP2fsh_CI_De MSnP2fsh_CI_Dn MSnP2fsh_CI_CK MSnP2fsh_CI_FS MSnP2fsh_CI_MI_EXTRAtraffic MSnP2fsh_CI_MI_NUTraffic MSnP2fsh_C_MI_WTRTime MSnP2fsh_C_MI_EXTCMD MSnP2fsh_C_MI_RingNodeID MSnP2fsh_C_MI_RingMap	对于连接点 A 西和 A 东： MSnP2fsh_CI_Dw MSnP2fsh_CI_Dp MSnP2fsh_CI_CK MSnP2fsh_CI_FS MSnP2fsh_CI_APS 对于连接点 B 西和 B 东： MSnP2fsh_CI_Dw MSnP2fsh_CI_CKw MSnP2fsh_CI_FSw MSnP2fsh_CI_SSFw MSnP2fsh_CI_Dp MSnP2fsh_CI_CKp MSnP2fsh_CI_FSp MSnP2fsh_CI_SSFp MSnP2fsh_CI_De MSnP2fsh_CI_CKe MSnP2fsh_CI_FSe MSnP2fsh_CI_SSFe MSnP2fsh_CI_Dn MSnP2fsh_CI_CKn MSnP2fsh_CI_FSn MSnP2fsh_CI_SSFn
注：保护状态报告信号待研究。	

处理

该功能能够按 ITU-T G.841 建议规定的复用段 2 纤共享保护环的操作，为它的连接点(输入/输出)之间的工作和保护组信号选路(桥接和选择)。

注 1：功能模型是最大化模型，在实际设备中可能没有额外业务流和 NUT 有关的输入和输出。能够支持的可能的矩阵连接有(见表 41)：

——正常工作时(没有故障时)的连接：

Ww_A↔Ww_B

We_A↔We_B

Pw_A↔Pw_B

Pe_A↔Pe_B

——额外业务流的连接：

Pw_A↔Ew_B

Pe_A↔Ee_B

——NUT 的连接：

Pw_A↔Nw_B

Ww_A↔Nw_B

Pe_A↔Ne_B

We_A↔Ne_B

——保护工作(有故障)时的连接：

Pw_A↔We_B

Pe_A↔Ww_B

——静噪：

Pw_A [TSx]←全“1”(AIS)

Pe_A [TSx]←全“1”(AIS)

——未装载产生：

Pw_A [TSx]←未装载的 HOVC

Pe_A [TSx]←未装载的 HOVC

——APS：

APSw←APSe(APS 直通)

APSw 源出

APSe 源出

符号说明：

Xy_Z：X=W(工作)，P(保护)，E(额外业务流)，N(NUT)

y=w(西)，e(东)

Z=A，B

TSx：AU-4 时隙#x(x=1..n)

表 41 MSnP2fsh_C 的业务流矩阵连接

业务流矩阵连接			输出											
			A				B							
			Ww	Pw	We	Pe	Ww	Ew	Pw	Nw	We	Ee	Pe	Ne
输入	A	Ww					X			X				
		Pw						X	X	X	X			
		We									X			X
		Pe					X					X	X	X
	B	Ww	X			X								
		Ew		X										

表 41（续）

业务流矩阵连接			输出											
			A				B							
			Ww	Pw	We	Pe	Ww	Ew	Pw	Nw	We	Ee	Pe	Ne
输入	B	Pw		X										
		Nw	X	X										
		We		X	X									
		Ee				X								
		Pe				X								
		Ne			X	X								

在宿方向(图 59,从 A 向 B),在西(东)工作 B MSnP2fsh 连接点的输出信号能够是通过相关的西(东)工作 A 的容量或西(东)保护 A 的容器接收的信号,按照(通过 CI_SSF、CI_SSD 信号转发的)SF、SD 状态、外部指令和通过 APS 信号转发的信息确定是那个信号。

在源方向,工作 A 的输出连接到有关工作 B 的输入或有关的 NUT 业务流。保护 A 的输出连接到本地未装载 VC 发生器、额外业务流输入、NUT 业务流输入或在 B 的一个工作输入,如图 60 到图 63 所示。

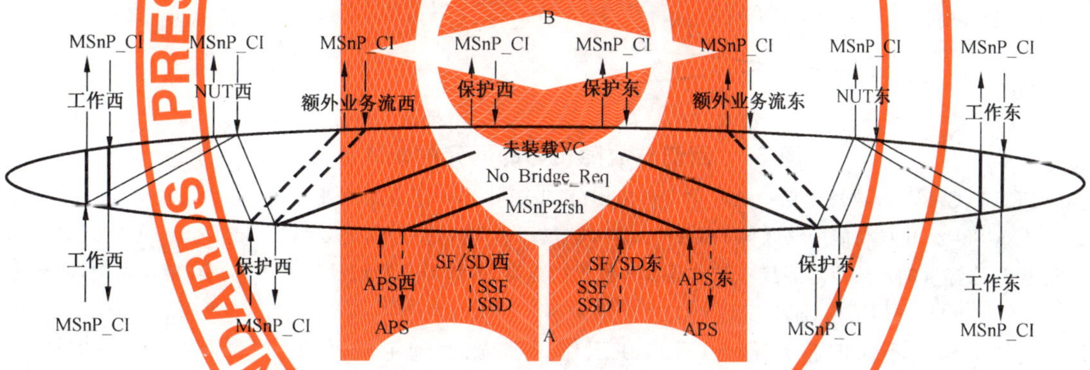

图 60　没有故障时环内网元的矩阵连接,虚线表示支持额外业务流的情况

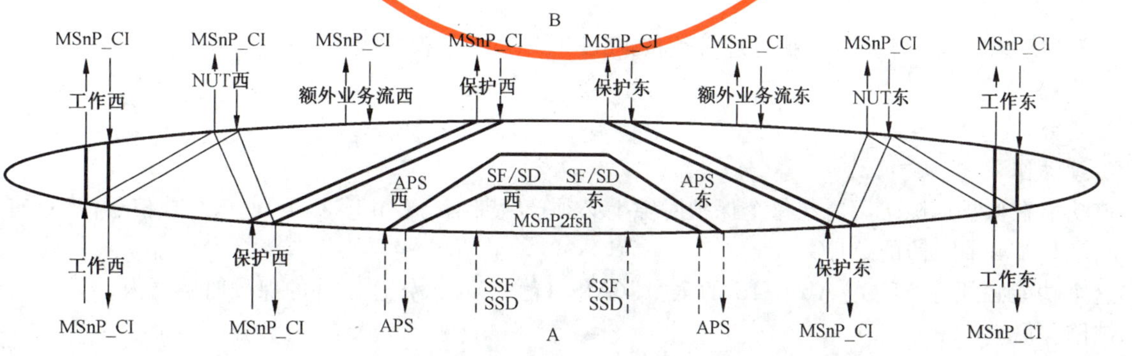

图 61　不与故障相邻的网元的矩阵连接

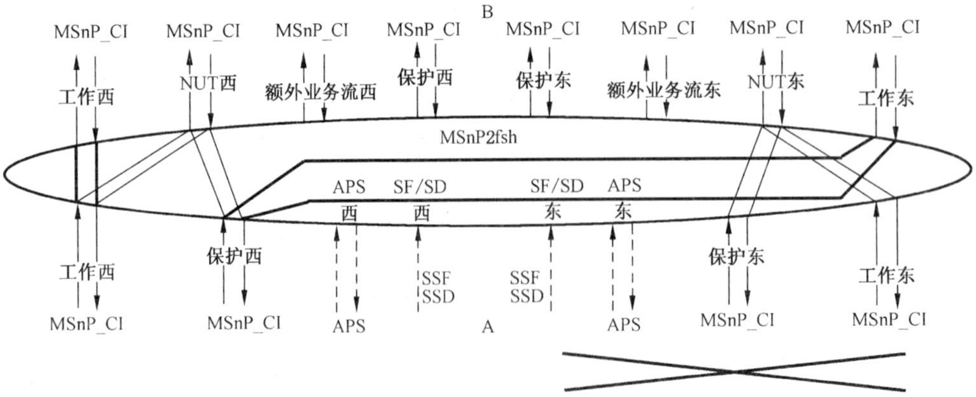

图 62　东侧与故障相邻的网元的矩阵连接

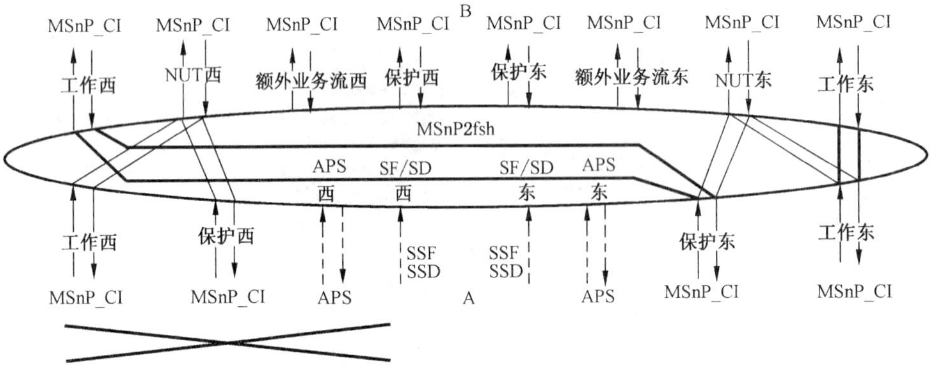

图 63　西侧与故障相邻的网元的矩阵连接

注 2：ITU-T G.841 建议规定保护 AU 在没有使用(用于额外业务流或工作业务流)时可以发出 VC 未装载信号。在 MSnP2fsh_C 功能中必须像 ITU-T G.841 建议那样实现这一点，还要指出 Sn_C(S4-4c_C)功能具有对保护时隙容量的永久矩阵连接。保护是 MS 层保护方案，应该对客户层没有冲击。在功能模型中，MSn 层了解 HOVC 通道复用结构，能够控制 HOVC 未装载信号的插入。

如果支持非预占不保护业务流(NUT)，在工作 A 带宽上选定的通路和它们的相应保护通路可能被配备成非预占不保护通路。余下的工作 A 通路仍然由相应的保护 A 通路保护。选定非预占不保护通路的效应是对无论在环上何处的那个通路都禁止环倒换。非预占不保护通路没有 APS 保护。

注 3：当 AU-4 配备成支持 NUT 时，在保护动作期间，保护矩阵 MSnP2fsh_C 不修改这个 AU-4 的连接，这个 AU-4 在环上任何地方的连接都不改变。

MS 保护动作

2 纤 MS 共享保护环路径保护处理必须按 ITU-T G.841 建议的规定动作。

缺陷

待研究。

后续动作

该功能在保护时隙未用时在每个保护时隙上必须产生带有 VC-n [VC-4-4c]未装载信号(加上有效 AU-n [AU-4-4c]指针)的 AUG。

这个功能必须将 AUG [AU-4-4c]的全“1”(AIS)(静噪)插入错连以外的保护时隙之内。

缺陷关联

待研究。

性能监测

待研究。

11.4.2.2　**STM-N 复用段 2 纤共享保护环路径终结功能**

11.4.2.3　**STM-N 复用段 2 纤共享保护环路径终结源 MSnP2fsh_TT_So**

符号

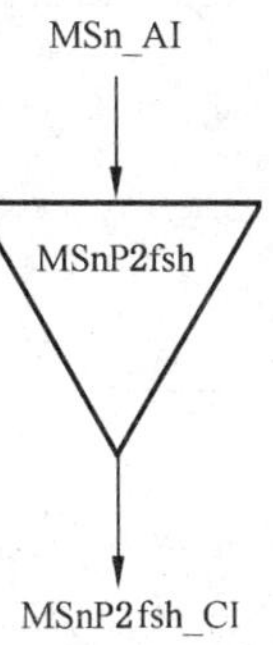

图 64　**MSnP2fsh_TT_So 的符号**

接口

表 42　**MSnP2fsh_TT_So 的输入和输出信号**

输　　入	输　　出
MSnP2fsh_AI_D	MSnP2fsh_CI_D
MSnP2fsh_AI_CK	MSnP2fsh_CI_CK
MSnP2fsh_AI_FS	MSnP2fsh_CI_FS

处理

在 MSnP2fsh_TT_So 没有信息需要处理,在它的输出的 MSn_AI 与在它输入的 MSnP2fsh_CI 是同样的。

缺陷

无。

后续动作

无。

缺陷关联

无。

性能监测

无。

11.4.2.4　**STM-N 复用段 2 纤共享保护环路径终结宿 MSnP2fsh_TT_Sk**

符号

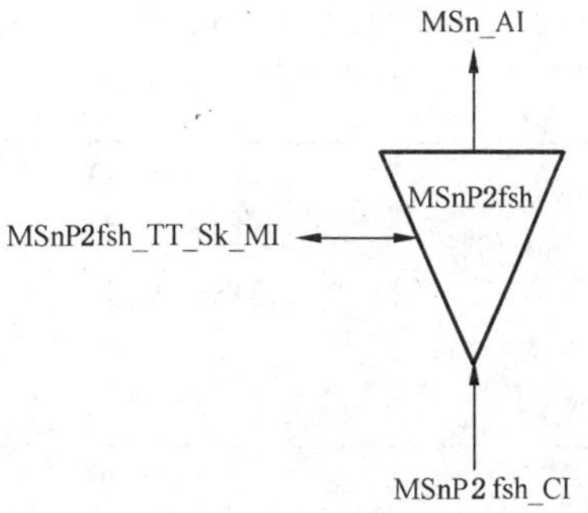

图 65　**MSnP2fsh_TT_Sk 的符号**

接口

表 43 **MSnP2fsh_TT_Sk 的输入和输出信号**

输入	输出
MSnP2fsh_CI_D	MSn_AI_D
MSnP2fsh_CI_CK	MSn_AI_CK
MSnP2fsh_CI_FS	MSn_AI_FS
MSnP2fsh_CI_SSF	MSn_AI_TSF
MSnP2fsh_TT_Sk_MI_SSF_Reported	MSnP2fsh_TT_Sk_MI_cSSF

处理

MSnP2fsh_TT_Sk 功能报告，作为 MSn 层的一部分，保护 MSn 路径的状态。在所有连接都不可用时 MSnP2fsh_TT_Sk 报告保护路径的信号失效状态。这一点只适用于工作容量。

缺陷

无。

后续动作

aTSF ← CI_SSF

缺陷关联

cSSF ← CI_SSF 和 SSF_Reported

性能监测

无。

11.4.2.5 STM-N 复用段 2 纤共享保护环适配功能

11.4.2.6 STM-N 复用段到 STM-N 复用段 2 纤共享保护环适配源 MSn/MSnP2fsh_A_So

符号

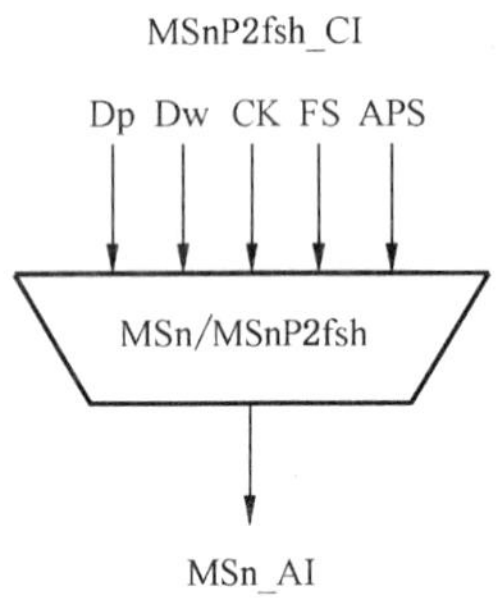

图 66 **MSn/MSnP2fsh_A_So 符号**

接口

表 44 **MSn/MSnP2fsh_A_So 的输入和输出信号**

输入	输出
MSnP2fsh_CI_Dw	MSn_AI_D
MSnP2fsh_CI_Dp	MSn_AI_CK
MSnP2fsh_CI_CK	MSn_AI_FS
MSnP2fsh_CI_FS	
MSnP2fsh_CI_APS	

处理

该功能必须将两组信号(CI_Dw、CI_Dp)复用进 MSn 净荷(n 个 AUG 时隙)。工作组信号必须复用进 AUG 时隙 1 到 n/2，而保护组信号必须复用进 AUG 时隙(n/2+1)到 n。

该功能必须将 MSn 2 纤共享保护环 APS 信号映射进 K1 和 K2。

缺陷

无。

后续动作

无。

缺陷关联

无。

性能监测

无。

11.4.2.7 STM-N 复用段到 STM-N 复用段 2 纤共享保护环适配宿 MSn/MSnP2fsh_A_Sk

符号

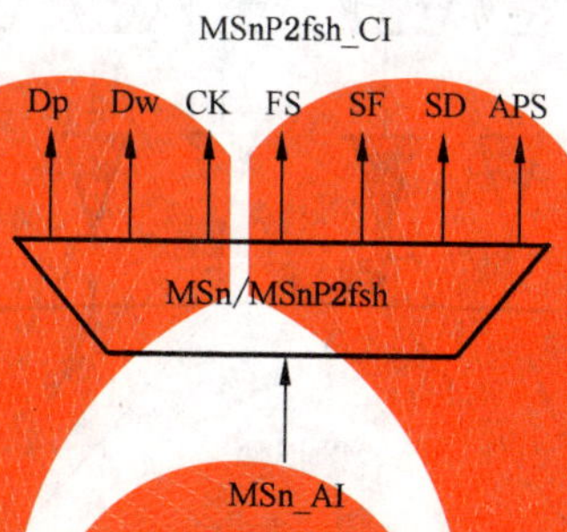

图 67 MSn/MSnP2fsh_A_Sk 的符号

接口

表 45 MSn/MSnP2fsh_A_Sk 的输入和输出信号

输入	输出
MSn_AI_D MSn_AI_CK MSn_AI_FS MSn_AI_TSF MSn_AI_TSD	MSnP2fsh_CI_Dw MSnP2fsh_CI_Dp MSnP2fsh_CI_CK MSnP2fsh_CI_FS MSnP2fsh_CI_SSF MSnP2fsh_CI_SSD MSnP2fsh_CI_APS

处理

该功能必须将 MSn 净荷(即,n 个 AUG 时隙)分成两组;工作组包含 AUG 时隙 1 到 n/2 和保护组包含 AUG 时隙(n/2+1)到 n。工作组必须在 MSnP2fsh_CI_Dw 输出,而保护组必须在 MSnP2fsh_CI_Dp 输出。

K1,K2:该功能必须从 MSn_AI_D 信号中抽出 16 个 APS 比特 K1[1-8]和 K2[1-8]。当连续三个帧的值相同时,必须接受新值。这个值必须通过 MSnP2fsh_CI_APS 输出。

缺陷

无。

后续动作

aSSF ← AI_TSF

aSSD ← AI_TSD

缺陷关联

无。

性能监测

无。

11.4.3 STM-N 复用段 4 纤共享保护环功能

本节规范 4 纤 STM-N MS SPRING 保护子层原子功能和 4 纤 MS SPRING 保护功能模型（见图 68）。

这个保护方案的特性、保护协议和动作规定在 ITU-T G.841 建议。

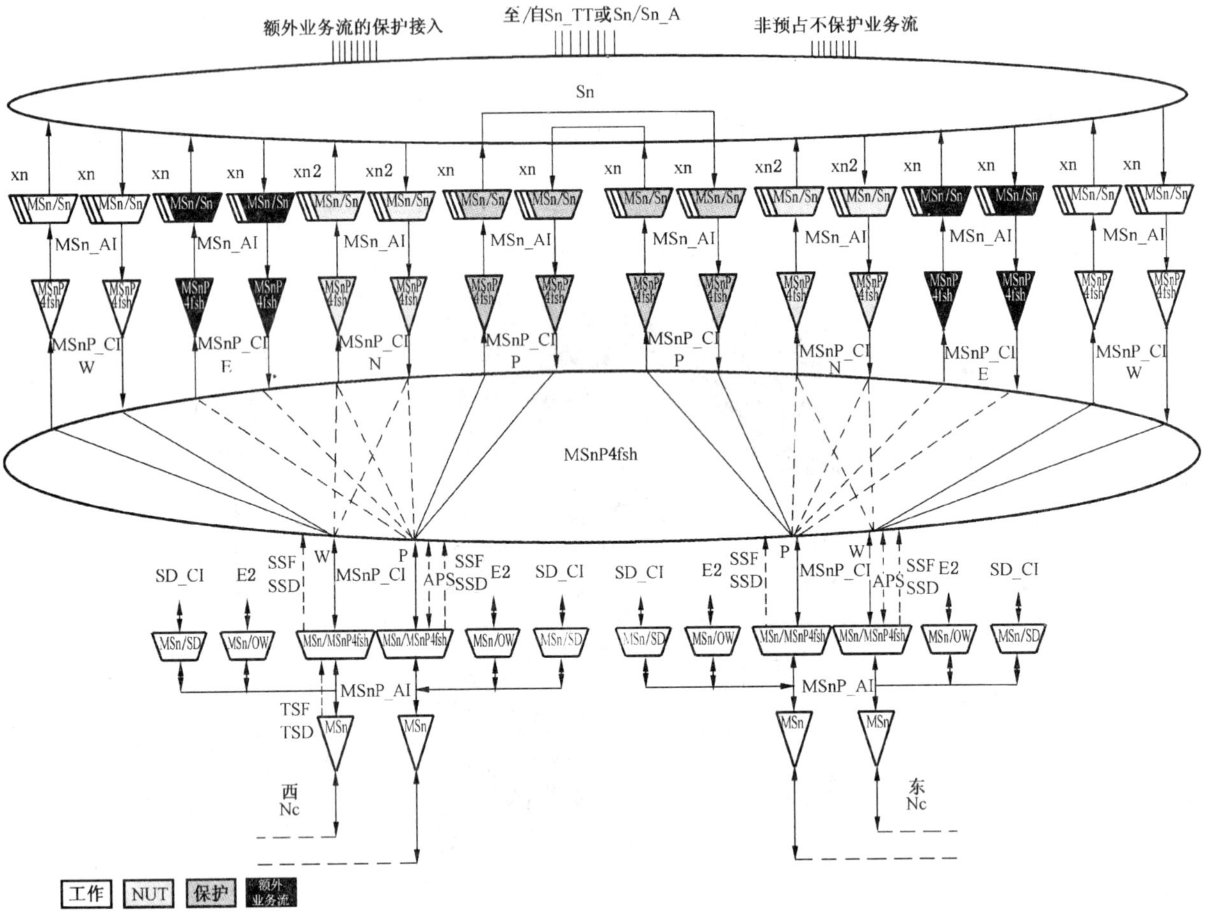

图 68 复用段 4 纤共享保护环模型（2 纤用于工作，2 纤用于保护）

11.4.3.1 STM-N 复用段 4 纤共享保护环的连接 MSnP4fsh_C

符号

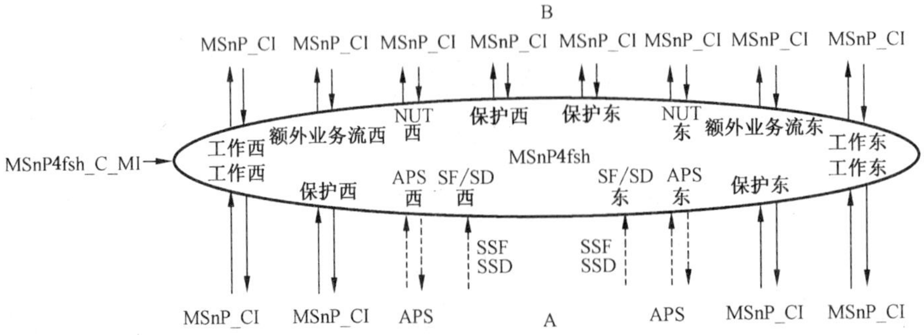

图 69 MSnP4fsh_C 的符号

接口

表 46　MSnP4fsh_C 的输入和输出信号

输　　入	输　　出
对于连接点 A 西和 A 东： MSnP4fsh_CI_Dw MSnP4fsh_CI_Dp MSnP4fsh_CI_CK MSnP4fsh_CI_FS MSnP4fsh_CI_SSF MSnP4fsh_CI_SSD MSnP4fsh_CI_APS 对于连接点 B 西和 B 东： MSnP4fsh_CI_Dw MSnP4fsh_CI_Dp MSnP4fsh_CI_De MSnP4fsh_CI_Dn MSnP4fsh_CI_CK MSnP4fsh_CI_FS MSnP4fsh_CI_MI_EXTRAtraffic MSnP4fsh_CI_MI_NUTraffic MSnP4fsh_C_MI_WTRTime MSnP4fsh_C_MI_EXTCMD MSnP4fsh_C_MI_RingNodeID MSnP4fsh_C_MI_RingMap	对于连接点 A 西和 A 东： MSnP4fsh_CI_Dw MSnP4fsh_CI_Dp MSnP4fsh_CI_CK MSnP4fsh_CI_FS MSnP4fsh_CI_APS 对于连接点 B 西和 B 东： MSnP4fsh_CI_Dw MSnP4fsh_CI_CKw MSnP4fsh_CI_FSw MSnP4fsh_CI_SSFw MSnP4fsh_CI_Dp MSnP4fsh_CI_CKp MSnP4fsh_CI_FSp MSnP4fsh_CI_SSFp MSnP4fsh_CI_De MSnP4fsh_CI_Cke MSnP4fsh_CI_Fse MSnP4fsh_CI_SSFe MSnP4fsh_CI_Dn MSnP4fsh_CI_CKn MSnP4fsh_CI_FSn MSnP4fsh_CI_SSFn
注：保护状态报告信号待研究。	

处理

该功能能够按 ITU-T G.841 建议规定的复用段 4 纤共享保护环的动作为它连接点(输入和输出)之间的工作和保护信号选路(桥接和选择)。

注 1：功能模型是最大化模型，在实际设备中可能没有关于额外业务流和 NUT 的输入和输出。能够支持的可能的矩阵连接有(见表 47)：

——正常工作(没有故障)时的连接：

Ww_A↔Ww_B

We_A↔We_B

Pw_A↔Pw_B

Pe_A↔Pe_B

——额外业务流用的连接：

Pw_A↔Ew_B

Pe_A↔Ee_B

——NUT 用的连接：

Pw_A↔Nw_B

Ww_A↔Nw_B

Pe_A↔Ne_B

We_A↔Ne_B

——保护工作(有故障)时的连接：

Pw_A↔We_B(环倒换)

Pe_A↔Ww_B(环倒换)

Pw_A↔Ww_B(段倒换)

Pe_A↔We_B(段倒换)

——静噪：

Pw_A [TSx]←all-ONEs(AIS)

Pe_A [TSx]←all-ONEs(AIS)

——未装载产生：

Pw_A [TSx]←未装载的 HOVC

Pe_A [TSx]←未装载的 HOVC

——APS：

APSw←APSe(APS 直通)

APSw 源出

APSe 源出

注 2：APS 协议只在承载保护通路的光纤上激活。

符号说明：

Xy_Z：X=W(工作)，P(保护)，E(额外业务流)，N(NUT)

y=w(西)，e(东)

Z=A，B

TSx：AU-4 时隙 ＃x (x=1..n)

表 47 MSnP4fsh_C 业务流矩阵连接

业务流矩阵连接			输出											
			A				B							
			Ww	Pw	We	Pe	Ww	Ew	Pw	Nw	We	Ee	Pe	Ne
输入	A	Ww					X			X				
		Pw					X（段倒换）	X	X	X	X（环倒换）			
		We									X			X
		Pe					X（环倒换）				X（段倒换）	X	X	X
	B	Ww	X	X（段倒换）		X（环倒换）								
		Ew		X										
		Pw		X										
		Nw	X	X										
		We		X（环倒换）	X	X（段倒换）								
		Ee				X								
		Pe				X								
		Ne			X	X								

在宿方向(图 69，从 A 到 B)，在西[东]工作 B MSnP4fsh 连接点的输出信号能够是通过有关的西[东]工作 A 容量、西[东]保护 A 容量(段倒换)或东[西]保护 A 容量(环倒换)接收的信号，由(通过 CI_

SSF、CI_SSD 信号转发的)SF、SD 的状态,外部指令和通过 APS 信号转发的信息确定是哪个信号。

在源方向,工作 A 输出连接到有关的工作 B 输入或有关的 NUT 业务流。保护 A 输出连接到本地未装载 VC 发生器、额外业务流输入、NUT 业务流输入或在 B 的一个工作输入,如图 70 到图 73 所示。

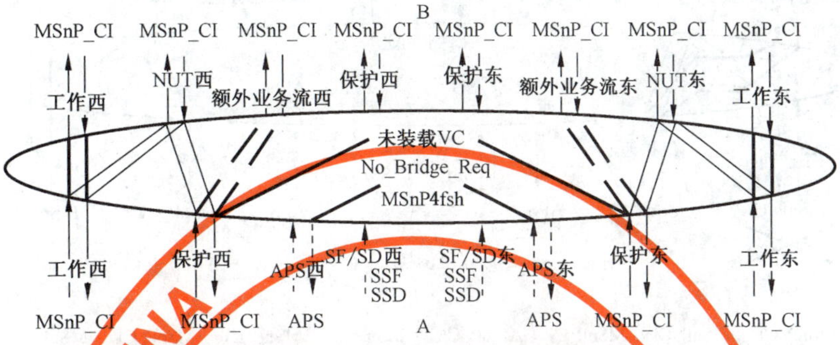

图 70　没有故障时 4 纤环内网元的矩阵连接,虚线表示支持额外业务流的情况

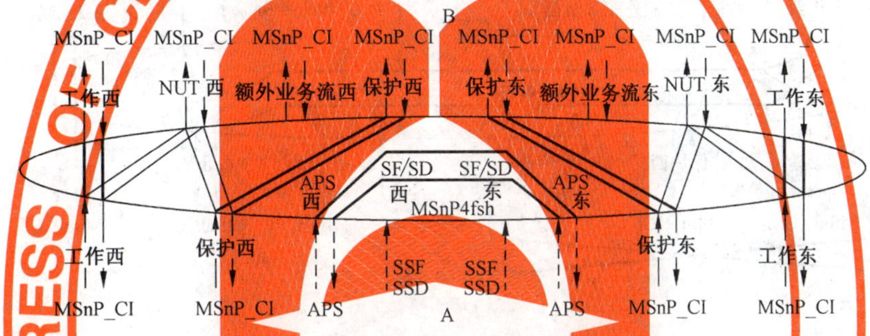

图 71　不与故障相邻的网元的矩阵连接

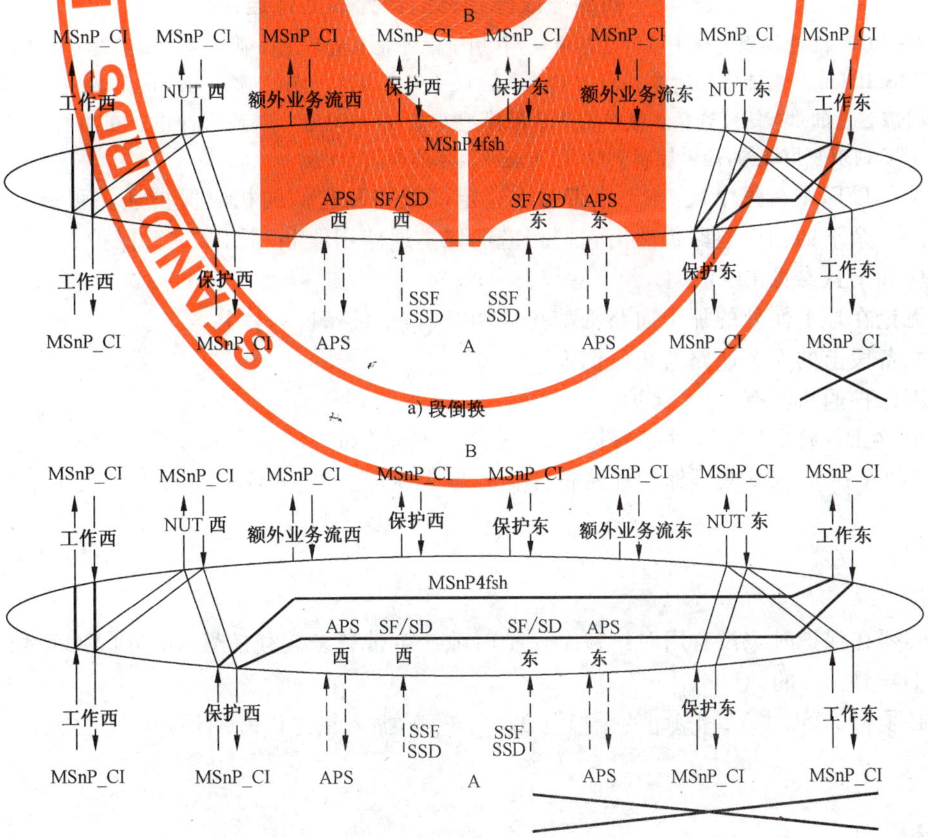

a) 段倒换

b) 环倒换

图 72　东侧与故障相邻的网元的矩阵连接

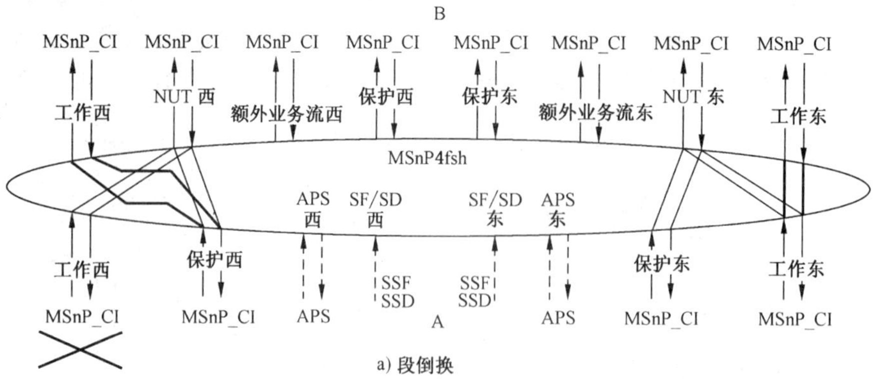

a) 段倒换

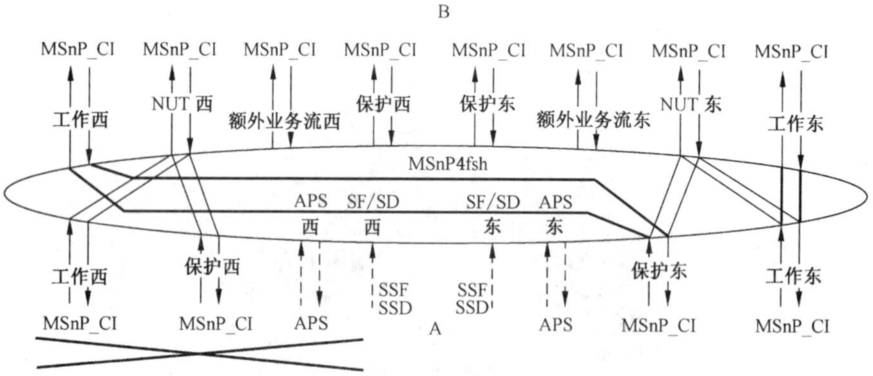

b) 环倒换

图 73 西侧与故障相邻的网元的矩阵连接

注 3：ITU-T G.841 建议规定保护 AU 在没有使用(用于额外业务流和工作业务流)时，可以发出 VC 未装载信号。在 MSnP4fsh_C 功能中必须像 ITU-T G.841 建议那样实现这一点，还要指出 Sn_C(S4-4c_C)功能具有对保护时隙容量的永久矩阵连接。保护是 MS 层保护方案，应该对客户层没有冲击。在功能模型中，MSn 了解 HOVC 通道复用结构，能够控制 HOVC 未装载信号的插入。

如果支持 NUT，则在每个段，在工作带宽上选定的通路和它们的相应保护通路可能被配备成非预占不保护通路。余下的工作通路仍然由它们相应的保护通路用段和环倒换进行保护。选定非预占不保护通路的效应如下：(参见 ITU-T G.841 建议)

——对无论在环上何处的那个通路都禁止环倒换(与 2 纤情况一样)；

——对配备段上的那个通路禁止段倒换。

非预占不保护通路没有 APS 保护。

注 4：当 AU-4 配备成支持 NUT 时，在保护动作期间，保护矩阵 MSnP2fsh_C 不修改这个 AU-4 的连接。

MS 保护动作：4 纤 MS 共享保护环路径保护处理必须按 ITU-T G.841 建议的规定动作。

缺陷

待研究。

后续动作

该功能必须在保护时隙没有用时给每个保护时隙产生带有未装载信号 VC-n [VC-4-4c](加上有效 AU-n [AU-4-4c]指针)的 AUG。

该功能必须将 AUG [AU-4-4c]的全“1”(AIS)(静噪)插入错连以外的保护时隙之内。

缺陷关联

待研究。

性能监测

待研究。

11.4.3.2 STM-N 复用段 4 纤共享保护环路径终结功能

11.4.3.3 STM-N 复用段 4 纤共享保护环路径终结源 MSnP4fsh_TT_So

符号

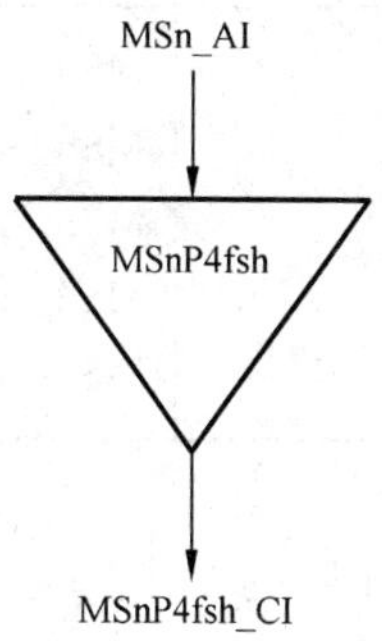

图 74 MSnP4fsh_TT_So 的符号

接口

表 48 MSnP4fsh_TT_So 的输入和输出信号

输　　入	输　　出
MSnP4fsh_AI_D MSnP4fsh_AI_CK MSnP4fsh_AI_FS	MSnP4fsh_CI_D MSnP4fsh_CI_CK MSnP4fsh_CI_FS

处理

在 MSnP4fsh_TT_So 没有信息需要处理，在它的输出 MSn_AI 与在它的输入 MSnP4fsh_CI 是相同的。

缺陷

无。

后续动作

无。

缺陷关联

无。

性能监测

无。

11.4.3.4 STM-N 复用段 4 纤共享保护环路径终结宿 MSnP4fsh_TT_Sk

符号

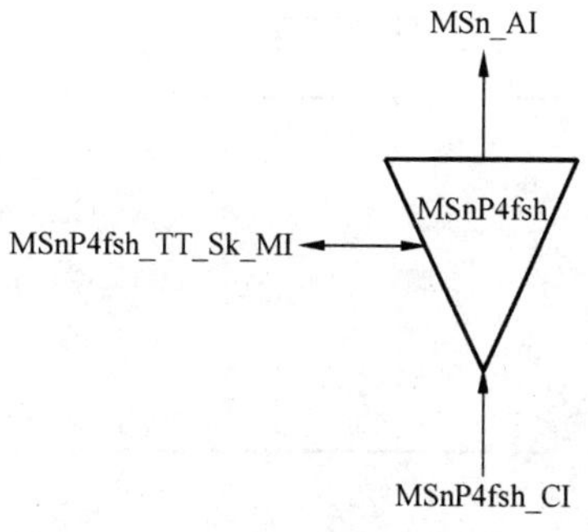

图 75 MSnP4fsh_TT_Sk 的符号

接口

表 49 MSnP4fsh_TT_Sk 的输入和输出信号

输　　入	输　　出
MSnP4fsh_CI_D MSnP4fsh_CI_CK MSnP4fsh_CI_FS MSnP4fsh_CI_SSF MSnP4fsh_TT_Sk_MI_SSF_Reported	MSn_AI_D MSn_AI_CK MSn_AI_FS MSn_AI_TSF MSnP4fsh_TT_Sk_MI_cSSF

处理

MSnP4fsh_TT_Sk 功能报告，作为 MSn 层的一个部分，保护 MSn 路径的状态。在所有连接不可用的情况下，MSnP4fsh_TT_Sk 报告保护路径的信号失效状态。这只适用于工作容量。

缺陷

无。

后续动作

aTSF ← CI_SSF

缺陷关联

cSSF ← CI_SSF 和 SSF_Reported

性能监测

无。

11.4.3.5 STM-N 复用段 4 纤共享保护环适配功能

11.4.3.6 STM-N 复用段到 STM-N 复用段 4 纤共享保护环适配源 MSn/MSnP4fsh_A_So

符号

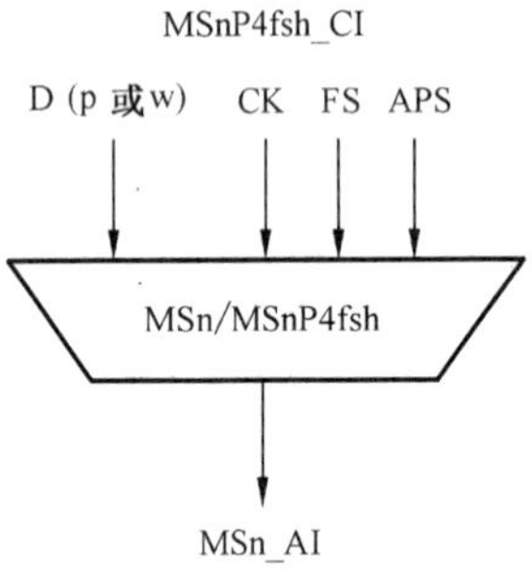

图 76 MSn/MSnP4fsh_A_So 的符号

接口

表 50 MSn/MSnP4fsh_A_So 的输入和输出信号

输　　入	输　　出
MSnP4fsh_CI_Dw MSnP4fsh_CI_Dp MSnP4fsh_CI_CK MSnP4fsh_CI_FS MSnP4fsh_CI_APS(在承载保护通路的光纤上)	MSn_AI_D MSn_AI_CK MSn_AI_FS

处理

在承载保护通路的光纤上：该功能必须将 CI_Dp 信号复用进 MSn 净荷(n 个 AUG 时隙)。该功能必须将 MSn 4 纤共享保护环 APS 信号映射进字节 K1 和 K2。

在承载工作通路的光纤上:该功能必须将 CI_Dw 信号复用进 MSn 净荷(n 个 AUG 时隙)。

缺陷

无。

后续动作

无。

缺陷关联

无。

性能监测

无。

11.4.3.7 STM-N 复用段到 STM-N 复用段 4 纤共享保护环适配宿 MSn/MSnP4fsh_A_Sk

符合

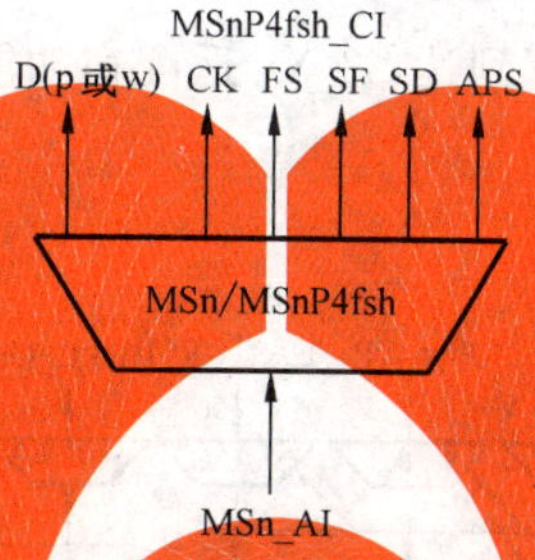

图 77 MSn/MSnP4fsh_A_Sk 的符号

接口

表 51 MSn/MSnP4fsh_A_Sk 的输入和输出信号

输 入	输 出
MSn_AI_D	MSnP4fsh_CI_Dw 或 MSnP4fsh_CI_Dp
MSn_AI_CK	MSnP4fsh_CI_CK
MSn_AI_FS	MSnP4fsh_CI_FS
MSn_AI_TSF	MSnP4fsh_CI_SSF
MSn_AI_TSD	MSnP4fsh_CI_SSD
	MSnP4fsh_CI_APS(在承载保护通路的光纤上)

处理

在承载保护通路的光纤上:该功能必须抽出 MSn 净荷(即,n 个 AUG 时隙)。N 个保护 AUG 必须在 MSnP4fsh_CI_Dp 输出。该功能必须从 MSn_AI_D 信号抽出 16 个 APS 比特 K1[1-8]和 K2[1-8]。当连续三帧该值是同样的时,必须接受新值。这个值必须通过 MSnP4fsh_CI_APS 输出。

在承载工作通路的光纤上:该功能必须抽出 MSn 净荷(即,n 个 AUG 时隙)。N 个工作 AUG 必须在 MSnP4fsh_CI_Dw 输出。

缺陷

无。

后续动作

aSSF ← AI_TSF

aSSD ← AI_TSD

缺陷关联

无。

性能监测

无。

12 VC-n 通道(Sn)层(n=4-X,4,3-X,3)

在7.1/G.707/Y.1322建议规定了VC-4和VC-3的逻辑结构。在第11节/G.707/Y.1322规定了VC-3或VC-4的虚级联和VC-4的相邻并接。

图78说明VC-n通道层的原子功能集。在接入点(Sn_AP),支持以下净荷:

——VC-3净荷(每帧9×84字节);

——VC-4净荷(每帧9×260字节);

——VC-3-X净荷(X≥1,每帧X×9×84字节);

——VC-4-X净荷(X≥1,每帧X×9×260字节)。

在连接点支持的特征信息能够是VC-3、VC-4或VC-4-Xc(X=4,16,64,256)。

VC-3-X净荷可以用X个虚级联的VC-3承载。这些VC-3集中在一起称为VC-3-Xv。在S3-Xv适配源功能之后,直到全部X个VC-3都到达S3-Xv适配宿功能之前每个VC-3独立承载。

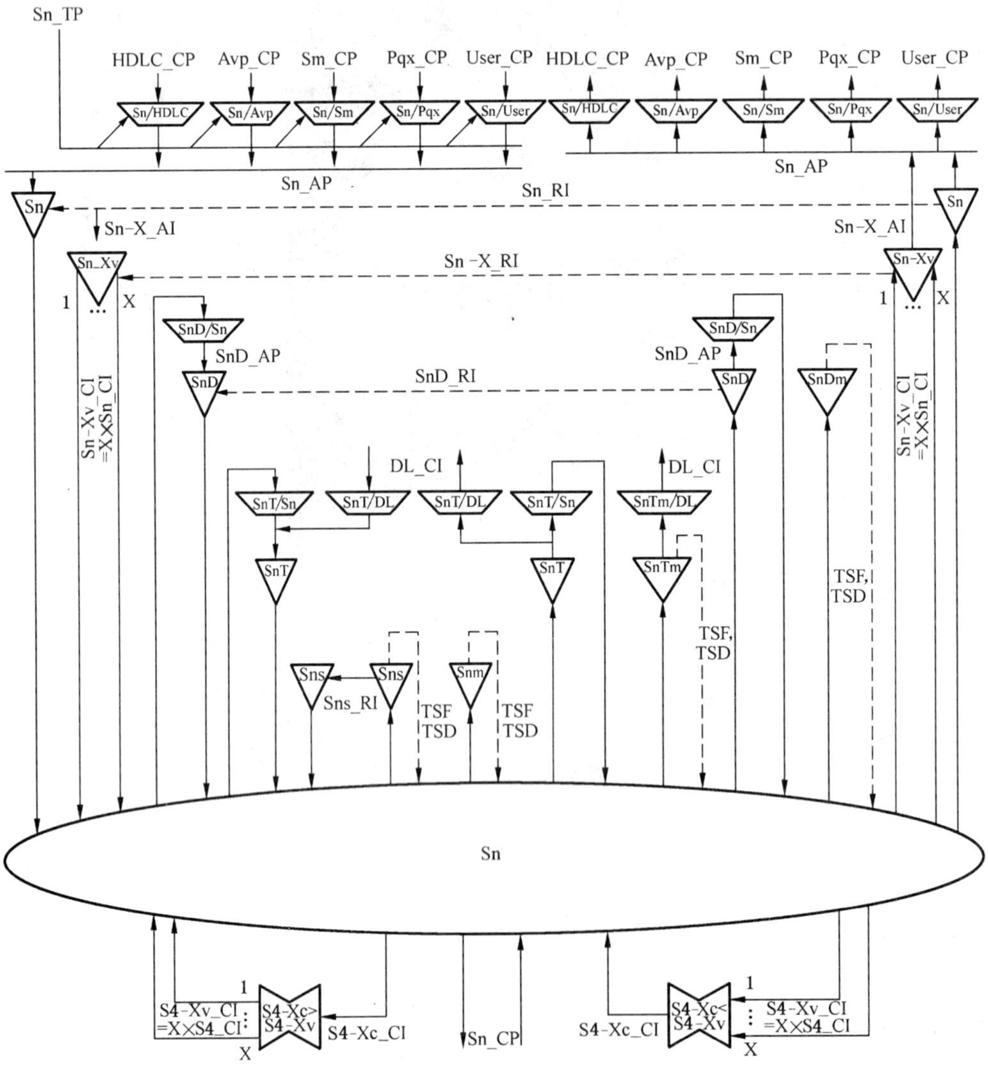

图78 VC-n通道层原子功能

VC-4-X 净荷可以用 X 个虚级联的 VC-4 或单个 X＝4，16，64，256 的 VC-4-Xc 承载。在虚级联情况，那些 VC-4 集中在一起称为 VC-4-Xv。在 VC-4-Xv 适配源功能之后，直到全部 X 个 VC-4 到达 S4-Xv 适配宿功能之前，每个 VC-4 独立承载。

图 78 表明在能够连接到一个 Sn-X 接入点的 Sn 层内，存在一个以上的适配功能。对于这样的情况，这些适配源功能的子集允许一起激活，但是只有一个适配源功能可以接入特定的时隙。必须摒弃其他适配源功能接入同一时隙。与源方向相反，适配宿功能可以全部一起激活。这可能引发检出故障并报告。为防止这一点，适配宿功能能够去活。

注 1：如果一个适配功能只连到 AP，则要激活它。如果一个以上其他功能连接到接入同一时隙的相同 AP，则要激活功能集中的一个。

Sn 层特征信息

特征信息 Sn_CI 是同向定时的、帧长 125 μs 的八比特组结构。

在图 79 示出 S3_CI。它的格式表征为按 ITU-T G.707/Y.1322 建议规定的在 J1、B3 和 G1 字节内的 VC-3 路径终结开销加上在下一小节内规定的 S3 适配信息。另一方面，它可以是 ITU-T G.707/Y.1322 建议规定的未装载信号。

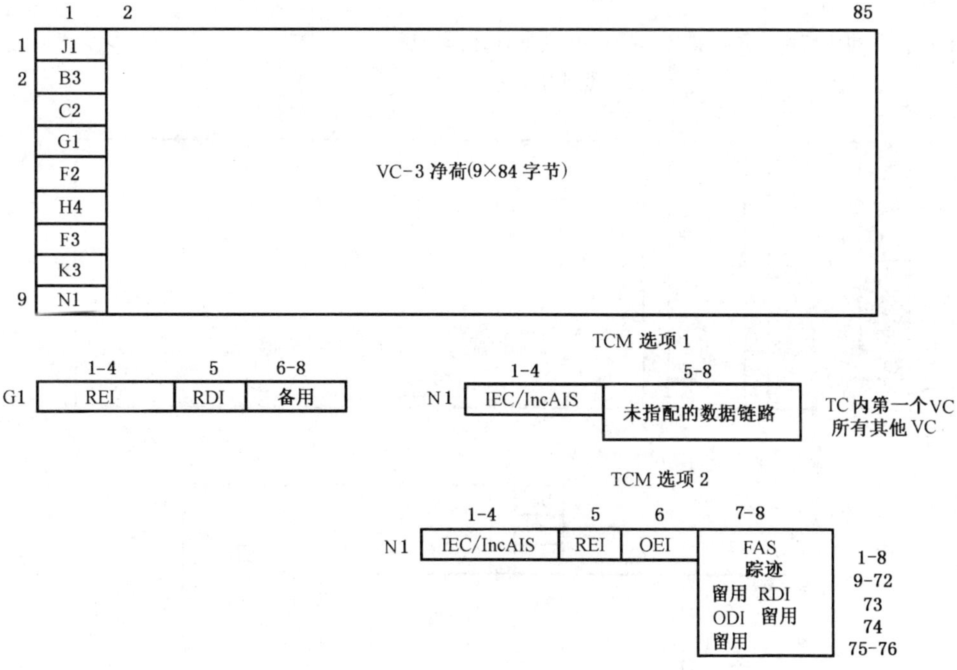

注：G1 的比特 6 到 7 留给附录六描述的增强 RDI 的任选项使用。

图 79　S3_CI_D

VC-3 并接路径能够通过虚级联 VC-3(VC-3-Xv)连接传送。对由虚级联 VC-3-Xv 连接支持的 VC-3-X 路径，允许有 1≤X≤256 的所有值。VC-3-Xv(S3-Xv_CI_D)的 CI 由 X 个 S3_CI 组成(见图 80)。H4 字节按 ITU-T G.707/Y.1322 建议规定产生。像图 81 所示那样实现 S3-X_AI 到 S3-Xv_CI 的映射。

注 2：VC-3[2..X]的 F2、F3 和 K3 不规定。

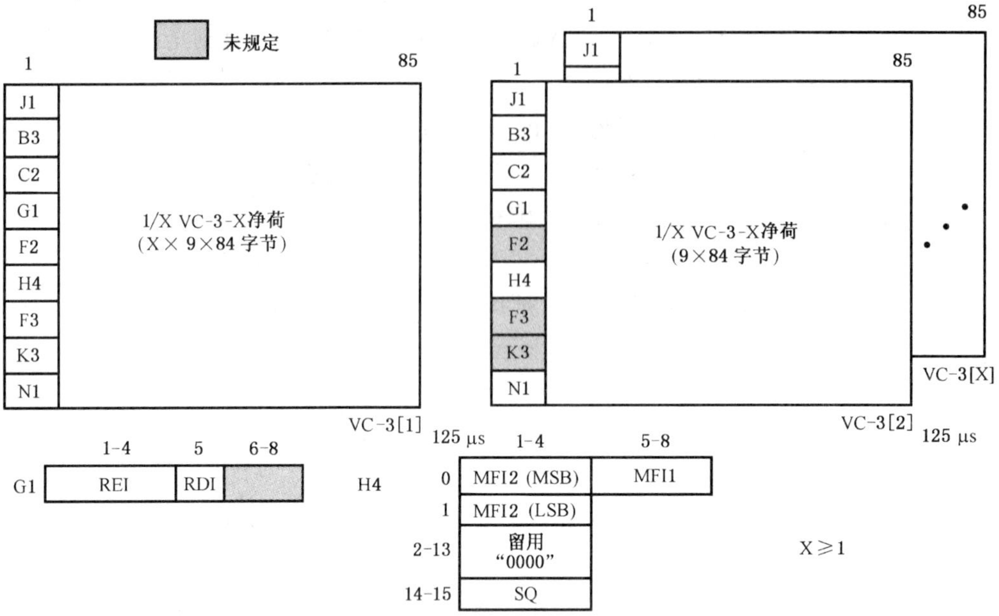

注：G1 的比特 6 和 7 留给附录六描述的增强 RDI 的任选项使用。

图 80　S3-Xv_CI_D

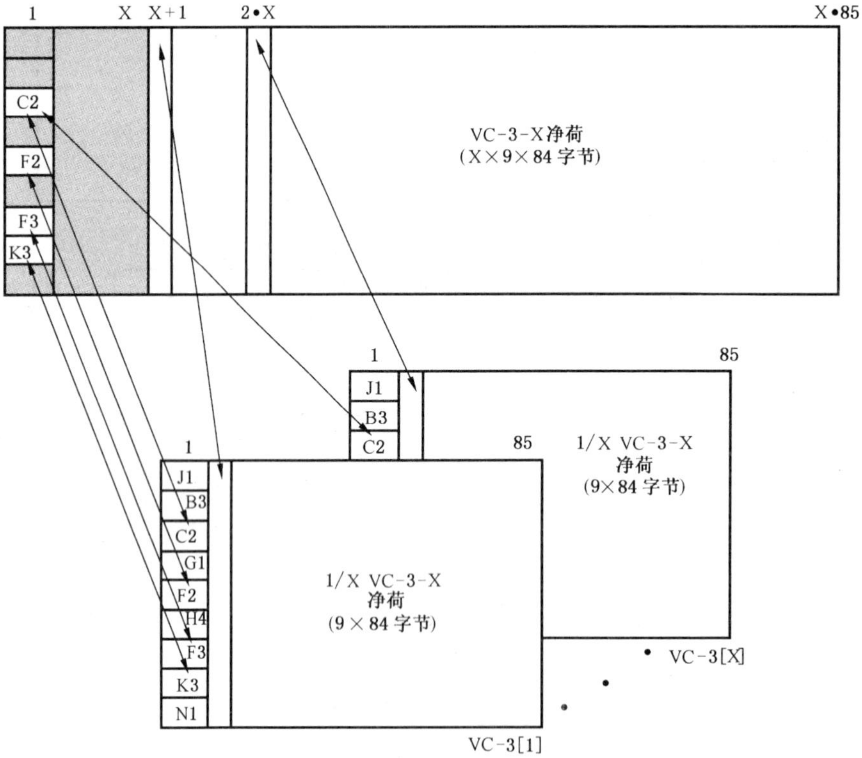

图 81　S3-X_AI_D 到 S3-Xv_CI_D 的映射

图 82 示出 S4_CI。它的格式表征为按 ITU-T G.707/Y.1322 建议规定的 J1、B3 和 G1 字节内的 VC-4 路径终结开销加上下一小节内规定的 S4 适配信息。另一方面，它可以是如 ITU-T G.707/Y.1322 建议规定的未装载信号。

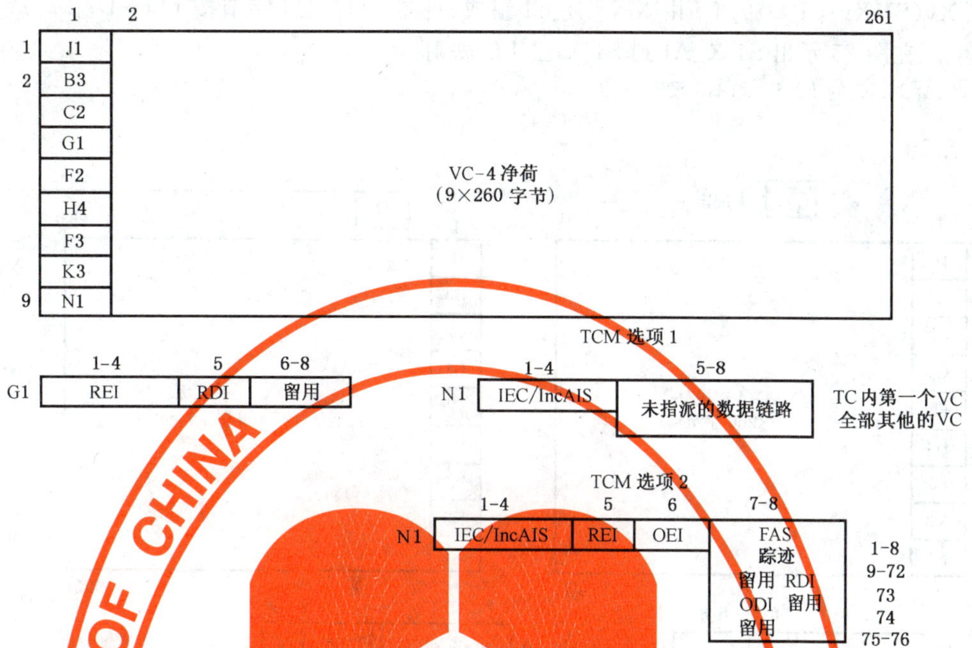

注：G1 的比特 6 和 7 留给附录六描述的增强 RDI 的任选项使用。

图 82 S4_CI_D

VC-4 并接路径能够通过邻接的并接 VC-4(VC-4-Xc)或虚级联 VC-4(VC-4-Xv)连接支持。如果并接 VC-4-X 路径由邻接的并接 VC-4-Xc 连接支持，X 的允许值是 4、16、64 和 256。如果并接 VC-4-X 路径由虚级联 VC-4-Xv 连接支持，允许 1≤X≤256 的所有值。

VC-4-Xc(S4-Xc_CI_D)的 CI 信号是 125 μs 帧长的八比特组结构(见图 83)。它的格式表征为 S4-X_AI加上按 ITU-T G.707/Y.1322 建议规定的在 J1、B3 和 G1 位置内的 VC-4 路径终结开销。

注 3：在 VC-4-Xc 内 H4 不使用。

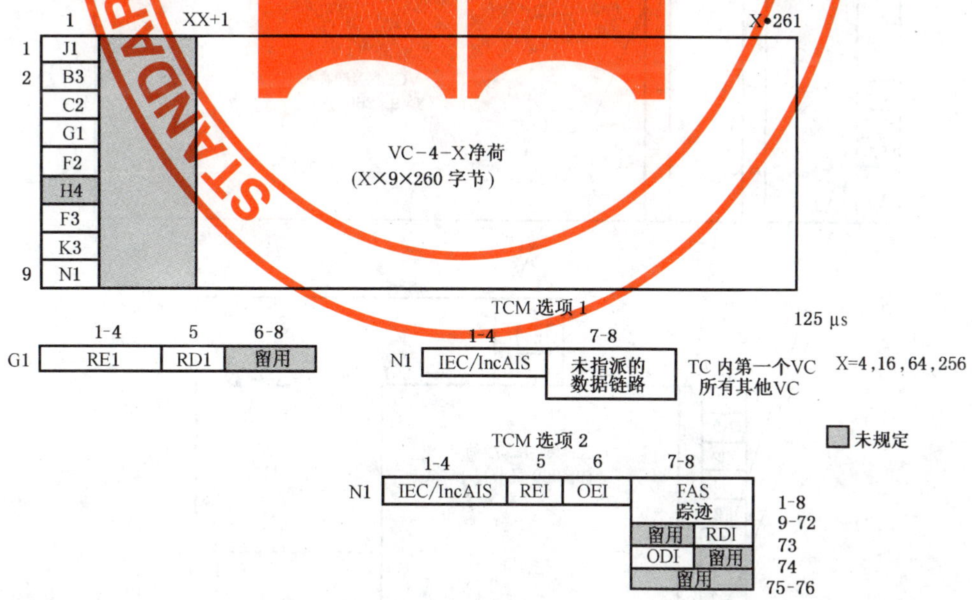

注：G1 的比特 6 和 7 留给附录六描述的增强 RDI 的任选项使用。

图 83 S4-Xc_CI_D

VC-4-Xv(S4-Xv_CI_D)的CI由X个S4_CI组成(见图84)。H4字节按ITU-T G.707/Y.1322建议规定产生。在图85示出S4-X_AI到S4-Xv_CI的映射。

注4：VC-4[2..X]的F2、F3和K3没有规定。

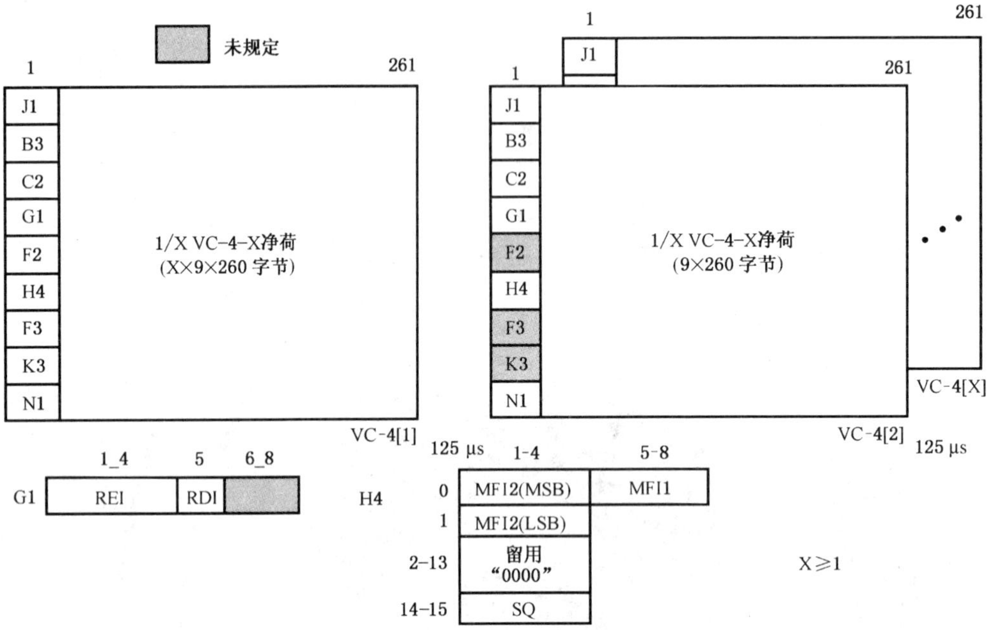

注：G1的比特6和7留给附录六描述的增强RDI的任选项使用。

图84 S4-Xv_CI_D

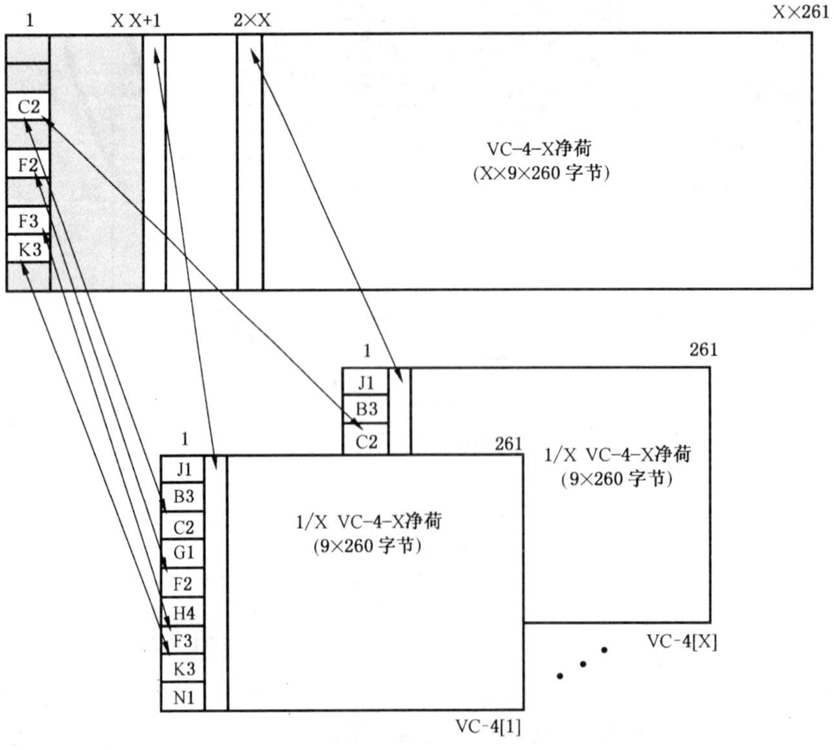

图85 S4-X_AI_D到S4-Xv_CI_D的映射

Sn 层适配信息

适配信息(AI)是 125 μs 帧长的八比特组。

在图 86 示出 S3_AI。它表示由客户层信息、信号标签和用 1 字节用户通路 F2 和 F3 组成的客户特定信息等构成的适配客户层信息。对于信号通过路径保护子层(S3P)的情况，在字节 K3 内 APS 比特(1 到 4)规定 Sn_AI。

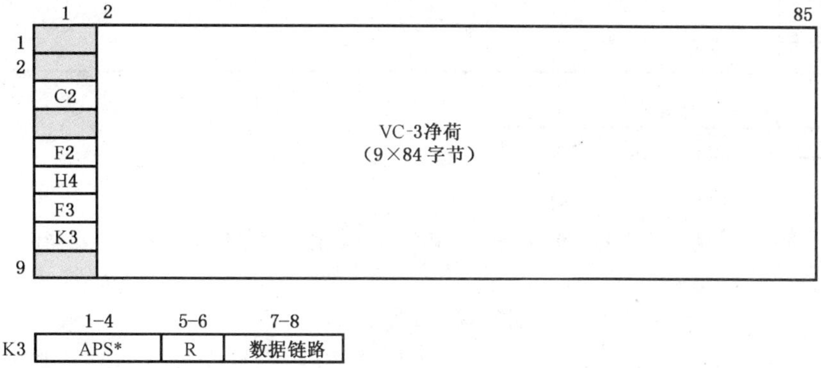

注：K3 的比特 7 和 8 划分给通道数据链路，在 S3 CI 还没有在通道数据链路子层的原子功能内处理时，它们的值是未规定的。

图 86　S3_AI_D

在图 87 示出 S3-X_AI。它表示适配客户层信息，按 ITU-T G. 707/Y. 1322 建议规定，它由 X×756 字节的客户层信息、信号标签字节 C2 和 2 通道用户通路字节 F2/3 等构成。对于信号通过路径保护子层的情况，S3-X_AI 由字节 K3 内 APS 比特(1 到 4)规定。

注 5：APS 信号未规定，复帧 APS 信号可能是需要的。

注 6：在信号 S3-X_AI 还没有在路径保护连接功能 Sn-XP C 处理时，字节 K3 的比特 1 到 4 是未规定的。

注 7：在网元内不存在适配功能发出的这些字节时，不规定字节 F2 和 F3。

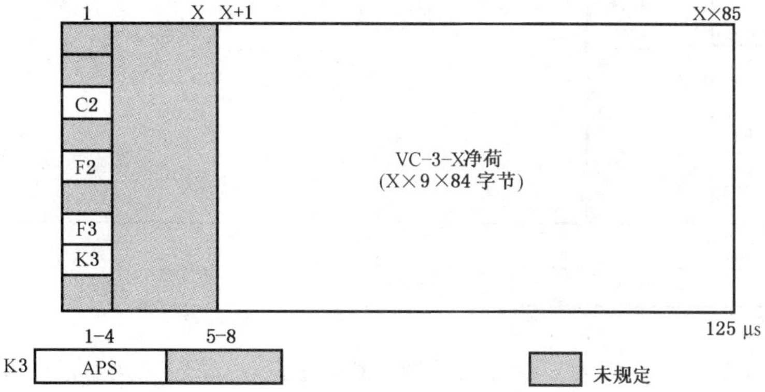

注：K3 的比特 7 和 8 划分给通道数据链路，在 CI 还没有在通道数据链路子层的原子功能内处理时，它们的值是未规定的。

图 87　S3-X_AI_D

VC-3-X 由下列净荷之一组成：

——GFP 映射的客户 X×48 348 kbit/s 信息包流信号

在图 88 示出 S4_AI。它表示由客户层信息、信号标签和 1 字节用户通路 F2 和 F3 组成的客户特定信息等构成的适配客户层信息。对于信号通过路径保护子层(S4P)的情况，Sn_AI 由字节 K3 内 APS 比特(1 到 4)规定。

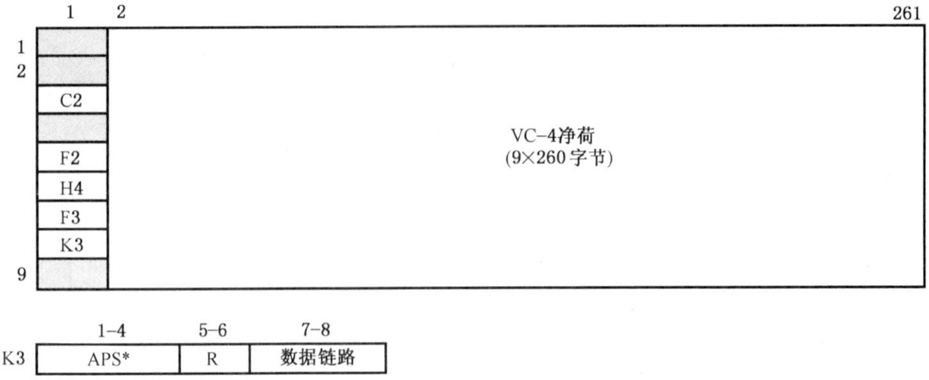

注：K3 的比特 7 和 8 划分给通道数据链路，在 S4_CI 还没有在通道数据链路子层的原子功能内处理时，它们的值是未规定的。

图 88　S4_AI_D

在图 89 示出 S4-X_AI。它表示适配客户层信息，按 ITU-T G.707/Y.1322 建议规定，它由 X×2340 字节的客户层信息、信号标签字节 C2、2 通道用户通路字节 F2/3 等组成。对于信号通过路径保护子层的情况，S4-X_AI 由字节 K3 内 APS 比特(1 到 4)规定。

注 8：APS 信号没有规定，复帧 APS 信号可能是需要的。

注 9：在信号 S4-X_AI 没有在路径保护连接功能 Sn-XP_C 内处理时，字节 K3 的比特 1 到 4 未规定。

注 10：在网元内不存在适配功能发出的这些字节时，不规定字节 F2 和 F3。

VC-4-X 由下列净荷之一组成：

——GFP 映射的客户 X×149 760 kbit/s 信息包流信号

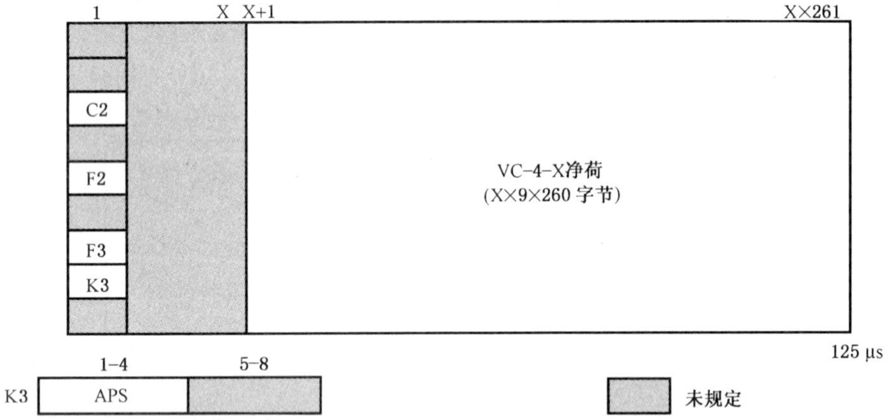

注：K3 的比特 7 和 8 划分给通道数据链路，在 CI 还没有在通道数据链路子层的原子功能内处理时，它们的值是未规定的。

图 89　S4-X_AI_D

层功能

Sn_C　VC-n 层连接功能

Sn_TT　VC-n 层路径终结功能

Snm_TT　VC-n 非介入监测功能

Sns_TT　VC-n 监视未装配终结功能

Sn/Sm_A　VC-n 层到 VC-m 层适配功能

SnP_C　VC-n 层线状路径保护连接功能

SnP_TT　VC-n 层线状路径保护路径终结功能
Sn/SnP_A　VC-n 层线状路径保护适配功能
Sn/User_A　VC-n 层到用户数据适配功能
Sn/Pqx_A　VC-n 层到 Pqx 层适配功能
SnD_TT　VC-n 串联连接(选项 2)终结功能
SnD/Sn_A　VC-n 串联连接(选项 2)到 VC-n 层适配功能
SnDm_TT　VC-n 串联连接(选项 2)非介入监测功能
SnT_TT　VC-n 串联连接(选项 1)终结功能
SnT/Sn_A　VC-n 串联连接(选项 1)到 VC-n 层适配功能
SnTm_TT　VC-n 串联连接(选项 1)非介入监测功能
SnT/DL_A　VC-n 串联连接(选项 1)到数据链路适配功能
Sn-X_TT　VC-n-X 层路径终结功能
Sn-Xv/Sn-X_A　VC-n-Xv 到 VC-n-X 层适配功能
S4-Xc↔S4-Xv_I　VC-4-Xc 到 VC-4-Xv 并接互通功能

12.1 连接功能

12.1.1 VC-n 层连接 Sn_C

Sn_C 是将它输入端口的 VC-n(n=3,4,4-Xc)指派到在它输出端口的 VC-n 的功能。

如图 90 所示 Sn_C 连接处理是单向功能。在该功能的输入和输出端口的信号格式是类似的,只是 VC-n 的逻辑顺序有差异。当该处理不影响信号的特征信息的性质时,在 Sn_C 功能两侧的参考点是一样的,如图 90 所示。

在 Sn_CP 的输入 VC-n 被指派给在 Sn_CP 可以得到的输出 VC-n 容量。

未装载 VC-n 必须施加在没有连接到输入 VC-n 的任何输出 VC-n。

符号

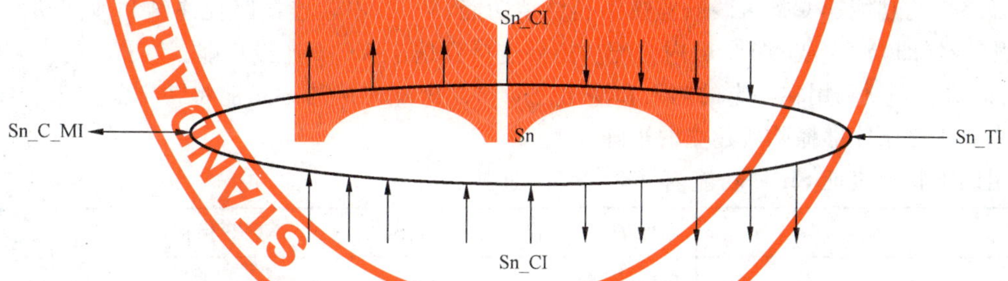

图 90　Sn_C 的符号

接口

表 52　Sn_C 的输入和输出信号

输　入	输　出
每个 Sn_CP,n×每个功能: Sn_CI_Data Sn_CI_Clock Sn_CI_FrameStart Sn_CI_SSF Sn_AI_TSF Sn_AI_TSD	每个 Sn_CP,m×每个功能: Sn_CI_Data Sn_CI_Clock Sn_CI_FrameStart Sn_CI_SSF

表 52（续）

输　　入	输　　出
1×每个功能： Sn_TI_Clock Sn_TI_FrameStart 每个输入和输出连接点： Sn_C_MI_ConnectionPortIds 每个矩阵连接： Sn_C_MI_ConnectionType Sn_C_MI_Directionality 每个 SNC 保护组： Sn_C_MI_PROTtype Sn_C_MI_OPERtype Sn_C_MI_WTRtime Sn_C_MI_Hotime Sn_C_MI_EXTCMD	
注：保护状态报告信号待研究。	

处理

在 Sn_C 功能内，VC-n 层特征信息利用矩阵连接在输入(终结)连接点((T)CP)和输出(T)CP 之间选路。(T)CP 可能安排在保护组内。

注 1：本建议既不规定到连接功能的输入/输出信号的数量，也不规定连接性。那是各个网元的性质。在附录一/ITU-T G.806 给出 Sn_C 的示例。

图 78 给出了能够连接到这个 VC-n 连接功能的原子功能的子集：VC-n 路径终结功能、VC-m 非介入监测路径终结宿功能、VC-n 未装载监视路径终结功能、VC-n 串联连接路径终结和适配功能。另外，在 VC-n 服务器(即，MS1 或 MS4)层内适配功能要连接到这个 VC-n 连接功能。

选路：该功能必须利用在特定的输入和输出之间建立矩阵连接的方式能将特定的输入和特定的输出连接起来。它必须能够撤除所建立的矩阵连接。

应该用以下特点表征 Sn_C 功能内每个(矩阵)连接：

连接类型：	不保护、1+1 保护(SNC/I、SNC/N 或 SNC/S 保护)
业务流方向：	单向、双向
输入和输出连接点：	连接点的集合

注 2：广播连接按分别连到同一输入 CP 的连接来处理。

注 3：对于网元在它的 Sn_C 功能内支持 1+1 保护矩阵连接的情况，这个功能在任何时刻可能包含的是全部不保护矩阵连接，或全部 1+1 保护矩阵连接，或不保护和 1+1 保护矩阵连接的混合。矩阵连接的实际集合和有关的连接类型及方向是由网管控制的工作参数。

倘若没有激活/请求保护倒换动作，必须能够在不干扰 CI 通过连接的状态下实现下列对连接(组态)的改变：

——添加和去除保护；

——在广播连接中添加或去除连接；

——工作类型之间改变；

——改变 WTR 时间；

——改变拖延时间。

未装载 VC 的产生:该功能必须按 ITU-T G.707/Y.1322 建议产生未装载 VC-n 信号。

缺陷

无。

后续动作

如果这个功能的输出没有连接到它的输入之一,该功能必须将未装载 VC-n(具有有效帧起点(FS)和 SSF="伪")连接到输出。

缺陷关联

无。

性能监测

无。

12.1.1.1 VC-n 子层连接保护处理

注 1:这个处理在 Sn_C 功能内就像有许多次 1+1 保护矩阵连接那样有效。

在 ITU-T G.841 建议说明 VC-n 子网连接保护机制。

图 91 给出涉及 SNC 保护的原子功能。左边的底部是两个(工作和保护)适配功能(MSn/Sn_A)对。它们之上是非介入监测功能(Snm_TT_Sk),在 SNC/I 情况,它们是没有的。右边是路径终结功能(Sn_TT)或适配功能(MSn/Sn_A),取决于 Sn 路径终结在 SNC 保护终结的同一点还是更后的点。

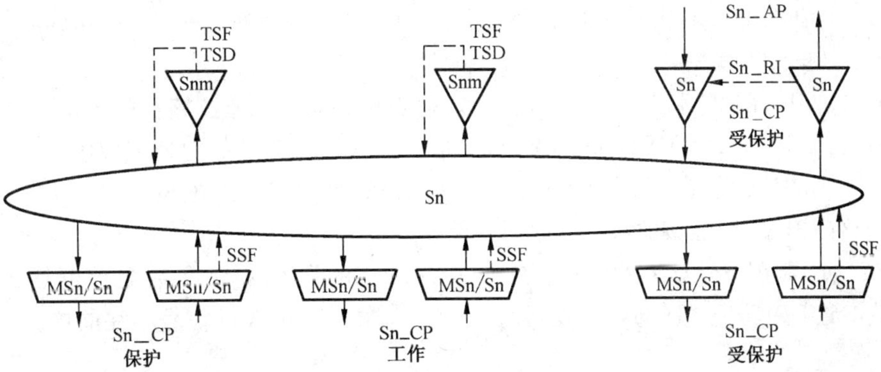

图 91 VC-n SNC/N 保护原子功能

Sn_C 功能可以针对(子)网连接内与通路相关的缺陷提供对路径的保护。

Sn_C 功能在两端以同样的方式动作,利用监测子网连接有无缺陷,考虑到缺陷状态的性质和外部倒换请求评估系统状态,将合适的通路倒换到保护(子)网连接。

参见图 92 和图 93,说明与 Sn_C SNC 保护处理有关的信号流。Sn_C 保护处理在 Sn_C_MP 参考点接收来自同步设备管理功能的控制参数和外部倒换请求,在 Sn_C_MP 输出状态指示符给同步设备管理功能,作为 ITU-T G.841 建议说明的倒换指令结果。

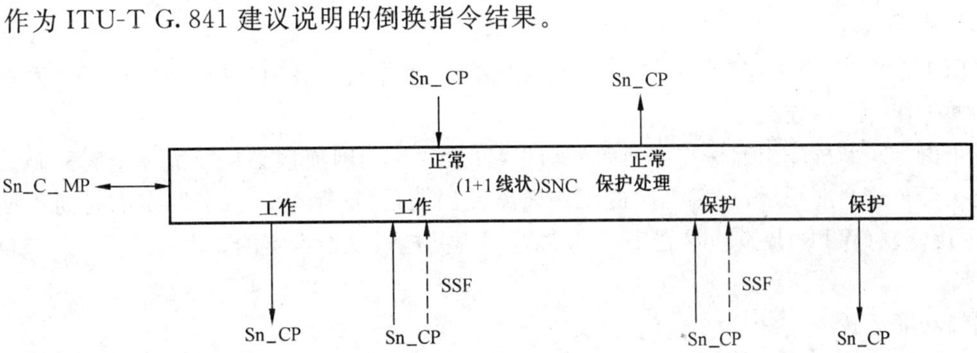

图 92 VC-n 固有监测的子网连接(SNC/I)保护处理

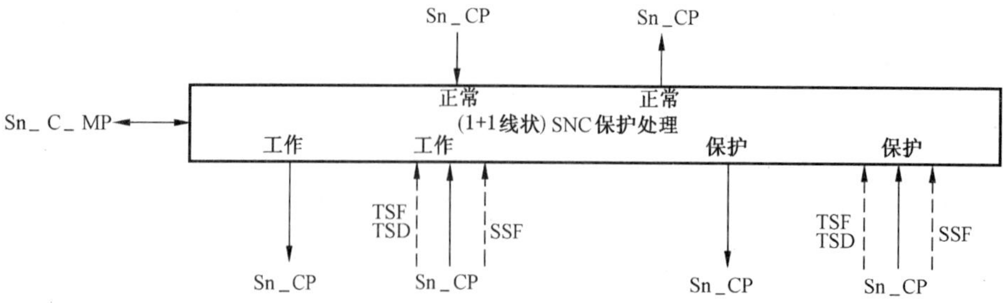

图 93　VC-n 非介入监测子网连接(SNC/N)保护处理

源方向

在 Sn_CP 的数据是路径信号。

对于 1+1 方案，在 Sn_CP 接收的来自 MSn/Sn_A(或 Sn_TT)功能的信号永久地在 Sn_CP 桥接在到工作和保护 MSn/Sn_A 功能。

注 2：在 Sn_CP 连接到 Sn_C 的原子功能是 MSn/Sn_A 或 Sn_TT。当路径信号在这个网元终结时，它将在 Sn_CP 连接到 Sn_TT；或者在 Sn_CP 连接到 MSn/Sn_A(为了再传送)。

宿方向

成帧的路径信号(数据)与输入定时参考一起呈现在 Sn_CP。在 Sn_CP 也接收来自所有 MSn/Sn_A(或 Snm_TT_Sk)功能的缺陷状态 SSF(和 TSF 和 TSD)。

对于 SNC/I 保护(图 91 和图 92)，路径信号通过 MSn/Sn_A 功能。来自 MSn/Sn_A_Sk 的 SSF 信号由 Sn_C SNC 保护处理使用。

对于 SNC/N 保护(图 91 和图 92)，路径信号广播连接到非介入监测路径的 Snm_TT_Sk 功能。最终的 TSF、TSD 信号替代来自 MSn/Sn_A 的 SSF 信号由 Sn_C SNC 保护处理使用。

在正常状态，Sn_C 传送来自工作 MSn/Sn_A 功能的数据和定时给在 Sn_CP 的 MSn/Sn_A(或 Sn_TT)功能。来自保护(子)网连接的数据和定时被终结。

如果实施倒换，则在 Sn_CP 收到的来自保护 MSn/Sn_A 的定时和数据被倒换到在 SnP_C 的 MSn/Sn_A(或 Sn_TT)功能，在 Sn_CP 收到的来自工作 MSn/Sn_A 的信号不往前传。

倒换启动准则

自动保护倒换的基础是工作和保护(子)网连接的缺陷状态。这些状态是 SNC/I 服务器信号失效(SSF)和 SNC/N 路径信号失效(TSF)以及路径信号劣化(TSD)。关于这些状态的检测，对于 MSn/Sn_A_Sk叙述在 11.3.1.2，对于 Snm_TT_Sk 在 12.2.2。

保护倒换也可能由从同步设备管理功能收到的倒换指令启动。参见 ITU-T G.841 建议叙述的倒换准则。

倒换时间

参见 ITU-T G.841 建议。

倒换复原

在复原工作模式，当工作(子)网连接从故障恢复后，工作通路必须复原，即保护(子)网连接上的信号必须倒回工作(子)网连接。

为防止由于瞬断故障引起保护倒换频繁动作，失效的(子)网连接必须变成完全无故障。在失效的(子)网连接符合这个准则后，在它再次由工作通路使用之前，必须经历一个固定的时间周期。这个周期，称为等待恢复(WTR)周期应该在 1-12 分钟范围内并应该是能设定的。SSF、TSF 或 TSD 状态必须超越 WTR。

12.2　终结功能

12.2.1　VC-n 层路径终结 Sn_TT

Sn_TT_So 功能利用产生和添加 POH 在来自 Sn_AP 的容器 C-n 上在 Sn_CP 生成 VC-n(n=3,4,

4-Xc)。在传输的另一个方向,它终结和处理 POH,确定规定的通道属性的状态。POH 的格式规定在 ITU-T G.707/Y.1322 建议。

在 Sn_AP 的数据采取与定时参考 Sn_TP 同步的容器 C-n(n=3,4,4-Xc)的形式。

在 Sn_AP 接收采取同步容器(数据)形式的同步适配信息和相关的容器帧偏移信息(帧偏移)。

12.2.1.1 **VC-n 层路径终结源 Sn_TT_So**

这个功能将误码监测和状态开销字节添加到 Sn_AP。

在 Sn_AP 的数据是 VC-n(n=3,4,4-Xc),具有如 ITU-T G.707/Y.1322 建议描述的净荷,VC-3/VC-4/VC-4-Xc 的 POH 字节:J1、B3、G1 没有确定。这些字节的设定是 Sn_TT 功能的一个部分,完整的 VC-n 传送到 Sn_CP。

符号

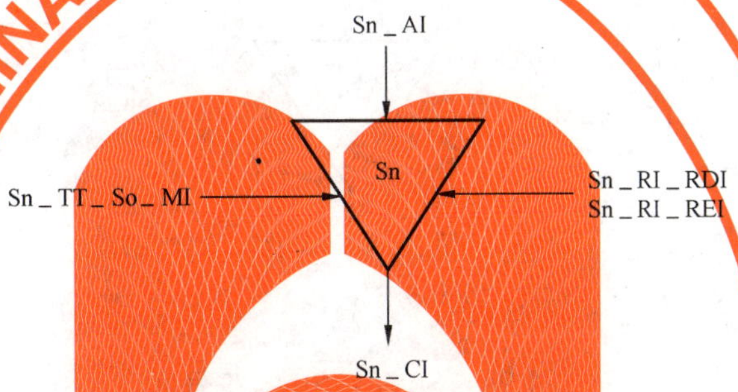

图 94 Sn_TT_So 的符号

接口

表 53 Sn_TT_So 的输入和输出信号

输　入	输　出
Sn_AI_Data Sn_AI_Clock Sn_AI_FrameStart Sn_RI_RDI Sn_RI_REI Sn_TT_So_MI_TxTI	Sn_CI_Data Sn_CI_Clock Sn_CI_FrameStart

处理

J1:路径踪迹标识符应该产生。其值从参考点 Sn_TT_So_MP 导出。路径踪迹的格式在 ITU-T G.806 第 6.2.2.2 节叙述。

B3:比特间插奇偶校验(BIP-8)在前一个 VC-n 的全部比特上计算出来,放进 B3 字节的位置。

G1[1-4]:将 RI_REI 中指示的误码数目编码成 REI(G1 字节的比特 1 到 4)。当在终结宿功能检出误码数目时,路径终结源功能必须在 1 ms 内将那个值插入 REI 比特。

G1[5]:当在终结宿功能宣告/撤销 aRDI 时,路径终结源功能必须在 1 ms 以内插入/去除 RDI 指示。

G1[6-7]:字节 G1 的比特 6 和 7 留给附录 F 叙述的增强 RDI(E-RDI)任选使用。如这个选项不用,比特 6 和 7 必须设为 00 或 11。

缺陷

无。

后续动作

无。

缺陷关联

无。

性能监测

无。

12.2.1.2 **VC-n 层路径终结宿 Sn_TT_Sk**

这个功能监测 VC-n(n=3,4,4-Xc)的误码,恢复路径终结状态。从 VC-n 层特征信息抽出与净荷无关的字节/比特(J1,G1,B3)。

符号

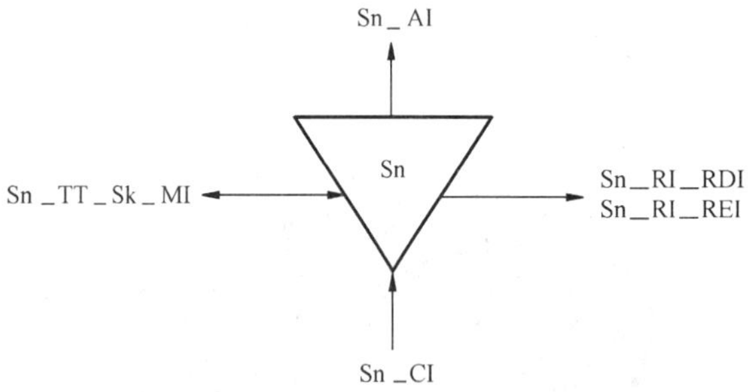

图 95 Sn_TT_Sk 的符号

接口

表 54 Sn_TT_Sk 的输入和输出信号

输　　入	输　　出
Sn_CI_Data	Sn_AI_Data
Sn_CI_Clock	Sn_AI_Clock
Sn_CI_FrameStart	Sn_AI_FrameStart
Sn_CI_SSF	Sn_AI_TSF
Sn_TT_Sk_MI_TPmode	Sn_AI_TSD
Sn_TT_Sk_MI_ExTI	Sn_RI_RDI
Sn_TT_Sk_MI_RDI_Reported	Sn_RI_REI
Sn_TT_Sk_MI_SSF_Reported	Sn_TT_Sk_MI_cTIM
Sn_TT_Sk_MI_DEGTHR	Sn_TT_Sk_MI_cUNEQ
Sn_TT_Sk_MI_DEGM	Sn_TT_Sk_MI_cEXC
Sn_TT_Sk_MI_EXC_X	Sn_TT_Sk_MI_cDEG
Sn_TT_Sk_MI_DEG_X	Sn_TT_Sk_MI_cRDI
Sn_TT_Sk_MI_1second	Sn_TT_Sk_MI_cSSF
Sn_TT_Sk_MI_TIMdis	Sn_TT_Sk_MI_AcTI
Sn_TT_Sk_MI_TIMAISdis	Sn_TT_Sk_MI_pN_EBC
	Sn_TT_Sk_MI_pF_EBC
	Sn_TT_Sk_MI_pN_DS
	Sn_TT_Sk_MI_pF_DS

处理

J1:在 Sn_CP 接收来自 VC-n POH 的路径踪迹标识符,并予以处理,如 ITU-T G.806 第 6.2.2.2 节所述。J1 的接受值在 Sn_TT_Sk_MP 也可以使用。关于踪迹标识失配处理的说明见 ITU-T G.806 第 6.2.2.2 节。

C2:如 ITU-T G.806 第 6.2.1.3 节所述那样处理未装载缺陷。

B3:误码监测字节 B3 在 Sn_CP 必须接收。对 VC-n 帧计算 BIP-8。对当前帧计算的 BIP-8 值与从下一帧收到的 B3 字节比较。这个处理用于检测过大误码和信号劣化,在 ITU-T G.806 第 6.2.3.1 节。

G1[1-4]:REI 必须恢复,导出的性能原语应该在 Sn_TT_Sk_MP 报告。

G1[5]:如 ITU-T G.806 第 6.2.6.3 节所述那样处理 RDI 缺陷。

G1[6-7]:G1 的比特 6 和 7 留给附录 F 所述增强 RDI(E-RDI)的任选项使用。如果这个选项不用,字节 G1 的比特 6 和 7 的内容必须不予理会。

N1:为 TC 监测的用途规定了网络操作员字节 N1。这个功能必须不理会它。

K3[5-8]:这些比特未规定,这个功能必须不理会它。

缺陷

这个功能必须按 ITU-T G.806 第 6.2 节的规范检测 dUNEQ、dTIM、dEXC、dDEG 和 dRDI 缺陷。

后续动作

这个功能必须实现以下后续动作(见 ITU-T G.806 第 6.3 节):

aAIS ← dUNEQ 或(dTIM 和非 TIMAISdis)

aRDI ← CI_SSF 或 dUNEQ 或 dTIM

aREI ← "误码检测代码违例数"

aTSF ← CI_SSF 或 dUNEQ 或(dTIM 和非 TIMAISdis)

aTSFprot ← aTSF 或 dEXC

aTSD ← dDEG

当宣告 aAIS 时,该功能必须在两帧(250 μs)以内输出符合这个信号频率限值的全"1"(AIS)信号。在上述故障状态结束后,必须在两帧(250 μs)以内去掉全"1"。

缺陷关联

该功能必须实现以下缺陷关联,确定最有可能的故障原因(见 ITU-T G.806 第 6.4 节)。这个故障原因必须报告给 SEMF。

cSSF ← CI_SSF 和 SSF_Reported 和 MON

cUNEQ ← dUNEQ 和 MON

cTIM ← dTIM 和(非 dUNEQ)和 MON

cEXC ← dEXC 和(非 dTIM 或 TIMAISdis)和 MON

cDEG ← dDEG 和(非 dTIM 或 TIMAISdis)和 MON

cRDI ← dRDI 和(非 dUNEQ)和(非 dTIM 或 TIMAISdis)和 MON 和 RDI_Reported

性能监测

该功能必须实现以下性能监测原语处理(见 ITU-T G.806 第 6.5 节)。性能监测原语必须报告给 SEMF。

pN_DS ← CI_SSF 或 dUNEQ 或 dTIM 或 dEQ

pF_DS ← dRDI

pN_EBC ← $\sum$nN_B

pF_EBC ← $\sum$nF_B

12.2.2 VC-n 层非介入监测

规定两种非介入监测的方案。

方案 1 只适用于监视未装载的 VC。它不能用于监视未装载监视的 VC,因为未装载缺陷不断激活从而激活 TSF 并能抑制了其他缺陷。

方案 2 适用于监视装载和监视未装载的 VC，因为未装载缺陷与全“0”的接受踪迹标识符相关连。

12.2.2.1 **VC-n 层非介入监测，方案 1 Snm1_TT_Sk**

通道开销监测功能的方案 1 只适用于监视装载的 VC。

这个功能监测 VC-n(n=(3,4,4-Xc))的误码，并接收路径终结的状态。它从 VC-n 层特征信息中抽出净荷无关的开销字节/比特(J1,G1,B3)。

符号

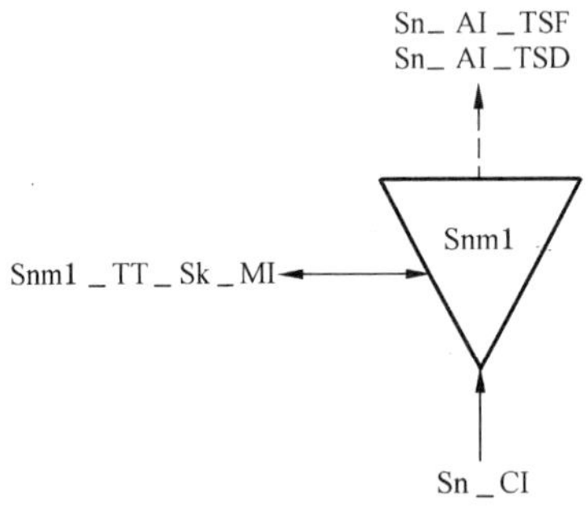

图 96 Snm1_TT_Sk 的符号

接口

表 55 Snm1_TT_Sk 的输入和输出信号

输 入	输 出
Sn_CI_Data	Sn_AI_TSF
Sn_CI_Clock	Sn_AI_TSD
Sn_CI_FrameStart	Snm1_TT_Sk_MI_cTIM
Sn_CI_SSF	Snm1_TT_Sk_MI_cUNEQ
Snm1_TT_Sk_MI_TPmode	Snm1_TT_Sk_MI_cDEG
Snm1_TT_Sk_MI_ExTI	Snm1_TT_Sk_MI_cEXC
Snm1_TT_Sk_MI_RDI_Reported	Snm1_TT_Sk_MI_cRDI
Snm1_TT_Sk_MI_SSF_Reported	Snm1_TT_Sk_MI_cSSF
Snm1_TT_Sk_MI_DEGTHR	Snm1_TT_Sk_MI_AcTI
Snm1_TT_Sk_MI_DEGM	Snm1_TT_Sk_MI_pN_EBC
Snm1_TT_Sk_MI_EXC_X	Snm1_TT_Sk_MI_pF_EBC
Snm1_TT_Sk_MI_DEG_X	Snm1_TT_Sk_MI_pN_DS
Snm1_TT_Sk_MI_1second	Snm1_TT_Sk_MI_pF_DS
Snm1_TT_Sk_MI_TIMdis	

处理

J1：在 Sn_CP 从 VC-n POH 恢复路径踪迹标识符。J1 的接受值在 Snm1_TT_Sk_MP 也可以使用。关于踪迹标识失配处理的叙述见 ITU-T G.806 第 6.2.2.2 节。

C2：在 Sn_CP 必须恢复信号标签比特。关于未装载缺陷处理的进一步说明见 ITU-T G.806 第 6.2.1.3 节。该功能必须用监测 VC PSL 的代码“1111 1111”检测 AIS VC(VC-AIS)的状态。关于 VC AIS 缺陷处理的进一步说明见 ITU-T G.806 第 6.2.6.2 节。

B3：在 Sn_CP 从 VC-n POH 恢复字节 B3。对 VC-n 帧计算 BIP-8。对当前帧算出 BIP-8 值与从下一帧恢复的 B3 字节比较。该处理检测过大误码和信号劣化，叙述在 ITU-T G.806 第6.2.3.1 节。

G1[1-4]：必须恢复 REI 并且导出的性能原语应该在 Snm1_TT_Sk_MP 报告。

G1[5]:像 ITU-T G.806 第 6.2.6.3 节所述那样处理 RDI 缺陷。

G1[6-7]:这些比特留给附录 F 所述增强 RDI 的任选项使用。如果这个选项不用,不理会这些比特。

缺陷

该功能必须按照 ITU-T G.806 第 6.4 节的规范检测 dUNEQ、dTIM、dEXC、dDEG、dAIS 和 dRDI 缺陷。

后续动作

该功能必须实现以下后续动作(见 ITU-T G.806 第 6.3 节):

aTSF ← CI_SSF 或 dAIS 或 dUNEQ 或(dTIM 和非 TIMAISdis)

aTSFprot ← dEXC 或 aTSF

aTSD ← dDEG

缺陷关联

该功能必须实现以下缺陷关联,确定最有可能的故障原因(见 ITU-T G.806 第 6.4 节)。这个故障原因必须报告给 SEMF。

cSSF ← (CI_SSF 或 dAIS)和 MON 和 SSF_Reported

cUNEQ ← dUNEQ 和 MON

cTIM ← dTIM 和(非 dUNEQ)和 MON

cEXC ← dEXC 和(非 dTIM 或 TIMAISdis)和 MON

cDEG ← dDEG 和(非 dTIM 或 TIMAISdis)和 MON

cRDI ← dRDI 和(非 dUNEQ)和(非 dTIM 或 TIMAISdis)和 MON 和 RDI_Reported

性能监测

该功能必须实现以下性能监测原语处理(见 ITU-T G.806 第 6.5 节)。性能监测原语必须报告给 SEMF。

pN_DS ← CI_SSF 或 dAIS 或 dUNEQ 或 dTIM 或 dEQ

pF_DS ← dRDI

pN_EBC ← ∑nN_B

pF_EBC ← ∑nF_B

12.2.2.2 VC-n 层非介入监测,方案 2 Snm2_TT_Sk

通道开销监测功能的方案 2 适用于监视装载的和监视未装载的 VC。

这个功能监视 VC-n(n=(3,4,4-Xc))的误码,并恢复路径终结状态。它从 VC-n 层特征信息抽出与净荷无关的开销字节/比特(J1,G1,B3)。

符号

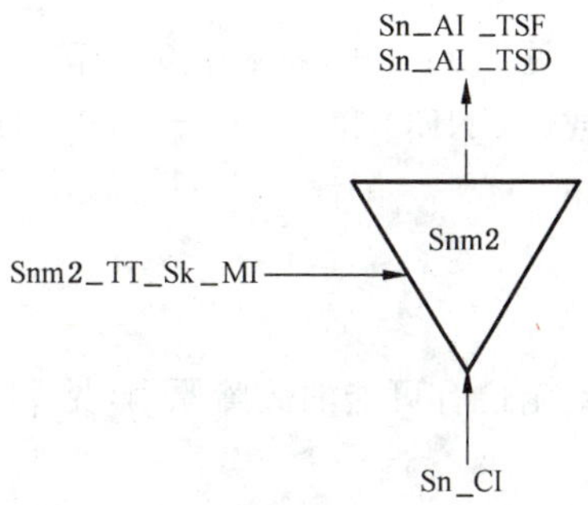

图 97 Snm2_TT_Sk 的符号

接口

表 56 Snm2_TT_Sk 的输入和输出信号

输　入	输　出
Sn_CI_Data Sn_CI_Clock Sn_CI_FrameStart Sn_CI_SSF Snm2_TT_Sk_MI_TPmode Snm2_TT_Sk_MI_ExTI Snm2_TT_Sk_MI_RDI_Reported Snm2_TT_Sk_MI_DEGTHR Snm2_TT_Sk_MI_DEGM Snm2_TT_Sk_MI_EXC_X Snm2_TT_Sk_MI_DEG_X Snm2_TT_Sk_MI_1second Snm2_TT_Sk_MI_TIMdis Snm2_TT_Sk_MI_SSF_Reported	Sn_AI_TSF Sn_AI_TSD Snm2_TT_Sk_MI_cTIM Snm2_TT_Sk_MI_cUNEQ Snm2_TT_Sk_MI_cDEG Snm1_TT_Sk_MI_cEXC Snm2_TT_Sk_MI_cRDI Snm2_TT_Sk_MI_cSSF Snm2_TT_Sk_MI_AcTI Snm2_TT_Sk_MI_pN_EBC Snm2_TT_Sk_MI_pF_EBC Snm2_TT_Sk_MI_pN_DS Snm2_TT_Sk_MI_pF_DS

处理

J1:在 Sn_CP 从 VC-n POH 恢复路径踪迹表示符。J1 的接受值在 Snm2_TT_Sk_MP 也可以使用。关于踪迹标识符失配的处理说明见 ITU-T G.806 第 6.2.2.2 节。

C2:在 Sn_CP 必须恢复信号标签比特。关于未装载缺陷处理的进一步说明见 ITU-T G.806 第 6.2.1.3 节。该功能必须利用监测 VC PSL 的代码"1111 1111"检测 AIS VC(VC-AIS)的状态。关于 VC AIS 检测处理的进一步说明见 ITU-T G.806 第 6.2.6.2 节。

B3:在 Sn_CP 从 VC-n POH 恢复字节 B3。对 VC-n 帧计算 BIP-8。对当前帧计算的 BIP-8 值与从下一帧恢复的 B3 字节相比较。该处理用于检测过大误码和信号劣化,在 ITU-T G.806 第 6.2.3.1 节说明。

G1[1-4]:必须恢复 REI 而导出的性能原语应该在 Snm2_TT_Sk_MP 报告。

G1[5]:按 ITU-T G.806 第 6.2.6.3 节所述处理 RDI 缺陷。

G1[6-7]:这些比特留给附录 F 所述增强 RDI(E-RDI)的任选项使用。如这个选项没有用,不理会这些比特。

缺陷

该功能必须按照 ITU-T G.806 第 6.4 节的规范检出 dUNEQ、dTIM、dEXC、dDEG、dAIS 和 dRDI 缺陷。

后续动作

该功能必须实现以下后续动作(见 ITU-T G.806 第 6.3 节):

aTSF ← CI_SSF 或 dAIS 或(dUNEQ 和(AcTI=全"0"))或(dTIM 和非 TIMAISdis)

aTSFprot ← dEXC 或 aTSF

aTSD ← dDEG

缺陷关联

该功能应实现以下缺陷关联,确定最有可能的故障原因(见 ITU-T G.806 第 6.4 节)。这个故障原因必须报告给 SEMF。

cUNEQ ← dUNEQ 和(AcTI=全"0")和 MON

cTIM ← dTIM 和非(dUNEQ 和(AcTI=全"0"))和 MON

cEXC ← dEXC 和(非 dTIM 或 TIMAISdis)和 MON

cDEG ← dDEG 和(非 dTIM 或 TIMAISdis)和 MON

cRDI ← dRDI 和非(dUNEQ 和(AcTI=全"0"))和(非 dTIM 或 TIMAISdis)和 MON 和 RDI_Reported

cSSF ← (CI_SSF 或 dAIS)和 MON 和 SSF_Reported

性能监测

该功能必须实现以下性能监测原语处理(见 ITU-T G.806 第 6.5 节)。性能监测原语必须报告给 SEMF。

pN_DS ← CI_SSF 或 dAIS 或(dUNEQ 和(AcTI=全"0"))或 dTIM 或 dEQ

pF_DS ← dRDI

pN_EBC ← ∑nN_B

pF_EBC ← ∑nF_B

12.2.3 VC-n 层监视未装载终结 Sns_TT

Sns_TT 功能利用产生并添加 POH 到未规定的容器 C-n 上在 Sn_CP 生成 VC-n。在传输的另一方向,它终结并处理 POH,确定规定的通道属性的状态。在 ITU-T G.707/Y.1322 建议规定 POH 的格式。

注:Sns_TT[n=(3,4,4-Xc)]功能产生并监测监视未装载信号。

12.2.3.1 VC-n 层监视未装载终结源 Sns_TT_So

这个功能产生为规定 VC-n[n=(3,4,4-Xc)]的误码监测和状态开销字节。

符号

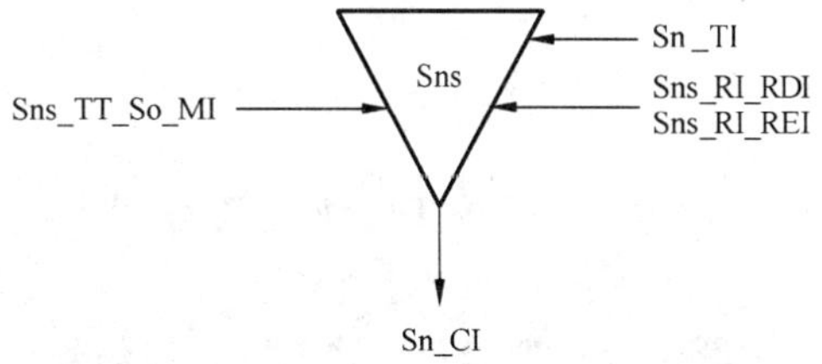

图 98 Sns_TT_So 的符号

接口

表 57 Sns_TT_So 的输入和输出信号

输 入	输 出
Sn_RI_RDI Sn_RI_REI Sn_TI_Clock Sn_TI_FrameStart Sns_TT_So_MI_TxTI	Sn_CI_Data Sn_CI_Clock Sn_CI_FrameStart

处理

应该产生未规定的 VC-n[n=(3,4,4-Xc)]。

C2:应该将信号标签 0000 0000(未装载)插入 VC-n。

J1:应该产生路径踪迹标识符。其值从参考点 Sn_TT_So_MP 导出。通道踪迹的格式在 ITU-T G.806 第 6.2.2.2 节说明。

B3:在前一个 VC-n 的全部比特上计算比特间插奇偶性(BIP-8)并放进 B3 字节的位置。

G1[1-4]:将在 RI_REI 内指示的误码数目编码为 REI(G1 字节的比特 1 到 4)。在终结宿功能检出误码数时，路径终结源功能必须在 1 ms 内将那个值插入 REI。

G1[5]：在终结宿功能宣告/撤销 aRDI 时，路径终结源功能必须在 1 ms 内插入/去除 RDI 指示。

G1[6-7]：这些比特留给在附录 F 说明的增强 RDI（E-RDI）的任选项使用。如这个选项不用，这些比特必须设为 00 或 11。

缺陷

无。

后续动作

无。

缺陷关联

无。

性能监测

无。

12.2.3.2 **VC-n 层监视未装载终结宿 Sns_TT_Sk**

符号

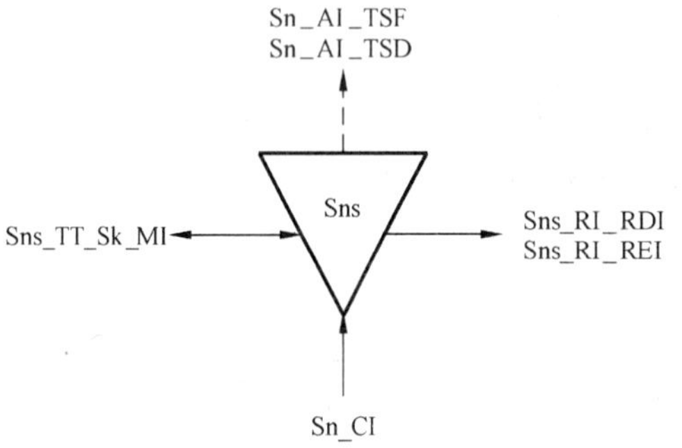

图 99 Sns_TT_Sk 的符号

接口

表 58 Sns_TT_Sk 的输入和输出信号

输入	输出
Sn_CI_Data	Sn_AI_TSF
Sn_CI_Clock	Sn_AI_TSD
Sn_CI_FrameStart	Sn_RI_RDI
Sn_CI_SSF	Sn_RI_REI
Sns_TT_Sk_MI_TPmode	Sns_TT_Sk_MI_cTIM
Sns_TT_Sk_MI_ExTI	Sns_TT_Sk_MI_cUNEQ
Sns_TT_Sk_MI_RDI_Reported	Sns_TT_Sk_MI_cDEG
Sns_TT_Sk_MI_SSF_Reported	Sns_TT_Sk_MI_cEXC
Sns_TT_Sk_MI_DEGTHR	Sns_TT_Sk_MI_cRDI
Sns_TT_Sk_MI_DEGM	Sns_TT_Sk_MI_cSSF
Sns_TT_Sk_MI_EXC_X	Sns_TT_Sk_MI_AcTI
Sns_TT_Sk_MI_DEG_X	Sns_TT_Sk_MI_pN_EBC
Sns_TT_Sk_MI_1second	Sns_TT_Sk_MI_pF_EBC
Sns_TT_Sk_MI_TIMdis	Sns_TT_Sk_MI_pN_DS
	Sns_TT_Sk_MI_pF_DS

处理

J1：在 Sn_CP 从 VC-n POH 恢复路径踪迹标识符并按 ITU-T G.806 第 6.2.2.2 节予以处理。J1

的接受值在 Sn_TT_Sk_MP 也可以得到。关于踪迹标识符失配处理的进一步说明见 ITU-T G.806 第 6.2.2.2 节。

C2：必须在 Sn_CP 恢复信号标签。注意，Sns_TT 宿方向总是不包括未装载信号标签。不装载缺陷处理的进一步说明见 ITU-T G.806 第 6.2.1.3 节。

B3：在 Sn_CP 必须恢复误码监测字节 B3。对 VC-n 帧计算 BIP-8。对当前帧计算的 BIP-8 值与从下一帧恢复的 B3 字节比较。该过程检测过大误码和信号劣化，在 ITU-T G.806 第 6.2.3.1 节说明。

G1[1-4]：必须恢复 REI，导出的性能原语应当在 Sns_TT_Sk_MP 报告。

G1[5]：按 ITU-T G.806 第 6.2.6.3 节所述处理 RDI 缺陷。

G1[6-7]：这些比特留给附录 F 所述增强 RDI(E-RDI)的任选项使用。如这个选项不用，不理会这些比特。

缺陷

该功能必须按 ITU-T G.806 第 6.2 节的规范检测 dUNEQ、dTIM、dEXC、dDEG 和 dRDI 缺陷。

后续动作

该功能必须实现以下后续动作(见 ITU-T G.806 第 6.3 节)：

aRDI ← SSF 或 dTIM

aREI ← “误码检测代码违例的数目”

aTSF ← CI_SSF 或(dTIM 和非 TIMAISdis)

aTSFprot ← aTSF 或 dEXC

缺陷关联

该功能必须实现以下缺陷关联，确定最有可能的故障原因(见 ITU-T G.806 第 6.4 节)。这个故障原因必须报告给 SEMF。

cSSF ← CI_SSF 和 SSF_Reported 和 MON

cUNEQ ← dTIM 和(AcTI—全“0”)和 dUNEQ 和 MON

cTIM ← dTIM 和(非(dUNEQ 和 AcTI=全“0”))和 MON

cEXC ← dEXC 和(非 dTIM 或 TIMAISdis)和 MON

cDEG ← dDEG 和(非 dTIM 或 TIMAISdis)和 MON

cRDI ← dRDI 和(非 dTIM 或 TIMAISdis)和 MON 和 RDI_Reported

性能监测

该功能必须实现以下性能监测原语处理(见 ITU-T G.806 第 6.5 节)。性能监测原语必须报告给 SEMF。

pN_DS ← CI_SSF 或 dTIM 或 dEQ

pF_DS ← dRDI

pN_EBC ← $\sum$nN_B

pF_EBC ← $\sum$nF_B

12.3 适配功能

12.3.1 VC-n 层到 VC-m 层适配 Sn/Sm_A

Sn/Sm_A 提供 Sn/Sm_A 内的基本功能，(m=12 或 3；n=3 或 4)。它规定 TU 指针处理并可以分成三个功能。

——指针产生；

——指针判读；

——频率调整。

Sn/Sm_A 功能还起到字节 H4 和 C2 的源和宿的作用。

12.3.1.1 **VC-n层到VC-m层适配源Sn/Sm_A_So**

符号

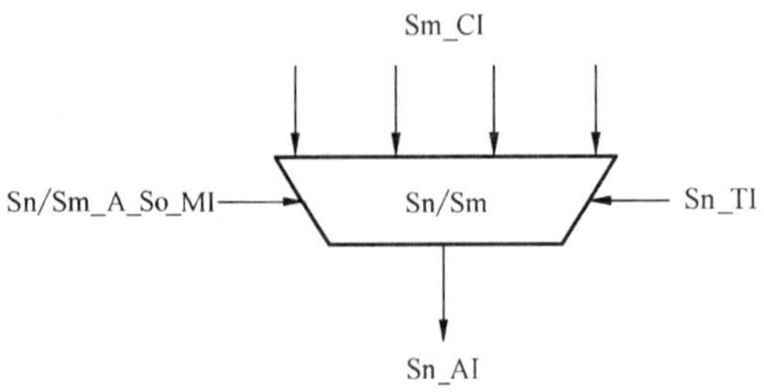

图100 **Sn/Sm_A_So的符号**

接口

表59 **Sn/Sm_A_So的输入和输出信号**

输　入	输　出
Sm_CI_Data Sm_CI_Clock Sm_CI_FrameStart Sm_CI_MultiFrameSync Sn_TI_Clock Sn_TI_FrameStart Sn/Sm_A_So_MI_Active	Sn_AI_Data Sn_AI_Clock Sn_AI_FrameStart

处理

Sn/Sm_A功能将低阶m(m=12,3)VC组装成TU-m进入高阶VC n(n=3或4)。

低阶VC和高阶VC之间帧偏移的字节数由指派给那个实际低阶VC的TU指针指示。指针产生的方法在ITU-T G.707/Y.1322建议说明。在Sm_CP的LOVC数据与来自Sm_TP参考点的定时同步。

PP功能对接收信号相对于同步设备定时参考的漂移和准同步偏移提供调节功能。PP功能能够建模为数据缓存器,它用来自接收VC时钟进行定时写入数据,并用从参考点Sn_TP导出的VC时钟读出。当写入时钟速率超过读出时钟速率时,缓存器逐渐填满,或者相反逐渐被抽空。缓存器的上下占用门限决定了应该采取指针调整的时机。需要缓存器是为了降低网络内指针调整的频率。在指针处理缓存器内为指针滞后门限间隔分配之值,对于TU-3至少是4个字节,对TU-1和TU-2至少是2个字节。当缓冲器内数据充满到实际VC的上限之上时,有关的帧偏移递减一个字节,从缓存器读出额外的字节。当缓存器内数据跌落到实际VC的下限之下时,有关的帧偏移递增一个字节,取消读出机会。MSn/Sn_A功能内指针的处理在11.3.1说明。

H4:按ITU-T G.707/Y.1322建议所述产生复帧指示符,并放进H4字节位置。

C2:直接从适配功能类型导出的信号标签信息被放入C2字节位置。

缺陷

无。

后续动作

该功能必须实现以下后续动作:

aAIS ← CI_SSF

当全"1"(AIS)信号施加在Sm_CP时,必须在2个(复)帧以内将全"1"信号(TU-AIS)施加在Sn_AP。当Sm_CP处全"1"信号终结时,必须在2个(复)帧以内终止全"1"(TU-AIS)信号。

缺陷关联

无。

性能监测

无。

12.3.1.2 **VC-n 层到 VC-m 层适配宿 Sn/Sm_A_Sk**

符号

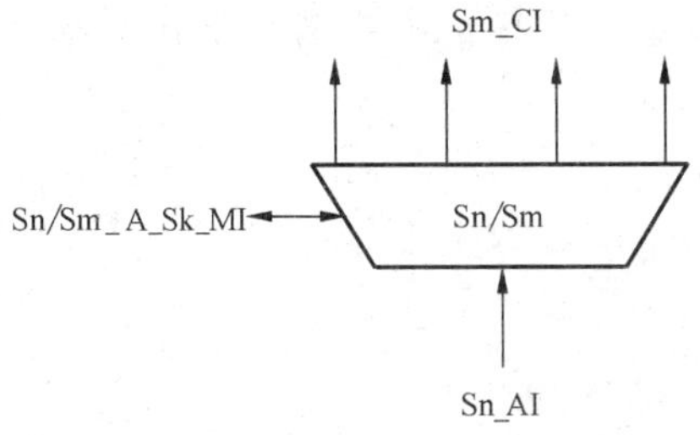

图 101 Sn/Sm_A_Sk 的符号

接口

表 60 Sn/Sm_A_Sk 的输入和输出信号

输入	输出
Sn_AI_Data Sn_AI_Clock Sn_AI_FrameStart Sn_AI_TSF Sn/Sm_A_Sk_MI_Active	Sm_CI_Data Sm_CI_Clock Sm_CI_FrameStart Sm_CI_MFS Sm_CI_SSF Sn/Sm_A_Sk_MI_AcSL Sn/Sm_A_Sk_MI_cPLM Sn/Sm_A_Sk_MI_cLOM

处理

S4/Sm_A_Sk 功能将 VC-4 拆装放入低阶 m(m=12,3)VC,如有必要实现复帧定位。S3/Sm_A_Sk功能将 VC-3 拆装放入低阶 m(m=12)VC,如有必要实现复帧定位。

对每个低阶 VC 的 TU 指针解码,给出高阶 VC 和各个低阶 VC 之间帧偏移字节数的信息。指针判读的方法在 ITU-T G.707/Y.1322 建议说明。这个处理必须允许在组装 TU 的节点的时钟频率与本地时钟参考有差别时指针能连续调节。这些时钟之间的频率差影响其功能在以下说明的数据缓存器需要的大小。

该功能必须实现如 ITU-T G.783 附件 A 规定的 TU 指针判读,恢复 HOVC 内 LOVC 帧相位。指针判读器能够检测出两种缺陷状态:

——指针丢失(LOP);

——TU-AIS。

应该指出配备的和接收的 TU 类型之间持续失配将引发指针丢失(LOP)缺陷。

C2:在 Sn_AP 从 VC-n 端口恢复字节 C2。如果检出 dPLM(见 ITU-T G.806 第 6.2.4.2 节),则必须通过参考点 Sn/Sm_A_Sk_MP 报告它。C2 的接受值在 Sn/Sm_A_Sk_MP 也可得到。

注:关于信号标签的接受准则和缺陷检测规范有待研究。

H4:在净荷要求复帧定位的情况,从 H4 字节导出复帧指示符,并按 8.2.2 实现复帧定位。进一步利用复帧指示符，导出 LOM 缺陷（见 6.2.5.2）。

缺陷

dAIS——见 ITU-T G.783 附件 A。

dLOP——见 ITU-T G.783 附件 A。

dLOM——见 6.2.5.2。

dPLM——见 ITU-T G.806 第 6.2.4.2 节。

后续动作

该功能必须实现以下后续动作（见 ITU-T G.806 第 6.3 节）：

对于 VC-3：

aAIS ← dPLM 或 dAIS 或 dLOP

aSSF ← dPLM 或 dAIS 或 dLOP

对于 VC-12：

aAIS ← dPLM 或 dLOM 或 dAIS 或 dLOP

aSSF ← dPLM 或 dLOM 或 dAIS 或 dLOP

当宣告 aAIS 时，必须在 2 个（复）帧以内将逻辑全“1”（AIS）信号施加在 Sm_CP。当这些 aAIS 终结时，必须在 2 个（复）帧以内除去全“1”信号。

缺陷关联

该功能必须实现以下缺陷关联，确定最有可能的故障原因（见 ITU-T G.806 第 6.4 节）。这个故障原因必须报告给 SEMF。

cPLM ← dPLM 和（非 AI_TSF）

对于 VC-3：

cAIS ← dAIS 和（非 AI_TSF）和（非 dPLM）和 AIS_Reported

cLOP ← dLOP 和（非 dPLM）

对于 VC-12：

cLOM ← dLOM 和（非 AI_TSF）和（非 dPLM）

cAIS ← dAIS 和（非 AI_TSF）和（非 dPLM）和（非 dLOM）和 AIS_Reported

cLOP ← dLOP 和（非 dPLM）和（非 dLOM）

性能监测

无。

12.3.2 VC-n 层到 Pqx 层适配 Sn/Pqx_A

Sn/Pqx_A[n=(3 或 4)、q=(31, 32 或 4)]工作在到同步网或子网去的接入端口，适配要在同步域传送的用户数据。Sn/Pqx_A 功能还起到 POH 与净荷相关的信息的源和宿的作用。Sn/Pqx_A 功能直接将 GB/T 13997(PDH)信号映入 n 阶容器。

适配功能针对现有准同步体系的每个阶规定。每个适配功能规定用户信号能够用什么方法映入大小合适的一种同步容器之中。为了便于将各种准同步信号映入 n 阶容器，已选出一些容器的大小，见表 61。将用户数据映入容器的详细说明在 ITU-T G.707/Y.1322 建议规定。

表 61 容器的大小

原子功能	服务器层	客户层	信号标签	容器大小
S3/P31x_A	S3	P31x	0000 0100	C-3
S3/P32x_A	S3	P32x	0000 0100	C-3
S4/P4x_A	S4	P4x	0001 0010	C-4

12.3.2.1 **VC-n 层到 Pqx 层适配源 Sn/Pqx_A_So**

符号

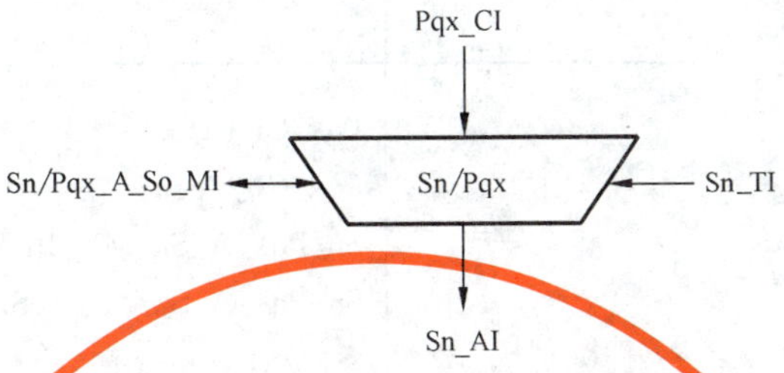

图 102 **Sn/Pqx_A_So 的符号**

接口

表 62 **Sn/Pqx_A_So 的输入和输出信号**

输入	输出
Pqx_CI_Data Pqx_CI_Clock Sn_TI_Clock Sn_TI_FrameStart Sn/Pqx_A_So_MI_Active	Sn_AI_Data Sn_AI_Clock Sn_AI_FrameStart

处理

在 Pqx_CP 处的数据是用户数据流。数据的定时也像在 CP 的定时一样传递。按照上述适配功能之一适配数据。这涉及同步和如 ITU-T G.707/Y.1322 建议所述信息流映入容量以及与净荷相关功能的添加。

容器以数据和代表容器帧相对参考点 Sn_TP 的偏移的帧偏移一起的形式传送到 Sn_AP。这个帧偏移受到客户层要求的制约，例如，对于 SDH 设备，在 ITU-T G.813 建议规定了客户层的定时。

C2：信号标签必须按照适配功能使用的映射类型插入，见表 62。

缺陷

无。

后续动作

无。

缺陷关联

无。

性能监测

无。

12.3.2.2 **VC-n 层到 Pqx 层适配宿 Sn/Pqx_A_Sk**

符号

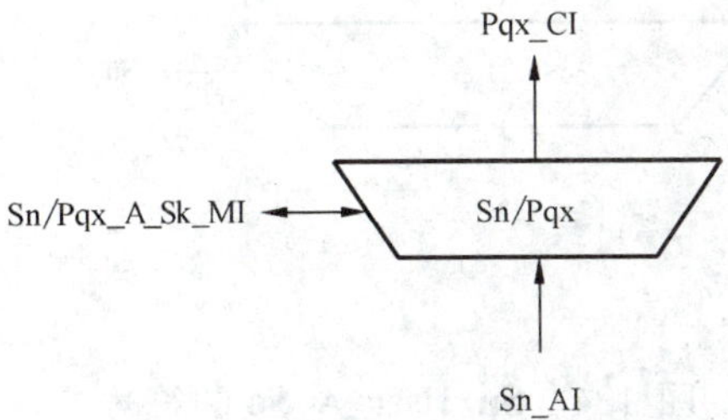

图 103 **Sn/Pqx_A_Sk 的符号**

接口

表 63 Sn/Pqx_A_Sk 的输入和输出信号

输 入	输 出
Sn_AI_Data Sn_AI_Clock Sn_AI_FrameStart Sn_AI_TSF Sn/Pqx_A_Sk_MI_Active	Pqx_CI_Data Pqx_CI_Clock Sn/Pqx_A_Sk_MI_cPLM Sn/Pqx_A_Sk_MI_AcSL

处理

在 Sn_AP 信息流数据以容器和帧偏移一道的形式呈现。从容器恢复的用户信息流与相关的适宜于支路径路定时的时钟一起，作为数据和定时传到参考点 Pqx_CP。这涉及去映射和 ITU-T G.707/Y.1322 建议所述去同步以及与净荷相关的信息。

C2：信号标签、恢复的字节 C2。关于信号标签处理的进一步说明见 ITU-T G.806 第 6.2.4.2 节。

缺陷

该功能必须按照 ITU-T G.806 第 6.2.4.2 节规范检测 dPLM 缺陷。

后续动作

该功能必须实现以下后续动作：

aAIS←AI_TSF 或 dPLM

aSSF←AI_TSF 或 dPLM

当 AIS 施加在 Sn_AP，或检出 dPLM 缺陷（信号标签期望值和接收的信号标签值之间失配），适配功能必须按照有关的 G.700 系列建议产生全"1"信号（AIS）。

注：在 45 Mbit/s 接口的情况，AIS 信号规定在 ITU-T M.20 建议。

缺陷关联

该功能必须实现以下缺陷关联，确定最有可能的故障原因。这个故障原因必须报告给 SEMF。

cPLM←dPLM 和（非 AI_TSF）

性能监测

无。

12.3.3 VC-n 层到用户通路适配 Sn/User_A

12.3.3.1 VC-n 层到用户通路适配源 Sn/User_A_So

符号

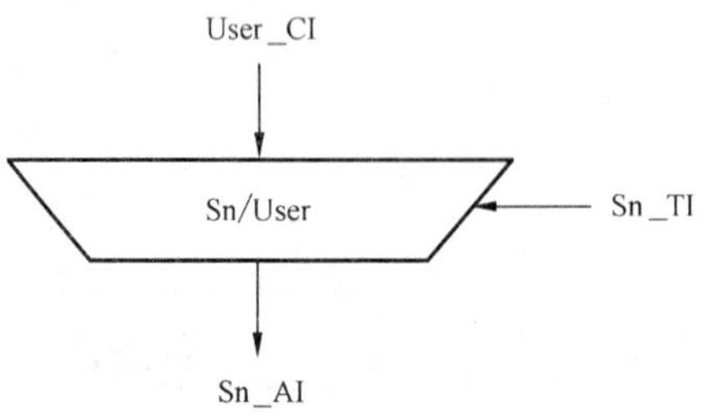

图 104 Sn/User_A_So 的符号

接口

表 64　Sn/User_A_So 的输入和输出

输　　入	输　　出
User_CI_Data User_CI_Clock Sn_TI_CK	Sn_AI_Data

处理

将用户数据放进 POH 的 F2/F3 字节位置。这些字节安排给用户通信使用并必须按 64 kbit/s 透明通路使用。

缺陷

无。

后续动作

无。

缺陷关联

无。

性能监测

无。

12.3.3.2　VC-n 层到用户通路适配宿 Sn/User_A_Sk

符号

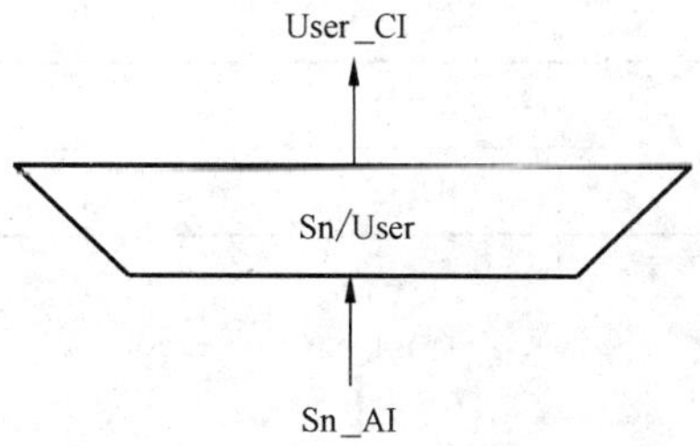

图 105　Sn/User_A_Sk 的符号

接口

表 65　Sn/User_A_Sk 的输入和输出

输　　入	输　　出
Sn_AI_Data Sn_AI_Clock Sn_AI_FrameStart Sn_AI_TSF	User_CI_Data User_CI_Clock User_CI_SSF

处理

从 POH 的 F2/F3 字节位置恢复用户数据。

缺陷

无。

后续动作

aSSF←AI_TSF

aAIS←AI_TSF

当宣告 aAIS 时，该功能必须在两帧(250 μs)内输出频率与这个信号的频率限值(比特率在

64 kbit/s±100×10^{-6}范围内)的全“1”(AIS)信号。在上述失效状态终止时,必须在两帧(250 μs)之内去掉全“1”。

缺陷关联

无。

性能监测

无。

12.3.4 **VC-n 层到 ATM VP 适配 Sn/Avp_A**

12.3.4.1 **VC-n 层到 ATM VP 适配源 Sn/Avp_A_So**

这个功能在 ITU-T I.732 建议说明。

12.3.4.2 **VC-n 层到 ATM VP 适配宿 Sn/Avp_A_Sk**

这个功能在 ITU-T I.732 建议中说明。

12.3.5 **VC-n 层到 HDLC 适配 Sn/HDLC_A**

12.3.5.1 **VC-n 层到 HDLC 适配源 Sn/HDLC_A_So**

有待确定。

12.3.5.2 **VC-n 层到 HDLC 适配宿 Sn/HDLC_A_Sk**

有待确定。

12.3.6 **VC-4-X 到 ODUk 适配功能(S4-X/ODUk_A)(X=17,k=1 或 X=68,k=2)**

VC-4-X 到 ODUk 适配功能实现并接 S4-X 层适配信息与 ODUk 信号的特征信息之间的适配。支持以下的 X 和 K 对:

表 66 SDH 并接 VC-4 和 OTN ODU 之间的关系

SDH 信号	OTN 信号	适配功能
VC-4-17	ODU1	S4-17/ODU1_A
VC-4-68	ODU2	S4-68/ODU2_A

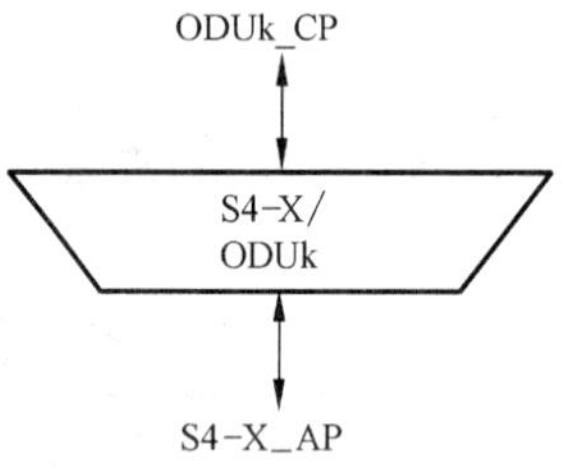

图 106 S4-X/ODUk_A 的功能

12.3.6.1 **VC-4-X 到 ODUk 适配源功能(S4-X/ODUk_A_So)(X=17,k=1 或 X=68,k=2)**

S4-X/ODUk_A_So 功能将帧和复帧起始信号添加到 ODUk,扰码异步信号将它映入并接 C-4-X 信号,包括调整控制信号并添加净荷特定的 VC-4-X 开销(C2 字节)。

S4-X/ODUk_A_So 功能的信息流及处理参见图 107 和 108。

符号

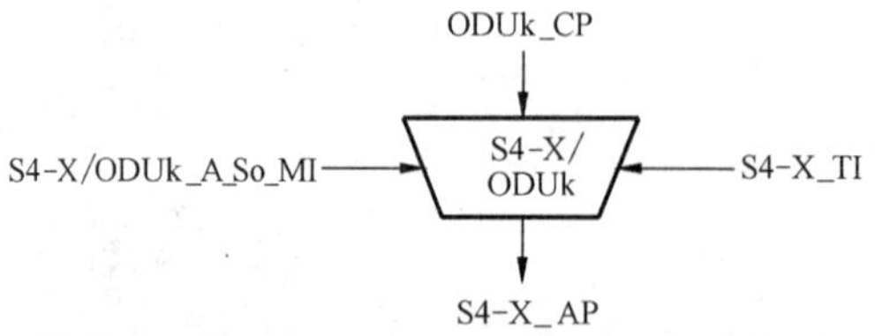

图 107 S4-X/ODUk_A_So 的功能

接口

表 67　S4-X/ODUk_A_So 的输入和输出

输　　入	输　　出
ODUk_CP： ODUk_CI_CK ODUk_CI_D ODUk_CI_FS ODUk_CI_MFS S4-X_TP： S4-X_TI_Clock S4-X_TI_FrameStart S4-X/ODUk_A_So _MP： S4-X/ODUk_A_So _MI_Active	S4-X_AP： S4-X_AI_Clock S4-X_AI_Data S4-X_AI_FrameStart

处理

激活：

S4-X/ODUk_A_So 被激活时(MI_Active 是“真”)，它必须接入接入点。

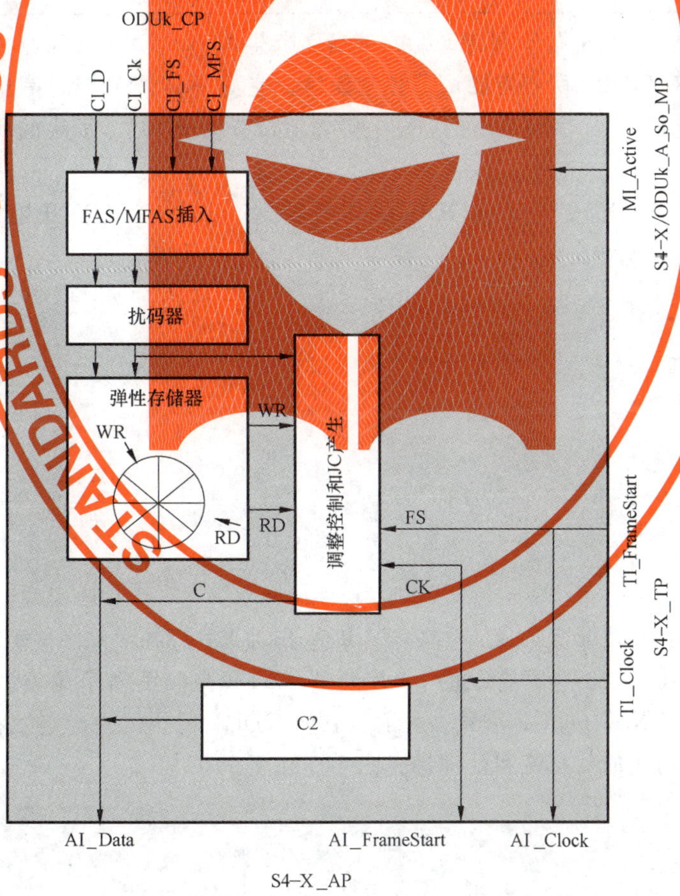

图 108　12-31/G. 783-S4-X/ODUk_A_So 的处理

处理

FAS/MFAS 插入：如 10. 7/G. 707/Y. 1322 和 15. 第 6. 2 节 G. 709/Y. 1331 所述，该功能必须将行 1 字节 1 到 7 内帧定位开销(FAS 和 MFAS)提交给 ODUk。行 1 的字节 8 到 14 设为全“0”。

扰码:该功能必须用具有 10.7/G.707/Y.1322 规定的多项式 $x^{43}+1$ 的自同步扰码器对信号扰码。

映射、频率调节和比特率适配:

该功能必须提供弹性存储(缓存)处理 ODUk 客户信号。数据信号 ODUk_CI_D 必须在相关输入时钟控制下写入缓存器。数据必须在 S4-X 时钟控制下从缓存器读出并写在 C4-X 帧的 D 和 S 字节上,并按 10.7.1/G.707/Y.1322 对 ODU1 映射和 10.7.2/G.707/Y.1322 对 ODU2 映射的规定调节判定。

调节判定必须每个子块实现。每个调节判定引起相应负的或不调节动作。在负调节动作时,必须从缓存器读出 1 个额外的数据字节。ODUk 数据必须写在 S 字节上。如果实行不调节动作,ODUk 数据不得写在 S 字节上。

调节判定确定由该功能引入的相位误差。

缓存器的大小:在存在 ITU-T G.8251 建议规定的抖动和频率在 $239/(239-k)\times 4^{(k-1)}\times 2\ 488\ 320$ kHz $\pm 20\times 10^{-6}$ 范围以内时,这个映射处理不得引入任何误码。最大的缓存滞后和因而引入的最大相位误差必须如表 69 所列。

表 68　最大缓存器滞后

映　　射	最大缓存器滞后
ODU1 -> VC-4-17v	1 字节
ODU2 -> VC-4-68v	1 字节

C:该功能必须根据子块的调节判定(负的或无)产生如 10.7.1/G.707/Y.1322 对 ODU1 和 10.7.2/G.707/Y.1322 对 ODU2 所规定的调节控制比特。它必须将调节控制信息插入执行调节的子块的全部五个 J 字节的比特 8。J 字节余下的(R)比特必须设置为全"0"。子块的所有五个 J 字节必须具有同样的值。

C2:该功能必须将代码"0010 0000"(ODU 的异步映射)插进 VC-4-X 开销的 C2 字节位置,如 9.3.1.3/G.707/Y.1322 的规定。

缺陷

无。

后续动作

无。

缺陷关联

无。

性能监测

无。

12.3.6.2　**VC-4-X 到 ODUk 适配宿功能(S4-X/ODUk_A_Sk)(X=17,k=1 或 X=68,k=2)**

S4-X/ODUk_A_Sk 功能抽出净荷特定的 S4-X 开销(C2)和监测正确净荷类型的认定。它利用调节控制信息(C 开销)从 C4-X 将 ODUk 信号去映射。它将 ODUk 反扰码并确定帧和复帧结构。

S4-X/ODUk_A_Sk 功能的信息流和处理参见图 109 和图 110。

符号

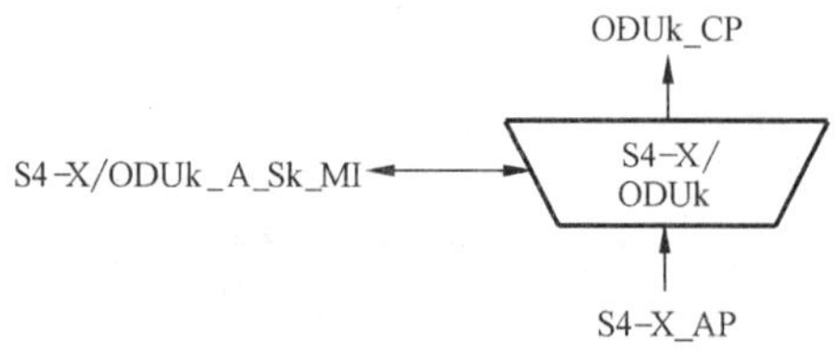

图 109　S4-X/ODUk_A_Sk 的功能

接口

表 69　S4-X/ODUk_A_Sk 的输入和输出

输　　入	输　　出
S4-X_AP: S4-X_AI_Clock S4-X_AI_Data S4-X_AI_FrameStart S4-X_AI_TSF S4-X/ODUk_A_Sk_MP: S4-X/ODUk_A_Sk_MI_Active	ODUk_CP: ODUk_CI_CK ODUk_CI_D ODUk_CI_FS ODUk_CI_MFS ODUk_CI_SSF S4-X/ODUk_A_Sk_MP: S4-X/ODUk_A_Sk_MI_cPLM S4-X/ODUk_A_Sk_MI_AcSL S4-X/ODUk_A_Sk_MI_cLOFLOM

处理

激活:

当 S4-X/ODUk_A_Sk 功能被激活时(MI_Active 为"真"),它必须接入接入点。除此之外,它不得接入接入点。

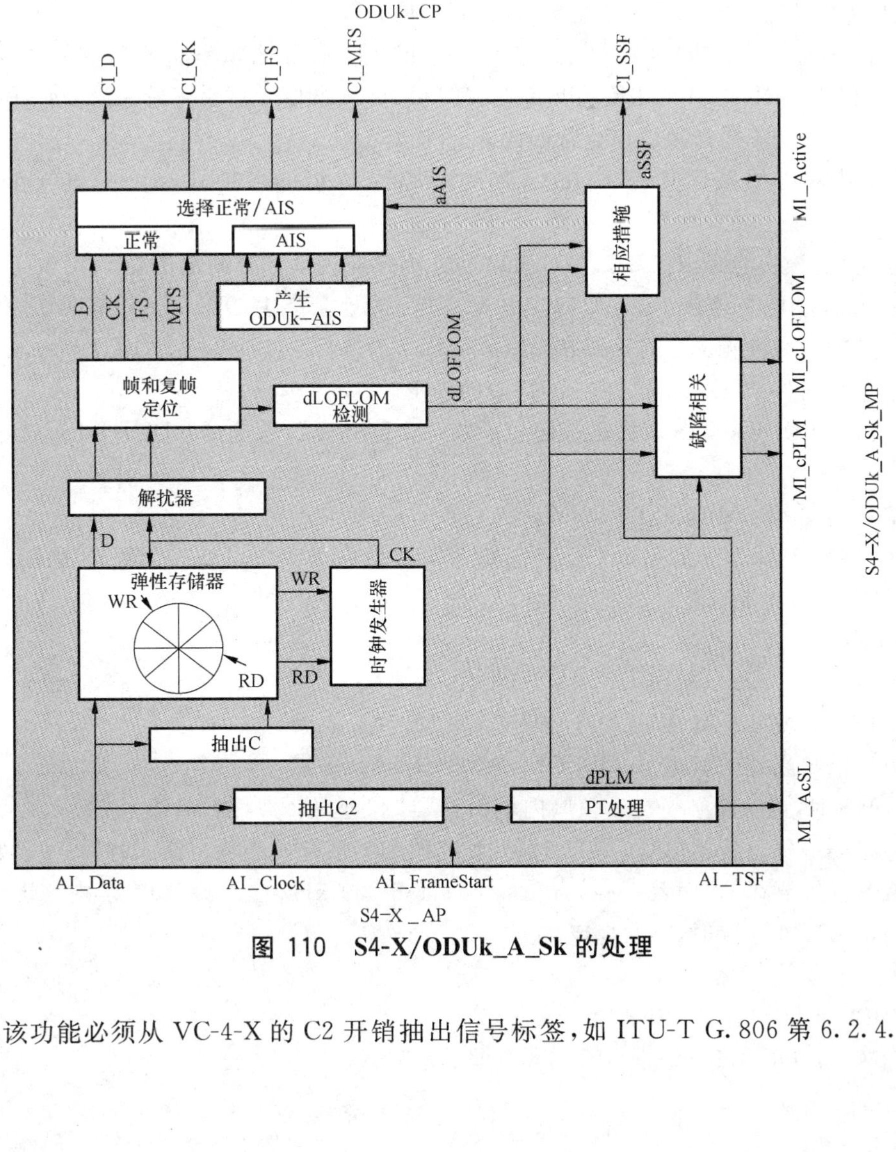

图 110　S4-X/ODUk_A_Sk 的处理

处理

C2/PT:该功能必须从 VC-4-X 的 C2 开销抽出信号标签,如 ITU-T G.806 第 6.2.4.2 节的规定。

在 MP(MI_AcSL)可以获得接受的信号标签，用于 PLM 缺陷检测。

C：该功能必须按 10.7.1/G.707/Y.1322(对于 ODU1)和 10.7.2/G.707/Y.1322(对于 ODU2)的规定判读 J 字节的比特 8 内调节控制信息 C，以便确定子块的调节动作(负的、无)。采用 5 中选 3 的择多判决方式。J 字节中的 R 比特不予理会。

去映射，CBR 时钟产生：该功能必须提供弹性存储(缓存)处理。必须按 10.7.1/G.707/Y.1322(对于 ODU1)和 10.7.2/G.707/Y.1322(对于 ODU2)的规定将来自 C-4-X 帧内 D 和 S 字节的 ODUk 数据写入缓存器。每个子映 S 字节的信息抽出动作必须在这个子块的调节控制信息的控制下进行。必须在 ODUk 时钟(CI_CK)的控制下从缓存器读出 ODUk 数据(CI_D)。

在负的调节动作时，每次必定有一个额外数据字节写入缓存器。ODUk 数据必须从 S 字节读出。如果没有调节动作要执行，必定没有 ODUk 数据从 S 字节读出。

平滑和抖动限制处理：该功能必须提供时钟平滑和弹性存储(缓存)处理。$239/(239-k)\times 4^{(k-1)}\times$ 2 488 320 kbit/s(k=1,2)数据信号必须在相关(有间隙的)输入时钟(频率准确度在 $\pm 4.6\times 10^{-6}$ 以内)的控制下写入缓存器。必须在平滑过的(等间隔的)$239/(239-k)\times 4^{(k-1)}\times$ 2 488 320 kbit/s $\pm 20\times 10^{-6}$ 的时钟(在对端 S4-X/ODUk_A_So 的输入的 ODUk 信号确定该速率)的控制下从缓存器读出数据信号。去同步器的带宽大约 5 Hz。

时钟的参数，包括抖动和漂移要求，采用附件 A/G.8251(ODCp 时钟)的规定。

缓存器大小：在存在 ITU-T G.8251 建议规定的抖动和频率在 $239/(239-k)\times 4^{(k-1)}\times$ 2 488 320 kbit/s $\pm 20\times 10^{-6}$ 范围以内的情况，这个去同步处理不得引入任何误码。

随着传送的 $239/(239-k)\times 4^{(k-1)}\times$ 2 488 320 kbit/s 信号的频率跃变(例如，由于从新的远端 ODUk_TT_So 接收 ODUk_CI 或去除有频率偏移的 ODU AIS 信号)，会有最大为 1 ms 的恢复时间，在这个时间之后这个处理不得产生任何比特误码。

解扰器：该功能必须采用具有 10.7/G.707/Y.1322 规定的多项式 $x^{43}+1$ 的自同步解扰器对 ODUk 信号解扰。

帧和复帧定位：该功能必须像 8.2.3/G.798 所述那样实现帧和复帧定位。

ODUk-AIS：该功能必须按 16.5.1/G.709/Y.1331 的规定产生 ODUk-AIS 信号。时钟、帧起始和复帧起始必须与输入时钟无关。时钟要在 $239/(239-k)\times 4^{(k-1)}\times$ 2 488 320 kHz $\pm 20\times 10^{-6}$ 之内。抖动和漂移要求采用附件 A/G.8251(ODCa 时钟)的规定。

选择器：可以用 ODUk-AIS 取代正常信号。如 aAIS 为“真”，就选择 ODUk-AIS。

缺陷

该功能必须检测 dPLM 和 dLOFLOM。

dPLM：见 ITU-T G.806 第 6.2.4.2 节。如 9.3.1.3/G.707/Y.1322 的规定，预期的净荷类型是“0010 0000”(ODU 的异步映射)。

dLOFLOM：见 6.2.5.3/G.798。

后续动作

aSSF←AI_TSF 或 dPLM 或 dLOFLOM 或(非 MI_Active)

aAIS←AI_TSF 或 dPLM 或 dLOFLOM 或(非 MI_Active)

当宣告 aAIS 时，该功能必须在 2 帧以内输出全“1”脉型/信号。当 aAIS 清除后，必须在 2 帧内去掉全“1”脉型/信号并输出正常信号。AIS 时钟、帧起始和复帧起始必须与输入时钟、帧起始和复帧起始没有关系。AIS 时钟要在 $239/(239-k)\times 4^{(k-1)}\times$ 2 488 320 kHz $\pm$ 20×10^{-6} 以内。抖动和漂移要求采用附件 A/G.8251(ODCa 时钟)的规定。

缺陷关联

cPLM←dPLM 和(非 AI_TSF)

cLOFLOM←dLOFLOM 和(非 dPLM)和(非 AI_TSF)

性能监测

无。

12.3.7 VC-n 到客户信号适配功能(Sn/<client>_A)

这个适配功能采用 ITU-T G.806 第 8.5 节和 ITU-T G.7041/Y.1303 建议叙述的 GFP 映射。

12.4 子层功能

12.4.1 VC-n 层路径保护功能

VC 路径保护机理在 ITU-T G.841 建议说明。

SnP_C 功能针对从路径终结源到路径终结宿的路径之内与通路有关的缺陷对路径提供保护。在图 111 和图 112,给出了路径保护子层。应该指出,在保护功能 SnP_C 之前或之后可以连接有或者没有 Sn/User_A 功能。当在 SnP_C 之前连接时(见图 111),不保护用户通路的传送。当在 SnP_C 之后连接时(见图 112),用户通路的传送受到保护。保护在子层连接功能(SnP_C)内实现。

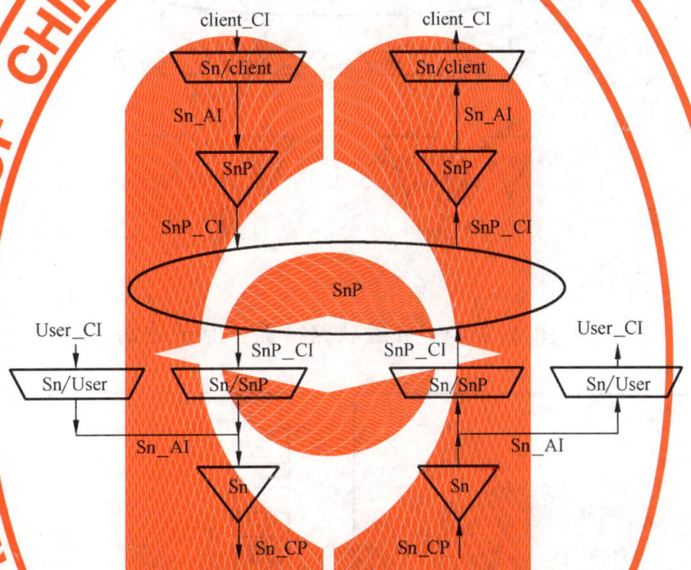

图 111 VC-n 层路径保护子层功能(不保护用户通路)

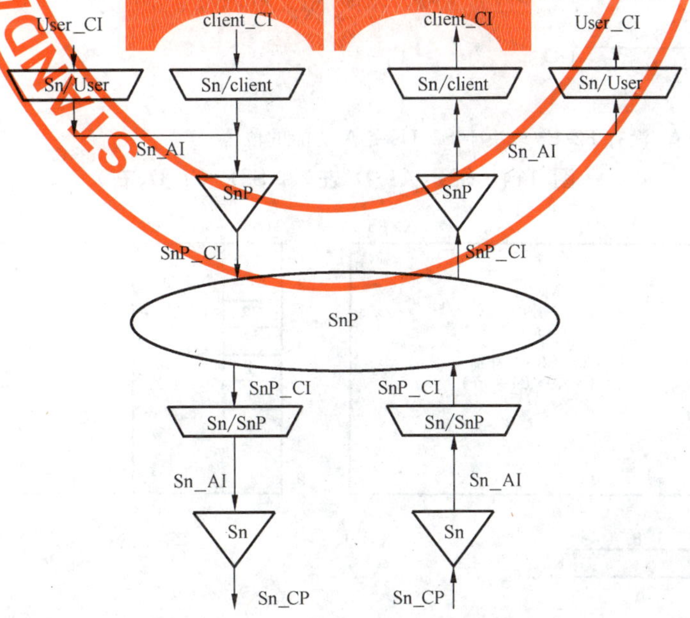

图 112 VC-n 层路径保护子层功能(用户通路受保护)

在两端的 SnP_C 功能以同样的方式工作，监测 VC-n[n =(3,3-X,4,或 4-X)]信号的缺陷，考查缺陷状态的特点以及外部和远端倒换请求评估系统的状态，选择来自合适通道的信号。两个 SnP_C 功能利用为保护通道的 POH 内 SnP_C 特征信息字节 K3 规定的面向比特的协议彼此可以通信。ITU-T G.841 建议叙述这个协议。

在图 113 示出 VC-n 保护功能。在图 114 到图 117 示出工作和保护通道。

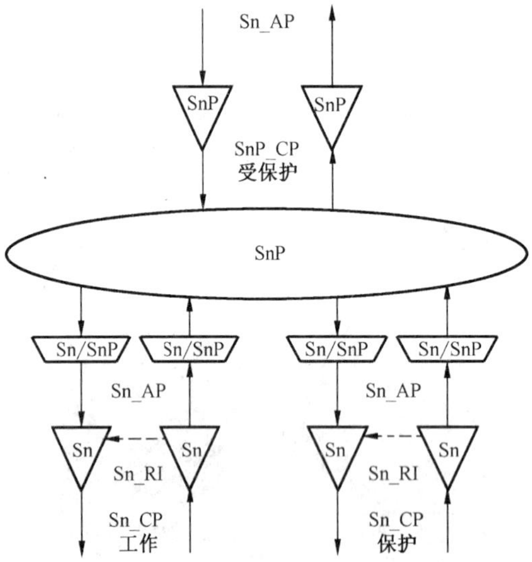

图 113 VC-n 线状路径保护原子功能

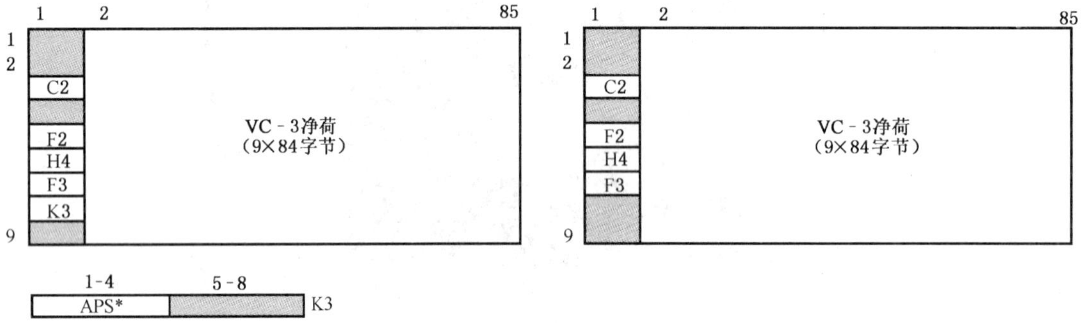

注：在 S3P_CI_D 内有/没有 F2/F3 取决于 S3/User_A 功能的位置。

图 114 S3P_AI_D(左)和 S3P_CI_D(右)

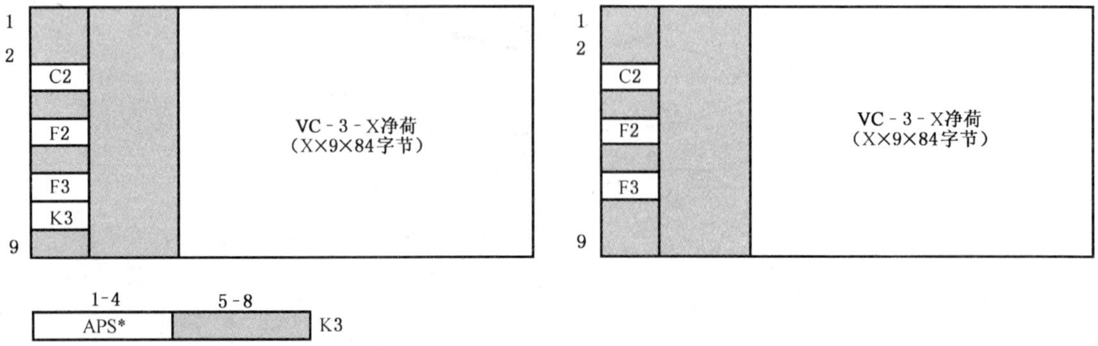

注：在 S3-XP_CI_D 内有/没有 F2/F3 取决于 S3-X/User_A 功能的位置。

图 115 S3-XP_AI_D(左)和 S3-XP_CI_D(右)

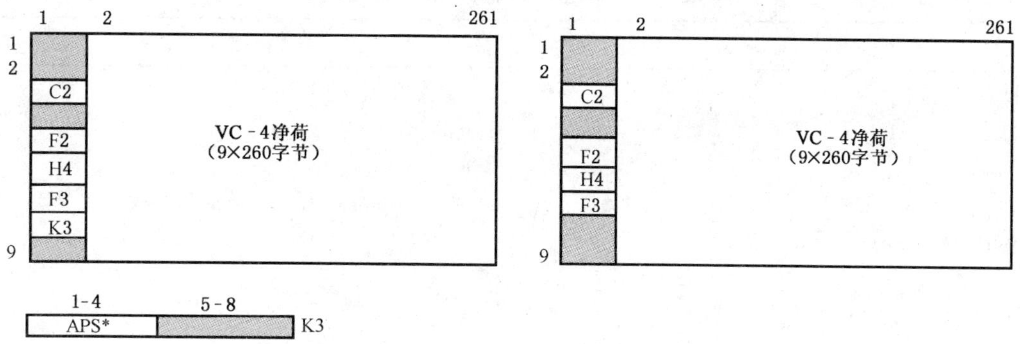

注：在 S4P_CI_D 内有/没有 F2/F3 取决于 S4/User_A 功能的位置。

图 116 S4P_AI_D(左)和 S4P_CI_D(右)

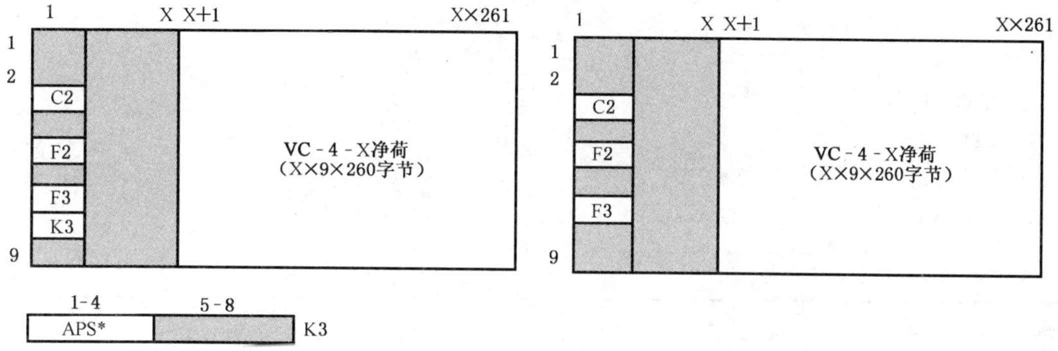

注：在 S4-XP_CI_D 内有/没有 F2/F3 取决于 S4-X/User_A 功能的位置。

图 117 S4-XP_AI_D(左)和 S4-XP_CI_D(右)

12.4.1.1 **VC-n 层路径保护连接功能 SnP_C**

SnP_C 功能在 SnP_C_MP 参考点接收来自同步设备管理功能的控制参数和外部倒换请求并在 SnP_C_MP 向同步设备管理功能输出状态指示符，作为 ITU-T G.841 建议所述倒换指令的结果。

符号

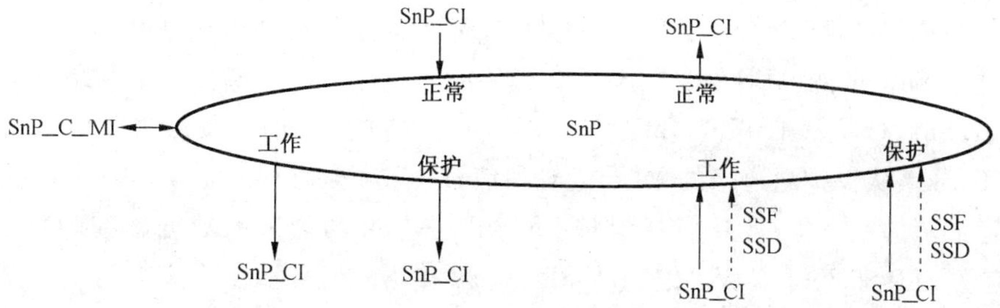

图 118 SnP_C 的符号

接口

表 70 SnP_C 的输入和输出信号

输 入	输 出
对于连接点 W 和 P: Sn_AI_Data Sn_AI_Clock Sn_AI_FrameStart Sn_AI_SSF Sn_AI_SSD 对于连接点 N: Sn_AI_Data Sn_AI_Clock Sn_AI_FrameStart 对于连接点 P: Sn_AI_APS SnP_C_MI_OPERType SnP_C_MI_WTRTime SnP_C_MI_HOTime SnP_C_MI_EXTCMD	对于连接点 W 和 P: Sn_AI_Data Sn_AI_Clock Sn_AI_FrameStart 对于连接点 N: Sn_AI_Data Sn_AI_Clock Sn_AI_FrameStart Sn_AI_SSF 对于连接点 P: Sn_AI_APS
注:保护状态报告信号有待研究。	

处理

源方向

在 SnP_CP 的数据是路径信号,由 Sn_TP 参考点定时,具有不确定的 Sn 层 POH 字节。

对于 1 + 1 方案,在 Sn_CP 接收的来自保护路径终结功能 SnP_TT_So 的信号永久地桥接在 Sn_AP 送给工作和保护 Sn_TT 功能。

按 ITU-T G.841 建议规则产生的 APS 信息呈现在到保护路径去的 SnP_CP。这个 APS 信息也呈现在工作路径保护路径终结(SnP_TT_So)功能。

宿方向

其路径 POH 字节已由 Sn_TT_Sk 恢复的成帧的路径信号(数据)SnP_CI 与输入定时参考一起呈现在 SnP_CP。缺陷状态 SSF 和 SSD 也在 SnP_CP 从所有的 Sn_TT_Sk 功能收到。

从保护路径的适配功能(Sn/SnP_A_Sk)接收的 APS 信息呈现在 SnP_CP。工作路径适配功能可能也呈现这个送给 SnP_C 的 APS 信息。SnP_C 必须能够不理会这个来自工作适配功能的信息。

在正常状态,SnP_C 将从工作 Sn/SnP_A_Sk 功能来的数据、定时和信号失效传送到在 SnP_CP 处相应的 SnP_TT_Sk。从保护通道来的数据、定时和信号失效不往前传送。

在工作通道故障的状态,SnP_C 将从保护 Sn/SnP_A_Sk 功能来的数据、定时和信号失效传送到 SnP_CP 处相应的 SnP_TT_Sk。从工作 Sn/SnP_A_Sk 接收的信号不往前传送。

倒换启动准则

依据工作和保护通道的 TSF 和 TSD 状态启动自动保护倒换。这些状态的检测在 12.2.1.2 说明。

保护倒换也能够由从同步设备管理功能收到的倒换指令启动。见 ITU-T G.841 建议。

倒换时间

参见 ITU-T G.841 建议。

倒换复原

倒换复原是与工作通道从缺陷恢复时的复原操作有关的功能。它不适用于只支持不复原操作的 VC 路径保护。参见 ITU-T G.841 建议内可复原的 1 + 1 双向保护倒换说明。

缺陷

无。

后续动作

无。

缺陷关联

无。

性能监测

无。

12.4.1.2 **VC-n 层路径保护路径终结 SnP_TT**

12.4.1.3 **VC-n 层路径保护路径终结源 SnP_TT_So**

符号

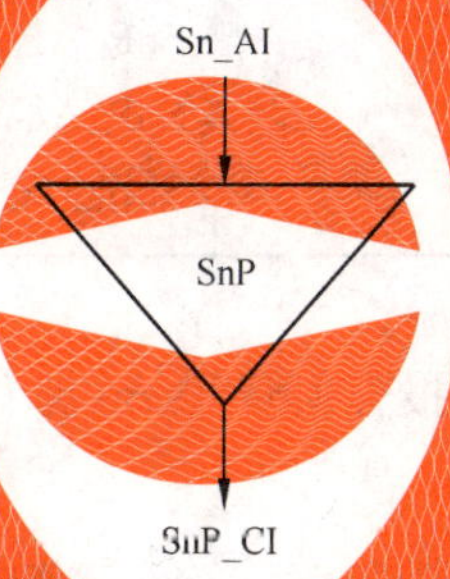

图 119 SnP_TT_So 的符号

接口

表 71 SnP_TT_So 的输入和输出信号

输　　入	输　　出
Sn_AI_Data Sn_AI_Clock Sn_AI_FrameStart	SnP_CI_Data SnP_CI_Clock SnP_CI_FrameStart

处理

因为在它的输出 Sn_AI 与 SnP_CI 是一样的，SnP_TT_So 不需要处理信息。

缺陷

无。

后续动作

无。

缺陷关联

无。

性能监测

无。

12.4.1.4 **VC-n 层路径保护路径终结宿 SnP_TT_Sk**

符号

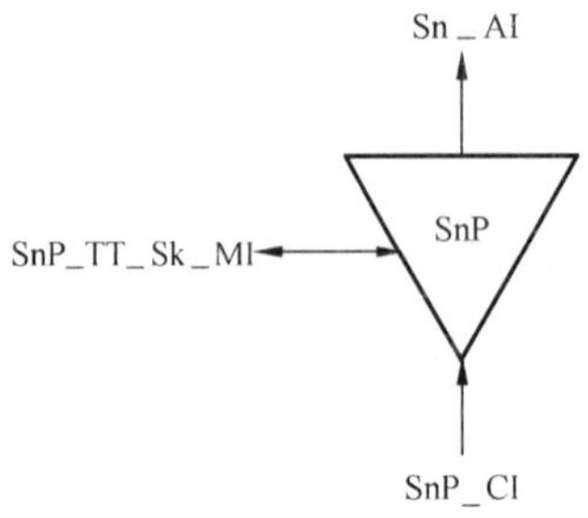

图 120 **SnP_TT_Sk 的符号**

接口

表 72 **SnP_TT_Sk 的输入和输出信号**

输　入	输　出
SnP_CI_Data SnP_CI_Clock SnP_CI_FrameStart SnP_CI_SSF SnP_TT_Sk_MI_SSF_Reported	SnP_AI_Data SnP_AI_Clock SnP_AI_FrameStart SnP_AI_TSF SnP_TT_Sk_MI_cSSF

处理

SnP_TT_Sk 功能作为 Sn 层的一部分报告所保护 Sn 路径的状态。在全部路径不可用情况，SnP_TT_Sk 报告所保护路径的失效状态。

缺陷

无。

后续动作

aTSF←CI_SSF

缺陷关联

cSSF←CI_SSF 和 SSF_Reported

性能监测

无。

12.4.1.5 **VC-n 路径到 VC-n 路径保护层适配 Sn/SnP_A**

12.4.1.6 **VC-n 路径到 VC-n 路径保护层适配源 Sn/SnP_A_So**

符号

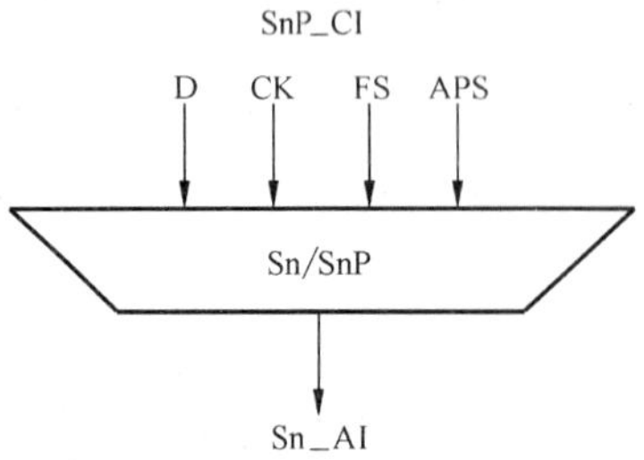

图 121 **Sn/SnP_A_So 的符号**

接口

表 73 Sn/SnP_A_So 的输入和输出信号

输　　入	输　　出
Sn_AI_Data Sn_AI_Clock Sn_AI_FrameStart Sn_AI_APS	Sn_AI_Data Sn_AI_Clock Sn_AI_FrameStart

处理

该功能必须在 Sn_AP 上复用 Sn APS 信号和 Sn 数据信号。

K3[1-4]:APS 信号的插入待研究。只是保护路径需要这个处理。

缺陷

无。

后续动作

无。

缺陷关联

无。

性能监测

无。

12.4.1.7 **VC-n 路径到 VC-n 路径保护层适配宿 Sn/SnP_A_Sk**

符号

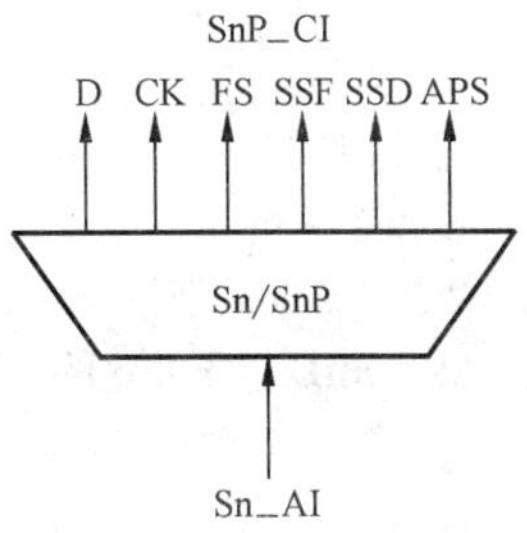

图 122 Sn/SnP_A_Sk 的符号

接口

表 74 Sn/SnP_A_Sk 的输入和输出信号

输　　入	输　　出
Sn_AI_Data Sn_AI_Clock Sn_AI_FrameStart Sn_AI_TSF Sn_AI_TSD	Sn_AI_Data Sn_AI_Clock Sn_AI_FrameStart Sn_AI_SSF Sn_AI_SSD Sn_AI_APS(只用于保护信号)

处理

该功能必须从 SnP_CI_D 信号抽出并输出 SnP_AI_D 信号。

K3[1-4]:抽出并保留 APS 信号的处理尚待研究。这个处理只是保护路径需要。

缺陷

无。

后续动作

aSSF←AI_TSF

aSSD←AI_TSD

缺陷关联

无。

性能监测

无。

12.4.2 选项2串联连接子层功能

在ITU-T G.707/Y.1322建议目前规定了高阶串联连接监测的两个选项,称为“选项1”和“选项2”。本节规定的功能支持选项2。

注:当在现有连接上激活TCM时,服务会受影响。

12.4.2.1 VC-n串联连接路径终结SnD_TT

这个功能的作用是附件D/G.707/Y.1322所述(TC监测协议选项2)VC-n串联连接开销(TCOH)的源和宿。

12.4.2.2 VC-n串联连接路径终结源SnD_TT_So

符号

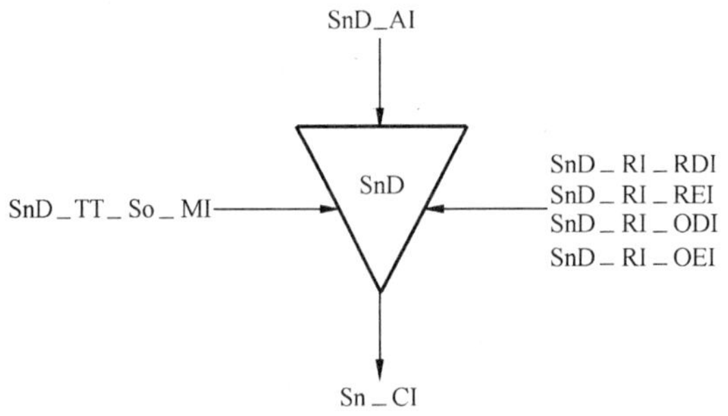

图123 SnD_TT_So的符号

接口

表75 SnD_TT_So的输入和输出信号

输入	输出
SnD_AI_Data SnD_AI_Clock SnD_AI_FrameStart SnD_AI_SF SnD_RI_RDI SnD_RI_REI SnD_RI_ODI SnD_RI_OEI SnD_TT_So_MI_TxTI	Sn_CI_Data Sn_CI_Clock Sn_CI_FrameStart

处理

N1[1-4]:见8.3.2。

N1[8][73]:该功能必须插入TC RDI代码。在终结宿功能宣告/清除aRDI时,路径终结源功能必须在20 ms内插入/取消RDI代码。

注:N1[x][y]是指76帧复帧的帧y(y=1..76)内字节N1的比特x(x=7,8)。

N1[5]:该功能必须将 RI_REI 之值插入 REI 比特。在终结宿功能检测到误码的个数时,路径终结源功能必须在 20 ms 内将那个值插进 REI 比特。

N1[7][74]:该功能必须插入 ODI 代码。当终结宿功能宣告/清除 aODI 时,路径终结源功能必须在 20 ms 内插入/取消 ODI 代码。

N1[6]:该功能必须将 RI_OEI 值插入 OEI 比特。在终结宿功能检测出误码个数时,路径终结源功能必须在 20 ms 内将那个值插入 OEI 比特。

N1[7-8]:该功能必须在复帧 N1[7-8]通路内插入:

——将帧定位信号(FAS)“1111 1111 1111 1110”插在帧 1 到 8 的 FAS 比特;

——由参考点 SnD_TT_So_MP(MI_TxTI)接收的 TC 踪迹标识符插在帧 9 到 72 的 TC 踪迹 ID 比特;

——RDI(N1[8][73])和 ODI(N1[7][74])信号;以及

——全“0”插在帧 73 到 76 的六个留用比特。

B3:该功能必须按 D.4/G.707/Y.1322 的规则和 ITU-T G.806 第 8.4 节的规定矫正 VC-n BIP-8(在 B3 内)。

缺陷

无。

后续动作

无。

缺陷关联

无。

性能监测

无。

12.4.2.3 **VC-n 串联连接路径终结宿 SnD_TT_Sk**

符号

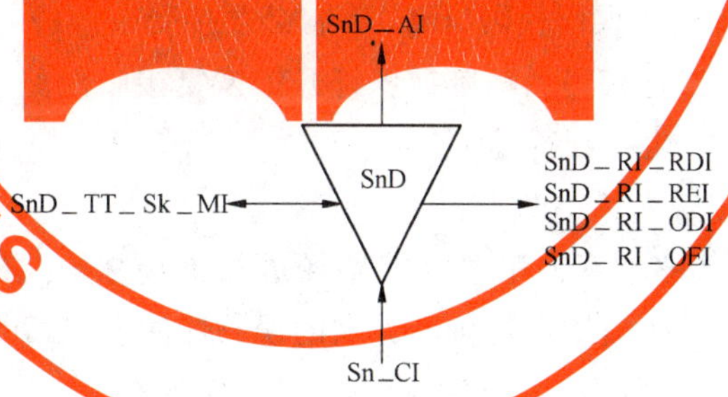

图 124 SnD_TT_Sk 的符号

接口

表 76 SnD_TT_Sk 的输入和输出信号

输　入	输　出
Sn_CI_Data Sn_CI_Clock Sn_CI_FrameStart Sn_CI_SSF SnD_TT_Sk_MI_ExTI	SnD_AI_Data SnD_AI_Clock SnD_AI_FrameStart SnD_AI_TSF SnD_AI_TSD

表 76（续）

输 入	输 出
SnD_TT_Sk_MI_RDI_Reported	SnD_AI_OSF
SnD_TT_Sk_MI_ODI_Reported	SnD_RI_RDI
SnD_TT_Sk_MI_SSF_Reported	SnD_RI_REI
SnD_TT_Sk_MI_AIS_Reported	SnD_RI_ODI
SnD_TT_Sk_MI_TIMdis	SnD_RI_OEI
SnD_TT_Sk_MI_DEGM	SnD_TT_Sk_MI_cLTC
SnD_TT_Sk_MI_DEGTHR	SnD_TT_Sk_MI_cTIM
SnD_TT_Sk_MI_1second	SnD_TT_Sk_MI_cUNEQ
SnD_TT_Sk_MI_TPmode	SnD_TT_Sk_MI_cDEG
	SnD_TT_Sk_MI_cRDI
	SnD_TT_Sk_MI_cODI
	SnD_TT_Sk_MI_cSSF
	SnD_TT_Sk_MI_cIncAIS
	SnD_TT_Sk_MI_AcTI
	SnD_TT_Sk_MI_pN_EBC
	SnD_TT_Sk_MI_pF_EBC
	SnD_TT_Sk_MI_pN_DS
	SnD_TT_Sk_MI_pF_DS
	SnD_TT_Sk_MI_pON_EBC
	SnD_TT_Sk_MI_pOF_EBC
	SnD_TT_Sk_MI_pON_DS
	SnD_TT_Sk_MI_pOF_DS

处理

TC EDC 违例：见 8.3.1。

N1[1-4]：该功能必须抽出输入误码代码(IEC)。它必须接受未经进一步处理的接收的代码。

N1[7-8][9-72]：必须从串联连接路径踪迹标识符开销恢复接收的路径踪迹标识符。TC 踪迹标识符的接受值在 SnD_TT_Sk_MP 也可获得。

N1[1-4]：该功能必须抽出输入 AIS 代码。

N1[5]，N1[8][73]：为了能够对双向串联连接路径进行单端维护，必须抽出字节 N1 的 REI、RDI 比特上承载的信息。REI 必须用于监测其他传输方向的误码性能，而 RDI 必须用于提供远端接收器状态的信息。"1"指示远端缺陷指示状态，而"0"指示正常的工作状态。

N1[6]，N1[7][74]：为了能够对串联连接路径出口的 VC-n 进行单端(中间)维护、必须抽出字节 N1 的 OEI、ODI 比特上承载的信息。OEI 必须用于监测其他传输方向的误码性能，而 ODI 必须用于提供远端接收器状态的信息。"1"指示输出缺陷指示状态，而"0"指示正常的工作状态。

N1[7-8]：复帧定位：见 8.2.4。

N1：该功能必须利用插入全"0"脉型终结 N1 通路。

B3：该功能必须按照源方向规定的算法补偿 B3 字节内 VC-n BIP-8。

缺陷

该功能必须按照 ITU-T G.806 第 6.2 节的规定检测 dUNEQ、dLTC、dTIM、dDEG、dRDI、dODI、dIncAIS 缺陷。

后续动作

该功能必须实现以下后续动作(见 ITU-T G.806 第 6.3 节):

aAIS←dUNEQ 或 dTIM 或 dLTC

aTSF←CI_SSF 或 dUNEQ 或 dTIM 或 dLTC

aTSD←dDEG

aRDI←CI_SSF 或 dUNEQ 或 dTIM 或 dLTC

aREI←N_B(误码的 TC-n 块)

aODI←CI_SSF 或 dUNEQ 或 dTIM 或 dIncAIS 或 dLTC

aOEI←ON_B(误码的输出 VC-n 块)

aOSF←CI_SSF 或 dUNEQ 或 dTIM 或 dLTC 或 IncAIS

该功能必须在 AIS 请求产生之后 250 μs 之内插入全"1"(AIS)信号,在 AIS 请求撤销后 250 μs 之内停止插入。

缺陷关联

该功能必须实现以下缺陷关联,确定最有可能的故障原因(见 ITU-T G.806 第 6.4 节)。这个故障原因必须报告给 SEMF。

cSSF←CI_SSF 和 SSF_Reported 和 MON

cIncAIS←dIncAIS 和(非 CI_SSF)和(非 dLTC)和(非 dTIM)和 AIS_Reported 和 MON

cUNEQ←dUNEQ 和 MON

cLTC←(非 dUNEQ)和 dLTC 和 MON 和(非 CI_SSF)

cTIM←(非 dUNEQ)和(非 dLTC)和 dTIM 和 MON

cDEG←(非 dTIM)和(非 dLTC)和 dDEG 和 MON

cRDI←(非 dUNEQ)和(非 dTIM)和(非 dLTC)和 dRDI 和 RDI_Reported 和 MON

cODI←(非 dUNEQ)和(非 dTIM)和(非 dLTC)和 dODI 和 ODI_Reported 和 MON

性能监测

该功能必须实现以下性能监测原语处理(见 ITU-T G.806 第 6.5 节)。这个性能监测原语必须报告给 SEMF。

pN_DS←aTSF 或 dEQ

pF_DS←dRDI

pN_EBC←Σ nN_B

pF_EBC←Σ nF_B

pON_DS←aODI 或 dEQ

pOF_DS←dODI

pON_EBC←Σ nON_B

pOF_EBC←Σ nOF_B

12.4.2.4 VC-n 串联连接非介入监测 SnDm_TT_Sk

这个功能能够用来实现以下工作:

1) 利用远端信息(RDI,REI)监测中间节点,对 TC 进行单端维护;

2) 利用监测近端缺陷,帮助对 TC 路径内故障定位;

3) 使用远端输出信息(ODI,OEI)监测 TC 出口点的 VC 性能(除去在 TC 之前的连接性缺陷);

4) SNC/S 保护之内的性能非介入监测功能。

这个功能起到的作用就是附件 D/G.707/Y.1322 叙述的(TC 监视协议选项 2)VC-n 串联连接开销(TCOH)的非介入监测。

符号

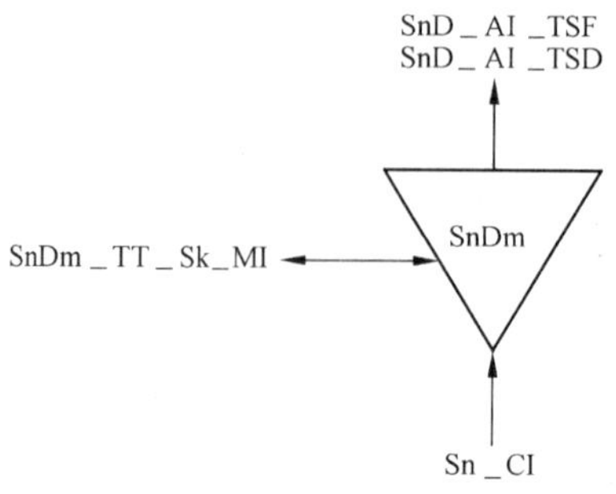

图 125　**SnDm_TT_Sk** 的符号

接口

表 77　**SnDm_TT_Sk** 的输入和输出信号

输　　入	输　　出
Sn_CI_Data	SnD_AI_TSF
Sn_CI_Clock	SnD_AI_TSD
Sn_CI_FrameStart	SnDm_TT_Sk_MI_cLTC
Sn_CI_SSF	SnDm_TT_Sk_MI_cTIM
SnDm_TT_Sk_MI_ExTI	SnDm_TT_Sk_MI_cUNEQ
SnDm_TT_Sk_MI_RDI_Reported	SnDm_TT_Sk_MI_cDEG
SnDm_TT_Sk_MI_ODI_Reported	SnDm_TT_Sk_MI_cRDI
SnDm_TT_Sk_MI_SSF_Reported	SnDm_TT_Sk_MI_cODI
SnDm_TT_Sk_MI_AIS_Reported	SnDm_TT_Sk_MI_cIncAIS
SnDm_TT_Sk_MI_TIMdis	SnDm_TT_Sk_MI_cSSF
SnDm_TT_Sk_MI_DEGM	SnDm_TT_Sk_MI_AcTI
SnDm_TT_Sk_MI_DEGTHR	SnDm_TT_Sk_MI_pN_EBC
SnDm_TT_Sk_MI_1second	SnDm_TT_Sk_MI_pF_EBC
SnDm_TT_SK_MI_TPmode	SnDm_TT_Sk_MI_pN_DS
	SnDm_TT_Sk_MI_pF_DS
	SnDm_TT_Sk_MI_pON_EBC
	SnDm_TT_Sk_MI_pON_DS
	SnDm_TT_Sk_MI_pOF_EBC
	SnDm_TT_Sk_MI_pOF_DS

处理

TC EDC 违例：见 8.3.1。

N1[1-4]：该功能必须抽出输入误码代码(IEC)。它必须接受没有进一步处理的接收代码。

N1[7-8][9-72]：必须从串联连接路径踪迹标识符开销恢复接收的路径踪迹标识符。TC 踪迹标识符的接受值在 SnDm_TT_Sk_MP 也可获得。

N1[1-4]：该功能必须抽出输入 AIS 代码。

N1[5]，N1[8][73]：为了能够对双向串联连接路径进行单端维护，必须抽出字节 N1 的 REI、RDI 比特上承载的信息。REI 必须用于监测其他传输方向的误码性能，而 RDI 必须用于提供远端接收器状态的信息。"1"指示远端缺陷指示状态，而"0"指示正常的工作状态。

N1[6]，N1[7][74]：为了能够对串联连接路径出口的 VC 进行单端(中间)维护，必须抽出字节 N1 的 OEI、ODI 比特上承载的信息。OEI(nOF_B)必须用于监测其他传输方向的误码性能，而 ODI 必须用于提供远端接收器状态的信息。"1"指示输出缺陷指示状态，而"0"指示正常的工作状态。

N1[7-8]:复帧定位:见 8.2.4。

缺陷

该功能必须按照 ITU-T G.806 第 6.2 节的规定检测 dUNEQ、dLTC、dTIM、dDEG、dRDI、dODI、dIncAIS 缺陷。

后续动作

该功能必须实现以下后续动作(见 ITU-T G.806 第 6.3 节):

aTSF←CI_SSF 或 dUNEQ 或 dTIM 或 dLTC

aTSD←dDEG

缺陷关联

该功能必须实现以下缺陷关联,确定最有可能的故障原因(见 ITU-T G.806 第 6.4 节)。这个故障原因必须报告给 SEMF。

cSSF←CI_SSF 和 SSF_Reported 和 MON

cUNEQ←dUNEQ 和 MON

cLTC←(非 dUNEQ)和 dLTC 和 MON 和(非 CI_SSF)

cIncAIS←dIncAIS 和(非 CI_SSF)和(非 dLTC)和(非 dTIM)和 AIS_Reported 和 MON

cTIM←(非 dUNEQ)和(非 dLTC)和 dTIM 和 MON

cDEG←(非 dTIM)和(非 dLTC)和 dDEG 和 MON

cRDI←(非 dUNEQ)和(非 dTIM)和(非 dLTC)和 dRDI 和 RDI_Reported 和 MON

cODI←(非 dUNEQ)和(非 dTIM)和(非 dLTC)和 dODI 和 ODI_Reported 和 MON

性能监测

该功能必须实现以下性能监测原语处理(见 ITU-T G.806 第 6.5 节)。这个性能监测原语必须报告给 SEMF。

pN_DS←aTSF 或 dEQ

pF_DS←dRDI

pN_EBC←$\sum$ nN_B

pF_EBC←$\sum$ nF_B

pON_DS←CI_SSF 或 dUNEQ 或 dTIM 或 dIncAIS 或 dLTC 或 dEQ

pON_EBC←$\sum$ nON_B

pOF_DS←dODI

pOF_EBC←$\sum$ nOF_B

12.4.2.5 VC-n 串联连接到 VC-n 适配 SnD/Sn_A

这个功能的作用就是 Sn 层到 SnD 子层适配的源和宿。这个功能适用于支持附件 D/G.707/Y.1322 所述 VC-n 串联连接监测协议选项 2 的网络。

12.4.2.6 VC-n 串联连接到 VC-n 适配源 SnD/Sn_A_So

符号

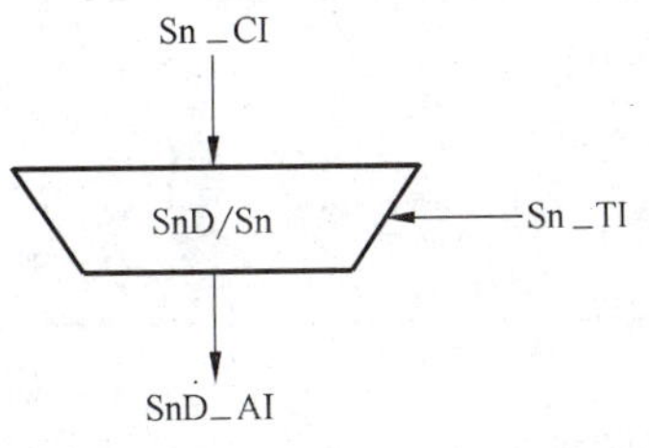

图 126 SnD/Sn_A_So 的符号

接口

表 78 **SnD/Sn_A_So 的输入和输出信号**

输　　入	输　　出
Sn_CI_Data Sn_CI_Clock Sn_CI_FrameStart Sn_CI_SSF Sn_TI_CK	SnD_AI_Data SnD_AI_Clock SnD_AI_FrameStart SnD_AI_SF

处理

注 1：该功能不是证实输入信号内存在串联连接的手段。不支持成组的串联连接。

如果收到全"1"(AIS)VC，该功能必须用本地产生的帧起始信号（即，进入"保持"）取代输入帧起始信号（即，这个功能用 VC-AIS 信号取代全"1"输入 VC）。

注 2：这个（无效）输入帧起始信号的取代引发在 MSn/Sn_A 功能内产生有效指针。

缺陷

无。

后续动作

该功能必须实现以下后续动作：

aSSF←CI_SSF

缺陷关联

无。

性能监测

无。

12.4.2.7 VC-n 串联连接到 VC-n 适配宿 SnD/Sn_A_Sk

符号

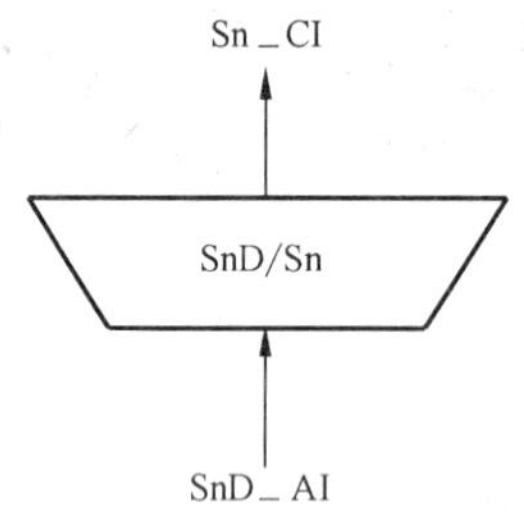

图 127 **SnD/Sn_A_Sk 的符号**

接口

表 79 **SnD/Sn_A_Sk 的输入和输出信号**

输　　入	输　　出
SnD_AI_Data SnD_AI_Clock SnD_AI_FrameStart SnD_AI_OSF	Sn_CI_Data Sn_CI_Clock Sn_CI_FrameStart Sn_CI_SSF

处理

如果在串联连接入口处存在无效的帧起始状态，该功能必须恢复那个状态。

注 1：另外，在引起全"1"(AIS)插入 SnD_TT 的串联连接的连接性缺陷状态，无效帧起始状态被激活。

缺陷

无。

后续动作

这个功能必须实现以下后续动作：

aAIS←AI_OSF

aSSF←AI_OSF

注 2：CI_SSF=“真”会使 MSn/Sn_A 功能产生 AU-AIS。

该功能必须在 AIS 请求清除后 250 μs 之内插入全“1”(AIS)信号。

缺陷关联

无。

性能监测

无。

12.4.3 选项 1 串联连接子层功能

目前 ITU-T G.707/Y.1322 建议规定了高阶串联连接监测的两种选择，称为“选项 1”和“选项 2”。本节规定的功能支持单个高阶 VC-n 的选项 1。

12.4.3.1 VC-n 串联连接路径终结 SnT_TT

这个功能的作用就是附件 C/G.707/Y.1322(TC 监测协议选项 1)所述 VC-n 串联连接开销(TCOH)的源和宿。

12.4.3.1.1 VC-n 串联连接路径终结源 SnT_TT_So

符号

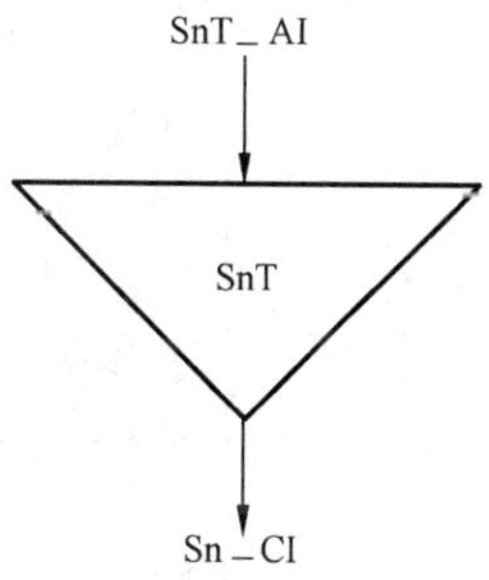

图 128 SnT_TT_So 的符号

接口

表 80 SnT_TT_So 的输入和输出信号

输　入	输　出
SnT_AI_Data SnT_AI_Clock SnT_AI_FrameStart SnT_AI_SF	Sn_CI_Data Sn_CI_Clock Sn_CI_FrameStart

处理

N1[1-4]：见 8.3.2。

B3：该功能必须按照 C.5/G.707/Y.1322 的规则和 ITU-T G.806 第 8.4 节的规定矫正 VC-n BIP-8(在 B3 内)。

缺陷

无。

后续动作

无。

缺陷关联

无。

性能监测

无。

12.4.3.1.2 **VC-n 串联连接路径终结宿 SnT_TT_Sk**

符号

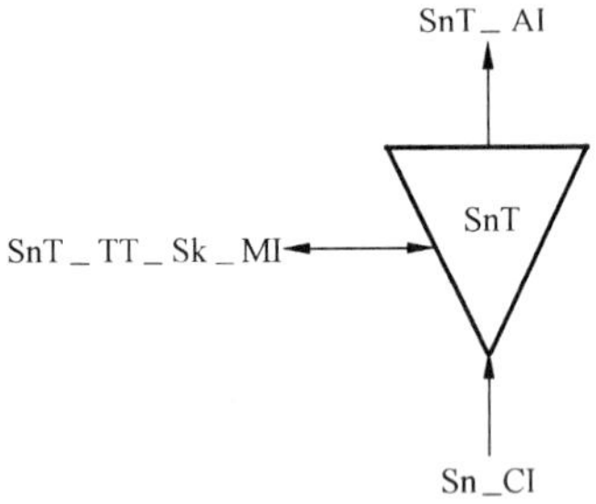

图 129 SnT_TT_Sk 的符号

接口

表 81 SnT_TT_Sk 的输入和输出信号

输入	输出
Sn_CI_Data	SnT_AI_Data
Sn_CI_Clock	SnT_AI_Clock
Sn_CI_FrameStart	SnT_AI_FrameStart
Sn_CI_SSF	SnT_AI_TSF
SnT_TT_Sk_MI_DEGM	SnT_AI_TSD
SnT_TT_Sk_MI_DEGTHR	SnT_AI_OSF
SnT_TT_Sk_MI_1second	SnT_TT_Sk_MI_cUNEQ
SnT_TT_Sk_MI_TPmode	SnT_TT_Sk_MI_cDEG
SnT_TT_Sk_MI_AIS_Reported	SnT_TT_Sk_MI_cIncAIS
	SnT_TT_Sk_MI_pN_EBC
	SnT_TT_Sk_MI_pN_DS

处理

TC EDC 违例：见 8.3.1。

N1[1-4]：该功能必须抽出输入误码代码(IEC)。它必须接受未经进一步处理的接收代码。

N1[1-4]：该功能必须抽出输入 AIS 代码。

N1[1-4]：该功能必须用插入全“0”脉型终结 N1[1-4]。

缺陷

该功能必须按照 ITU-T G.806 第 6.2 节的规定检测 dUNEQ、dDEG、dIncAIS 缺陷。

后续动作

该功能必须实现以下后续动作(见 ITU-T G.806 第 6.3 节)：

aTSF←CI_SSF

aTSD←dDEG

aOSF←CI_SSF 或 dIncAIS

该功能必须在 AIS 请求产生后 250 μs 之内必须插入全“1”(AIS)信号，而在 AIS 请求清除后250 μs 之内必须停止插入。

缺陷关联

该功能必须实现以下缺陷关联，确定最有可能的故障原因(见 ITU-T G.806 第 6.4 节)。这个故障原因必须报告给 SEMF。

cIncAIS←dIncAIS 和(非 CI_SSF)和 AIS_Reported 和 MON

cUNEQ←dUNEQ 和 MON

cDEG←dDEG 和 MON

性能监测

该功能必须实现以下性能监测原语处理(见 ITU-T G.806 第 6.5 节)。该性能监测原语必须报告给 SEMF。

pN_DS←aTSF 或 dEQ

pN_EBC←$\sum$nN_B

12.4.3.2 VC-n 串联连接非介入监测 SnTm_TT_Sk

这个功能的作用就是附件 C/G.707/Y.1322(TC 监测协议选项 1)所述 VC-n 串联连接开销(TCOH)的非介入监测器。

这个功能能够用监测近端缺陷帮助 TC 路径内故障定位。

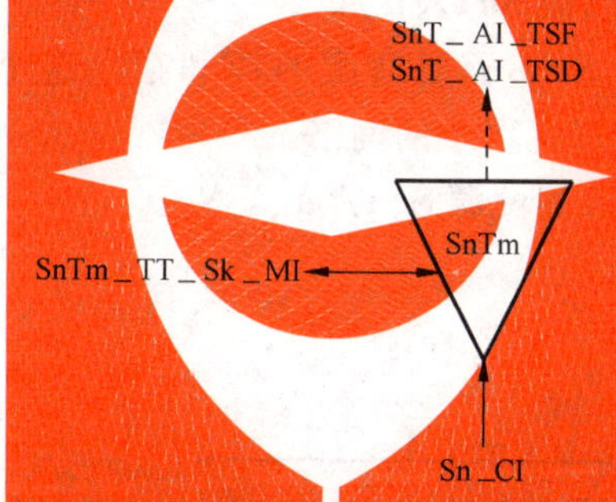

图 130 SnTm_TT_Sk 的符号

接口

表 82 SnTm_TT_Sk 的输入和输出信号

输　入	输　出
Sn_CI_Data	SnT_AI_TSF
Sn_CI_Clock	SnT_AI_TSD
Sn_CI_FrameStart	SnTm_TT_Sk_MI_cUNEQ
Sn_CI_SSF	SnTm_TT_Sk_MI_cDEG
SnTm_TT_Sk_MI_DEGM	SnTm_TT_Sk_MI_cIncAIS
SnTm_TT_Sk_MI_DEGTHR	SnTm_TT_Sk_MI_pN_EBC
SnTm_TT_Sk_MI_1second	SnTm_TT_Sk_MI_pN_DS
SnTm_TT_SK_MI_TPmode	
SnTm_TT_Sk_MI_AIS_Reported	

处理

TC EDC 违例：见 8.3.1。

N1[1-4]：该功能必须抽出输入误码代码(IEC)。它必须接受未经一步处理的接收代码。

N1[1-4]：该功能必须抽出输入 AIS 代码。

缺陷

该功能必须按照 ITU-T G.806 第 6.2 节的规定检测 dUNEQ、dDEG、dIncAIS 缺陷。

后续动作

该功能必须实现以下后续动作(见 ITU-T G.806 第 6.3 节):

aTSF←CI_SSF

aTSD←dDEG

缺陷关联

该功能必须实现以下缺陷关联,确定最有可能的故障原因(见 ITU-T G.806 第 6.4 节)。这个故障原因必须报告给 SEMF。

cUNEQ←dUNEQ 和 MON

cIncAIS←dIncAIS 和(非 CI_SSF)和 AIS_Reported 和 MON

cDEG←dDEG 和 MON

性能监测

该功能必须实现以下性能监测原语处理(见 ITU-T G.806 第 6.5 节)。性能监测原语必须报告给 SEMF。

pN_DS←aTSF 或 dEQ

pN_EBC←$\sum$nN_B

12.4.3.3 VC-n 串联连接到 VC-n 适配 SnT/Sn_A

这个功能的作用就是 Sn 层到 SnT 子层适配的源和宿。这个功能适用于支持附件 C/G.707/Y.1322 所述 VC-n 串联连接监测协议选项 1 的网络。

12.4.3.3.1 VC-n 串联连接到 VC-n 适配源 SnT/Sn_A_So

符号

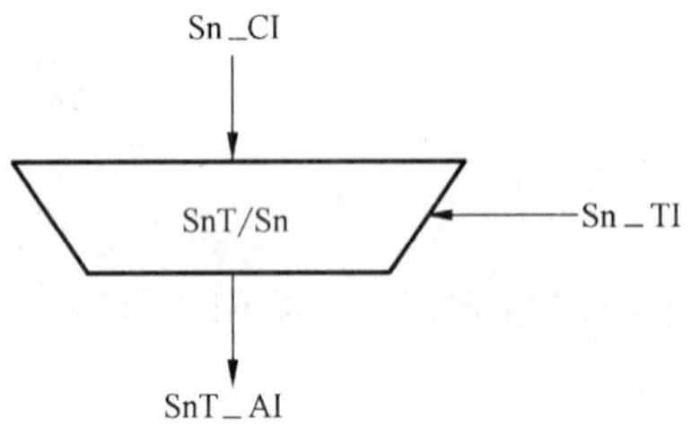

图 131 SnT/Sn_A_So 的符号

接口

表 83 SnT/Sn_A_So 的输入和输出信号

输 入	输 出
Sn_CI_Data Sn_CI_Clock Sn_CI_FrameStart Sn_CI_SSF Sn_TI_CK	SnT_AI_Data SnT_AI_Clock SnT_AI_FrameStart SnT_AI_SSF

处理

注 1:这个功能不是证实在输入信号内存在串联连接的手段。不支持成组的串联连接。

如果收到全"1"(AIS)VC,该功能必须用本地产生的帧起始信号(即进入"保持")取代输入帧起始信号(即,这个功能用 VC-AIS 信号取代全"1"输入 VC)。

注 2:这个(无效)输入帧起始信号的取代引发在 MSn/Sn_A 功能内产生有效指针。

缺陷

无。

后续动作

这个功能必须实现以下后续动作：

aSSF←CI_SSF

缺陷关联

无。

性能监测

无。

12.4.3.3.2 **VC-n 串联连接到 VC-n 适配宿 SnT/Sn_A_Sk**

符号

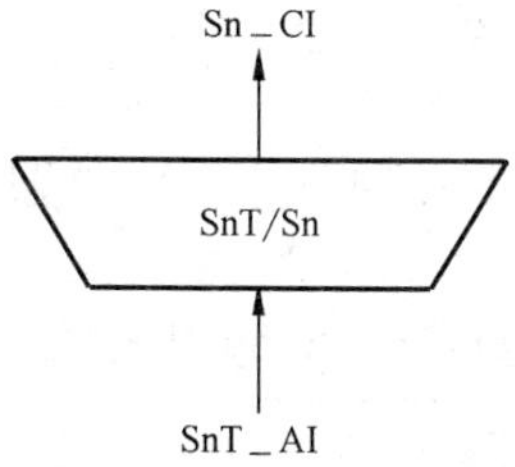

图 132 **SnT/Sn_A_Sk 的符号**

接口

表 84 **SnT/Sn_A_Sk 的输入和输出信号**

输 入	输 出
SnT_AI_Data SnT_AI_Clock SnT_AI_FrameStart SnT_AI_OSF	Sn_CI_Data Sn_CI_Clock Sn_CI_FrameStart Sn_CI_SSF

处理

如果在串联连接入口处存在无效的帧起始状态，该功能必须恢复那个状态。

注 1：另外，在引起全"1"(AIS)插入 SnT_TT 的串联连接的连接性缺陷状态，无效帧起始状态被激活。

N1[5-8]：该功能必须用插入全"0"脉型，终结 N1[5-8]。

B3：该功能必须按照 ITU-T G.806 第 8.4 节规定的算法矫正字节 B3 内 VC-n BIP-8。

缺陷

无。

后续动作

这个功能必须实现以下后续动作：

aAIS←AI_OSF

aSSF←AI_OSF

注 2：CI_SSF="真"将使 MSn/Sn_A 功能产生 AU-AIS。

在 AIS 请求产生后 250 μs 之内该功能必须插入全"1"(AIS)信号，而在 AIS 请求清除后 250 μs 之内停止插入。

缺陷关联

无。

性能监测

无。

12.4.3.4　**VC-n 串联连接到数据链路适配 SnT/DL_A**

SnT/DL_A 适配功能适用于支持附件 C/G.707/Y.1322 所述 VC-n 串联连接监测选项 1 数据链路(DL)的网络。SnT/DL_A 适配功能在源方向将 TCOH 的字节 N1 的比特 5-8 放进 SnT_AI，而在宿方向从 SnT_AI 恢复该信息。

12.4.3.4.1　**VC-n 串联连接到数据链路适配源 SnT/DL_A_So**

符号

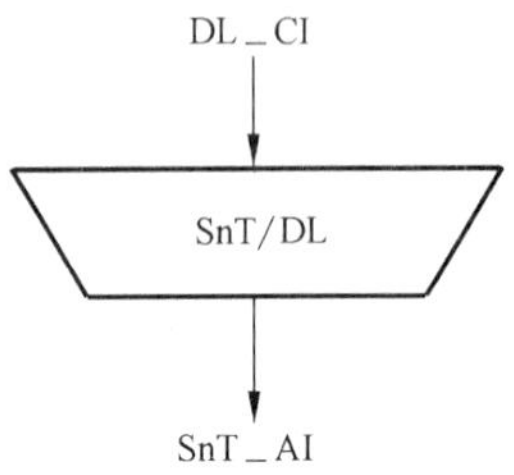

图 133　SnT/DL_A_So 的符号

接口

表 85　SnT/DL_A_So 功能的输入和输出

输　　入	输　　出
DL_CI_Data SnT_AI_FrameStart SnT_AI_Clock	SnT_AI_Data DL_CI_Clock

处理

从 DL 消息通路功能导出数据链路(DL)比特，放入 N1 的比特 5-8。这些比特必须像附件 C/G.707/Y.1322 所述那样使用。数据链路是用于支持串联连接维护的基于消息的通路。

缺陷

无。

后续动作

无。

缺陷关联

无。

性能监测

无。

12.4.3.4.2　**VC-n 串联连接到数据链路适配宿 SnT/DL_A_Sk**

符号

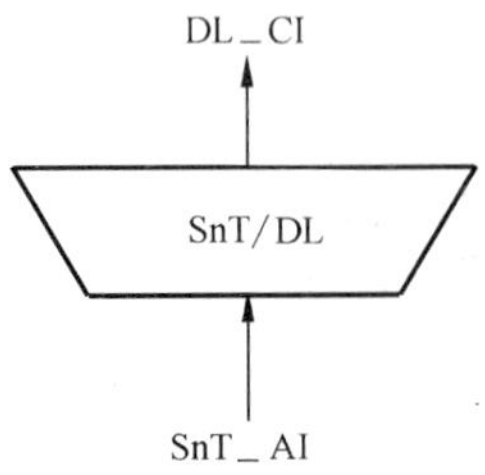

图 134　SnT/DL_A_Sk 的符号

接口

表 86　**SnT/DL_A_Sk 功能的输入和输出**

输　　入	输　　出
SnT_AI_Data SnT_AI_Clock SnT_AI_FrameStart SnT_AI_TSF	DL_CI_Data DL_CI_Clock DL_CI_SSF

处理

从 TCOH 恢复 DL 比特 N1[5-8]，送给 DL 通信功能。

缺陷

无。

后续动作

aSSF←AI_TSF

缺陷关联

无。

性能监测

无。

12.4.3.4.3　非介入监测的 VC-n 串联连接到数据链路适配 SnTm/DL_A_Sk

这个功能的作用就是附件 C/G.707/Y.1322(选项 1)所述 VC-n 串联连接开销数据链路(DL)的非介入监测器。

符号

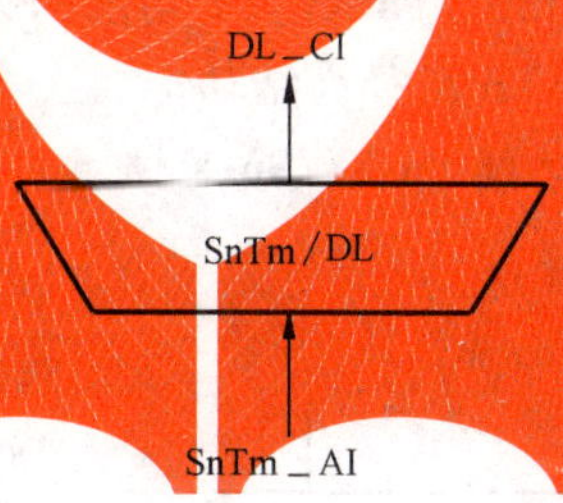

图 135　**SnTm/DL_A_Sk 的符号**

接口

表 87　**SnTm/DL_A_Sk 功能的输入和输出**

输　　入	输　　出
SnTm_AI_Data SnTm_AI_Clock SnTm_AI_FrameStart SnTm_AI_TSF	DL_CI_Data DL_CI_Clock DL_CI_SSF

处理

从 SnTm_AI 恢复来自 N1 字节比特 5-8 的数据链路(DL)信息，传送给 DL 通信功能。

缺陷

无。

后续动作

aSSF←AI_TSF

缺陷关联

无。

性能监测

无。

12.5 虚级联功能

12.5.1 虚级联 VC-n 通道层功能 Sn-Xv(n=3,4;X≥1)

12.5.1.1 VC-n-Xv 层路径终结功能 Sn-Xv_TT

Sn-Xv_TT 功能按 ITU-T G.803 建议的规定进一步分解并在图 136 示出。

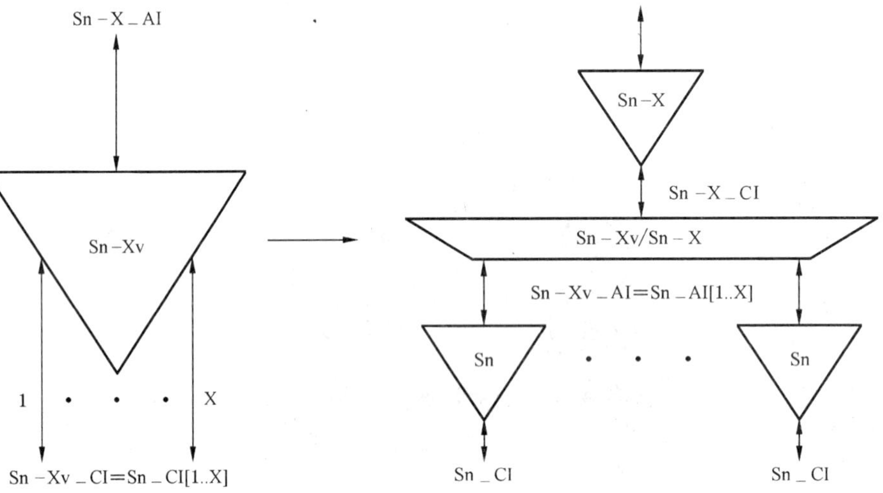

图 136 Sn-Xv_TT 功能的分解

Sn_TT 功能是如 12.2.1 规定的正常 VC-n 路径终结功能。

12.5.1.1.1 VC-n-Xv/VC-n-X 适配源功能 Sn-Xv/Sn-X_A_So

符号

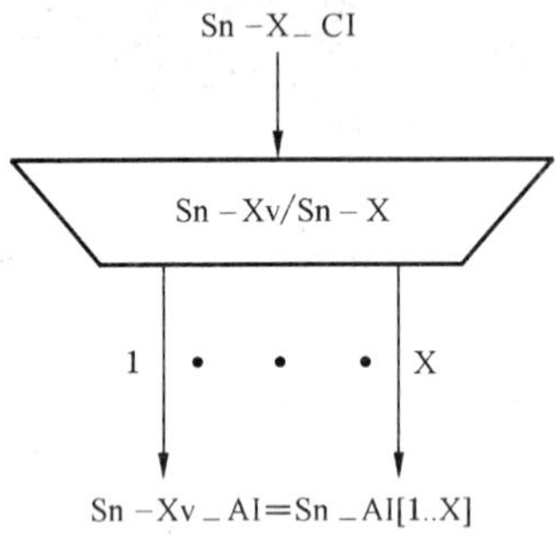

图 137 Sn-Xv/Sn-X_A_So 的符号

接口

表 88 Sn-Xv/Sn-X_A_So 的输入和输出信号

输　入	输　出
Sn-X_CI_D Sn-X_CI_CK Sn-X_CI_FS	Sn-Xv_AI_D=Sn_AI[1..X]_D Sn-Xv_AI_CK=Sn_AI[1..X]_CK Sn-Xv_AI_FS=Sn_AI[1..X]_FS

处理

这个功能必须实现将输入 Sn-X_CI 分配到 X VC-n 的操作，形成 Sn-Xv_AI(=Sn_AI[1..X])。允

许 X 有≥1 的任何值。

分配处理

Sn-X_CI 必须如图 81(对于 S3-X_CI)或如图 85(对于 S4-X_CI)所示那样分配到 X VC-n。

净荷

从 X+1 列开始,净荷必须按表 89 的规定分配到 X VC-n。

表 89 Sn-X→Sn-Xv 净荷的映射关系

Sn-X_CI 的列	Sn_AI 编号	Sn_AI 的列
X + 1	1	2
…	…	…
2×X	X	2
2×X + 1	1	3
…	…	…
261/85×X	X	261/85

C2:输入 C2 字节必须插入 VC-n[1..X]。

F2:输入 F2 字节必须插入 VC-n[1]。VC-n[2..X]的 F2 必须设置为 00h。

F3:输入 F3 字节必须插入 VC-n[1]。VC-n[2..X]的 F3 必须设置为 00h。

K3:输入 K3 字节必须插入 VC-n[1]。VC-n[2..X]的 K3 必须设置为 00h。

复帧处理(H4[5-8],H4[1-4][0-1]):见 8.2.5.1。

排序处理(H4[1-4][14-15])

各个排序编号 SQ 必须按 ITU-T G.707/Y.1322 建议的规定插入每个 VC-n。VC-n[y]的排序编号是 y−1。

H4[1-4][2-13]:这些比特留给今后使用并必须设置为"0000"。

缺陷

无。

后续动作

无。

缺陷关联

无。

性能监测

无。

12.5.1.1.2 VC-n-Xv/VC-n-X 适配宿功能 Sn-Xv/Sn-X_A_Sk

符号

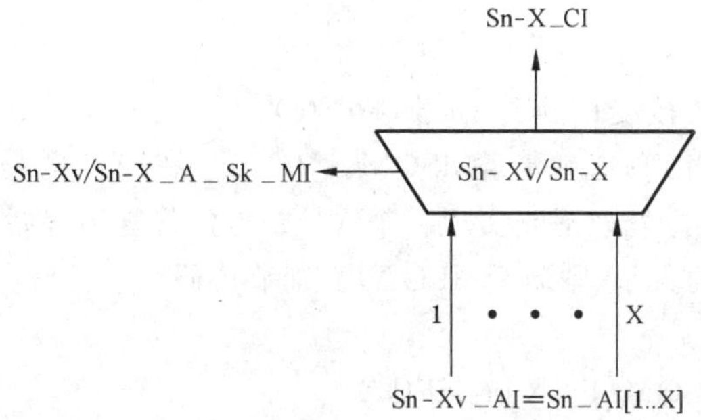

图 138 Sn-Xv/Sn-X_A_Sk 的符号

接口

表 90 Sn-Xv/Sn-X_A_Sk 的输入和输出信号

输　　入	输　　出
Sn-Xv_AI_D=Sn_AI[1..X]_D Sn-Xv_AI_CK=Sn_AI[1..X]_CK Sn-Xv_AI_FS=Sn_AI[1..X]_FS Sn-Xv_AI_TSF=Sn_AI[1..X]_TSF	Sn-X_CI_D Sn-X_CI_CK Sn-X_CI_FS Sn-X_CI_SSF Sn-Xv/Sn-X_A_Sk_MI_cLOM[1..X] Sn-Xv/Sn-X_A_Sk_MI_cSQM[1..X] Sn-Xv/Sn-X_A_Sk_MI_cLOA Sn-Xv/Sn-X_A_Sk_MI_AcSQ[1..X]

处理

这个功能必须实现各个 VC-n 的定位。

复帧处理(H4[5-8],H4[1-4][0-1]):见 8.2.5.1。

排序处理(H4[1-4][14-15])

必须从 H4 字节、复帧 14 和复帧 15 内比特 1-4 恢复接收的排序编号(SQ)。它必须像 AcSQ[y]那样可用于网管。如果接收的顺序在 m 个(3≤m≤10)连续的第一级复帧内有同样的值,则接受这个新的排序号。

定位处理

如果各个 VC-n 的任何一个都没有有效的 AI_TSF、dLOM 或 dSQM 存在,该功能必须将各个 VC-n 与公共复帧起始对准。定位处理至少必须覆盖 125 μs 延迟差。成功地定位后,VC-n-X 从 X VC-n 恢复。开销列从 VC-n 编号 1 恢复。表 91 给出从各个 VC-n 到 VC-n-X 净荷列的映射关系。

表 91 Sn-Xv 到 Sn-X 的净荷映射

Sn_AI 编号	Sn_AI 列	Sn-X_CI 列
1	2	X + 1
	3	2×X + 1
	…	…
	261 或 85	260 或 84×X + 1
2	2	X + 2
	…	…
	261 或 85	260 或 84×X + 2
…	…	…
X	261 或 85	2

缺陷

复帧丢失缺陷(dLOM):见 6.2.5.4。

顺序丢失缺陷(dSQM):如接受的排序编号(AcSQ)与预期的排序编号(ExSQ)不符,必须检出 dSQM。如果 AcSQ 与 ExSQ 相符,必须清除 dSQM。VC-n[y]的 ExSQ 是 y−1。

定位丢失(dLOA):如果定位处理不能实现各个 VC-n 与公共复帧起始的定位,必须检出 dLOA(例如,当延迟差超过定位缓存器的大小,则激活 dLOA)。细节待研究。

后续动作

aAIS←dLOM[1..X]或 dSQM[1..X]或 dLOA

aSSF←AI_TSF[1..X]或 dLOM[1..X]或 dSQM[1..X]或 dLOA

当宣告 aAIS 时,该功能必须在 250 μs 内输出全"1",当清除 aAIS 时,该功能必须在 250 μs 内输出正常数据。

缺陷关联

cLOM[n]←dLOM[n]和(非 AI_TSF[n])

cSQM[n]←dSQM[n]和(非 dLOM[n])和(非 AI_TSF[n])

cLOA←dLOA 和(非 dSQM[1..X])和(非 dLOM[1..X])和(非 AI_TSF[1..X])

性能监测

无。

12.5.1.1.3 **VC-n-X 路径终结源功能 Sn-X_TT_So**

符号

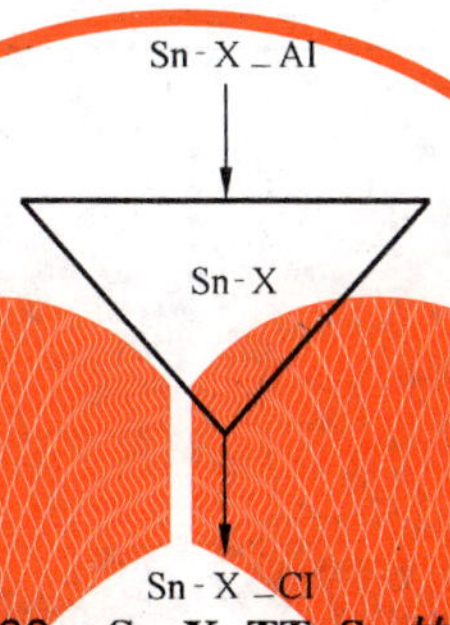

图 139 **Sn-X_TT_So 的符号**

接口

表 92 **Sn-X_TT_So 的输入和输出信号**

输入	输出
Sn-X_AI_D Sn-X_AI_CK Sn-X_AI_FS	Sn-X_CI_D Sn-X_CI_CK Sn-X_CI_FS

处理

无。

缺陷

无。

后续动作

无。

缺陷关联

无。

性能监测

无。

12.5.1.1.4 **VC-n-X 层路径终结宿功能 Sn-X_TT_Sk**

符号

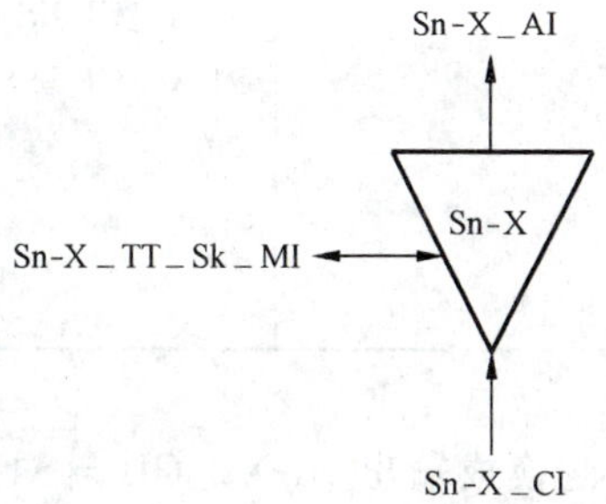

图 140 **Sn-X_TT_Sk 的符号**

接口

表 93 **Sn-X_TT_Sk 的输入和输出信号**

输　入	输　出
Sn-X_CI_D	Sn-X_AI_D
Sn-X_CI_CK	Sn-X_AI_CK
Sn-X_CI_FS	Sn-X_AI_FS
Sn-X_CI_SSF	Sn-X_AI_TSF
Sn-X_TT_Sk_MI_SSF_Reported	Sn-X_TT_Sk_MI_cSSF

处理

无。

缺陷

无。

后续动作

aTSF←CI_SSF

缺陷关联

cSSF←CI_SSF 和 SSF_Reported

性能监测

无。

12.5.2 互通功能

12.5.2.1 VC-4-Xc 到 VC-4-Xv 互通功能 S4-Xc>S4-Xv_I

符号

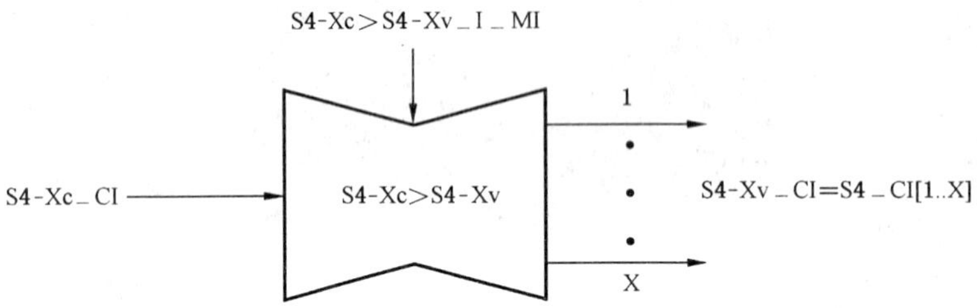

图 141 **S4-Xc>S4-Xv_I 的符号**

接口

表 94 **S4-Xc>S4-Xv_I 的输入和输出信号**

输　入	输　出
S4-Xc_CI_D	S4-Xv_CI_D=S4_CI[1..X]_D
S4-Xc_CI_CK	S4-Xv_CI_CK=S4_CI[1..X]_CK
S4-Xc_CI_FS	S4-Xv_CI_FS=S4_CI[1..X]_FS
S4-Xc_CI_SSF	S4-Xv_CI_SSF=S4_CI[1..X]_SSF
S4-Xc>S4-Xv_I_MI_TxTI[2..X]	
S4-Xc>S4-Xv_I_MI_TIEn	

处理

这个功能必须将输入 S4-Xc_CI 变换成输出 S4-Xv_CI(=S4_CI[1..X])。允许 X 之值为 X=4,16,64,256。更高的 X 值有待研究。

净荷

VC-4-Xc 的净荷区(C-4-Xc)必须按表 95 的规定插入 VC-4-Xv 净荷中。

表 95　S4-Xc_CI → S4-Xv_CI 净荷映射

S4-Xc_CI 的列	S4_CI 编号	S4-Xv_CI 的列
X + 1	1	2
…	…	…
2×X	X	2
2×X + 1	1	3
…	…	…
261×X	X	261

J1:VC-4-Xc 的该字节必须插入 VC-4-Xv 的第一个 VC-4。对于所有其他 VC-4-Xv 的 VC-4,如果踪迹插入被使能(TIEn ="真"),各个 J1 踪迹 TxTI[n]必须被插入。如果踪迹插入没有被使能(TIEn="伪"),必须插入 VC-4-Xc 的字节。

B3:必须对 VC-4-Xc 帧 n-1 计算 BIP-8。必须将它与相关的帧 n 的 B3 相比较,确定比特误码数。对于 VC-4-Xv 的各个 VC-4 帧 n-1,必须每个都计算 BIP-8。对于 VC-4-Xv 的第一个 VC-4,在插入相关的帧 n 的 B3 之前,必须将和在 VC-4-Xc 检出的比特误码一样多的 BIP-8 的比特反转。如图 142 所示利用"异或"处理能够实现。所有其他 VC-4 的 BIP-8 必须不作任何修改的插入它们的帧 n 的 B3。

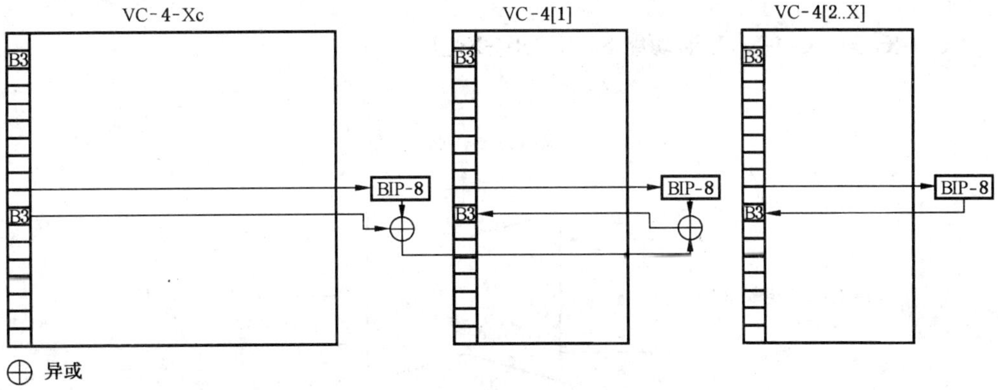

图 142　B3 的处理

C2:VC-4-Xc 的该字节必须插入所有 VC-4-Xv 信号的各个 VC-4。

G1[1-4]:VC-4-Xc 的比特 1 到 4(REI)必须插入 VC-4-Xv 的第一个 VC-4 的比特 1 到 4。VC-4-Xv 的所有其他 VC-4 的比特 1 到 4 必须设置为"0"。

G1[5]:VC-4-Xc 的比特 5(RDI)必须插入 VC-4-Xv 的所有 VC-4 的比特 5。

G1[6-7]:在附录 F 叙述增强 RDI 的可选用法。

G1[8]:VC-4-Xc 的比特 8 必须插入 VC-4-Xv 的所有 VC-4 的比特 8。

F2:VC-4-Xc 的 F2 字节必须插入 VC-4-Xv 信号的第一个 VC-4。VC-4-Xv 的所有其他 VC-4 的 F2 字节必须设置为 00h。

F2:VC-4-Xc 的 F3 字节必须插入 VC-4-Xv 信号的第一个 VC-4。VC-4-Xv 的所有其他 VC-4 的 F3 字节必须设置为 00h。

K3:VC-4-Xc 的 K3 字节必须插入 VC-4-Xv 信号的第一个 VC-4。VC-4-Xv 的所有其他 VC-4 的 K3 字节必须设置为 00h。

N1[1-4]:如果 VC-4-Xc 的比特 1 到 4(IEC)的内容是代码"1110"(输入 AIS),VC-4-Xv 的所有 VC-4 的比特 1 到 4 必须设置为"1110"。如果 VC-4-Xc 的比特 1 到 4(IEC)的内容是代码"0000"(TC 未装载的部分),VC-4-Xv 的所有 VC-4 的比特 1 到 4 必须设置为"0000"。此外,VC-4-Xc 的比特 1 到 4 必须插入 VC-4-Xv 的第一个 VC-4 的比特 1 到 4,而 VC-4-Xv 的所有其余 VC-4 的比特 1 到 4 必须设置为

IEC 的 0("1001")。

复帧处理(H4[5-8],H4[1-4][0-1]):见 8.2.5.1。

排序处理(H4[1-4][14-15])

必须按 ITU-T G.707/Y.1322 建议的规定将各个排序编号 SQ 插入每个 VC-4。VC-4[y]的排序编号是 y-1。

H4[1-4][2-13]:这些比特留给今后使用,必须设置为"0000"。

N1[5-8]:VC-4-Xc 的比特 5-8 必须复制给 VC-4-Xv 的所有 VC-4 的比特 5 到 8。

缺陷

无。

后续动作

aAIS←CI_SSF

aSSF[n]←CI_SSF

在宣告 aAIS 时,该功能必须在 250 μs 内输出全"1"信号,在 aAIS 清除时,该功能必须在 250 μs 内输出正常信号。

缺陷关联

无。

性能监测

无。

12.5.2.2 VC-4-Xv 到 VC-4-Xc 互通功能 S4-Xv>S4-Xc_I

符号

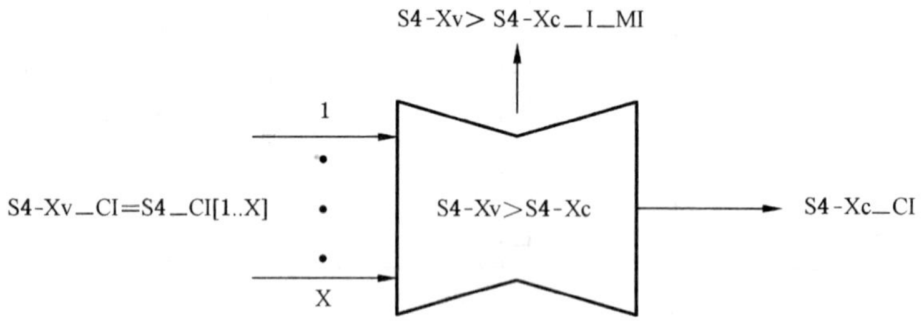

图 143 S4-Xv>S4-Xc_I 的符号

接口

表 96 S4-Xv>S4-Xc_I 的输入和输出信号

输 入	输 出
S4-Xv_CI_D=S4_CI[1..X]_D	S4-Xc_CI_D
S4-Xv_CI_CK=S4_CI[1..X]_Ck	S4-Xc_CI_CK
S4-Xv_CI_FS=S4_CI[1..X]_FS	S4-Xc_CI_FS
S4-Xv_CI_SSF=S4_CI[1..X]_SSF	S4-Xc_CI_SSF
S4-Xv>S4-Xc_I_MI_TPmode	S4-Xv>S4-Xc_I_MI_cTIM[1..X]
S4-Xv>S4-Xc_I_MI_SSF_Reported	S4-Xv>S4-Xc_I_MI_cUNEQ[1..X]
S4-Xv>S4-Xc_I_MI_ExTI[1..X]	S4-Xv>S4-Xc_I_MI_cSSF[1..X]
S4-Xv>S4-Xc_I_1second	S4-Xv>S4-Xc_I_MI_AcTI[1..X]
S4-Xv>S4-Xc_I_TIMdis[1..X]	S4-Xv>S4-Xc_I_MI_cLOM[1..X]
	S4-Xv>S4-Xc_I_MI_cSQM[1..X]
	S4-Xv>S4-Xc_I_MI_cLOA
	S4-Xv>S4-Xc_I _MI_AcSQ[1..X]

处理

这个功能必须将输入 S4-Xv_CI(=S4_CI[1..X])变换成输出 S4-Xc_CI。主要的处理示于图 144。X 的允许值是 X=4,16,64,256。更高的 X 值待研究。

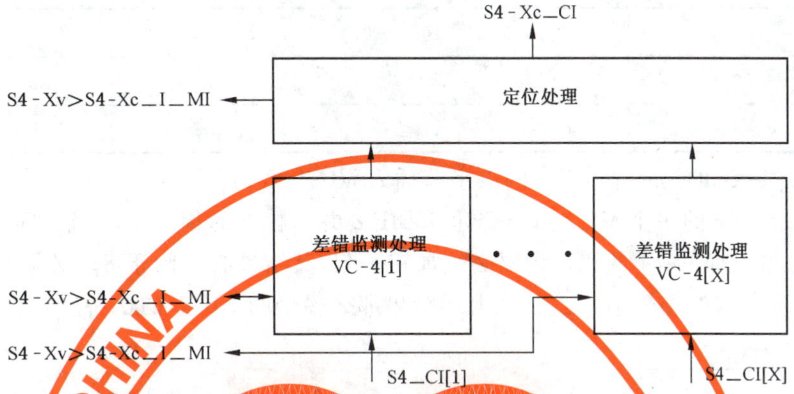

图 144 S4-Xv>S4-Xc_I 的主要处理

误码监测处理[n=1..X]

按各个 VC-4 执行这些处理。

J1:必须从 J1 字节恢复接收的路径踪迹标识符 RxTI[n],必须让网管将它当作 AcTI[n]使用。必须按 ITU-T G.806 第 6.2.2.2 节实现应用和认可和失配检测处理。

注 1:如果在 S4-xc>S4-Xv_I 功能内没有为 VC-4[2...X]配置各自的踪迹,VC-4[2..X]的预期踪迹必须设置得同第一个 VC-4 的预期踪迹一样,或对这些 VC-4 必须禁住踪迹监视。

C2:该信号标签比特必须恢复。对于未装载缺陷处理的进一步说明见 ITU-T G.806 第 6.2.1.3 节。该功能必须用监测 VC PSL 的代码"1111 1111"检测 AIS VC(dAIS)状态。VC AIS 缺陷处理的进一步说明见 ITU-T G.806 第 6.2.6.2 节。

注 2:dUNEQ 和 dAIS 不得引发后续动作。

复帧处理(H4[5-8],H4[1-4][0-1]):见 8.2.5.1。

排序处理(H4[1-4][14-15])

必须从复帧 14 和 15 内比特 1-4(H4 字节)恢复接收的排序编号(SQ)。必须让网管将它当作 AcSQ[y]使用。如果有 m 个(3≤m≤10)连续的第一级复帧中接收的排序有同样的值,则新的排序编号被接受。

定位处理

如果对于任何一个 VC-4,CI_SSF、dTIM、dLOM 或 dSQM 都没有激活,该功能必须使各个 VC-4 与公共复帧起始对准。定位处理至少必须覆盖 125 μs 的延迟差。

如定位是可能的,该功能必须实现以下净荷和开销处理。

净荷

必须像表 97 规定那样,将 VC-4-Xv 净荷区(C-4-Xc)插入 VC-4-Xc 净荷区。

表 97 S4-Xv_CI→S4-Xc_CI 的净荷映射

S4-Xv_CI		S4-Xc_CI 的列
S4_CI 的列	S4_CI 的编号	
2	1	X + 1
...	...	...
2	X	2×X

表 97（续）

S4-Xv_CI		S4-Xc_CI 的列
S4_CI 的列	S4_CI 的编号	
3	1	2×X+1
…	…	…
261	X	261×X

J1：必须将 VC-4-Xv 的第一个 VC-4 的该字节插入 VC-4-Xc。

B3：必须对 VC-4-Xv 的每个 VC-4 帧 n-1 计算 BIP-8 并与帧 n 的相关 B3 比较，确定每个 VC-4 的比特误码。VC-4-Xc 的所有 VC-4 的比特误码必须加在一起，其结果必须限于 8。必须对 VC-4-Xc 帧 n-1 计算 BIP-8。在插入帧 n 的相关 B3 之前，像上述结果那么多个的 BIP-8 的比特反转。（见图 145）

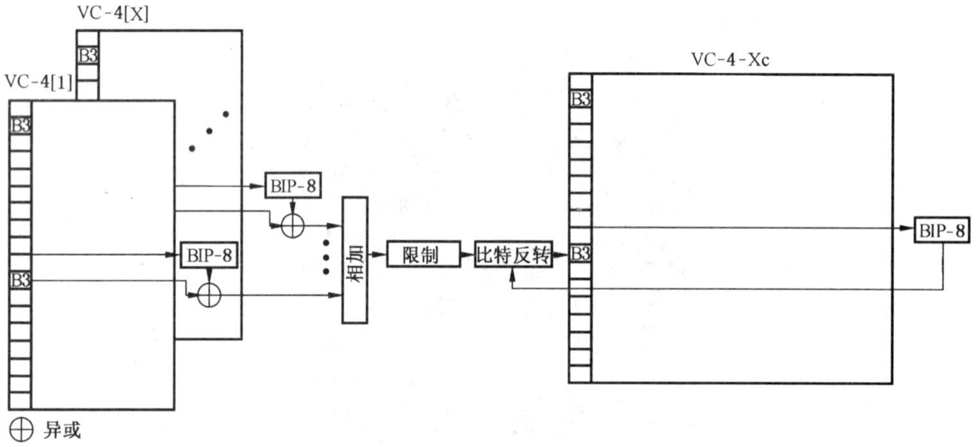

图 145 B3 的处理

C2：VC-4-Xv 的第一个 VC-4 的该比特必须插入 VC-4-Xc。

G1[1-4]：VC-4-Xv 的所有 VC-4 的 REI 值（比特 1 到 4）必须加在一起。其结果必须限于 8 并插入 VC-4-Xc 的比特 1 到 4。

G1[5]：如果 VC-4-Xv 的任何 VC-4 的比特 5（RDI）的内容是代码“1”，VC-4-Xc 的 G1 的比特 5 必须设置为“1”。

G1[6-7]：在附录 F 说明的增强 RDI 的任选使用。

G1[8]：VC-4-Xv 的第一个 VC-4 的比特 8 必须插入 VC-4-Xc 的比特 8。

F2：VC-4-Xv 的第一个 VC-4 的 F2 字节必须插入 VC-4-Xc。

H4：VC-4-Xc 的该字节必须设置为“0”。

F3：VC-4-Xv 的第一个 VC-4 的 F3 字节必须插入 VC-4-Xc。

K3：VC-4-Xv 的第一个 VC-4 的 K3 字节必须插入 VC-4-Xc。

N1[1-4]：如果 VC-4-Xv 的任一个 VC-4 的比特 1 到 4（IEC）的内容是代码“1110”（输入 AIS），VC-4-Xc 的比特 1 到 4 必须设置为“1110”。如果 VC-4-Xv 的第一个 VC-4 的比特 1 到 4（IEC）的内容是代码“0000”（TC 未装载），VC-4-Xc 的比特 1 到 4 必须设置为“0000”。另外，VC-4-Xv 的所有 VC-4 的 IEC 值（比特 1 到 4）必须加在一起。其结果必须限于 8 并必须插入 VC-4-Xc 的比特 1 到 4 作为 IEC。

N1[5-8]：VC-4-Xv 的第一个 VC-4 的比特 5 到 8 必须插入 VC-4-Xc 的比特 5 到 8。

缺陷

该功能必须按 ITU-T G.806 第 6.2 节的规定检测各个 VC-4 的 dUNEQ、dAIS 和 dTIM 缺陷。它必须能够禁住路径 id 失配检测（TIMdis）。

复帧丢失缺陷(dLOM):见6.2.5.4。

顺序丢失缺陷(dSQM):如果接受的排序编号(AcSQ)与预期的排序编号(ExSQ)不符,必须检出dSQM。如果AcSQ与ExSQ相符,必须清除dSQM。VC-4[y]的ExSQ是y−1。

定位丢失(dLOA):如果定位处理不能实现各个VC-4对公共复帧起始的定位必须检出dLOA(例如,如果延迟差超过定位缓存器的大小,则dLOA被激活)。细节待研究。

后续动作

aAIS←dTIM[1..X]或dLOM[1..X]或dSQM[1..X]或dLOA

aSSF←CI_SSF[1..X]或dTIM[1..X]或dLOM[1..X]或dSQM[1..X]或dLOA

当宣告aAIS,该功能必须在250 μs内输出全"1",在aAIS清除时,必须在250 μs内输出正常数据。

缺陷关联

cUNEQ[n]←dUNEQ[n]和MON

cTIM[n]←dTIM[n]和(非dUNEQ[n])和MON

cSSF[n]←(CI_SSF[n]或dAIS[n])和MON和SSF_Reported

cLOM[n]←dLOM[n]和(非dTIM[n])和(非CI_SSF[n])

cSQM[n]←dSQM[n]和(非dLOM[n])和(非dTIM[n])和(非CI_SSF[n])

cLOA←dLOA和(非dSQM[1..X])和(非dLOM[1..X])和(非dTIM[1..X])和(非CI_SSF[1..X])

性能监测

无。

12.5.3 LCAS-能力虚级联VC-n通道层功能Sn-Xv-L(n=3,4;X≥1)

LCAS-能力虚级联VC-n通道层功能(Sn-Xv-L,n=3,4)是ITU-T G.806第10.1节规定的通用功能(P-Xv-L)的例子,用某些技术上特定的概念加以具体化。

本节的定义为ITU-T G.806第10.1节定义的合适的通用功能提供了参考,并规定了必须的技术上的实例。

12.5.3.1 VC-n-Xv-L层路径终结功能Sn-Xv-L_TT

Sn-Xv-L_TT功能按ITU-T G.806第10.1.1节进一步分解,示于图146。

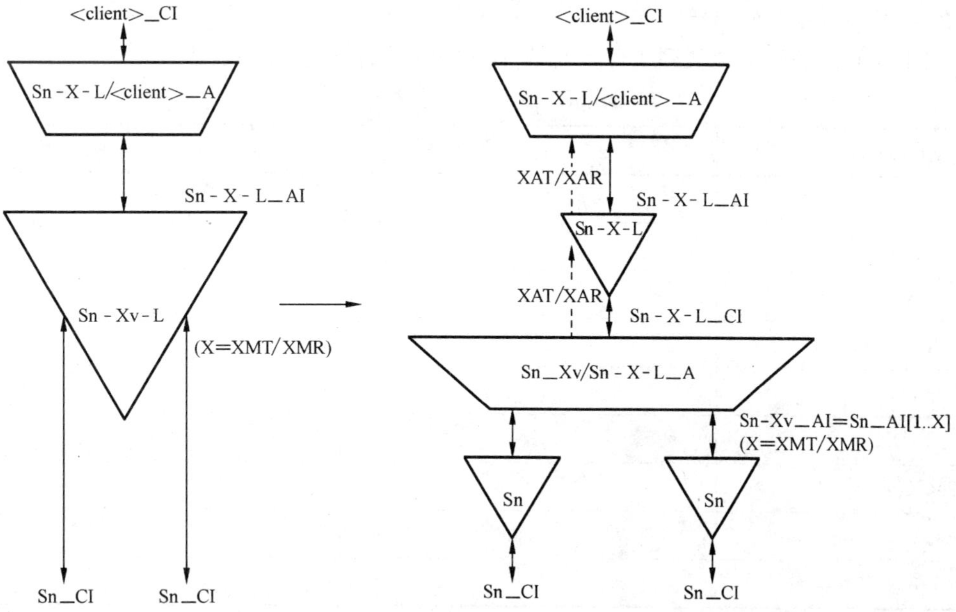

图146 Sn-Xv-L_TT功能的分解

这个功能的分解与 ITU-T G.806 第 10.1.1 节规定的相应的一般功能 P-Xv-L_TT 的分解是一样的，具有以下技术上特定的特点：

- 通道层“P-”是 Sn-层。
- Sn_TT 功能是 12.2.1 规定的正常 VC-n 路径终结功能。
- 按照 11.2/G.707/Y.1322 的定义，X_{MT}、$X_{MR}\leqslant 256$。

12.5.3.1.1 VC-n-Xv/VC-n-X-L 适配源功能 Sn-Xv/Sn-X-L_A_So

符号

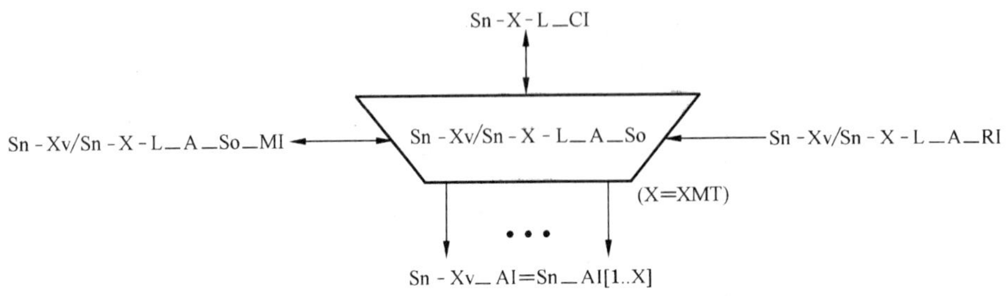

图 147 Sn-Xv/Sn-X-L_A_So 的符号

接口

这个功能的接口与 ITU-T G.806 第 10.1.1.1/节规定的相应一般功能 P-Xv/P-X-L_A_So 是一样的，具有如下技术上特有的特点：

- 通道层“P-”是 Sn-层。
- MST_Range=0...255(相当于 11.2/G.707/Y.1322 规定的范围)。

处理

这个功能的处理定义与 ITU-T G.806 第 10.1.1.1/节规定的相应一般功能 P-Xv/P-X-L_A_So 是一样的，具有如下技术上特有的特点：

——OH 抽取

抽出的开销信息_CI_OH 由以下 VC-n-X POH 字节组成：C2、F2、F3、K3。

——去间插(分配处理)

分配处理必须像下面那样：

Sn-X-L_CI_D 信号必须从列 1 开始像表 98 规定的那样分配到 X_{AT} VC-n。

表 98 Sn-X 分配映射

Sn-X-L_CI_D 列	去间插输出编号	去间插输出列
1	1	1
...	...	...
X_{AT}	X_{AT}	1
$X_{AT}+1$	1	2
...	...	...
$2\times X_{AT}$	X_{AT}	2
$2\times X_{AT}+1$	1	3
...	...	...
$261/85\times X_{AT}$	X_{AT}	261/85

注意，从通道开销到净荷的各个列，这个映射是统一的。还有，这个映射等于图 114 对净荷列规定的映射。

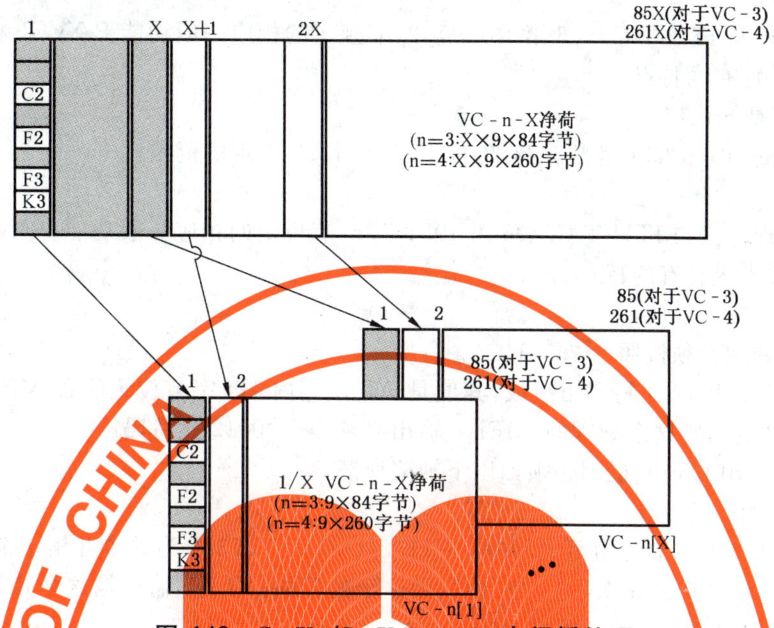

图 148 Sn-Xv/Sn-X-L_A_So 去间插处理

对于输出 $X_{AT}+1$、$X_{AT}+2$、…、X_{MT}，这个块插入与 VC-n 信号的速率和格式一样的全"0"信号。

——"开关 1"(排序号的指派)

对于所有不承载净荷的输出(_PC[s]=0)，这个处理插入与 VC-n 信号的速率和格式一样的全"0"信号。

——VLI 插入

VLI 信息由 H4 字节之值组成，并具有 11.2/G.707/Y.1322 为那个开销字节规定的编码。

——VLI 组装和 CRC

VLI 信息由 H4 字节之值组成，并具有 11.2/G.707/Y.1322 为那个开销字节规定的编码。所用的 CRC 代码是 11.2/G.707/Y.1322 规定的 CRC-8。

不论 MI_LCASEnable 之值如何，H4 复帧结构内所有不用的字段必须当作零发送。

——OH 插入

插入的开销信息_CI_OH 由以下 VC-n POH 字节组成：C2、F2、F3、K3。

缺陷

见 ITU-T G.806 第 10.1.1.1/节。

后续动作

见 ITU-T G.806 第 10.1.1.1/节。

缺陷关联

见 ITU-T G.806 第 10.1.1.1/节。

性能监测

见 ITU-T G.806 第 10.1.1.1/节。

12.5.3.1.2 VC-n-Xv/VC-n-X-L 适配宿功能 Sn-Xv/Sn-X-L_A_Sk

符号

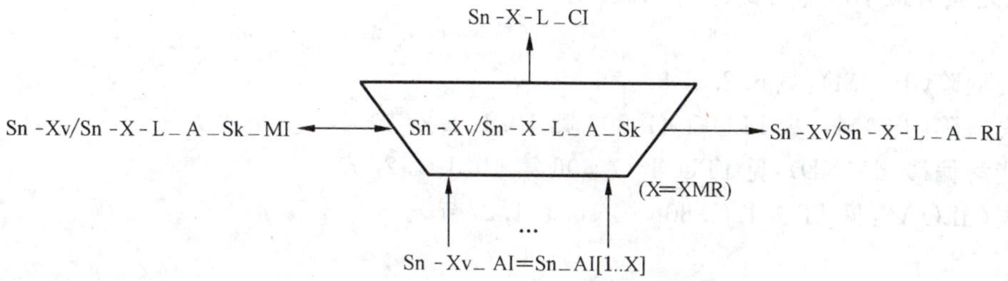

图 149 Sn-Xv/Sn-X-L_A_Sk 的符号

接口

这个功能的接口与ITU-T G.806第10.1.1.2/节规定的相应一般功能P-Xv/P-X-L_A_Sk是一样的，具有以下技术上特有的特点：

- 通道层“P-”是Sn-层。
- MST_Range＝0…，255(相当于11.2/G.707/Y.1322规定的范围)。

处理

这个功能的处理定义与ITU-T G.806第10.1.1.2/节规定的相应一般功能P-Xv/P-X-L_A_Sk是一样的，具有如下技术上特有的特点：

——MFI抽取

复帧定位处理必须按照8.2.5.1。

_MFI[i]输出由12比特码语组成，其值是AI_D[i]内H4字节位置所含MFI的值。如果AI_TSF[i]＝“真”，则这个处理的_MFI[i]输出必须是全“0”12比特码语。

每个成员的dLOM[i]检测必须如以下缺陷所述。

——VLI，TSx抽取

VLI信息由H4字节之值组成，并具有11.2/G.707/Y.1322为那个开销字节规定的编码。

如_TSF[i]是“伪”和dMND[i]是“伪”，则这个处理的_VLI[i]输出是这个处理输入处H4字节位置的值。

如_TSF[i]是“真”和dMND[i]是“真”，则这个处理的_VLI[i]输出必须是全“1”字节。

——VLI拆装和CRC

VLI信息由H4字节之值组成，并具有11.2/G.707/Y.1322为那个开销字节规定的编码。所用的CRC代码是11.2/G.707/Y.1322规定的CRC-8。

——“间插处理”

恢复处理如下：

Sn-X-L_CI信号必须从第1列开始像表99规定那样从X_{AR} VC-n恢复。

表99 Sn-X-L恢复映射

间插输入编号	间插输入列	Sn-X-L_CI列
1	1	1
...	...	...
X_{AR}	1	X_{AR}
1	2	$X_{AR}+1$
...	...	...
X_{AR}	2	$2\times X_{AR}$
1	3	$2\times X_{AR}+1$
...	...	...
X_{AR}	261/85	$261/85\times X_{AR}$

注意，从通道开销到净荷的各个列，这个映射是统一的。还有，这个映射等于图114对净荷列的规定。实际上，Sn-X-L_CI信号的POH列(列1)从间插输入1的POH列获得，而间插输入1又是具有最小顺序号的净荷承载号。

缺陷

复帧丢失缺陷(dLOM)：见6.2.5.4。

排序丢失缺陷(dSQM)：见ITU-T G.806第10.1.1.2/节。

成员不能解偏移(dMND)：见ITU-T G.806第10.1.1.2/节。

定位丢失(dLOA)：见ITU-T G.806第10.1.1.2/节。

后续动作

见ITU-T G.806第10.1.1.2/节。

当宣告 aAIS 时，该功能必须在 250 μs 内输出全“1”信号，当 aAIS 清除后，该功能必须在 250 μs 内输出正常数据。这个全“1”信号的比特率必须符合该处理计算的_X_{AR}值。

缺陷关联

见 ITU-T G. 806 第 10. 1. 1. 2/节。

性能监测

见 ITU-T G. 806 第 10. 1. 1. 2/节。

12. 5. 3. 1. 3　**LCAS-能力 VC-n-X-L 路径终结源功能 Sn-X-L_TT_So**

符号

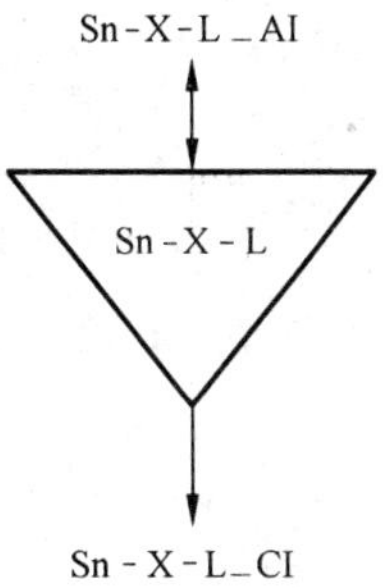

图 150　**Sn-X-L_TT_So 的符号**

接口

这个功能的接口与 ITU-T G. 806 第 10. 1. 1. 3 节规定的相应一般功能 P-X-L_TT_So 是一样的，具有下列技术上特有特点：

- 通道层“P-”是 Sn- 层。

处理

见 ITU-T G. 806 第 10. 1. 1. 3 节。

缺陷

见 ITU-T G. 806 第 10. 1. 1. 3 节。

后续动作

见 ITU-T G. 806 第 10. 1. 1. 3 节。

缺陷关联

见 ITU-T G. 806 第 10. 1. 1. 3 节。

性能监测

见 ITU-T G. 806 第 10. 1. 1. 3 节。

12. 5. 3. 1. 4　**LCAS-能力 VC-n-X-L 层路径适配宿功能 Sn-X-L_TT_Sk**

符号

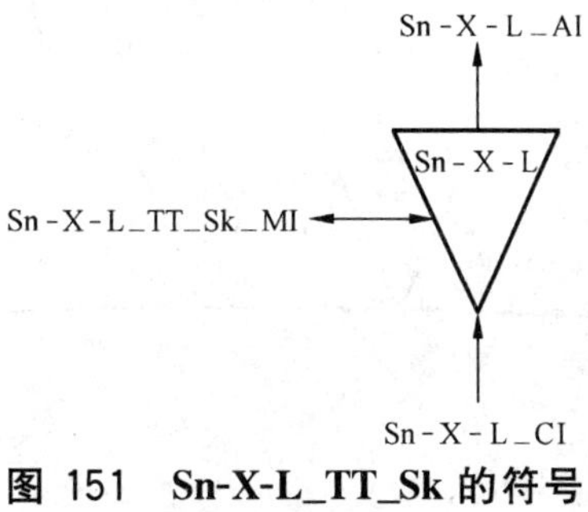

图 151　**Sn-X-L_TT_Sk 的符号**

接口

这个功能的接口与 ITU-T G. 806 第 10. 1. 1. 4 节规定的相应一般 P-X-L_TT_Sk 是一样的，具有技术上特有的特点：

- 通道层“P-”是 Sn- 层。

处理

见 ITU-T G.806 第 10.1.1.4 节。

缺陷

见 ITU-T G.806 第 10.1.1.4 节。

后续动作

见 ITU-T G.806 第 10.1.1.4 节。

缺陷关联

见 ITU-T G.806 第 10.1.1.4 节。

性能监测

见 ITU-T G.806 第 10.1.1.4 节。

13 VC-m 通道(Sm)层(m=12)

VC-m 通道层是 VC-12 通道层。另外,虚级联 Sm-Xv(m=12)信号可以用分布在 X 个单个的 Sm 信号上的信号来承载(见图 152)。

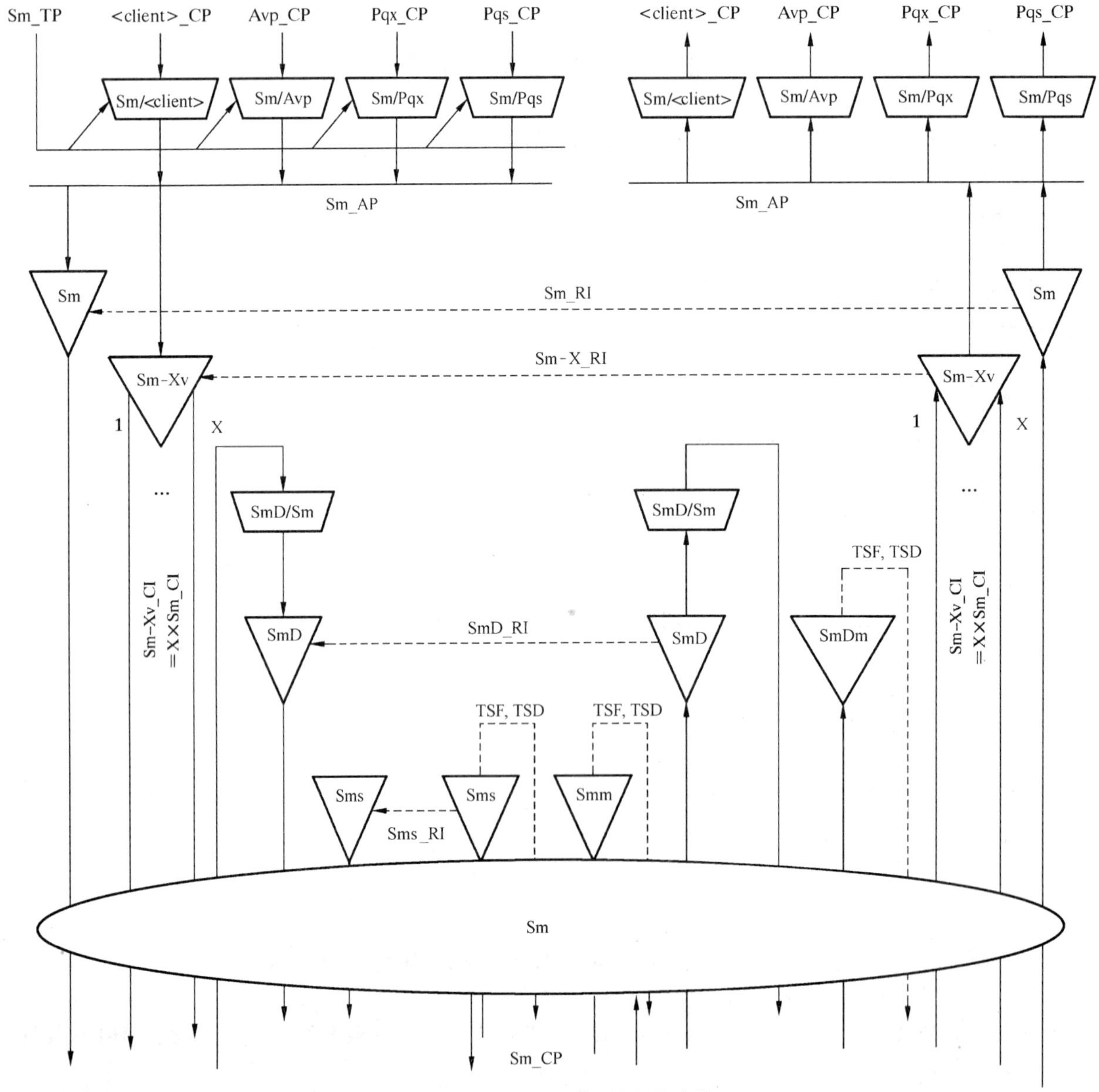

图 152 VC-m 通道层原子功能

Sm 层特征信息

特征信息 Sm_CI 是具有同向定时和按 500 μs 帧八比特组结构的信号，如图 153～图 156 所示左边的帧。其格式用 ITU-T G.707/Y.1322 建议规定的在 V5 和 J2 字节内 VC-m(m=12)路径终结开销加上下个子节规定的 Sm 适配信息来表征。另外，它可以是 ITU-T G.707/Y.1322 建议规定的未装载信号。

对于在串联连接子层内的信号，特征信息具有在位置 N2 内规定的 Sm 串联连接路径终结开销，如图 154、图 156 和图 158 所示。

Sm 层适配信息

适配信息(AI)是八比特组结构的 500 μs 帧，如图 153～图 156 右边的帧。它代表适配客户层信息，由客户层信息、信号标签和客户特定信息组成。对于信号通过路径保护子层(SmP)的情况，Sm_AI 规定字节 K4 的 APS 比特(3 到 4)。

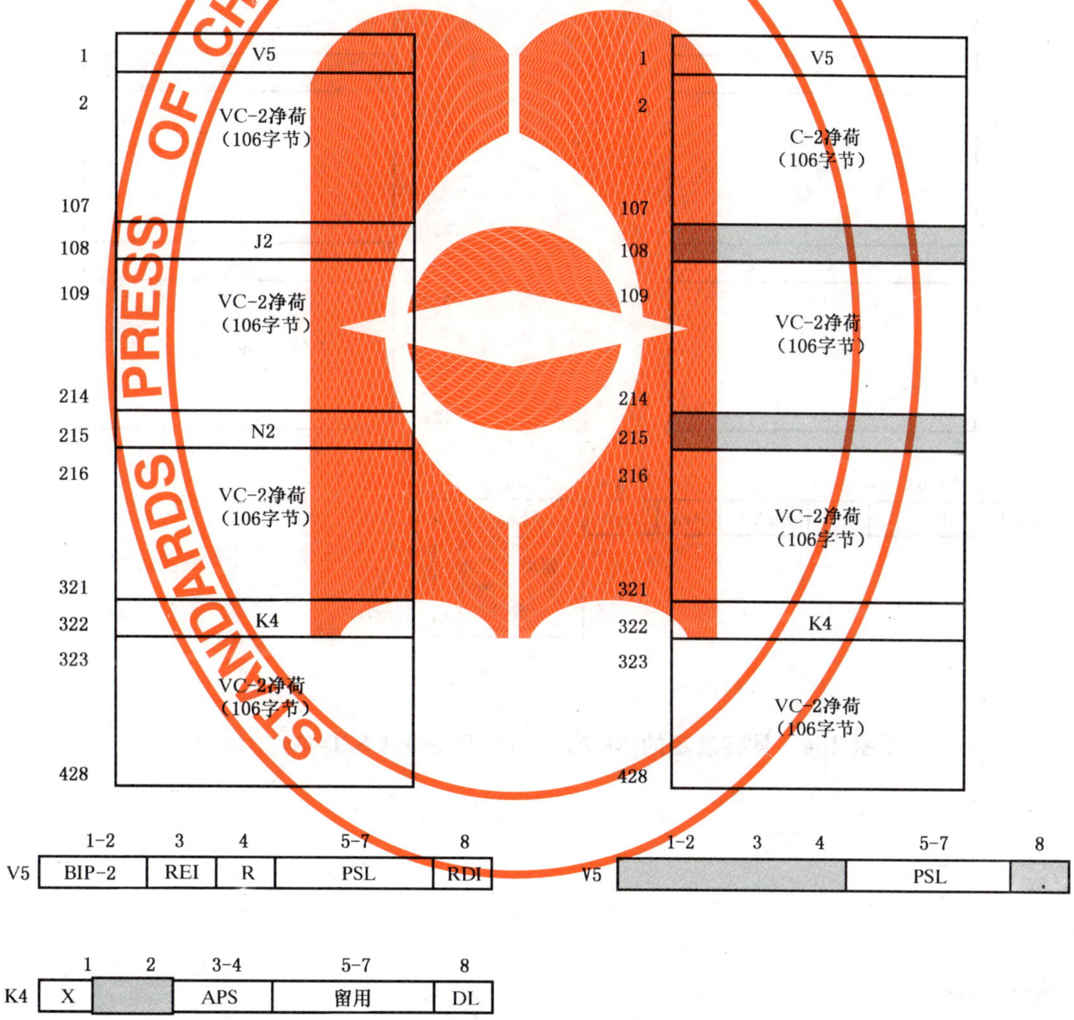

注 1：V5 字节的比特 4 是留用的，目前，其值未规定。

注 2：字节 K4 的比特 5 到 7 留给附录七/G.707/Y.1322 说明的选项使用。

注 3：K4 的比特 8 划分给通道数据链路；在 S2_CI 还没有在通道数据链路子层的原子功能内处理时，其值是未规定的。

图 153　S2_CI_D(左)和 S2_AI_D(右)

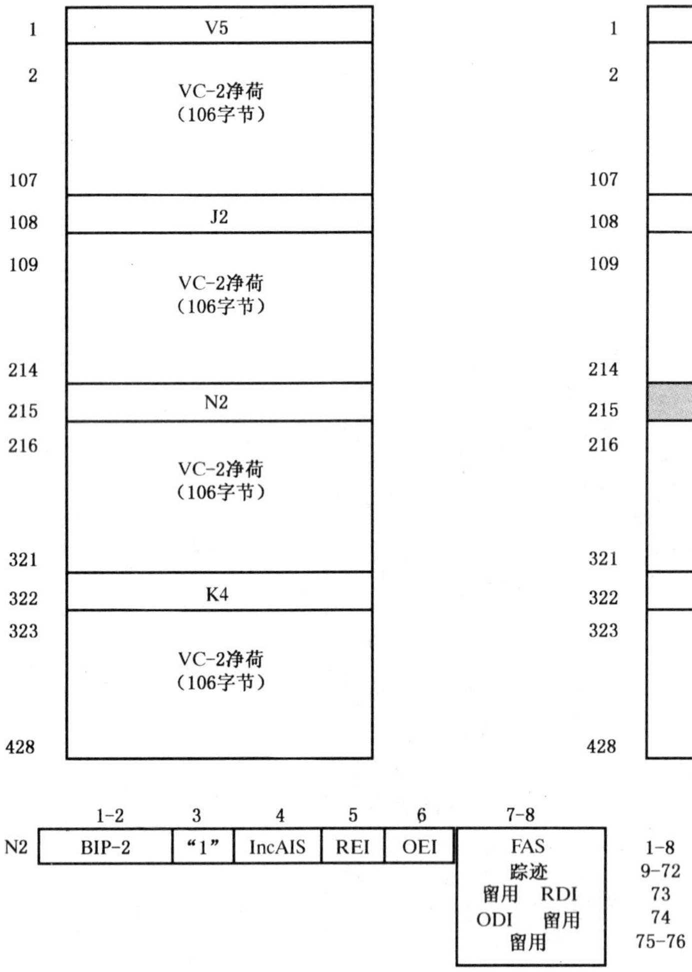

图 154 具有规定的 N2 的 S2_CI_D(左)和 S2D_AI_D(右)

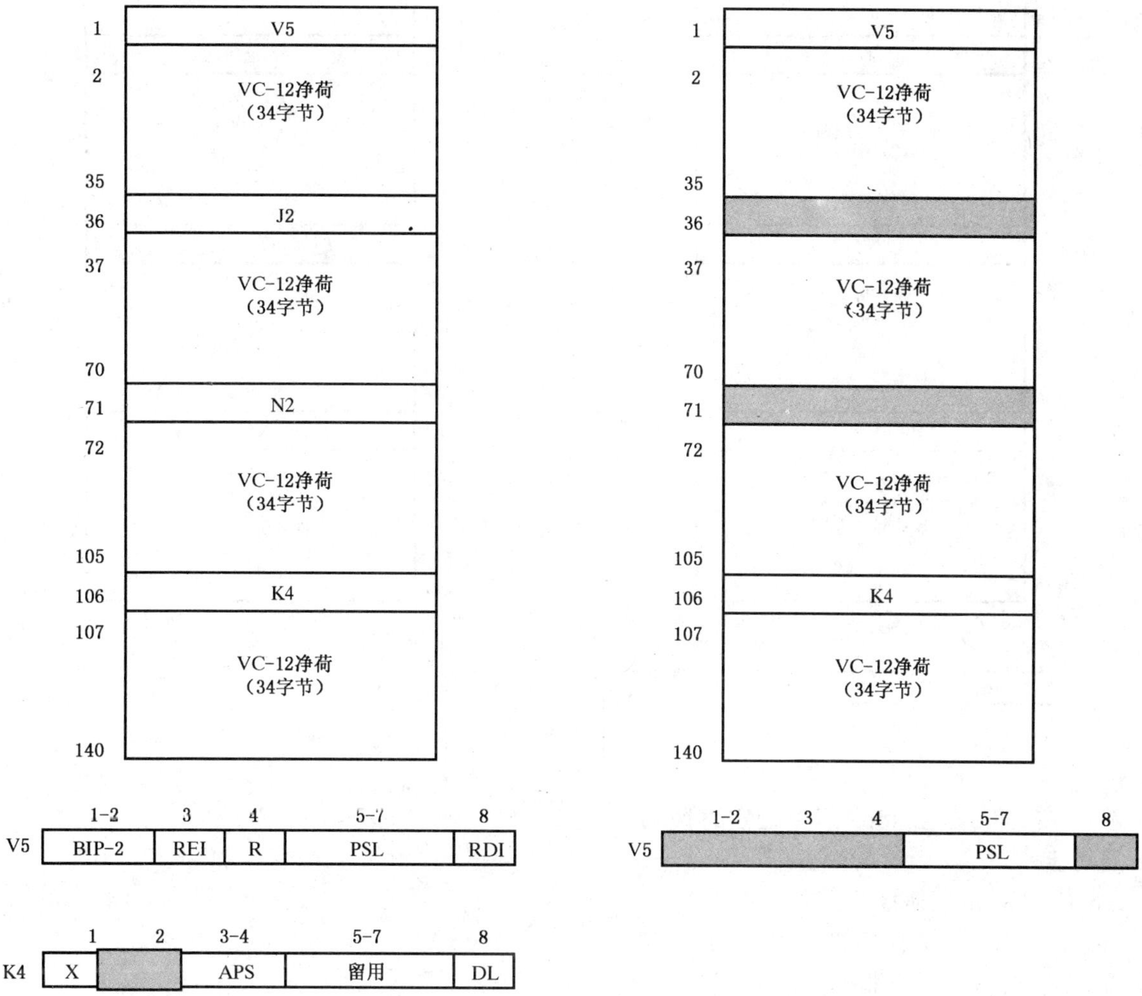

注 1：V5 字节的比特 4 是留用的，目前，其值未规定。

注 2：字节 K4 的比特 5 到 7 留给附录七/G.707/Y.1322 说明的选项使用。

注 3：K4 的比特 8 划分给通道数据链路；在 S12_CI 还没有在通道数据链路子层的原子功能内处理时，其值是未规定的。

图 155　S12_CI_D(左)和 S12_AI_D(右)

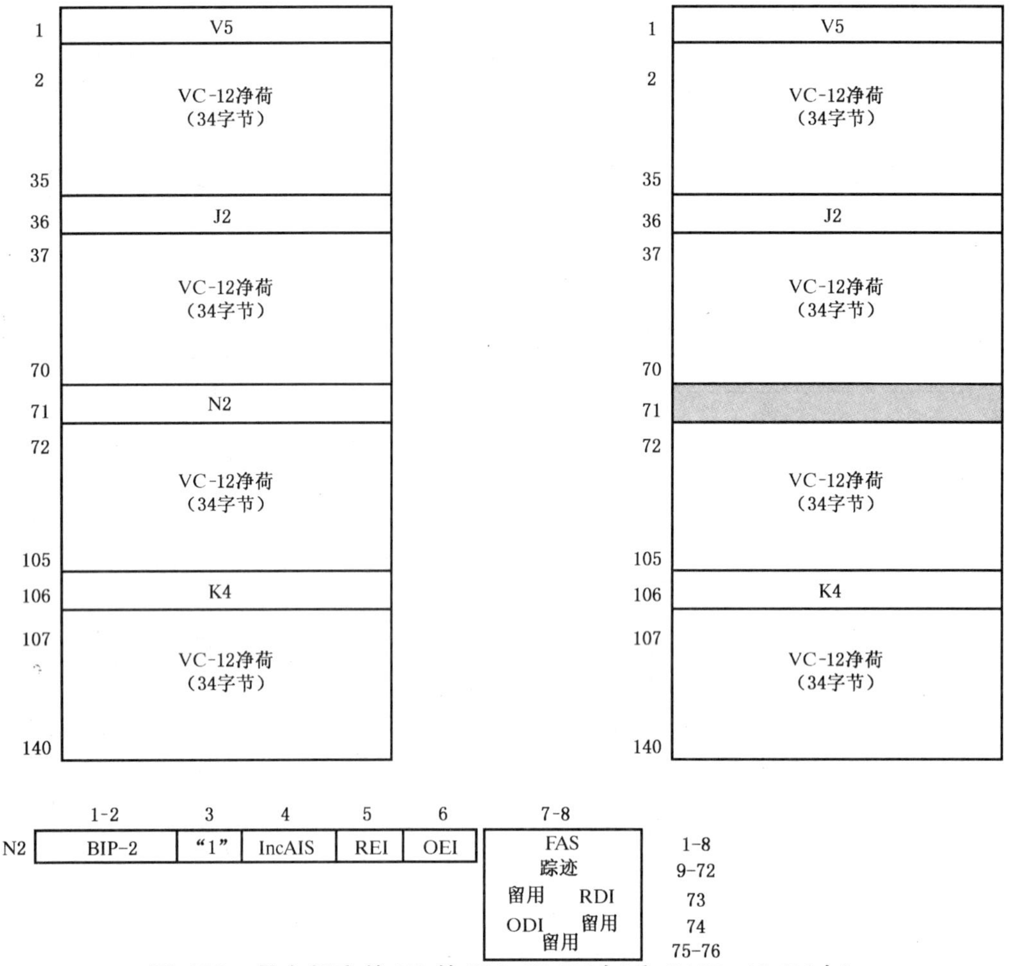

图 156 具有规定的 N2 的 S12_CI_D(左)和 S12D_AI_D(右)

层功能

Sm_C　VC-m 层连接功能

Sm_TT　VC-m 层路径终结功能

Smm_TT　VC-m 层非介入监测功能

Sms_TT　VC-m 监视未装载终结功能

Sm/Pq_A　VC-m 层到 Pq 层适配功能

SmP_C　VC-m 线状路径保护连接功能

SmP_TT　VC-m 线状保护路径终结功能

Sm/User_A　VC-m 层到用户数据适配功能

Sm/RFI_A　VC-m 层到远端失效指示适配功能

Sm/SmP_A　VC-m 层到 VC-m 线状路径保护适配功能

SmD_TT　VC-m 串联连接路径终结功能

SmD/Sm_A　VC-m 串联连接到 VC-m 适配功能

SmDm_TT　VC-m 串联连接非介入监测功能

Sm-X_TT　VC-m-X 层路径终结功能

Sm/Sm-X_A　VC-m 层到 VC-m-X 层适配功能

13.1 连接功能

13.1.1 VC-m 层连接 Sm_C

Sm_C 是将在其输入端口的各个第 m 阶 VC(m=12)指派给在其输出端口的各个第 m 阶 VC

的功能。

Sm_C 连接处理是如图 157 所示的单向功能。在该功能的输入和输出端口的信号格式是类似的，差别只是 VC-m 的逻辑顺序。因为处理不影响信号特征信息的性质，在 Sm_C 功能两侧的参考点是一样的，如图 157 所示。

在 Sm_CP 的输入 VC-m 指派给在 Sm_CP 可用的输出 VC-m 容量。

未装载的 VC-m 必须施加在与输入 VC-m 不连接的任何输出 VC-m 上。

符号

Sm_C 的符号如图 157 所示。

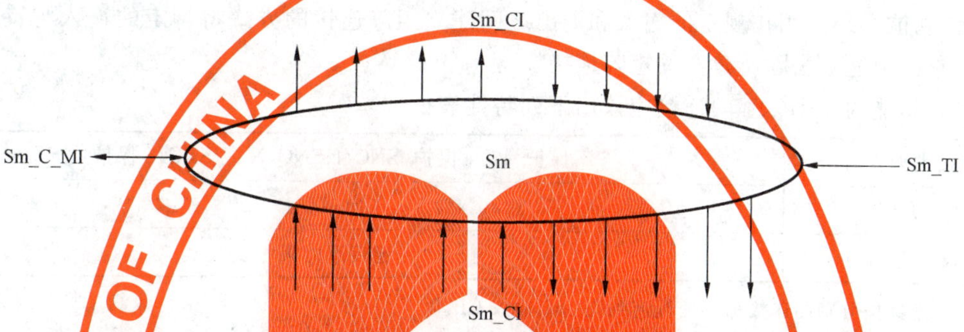

图 157 Sm_C 的符号

接口

Sm_C 的接口如表 100 所示。

表 100 Sm_C 的输入和输出信号

输　　入	输　　出
每个 Sm_CI，n×每个功能： Sm_CI_Data Sm_CI_Clock Sm_CI_FrameStart Sm_CI_SSF Sm_AI_TSF Sm_AI_TSD 1×每个功能： Sm_TI_Clock Sm_TI_FrameStart 每个输入和输出连接点： Sm_C_MI_ConnectionPortIds 每个矩阵连接： Sm_C_MI_ConnectionType Sm_C_MI_Directionality 每个 SNC 保护组： Sm_C_MI_PROTtype Sm_C_MI_OPERtype Sm_C_MI_WTRtime Sm_C_MI_HOtime Sm_C_MI_EXTCMD	每个 Sm_CI，m×每个功能： Sm_CI_Data Sm_CI_Clock Sm_CI_FrameStart Sm_CI_SSF
注：保护状态信号待研究。	

处理

在 Sm_C 功能内，VC-m 层特征信息利用矩阵连接构成输入(终结)连接点((T)CP)与输出(T)CP 之间的路由。(T)CP 可以安排在保护组内。

注 1：在本建议中既不规定到连接功能的输入/输出信号的数目，也不规定连接性。那是各个网元的特性。Sm_C 配置的例子与附录一/ITU-T G.806 给出的 Sn_C 的例子一样，只不过它们叫做 Sm_CP 而不是 Sn_CP。

图 157 表示能够连接到这个 VC-m 连接的原子功能的子集：VC-m 路径终结功能、VC-m 非介入监测路径终结宿功能、VC-m 未装载监视路径终结功能、VC-m 串联连接路径终结和适配功能。另外，VC-n服务器(例如，VC 4 或 VC-3)层内适配功能要连接到这个 VC-m 连接功能。

选路：该功能必须能用在规定的输入和输出之间建立矩阵连接的方式将特定的输入与特定的输出连接起来。它必须能够去除所建立的矩阵连接。

在 Sm_C 功能内每个(矩阵)连接应该用下列特性表征：

连接类型	不保护、1+1 保护(SNC/I、SNC/N 或 SNC/S 保护)
业务流方向	单向、双向
输入和输出连接点	连接点的集

注 2：广播连接按分别的连接那样处理连到同一个输入 CP。

注 3：对于网元在它的 Sm_C 功能内支持 1+1 保护矩阵连接的情况，这个功能的内容在任何时刻都可能是完全不保护矩阵连接，或 1+1 保护矩阵连接，或不保护和 1+1 保护矩阵连接的混合。矩阵连接的实际集和有关连接的类型和方向是网管控制的运行参数。

倘若没有保护倒换动作被激活/请求，以下连接配置的改变必须能够在不干扰 CI 通过连接的条件下实现：

——添加或去掉保护；

——添加或去掉至/自广播连接的连接；

——工作类型之间改变；

——改变 WTR 时间；

——改变拖延时间。

未装载 VC 的产生：该功能必须按 ITU-T G.707/Y.1322 建议规定产生未装载 VC-m 信号。

缺陷

无。

后续动作

如果这个功能的输出没有连接到它的输入之一，该功能必须将未装载 VC-m(具有有效的帧起始(FS)和 SSF ="伪")连到该输出。

缺陷关联

无。

性能监测

无。

13.1.1.1 VC-m 子网连接保护处理

注 1：在 Sm_C 功能中 1+1 保护矩阵连接有多少个，这个处理就激活多少次。

VC-m 子网连接保护机制在 ITU-T G.841 建议说明。

图 158 给出 SNC 保护涉及的原子功能。底部左边是两个(工作和保护)适配功能(Sn/Sm_A)对。它们之上是非介入监测功能(Smm_TT_Sk)；在 SNC/I 的情况，它们不存在。往右是路径终结功能(Sm_TT)或适配功能(Sn/Sm_A)，由 Sm 路径是终结在 SNC 保护终结的同一点还是终结在更后的点来确定。

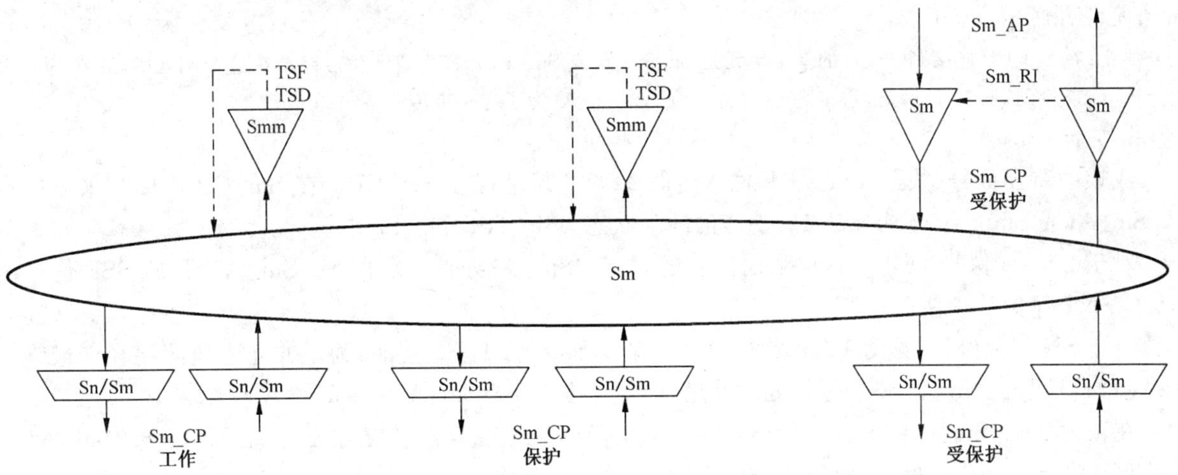

图 158 VC-m SNC/N 保护的原子功能

Sm_C 功能可以针对(子)网连接内与通路相关的缺陷为路径提供保护。

Sm_C 功能在两端以相同的方式工作,利用监测子网连接的缺陷评估系统的状态,考虑缺陷状态的性质和外部倒换请求将合适的通路倒换到保护(子)网连接。

参照图 159 和图 160 说明与 Sm_C SNC 保护处理有关的信号流。Sm_C SNC 保护处理在 Sm_C_MP 参考点接收来自同步设备管理功能的控制参数和外部倒换请求,在 Sm_C_MP 向同步设备管理功能输出状态指示符,作为 ITU-T G. 841 建议说明的倒换指令的结果。

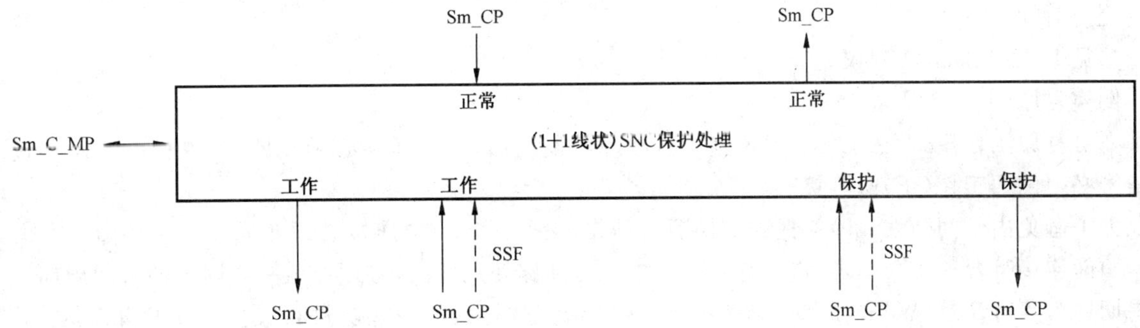

图 159 VC-m 内部监测子网连接(SNC/I)保护处理

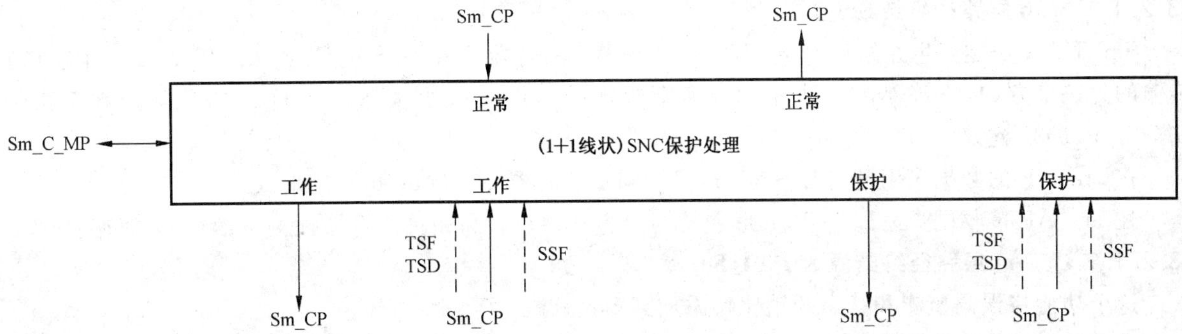

图 160 VC-m 非介入监测子网连接(SNC/N)保护处理

源方向

在 Sm_CP 的数据是 VC-m 路径信号。

对于 1+1 方案,在 Sm_CP 从 Sn/Sm_A(或 Sm_TT)功能接收的信号永久地桥接在 Sm_CP 送往工作和保护 Sn/Sm_A 功能。

注 2：在 Sm_CP 连接到 Sm_C 的基本单元是 Sn/Sm_A 或 Sm_TT。在 VC-m 信号终结在这个网元时，它在 Sm_CP 连接到 Sm_TT；否则，它在 Sm_CP 连接到 Sn/Sm_A(为了进一步传送)。

宿方向

成帧的路径信号(数据)Sm_CI 和输入定时参考一起呈现在 Sm_CP。在 Sm_CP 也接收来自所有 Sn/Sm_A(或 Smm_TT_Sk，m=12)功能的缺陷状态 SSF(TSF 和 TSD)。

对于 SNC/I 保护(见图 159)，路径信号通过 Sn/Sm_A 功能。来自 Sn/Sm_A_Sk 的 SSF 信号由 Sm_C SNC 保护处理使用。

对于 SNC/N 保护(见图 160)，路径信号广播到 Smm_TT_Sk 功能，为了非介入监测路径。最终的 TSF、TSD 信号由 Sm_C SNC 保护处理使用，取代了来自 Sn/Sm_A 的 SSF 信号。

在正常状态，Sm_C 将来自工作 Sn/Sm_A 功能的数据和定时传送给在 Sm_CP 的 Sn/Sm_A(或 Sm_TT)功能。来自保护(子)网连接的数据和定时不往前传。

如果实行倒换，则在 Sm_CP 处接收的来自保护 Sn/Sm_A 的数据和定时被倒换到 Sm_CP 处的 Sn/Sm_A(或 Sm_TT)功能，在 Sm_CP 接收的来自工作 Sn/Sm_A 的信号不往前传。

倒换启动准则

自动保护倒换的依据是工作和保护(子)网连接的缺陷状态。这些状态有：SNC/I 服务器信号失效(SSF)、SNC/N 路径信号失效(TSF)和路径信号劣化(TSD)。这些状态的检测叙述在 11.3.1(对于 Sn/Sm_A)，12.2.2(对于 Smm_TT_Sk、m=12)。

保护倒换也能够由收到来自同步设备管理功能的倒换指令启动。参见 ITU-T G.841 建议说明的倒换启动准则。

倒换时间

参见 ITU-T G.841 建议。

倒换复原

在可复原工作模式，在工作(子)网连接从故障恢复之后，工作通路必须复原，即保护(子)网连接上的信号必须倒回工作(子)网连接。

为了避免由于间断性故障使保护倒换频繁动作，失效的(子)网连接必须变成完全无故障。在失效的(子)网连接符合这个准则之后，在它再一次由工作通路使用之前，必须经历一个固定的时间周期。这个周期称为等待恢复(WTR)周期，应该在 1～12 min 范围内，应该能够进行设置。SSF、TSF 或 TSD 必须盖过 WTR。

13.2 终结功能

13.2.1 VC-m 层路径终结 Sm_TT

Sm_TT 源功能产生并添加 POH 到来自 Sm_AP 的容器 C-m 在 Sm_CP 生成 VC-m(m=12)。在传输的另一个方向，它终结并处理 POH，确定规定的通道属性的状态。POH 的格式规定在 ITU-T G.707/Y.1322 建议。

在 Sm_AP 的数据采用与定时参考 Sm_TP 同步的容器 C-m(m=1,2)的形式。

在 Sm_AP 接收同步适配信息，其形式是同步容器(数据)和相关的容器帧偏移信息(帧偏移)。

13.2.1.1 VC-m 层路径终结源 Sm_TT_So

这个功能将误码监测和状态开销比特添加到 Sm_AP。

在 Sm_AP 的数据是 VC-m(m=12)，具有 ITU-T G.707/Y.1322 建议说明的净荷，但是 VC-m POH 字节：J2、V5 是不确定的。这些 POH 字节的设定是 Sm_TT 功能的一部分，完整的 VC-m 往前传送到 Sm_CP。

符号

Sm_TT_So 符号如图 161 所示。

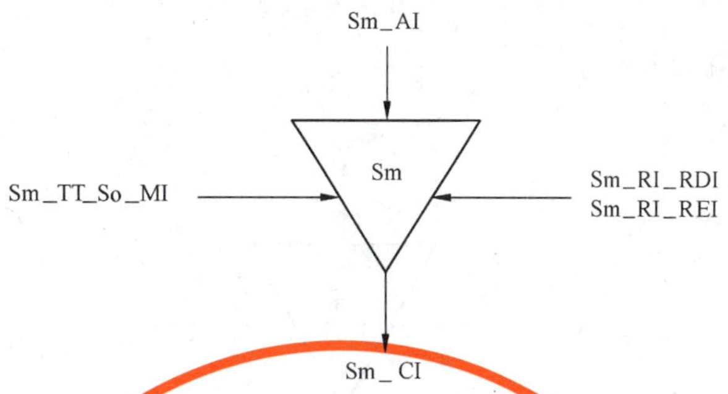

图 161 Sm_TT_So 的符号

接口

Sm_TT_So 的接口如表 101 所示。

表 101 Sm_TT_So 的输入和输出信号

输 入	输 出
Sm_AI_Data Sm_AI_Clock Sm_AI_FrameStart Sm_RI_RDI Sm_RI_REI Sm_TT_So_MI_TxTI	Sm_CI_Data Sm_CI_Clock Sm_CI_FrameStart

处理

J2:该路径踪迹标识符应该产生。其值从参考点 Sm_TT_So_MP 导出。通道踪迹的格式在 ITU-T G.806 第 6.2.2.2 节说明。

V5[1,2]:必须在 Sm_CP 处前一帧的数据上计算 BIP-2,并将结果发送到 V5 字节的比特 1 和 2。

V5[3]:以 RI_REI 指示的误码数被编码成 REI 比特。在终结宿功能检出误码数时,路径终结源功能必须在 4 ms 内将那个值插入 REI 比特。

V5[8]:在有激活的 RI_RDI 时,RDI 指示必须发送在 V5 字节的比特 8。在终结宿功能宣告/清除 aRDI 时,路径终结源功能必须在 4 ms 内插入/去除 RDI 代码。

K4[5-7]:留给附录 F 所述增强 RDI(E-RDI)的选项使用。如果这个选项不用,K4 字节的比特 5-7 必须设置为"000"或"111"。

N2:这个字节不规定。

缺陷

无。

后续动作

无。

缺陷关联

无。

性能监测

无。

13.2.1.2 **VC-m 层路径终结宿 Sm_TT_Sk**

这个功能监测 VC-m(m=12)的误码并恢复路径终结的状态。它从 VC-m 层特征信息中抽出与净荷无关的开销字节/比特(J2、V5[1-2]、V5[3]、V5[5-7]、V5[8])。

符号

Sm_TT_Sk 符号如图 162 所示。

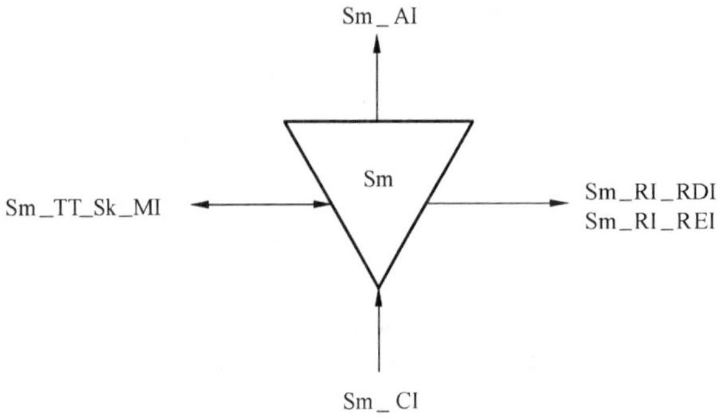

图 162　Sm_TT_Sk 的符号

接口

Sm_TT_Sk 的接口如表 102 所示。

表 102　Sm_TT_Sk 的输入和输出信号

输　　入	输　　出
Sm_CI_Data	Sm_AI_Data
Sm_CI_Clock	Sm_AI_Clock
Sm_CI_FrameStart	Sm_AI_FrameStart
Sm_CI_SSF	Sm_AI_TSF
Sm_TT_Sk_MI_TPmode	Sm_AI_TSD
Sm_TT_Sk_MI_ExTI	Sm_RI_RDI
Sm_TT_Sk_MI_RDI_Reported	Sm_RI_REI
Sm_TT_Sk_MI_SSF_Reported	Sm_TT_Sk_MI_cTIM
Sm_TT_Sk_MI_DEGTHR	Sm_TT_Sk_MI_cUNEQ
Sm_TT_Sk_MI_DEGM	Sm_TT_Sk_MI_cEXC
Sm_TT_Sk_MI_EXC_X	Sm_TT_Sk_MI_cDEG
Sm_TT_Sk_MI_DEG_X	Sm_TT_Sk_MI_cRDI
Sm_TT_Sk_MI_1second	Sm_TT_Sk_MI_cSSF
Sm_TT_Sk_MI_TIMdis	Sm_TT_Sk_MI_AcTI
Sm_TT_Sk_MI_TIMAISdis	Sm_TT_Sk_MI_pN_EBC
	Sm_TT_Sk_MI_pN_DS
	Sm_TT_Sk_MI_pF_EBC
	Sm_TT_Sk_MI_pF_DS

处理

J2:在 Sm_CP 恢复来自 VC-m POH 的路径踪迹标识符,并按 ITU-T G.806 第 6.2.2.2 节的规定予以处理。接受的 J2 值在 Sm_TT_Sk_MP 也可以获得。踪迹标识符失配处理的进一步说明见 ITU-T G.806 第 6.2.2.2 节。

V5[5-7]:按 ITU-T G.806 第 6.2.1.3 节所述处理该未装载缺陷。

V5[1,2]:在 Sm_CP 必须恢复该误码监测比特。对 VC-m 帧计算 BIP-2。对当前帧计算的 BIP-2 值与从下一帧恢复的比特 1 和 2 比较。

检测过大误码与信号劣化的处理在 ITU-T G.806 第 6.2.3.1 节说明。

V5[3]:必须恢复该 REI,导出的性能原语应该在 Sm_TT_Sk_MP 处报告。

V5[8]:如 ITU-T G.806 第 6.2.6.3 节所述处理该 RDI 缺陷。

N2:为 TC 监测规定的网络操作员字节。这个功能必须不理会它。

K4[5-7]:这些比特留给附录 F 所述增强 RDI(E-RDI)的选项使用。如果这个选项不用,必须不理会这些比特的内容。

缺陷

该功能必须按 ITU-T G.806 第 6.2 节的规定检测 dUNEQ、dTIM、dEXC、dDEG 和 dRDI 缺陷。

后续动作

该功能必须实现以下后续动作(见 ITU-T G.806 第 6.3 节):

aAIS←dUNEQ 或(dTIM 和非 TIMAISdis)

aRDI←CI_SSF 或 dUNEQ 或 dTIM

aREI←"误码检测代码违例数"

aTSF←CI_SSF 或 dUNEQ 或(dTIM 和非 TIMAISdis)

aTSFprot←aTSF 或 dEXC

aTSD←dDEG

缺陷关联

该功能必须实现以下缺陷关联,确定最有可能的故障原因(见 ITU-T G.806 第 6.4 节)。这个故障原因必须报告给 SEMF。

cSSF←CI_SSF 和 MON 和 SSF_Reported

cUNEQ←dUNEQ 和 MON

cTIM←dTIM 和(非 dUNEQ)和 MON

cEXC←dEXC 和(非 dTIM 或 TIMAISdis)和 MON

cDEG←dDEG 和(非 dTIM 或 TIMAISdis)和 MON

cRDI←dRDI 和(非 dUNEQ)和(非 dTIM 或 TIMAISdis)和 MON 和 RDI_Reported

性能监测

该功能必须实现以下性能监测原语(见 ITU-T G.806 第 6.5 节)。这个性能监测原语必须报告给 SEMF。

pN_DS←CI_SSF 或 dUNEQ 或 dTIM 或 dEQ

pF_DS←dRDI

pN_EBC←Σ nN_B

pF_EBC←Σ nF_B

13.2.2 VC-m 层非介入监测

规定了两种 VC-m 非介入监测。

方案 1 只适用于监视装载的 VC-m。它不能用于监视监视未装载 VC,因为未装载缺陷会永久地激活,相应激活 TSF 并抑制其他缺陷。

方案 2 适用于监视监视装载和未装载的 VC,因为未装载缺陷用为全"0"的接受的路径标识符作了矫正。

13.2.2.1 VC-m 层非介入监测,方案 1 Smm1_TT_Sk

VC-m 通道开销监测功能方案 1 只能应用于装载 VC 的监视。

这个功能监测 VC-m(m=12))的误码,恢复路径终结状态。它从 VC-m 层特征信息抽出与净荷无关的开销字节/比特(J2、V5[1-2]、V5[3]、V5[5-7]、V5[8])。

符号

Smm1_TT_Sk 符号如图 163 所示。

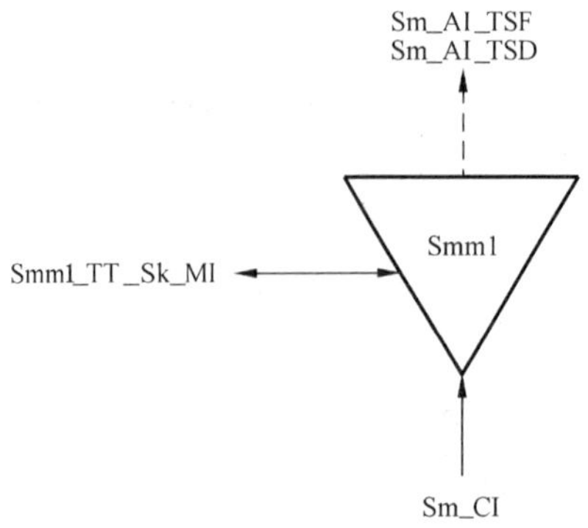

图 163 **Smm1_TT_Sk 的符号**

接口

Smm1_TT_Sk 的接口如表 103 所示。

表 103 **Smm1_TT_Sk 的输入和输出信号**

输 入	输 出
Sm_CI_Data Sm_CI_Clock Sm_CI_FrameStart Sm_CI_SSF Smm1_TT_Sk_MI_TPmode Smm1_TT_Sk_MI_ExTI Smm1_TT_Sk_MI_RDI_Reported Smm1_TT_Sk_MI_SSF_Reported Smm1_TT_Sk_MI_DEGTHR Smm1_TT_Sk_MI_DEGM Smm1_TT_Sk_MI_EXC_X Smm1_TT_Sk_MI_DEG_X Smm1_TT_Sk_MI_1second Smm1_TT_Sk_MI_TIMdis	Sm_AI_TSF Sm_AI_TSD Smm1_TT_Sk_MI_cTIM Smm1_TT_Sk_MI_cUNEQ Smm1_TT_Sk_MI_cDEG Smm1_TT_Sk_MI_cEXC Smm1_TT_Sk_MI_cRDI Smm1_TT_Sk_MI_cSSF Smm1_TT_Sk_MI_AcTI Smm1_TT_Sk_MI_pN_EBC Smm1_TT_Sk_MI_pF_EBC Smm1_TT_Sk_MI_pN_DS Smm1_TT_Sk_MI_pF_DS

处理

J2:在 Sm_CP 从 VC-m POH 恢复路径踪迹标识符。J2 的接受值在 Smm1_TT_Sk_MP 也可获得。踪迹标识符失配处理的进一步说明见 ITU-T G.806 第 6.2.2.2 节。

V5[5-7]:在 Sm_CP 必须恢复信号标签比特。未装载缺陷处理的进一步说明,见 ITU-T G.806 第 6.2.1.3 节。该功能必须监测 VC SL 的代码“111”检测 AIS VC(VC-AIS)状态。VC AIS 缺陷处理的进一步说明见 ITU-T G.806 第 6.2.6.2 节。

V5[1,2]:在 Sm_CP 必须恢复误码监测比特。对 VC-m 帧计算 BIP-2。对当前帧计算的 BIP-2 值与以下一帧恢复的比特 1 和 2 相比较。

从 V5 比特[1,2]检测过大误码和信号劣化的处理在 ITU-T G.806 第 6.2.3.1 节说明。

V5[3]:必须恢复比特 3 内 REI,导出的性能原语应该在 Smm1_TT _MP 报告。见以下说明。

V5[8]:必须恢复比特 8 内通道 RDI 信息并在 Smm1_TT_Sk_MP 报告。RDI 检测的进一步说明见 ITU-T G.806 第 6.2.6.3 节。

N2:为 TC 监测规定的网络操作者字节。这个功能必须不理会。

缺陷

该功能必须按照 ITU-T G.806 第 6.2 节的规定检测 dUNEQ、dTIM、dEXC、dDEG、dAIS 和 dRDI 缺陷。

后续动作

该功能必须实现以下后续动作(见 ITU-T G.806 第 6.3 节):

aTSF←CI_SSF 或 dAIS 或 dUNEQ 或(dTIM 和非 TIMAISdis)

aTSFprot←dEXC 或 aTSF

aTSD←dDEG

缺陷关联

该功能必须实现以下缺陷关联,确定最有可能的故障原因(见 ITU-T G.806 第 6.4 节)。这个故障原因必须报告给 SEMF。

cSSF←(CI_SSF 或 dAIS)和 SSF_Reported 和 MON

cUNEQ←dUNEQ 和 MON

cTIM←dTIM 和(非 dUNEQ)和 MON

cEXC←dEXC 和(非 dTIM 或 TIMAISdis)和 MON

cDEG←dDEG 和(非 dTIM 或 TIMAISdis)和 MON

cRDI←dRDI 和(非 dUNEQ)和(非 dTIM 或 TIMAISdis)和 MON 和 RDI_Reported

性能监测

该功能必须实行以下性能监测原语处理(见 ITU-T G.806 第 6.5 节)。性能监测原语必须报告给 SEMF。

pN_DS←CI_SSF 或 dAIS 或 dUNEQ 或 dTIM 或 dEQ

pF_DS←dRDI

pN_EBC←Σ nN_B

pF_EBC←Σ nF_B

13.2.2.2　VC-m 层非介入监测,方案 2 Smm2_TT_Sk

VC-m 通道开销监测功能的方案 2 能够用于监视装载的 VC 和监视未装载的 VC。

这个功能监测 VC-m(m=12)的误码,并恢复路径终结状态。它从 VC-m 层特征信息抽出与净荷无关的开销字节/比特(J2,V5[1-2],V5[3],V5[5-7],V5[8])。

符号

Smm2_TT_Sk 符号如图 164 所示。

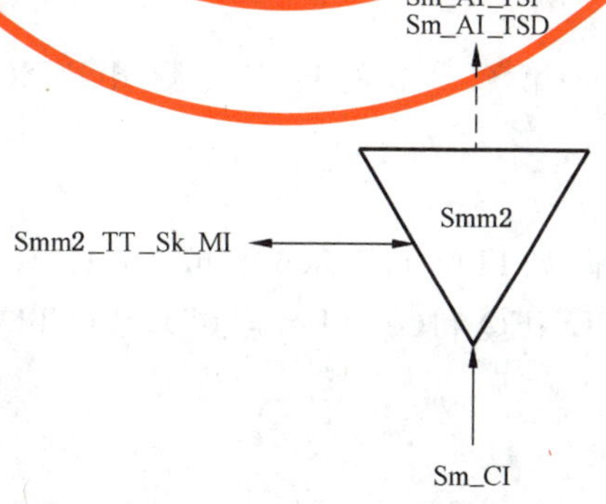

图 164　Smm2_TT_Sk 的符号

接口

Smm2_TT_Sk 的接口如表 104 所示。

表 104 Smm2_TT_Sk 的输入和输出信号

输　入	输　出
Sm_CI_Data	Sm_AI_TSF
Sm_CI_Clock	Sm_AI_TSD
Sm_CI_FrameStart	Smm2_TT_Sk_MI_cTIM
Sm_CI_SSF	Smm2_TT_Sk_MI_cUNEQ
Smm2_TT_Sk_MI_TPmode	Smm2_TT_Sk_MI_cDEG
Smm2_TT_Sk_MI_ExTI	Smm2_TT_Sk_MI_cEXC
Smm2_TT_Sk_MI_RDI_Reported	Smm2_TT_Sk_MI_cRDI
Smm2_TT_Sk_MI_DEGTHR	Smm2_TT_Sk_MI_cSSF
Smm2_TT_Sk_MI_DEGM	Smm2_TT_Sk_MI_AcTI
Smm2_TT_Sk_MI_EXC_X	Smm2_TT_Sk_MI_pN_EBC
Smm2_TT_Sk_MI_DEG_X	Smm2_TT_Sk_MI_pF_EBC
Smm2_TT_Sk_MI_1second	Smm2_TT_Sk_MI_pN_DS
Smm2_TT_Sk_MI_TIMdis	Smm2_TT_Sk_MI_pF_DS
Smm2_TT_Sk_MI_SSF_Reported	

处理

J2:在 Sm_CP 从 VC-m POH 恢复路径踪迹标识符。J2 的接受值在 Smm2_TT_Sk_MP 也可获得。踪迹标识符失配处理的进一步说明见 ITU-T G.806 第 6.2.2.2 节。

V5[5-7]:在 Sm_CP 必须恢复信号标签比特。未装载缺陷处理的进一步说明见 ITU-T G.806 第 6.2.1.3 节。该功能必须监测 VC SL 的代码“111”检测出 AIS VC(VC-AIS)的状态。VC AIS 检测处理的进一步说明见 ITU-T G.806 第 6.2.6.2 节。

V5[1,2]:在 Sm_CP 必须恢复误码监测比特。对 VC-m 帧计算 BIP-2。对当前帧计算的 BIP-2 值与从下一帧恢复的比特 1 和 2 相比较。

该处理从 V5 比特[1,2]检测过大误码和信号劣化,在 ITU-T G.806 第 6.2.3.1 节说明。

V5[3]:必须恢复比特 2 内 REI,导出的性能原语应该在 Smm2_TT _MP 报告。见以下说明。

V5[8]:在 Smm2_TT_Sk_MP 必须恢复比特 8 内通道 RDI 信息并报告。RDI 缺陷处理的进一步说明见 ITU-T G.806 第 6.2.6.3 节。

N2:为 TC 监测规定的网络操作者字节。

缺陷

该功能必须按 ITU-T G.806 第 6.2 节的规定检测 dUNEQ、dTIM、dEXC、dDEG、dAIS 和 dRDI 缺陷。

后续动作

该功能必须实现以下后续动作(见 ITU-T G.806 第 6.3 节):

aTSF←CI_SSF 或 dAIS 或(dUNEQ 和(AcTI=全“0”))或(dTIM 和非 TIMAISdis)

aTSFprot←dEXC 或 aTSF

aTSD←dDEG

缺陷关联

该功能必须实现以下缺陷关联,确定最有可能的故障原因(见 ITU-T G.806 第 6.4 节)。这个故障原因必须报告给 SEMF。

cUNEQ←dUNEQ 和(AcTI=全“0”)和 MON

cTIM←dTIM 和非(dUNEQ 和(AcTI=全“0”))和 MON

cEXC←dEXC 和(非 dTIM 或 TIMAISdis)和 MON

cDEG←dDEG 和(非 dTIM 或 TIMAISdis)和 MON

cRDI←dRDI 和非(dUNEQ 和(AcTI=全“0”))和(非 dTIM 或 TIMAISdis)和 MON 和 RDI_Reported

cSSF←(CI_SSF 或 dAIS)和 MON 和 SSF_Reported

性能监测

该功能必须实现以下性能监测原语处理(见 ITU-T G.806 第 6.5 节)。性能监测原语必须报告给 SEMF。

pN_DS←CI_SSF 或 dAIS 或(dUNEQ 和(AcTI=全“0”))或 dTIM 或 dEQ

pF_DS←dRDI

pN_EBC←Σ nN_B

pF_EBC←Σ nF_B

13.2.3 VC-m 层监视未装载终结 Sms_TT

Smm_TT 功能由产生并添加 POH 到未规定的容器 C-m 在 Sm_CP 生成 VC-m(m=12)。在传输的另一方向,它终结并处理 POH,确定规定通道属性的状态。POH 的格式规定在 ITU-T G.707/Y.1322 建议。

注:Sms_TT(m=12)功能产生并监测监视未装载信号。

13.2.3.1 VC-m 层监视未装载终结源 Sms_TT_So

这个功能为未规定 VC-m(m=12)产生误码监测和状态开销字节。

符号

Sms_TT_So 符号如图 165 所示。

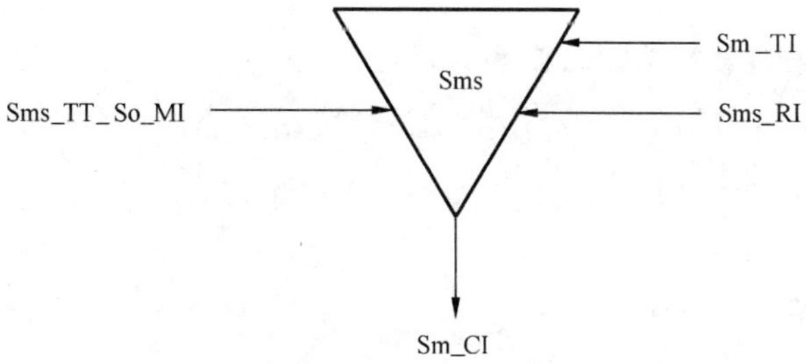

图 165 Sms_TT_So 的符号

接口

Sms_TT_So 的接口如表 105 所示。

表 105 Sms_TT_So 的输入和输出信号

输　入	输　出
Sms_RI_RDI Sms_RI_REI Sm_TI_Clock Sm_TI_FrameStart Sms_RI_RDI Sms_RI_REI Sms_TT_So_MI_TxTI	Sm_CI_Data Sm_CI_Clock Sm_CI_FrameStart

处理

未规定的 VC-m(m=12)应该产生。

V5[5-7]:应将信号标签 000(未装载)插入 VC-m。

J2:应产生路径踪迹标识符。其值从参考点 Sms_TT_MP 导出。路径踪迹的格式在第 6.2.2.2 节 ITU-T G.806 说明。

V5[1,2]:必须在前一帧 Sms_AP 处的数据上计算 BIP-2,在 V5 字节的比特 1 和 2 内发送该结果。

V5[3]:将 RI_REI 内指示的误码数编码为 REI。在终结宿功能检出误码数时,路径终结源功能必须在 4 ms 内将那个值误码 REI 比特。

V5[8]:字节 V5 的比特 8,RDI 指示,必须按 RI_RDI 是激活/清除设置为"1/0"。在终结宿功能 aRDI 宣告/清除时,路径终结源功能必须在 4 ms 内插入/去除 RDI 代码。

K4[5-7]:该功能必须将代码"000"或"111"插入字节 K4 的比特 5、6 和 7。

注:对增强的 RDI 应用的支持待研究。

N2:在 TCM 字节内,应该插入 00 000 000。

缺陷

无。

后续动作

无。

缺陷关联

无。

性能监测

无。

13.2.3.2 VC-m 层监视未装载终结宿功能 Sms_TT_Sk

这个功能监测 VC-m(m=12)的误码,并恢复路径终结状态。它从 VC-m 层特征信息抽出与净荷无关的开销字节/比特(J2,V5[1-2],V5[3],V5[5-7],V5[8])。

符号

Sms_TT_Sk 符号如图 166 所示。

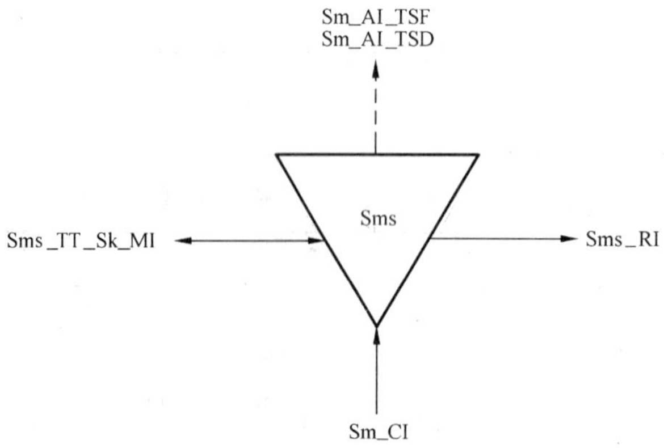

图 166 Sms_TT_Sk 的符号

接口

Sms_TT_Sk 的接口如表 106 所示。

表 106　Sms_TT_Sk 的输入和输出信号

输　　入	输　　出
Sm_CI_Data	Sm_AI_TSF
Sm_CI_Clock	Sm_AI_TSD
Sm_CI_FrameStart	Sm_RI_RDI
Sm_CI_SSF	Sm_RI_REI
Sms_TT_Sk_MI_TPmode	Sms_TT_Sk_MI_cTIM
Sms_TT_Sk_MI_ExTI	Sms_TT_Sk_MI_cUNEQ
Sms_TT_Sk_MI_RDI_Reported	Sms_TT_Sk_MI_cDEG
Sms_TT_Sk_MI_SSF_Reported	Sms_TT_Sk_MI_cEXC
Sms_TT_Sk_MI_DEGTHR	Sms_TT_Sk_MI_cRDI
Sms_TT_Sk_MI_DEGM	Sms_TT_Sk_MI_cSSF
Sms_TT_Sk_MI_EXC_X	Sms_TT_Sk_MI_AcTI
Sms_TT_Sk_MI_DEG_X	Sms_TT_Sk_MI_pN_EBC
Sms_TT_Sk_MI_1second	Sms_TT_Sk_MI_pF_EBC
Sms_TT_Sk_MI_TIMdis	Sms_TT_Sk_MI_pN_DS
	Sms_TT_Sk_MI_pF_DS

处理

J2：在 Sm_CP 从 VC-m POH 恢复路径踪迹标识符。路径踪迹标识符的接受值在 Sms_TT _MP 也能获得。踪迹标识符失配处理的进一步说明见 ITU-T G. 806 第 6.2.2.2 节。

V5[5-7]：在 Sm_CP 必须恢复信号标签。注意，Sms_TT 宿方向总是期望未装载信号标签。未装载缺陷处理的进一步说明见 ITU-T G. 806 第 6.2.1.3 节。

V5[1,2]：在 Sm_CP 必须恢复误码监测比特。对 VC-m 帧计算 BIP-2。对当前帧计算的 BIP-2 值与从下一帧恢复的比特 1 和 2 相比较。

从 BIP-2 检测过大误码和信号劣化的处理说明在 ITU-T G. 806 第 6.2.3.1 节。

V5[3]：必须恢复 REI，导出的性能原语应该在 Sms_TT_MP 报告。见以下说明。

V5[8]：在 Sms_TT_MP 必须恢复并报告通道 RDI 信息。RDI 缺陷处理的进一步说明见 ITU-T G. 806 第 6.2.6.3 节。

K4[5-7]：该功能必须能够不理会字节 K4 的比特 5、6 和 7 的内容。

注：对增强 RDI 应用的支持待研究。

N2：为 TC 监测规定的网络操作者字节。这个功能必须不理会它。

缺陷

该功能必须按照 ITU-T G. 806 第 6.2 节规定检测 dUNEQ、dTIM、dEXC、dDEG 和 dRDI 缺陷。

后续动作

该功能必须实现以下后续动作(见 ITU-T G. 806 第 6.3 节)：

aRDI←CI_SSF 或 dTIM

aREI←"误码检测代码违例数"

aTSF←CI_SSF 或(dTIM 和非 TIMAISdis)

aTSFprot←aTSF 或 dEXC

aTSD←dDEG

缺陷关联

该功能必须实现以下缺陷关联，确定最有可能的故障原因(见 ITU-T G. 806 第 6.4 节)。这个故障原因必须报告给 SEMF。

cSSF←CI_SSF 和 SSF_Reported 和 MON

cUNEQ←dTIM 和(AcTI=全"0")和 dUNEQ 和 MON

cTIM←dTIM 和(非(dUNEQ 和 AcTI=全"0"))和 MON

cEXC←dEXC 和(非 dTIM 或 TIMAISdis)和 MON

cDEG←dDEG 和(非 dTIM 或 TIMAISdis)和 MON

cRDI←dRDI 和(非 dTIM 或 TIMAISdis)和 MON 和 RDI_Reported

性能监测

该功能必须实现如下性能监测原语处理(见 ITU-T G.806 第 6.5 节)。性能监测原语必须报告给 SEMF。

pN_DS←CI_SSF 或 dTIM 或 dEQ

pF_DS←dRDI

pN_EBC←Σ nN_B

pF_EBC←Σ nF_B

13.3 适配功能

13.3.1 VC-m 层到 Pqx 和 Pqs 层适配 Sm/Pqx_A,Sm/Pqs_A

Sm/Pqx_A 或 Sm/Pqs_A(m=12,q=(11,12,21))工作在到同步网或子网的接入端口,将要传送的用户数据适配进同步领域。Sm/Pqx_A 或 Sm/Pqs_A 功能的作用也像是 POH 与净荷有关的信息的源和宿。对于异步用户数据,VC-m 适配包括比特调节。Sm/Pqx_A 或 Sm/Pqs_A 功能将 GB/T 13997 (PDH)信号映射进能够相继再映入更高阶容器的 VC-m 之中。

针对现有准同步体系的每个阶规定适配功能。每个适配功能规定用户信号能够以什么样的状态映射进大小范围合适的同步容器 C-m 之一。容器的大小要根据是否容易将各种大小的组合映入高阶容器进行选择,见表 107。在 ITU-T G.707/Y.1322 建议规定用户数据映入容器的详细规定。

表 107 容器的大小

原子功能	服务器层	客户层	信号标签	容器大小	映射类型
S12/P12s-b_A_So S12/P12s-x_A_Sk	S12	P12s	100	C-12	字节同步
S12/P12x_A	S12	P12x 或 P12s	010	C-12	异步
S2/P21x_A	S2	P21x	010	C-2	异步

13.3.1.1 VC-m 层到 Pqx 和 Pqs 层适配源 Sm/Pqx_A_So,Sm/Pqs_A_So

符号

Sm/Pqx_A_So,Sm/Pqs_A_So 符号分别如图 167、168 所示。

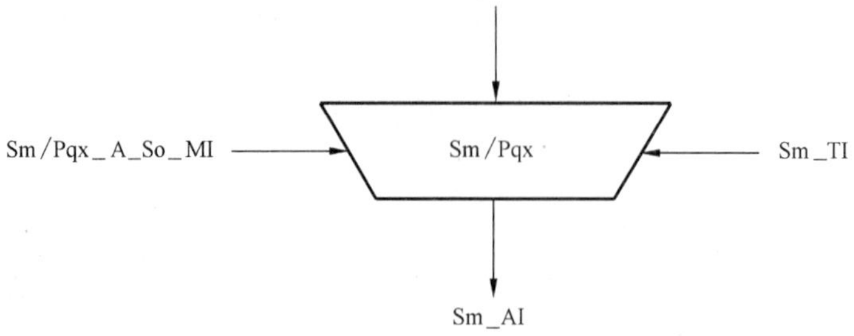

图 167 Sm/Pqx_A_So 的符号

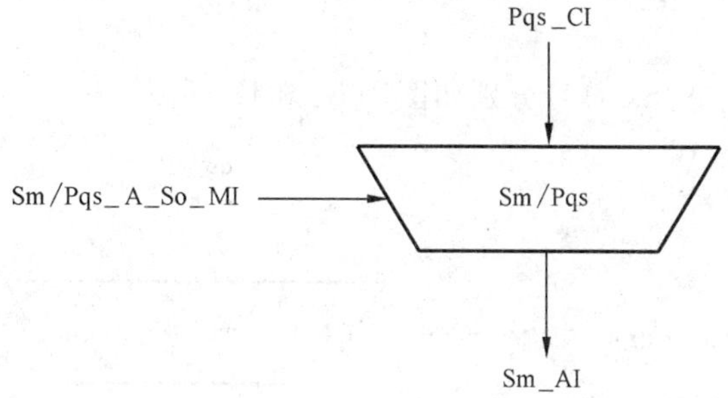

图 168 **Sm/Pqs_A_So 的符号**

接口

Sm/Pqx_A_So 和 Sm/Pqs_A_So 的接口分别如表 108、表 109 所示。

表 108 **Sm/Pqx_A_So 的输入和输出信号**

输　入	输　出
Pqx_CI_Data Pqx_CI_Clock Sm_TI_Clock Sm_TI_FrameStart Sm/Pqx_A_So_MI_Active	Sm_AI_Data Sm_AI_Clock Sm_AI_FrameStart

表 109 **Sm/Pqs_A_So 的输入和输出信号**

输　入	输　出
Pqs_CI_Data Pqs_CI_Clock Pqs_CI_FrameStart Sm/Pqs_A_So_MI_Active	Sm_AI_Data Sm_AI_Clock Sm_AI_FrameStart

处理

在 Pqx_CP(或 Pqs_CP)处的数据是用户信息流。数据的定时也当作该 CP 的定时传递。按照上述适配功能之一适配数据。这涉及如 ITU-T G.707/Y.1322 建议所述的同步和映射信息流装进容器以及添加与净荷有关的功能。

容器将数据和代表容器帧相对参考点 Sm_TP 的偏移的帧偏移一起传送到 Sm_AP。在字节同步映射,从 PDH 层功能(E11/P11s_A_Sk 或 E12/P12s_A_Sk)内有关的成帧器获得帧偏移。这个帧偏移受客户层要求限制,例如,对 SDH 设备,客户层定时规定在 ITU-T G.813 建议。在其他映射,能够内部产生合适的固定偏移。

V5[5-8]:必须按照适配功能所用映射类型将信号标签插入 V5 字节的比特 5、6 和 7,见表 107。

缺陷

无。

后续动作

无。

缺陷关联

无。

性能监测

无。

13.3.1.2 **VC-m 层到 Pqx 和 Pqs 层适配宿 Sm/Pqx_A_Sk,Sm/Pqs_A_Sk**

符号

Sm/Pqx_A_Sk,Sm/Pqs_A_Sk 符号分别如图 169、图 170 所示。

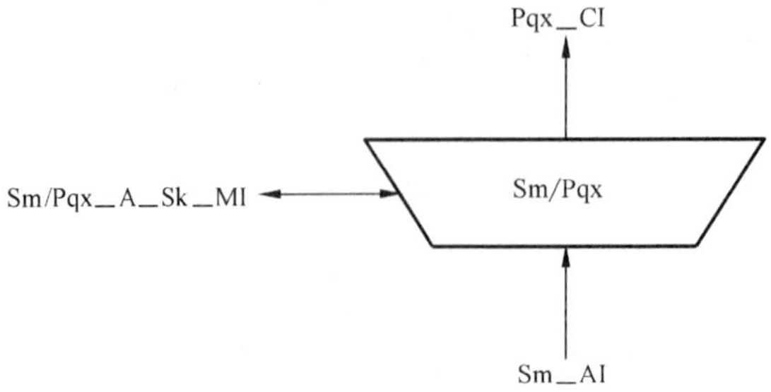

图 169 **Sm/Pqx_A_Sk 的符号**

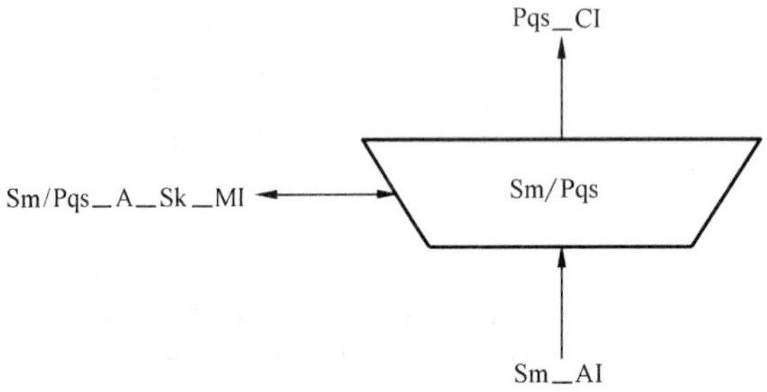

图 170 **Sm/Pqs_A_Sk 的符号**

接口

Sm/Pqx_A_Sk,Sm/Pqs_A_Sk 接口分别如表 110、表 111 所示。

表 110 表 13-11/G.783－**Sm/Pqx_A_Sk 的输入和输出信号**

输　入	输　出
Sm_AI_Data Sm_AI_Clock Sm_AI_FrameStart Sm_AI_TSF Sm/Pqx_A_Sk_MI_Active	Pqx_CI_Data Pqx_CI_Clock Sm/Pqx_A_Sk_MI_cPLM Sm/Pqx_A_Sk_MI_AcSL

表 111 表 13-12/G.783－**Sm/Pqs_A_Sk 的输入和输出信号**

输　入	输　出
Sm_AI_Data Sm_AI_Clock Sm_AI_FrameStart Sm_AI_TSF Sm/Pqs_A_Sk_MI_Active	Pqs_CI_Data Pqs_CI_Clock Sm/Pqs_A_Sk_MI_cPLM Sm/Pqs_A_Sk_MI_AcSL

处理

在 Sm_AP 信息流数据以容器和帧偏移的形式呈现。从容器恢复用户信息流与相关的适合于支路径路定时的时钟一起以数据和定时的形式传送到参考点 Pqx_CP(或 Pqs_CP)。这涉及 ITU-T G.707/Y.1322 建议说明的去映射和去同步以及与净荷有关的信息。

注:为了产生字节同步映射的 GB/T 13997(PDH)信号使用的开销和维护信息,可能需要来自 Sm_CP 的其他信号。此点有待研究。

V5[5-7]:恢复信号标签,V5 字节的比特 5、6 和 7。信号标签处理的进一步说明见 ITU-T G.806 第 6.2.4.2 节。

缺陷

该功能必须按照 ITU-T G.806 第 6.2.4.2 节的规定检测 dPLM 缺陷。

后续动作

该功能必须实现如下后续动作(见 ITU-T G.806 第 6.3 节):

aAIS←AI_TSF 或 dPLM

aSSF←AI_TSF 或 dPLM

当 AIS 施加在 Sm_AP 或检出 dPLM 缺陷(信号标签预期值与接收值失配)时,适配功能必须产生符合相关 G.700 系列建议的全"1"信号(AIS)。

缺陷关联

该功能必须实现以下缺陷关联,确定最有可能的故障原因(见 ITU-T G.806 第 6.4 节)。这个故障原因必须报告给 SEMF。

cPLM←dPLM 和(非 AI_TSF)

性能监测

无。

13.3.2 VC-m 层到 ATM VP 适配 Sm/Avp_A

13.3.2.1 VC-m 层到 ATM VP 适配源 Sm/Avp_A_So

这个功能在 ITU-T I.732 建议说明。

13.3.2.2 VC-m 层到 ATM VP 适配宿 Sm/Avp_A_Sk

这个功能在 ITU-T I.732 建议说明。

13.3.3 VC-m 层到 RFI 适配 Sm/RFI_A

远端失效指示(RFI)比特(V5 比特 4)的处理待研究。

13.3.4 VC-m 层到客户信号适配功能(Sm/〈client〉_A)

这个适配功能使用 ITU-T G.806 第 8.5 节和 ITU-T G.7041/Y.1303 建议说明的 GFP 映射。

13.4 子层功能

13.4.1 VC-m 层路径保护功能

VC-m 路径保护倒换在 ITU-T G.841 建议说明。

SmP_C 功能针对从路径终结源到路径终结宿的路径之内与通路有关的缺陷提供路径保护。在图 171 中,给出路径保护子层。该子层在 SmP_AP 实现 SmP 子层生成。在子层连接点(SmP_CP)内实现保护。

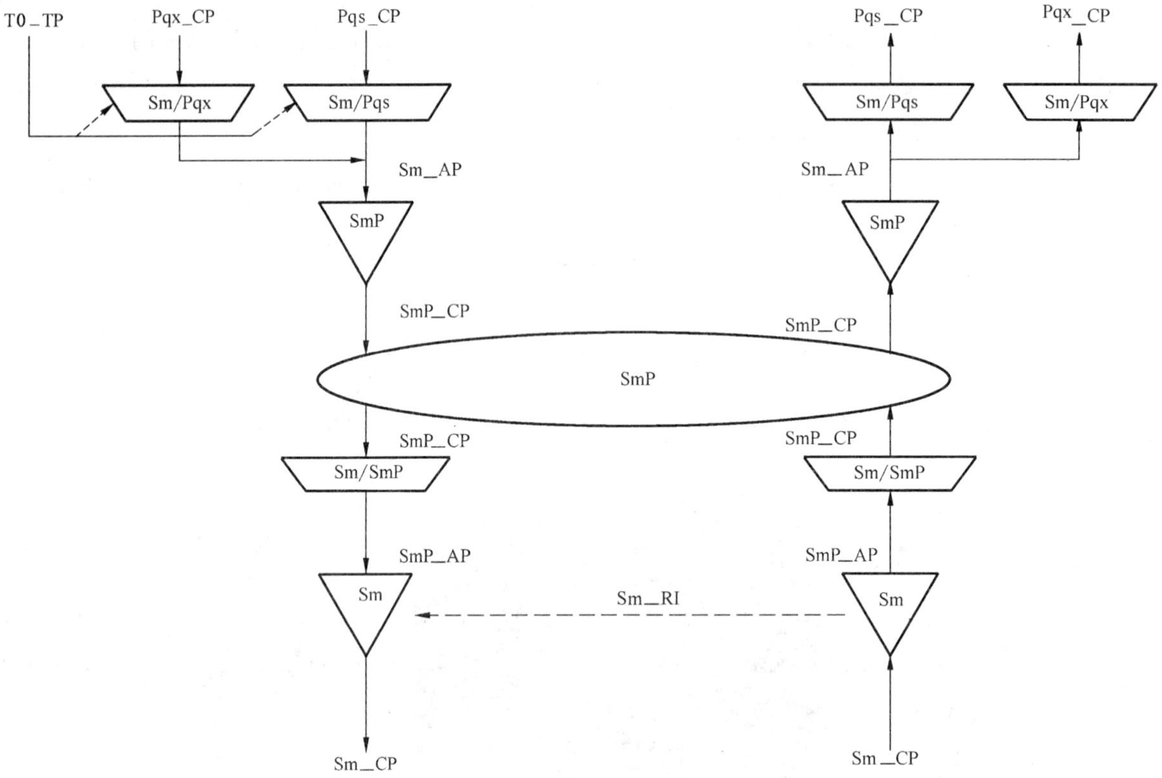

图 171　**VC-m 线状路径保护子层功能**

SmP_C 功能在两端以相同的方式工作，监测 VC-m(m=12)信号的缺陷、评估系统状态、考虑缺陷状态的性质和外部及远端的倒换请求，从合适的通道选择信号。两个 SmP_C 功能利用为 SmP_C 特征信息字节(保护通道的 POH 的 K4 字节)规定的面向比特的协议彼此可以通信。在 ITU-T G.841 建议说明这个协议。

在图 172 解释了路径保护功能。工作和保护线路示于图 173。

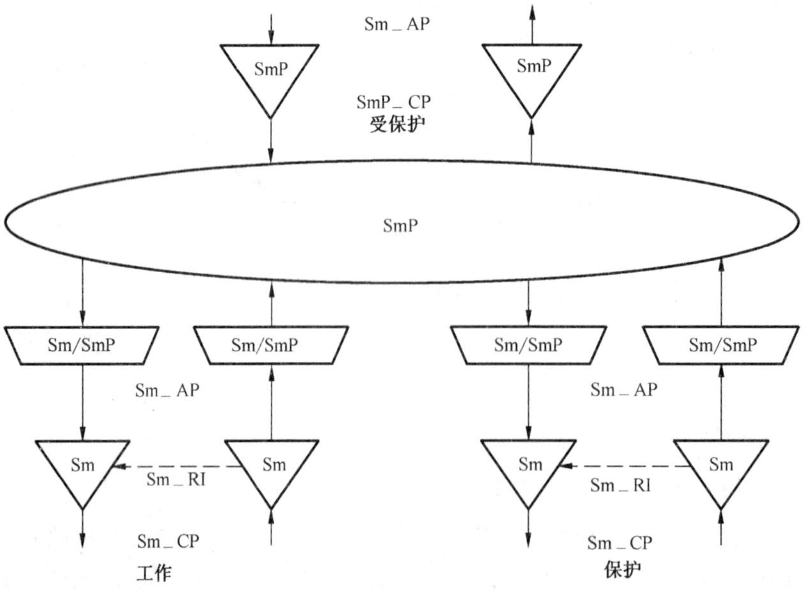

图 172　**VC-m 线状路径保护原子功能**

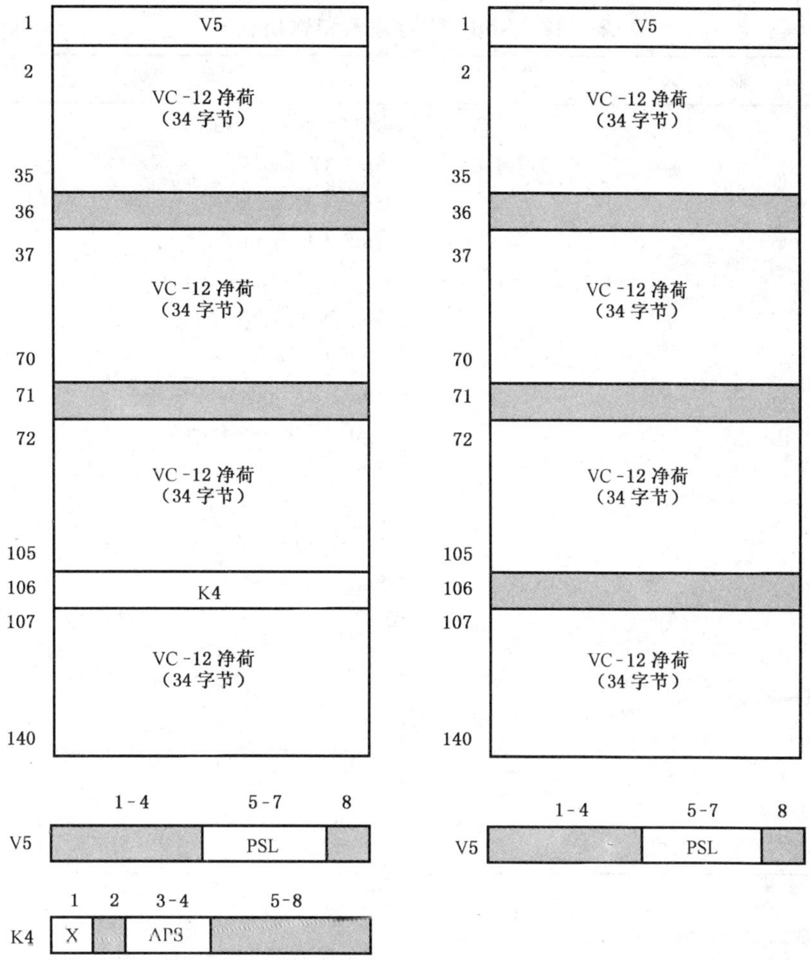

图 173 S12P_AI_D(左)和 S12P_CI_D(右)

13.4.1.1 **VC-m 层路径保护连接 SmP_C**

SmP_C 功能接收在 SmP_C _MP 参考点从同步设备管理功能来的控制参数和外部倒换请求,在 SmP_C_MP 点输出状态指示符给同步设备管理功能,作为 ITU-T G.841 建议所述倒换指示的结果。

符号

SmP_C 符号如图 174 所示。

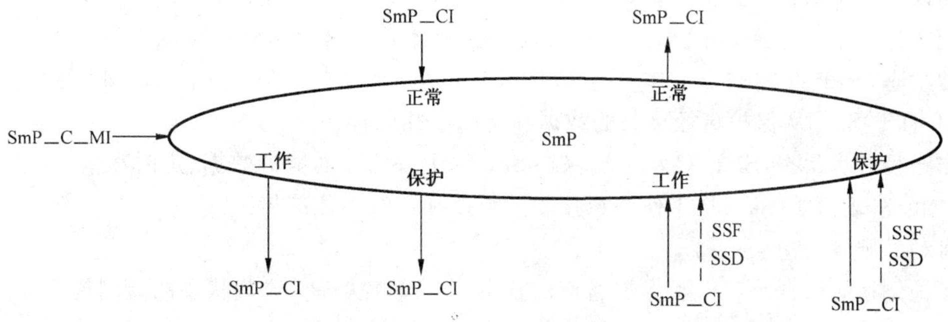

图 174 **SmP_C 的符号**

接口

SmP_C 接口如表 112 所示。

表 112 SmP_C 的输入和输出信号

输　入	输　出
对于连接点 W 和 P： SmP_CI_Data SmP_CI_Clock SmP_CI_FrameStart SmP_CI_SSF SmP_CI_SSD 对于连接点 N： SmP_CI_Data SmP_CI_Clock SmP_CI_FrameStart 对于连接点 P： SmP_CI_APS SmP_C_MI_OPERType SmP_C_MI_WTRTime SmP_C_MI_HOTime SmP_C_MI_EXTCMD	对于连接点 W 和 P： SmP_CI_Data SmP_CI_Clock SmP_CI_FrameStart 对于连接点 N： SmP_CI_Data SmP_CI_Clock SmP_CI_FrameStart SmP_CI_SSF 对于连接点 P： SmP_CI_APS
注：保护状态报告信号待研究。	

处理

源方向

在 SmP_CP 的数据是路径信号，从 Sm_TP 参考点对它定时，具有不确定的 Sm 层 POH 字节。

对于 1+1 方案，在 SmP_CP 接收的来自保护路径终结功能(SmP_TT_So)的信号永久地桥接在 SmP_CP 送到保护和工作保护路径终结(SmP_TT_So)。

按 ITU-T G.841 建议规则产生的 APS 信息在 SmP_CP 送到保护路径。这个 APS 信号也可能送给工作路径保护路径终结(SmP_TT_So)。

宿方向

其路径 POH 字节已经由 Sm_TT_Sk 恢复的成帧的路径信号(数据)SmP_CI 与输入定时参考一起呈现在 SmP_CP。在 SmP_CP 还接收来自所有 Sm_TT_Sk 功能的缺陷状态 SSF 和 SSD。

接收的来自保护路径的适配功能(Sm/SmP_A_Sk)的 APS 信息呈现在 SmP_CP。工作路径的适配功能也可能将这些字节送到 SmP_C。SmP_C 必须能够不理会来自工作适配功能的这些字节。

在正常状态，SmP_C 将来自工作 Sm/SmP_A_Sk 功能的数据、定时和信号失效送到 SmP_TCP 处相应的 SmP_TT_Sk。从保护路径接收的数据和定时不往前传。

在工作路径故障状态，SmP_C 将来自保护 Sm/SmP_A_Sk 功能的数据、定时和信号失效送到SmP_TCP 处相应的 SmP_TT_Sk。从工作路径接收的数据和定时不往前传。

倒换启动准则

自动保护倒换的依据是工作和保护通道的 TSF 和 TSD 状态。这些状态的检测说明在 13.2.1.2。

保护倒换也能够由从同步设备管理功能接收的倒换指令启动。见 ITU-T G.841 建议所述倒换准则。

倒换时间

参见 ITU-T G.841 建议。

倒换复原

倒换复原是与工作通道已从缺陷恢复之后的复原动作有关的功能。它不适用于只支持不复原工作的路径保护。参见 ITU-T G.841 建议中可复原 1+1 单向保护倒换的说明。

缺陷

无。

后续动作

无。

缺陷关联

无。

性能监测

无。

13.4.1.2 **VC-m 层路径保护路径终结 SmP_TT**

13.4.1.2.1 **VC-m 层路径保护路径终结源 SmP_TT_So**

符号

SmP_TT_So 符号如图 175 所示。

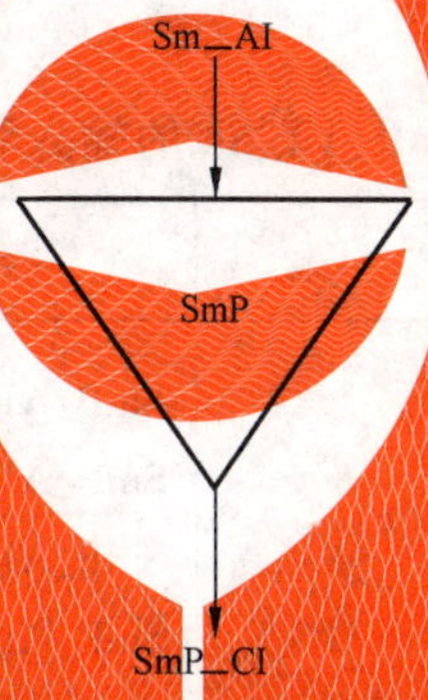

图 175 SmP_TT_So 的符号

接口

SmP_TT_So 接口如表 113 所示。

表 113 SmP_TT_So 的输入和输出信号

输　入	输　出
SmP_AI_Data	SmP_CI_Data
SmP_AI_Clock	SmP_CI_Clock
SmP_AI_FrameStart	SmP_CI_FrameStart

处理

因为在其输出处的 Sm_AI 与 SmP_CI 是一样的，在 SmP_TT_So 内不需要信息处理。

缺陷

无。

后续动作

无。

缺陷关联

无。

性能监测

无。

13.4.1.2.2 **VC-m 层路径保护路径终结宿 SmP_TT_Sk**

符号

SmP_TT_Sk 符号如图 176 所示。

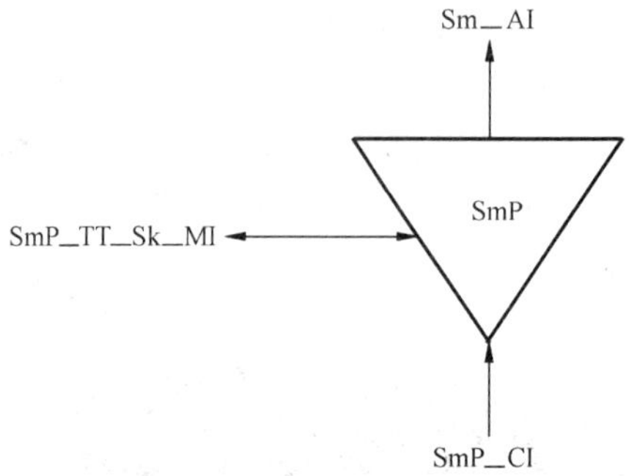

图 176 **SmP_TT_Sk 的符号**

接口

SmP_TT_Sk 接口如表 114 所示。

表 114 **SmP_TT_Sk 的输入和输出信号**

输　入	输　出
SmP_CI_Data SmP_CI_Clock SmP_CI_FrameStart SmP_CI_SSF SmP_TT_Sk_MI_SSF_Reported	SmP_AI_Data SmP_AI_Clock SmP_AI_FrameStart SmP_AI_TSF SmP_TT_Sk_MI_cSSF

处理

SmP_TT_Sk 功能报告，作为 Sm 层的一部分，保护的 Sm 路径的状态。在所有路径都不可用的情况，SmP_TT_Sk 报告保护路径的信号失效状态。

缺陷

无。

后续动作

aTSF←CI_SSF

缺陷关联

cSSF←CI_SSF and SSF_Reported

性能监测

无。

13.4.1.3 **VC-m 路径到 VC-m 路径保护子层适配 Sm/SmP_A**

13.4.1.4 **VC-m 路径到 VC-m 路径保护层适配源 Sm/SmP_A_So**

符号

Sm/SmP_A_So 符号如图 177 所示。

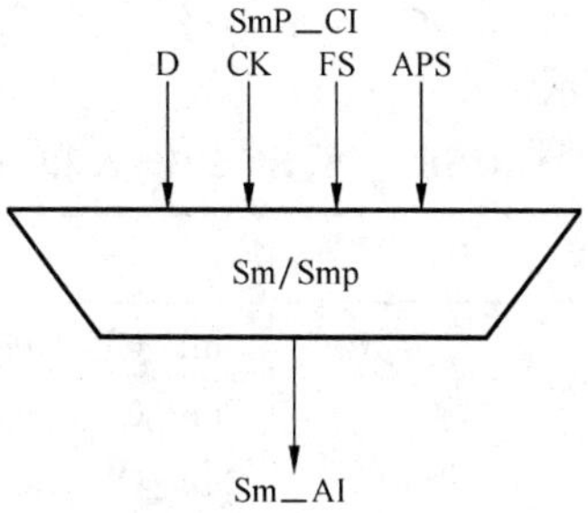

图 177 **Sm/SmP_A_So 的符号**

接口

Sm/SmP_A_So 接口如表 115 所示。

表 115 **Sm/SmP_A_So 的输入和输出信号**

输　入	输　出
SmP_AI_Data SmP_AI_Clock SmP_AI_FrameStart SmP_AI_APS	SmP_CI_Data SmP_CI_Clock SmP_CI_FrameStart

处理

该功能必须将 Sm APS 信号和 Sm 数据信号复用到 Sm_AP。

K4[3,4]:APS 信号的插入待研究。这个处理只有保护路径需要。

缺陷

无。

后续动作

无。

缺陷关联

无。

性能监测

无。

13.4.1.4.1 **VC-m 路径到 VC-m 路径保护层适配宿 Sm/SmP_A_Sk**

符号

Sm/SmP_A_Sk 符号如图 178 所示。

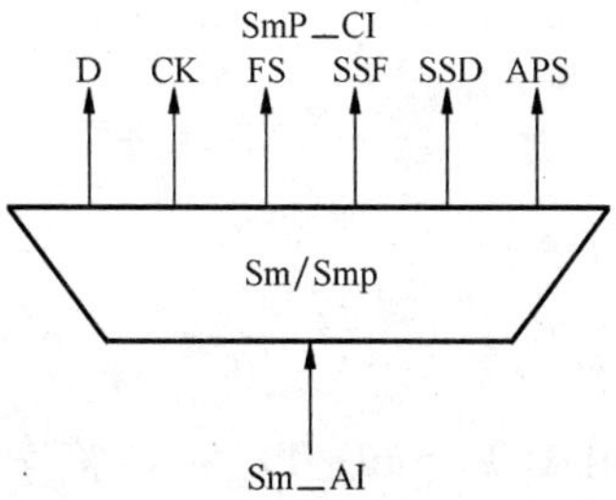

图 178 **Sm/SmP_A_Sk 的符号**

接口

Sm/SmP_A_Sk 接口如表 116 所示。

表 116 Sm/SmP_A_Sk 的输入和输出信号

输　入	输　出
SmP_AI_Data	SmP_CI_Data
SmP_AI_Clock	SmP_CI_Clock
SmP_AI_FrameStart	SmP_CI_FrameStart
SmP_AI_TSF	SmP_CI_SSF
SmP_SI_TSD	SmP_CI_SSD
	SmP_CI_APS(for protection signal only)

处理

该功能必须从 SmP_AI_D 信号抽出并输出 SmP_CI_D 信号。

K4[3,4]:APS 信号的抽出和持续性待研究。这个处理只是保护路径需要。

缺陷

无。

后续动作

aSSF←AI_TSF

aSSD←AI_TSD

缺陷关联

无。

性能监测

无。

13.4.2 VC-m 串联连接子层功能

注：当在现有连接上激活 TCM 时，服务受影响。

13.4.2.1 VC-m 串联连接路径终结 SmD_TT

这个功能的作用就像附件 E/G.707/Y.1322 的 VC-1/2 情况说明的 VC-m 串联连接开销(TCOH)的源和宿。

13.4.2.1.1 VC-m 串联连接路径终结源 SmD_TT_So

符号

SmD_TT_So 符号如图 179 所示。

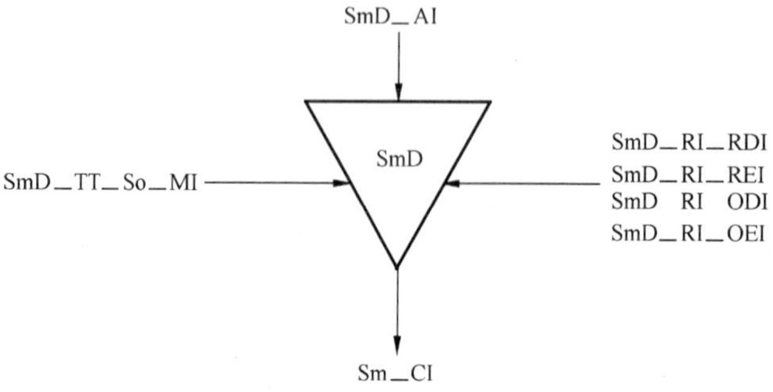

图 179 SmD_TT_So 的符号

接口

SmD_TT_So 接口如表 117 所示。

表 117 SmD_TT_So 的输入和输出信号

输　入	输　出
SmD_AI_Data SmD_AI_Clock SmD_AI_FrameStart SmD_AI_SF SmD_RI_RDI SmD_RI_REI SmD_RI_ODI SmD_RI_OEI SmD_TT_So_MI_TxTI	Sm_CI_Data Sm_CI_Clock Sm_CI_FrameStart

处理

N2[8][73]:该功能必须插入 TC RDI 代码。当终结宿功能宣告/清除 aRDI 时,终结源功能必须在 80 ms 之内插入/去除 RDI 代码。

N2[3]:该功能必须将"1"插入这个比特。

N2[4]:该功能必须将输入 AIS 代码插入这个比特。如果 AI_SF 是"真",这个比特应设置为"1",除此之外应插入"0"。

N2[5]:该功能必须将 RI_REI 值插入 REI 比特。在终结宿功能检测出误码数时,路径终结源功能必须在 80 ms 以内将那个值插入 REI 比特。

N2[7][74]:该功能必须插入 ODI 代码。在终结宿功能宣告/清除 ODI 时,路径终结源功能必须在 80 ms 内插入/去除 ODI。

N2[6]:该功能必须将 RI_OEI 之值插入 OEI 比特。在终结宿功能检测出误码数时,路径终结源功能必须在 80 ms 内将那个值插入 OEI 比特。

N2[7-8]:该功能必须将以下内容插入复帧 N2[7-8]通路:

——帧 1 到 8 内 FAS 比特内帧定位信号(FAS)"1111 1111 1111 1110";

——在帧 9 到 72 内 TC 踪迹 ID 比特之内的通过参考点 SmD_TT_So_MP 收到的 TC 踪迹标识符;

——TC RDI(N2[8][73])和 ODI(N2[7][74])信号;和

——在帧 73 到 76 内六个留用的全"0"比特。

V5[1-2]:该功能必须按 ITU-T G.806 第 8.4 节规定矫正 VC-1/2 BIP-2(字节 V5 的比特 1 和 2 之内)。

N2[1-2]:该功能必须在输入 VC 上计算 BIP-2,并将这个值插入下一帧的 TC BIP-2(图 180)。

缺陷

无。

后续动作

无。

缺陷关联

无。

性能监测

无。

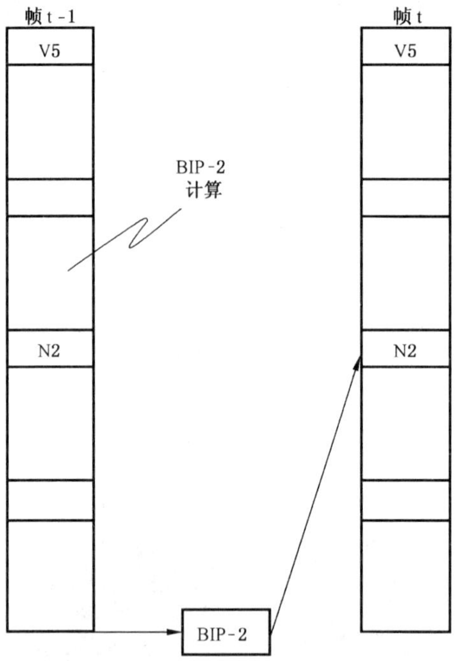

图 180　TC BIP-2 的计算和插入

13.4.2.1.2　VC-m 串联连接路径终结宿 SmD_TT_Sk

符号

SmD_TT_Sk 符号如图 181 所示。

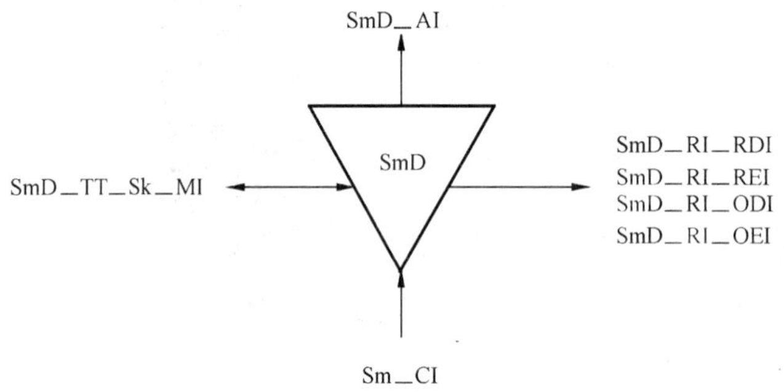

图 181　SmD_TT_Sk 的符号

接口

SmD_TT_Sk 接口如表 118 所示。

表 118　SmD_TT_Sk 的输入和输出信号

输　　入	输　　出
Sm_CI_Data	SmD_AI_Data
Sm_CI_Clock	SmD_AI_Clock
Sm_CI_FrameStart	SmD_AI_FrameStart
Sm_CI_SSF	SmD_AI_TSF
SmD_TT_Sk_MI_ExTI	SmD_AI_TSD
SmD_TT_Sk_MI_RDI_Reported	SmD_AI_OSF
SmD_TT_Sk_MI_ODI_Reported	SmD_RI_RDI
SmD_TT_Sk_MI_SSF_Reported	SmD_RI_REI
SmD_TT_Sk_MI_AIS_Reported	SmD_RI_ODI

表 118（续）

输　入	输　出
SmD_TT_Sk_MI_TIMdis SmD_TT_Sk_MI_DEGM SmD_TT_Sk_MI_DEGTHR SmD_TT_Sk_MI_1second SmD_TT_Sk_MI_TPmode	SmD_RI_OEI SmD_TT_Sk_MI_cLTC SmD_TT_Sk_MI_cTIM SmD_TT_Sk_MI_cUNEQ SmD_TT_Sk_MI_cDEG SmD_TT_Sk_MI_cRDI SmD_TT_Sk_MI_cODI SmD_TT_Sk_MI_cSSF SmD_TT_Sk_MI_cIncAIS SmD_TT_Sk_MI_AcTI SmD_TT_Sk_MI_pN_EBC SmD_TT_Sk_MI_pF_EBC SmD_TT_Sk_MI_pN_DS SmD_TT_Sk_MI_pF_DS SmD_TT_Sk_MI_pON_EBC SmD_TT_Sk_MI_pOF_EBC SmD_TT_Sk_MI_pON_DS SmD_TT_Sk_MI_pOF_DS

处理

N2[1-2]：见 8.3.1。

N2[7-8][9-72]：必须从串联连接路径踪迹标识符开销恢复接收的路径踪迹标识符。TC 踪迹标识符的接受值在 SmD_TT_MP 也可获得。

N2[4]：该功能必须抽出输入 AIS 代码。

N2[5]，N2[8][73]：为了能够单端维护双向串联连接路径，必须抽出字节 N2 内 REI、RDI 比特内承载的信息。REI 必须用于监测另一方向传输的误码性能，RDI 必须用于提供远端接收器状态的信息。"1"指示远端缺陷指示状态，而"0"指示正常的工作状态。

N2[6]，N2[7][74]：为了能够单端(中介)维护 VC-1/2 入口的串联连接路径，必须抽出字节 N2 内 OEI、ODI 比特内承载的信息。OEI(OF_B)必须用于监测另一方向传输的误码性能，ODI 必须用于提供远端接收器状态的信息。"1"表示输出缺陷指示状态，而"0"指示正常的工作状态。

N2[7-8]：复帧定位，见 8.2.4。

V5[1-2]：对先前的 VC-1/2 包括 V5 在内的每个字节的每个比特对计算偶 BIP-2 与从当前帧恢复的 V5 的比特 N2 和 2 相比较。计算的和恢复的 BIP-2 值之间的差作为该计算块内一个或多个误码(ON_B)的数据。

N2：该功能必须插入全"0"脉型将 N2 通路终结。

V5[1-2]：该功能必须按源方向规定的算法补偿字节 V5 比特 1 和 2 内 VC-1/2 BIP-2。

缺陷

该功能必须按 ITU-T G.806 第 6.2 节的规定检测 dUNEQ、dLTC、dTIM、dDEG、dRDI、dODI、IncAIS 缺陷。

后续动作

该功能必须实现以下后续动作(见 ITU-T G.806 第 6.3 节)：

aAIS←dUNEQ 或 dTIM 或 dLTC

aOSF←CI_SSF 或 dUNEQ 或 dTIM 或 dLTC 或 IncAIS

aTSF←CI_SSF 或 dUNEQ 或 dTIM 或 dLTC

aTSD←dDEG

aRDI←CI_SSF 或 dUNEQ 或 dTIM 或 dLTC

aREI←nN_B

aODI←CI_SSF 或 dUNEQ 或 dTIM 或 IncAIS 或 dLTC

aOEI←nON_B

该功能必须在 AIS 请求产生后 1 ms 内插入全“1”(AIS)信号，在 AIS 请求取消后 1 ms 内停止插入。

缺陷关联

该功能必须实现以下缺陷关联，确定最有可能的故障原因(见 ITU-T G.806 第 6.4 节)。这个故障原因必须报告给 SEMF。

cSSF←CI_SSF 和 SSF_Reported 和 MON

cIncAIS←dIncAIS 和(非 CI_SSF)和(非 dLTC)和(非 dTIM)和 AIS_Reported 和 MON

cUNEQ←dUNEQ 和 MON

cLTC←(非 dUNEQ)和 dLTC 和(非 CI_SSF)

cTIM←dTIM 和(非 dUNEQ)和(非 dLTC)和 MON

cDEG←dDEG 和(非 dTIM)和(非 dLTC)和 MON

cRDI←dRDI 和(非 dUNEQ)和(非 dTIM)和(非 dLTC)和 MON 和 RDI_Reported

cODI←dODI 和(非 dUNEQ)和(非 dTIM)和(非 dLTC)和 MON 和 ODI_Reported

性能监测

该功能必须实现以下性能监测原语处理(见 ITU-T G.806 第 6.5 节)。性能监测原语必须报告给 SEMF。

pN_DS←aTSF 或 dEQ

pF_DS←dRDI

pN_EBC←Σ nN_B

pF_EBC←Σ nF_B

pON_DS←aODI 或 dEQ

pOF_DS←dODI

pON_EBC←Σ nON_B

pOF_EBC←Σ nOF_B

13.4.2.2 VC-m 串联连接非介入监测 SmDm_TT_Sk

这个功能能够用来实现以下动作：

1) 利用在中介节点监测，使用远端信息(RDI，REI)对 TC 单端维护；

2) 用监测近端缺陷的方式帮助 TC 路径内故障定位；

3) 使用远端输出信息(ODI，OEI)，在 TC 入口点(除去 TC 之前在连接性缺陷之外)监测 VC 的性能；

4) 在 SNC/S 保护内实现非介入监测功能。

这个功能的作用就是如附件 E/G.707/Y.1322 的 VC-1/2 情况所述 VC-m 串联连接开销(TCOH)的非介入监测。

参照图 182 说明与 SmD/Sm_A 功能有关的信息流。

符号

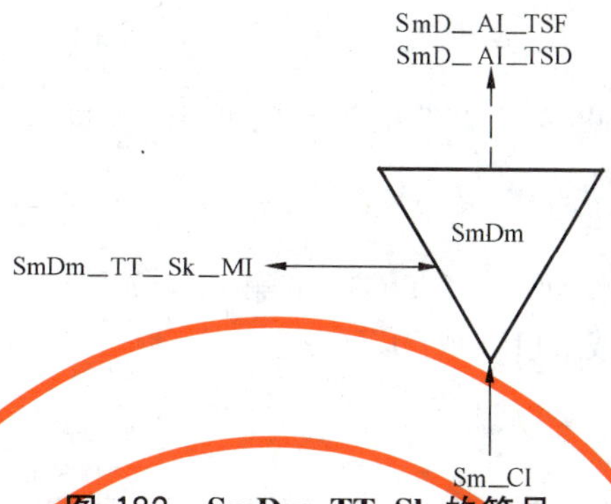

图 182 SmDm_TT_Sk 的符号

接口

SmDm_TT_Sk 接口如表 119 所示。

表 119 SmDm_TT_Sk 的输入和输出信号

输　入	输　出
Sm_CI_Data	SmD_AI_TSF
Sm_CI_Clock	SmD_AI_TSD
Sm_CI_FrameStart	SmDm_TT_Sk_MI_cLTC
Sm_CI_SSF	SmDm_TT_Sk_MI_cTIM
SmDm_TT_Sk_MI_ExTI	SmDm_TT_Sk_MI_cUNEQ
SmDm_TT_Sk_MI_RDI_Reported	SmDm_TT_Sk_MI_cDEG
SmDm_TT_Sk_MI_ODI_Reported	SmDm_TT_Sk_MI_cRDI
SmDm_TT_Sk_MI_SSF_Reported	SmDm_TT_Sk_MI_cODI
SmDm_TT_Sk_MI_AIS_Reported	SmDm_TT_Sk_MI_cSSF
SmDm_TT_Sk_MI_TIMdis	SmDm_TT_Sk_MI_cIncAIS
SmDm_TT_Sk_MI_DEGM	SmDm_TT_Sk_MI_AcTI
SmDm_TT_Sk_MI_DEGTHR	SmDm_TT_Sk_MI_pN_EBC
SmDm_TT_Sk_MI_1second	SmDm_TT_Sk_MI_pF_EBC
SmDm_TT_Sk_MI_Tpmode	SmDm_TT_Sk_MI_pN_DS
	SmDm_TT_Sk_MI_pF_DS
	SmDm_TT_Sk_MI_pON_DS
	SmDm_TT_Sk_MI_pON_EBC
	SmDm_TT_Sk_MI_pOF_EBC
	SmDm_TT_Sk_MI_pOF_DS

处理

N2[1-2]：见 8.3.1。

N2[7-8][9-72]：必须从串联连接路径踪迹标识符开销恢复接收的路径踪迹标识符。TC 踪迹标识符的接受值在 SmDm_TT_MP 也可以获得。失配检测处理必须像以下规定那样。

N2[4]：该功能必须抽出输入 AIS 代码。

N2[5]，N2[8][73]：为了能够单端维护双向串联连接路径，必须抽出字节 N2 内 REI、RDI 内承载的信息。REI 必须用于监测另一方向传输的误码性能，RDI 必须用于提供远端接收器的状态信息。"1"指示远端缺陷指示状态，"0"指示正常的工作状态。

N2[6]，N2[7][74]：为了能够单端(中介)维护 VC-1/2 入口串联连接路径，必须抽出字节 N2 内 OEI、ODI 比特内承载的信息。OEI(OF_B)必须用于监测另一个方向传输的误码性能，ODI 必须用于提供远端接收器状态的信息。“1”指示输出缺陷指示状态，而“0”指示正常的工作状态。

N2[7-8]：见 8.2.4。

缺陷

该功能必须按照 ITU-T G.806 第 6.2 节的规定检测 dUNEQ、dLTC、dTIM、dDEG、dRDI、dODI、dIncAIS 缺陷。

后续动作

该功能必须实现以下后续动作(见 ITU-T G.806 第 6.3 节)：

aTSF←CI_SSF 或 dUNEQ 或 dTIM 或 dLTC

aTSD←dDEG

缺陷关联

该功能必须实现以下缺陷关联，确定最有可能的故障原因(见 ITU-T G.806 第 6.4 节)。这个故障原因必须报告给 SEMF。

cSSF←CI_SSF 和 SSF_Reported 和 MON

cUNEQ←dUNEQ 和 MON

cLTC←(非 dUNEQ)和 dLTC 和(非 CI_SSF)

cIncAIS←dIncAIS 和(非 CI_SSF)和(非 dLTC)和(非 dTIM)和 AIS_Reported 和 MON

cTIM←(非 dUNEQ)和(非 dLTC)和 dTIM 和 MON

cDEG←(非 dTIM)和(非 dLTC)和 dDEG 和 MON

cRDI←(非 dUNEQ)和(非 dTIM)和(非 dLTC)和 dRDI 和 MON 和 RDI_Reported

cODI←(非 dUNEQ)和(非 dTIM)和(非 dLTC)和 dODI 和 MON 和 ODI_Reported

性能监测

该功能必须实现以下性能监测原语处理(见 ITU-T G.806 第 6.5 节)。性能监测原语必须送给 SEMF。

pN_DS←aTSF 或 dEQ

pF_DS←dRDI

pN_EBC←Σ nN_B

pF_EBC←Σ nF_B

pON_DS←CI_SSF 或 dUNEQ 或 dTIM 或 IncAIS 或 dLTC 或 dEQ

pON_EBC←Σ nON_B

pOF_DS←dODI

pOF_EBC←Σ nOF_B

13.4.2.3 **VC-m 串联连接到 VC-m 适配 SmD/Sm_A**

这个功能的作用就像 Sm 层到 SmD 子层适配的源和宿。E/G.707/Y.1322 in case of VC-1/2。

13.4.2.3.1 **VC-m 串联连接到 VC-m 适配源 SmD/Sm_A_So**

符号

SmD/Sm_A_So 符号如图 183 所示。

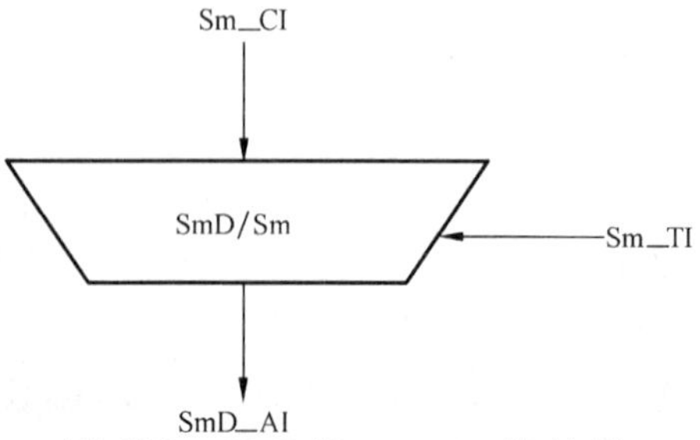

图 183 SmD/Sm_A_So 的符号

接口

SmD/Sm_A_So 接口如表 120 所示。

表 120 SmD/Sm_A_So 的输入和输出信号

输　　入	输　　出
Sm_CI_Data	SmD_AI_Data
Sm_CI_Clock	SmD_AI_Clock
Sm_CI_FrameStart	SmD_AI_FrameStart
Sm_CI_SSF	SmD_AI_SSF
Sm_TI_Clock	

处理

注 1：该功能不是证实在输入信号内有没有串联连接的手段。不支持格状串联连接。

如果收到全“1”(AIS)VC，该功能必须用本地产生的帧起始信号(即进入“保持”)取代输入的帧起始信号(即，这个功能用 VC-AIS 信号取代全“1”输入 VC)。

注 2：这个(无效)输入帧起始信号的取代引起在 Sn/Sm_A_So 功能内产生有效指针。

缺陷

无。

后续动作

这个功能必须实现以下后续动作：

aSSF←CI_SSF

缺陷关联

无。

性能监测

无。

13.4.2.3.2 VC-m 串联连接到 VC m 适配宿 SmD/Sm_A_Sk

符号

SmD/Sm_A_Sk 符号如图 184 所示。

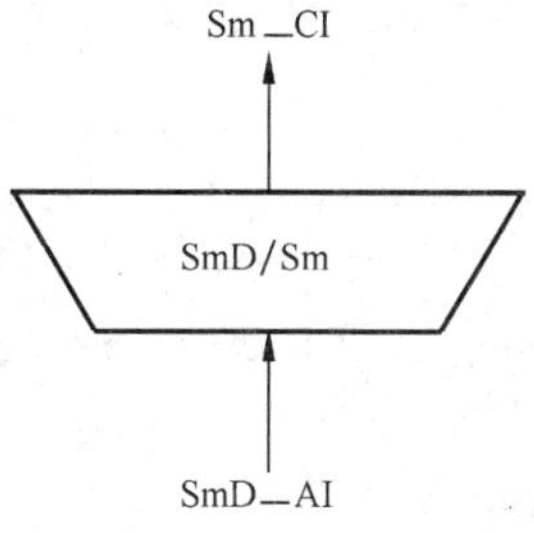

图 184 SmD/Sm_A_Sk 的符号

接口

SmD/Sm_A_Sk 接口如表 121 所示。

表 121 SmD/Sm_A_Sk 的输入和输出信号

输　　入	输　　出
SmD_AI_Data	Sm_CI_Data
SmD_AI_Clock	Sm_CI_Clock
SmD_AI_FrameStart	Sm_CI_FrameStart
SmD_AI_OSF	Sm_CI_SSF

处理

如果在串联连接入口存在无效的帧起始状态，该功能必须恢复无效的帧起始状态(即，输出 aSSF="真")。

注 1：另外，在引起全"1"(AIS)插入 SmD_TT 的串联连接的连接性缺陷时将激活无效的帧起始状态。

缺陷

无。

后续动作

aAIS←AI_OSF

aSSF←AI_OSF

注 2：CI_SSF="真"会引起 SmD/Sm_A_Sk 功能产生 TU-AIS。

在 AIS 请求产生之后 1 ms 内该功能必须插入全"1"(AIS)信号，在 AIS 请求消除后 1 ms 内停止插入。

缺陷关联

无。

性能监测

无。

13.5 虚级联功能

13.5.1 虚级联 VC-m 通道层功能 Sm-Xv(m=12;X≥1)

13.5.1.1 VC-m-Xv 层路径终结功能 Sm-Xv_TT

Sm-Xv_TT 功能按 ITU-T G.803 建议进一步分解并示于图 185。

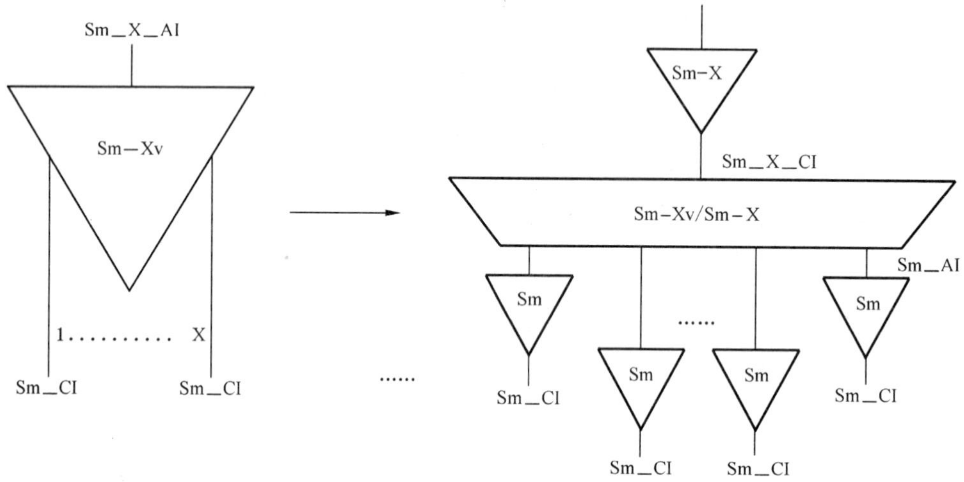

图 185 Sm_Xv_TT 功能(m=12)的分解

对于 S12_Xv 1≤X≤64。

13.5.1.1.1 Sm-Xv 层路径终结源功能 Sm-X_TT_So

符号

Sm-X_TT_So 符号如图 186 所示。

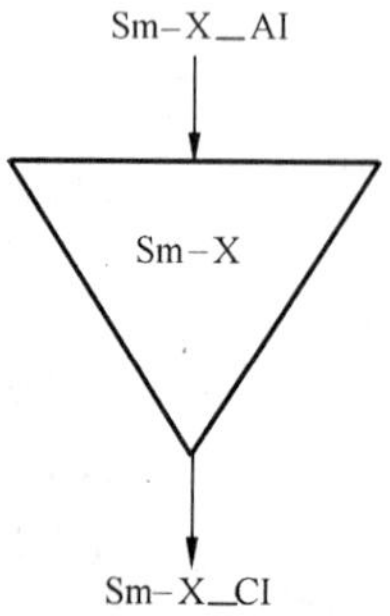

图 186 Sm-X_TT_So 的符号

接口

Sm-X_TT_So 的接口表 122 所示。

表 122 Sm-X_TT_So 的输入和输出信号

输　　入	输　　出
Sm-X_AI_D Sm-X_AI_CK Sm-X_AI_FS	Sm-X_CI_D Sm-X_CI_CK Sm-X_CI_FS

处理

无。

缺陷

无。

后续动作

无。

缺陷关联

无。

性能监测

无。

13.5.1.1.2 **Sm-Xv 层路径终结宿功能 Sm-X_TT_Sk**

符号

Sm-X_TT_Sk 符号如图 187 所示。

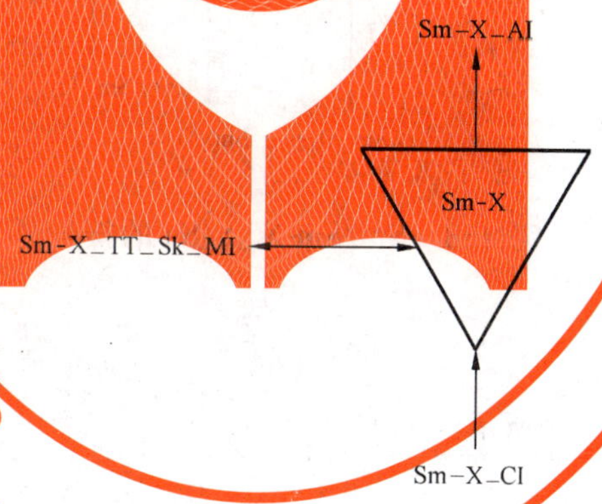

图 187 Sm-X_TT_Sk 的符号

接口

Sm-X_TT_Sk 接口如表 123 所示。

表 123 Sm-X_TT_Sk 的输入和输出信号

输　　入	输　　出
Sm-X_CI_D Sm-X_CI_CK Sm-X_CI_FS Sm-X_CI_SSF Sm-X_TT_Sk_MI_SSF_Reported	Sm-X_AI_D Sm-X_AI_CK Sm-X_AI_FS Sm-X_TT_Sk_MI_cSSF

处理

报告信号失效状态。

缺陷

无。

后续动作

无。

缺陷关联

cSSF←CI_SSF 和 SSF_Reported

性能监测

无。

13.5.1.2 **Sm-Xv 层路径适配功能 Sm/Sm-X_A**

13.5.1.2.1 **Sm-Xv 层路径适配源功能 Sm/Sm-X_A_So**

符号

Sm/Sm-X_A_So 符号如图 188 所示。

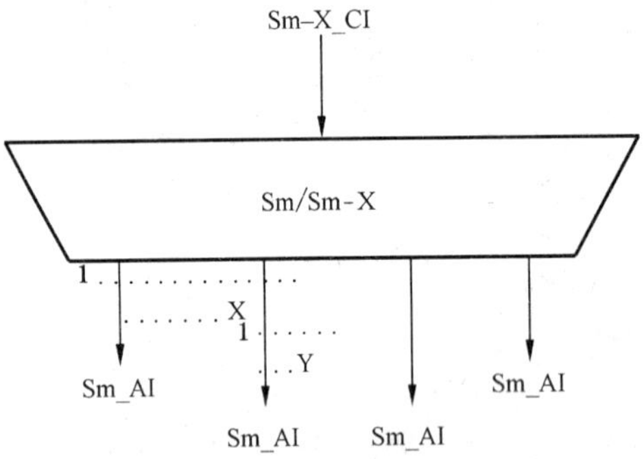

图 188 **Sm/Sm-X_A_So 的符号**

接口

Sm/Sm-X_A_So 接口如表 124 所示。

表 124 **Sm/Sm-X_A_So 的输入和输出信号**

输　入	输　出
Sm-X_CI_D Sm-X_CI_CK Sm-X_CI_FS	Sm_AI[1..X]_D Sm_AI[1..X]_CK Sm_AI[1..X]_FS

处理

这个功能必须实现输入 Sm-X_CI 到 X 个 Sm_AI 的分配，并必须添加虚级联开销形成 Sm_AI[1..X]。

分配处理

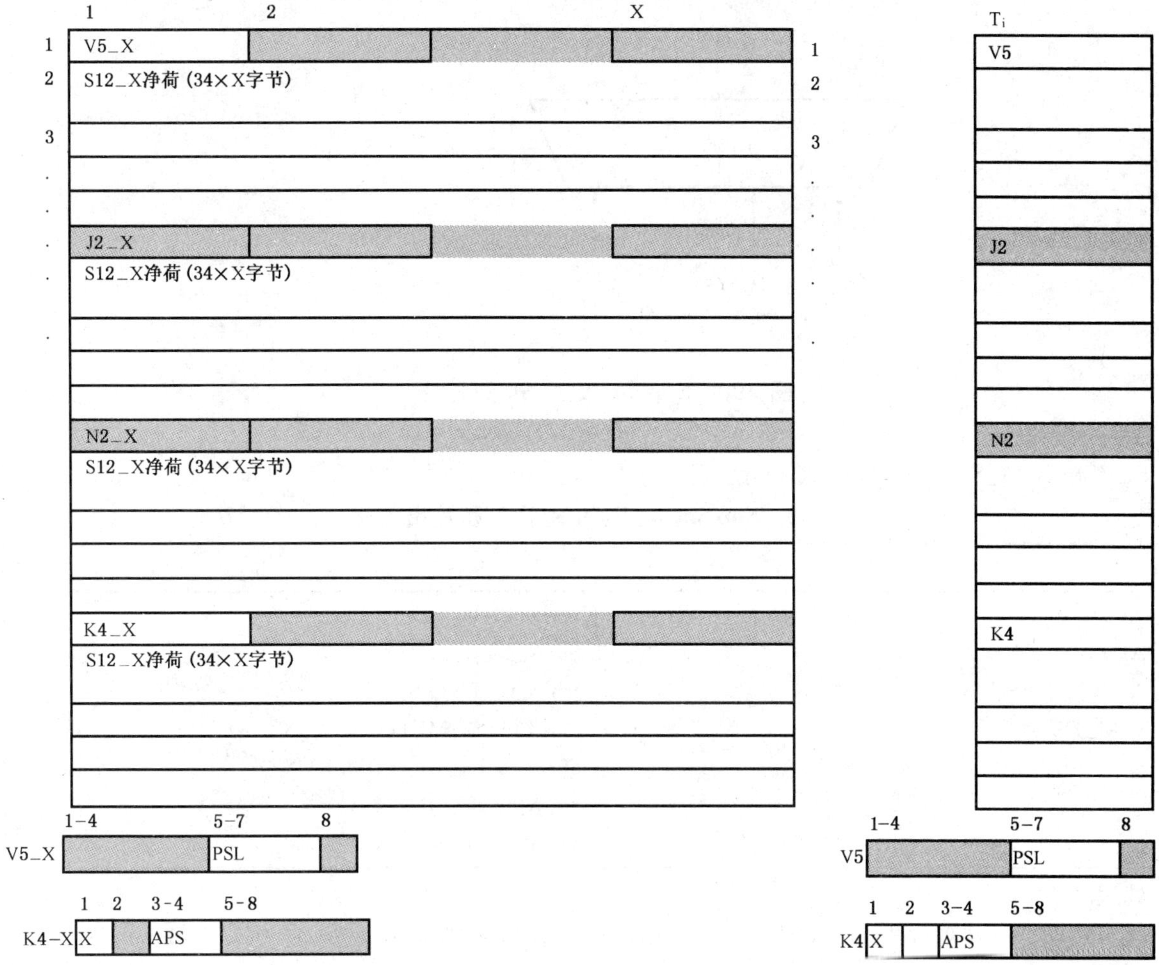

图 189 Sm_X_CI_D(左)和 Sm_AI_D(右)

分配功能实现输入信号的 8 比特或字节去间插操作;8-比特/字节被映入信号 T_i 的净荷,下一个 8-比特/字节映入信号 T_{i+1},如此等等。T_i、T_{i+1} 等属于实际的组而且是不能暂时去除的。比特 V5_X[5-7](PSL)被复制到每一个单独的信号 T_i。比特 K4_X[3-4](APS)被复制到每一个单独的信号 T_i。如果在 K4_X[1]中存在扩展的信号标签,它被复制到每个单独的信号 T_i。

净荷

K4[1,2]:复帧定位和顺序;见 8.2.5.2。

缺陷

无。

后续动作

无。

缺陷关联

无。

性能监测

无。

13.5.1.2.2 **Sm-Xv 层路径适配宿功能 Sm/Sm-X_A_Sk**

符号

Sm/Sm-X_A_Sk 符号如图 190 所示。

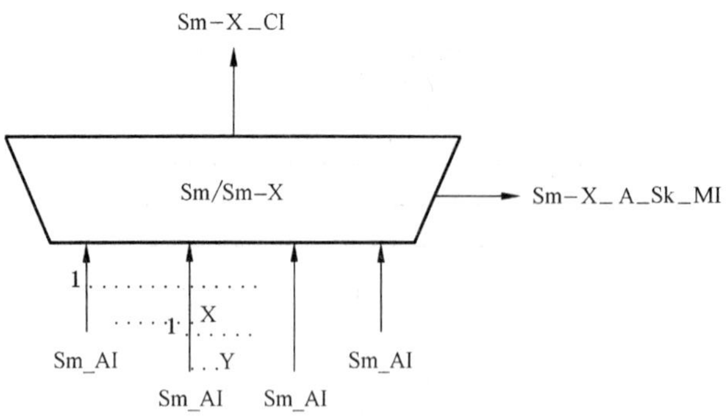

图 190 **Sm/Sm-X_A_Sk 的符号**

接口

Sm/Sm-X_A_Sk 接口如表 125 所示。

表 125 Sm/Sm-X_A_Sk 的输入和输出信号

输 入	输 出
Sm_AI[1..X]_D	Sm-X_CI_D
Sm_AI[1..X]_CK	Sm-X_CI_CK
Sm_AI[1..X]_FS	Sm-X_CI_FS
Sm-X_AI_TSF	Sm-X_A_Sk_MI_cLOM[1..X]
	Sm-X_A_Sk_MI_cSQM[1..X]
	Sm-X_A_Sk_MI_cLOA
	Sm-X_A_Sk_MI_AcSQ[1..X]

处理

这个功能必须实现构成 Sm-X_CI 的 X 个单个 Sm 的状态的监测和恢复，定位 X 个 Sm 并必须恢复输出 Sm-X_AI。

集合处理

集合功能实现输入信号的 8 比特或字节的去间插操作，信号 T_i 来的 8 比特/字节被映入 Sm-X 净荷，来自信号 T_{i+1} 的作为下一个 8 比特/字节映射，如此等等。T_i、T_{i+1} 等属于实际的组而且是不能暂时去除的。

从信号 T_j 复制比特 V5_X[5-7](PSL)。从信号 T_j 复制比特 K4[1](扩展的信号标签)和 K4_X[3-4](APS)。j 的值待研究。

复帧定位处理：见 8.2.5.2。

各个 Sm 定位处理

如果各个 Sm 的 CI_SSF、dLOM 或 dSQM 没有激活，该功能必须使各个 Sm 与公共复帧起始对准。定位处理至少必须覆盖 125 μs 的延迟差。

缺陷

复帧丢失缺陷(dLOM)：见 6.2.5.5。

排序丢失缺陷(dSQM)：如果接受的排序编号(AcSQ)与预期的排序编号(ExSQ)不符，必须检出 dSQM。如 AcSQ 与 ExSQ 相符，必须清除 dSQM。Sm[n]的 ExSQ 是 n-1。

定位丢失(dLOA)：如果定位处理不能实现各个 Sm 对公共复帧起始的定位，必须检出 dLOA(即，如果延迟差超过定位缓存器的大小，dLOA 被激活)。细节待研究。

后续动作

aAIS←dLOM[1..X]或 dSQM[1..X]或 dLOA

aTSF←CI_SSF[1..X]或 dLOM[1..X]或 dSQM[1..X]或 dLOA

当宣告 aAIS 时，该功能必须在 250 μs 内输出全“1”信号，在 aAIS 清除后，该功能必须在 250 μs 内输出正常数据。

缺陷关联

cLOM[n]←dLOM[n]和(非 AI_TSF[n])

cSQM[n]←dSQM[n]和(非 dLOM[n])和(非 AI_TSF[n])

cLOA←dLOA 和(非 dSQM[1..X])和(非 dLOM[1..X])和(非 AI_TSF[1..X])

性能监测

性能监测处理待研究。

13.5.2 LCAS-能力虚级联 VC-m 通道层功能 Sm-Xv-L(m=12;X≥1)

LCAS-能力虚级联 VC-m 通道层功能(Sm-Xv-L，m=12)是 ITU-T G.806 第 10.1 节所述一般功能(P-Xv-L)的实例，是具有某些技术特点的实例。

本节的定义参照 ITU-T G.806 第 10.1 节内合适的一般功能定义给出，并规定了必须的技术上特有的特性。

13.5.2.1 VC-m-Xv-L 层终结功能 Sm-Xv-L_TT

Sm-Xv-L_TT 功能按 ITU-T G.806 第 10.1.1 节进一步分解，如图 191 所示。

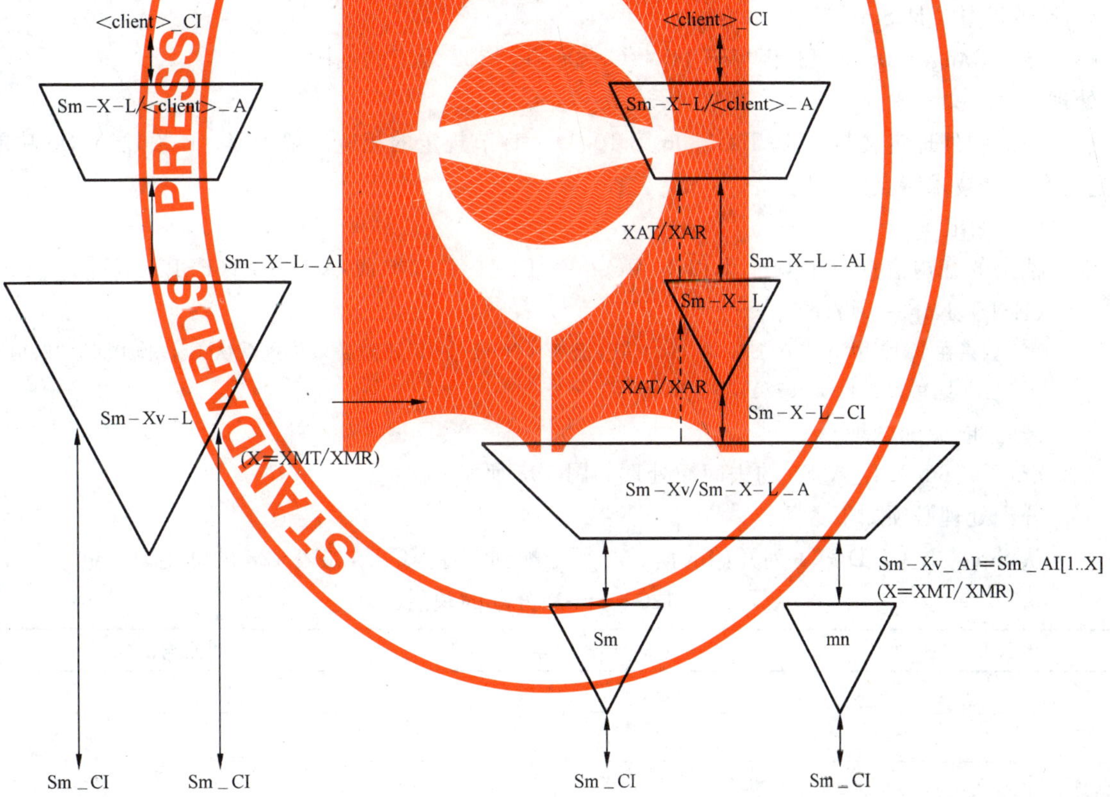

图 191 Sm-Xv-L_TT 功能的分解

这个功能的分解与 ITU-T G.806 第 10.1.1 节规定的相应一般 P-Xv-L_TT 功能一样，是具有下列技术特点的实例：

- 通道层“P-”是 Sm-层。
- Sm_TT 功能是 13.2.1 规定的正常 VC-m 路径终结功能。
- X_{MT}、X_{MR}≤64，按 11.4/G.707/Y.1322 的定义。

13.5.2.1.1 VC-m-Xv/VC-m-X-L 适配源功能 Sm-Xv/Sm-X-L_A_So

符号

Sm-Xv/Sm-X-L_A_So 符号如图 192 所示。

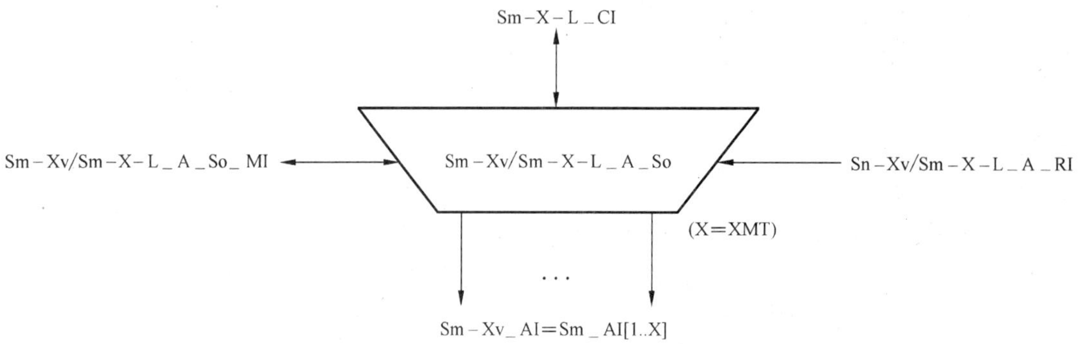

图 192 **Sm-Xv/Sm-X-L_A_So** 的符号

接口

这个功能的接口与 ITU-T G.806 第 10.1.1.1/节规定的相应一般 P-Xv/P-X-L_A_So 功能一样，是具有下列技术特点的实例。

- 通道层“P-”是 Sm-层。
- MST_Range=0...,63(相当于 11.4/G.707/Y.1322 规定的范围)。

处理

这个功能的处理定义与 ITU-T G.806 第 10.1.1.1/节规定的相应一般 P-Xv/P-X-L_A_So 功能一样，是具有下列技术特点的实例：

——OH 抽出

抽出的开销信息_CI_OH 由以下 VC-m-X POH 字节组成：V5[5-7](PSL)、K4[1][12-19](ESL)、K4[3-4](APS)。

注：如果在 K4[1]内不存在 ESL(扩展的信号标签)，“OH 抽出”处理必须传送默认 ESL 值 0x08(“映射在开发”，见 9.3.2.4/G.707/Y.1322)。

——去间插(分配处理)

Sm-Xv/Sm-X-L_A_So 的去间插处理如图 193 所示。

分配处理必须如下：

从 Sm-X-L_CI_D 第 1 列开始的信号必须分配到 X_{AT} VC-m，如表 126 的规定。

表 126 **Sm-X 分配的映射**

Sm-X-L_CI_D 列	去间插输出编号	去间插输出列
1	1	1
...	...	...
X_{AT}	X_{AT}	1
$X_{AT}+1$	1	2
...	...	...
$2\times X_{AT}$	X_{AT}	2
$2\times X_{AT}+1$	1	3
...	...	...
$107/35/26\times X_{AT}$	X_{AT}	107/35/26

注意,从通道的开销到净荷的各列,这个映射是统一的。还有,这个映射等于图 189 规定的映射。

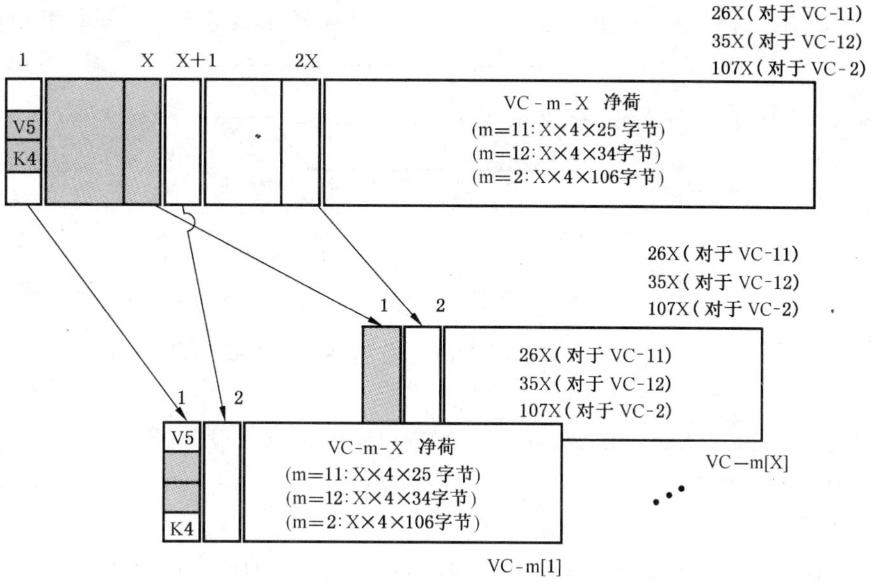

图 193 Sm-Xv/Sm-X-L_A_So 的去间插处理

对于输出 $X_{AT}+1$、$X_{AT}+2$、…、X_{MT},这个方块插入速率和格式与 VC-m 信号相同的全“0”信号。

——“开关 1”(排序号的指派)

对于所有不承载净荷的输出(_PC[s]=0),这个处理插入速率和格式与 VC-m 信号相同的全“0”信号。

——VLI 插入

VLI 信息由 K4[1][1-11](MFAS)和 K4[2]的值组成,具有 11.4/G.707/Y.1322 为这些开销比特规定的代码。

——VLI 组装和 CRC

VLI 信息由 K4[1][1-11](MFAS)和 K4[2]的值组成,具有 11.4/G.707/Y.1322 为这些开销比特规定的代码。使用的 CRC 代码是 11.4/G.707/Y.1322 规定的 CRC-3。

不论 MI_LCASEnable 之值如何,在 K4[2]复帧结构内所有不用字段必须用“0”发出。

——OH 插入

插入的开销信息_CI_OH 由以下 VC-m POH 字节组成:V5[5-7](PSL)、K4[1][12-19](ESL)、K4[3-4](APS)。

缺陷

见 ITU-T G.806 第 10.1.1.1/节。

后续动作

见 ITU-T G.806 第 10.1.1.1/节。

缺陷关联

见 ITU-T G.806 第 10.1.1.1/节。

性能监测

见 ITU-T G.806 第 10.1.1.1/节。

13.5.2.1.2 VC-m-Xv/VC-m-X-L 适配宿功能 Sm-Xv/Sm-X-L_A_Sk

符号

Sm-Xv/Sm-X-L_A_Sk 符号如图 194 所示。

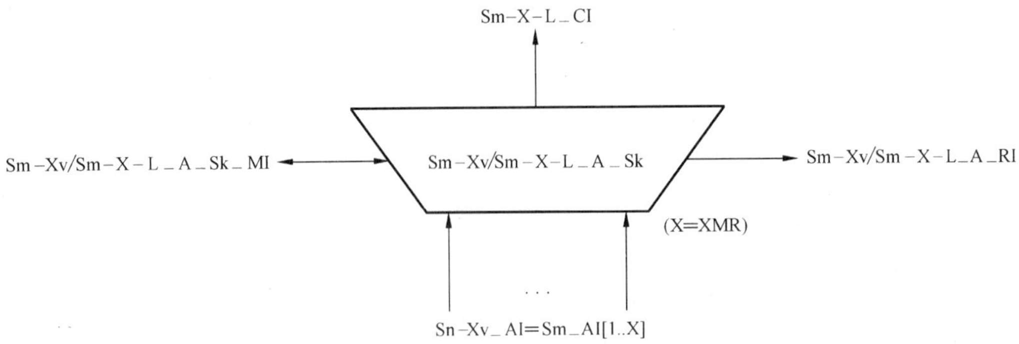

图 194 **Sm-Xv/Sm-X-L_A_Sk 的符号**

接口

这个功能的接口与 ITU-T G.806 第 10.1.1.2/节规定的相应一般 P-Xv/P-X-L_A_Sk 功能一样，是具有下列技术特点的实例。

- 通道层“P-”是 Sm-层。
- MST_Range=0...,63(相应于 11.4/G.707/Y.1322 规定的范围)。

处理

这个功能的处理定义与 ITU-T G.806 第 10.1.1.2/节规定的相应一般 P-Xv/P-X-L_A_Sk 功能一样，是具有下列技术特点的实例。

——MFI 抽出

必须按照 8.2.5.2 进行复帧定位处理。

_MFI[i]输出由 10 比特码语组成，其中 5 个最右边的比特的内容是 K4[1]复帧(0-31)的当前值，5 个最左边的比特是在 AI_D[i]内 K4[2][1-5]所含的 MFI 之值。如 AI_TSF[i]=“真”，则这个处理的_MFI[i]输出必须是全“0”10 比特码语。

必须如以下关于缺陷的说明那样检出每个成员的 dLOM[i]。

——VLI，TSx 抽出

VLI 信息由 K4[1][1-11](MFAS)和 K4[2]之值组成，具有 11.4/G.707/Y.1322 为那些开销比特规定的代码。

如_TSF[i]是“伪”和 dMND[i]是“伪”，则这个处理的_VLI[i]输出是在这个处理输入的 K4[1][1-11](MFAS)和 K4[2]之值。

如_TSF[i]是“真”和 dMND[i]是“真”，则这个处理的_VLI[i]输出必须是一个全“0”序列。

——VLI 拆装和 CRC

VLI 信息由 K4[1][1-11](MFAS)和 K4[2]之值组成，具有 11.4/G.707/Y.1322 为那些开销比特规定的代码。所用的 CRC 代码是 11.4/G.707/Y.1322 规定的 CRC-3。

——“间插处理”

该恢复处理必须如下：

从第 1 列开始的 Sm-x-L-Ci 信号必须按表 127 规定从 X_{AR} VC-m 恢复。

表 127 **Sm-X-L 恢复映射**

间插输入编号	间插输入列	Sm-X-L_CI 列
1	1	1
...	...	...
X_{AR}	1	X_{AR}

表 127（续）

间插输入编号	间插输入列	Sm-X-L_CI 列
1	2	$X_{AR}+1$
…	…	…
X_{AR}	2	$2\times X_{AR}$
1	3	$2\times X_{AR}+1$
…	…	…
X_{AR}	26/35/107	$26/35/107\times X_{AR}$

注意，从通道开销到净荷的各列，这个映射是统一的。还有，这个映射等于 13.5.1.2.2 规定的映射。实际上，注意到：从间插输入 1 的 POH 列将得到 Sm-X-L_CI 信号的 POH 列（第 1 列），而它又是最小排序号的承载净荷编号。

缺陷

复帧丢失缺陷(dLOM)：见 6.2.5.5。

排序丢失缺陷(dSQM)：见 ITU-T G.806 第 10.1.1.2/节。

成员不能解偏移(dMND)：见 ITU-T G.806 第 10.1.1.2/节。

定位丢失(dLOA)：见 ITU-T G.806 第 10.1.1.2/节。

后续动作

见 ITU-T G.806 第 10.1.1.2/节。

在宣告 aAIS 时，该功能必须在 250 μs 内输出全“1”；在清除 aAIS 时，该功能必须在 250 μs 内输出正常数据。这个全“1”信号的速率必须符合由所涉及的处理算出的 $\_X_{AR}$ 值。

缺陷关联

见 ITU-T G.806 第 10.1.1.2/节。

性能监测

见 ITU-T G.806 第 10.1.1.2/节。

13.5.2.1.3 LCAS-能力 VC-m-X-L 路径终结源功能 Sm-X-L_TT_So

符号

Sm-X-L_TT_So 符号如图 195 所示。

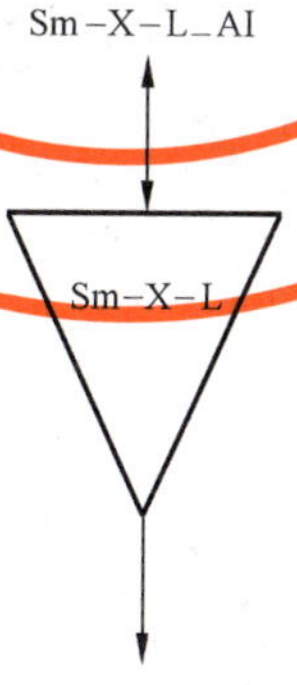

图 195 Sm-X-L_TT_So 的符号

接口

这个功能的接口与 ITU-T G.806 第 10.1.1.3 节规定的相应一般 P-Xv/P-X-L_TT_So 功能一样，是具有下列技术特点的实例。

• 通道层“P-”是 Sm-层。

处理

见 ITU-T G. 806 第 10. 1. 1. 3 节。

缺陷

见 ITU-T G. 806 第 10. 1. 1. 3 节。

后续动作

见 ITU-T G. 806 第 10. 1. 1. 3 节。

缺陷关联

见 ITU-T G. 806 第 10. 1. 1. 3 节。

性能监测

见 ITU-T G. 806 第 10. 1. 1. 3 节。

13.5.2.1.4 **LCAS-能力 VC-m-X-L 层路径终结宿功能 Sm-X-L_TT_Sk**

符号

Sm-X-L_TT_Sk 符号如图 196 所示。

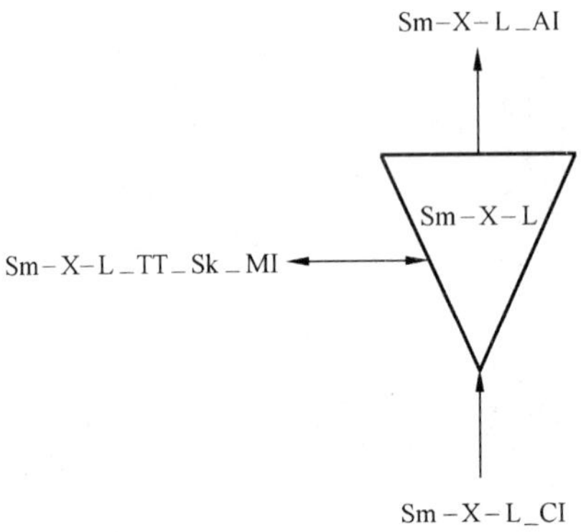

图 196 Sm-X-L_TT_Sk 的符号

接口

这个功能的接口与 ITU-T G. 806 第 10. 1. 1. 4 节规定的相应一般 P-Xv/P-X-L_TT_Sk 功能一样，是具有下列技术特点的实例。

• 通道层“P-”是 Sm-层。

处理

见 ITU-T G. 806 第 10. 1. 1. 4 节。

缺陷

见 ITU-T G. 806 第 10. 1. 1. 4 节。

后续动作

见 ITU-T G. 806 第 10. 1. 1. 4 节。

缺陷关联

见 ITU-T G. 806 第 10. 1. 1. 4 节。

性能监测

见 ITU-T G. 806 第 10. 1. 1. 4 节。

14 定时功能

同步层功能叙述在 ITU-T G. 781 建议。

15 抖动和漂移规范

15.1 STM-N 接口

15.1.1 输入抖动容限

SDH 线路终结和在线路系统中使用的再生中继器包括类型 A 再生中继器的抖动容限已规定在 OSn/RSn_A_Sk(见 9.3.1.2)或 ES1/RS1_A_Sk(见 9.3.2.2)原子功能。作为这两节中抖动容限要求的一个部分,类型 A 再生中继器必须容许按 ITU-T G.825 建议规定的施加在输入信号上的抖动调制。在图 198 给出 G.825 正弦抖动容限掩模的高频带部分,对于各个 STM-N 阶,其参数规定在表 129。

SDH 线路终结和在线路系统中使用的只是类型 B 再生中继器或线路系统中没有再生中继器,可能具有降低的抖动容限。这样的设备必须容许(最小)按图 198 的掩模施加的输入抖动,对于每个 STM-N 阶其参数规定在表 128。具有降低抖动容限的 SDH 设备,在它们接在类型 A 再生中继器链之后的情况,可能要求某些抖动降低。

表 128 降低的抖动容限的参数

STM-N 阶	A_3/UI	A_4/UI	f_2/kHz	f_3/kHz
STM-1	1.5	0.15	1.2	12
STM-4	1.5	0.15	1.2	12
STM-16	1.5	0.15	1.2	12
STM-64	tbd	tbd	tbd	tbd
STM-256	tbd	tbd	tbd	tbd

15.1.2 输出抖动产生

STM-N 信号的输出抖动产生规定在 MSn-LC_A_So(见 ITU-T G.781 建议),OSn/RSn_A_ So(见 9.3.1.1),或 ES1/RS1_A_So 功能(见 9.3.2.1)。

15.1.3 抖动或漂移传递

SDH 终结设备的抖动传递函数:

一对 SDH 的输入和输出的抖动传递特性只适用于这个输入信号是由 ITU-T G.781 建议规定的 NS-C 连接功能当作同步源选定的情况。在这个情况,传递特性由 ITU-T G.781 建议的时钟适配功能 SD/NS-xxx_A_So 规定。

SDH 再生中继器的抖动传递规范:

抖动传递函数定义为在输出 STM-N 信号上的抖动对施加在输入 STM-N 信号上抖动的比值随频率的变化。

在所施加的输入正弦抖动高到其参数如表 129 规定的图 198 的掩模水平时,类型 A SDH 再生中继器的抖动传递函数必须在每种比特率的类型 A 的参数如表 130 规定的图 197 给定的曲线之下。

在所施加的输入正弦抖动高到其参数如表 128 规定的图 198 的掩模水平时,类型 B SDH 再生中继器的抖动传递函数必须在每种比特率的类型 B 的参数如表 130 规定的图 197 给定的曲线之下。

在图 197 和表 130,抖动传递在频率范围 f_L 到 f_H 上测量。低频 f_L 设定为 $f_C/100$(f_C 是转角频率),f_H 规定为 $100\times f_C$ 之下或者是在每个规定的速率测量抖动的低通滤波器的最大频率(表 6,基于 2 048 kbit/s 的网络内 STM-N 类型 A 再生中继器的抖动产生,这个表内测量频带列的上限 −3 dB 频率)。f_H 之上的抖动通常认为对再生中继器的抖动积累不重要,在试图在高的输入/输出衰减水平(即 −40 dB 以下)测量抖动传递时,低水平的规范内的抖动产生很容易与规范外的抖动传递测量混淆。对 f_L 的限制设在 $f_C/100$ 总是将出现最大增益峰的频率包括进去了,而限制抖动传递的测量频率在 f_L 和 f_H 之间有助于限制测试时间。

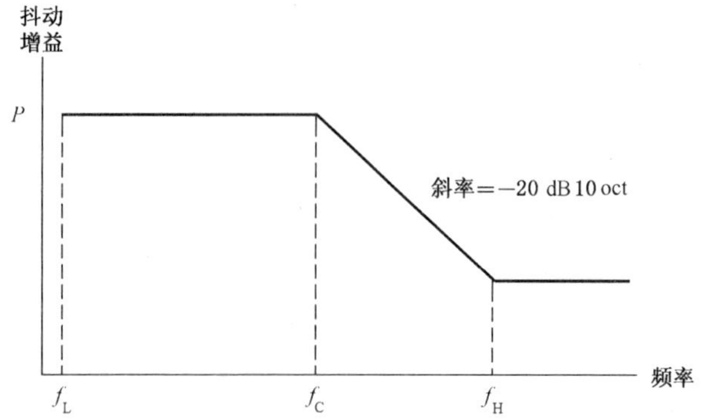

图 197 抖动传递

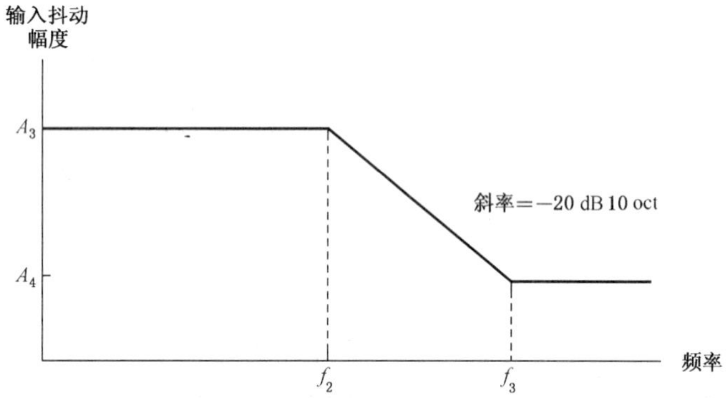

注：A_3、A_4、f_2 和 f_3 之值来源于 ITU-T G. 825 建议书，并归纳在表 129。

图 198 正弦抖动容限模框的高频带部分(对于类型 A，符合 ITU-T G. 825 建议)

表 129 图 198 的参数值

STM 的阶	A_3/UI	A_4/UI	f_2/kHz	f_3/kHz	参 考
STM-1 光	1.5	0.15	6.5	65	表 3/G. 825 图 1/G. 825
STM-1 电 (注)	1.5	0.075	3.3	65	表 4/G. 825 图 2/G. 825
STM-4	1.5	0.15	25	250	表 5/G. 825 图 3/G. 825
STM-16	1.5	0.15	100	1 000	表 6/G. 825 图 4/G. 825
STM-64	1.5	0.15	400	4 000	表 7/G. 825 图 5/G. 825
STM-256	1.5	0.2	2 130	16 000	表 8/G. 825 图 6/G. 825
注：这些值应用于对 2 048 kbit/s 体系最佳化的 SDH 网络。					

表 130 抖动传递函数

STM-N 的阶（类型）	f_L/kHz	f_C/kHz	f_H/kHz	P/dB
STM-1(A)	1.3	130	1 300	0.1
STM-1(B)	0.3	30	1 300	0.1
STM-4(A)	5	500	5 000	0.1
STM-4(B)	0.3	30	3 000	0.1
STM-16(A)	20	2 000	20 000	0.1
STM-16(B)	0.3	30	3 000	0.1
STM-64(A)	10	1 000	80 000	0.1
STM-64(B)	待定	待定	待定	待定
STM-256(A)	40	4 000	320 000	0.1
STM-256(B)	待定	待定	待定	待定

15.1.4 脉型相关性测试

STM-N 信号的数据流中包含有一些区域，在那些区域内由于数据结构的关系引起比特误码的可能性很大。

实际上已认识到三种情况：

1） 由于交流耦合设备内信号平均电平随脉型密度变化导致的眼睛闭合度引起误码（“DC 漂移”）；

2） 由于定时恢复电路跨过包含很少（以数据过渡形式带来的）定时信息的区域的能力失效引起误码；

3） 由于定时恢复电路像上述 2）那样失效，却没有因为先前的低定时含量周期的 STM-N 段开销字节的第一行的状态变得更坏（这些字节的数据内容小，特别是 N 大的情况）这种情况引起误码。

证实 SDH 设备的 CID 防卫度的可能方法说明在附录 E。

15.2 PDH 接口

15.2.1 输入抖动和漂移容限

基于 2 048 kbit/s 体系信号的输入抖动和漂移容限规定在 ITU-T G.823 建议。PDH 信号可以当作同步功能的同步参考源使用（参见 ITU-T G.781 建议）。在这种情况下，ITU-T G.813 建议规定了附加的参数及限值。

注：对于多供应商系统可能需要分别规定发送和接收的要求。

15.2.2 抖动和漂移传递

作为最低要求，必须满足任何相应准同步设备建议规定的抖动传递规范。

注 1：对多供货商系统，设备的抖动和漂移传递可以有不同的规定。去同步器的抖动和漂移传递可以有更合适的规范。

注 2：为了保证 SDH 设备提供足够的抖动和漂移的总衰减，上述规范还不够。特别是，解码的指针调整引起的抖动和漂移衰减对 SDH 去同步器传递性提出更严格的要求。

15.2.3 抖动和漂移产生

15.2.3.1 支路映射引起的抖动和漂移

ITU-T G.707/Y.1322 建议所述 GB/T 13997(PDH)支路映入容器引起的抖动规范应该按照在给定测量间隔上给定的频率上峰到峰幅度作出规定。在表 131 给出了每种 GB/T 13997(PDH)支路接口的限值和映射抖动的相应滤波特性。

注：支路映射抖动是在没有指针调整的情况下测得的。来自 2 048 kbit/s 同步器的输出抖动，在没有输入抖动和指针活动的情况，在利用数字 10 Hz 低通滤波器（代表理想去同步器）后接具有 20 Hz 高通转角频率和斜率为 20 dB/10 oct 的测量滤波器测量时，不得超过 0.35 UI（峰-峰）。

输出漂移应该按 MTIE 和它对时间的一阶、二阶导数进行规范。

当 PDH 接口的输入频率是标称频率限值 $-a\times10^{-6}$ 到 $+a\times10^{-6}$ 之内的常数时，该要求必须满足。“a”之值在 GB/T 13997 中合适的章节中规定。

15.2.3.2 指针调整引起的抖动和漂移

为了保证现有准同步网络的性能不会劣化，必须对解码的指针调整引起的抖动和漂移有足够的衰减。

15.2.3.3 支路映射和指针调整引起的组合抖动和漂移

支路映射和指针调整引起的组合抖动应该用给定频段上的峰到峰幅度来规定，要采用典型的规范的指针调整测试序列在给定的测量间隔上进行测试。这个间隔由测试序列持续时间和重复的次数决定。在规范指针调整对 GB/T 13997(PDH)接口的影响所必须考虑的关键因素是分开抖动和漂移。因此，一个重要的因素是高通滤波器的特性，测量用的滤波器特性规定在 9.3.2/0.172。根据图 199 示出的指针测试序列，在表 132 列出对每种 GB/T 13997(PDH)支路接口的组合抖动限值和相应的测试组合抖动用滤波器特性。

为了启动指针处理器和准备测试序列的设备，必须采用初始化和放松序列。在单个和突发序列的情况，指针处理器不得吸收指针移动和停止对分用支路信号抖动的影响。在周期序列的情况，如果总是存在连续的指针移动，则指针处理器必须处于希望的稳态情况。对于单个和突发测试序列，初始化周期应该包含有以超过测试序列速率的速率施加的指针调整，但又不能超过每秒 3 次指针调整，调整方向与相继测试序列相同。初始化周期至少应该持续到在测量抖动的分用支路信号中检测到响应为止。初始化周期之后，建议在测试信号中不存在指针活动时允许有 30 s 的放松周期。对于周期的测试序列(连续的和间歇的)，建议采用最小 60 s 的初始化周期。在施加周期的序列使稳态情况得以维持的期间，建议有一个 30 s 的放松周期。如有必要，该周期必须扩展到能包含整数个完整的序列。

表 131 和表 132 的值只是在提供通道的所有网元都维持同步的情况才有效。上述要求不适用于 SDH 网络同步丢失的情况。

PDH 支路的频率与 SDH 同步频率无关。

当 PDH 接口的输入频率符合其值在标称频率的 $-a\times10^{-6}$ 到 $+a\times10^{-6}$ 的限值之内时，该要求必须满足。“a”之值在 GB/T 13997 的合适章节有规定。

表 131 和表 132 的高通测量滤波器具有一阶特性和 20 dB/10 oct 的滚降。低通测量滤波器具有最大平坦的 Butterworth 特性和 −60 dB/10 oct 的滚降(对于基于 2 048 kbit/s 体系的 STM-N 比特率和 PDH 比特率)。抖动测量函数频率响应的进一步规范，诸如测量滤波器精度和附加的允许的滤波器极点等在 ITU-T0.172 建议给出。

表 131 映射抖动产生的规范

GB/T 13997 (PDH)接口	滤波器特性[a]			最大峰-峰抖动 映射的	
	f_1 高通	f_3 高通	f_4 低通	$f_1\sim f_4$	$f_3\sim f_4$
2 048 kbit/s	20 Hz 20 dB/dec	18 kHz (700 Hz) 20 dB/dec	100 kHz −60 dB/dec	待研究	0.075 UI
34 368 kbit/s	100 Hz 20 dB/dec	10 kHz 20 dB/dec	800 kHz −60 dB/dec	待研究	0.075 UI

表 131(续)

GB/T 13997 (PDH)接口	滤波器特性[a]			最大峰-峰抖动	
				映射的	
	f_1 高通	f_3 高通	f_4 低通	$f_1 \sim f_4$	$f_3 \sim f_4$
44 736 kbit/s	10 Hz	30 kHz	400 kHz −20 dB/dec	0.40 UI(A_0)[b]	待研究
139 264 kbit/s	200 Hz 20 dB/dec	10 kHz 20 dB/dec	3 500 kHz −60 dB/dec	待研究	0.075 UI

a 括号内的频率值只适于某些国内接口。关于滤波器特性的更多资料参见 ITU-T 0.172 建议书。

b 为了保证同步/去同步器互通,映射机制必须符合下列要求。产生 C 比特(调整控制比特)的填充机制必须这样实现:给定 40 Hz 单极点低通滤波去同步器具有不超过 0.1 dB 的增益峰,映射抖动必须符合这个表中相关的要求。

表 132 组合抖动产生的规范

GB/T 13997 (PDH)接口	滤波器特性[c,d]			最大峰-峰抖动	
				结合	
	f_1 高通	f_3 高通	f_4 低通	$f_1 \sim f_4$	$f_3 \sim f_4$
2 048 kbit/s	20 Hz 20 dB/dec	18 kHz (700 Hz) 20 dB/dec	100 kHz −60 dB/dec	0.4 UI[a]	0.075 UI[a]
34 368 kbit/s	100 Hz 20 dB/dec	10 kHz 20 dB/dec	800 kHz −60 dB/dec	0.4 UI 0.75 UI[b]	0.075 UI[b]
139 264 kbit/s	200 Hz 20 dB/dec	10 kHz 20 dB/dec	3 500 kHz −60 dB/dec	0.4 UI 0.75 UI[b,e]	0.075 UI[b,e]

a 图 199 中相应指针序列 a,b,c 的限值。$T_2 > 0.75$ s $T_3 = 2$ ms。

b 0.4 UI 和 0.075 UI 的限值相应于图 199 中指针序列 a,b,c。0.75 UI 限值相应于图 199 中指针序列 d。T_2 和 T_3 之值待研究。假定相反性的指针调整在时间上是隔得很开的,即,调整之间的周期大于去同步器时间常数。

c 括号内的频率值只适用于某些国内接口。

d 关于滤波器特性的更多资料参见 ITU-T 0.172 建议。

e 图 199 g 的指针序列只应用于 AU-3 和 AU-4。抖动和漂移值待研究。

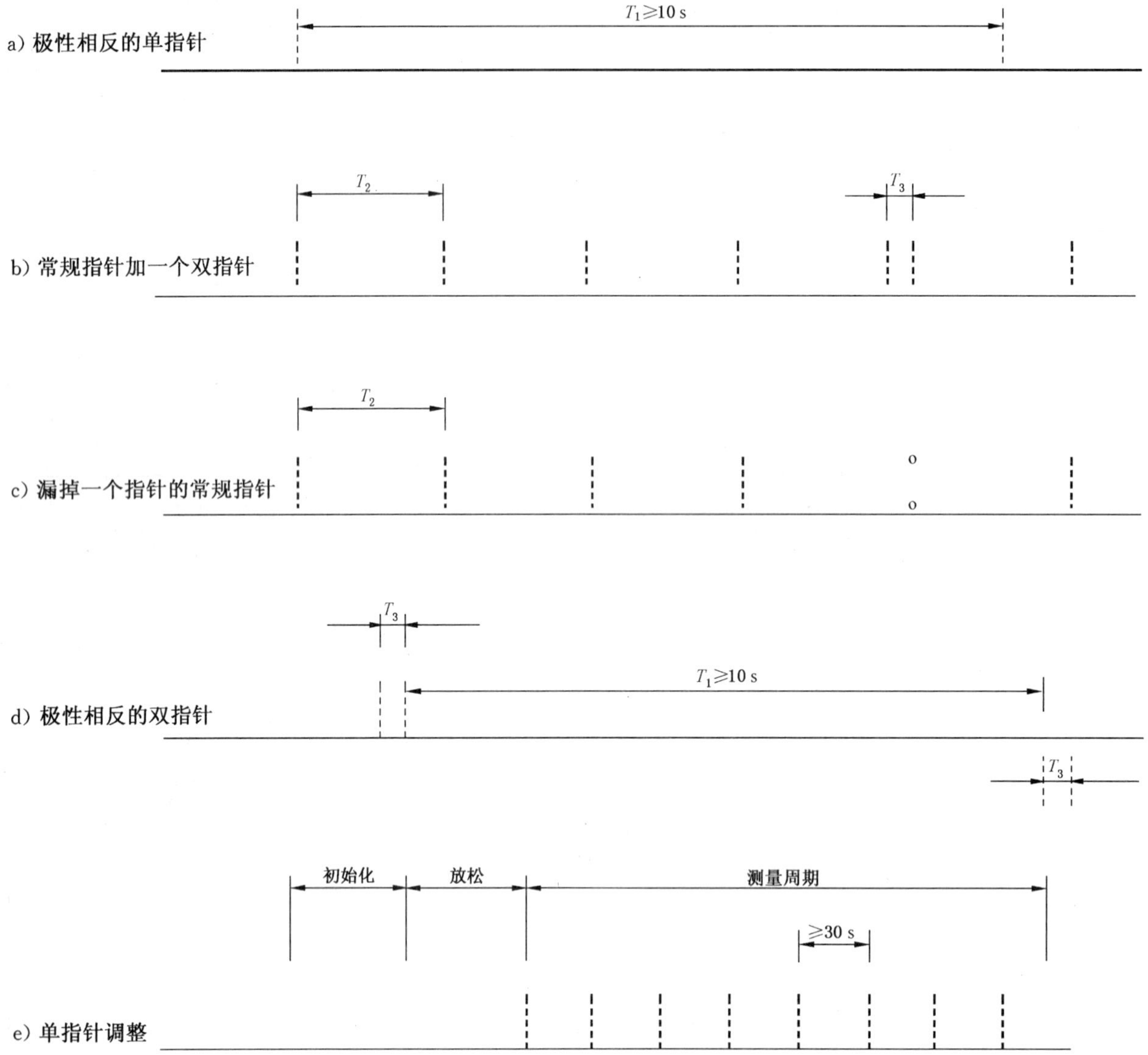

注 1：净荷输出抖动当作整个测量周期的最大抖动规定。

注 2：对于 AU-3 阶净荷，调整必须施加到 STM-N 阶指针。对于 VC 阶净荷，调整必须施加在 TU 阶指针。

注 3：整个净荷数据完整必须在整个 SDH 网内维持。

注 4：对于单个和突发序列，各个测试必须首先用全部正指针调整运行，然后用全部负指针调整运行。

注 5：对于周期序列，对每个测量 T_5 是常数，由 VC 和它的承载者（对低阶 VC 是高阶通道，对高阶 VC 监视 STM-N）之间频率偏移量确定。T_5 必须在表 132 注 6 和注 7 给定的范围内变化。

注 6：所有周期测试必须用正频偏和负频偏进行。

注 7：对于周期序列，各个测试必须首先用只是添加指针调整运行，然后用只是取消指针调整运行。

图 199　指针测试序列（共 5 张，第 1 张）

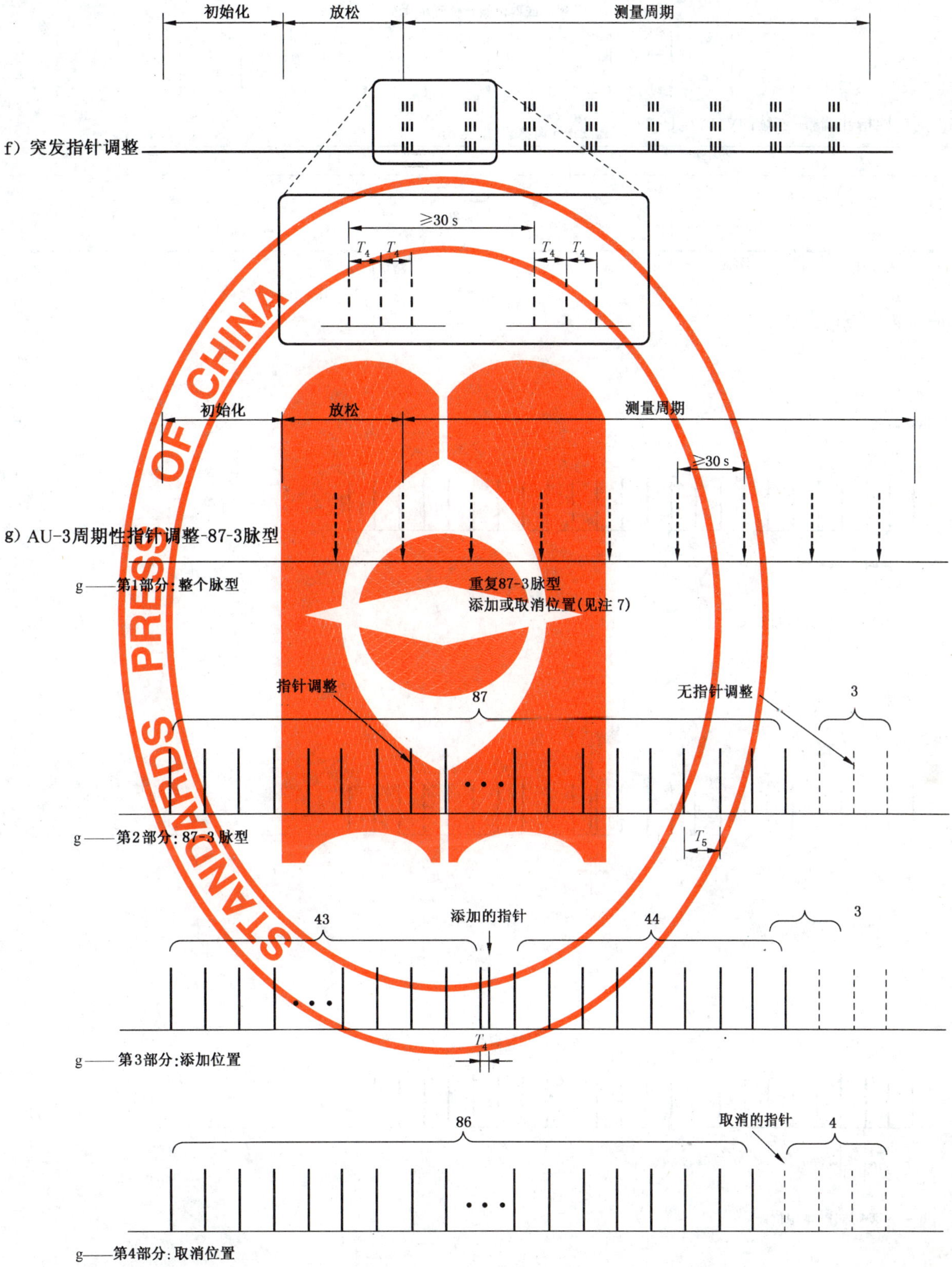

图 199（续）（共 5 张，第 2 张）

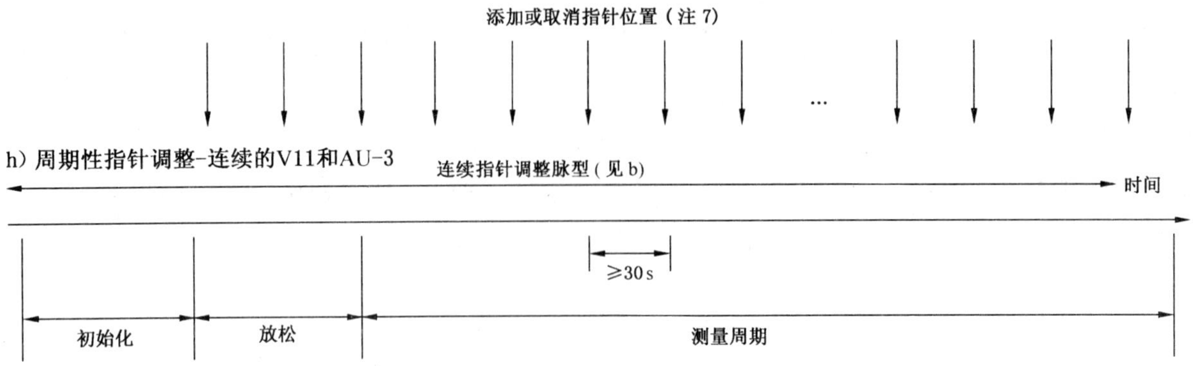

h——第 1 部分：整个脉型

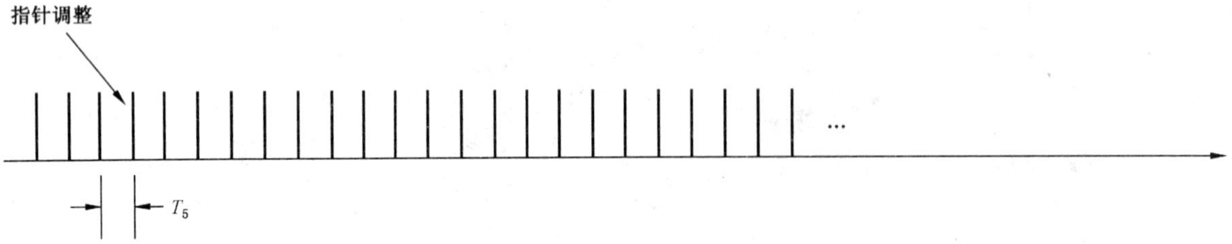

h——第 2 部分：连续脉型

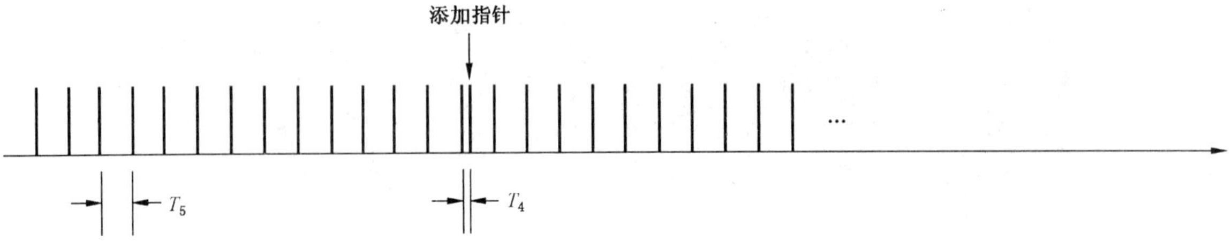

h——第 3 部分：添加位置

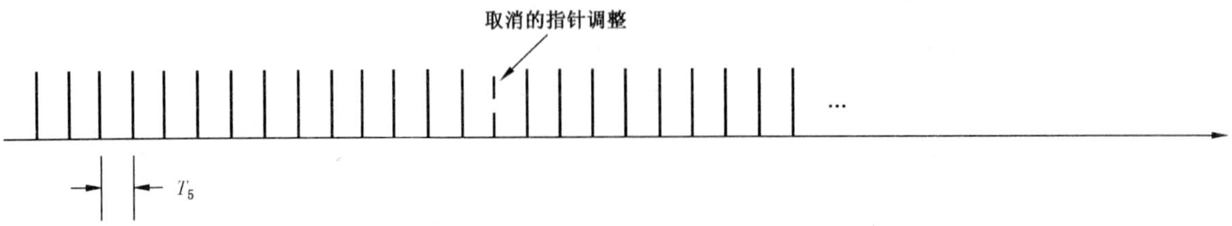

h——第 4 部分：取消位置

图 199（续）（共 5 张，第 3 张）

i）相位瞬变指针调整测试序列

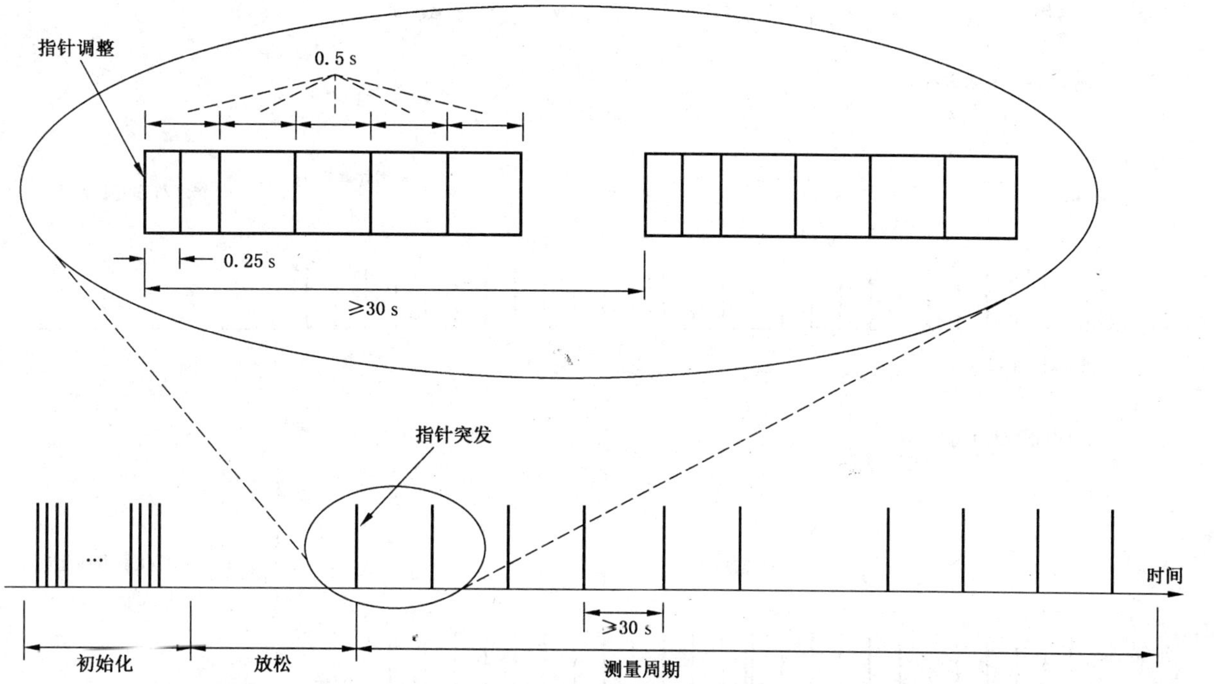

图 199（续）（共 5 张，第 4 张）

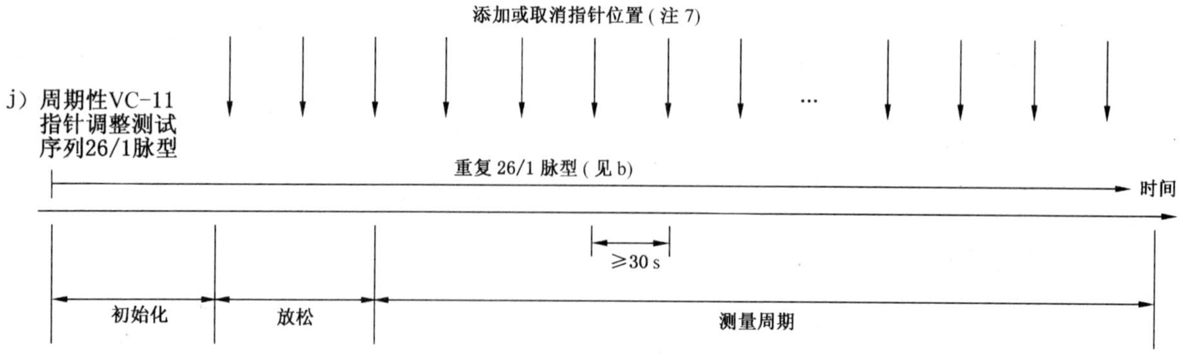

j——第 1 部分:整个脉型

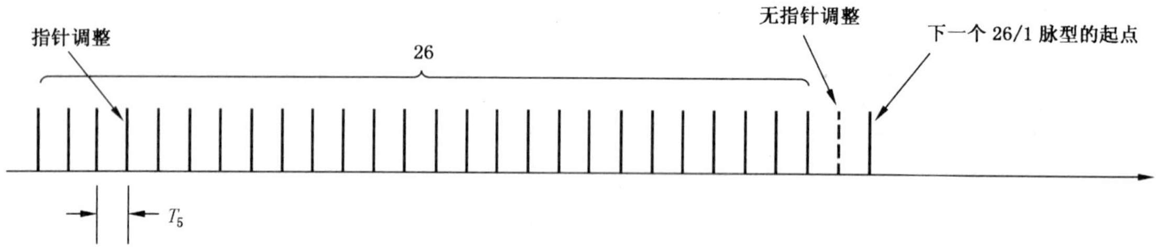

j——第 2 部分:26/1 脉型

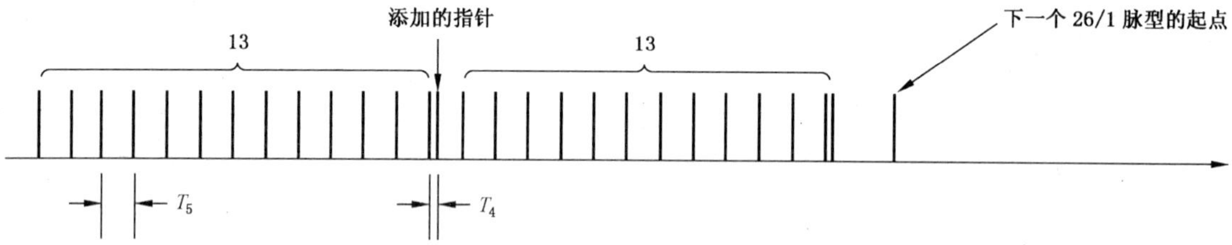

j——第 3 部分:添加位置

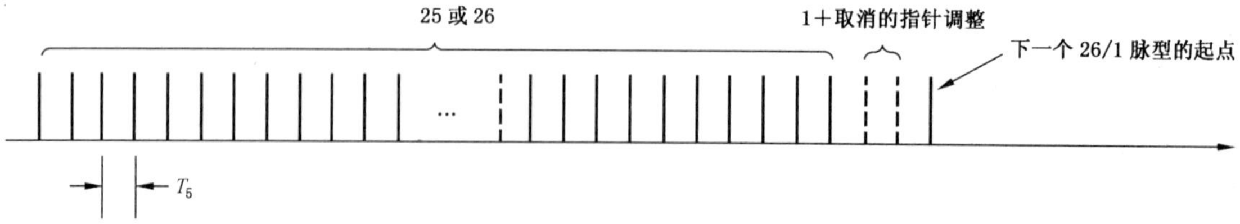

j——第 4 部分:取消位置

图 199(续)(共 5 张,第 5 张)

15.3 抖动和漂移测量

适于测量 SDH 系统抖动和漂移的仪表要符合 ITU-T O.172 建议的规定。

注:ITU-T O.172 建议包括测量以 PDH 比特率工作的 SDH 支路用的测试装置的规范,在那种情况测试装置的要求比只是工作在 PDH 系统的相关装置更严格。因而,在 SDH 系统的 PDH 接口必须使用符合 ITU-T O.172 建议规定的仪表。

测量在数字接口输出抖动的功能性说明在 ITU-T O.172 建议给出。在测量组合的映射和指针抖动时，测试程序采用 15.2.3.3 所述初始化和放松周期。附录三/T O.172 给出关于测试装置配置及测试用指针序列性能的详细资料。

前面章节给出的限值代表在规定条件下和以某种时间周期进行测量时设备接口处抖动的最大允许水平。通常，测量抖动的周期是 60 s。但是，在测量组合的映射和指针调整并使用 15.2.3.3 规定的测试序列时，测量周期取决于所使用的测试序列。如有必要，该周期必须扩展到能包括整数个完整的序列。

16 开销接入功能(OHA)

在 SDH 设备中，可能需要提供以综合的方式接入传输开销功能。这个课题在 ITU-T 还在研究。

在 SDH NE 内可能包括的实际开销接入功能是公务功能，它用来向维护人员提供 SDH NE 之间话音联络。

OHA 块的公务功能必须接受来自 RSn/OW_A 和 MSn/OW_A 功能的 E1 和 E2 字节，并将它们以数据通路的形式呈现在表 133 所述一个或几个外部接口上。

终结若干个公务通路的 NE 的复用公务接口的用法还在研究。

表 133 公务接口

比特率(kbit/s)	接口标准	同步	帧结构
64	GB/T 13997	同向型	STM-N 帧内 E1/E2 字节的比特 1 相当于 64 kbit/s 通路内比特 1

附 录 A
（规范性附录）
F1 字节用法示例

ITU-T G.784 建议说明了 DCC 在维护包括再生器的 SDH 网络方面的用途。为了引入成本效益好的再生器，本附录给出一个使用 F1 字节识别再生段链路中失效段的用法示例。当再生器检测到在它的段内失效时，它将它的再生器编号和它的失效状态插入 F1 字节。图 A.1 说明该过程，而 F1 字节的定义示于图 A.2。

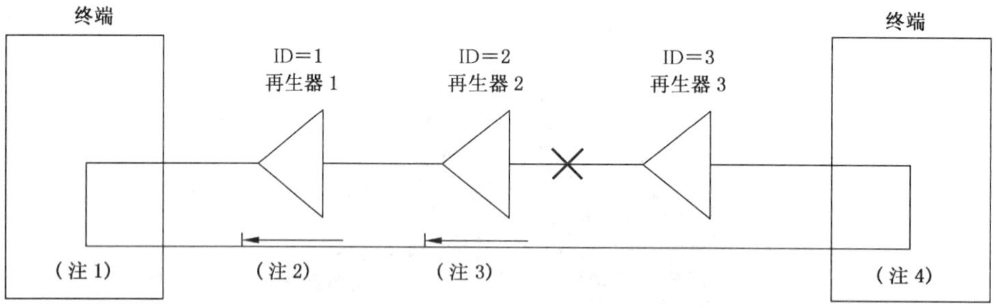

注 1：终结接收再生器告警并报告它。

注 2：如果再生器状态正常，应该将接收的 F1 字节不作任何改变的传往下游。

注 3：如 Reg.2 在上游侧检出 LOS、LOF、SD(B1)或 ERR MON，则它使用 F1 字节将再生器编号及状态信息发往下游侧。这些告警定义如下：

- LOF 或 LOS 帧丢失或信号丢失
- SD(B1)由 B1 字节计算的信号劣化

注意，如这个程序被使用，则必须增强 RSn_TT 功能对 B1 的计算能力。

- ERR MON 由检测 B1 字节检测出的误码。

注 4：终结将正常插入 F1 字节。

图 A.1 再生器段的链

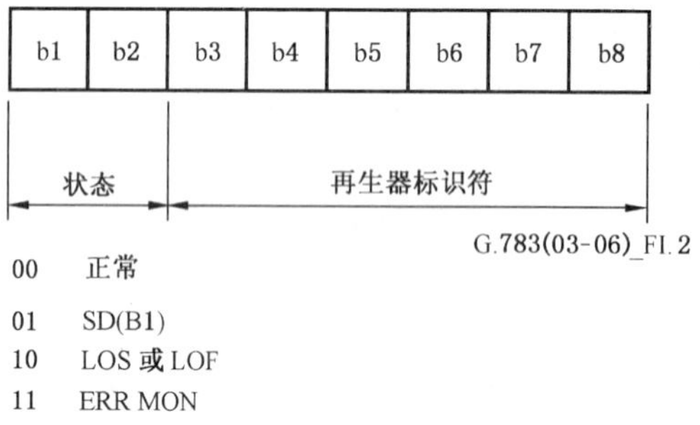

图 A.2 F1 字节的定义

附 录 B
（规范性附录）
数据通信通路(DCC)

DCC 的用法与网络运营商的维护策略和特定的情况有关。因为有可能用其他的方式来完成所要求的功能，所以可能不总是需要 DCC。

有两种使用 DCC 的方法：

1） 使用位于 RSOH(DCCR)并可在再生器和其他网元接入的 D1 到 D3 字节。

2） 使用位于 MSOH(DCCM)而在再生器不能接入的 D4 到 D12(和在 STM-256 情况的 D13 到 D156)字节。跨过 MCF 功能或 OHA 功能交替地提供这些字节。这些字节的特定用法还有待研究。

这些通路是基于消息的，提供网元之间的通信。它们能够用于支持各站与 TMN 的通信。图 B.1 和图 B.2 给出了两个例子。

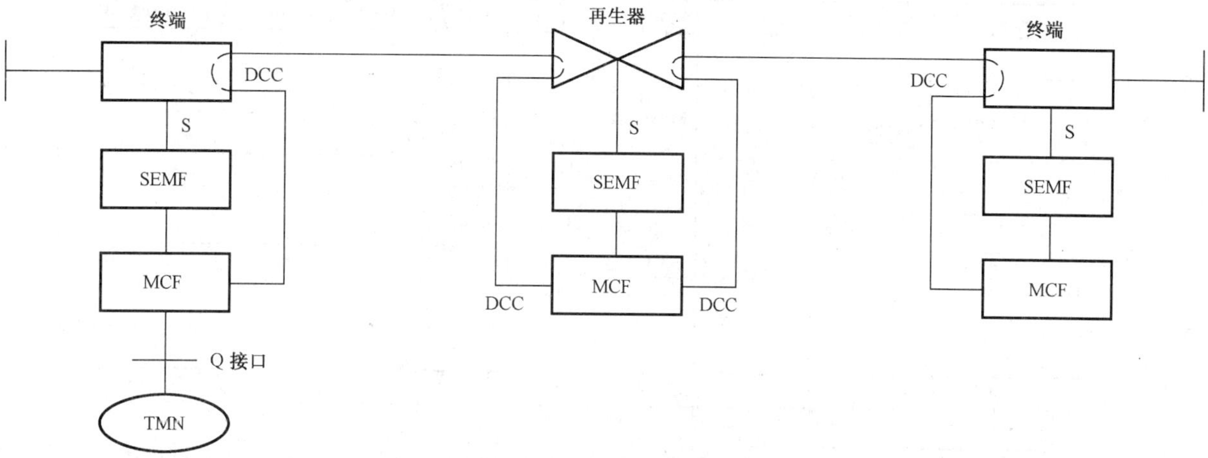

图 B.1 SDH 线状系统配置

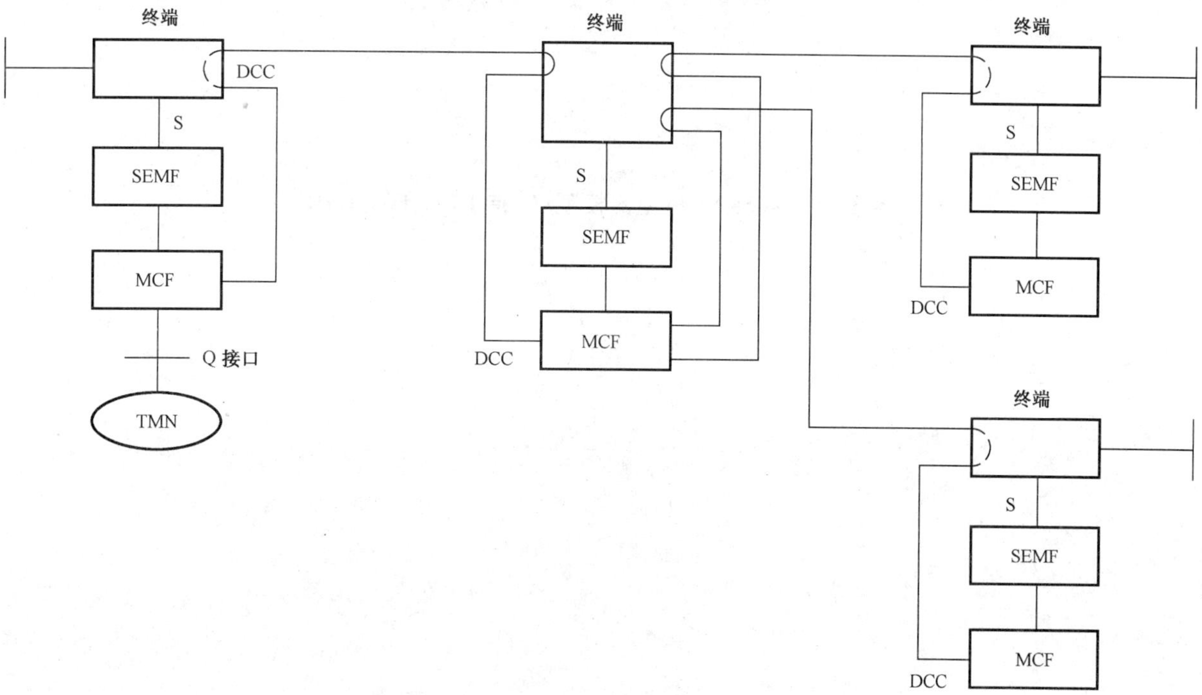

图 B.2 SDH 树状配置

附 录 C
（规范性附录）
STM-16 再生器功能模型

图 C.1 给出代表 STM-16 再生器网元的传送部分的原子功能组合。在这个例子中，DCC、公务和用户通路都支持，公务(E0)和用户通路(E0 或 V11)的物理段原子功能没有示出。

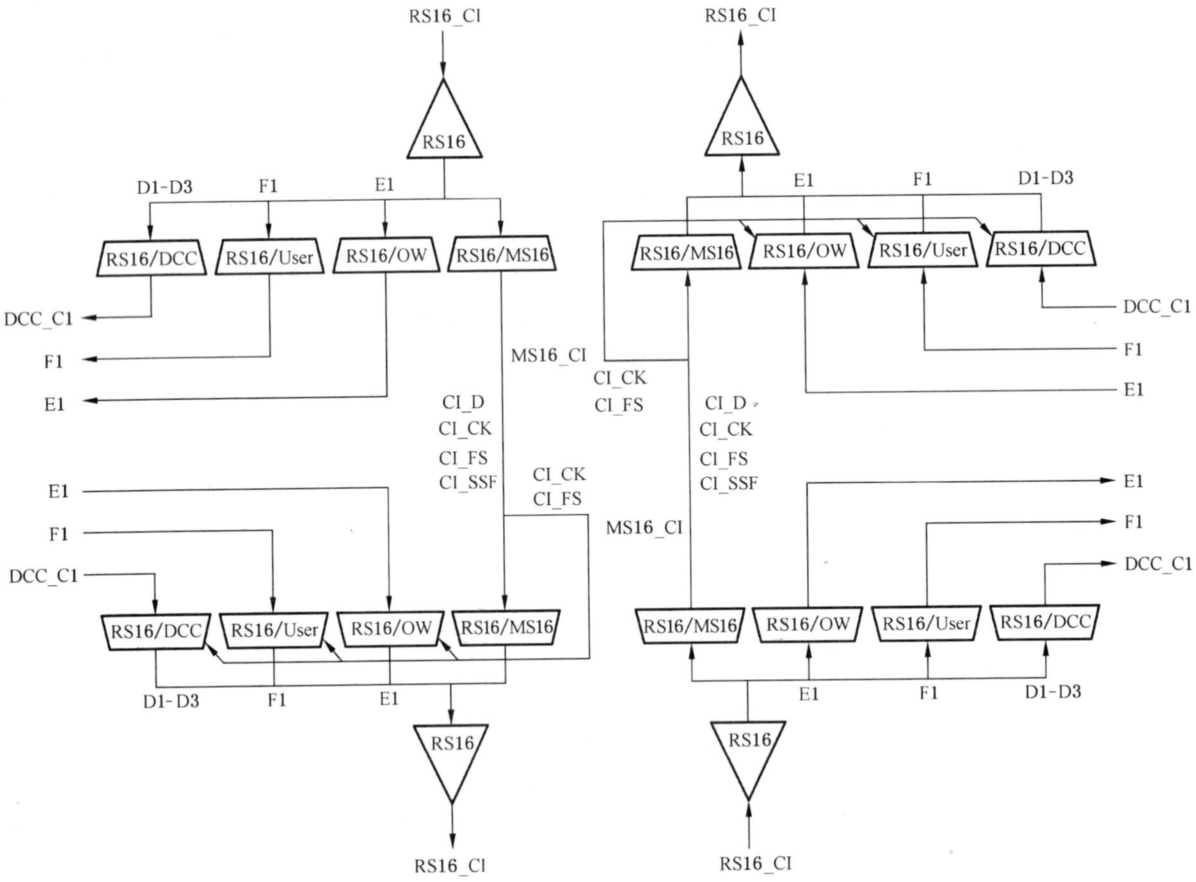

图 C.1 STM-16 再生器模型（支持 DCC、OW USR）

附 录 D
（规范性附录）
STM-N 透明再生器

在再生器中，取代进行终结和产生，A1、A2 和 J0 字节可能是中继的（即，通过再生器透明地传送）。

在 RSn_CI_SSF 是无效的正常工作（即，定帧状态）情况：

——A1、A2、J0 和 Z0 字节是产生或是中继。中继接收的帧字节会降低 OOF 检出和从再生器链失效恢复的延迟。因为对每个再生器段重新计算 B1，不会影响故障分段的能力。从管理上看线路系统中的所有再生器遵从这种或那种方法都行。

——从 OHA 取得 E1 和 F1，可以选择中继它们。

——从 MCF 取得 D1-D3。

——在 RSOH 中国内使用以及留待今后国际标准化的字节加以中继或产生。

在 RSn_CI_SSF 有效时（即，帧定位丢失）：

——A1、A2、J0 和 Z0；

——如本建议所述那样产生 B1；

——从 OHA 取得 E1 和 F1；

——从 MCF 取得 D1-D3；

——产生 RSOH 中国内使用以及留待今后国际标准化的字节。

当 OSn/RSn_A_Sk 处于 OOF 状态（却不是失效状态），所有 RSOH 字节可以全都中继。

附　录　E
（规范性附录）
SDH 设备 CID 防卫度的验证

E.1　背景

附录二/G.957 的内容是 CID 的测试，其用途是测试光接收器和时钟恢复部件，而且是对那个用途的最佳手段。但是，它不能用于 SDH 系统。

本附录给出一个能用于 SDH 系统的替代测试。它不像上述测试那么精确，但在使用有效的 STM-N 帧上有优势而且能用于 SDH 系统。

E.2　方法

E.2.1　CID 的产生

可以用来证实 SDH 设备的连续相同数字（CID）防卫度的方法是使用具有净荷设置为特定比特数的扰码器的反转脉型提供全“1”或全“0”测试信号。作为 SDH 设备的限值暂定的建议是 72 比特。AU 指针应该是固定的，因而 PDH 直接放在 SOH 之后。表 E.1 指示净荷类型和对每种接口类型能够产生的最大 CID 信号（也参见图 E.1 到图 E.3）。

不包含 CID 脉型的 STM-N 帧的部分应该含有“1”和“0”的出现机会相等的脉型（扰码后）。CID 之前和之后的比特是相反的 CID。对于 STM-0，为了获得足够长的时钟恢复放松周期，CID 脉型应该只在每个第二个帧施加。对于 STM-N（N≥1），能够在一个帧施加“0”CID 脉型，而在后随的帧施加“1”CID 脉型。

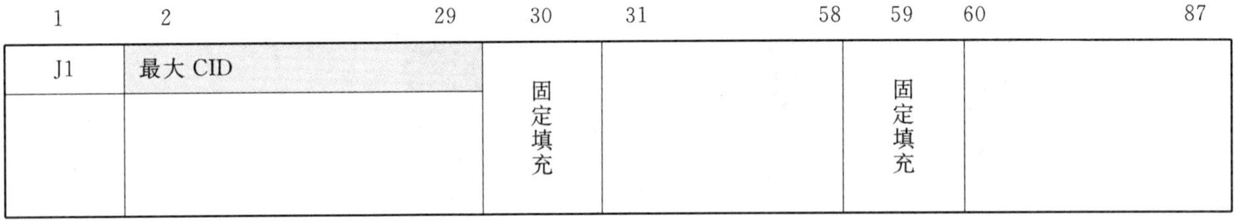

图 E.1　在 STM-0，VC-3 的最大 CID

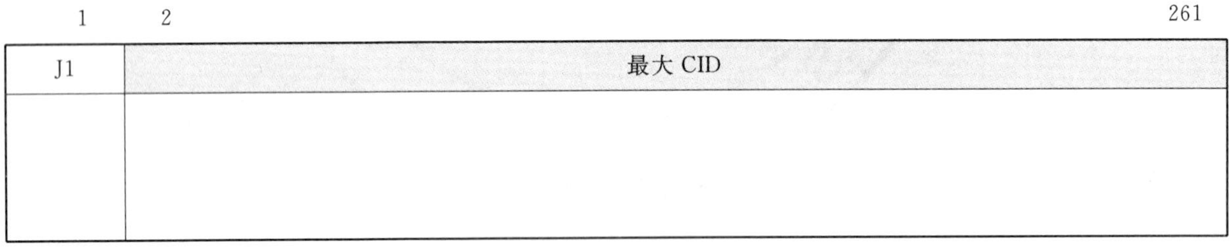

图 E.2　在 STM-1，VC-4 的最大 CID

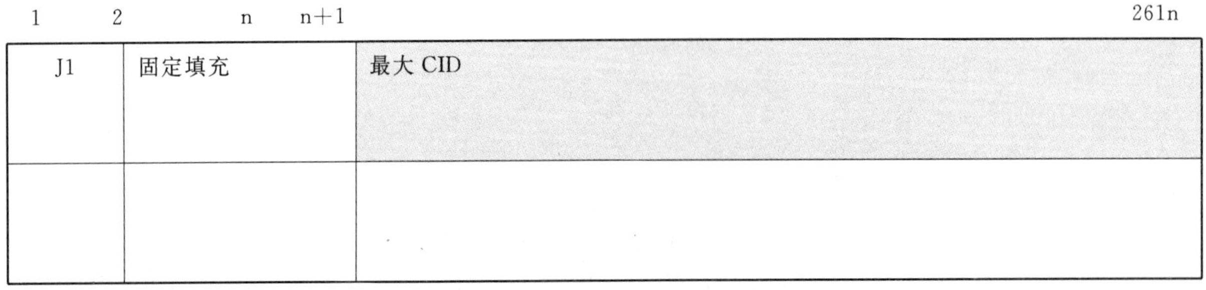

图 E.3　在 STM-N，VC-4-Nc 的最大 CID

表 E.1 CID 测试用 VC 反扰码净荷

接　口	CID 测试用净荷	最大 CID
STM-0	VC-3	224
STM-1	VC-4	2 080
STM-4	VC-4-4c	8 320
STM-16	VC-4-16c	33 280
STM-64	VC-4-64c	133 120
STM-256	VC-4-256c	532 480

E.2.2 判读

被测 SDH 系统应该产生使能的 MS REI，HO 通道配置为双向和 TIM 禁止。任选地，SDH 系统具有交叉连接的 VC-n 返回执行测试的端口，但却不是必须的。

测试装置监测 STM-N 信号的 MS-REI、MS-RDI、HO-REI 和 HO-RDI。出现这些异常或缺陷的任何一个都是被测系统不能防卫所产生的该长度的 CID 的指示。

任选地，测试装置可以比较接收的和发送的 VC-n/VC-4-Nc。

注：如果测试装置在 STM-N 信号的帧定位上有问题，可能需要去掉返回该端口的 VC-n 交叉连接。

附　录　F
（规范性附录）
增强的远端缺陷指示操作

作为一种选项，设备可以在净荷缺陷（PLM），服务器缺陷（AIS，LOP）和连接性缺陷（TIM，UNEQ）之间提供附加的区分指示。本附录给出这种选项的详情。

F.1　VC-4-Xc/VC-4/VC-3 通道

对于 VC-n 层路径终结源 Sn_TT_So，字节 G1 安排用于将整个路径的状态和性能反传给 VC-4-Xc/VC-4/VC-3 终结源。如附录七/G.707/Y.1322 所述，字节 G1 的比特 5 到 7 可以用于提供增强的远端缺陷指示（E-RDI）。如果使用这个 E-RDI 选项，对于 G1[5-7]要采用表Ⅶ.1/G.707/Y.1322 规定的代码。

对于 VC-n 层路径终结宿 Sn_TT_Sk，如果使用 E-RDI 选项，要按表Ⅶ.2/G.707/Y.1322 所述那样判读字节 G1[5-7]。

F.2　VC-12 通道

对于 VC-m 层路径终结源 Sm_TT_So，字节 K4 的比特 5-7 可以用于提供增强的远端缺陷指示（E-RDI）。如果使用这个 E-RDI 选项，对于 K4[5-7]要采用表Ⅶ.3/G.707/Y.1322 规定的代码。

对于 VC-m 层路径终结宿 Sm_TT_Sk，如果使用 E-RDI 选项，要按表Ⅶ.4/G.707/Y.1322 所述那样判读字节 K4[5-7]。

F.3　互通功能

F.3.1　VC-4-Xc 到 VC-4-Xv

如果使用 E-RDI 选项：

G1[5-7]：VC-4-Xc 的比特 5 到 7（增强的 RDI）必须插入 VC-4-Xv 的所有 VC-4 的比特 5 到 7。

F.3.2　VC-4-Xv 到 VC-4-Xc

G1[5-7]：VC-4-Xv 的所有 VC-4 的比特 5 到 7（增强的 RDI）必须如表 F.1 规定的优先权清单作比较。有最高优先权的值插入 VC-4-Xc 的比特 5 到 7。

表 F.1　E-RDI 的优先权

优　先　权	G1[5..7]	E-RDI
8（最低）	000	没有远端缺陷
7	001	没有远端缺陷
6	011	没有远端缺陷
5	010	E-RDI 净荷缺陷
4	110	E-RDI 连接性缺陷
3	100	E-RDI 服务器缺陷
2	111	E-RDI 服务器缺陷
1（最高）	101	E-RDI 服务器缺陷

附　录　G
（规范性附录）
STM-64 再生器抖动累积分析和假设参考模型(HRM)

G.1　引言

本附录详述假设参考模型(HRM)和抖动累积分析，用以导出表 6 和表 7 的 STM-64(类型 A)的抖动产生要求和表 130 的 STM-64(类型 A)的抖动传递要求。分析显示这些抖动产生和传递要求以及这个 HRM 与表 1/G.825 内 STM-64 输出抖动(即，网络接口抖动)的规范是一致的。

抖动累积分析在 OTN 的 OTU2 3R 再生器链上精确地完成(见 ITU-T G.8251 建议)。在附录四/G.8251 大量的提供了模拟模型及抖动累积分析的资料。OTU2 3R 再生器链的结果能够适用于 STM-64 再生器链，因为：

1）　OTU2 和 STM-64 的速率很相似，即，它们的差大约是 7.6%；和

2）　有关的抖动测量滤波器带宽、抖动传递带宽和增益峰、模拟模型中其他频率转折点，以及抖动限值在两种情况是一样的。

按这个观点，在这里没有必要重复附录四/G.8251 的模拟模型和分析的细节。替代的是对模拟模型进行总结并参照附录四/G.8251 的相关结果，本附录的重点是将结果应用到 STM-64 的情况。

STM-64 再生器的 HRM 在Ⅶ.2 说明，而在Ⅶ.3 叙述模拟模型、分析和结果。

G.2　STM-64 再生器假设参考模型

在图 G.1 给出 STM-64(类型 A)再生器抖动累积的假设参考模型(HRM)。该 HRM 由 50 个级联的再生器组成，假定每一个都符合表 6 和表 7 的 STM-64(类型 A)抖动产生要求(在这两个表中对 STM-64(类型 A)抖动产生要求是相同的)和表 130 的 STM-64(类型 A)的抖动传递要求。50 个再生器之前是 SDH 设备时钟(SEC，见 ITU-T G.813 建议)，也假设它们符合表 6 和表 7 的抖动产生要求(注意，在 ITU-T　G.813 建议没有规定 STM-64 的 SEC 抖动产生要求；在 ITU-T　G.813 建议中规定 SEC 抖动产生要求的最高速率是 STM-16)。在这些条件下，预期在 50 个再生器链的末端的输出抖动在表 1/G.825 的 STM-64 输出抖动限值(即，抖动网络限值)之内。

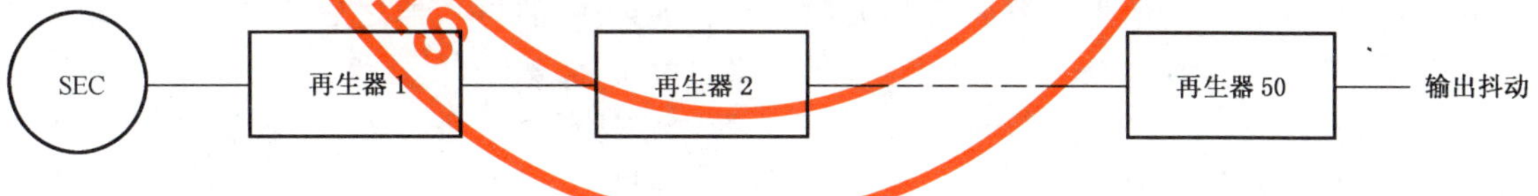

图 G.1　STM-64(类型 A)再生器抖动累积的假设参考模型

G.3　STM-64(类型 A)再生器抖动累积模拟模型、分析及结论

STM-64(类型 A)的抖动产生要求是(见表 6 和表 7)：

1）　从 20 kHz 到 80 MHz(宽带)测量为 0.3 UI(pp)；和

2）　从 4 MHz 到 80 MHz(高带)测量为 0.1 UI(pp)(见表 6)。

这与 ITU-T G.8251 建议中 OTN 的 OTU2 3R 再生器的抖动产生要求(见表 A.2/G.8251)是相同的。在 ITU-T G.825 建议中 STM-64 的网络接口输出抖动要求(见表 1/G.825)是：

1）　从 20 kHz 到 80 MHz(宽带)测量为 1.5 UI(pp)；和

2) 从 4 MHz 到 80 MHz(高带)测量为 0.15 UI(pp)。这与 ITU-T G.8251 建议中 OTN 的 OUT2 的网络接口输出抖动要求(见表 1/G.8251)是相同的。

STM-64 和 OTU2 的线路速率很相似(后者超过前者的系数是 255/237=1.076(见表 7-1/G.709/Y.1331))。因而,在 STM-64 再生器链和具有同样抖动传递带宽和增益峰的 OTU2 3R 再生器链上抖动累积应该是一样的(因为所有其他相关参数是一样的)。

OTN 内 3R 再生器链的抖动累积分析已经完成,在附录四/G.8251 给出了资料。分析使用两个独立的(却是相容的)模型,它们给出类似的结果,其资料也在附录四/G.8251 给出。两个方法都基于相位锁定环(PLL)链。两个方法的第一个(见 IV.2/G.8251),给出了更多的细节,考虑到在相位检测器(PD)、电压控制振荡器(VCO),刚好在 PLL 输入之前的光接收器等之内的噪声产生。VCO 噪声采用 Leeson 模型以白色相位调制(WPM)和白色频率调制的组合建模(参见附录四/G.8251 的参考文献[5])。其他的噪声源按 WPM 建模。对于系统性和随机的抖动累积的模型已有研究,但是,在 ITU-T G.8251 建议中 OTUK 3R 再生器(还有 STM-64 再生器)的抖动累积是随机的,因为在相继的再生器中缓冲器的填塞是彼此无关的(假定每个再生器包含有后随有窄带滤波器的宽带时钟恢复电路,并有用于开销处理的某种数据缓存)。该模型在频率域上实现,因而产生 rms 抖动而不是峰到峰抖动,然而,假定峰到峰对 rms 抖动的比值是是常数。在模型假定固定比值时,为估计抖动累积不需要知道这个常数之值。因为输出抖动到抖动的比值(对于宽带是 1.5/0.3=5,对于高带是 0.15/0.1=1.5)给出了该要求,只需要证实抖动累积没有超过此值即可。

将标称化抖动累积定义为 N 个再生器之后输出的峰到峰(或 rms,因为我们假定峰到峰对 rms 抖动之比为常数)的抖动对一个再生器之后输出的峰到峰抖动之比(后者是抖动产生而前者是网络限值)。在 ITU-T G.8251 建议的结果示出对于下列情况标称化抖动累积最大:

1) 具有低的振荡器 Q 值的 VCO 噪声并因而 WFM 噪声成分大;以及

2) 光接收器的 WPM 噪声。

这两个情况类似的原因是:VCO 的噪声能当作转角频率等于 PLL 带宽的高通滤波器传递函数。如果噪声输入是 WFM,这就等效于用积分器进行 WPM,积分器将高通传递函数变换为低通传递函数。该结果类似光接收器噪声的情况,即将 WPM 当作低通传递函数。这些情况的噪声累积大于其他情况,因为在其他情况中噪声产生更近似具有高通传递函数的 WPM;在一个再生器内产生的噪声被相继的再生器的低通传递函数有效地滤除了。

VCO 噪声的抖动累积结果,对于 Q 等于 30、100 和 535 等条件,8 MHz 再生器带宽的在图 IV.2-4b/G.8251 给出,1 MHz 再生器带宽的在图 IV.2-6b/G.8251 给出。对于 8 MHz 再生器带宽,图 IV.2-4b 指出在大约 10 个 Q=30 的再生器之后和大约 15 个 Q=100 的再生器之后达到标称抖动累计为 1.5。基于 OTN 假设参考模型(HRM)的再生器抖动累积由 50 个 3R 再生器组成(见附录三/G.8251)。8 MHz 带宽和 Q=30 或 100 的抖动累积在 50 个再生器之后是在 1.5 到 2 之间。因而,OTU2 的高带抖动网络限值不符合 OTN HRM 和 8 MHz 再生器带宽的限值。对 OTN 还发现,选择 OTU2 带宽为会得到可接受的抖动累积。在图 IV.2-6b/G.8251 示出这些结果;对于 1 MHz 再生器带宽标称化抖动累积 50 个再生器后非常接近 1.0(实际上,在 200 个 Q=30 的再生器之后标称化抖动累积大约为 1.2,小于更高 Q 值的情况)。另外,图 IV.2-6b 示出 50 个 Q=30 和 100 的 3R 再生器之后标称化带宽的抖动累积近似 3.2,而 100 个 Q=30 和 100 的 3R 再生器之后近似 4.8。这就意味着,宽带抖动网络限值要求也符合 50 个再生器 HRM 的要求。实际的宽带抖动会稍微较低,因为附录四/G.8251 的结果示出如果高带抖动产生要求刚好符合,宽带对高带抖动产生的最坏情况比大约是 1.25,(在这里最坏情况是全部噪声模型最坏情况都考虑进去)。实际宽带抖动产生允许是 3 倍的高带抖动产生(0.3 对 0.1);因而,宽带抖动累积会比网络限值低一个附加系数 1.25/3.0。

上述结果指出,尽管 OTU2 再生器的 8 MHz 抖动传递带宽不能提供可接受的抖动累积,而 1 MHz 的带宽能给出可接受的累积。在这个基础上,表 A.5/G.8251 规定 OTU2 的抖动传递带宽(特别是,

OTU2 的 ODCr 带宽为 1 MHz)。

STM-64 的速率很接近 OTU2 的速率(后者高出前者大约 7.6%,见上述)。还有,STM-64(类型 A)、选项 1 和 2、OTU2 的抖动产生要求是相同的。另外,STM-64 和 OUT2 的抖动网络限值是一样的。因而,如果选择 STM-64(类型 A)的抖动传递带宽和增益峰与 OTU2 3R 再生器一样(即,分别为1 MHz 和 0.1 dB),在由相同数量再生器构成的各自的 HRM 上的抖动累积,对两种情况应该大致一样。因为在 50 个再生器的 HRM 上 OTU2 抖动累积按上参数是可接受的,在 50 个再生器的 HRM 上 STM-64(类型 A)的抖动累积按上述参数也应该是可以接受的。

ICS 55.020
A 80

中华人民共和国国家标准

GB/T 16716.1—2008
代替 GB/T 16716—1996

包装与包装废弃物
第1部分：处理和利用通则

**Packaging and packaging waste—
Part 1: General rules of disposal and utilization**

2008-07-18 发布　　2009-01-01 实施

中华人民共和国国家质量监督检验检疫总局
中国国家标准化管理委员会　发布

前　言

GB/T 16716《包装与包装废弃物》共分为 7 个部分：

——第 1 部分：处理和利用通则；

——第 2 部分：评估方法和程序；

——第 3 部分：预先减少用量；

——第 4 部分：重复使用；

——第 5 部分：材料循环再生；

——第 6 部分：能量回收利用；

——第 7 部分：生物降解和堆肥。

本部分为 GB/T 16716 的第 1 部分。

本部分主要技术内容参照欧盟 94/62/EC《关于包装和包装废弃物》制定，本部分确立的术语和规定的重金属含量指标等同采用 94/62/EC。本部分与 94/62/EC 的主要技术差异如下：

——将适用于欧盟法规的编排格式和表述改为适用于我国标准的编排格式和表述；

——未具体规定各类包装材料的循环再生率和回收利用率；

——将指令引用的焚烧指令和垃圾填埋指令改为我国相对应的强制性标准。

本部分代替 GB/T 16716—1996《包装废弃物的处理与利用　通则》。

本部分与 GB/T 16716—1996 相比，主要变化如下：

——删除了原标准第 4 章“分类”；

——原标准的第 5 章“基本要求”改为本部分第 4 章“要求”，包括基本要求、重复使用、回收利用和最终处理；

——删除了原标准第 9 章“储存与运输”。

本部分由中国国家标准化管理委员会提出。

本部分由全国包装标准化技术委员会归口。

本部分由中国出口商品包装研究所负责起草，上海市食品药品包装材料测试所、华为技术有限公司、四川长虹电器有限公司、北京出入境检验检疫局参加起草。

本部分主要起草人：姜永立、王远德、徐敏凤、蔡刚、唐树田、郭振梅。

本部分所代替标准的历次版本发布情况为：

——GB/T 16716—1996。

引　言

GB/T 16716—1996《包装废弃物的处理与利用　通则》已颁布实施十多年，为我国包装工业可持续发展起到了重要的指导作用。

随着全球经济一体化，世界各国对商品包装的要求日益提高。欧盟自1994年颁布了94/62/EC《关于包装和包装废弃物》指令，并于2000年颁布了支持该指令的一系列协调标准，又于2004年修订了其中大部分，有一部分已经向国际标准化组织(ISO)推荐作为国际标准。

为了适应我国包装减量化、再利用和资源化的产业政策要求和包装工业的发展，促进包装技术进步，有必要对GB/T 16716—1996进行修订，使包装与包装废弃物处理利用技术和标准化工作与国际接轨，从而有效地消除国际贸易障碍。

本部分技术内容的确定，充分考虑到了我国现行法规和标准体系与欧盟的差异，同时把采纳欧盟指令94/62/EC所阐述的技术观点和措施作为标准的技术基础。本部分的要求包含了这些内容。

包装与包装废弃物
第1部分：处理和利用通则

1 范围

GB/T 16716 的本部分规定了包装与包装废弃物处理与利用的要求、方法、效果评估准则和回收标志。

本部分适用于包装的设计、生产、使用及处理利用。不适用于危险货物包装。

2 规范性引用文件

下列文件中的条款通过 GB/T 16716 本部分的引用而成为本部分的条款，凡是注日期的引用文件，其随后的所有修改单(不包括勘误的内容)或修订版均不适用于本部分，然而，鼓励根据本部分达成协议的各方研究是否可使用这些文件的最新版本。凡是不注日期的引用文件，其最新版本适用于本部分。

GB/T 4122.1 包装术语 第1部分：基础

GB 16297 大气污染物综合排放标准

GB 16889 生活垃圾填埋污染控制标准

GB 18455 包装回收标志

GB 18484 危险废物焚烧污染控制标准

GB 18485 生活垃圾焚烧污染控制标准

GB 18599 一般工业固体废物贮存、处置场污染控制标准

GB/T 18772 生活垃圾填埋场环境监测技术要求

3 术语和定义

GB/T 4122.1 确立的以及下列术语适用于 GB/T 16716 的本部分。

3.1

包装废弃物 packaging waste

失去或完成了预期的使用价值或功能，成为固体废弃物的任何包装容器、材料或成分。

3.2

重复使用 reuse

包装在其生命周期之内，预期的或有计划的完成往返或循环使用有限次数的商业运作。

3.3

回收利用 recovery

在不危及人身安全且不污染环境的条件下，将回收的包装或包装废弃物进行分类，采取不同方式的处理方法，包括材料循环再生、能源回收利用、生物降解、制造沼气和堆肥等技术与方法。

3.4

循环再生 recycling

将废弃的包装材料通过有目的生产加工得以利用，包括有机物再生利用(不包括能源回收)的技术与方法。

3.5

能源回收利用　energy recovery

以利用热能为目的，直接燃烧包装废弃物，其间或许加入其他废弃物，是工业化的能源再利用的技术与方法。

3.6

生物降解　biodegradation

通过微生物活性特别是酶的作用引发包装废弃物材料在化学结构上产生显著变化的技术与方法。

3.7

堆肥　compost

包装废弃物和其中不同的植物残留物组成的混合物，通过生物降解而获得有机土壤(包含一定量的矿物成分)的技术与方法。

4　要求

4.1　基本要求

4.1.1　包装材料、容器和辅助物的设计、制造和使用应有利于在其成为废弃物之后的回收、分类和处理。

4.1.2　包装应在充分保护产品、符合安全、卫生和环境要求、满足消费者需求的条件下，减少材料的用量，从而有效地降低包装废弃物的总量。

4.1.3　包装和包装材料中重金属铅、镉、汞和六价铬的总含量不应超过 100 mg/kg。在无可替代的情况下，使用有危险性的化学品应在可预见的条件下操作，其用量应控制在适当的程度，从而降低包装废弃物在回收利用或最终处理时对环境产生的不利影响。

4.2　重复使用

可重复使用的包装应符合下述要求：

——包装的物理性能和技术特征应使其能够在常规可预见的使用条件下往返或循环使用若干次；

——应具备稳定可靠的技术措施，使用过的容器保持清洁和卫生，保障操作者的安全和健康；

——容器应易于卸货或倒空，其容积或定量符合预期的要求，可通过洗涤、维护等操作保持原功能；

——当包装不再重复使用成为废弃物时，应符合可回收利用的要求。

4.3　回收利用

4.3.1　材料循环再生

当包装废弃物容易识别、分离和归类时，可在生产过程中采取有效技术措施，按确定的成分含量再生成为符合标准要求或具有使用价值的产品，则应以材料循环再生的方式回收利用。

4.3.2　能源回收利用

当包装容器中的产品残留物不易清除，或其本身不易识别、分离或归类，并且含有一定量的有机物，即具有最低限度热量值，能够通过燃烧获得有效热量时，则应以能源回收的方式回收利用。

4.3.3　生物降解

当包装废弃物为没有混入有害物质的一般生活垃圾，而且其成分含有植物纤维或可降解的材料时，可在有氧环境中通过生物降解生产有机堆肥，或可以在厌氧环境中制造沼气并且同时获得有机堆肥，则应以生物降解的方式回收利用，有机堆肥应符合可耕地土壤的要求。

4.4　最终处理

4.4.1　填埋

当包装废弃物不符合 4.3 的要求，而且不存在可能污染地下水源的物质或成分时，应按 GB 16889 和 GB 18772 的规定填埋处理。

4.4.2 焚烧

当包装废弃物不符合 4.3 的要求，而且存在有危险性的化学品或其他有害微生物时，应按 GB 18484、GB 18485 和 GB 16297 的规定焚烧处理。

注：焚烧处理与 4.3.2 所陈述的能源回收利用在形式上均为燃烧，但是目的和方法不同。焚烧处理为了彻底消除有危险性的化学品或有害微生物对环境的危害，有针对性的采用不同的炉温。

5 方法

5.1 纸包装容器及材料

5.1.1 纸盒、纸箱等植物纤维制品按 4.3 的要求进行处理，当受到严重污染时按 4.4.2 进行处理。

5.1.2 在无特殊要求的情况下，可以采取下述措施：

——采用水溶性粘合剂；

——适当的印刷，减少油墨用量；

——采用氧化法漂白纸浆制品；

——减少或不使用金属钉、蜡、覆膜等。

5.1.3 品质较差、不宜再生造纸的植物纤维类废弃物可以采用打浆、吸塑、固化成型方法制成缓冲衬垫或模塑制品。

5.2 塑料包装容器及材料

5.2.1 塑料包装的回收利用按第 7 章的要求进行识别和分类。

5.2.2 塑料包装按 4.3.1 和 4.3.2 的要求进行处理。可生物降解的塑料按 4.3.3 的要求进行处理，当受到污染时按 4.4.2 进行处理。

5.2.3 塑料包装材料可采用专用设备分解为有机化工产品。

5.3 金属包装容器及材料

5.3.1 金属桶、罐、箱、软管、喷雾罐等包装容器及材料按 4.3.1 的要求进行处理。

5.3.2 金属包装容器及材料在回收、分类后，应进行适当的清理，去除硫、磷等残留物。

5.3.3 对于密闭的桶、罐或类似包装容器应拆开，镀锡的金属包装容器及材料应预先去除锡。

5.4 玻璃包装容器

5.4.1 玻璃包装容器按 4.3.1 的要求进行处理。

5.4.2 玻璃包装容器的循环再生处理应预先按颜色分类，去除金属及其氧化物等辅助物或残留物。

5.5 木包装容器及材料

5.5.1 木包装按 4.3 的要求进行处理，当受到生物侵害时按 4.4.2 进行处理。

5.5.2 木包装可采用拆解的方法，或在粉碎后采用电磁分离法，去除金属附件或金属钉，用作造纸原料或人造板材料。

5.6 其他包装容器及材料

5.6.1 复合罐、复合软管、铝箔复合膜等复合材料按 4.3.2 的要求进行处理。

5.6.2 对于多种材料复合而成的包装容器或材料，可以通过专用设备将两种或两种以上的材料进行分离。

5.6.3 当复合材料的包装是一种特定产品，并且其来源持续稳定，可以切碎成一定尺寸的颗粒，作为填料加在树脂中制成一定规格的再生材料或制品。

5.6.4 菱镁砼包装容器及材料可在粉碎后填埋处理。

6 效果评估准则

6.1 包装废弃物处理与利用的全面效果评估应包括为此付出的经济、社会和环境的成本，即全面考察包装在其生命周期内，对安全、卫生和环境直接和潜在的影响；包装链上所有管理部门和企业的成本；消费者的评价；包装的保护功能和使用效果以及由此创造的商业价值等。具体内容应包括：

a) 设计、生产、使用、回收、分类和回收利用的所有成本；

b) 可重复使用次数、回收率和在循环系统内运作的稳定性和可靠性；

c) 包装废弃物的体积、质量、有害物质的减少量；

d) 包装废弃物清理、干燥和再利用时的安全性；

e) 包装废弃物进行再处理时，对资源、能源消耗的减少量；

f) 包装废弃物回收利用时造成二次污染的可能性；

g) 包装废弃物作为材料循环再生的经济价值；

h) 包装废弃物通过能量回收利用的经济价值；

i) 包装废弃物通过生物降解和堆肥回收利用的经济价值；

j) 包装废弃物填埋时，产生的渗滤液对环境的影响；

k) 包装废弃物焚烧时，产生的烟尘、飞灰对环境的影响。

6.2 包装废弃物处理与利用环境评价指标应符合 GB 18599 的规定。

7 包装回收标志

7.1 包装回收标志应符合 GB 18455 的规定。

7.2 包装材料回收标志应正确、清晰和牢固。

7.3 包装材料中不易识别的塑料、金属和复合材料应按规定标明回收标志。

ICS 55.040
A 82

中华人民共和国国家标准

GB/T 16719—2008
代替 GB/T 16719—1996

双向拉伸聚苯乙烯(BOPS)片材

Biaxially oriented polystyrene (BOPS) sheet

2008-07-18 发布　　2009-01-01 实施

中华人民共和国国家质量监督检验检疫总局
中国国家标准化管理委员会　发布

前　言

本标准代替 GB/T 16719—1996《双向拉伸聚苯乙烯(BOPS)片材》。

本标准与 GB/T 16719—1996 相比，主要变化如下：

——将“产品分类”改为“产品规格”，将厚度范围调整为 0.100 mm～0.700 mm；

——增加了术语和定义；

——将宽度偏差调整为 0 mm～+2 mm；

——取消了产品的分级；

——在标准的第 5 章中的 5.3“物理机械性能”中增加了“防雾性”项目；

——在标准的第 7 章中增加了 7.1“组批与抽样”；

——删除了“附录 A”。

本标准由全国包装标准化技术委员会提出并归口。

本标准起草单位：宁波东升包装材料有限公司、深圳永合科技化工有限公司、国家包装产品质量监督检验中心(济南)、中国包装联合会。

本标准主要起草人：姜才兴、魏明吉、王兴东、王国美、官同林、俞国芳。

本标准所代替标准的历次版本发布情况为：

——GB/T 16719—1996。

双向拉伸聚苯乙烯(BOPS)片材

1 范围

本标准规定了双向拉伸聚苯乙烯(BOPS)片材(以下简称片材)的产品规格、技术要求、试验方法、检验规则、标志、包装、运输和贮存。

本标准适用于以聚苯乙烯树脂为主要原料,用平膜法挤出经双向拉伸制成的片材。

2 规范性引用文件

下列文件中的条款通过本标准的引用而成为本标准的条款。凡是注日期的引用文件,其随后所有的修改单(不包括勘误的内容)或修订版均不适用于本标准,然而,鼓励根据本标准达成协议的各方研究是否可使用这些文件的最新版本。凡是不注日期的引用文件,其最新版本适用于本标准。

GB/T 1040.3 塑料 拉伸性能的测定 第3部分:薄膜和片材的试验条件(GB/T 1040.3—2006,ISO 527-3:1995,IDT)

GB/T 2410 透明塑料透光率和雾度试验方法

GB/T 2828.1 计数抽样检验程序 第1部分:按接收质量限(AQL)检索的逐批检验抽样计划(GB/T 2828.1—2003,ISO 2859-1:1999,IDT)

GB/T 2918 塑料试样状态调节和试验的标准环境(GB/T 2918—1998,idt ISO 291:1977)

GB/T 5009.60 食品包装用聚乙烯、聚苯乙烯、聚丙烯成型品卫生标准的分析方法

GB/T 6672 塑料薄膜和薄片厚度的测定 机械测量法(GB/T 6672—2001,idt ISO 4593:1993)

GB/T 6673 塑料薄膜和薄片长度和宽度的测定(GB/T 6673—2001,idt ISO 4592:1992)

GB 9689 食品包装用聚苯乙烯成型品卫生标准

GB/T 14216 塑料 膜和片润湿张力试验方法(GB/T 14216—1993,eqv ISO 8296:1987)

3 术语和定义

下列术语和定义适用于本标准。

3.1

条纹 stripe

纵向连续细小的模头纹。

3.2

变形 distortion

因厚度偏差累积致使片材收卷后产生凹凸不平。

3.3

异点 particle

片材上出现的肉眼能观察到的黑点、白点、杂质、僵块、晶点等。

4 产品规格

片材的厚度为0.100 mm~0.700 mm。特殊规格,由供需双方商定。

5 要求

5.1 尺寸偏差

5.1.1 宽度偏差

片材的宽度偏差为0 mm~+2 mm。

5.1.2 厚度偏差

片材的厚度偏差应符合表1的规定。

表1 厚度偏差

公称厚度/mm	偏差/%
0.100～0.250	±7
0.251～0.400	±6
0.401～0.700	±5

5.2 外观质量

片材的外观质量要求见表2。

表2 外观质量

项目		要求
裂纹、折痕、划痕、穿孔		不允许
条纹、暴筋、变形		轻微，不影响使用
气泡 个/(30 cm×30 cm)	直径≤1 mm	≤3
	直径>1 mm	不允许
异点 个/(30 cm×30 cm)	粒径0.5 mm～1 mm	≤3
	粒径>1 mm	不允许
卷筒表观		表面光洁
每卷接头数		允许1个，每段长度不小于50 m， 每批有接头的卷数不超过10%
端面		平整度在±5 mm内，且平缓过渡
卷筒管芯端部		不允许有影响使用的缺陷

5.3 物理机械性能

片材的物理机械性能要求见表3。

表3 物理机械性能

项目	要求
拉伸强度(纵、横向)/MPa	≥55.0
断裂伸长率(纵、横向)/%	≥3.0
防雾性[a]/级	≥3
透光率[b]/%	≥90.0
雾　度[b]/%	≤2.0
润湿张力[c]/(mN/m)	≥40.0

a 适用于透明防雾片材。

b 适用于透明片材。

c 适用于经电晕处理未涂膜的片材。

5.4 卫生指标

用于食品包装的片材，其卫生指标应符合 GB 9689 的规定。

6 试验方法

6.1 取样

在试样卷上去掉 2 层后，裁取 2 m 长的片材 2 条，一条作尺寸偏差及外观测试用，另一条作物理机械性能及卫生性能测试用，正确标记电晕处理面及涂膜面。在取样过程中，试样不得受污染与损伤，否则重新取样。

6.2 试样状态调节和试验标准环境

试样的状态调节和试验的标准环境应符合 GB/T 2918 规定的标准环境和正常偏差范围，状态调节时间不小于 4 h，并在此环境下进行试验。

6.3 规格尺寸

6.3.1 片材的厚度检测按 GB/T 6672 进行，用最大偏差值计算厚度偏差。

6.3.2 片材的宽度检测按 GB/T 6673 进行。

6.4 外观

在自然光线下目测检查。用 10 倍刻度的放大镜观察、测量异点、气泡的直径。用刻度为 0.5 mm 的钢直尺测量端面平整度。

6.5 拉伸强度和断裂伸长率

片材拉伸强度和断裂伸长率的检测按 GB/T 1040.3 进行，试样为 2 型，试样宽度 15 mm±0.1 mm，夹具间距 100 mm±0.5 mm，试验速度为 50 mm/min±5 mm/min。

6.6 防雾性

在 100 mL 的平口烧杯装入 60 mL 80 ℃热水，将杯口用试验片材密封，放置 10 min，观察片材表面的水汽分布。

防雾性的分级如下：试验后，若试样表面布满小水滴，完全不透明，则为 1 级；若表面布满大水滴，基本不透明，则为 2 级；若表面有较大水滴附着，但有相当的透明感，则为 3 级；若试样基本透明无结雾，但是有少量水滴，则为 4 级；若试样完全透明，无结雾，则为 5 级。

6.7 透光率和雾度

片材透光率和雾度的检测按 GB/T 2410 进行。

6.8 润湿张力

片材润湿张力的检测按 GB/T 14216 进行。

6.9 卫生指标

片材卫生指标的检测按 GB/T 5009.60 进行。

7 检验规则

7.1 组批与抽样

7.1.1 组批

片材验收以批为单位，同一牌号树脂、同一工艺条件下生产的同一规格的片材为一批，每批最多不超过 100 t。

7.1.2 抽样

尺寸偏差和外观按 GB/T 2828.1 规定的正常检验二次抽样方案，检验水平为Ⅱ，接收质量限(AQL)为 6.5，按照表 4 规定进行抽样检验。物理机械性能及卫生指标项目，从每批产品中任取一卷片材进行检验。

表 4 规格及外观检验抽样及判定方案

单位为卷

批量 N	样本	样本量 n	累计 样本量	接收数 Ac	拒收数 Re
1～8	第一	2	2	0	1
9～15	第一	2	2	0	1
16～25	第一 第二	3 3	3 6	0 1	2 2
26～50	第一 第二	5 5	5 10	0 1	2 2
51～90	第一 第二	8 8	8 16	0 3	3 4
91～150	第一 第二	13 13	13 26	1 4	3 5
151～280	第一 第二	20 20	20 40	2 6	5 7
281～500	第一 第二	32 32	32 64	3 9	6 10
501～1 200	第一 第二	50 50	50 100	5 12	9 13
1 201～3 200	第一 第二	80 80	80 160	7 18	11 19

7.2 检验分类

7.2.1 产品检验分出厂检验和型式检验。

7.2.2 出厂检验项目为要求中除卫生指标以外的全部项目。

7.2.3 型式检验项目为要求中的全部项目。有下列情况之一时，应进行型式检验：

a) 新产品或老产品转厂生产的试制定型鉴定；

b) 正式生产后，如结构、材料、工艺有较大改变，可能影响产品性能时；

c) 正常生产时，每年进行一次；

d) 产品长期停产后，恢复生产时；

e) 出厂检验结果与上次型式检验有较大差异时；

f) 国家质量监督机构提出进行型式检验的要求时。

7.3 检验结果的判定

7.3.1 片材的尺寸偏差、外观，若有一项不合格，则判该卷产品不合格。合格批的判定按表 4 进行。

7.3.2 片材的物理性能应全部符合本标准的要求；若有不合格项，应从原批产品中随机抽出双倍的样品，对不合格项进行复验。若复验仍不合格，则判该批产品不合格。

7.3.3 如出现任一项卫生指标不合格，则该批产品不合格。

7.3.4 当产品按 7.3.1、7.3.2、7.3.3 判定均合格，则判该批产品为合格品。

8 标志、包装、运输和贮存

8.1 标志

片材卷或包装箱外应有合格证。在合格证或说明书上注明生产单位、地址、产品名称、规格、重量或长度电晕处理面、涂膜面、批号、生产日期。有包装箱外型尺寸(长×宽×高)及怕湿、防热、防冲击等标志。

8.2 包装

8.2.1 纸箱包装:每卷片材用塑料薄膜作内包装,用瓦楞纸箱作外包装,并用包装带捆扎。

8.2.2 卡板包装:每卷片材用塑料薄膜作内包装,立放或卧放在卡板上,上下用瓦楞纸板保护,并用包装带捆扎固定。

8.2.3 特殊包装由供需双方商定。

8.3 运输

应小心轻放,防止碰撞、日晒、雨淋及污染。

8.4 贮存

片材应保存在整洁、干燥的库房内,远离热源,不能受强光直射,不能与有毒的物品共同存放。自生产之日起,防雾片材的保质期不应超过1年,其他片材的保质期不应超过2年。

ICS 01.100.01
J 04

中华人民共和国国家标准

GB/T 16722.1—2008
代替 GB/T 16722.1—1996

技术产品文件 计算机辅助技术信息处理 安全性要求

Technical product documentation—Handling of computer-based technical information—Security requirements

(ISO 11442:2006,Technical product documentation—Document management,NEQ)

2008-06-26 发布　　　　2009-01-01 实施

中华人民共和国国家质量监督检验检疫总局
中国国家标准化管理委员会　发布

前　言

在 GB/T 16722《技术产品文件　计算机辅助技术信息处理》这个总标题下包括以下 4 个部分：

——GB/T 16722.1　技术产品文件　计算机辅助技术信息处理　安全性要求

——GB/T 16722.2　技术产品文件　计算机辅助技术信息处理　原始文件

——GB/T 16722.3　技术产品文件　计算机辅助技术信息处理　产品设计过程中的状态

——GB/T 16722.4　技术产品文件　计算机辅助技术信息处理　文件管理与检索系统

本部分是根据国际标准化组织 ISO 11442:2006《技术产品文件　文件管理》的第 8 章“信息的保护”编制而成，技术内容上修改采用该国际标准，在一致性程度上为非等效采用。

本部分代替 GB/T 16722.1—1996《技术产品文件　计算机辅助技术信息处理　安全性要求》，主要修改的内容有：

——按照 GB/T 1.1 和本部分的内容要求，修改与增加了“范围”和“规范性引用文件”的内容；

——根据国际标准化组织 ISO 11442:2006《技术产品文件　文件管理》的内容，增加了其中第 8 章“信息的保护”章节，并将该内容作为第 9 章放入本部分；

——另外，还就标准中的相关内容做了文字上的修改。

本部分由全国技术产品文件标准化技术委员会提出。

本部分由全国技术产品文件标准化技术委员会归口。

本部分起草单位：中机生产力促进中心、大连海事大学、陕西省标准化研究院、北京理工大学。

本部分主要起草人：丁红宇、邹玉堂、侯维亚、张彤、肖承翔。

本部分所代替标准的历次版本发布情况为：

——GB/T 16722.1—1996。

技术产品文件
计算机辅助技术信息处理
安全性要求

1 范围

GB/T 16722的本部分涉及计算机辅助设计信息处理中的安全性方面的内容，共分：

a） 安装与操作的安全性；

b） 系统安全性；

c） 文件内容的安全性；

d） 通讯的安全性。

本部分适用于单位内部与单位之间的通讯及研究设计工作中的计算机辅助技术信息处理的安全性要求。另外，购置计算机设备与系统时也可参照使用。

2 规范性引用文件

下列文件中的条款通过GB/T 16722的本部分的引用而成为本部分的条款。凡是注日期的引用文件，其随后所有的修改单（不包括勘误的内容）或修订版均不适用于本部分，然而，鼓励根据本部分达成协议的各方研究是否可使用这些文件的最新版本。凡是不注日期的引用文件，其最新版本适用于本部分。

GB/T 13361 技术制图 通用术语

GB/T 15751 技术产品文件 计算机辅助设计与制图 词汇（GB/T 15751—1995 eqv ISO/TR 10623:1992）

GB/T 16722.3 技术产品文件 计算机辅助技术信息处理 产品设计过程中的状态（GB/T 16722.3—2008 ISO 11442:2006，NEQ）

GB/T 19827—2005 技术产品文件 限制使用的文件和产品的保护注释（idt ISO 16016:2000）

3 术语和定义

本标准采用GB/T 13361和GB/T 15751中的有关定义。

4 计算机安全性的结构关系

在计算机应用中各种安全性系统的结构关系如图1所示。

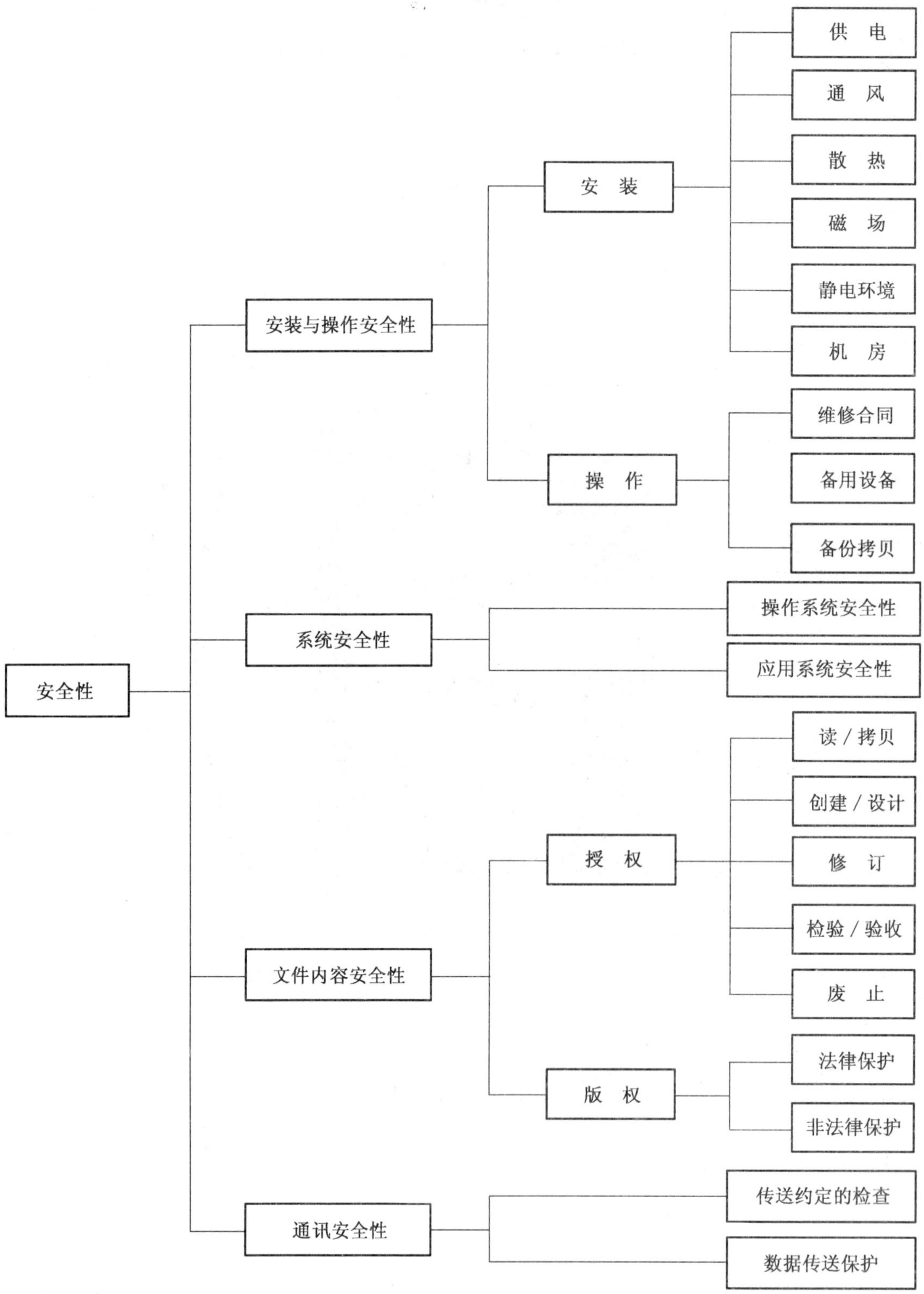

图 1 计算机系统安全性的结构

5 安装与操作的安全性

5.1 安装

计算机设备的安装应遵守供应厂商的规定。

5.1.1 供电

计算机的供电除校正电压与功率外，还要注意供电电源和备用电源的供电质量，防止功率不足、断电和不稳定供电。

5.1.2 通风

对计算机需要有适当的通风设备用来散热。

5.1.3 散热

大型的计算机设备应配有单独的散热装置。

5.1.4 磁场

磁带、磁盘和其他磁性介质应有磁场防护。

5.1.5 静电环境

设备应有静电防护，如由化纤地毯产生的静电等。

5.1.6 机房

加强机房规则的制定，严格按规则要求进入机房，以减少由此而带来的损失。

5.2 操作

5.2.1 维修与保养

建议在维修合同中规定停机时间。

5.2.2 备用设备

为了尽可能消除由于设备的严重故障而引起长时间的停机，应保证能使用备用设备。

5.2.3 备份拷贝

应按照有关规则制作原件的备份拷贝，以保证输入的数据不会由于断电、计算机故障(包括病毒感染)或操作失误等造成数据丢失。规则中应包括责任人、时间表、存贮介质和存贮地点等，对有些存贮介质还要求有温度与温度控制。

建议在每天结束工作之前，对原件进行备份拷贝，至少每周应对有关的数据库进行备份拷贝。拷贝的实际存贮位置应和原件不同。

6 系统安全性

6.1 操作系统的安全性

6.2 应用系统的安全性

实际使用的程序应定期和存放的原件做对照检查。

7 文件内容的安全性

7.1 授权

必须制定创建/设计、读/拷贝、检验/验收、修改和废止文件内容的授权规则。这些规则必须与其他有关事项一起考虑保证质量。

使用用户标识符(用户 ID)和口令(或授权卡片等)才能允许进入：

a) 各种计算机辅助操作；

b) 产品的全部或部分数据；

c) 不同的文件类型(如明细表，装配图)。

口令和用户标识符不应共享，口令应保密和定期更换，旧口令不得重新使用。表 1 给出了一个授权等级分配的示例。

表 1 设计过程中的授权

授权者	创建/设计	读/拷贝	检验/验收	修改	废止	文件类型	产品范围
NNA	×	×		×	×	1	×A
NNB		×	×			1.3	×A
NNC		×				1.2.3	×A
NNC		×				1.2.3	×B
NND	×	×		×		1	×B
NNE		×	×			1.3	×B
注：英文字母为代号。							

每个授权者应有他自己的用户标识符和口令，而用户ID的授权等级应由有关的操作区管理员认可，并由系统主管人员控制，用户标识和口令不应和姓名、职工号、社会保险号、出生日或其他信息相联系。口令应包括非字母和字母的字符。关于各种计算机辅助操作规则的其他事宜参见GB/T 16722.3。

7.2 版权

在计算机辅助技术信息处理中，应严格按照国家有关版权规则执行。为了禁止非授权的拷贝或使用，建议每个文件用写明一个版权所有条款加以限制。该条款落实在实际应用中，如条款中的标签应打印在存贮的介质上，在通过通讯介质传送数据文件时，此条款应出现在文件的开始或结尾处。

为了获得保护区还需要一个版权标记，这个标记应包括"©公司(企业)名，20××"

其中：

©——为版权标记符，当不能使用"©"时可用"COPYRIGHT"代替。

公司(企业)名——为研制开发该产品或成果的单位名称或单位代号。

20××——为文件生效年份，当对文件内容作重要修改时，原年份应保留，并按上述过程做出标记，同时给出修改的年份。

8 通讯的安全性

8.1 传送约定的检查

数据必须按定义的形式进行输入/输出，其检查规则应遵照数据从一个应用软件包传送到另一个应用软件包的传送约定。

8.2 数据传送保护

要传送的数据应得到保护，必须按定义的形式进行数据的输出。

9 信息的保护

9.1 总则

只有定义了用户信息访问级别的程序方可被使用。此外，还应有详细的要求来定义那些用于被准许的访问目的或被准许的访问环境的程序，访问活动依照这些程序进行批准、管理和/或执行。

这些程序应覆盖单一用户的各种行为以及系统的种种功能。

9.2 授权

应建立一些程序来定义创建/设计、读取/复制、检查/批准、修订文件内容，以及对文件进行归档等授权活动，见表2。

表 2 在文件的不同生命周期状态下访问文件的范例

文件生命周期	创建者所在机构的用户	符合议定规则的正常用户	特 殊 要 求
编制中	×		
审查中	×		
已批准	×		
已发布		×	
已替换			×
已撤销			×

在使用计算机系统时，应采用多种形式进行身份识别的控制，例如用户标识(用户 ID)和口令(电子身份卡等)，以保证授权程序得以执行。

9.3 保护告知

为防止文件的不当使用，应按照 GB/T 19827—2005 的要求进行保护告知。

ICS 01.100.01
J 04

中华人民共和国国家标准

GB/T 16722.2—2008
代替 GB/T 16722.2—1996

技术产品文件
计算机辅助技术信息处理　原始文件

Technical product documentation—
Handling of computer-based technical information—
Original documentation

(ISO 11442:2006, Technical product documentation—
Document management, NEQ)

2008-06-26 发布　　2009-01-01 实施

中华人民共和国国家质量监督检验检疫总局
中国国家标准化管理委员会　发布

前　言

在 GB/T 16722《技术产品文件　计算机辅助技术信息处理》这个总标题下包括以下 4 个部分：

——GB/T 16722.1　技术产品文件　计算机辅助技术信息处理　安全性要求

——GB/T 16722.2　技术产品文件　计算机辅助技术信息处理　原始文件

——GB/T 16722.3　技术产品文件　计算机辅助技术信息处理　产品设计过程中的状态

——GB/T 16722.4　技术产品文件　计算机辅助技术信息处理　文件管理与检索系统

本部分是根据国际标准化组织 ISO 11442:2006《技术产品文件　文件管理》的第 4 章“原始的及复制的文件”编制而成，技术内容上修改采用该国际标准，在一致性程度上为非等效采用。

本部分代替 GB/T 16722.2—1996《技术产品文件　计算机辅助技术信息处理　原始文件》，主要修改的内容有：

——按照 GB/T 1.1 和本部分的内容要求，修改与增加了“范围”和“规范性引用文件”的内容；

——根据国际标准化组织 ISO 11442:2006《技术产品文件　文件管理》的内容，增加了第 4 章中“4.4　查看拷贝”、“4.5　档案原本”和“4.6　文件副本及保真度”，并将这几条的内容作为第 5 章放入本部分；

——另外，还就标准中的相关内容做了文字上的修改。

本部分由全国技术产品文件标准化技术委员会提出。

本部分由全国技术产品文件标准化技术委员会归口。

本部分起草单位：中机生产力促进中心、中国电子科技集团公司第三十八研究所、中航第一飞机研究所、原子高科股份有限公司。

本部分主要起草人：丁红宇、王璐、张红旗、张永才、章向阳。

本部分所代替标准的历次版本发布情况为：

——GB/T 16722.2—1996。

技术产品文件
计算机辅助技术信息处理　原始文件

1　范围

GB/T 16722 的本部分规定了原始文件及其术语。

本部分适用于计算机辅助技术信息处理中对原始文件的要求，手工设计也可使用。

2　规范性引用文件

下列文件中的条款通过 GB/T 16722 的本部分的引用而成为本部分的条款。凡是注日期的引用文件，其随后所有的修改单(不包括勘误的内容)或修订版均不适用于本部分，然而，鼓励根据本部分达成协议的各方研究是否可使用这些文件的最新版本。凡是不注日期的引用文件，其最新版本适用于本部分。

GB/T 13361　技术制图　通用术语

GB/T 15751　技术产品文件　计算机辅助设计与制图　词汇(GB/T 15751—1995 eqv ISO/TR 10623：1992)

3　术语和定义

本部分采用 GB/T 13361 和 GB/T 15751 中的有关定义，有些定义在本部分第 4 章中作详细说明。

4　原始文件

原始文件是原始数据和原始介质的组合，是构成一个产品的技术定义，也是产品寿命周期内进行修改的基础。

在手工设计中，数据的介质是以图形或文本形式记录在描图纸上和(或)底图胶片上，这些文件是原始图样，称为原始文件。当原始文件用计算机生成时，则数据介质是磁带、磁盘或光盘。而数据是字符和(或)图形，而且任何修订都可以在这个原始文件上进行。

原始文件各部分的结构关系(计算机或手工生成)如图 1 所示。

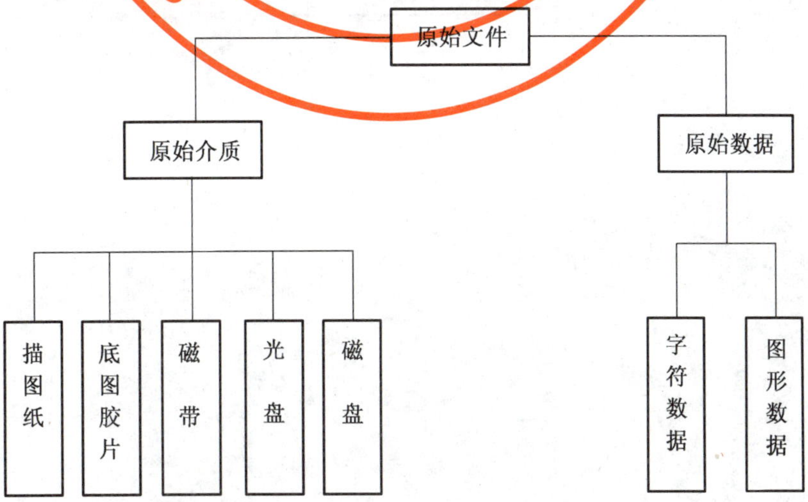

图 1　原始文件中的结构关系

4.1 原始介质

用计算机生成的文件和手工设计文件的基本情况相同。主要区别是用于记录信息的介质为磁盘、磁带或光盘等,而另一个是描图纸和(或)底图胶片。

4.2 原始数据

原始数据是一个数据集,经授权,可以在检验和验收过程中作进一步处理。

4.3 原版

原版是一种文件,严格用于硬拷贝的复制。在计算机辅助设计中,它可以是绘制的文件。或直接、间接制作的穿孔卡。在手工文件制作中,经常采用透明的描图纸。

4.4 署名文件

原始文件需要做正常的验收处理。但也可能需要由用户和授权者作验收,一个署名文件就带有这些补充的验收。这种文件通常是书面的,是原始文件的一个拷贝,在不做出验收所需要的标记和署名的情况下,这种文件不能作任何改变。

5 原始文件的应用

5.1 查看拷贝

查看拷贝是用于查看、评论以及生成硬拷贝(打印的副本)等目的的文件副本。在计算机辅助设计中,它可能是用于在屏幕上查看的光栅文件或直接/间接生成的穿孔卡片。

5.2 档案原本

在基于计算机的文件编制过程中,需要生成一份用于长期保存的、可靠中性格式的文件副本(见5.3)。档案原本在一个明确的时段内(例如产品生命周期)将是可获取的和可复制的。这种文件副本的表示法应是公开规定的且与此后的工具版本无关。

注意:数字《档案原本》的典型格式为 TIFF 光栅、SGML、XML 和 STEP。

5.3 文件副本,副本保真度

文件副本是原始文件的真实或近似真实的拷贝。一份副本相对于它的源文件而言可能会损失信息。保真度将按照一份文件副本保有原始文件信息的能力进行分级。

副本保真度的等级包括:

——克隆级(准确复制);

——等效级(有信息损失,对于某些专门用途是等效的);

——基本级(原始文件的某些特性可能已经丢失,如颜色等)。

ICS 01.100.01
J 04

中华人民共和国国家标准

GB/T 16722.3—2008
代替 GB/T 16722.3—1996

技术产品文件
计算机辅助技术信息处理
产品设计过程中的状态

**Technical product documentation—
Handling of computer-based technical information—
Phases in the product design process**

(ISO 11442:2006,Technical product documentation—
Document management,NEQ)

2009-01-01 发布　　2009-01-01 实施

中华人民共和国国家质量监督检验检疫总局
中国国家标准化管理委员会　发布

前　言

在 GB/T 16722《技术产品文件　计算机辅助技术信息处理》这个总标题下包括以下 4 个部分：

——GB/T 16722.1　技术产品文件　计算机辅助技术信息处理　安全性要求

——GB/T 16722.2　技术产品文件　计算机辅助技术信息处理　原始文件

——GB/T 16722.3　技术产品文件　计算机辅助技术信息处理　产品设计过程中的状态

——GB/T 16722.4　技术产品文件　计算机辅助技术信息处理　文件管理与检索系统

本部分是根据国际标准化组织 ISO 11442:2006《技术产品文件　文件管理》的第 5 章“设计文件编制工作中的各个阶段”和“附件 A　文件修订的典型规则”编制而成，技术内容上修改采用该国际标准，在一致性上为非等效采用。

本部分代替 GB/T 16722.3—1996《技术产品文件　计算机辅助技术信息处理　产品设计过程中的状态》，主要修改的内容有：

——按照 GB/T 1.1 和本部分的内容要求，修改与增加了“范围”和“规范性引用文件”的内容；

——根据国际标准化组织 ISO 11442:2006《技术产品文件　文件管理》的内容，增加了其中第 5 章“产品设计过程”和“附录 A　文件修订的典型规则”章节，并将该内容作为第 4 章和附录 A 放入本部分；

——另外，还就标准中的相关内容做了文字上的修改。

本部分的附录 A 为资料性附录。

本部分由全国技术产品文件标准化技术委员会提出。

本部分由全国技术产品文件标准化技术委员会归口。

本部分起草单位：中机生产力促进中心、陕西省标准化研究院、成都航利（集团）实业有限公司、吉林工业大学、中国电子科技集团公司第三十八研究所。

本部分主要起草人：丁红宇、侯维亚、崔智勇、肖久林、王秀英、张红旗。

本部分所代替标准的历次版本发布情况为：

——GB/T 16722.3—1996。

技术产品文件
计算机辅助技术信息处理
产品设计过程中的状态

1 范围

GB/T 16722 的本部分规定了制定产品设计文件所需新的过程准则。

本部分适用于计算机辅助设计(包括单位内部和单位之间的通讯,质量保证,购置和开发技术管理系统),手工设计也可使用。

2 规范性引用文件

下列文件中的条款通过 GB/T 16722 的本部分的引用而成为本部分的条款。凡是注日期的引用文件,其随后所有的修改单(不包括勘误的内容)或修订版均不适用于本部分,然而,鼓励根据本部分达成协议的各方研究是否可使用这些文件的最新版本。凡是不注日期的引用文件,其最新版本适用于本部分。

GB/T 13361 技术制图 通用术语

GB/T 15751 技术产品文件 计算机辅助设计与制图 词汇(GB/T 15751—1995 eqv ISO/TR 10623:1992)

GB/T 16722.1 技术产品文件 计算机辅助技术信息处理 安全性要求(GB/T 16722.1—2008,ISO 11442-1:2006,NEQ)

3 术语和定义

本部分采用 GB/T 13361 和 GB/T 15751 中的有关定义。

4 产品设计过程

4.1 产品设计文件的编辑阶段

以下文字说明了在设计周期的何阶段生成了何种文件。产品开发过程中的行为可分为分析、概念设计、基本设计和详细设计,以下举例说明(见图 1)。

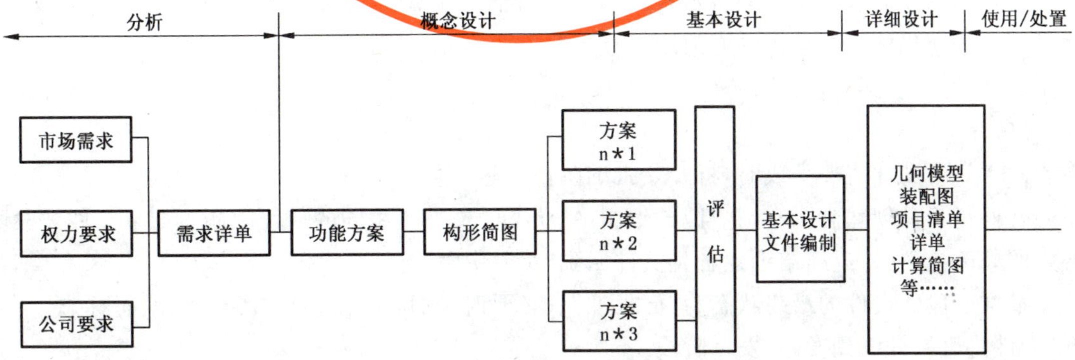

图 1 产品开发过程

通常,最初的任务是编制一份需求详单。该详单根据市场、权力部门和公司自身的需求编制和评估。

在此基础上生成设计说明书,作为进一步设计的基础。它们可能指出可行的功能解决方案和/或构形简图,从而将作为一项或多项待评估方案的基础。评估结果构成设计的基础文件。

在详细设计过程中,文件将针对预定用途最终完成,并且其形式符合更严格的文件管理规则。

4.2 产品设计文件的管理

在设计文件编制过程的不同阶段中,数据始终按照严格的规则保存、移动和提取。文件管理过程划分为不同阶段,图 2 所示为各个阶段以及它们各自的活动。

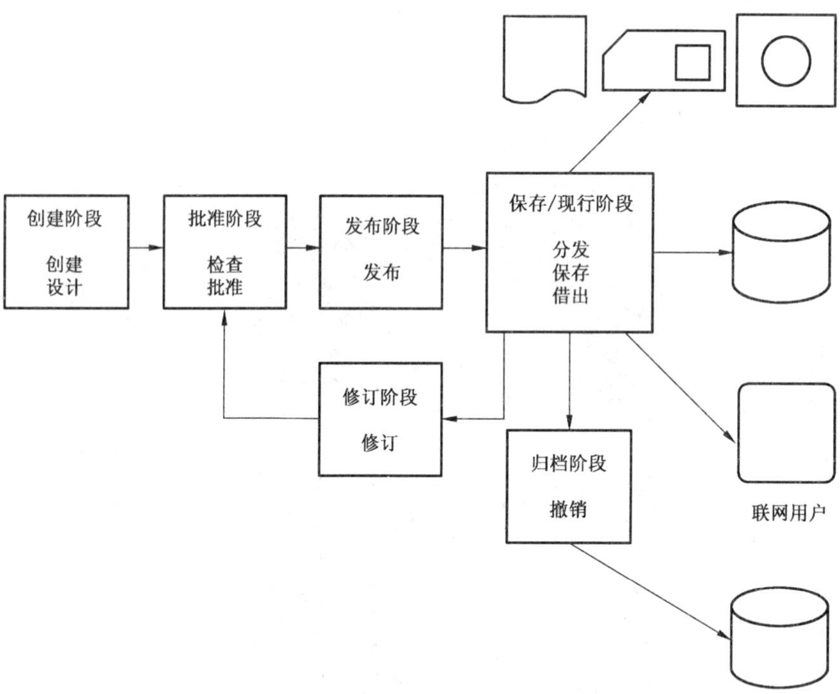

图 2 设计文件编制工作的阶段

4.3 创建阶段

"创建阶段"是编写文件实际内容的阶段。在此阶段,文件以"编制中"状态存在,直到"检查中"状态被发起时结束。创建阶段中的文件为其创建者所有。因此,该文件被认为是初始的;例如它不能用于合同契约。

如果特殊的商业需求要求提前将本阶段的文件用于合同契约(例如定购原料或设计加工交付周期长的项目),必须明确标示其可用的专门用途范围。

使用该文件必须与创建者协商。

4.4 批准阶段

当创建者认为文件将要完成时,将开始批准阶段。这阶段由文件在"检查中"状态进行表示。处于该状态的文件仍为其创建者所有,并且与"编制中"状态的文件有相同的使用限制。如果文件被驳回,在进行必要的修改前,它将返回给创建者且文件回到"编制中"状态。

处于批准阶段的文件的最终状态为"已批准"。必要时,它可显示为单独的文件状态标志。在其他情况下,文件将直接升级到发布/发行阶段。

4.5 发布阶段

发布是一项不依赖于批准的活动。因此,可以选择与项目中其他文件发布和其他活动相协调的时间进行。

当一份文件已经依照责任部门组织内部的程序通过检查并批准后，就可以发布了，该部门应对其职责范围下的文件内容负责。

发布后的文件是正式有效的，并可用于预定用途。它将被标示为“已发布”状态。在本地环境中，对于该状态允许使用特殊的命名习惯，但需要明确地定义该习惯。

4.6 保存/现行阶段

保存/现行阶段意味着发布后的文件可以保存，且经授权的用户可以对其阅读和复制。

正式分发意味着一份文件可以在某系统内开始被用户所使用。也可利用电子邮件的附件或其他介质(穿孔卡片、纸质打印输出、磁带、磁盘、CD 等)分发给不能在线分发的或没有集成到网络中的用户。

分发可以依据文件清单进行，清单列出了属于同一项目或设备的同时发布的所有文件。

4.7 修订阶段

修订意味着保存文件的一份拷贝已被检出、升级至修订阶段并被设定为“编制中”状态。对于用户原始文件仍是有效并可用的，但系统要提供“正在修订”的警告以表示预计将有修订后的版本。用户需要与负责单位协商并决定是否使用现有版本或等待修订后的版本。

正在被修订的文件拷贝在批准流程启动前应具有一个新的版本索引并带有“编制中”状态文字。当该版本被批准和发布时，该修订文件将被升级至保存/现行阶段。

当一份文件在将来的使用中被发布和发放时，需要对文件的变更管理的正式规则及程序进行说明。详细的修订规则见附件 A。

4.8 归档阶段

当文件从现行文件库转移保存至档案原本文件档案库时，就启动了归档阶段。存取时间可能相当长。这可能涉及：

——现行文件的先前版本；

——被替换/取代的文件；

——被撤销的文件，或

——已作废产品的文件。

附 录 A
（资料性附录）
文件修订的典型规则

对于产品设计文件的修改，应该根据修订类别或文件全生命周期的相应阶段来区分修订所需活动，并依据产品设计文件、文件主题、法定效力或其在产品开发过程中被应用的阶段，采用不同的修订规则。

A.1 简化的修订规则

文件修订的简化规则主要用于文件的发布者在进行有可能影响到平行设计或后续设计的变更活动的场合，例如：

——对设计先决条件发生变更；
——由于功能、空间或质量不适当而导致的新设计；
——制造商要求引入设计变更以适合某一特定的制造过程；
——为降低材料成本而对产品进行简化。

修订信息可能包含对技术变更的说明以及这些变更如何影响成本估算。

A.2 正式的修订规则

在产品开发的后期阶段，文件经常被大范围分发，因而启动了许多活动，这些活动都需要正式的修订规则。修订可以划分为两类。

a) 符合新旧版本间可互换性要求的技术变更。零部件的形状、配合和功能不受影响，因此标识码保留。
b) 使零部件的修订版本与旧版本间不再可互换的技术改动。零部件的形状、配合和功能受到影响，因此标识码要变更。

处于保存/现行阶段的文件被借出修订。要编制新版本的文件并拟制修订通知，通知要清楚说明：

——变更的意义，
——变更的位置，
——变更的原因（如果必要），
——变更的后果
——变更对相关零部件何时生效，以及
——其他与文件变更有关的必需的信息。

修订后的产品文件与修订通知一起转到批准阶段进行批准/检查，之后进入分发阶段，并按照文件发布清单复制并分发给使用者。

ICS 01.100.01
J 04

中华人民共和国国家标准

GB/T 16722.4—2008
代替 GB/T 16722.4—1996

技术产品文件 计算机辅助技术信息处理 文件管理与检索系统

Technical product documentation—Handling of computer-based technical information—Document management and retrieval systems

(ISO 11442:2006, Technical product documentation—Document management, NEQ)

2008-06-26 发布 2009-01-01 实施

中华人民共和国国家质量监督检验检疫总局
中国国家标准化管理委员会 发布

前　言

在 GB/T 16722《技术产品文件　计算机辅助技术信息处理》这个总标题下包括以下 4 个部分：

——GB/T 16722.1　技术产品文件　计算机辅助技术信息处理　安全性要求

——GB/T 16722.2　技术产品文件　计算机辅助技术信息处理　原始文件

——GB/T 16722.3　技术产品文件　计算机辅助技术信息处理　产品设计过程中的状态

——GB/T 16722.4　技术产品文件　计算机辅助技术信息处理　文件管理与检索系统

本部分是根据国际标准化组织 ISO 11442：2006《技术产品文件　文件管理》的第 6 章“文件生命周期状态”编制而成，技术内容上修改采用该国际标准，在一致性上为非等效采用。

本部分代替 GB/T 16722.4—1996《技术产品文件　计算机辅助技术信息处理　文件管理与检索系统》，主要修改的内容有：

——按照 GB/T 1.1 和本部分的内容要求，修改与增加了“范围”和“规范性引用文件”的内容；

——根据国际标准化组织 ISO 11442：2006《技术产品文件　文件管理》的内容，增加了其中第 6 章“文件生命周期状态”章节，并将该内容作为第 4 章放入本部分；

——另外，还就标准中的相关内容做了文字上的修改。

本部分的附录 A 为规范性附录。

本部分由全国技术产品文件标准化技术委员会提出。

本部分由全国技术产品文件标准化技术委员会归口。

本部分起草单位：中机生产力促进中心、北京理工大学、江苏工业学院、原子高科股份有限公司、中国电子科技集团公司第三十八研究所。

本部分主要起草人：丁红宇、张彤、刘福华、章向阳、张红旗。

本部分所代替标准的历次版本发布情况为：

——GB/T 16722.4—1996。

技术产品文件
计算机辅助技术信息处理
文件管理与检索系统

1 范围

GB/T 16722 的本部分规定了计算机辅助技术信息处理中的文件管理和检索。

本部分适用于设计工作中各个阶段的文件管理和检索。

2 规范性引用文件

下列文件中的条款通过 GB/T 16722 的本部分的引用而成为本部分的条款。凡是注日期的引用文件，其随后所有的修改单(不包括勘误的内容)或修订版均不适用于本部分，然而，鼓励根据本部分达成协议的各方研究是否可使用这些文件的最新版本。凡是不注日期的引用文件，其最新版本适用于本部分。

GB/T 13361 技术制图 通用术语

GB/T 15751 技术产品文件 计算机辅助设计与制图 词汇(GB/T 15751—1995，eqv ISO/TR 10623：1992)

GB/T 16722.1 技术产品文件 计算机辅助信息处理 安全性要求(GB/T 16722.1—2008，ISO 11442：2006，NEQ)

GB/T 16722.3 技术产品文件 计算机辅助技术信息处理 产品设计过程中的状态(GB/T 16722.3—2008，ISO 11442：2006，NEQ)

3 术语和定义

本部分采用 GB/T 13361 和 GB/T 15751 中的有关定义。

4 文件生命周期状态

在不同的阶段中，文件可能处于下面列出的不同文件状态。状态的等级可以通过文件的打印输出或其他类似功能的系统进行显示。

——编制中表示文件已存在，但尚未针对其最终使用进行正式发布。

——审查中表示文件已准备完毕，并提交以进行审查、批注、检查和批准。

——已批准表示文件已适于发布，但仍未针对其预定用途正式发布。

——已发布表示文件已经完成了准备、审查、检查和批准工作。目前文件允许被用于预定用途。

——已撤销表示文件不可再作为现行文件使用。

图 1 所示为文件经过生命周期中不同状态的流程。除上面定义的状态之外，在文件的生命周期中还可能出现一个局部的具有更细环节的细化流程。

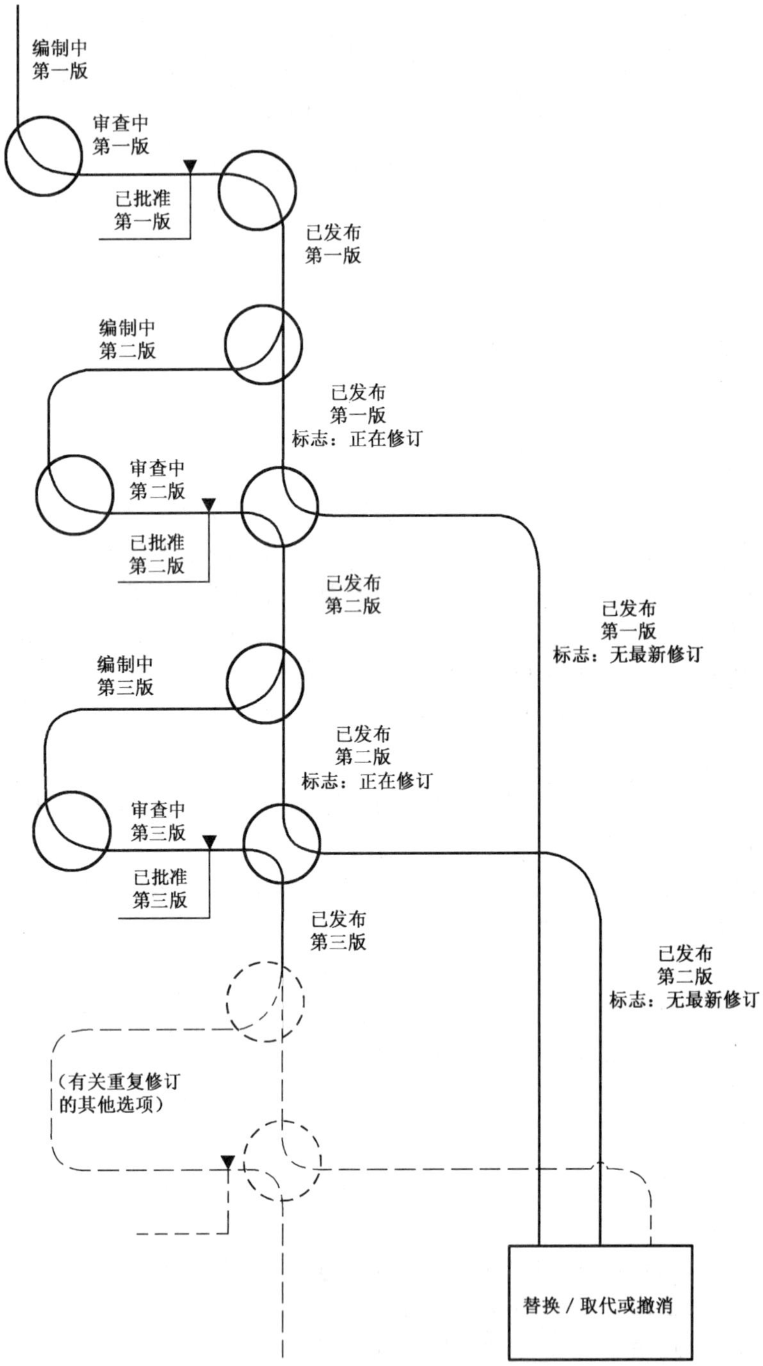

图 1　文件生命周期状态

5　标识与分类的准则

技术文件标识与分类准则可分为两组，管理准则与技术准则，它是设计的各个阶段中有效地管理文件和工作的基础，各阶段的内容为：

a）　在开发阶段，相应的工作、材料、加工等领域内，对文件的检索。

b）　在验收阶段，按文件类型，产品范围等的检索。

c）　在颁发阶段，某一主题范围内，保证文件恰当地发放。

d) 在存贮阶段,按指定的时间,特定的工作范围,对存贮的文件检索。

e) 在修改阶段,能做到对某个要修改的范围,所有文件作普遍修改而不需分别处理每个文件。分类准则也要为执行废止程序提供基本条件。

5.1 文件管理的准则

设计工作中技术文件需要有管理方面的内容,它提供对所有文件的控制手段(书面的或计算机的),管理数据对有效的文件管理和存贮以及数据传送都是需要的。

管理数据应分为三个组(见附录 A 管理数据分类)即初始数据,状态数据和用户数据。

5.1.1 初始数据

初始数据构成一个文件的规定标识。这个标识包括文件的标识(图号)和对象名称,颁发和修改所必需的信息作为补充,还需要说明文件的类型与大小,文件的介质及存贮地点和版本语言。

5.1.1.1 标识号(如图号)

与设计工作的计算机化相适应,应包括一个图号文件,为了不使这样的计算机化太复杂,应采用一种顺序编号方法,编号可以是数字、字母混合编写(如编号具有分类方面的意义,则应放弃这种系统,因为这类信息应单独说明)。图号文件应包括所有有标识图号的文件。

5.1.1.2 标识文本(如标题或说明)

标识文本通常作为标号时的附加部分,它对手工制作的图样特别重要,如按标识文本进行检索,则应用标准化的命名系统。

5.1.1.3 修改数据

修改数据是一些从管理上指明并控制每一文件的修改活动的数据。这样的数据例如:

a) 修改指令:
   1) 姓名(负责人);
   2) 日期;
   3) 编号(登记号)。

b) 原始文件修改申请:
   1) 姓名(修改执行者);
   2) 日期。

c) 修改数据:
   1) 姓名(验收修改文件者);
   2) 日期;
   3) 编号(索引号)。

d) 修改文件的颁发:
   1) 日期;
   2) 颁发号(索引号)。

5.1.1.4 文件类型

文件类型是按应用对文件内容的总分类,它用于检索。文件类型的实例:装配图、明细表、布线图、几何模型。分类应考虑参照实际模型的方便。

5.1.1.5 文件大小

文件大小的信息,用于手工方式的存贮程序,也用于机器拷贝程序。

5.1.1.6 文件介质

考虑到文件复制的方法,应说明文件的介质。

5.1.1.7 存贮地点

无论文件是计算机型的或图纸型的,为了检索应说明存贮地点,存贮地点举例:文件保管处,电子存贮区。

5.1.1.8　**语言版本**

在具有同一主题标识下，一个技术文件可能存在着多种语言版本，所以应列出可使用的语言版本。

5.1.2　**状态数据**

状态数据是一种附加数据，是有效使用文件必需的。

5.1.2.1　**文件状态**

一个文件在其寿命周期内要经历不同的使用阶段，这些阶段必须表明，例如用：

a)　保留的标识号；

b)　初始颁发(只用于保密)；

c)　最终颁发；

d)　取消。

这些数据，通常只对最终文件有效，但在特殊情况下，它们也能用于文件的早期开发阶段。

注 1：特殊文件，标识依赖于公司制定的颁发过程。

5.1.2.2　**颁发与取消验收**

按 GB/T 16722.3 给出验收负责人，并要注明验收日期。关于授权等级参见 GB/T 16722.1。

5.1.3　**用户数据**

用户数据是散发在各种介质上的文件拷贝所需的数据。

为了散发拷贝，需有用户的姓名和地址，预订信息的范围和时间、介质和拷贝数量。这些数据注明在文件颁发表(DIL)中，见 GB/T 16722.3，这个表还应包括原始文件的初始数据和状态数据。

5.2　**分类与检索系统的技术准则**

文件的技术部分，带有一个可选的几何表示法，它描述与定义了在最终阶段的产品，这一部分文件可作为文件分类的基础，保证有效地检索。

为了用一个或几个特征检索到目标，需要一种对目标的分类。实际上可按文件的技术内容来分类，这种分类可以是通用的或专题的。

5.2.1　**通用分类**

通用分类是按目标的功能、形状、材料、尺寸等对目标分组，一般采用一种通用分类，可使设计和生产准备工作变得很方便，例如：对一辆汽车按功能分组，可分为：发动机、变速箱、车身、底盘等。按形状分组可包括：圆形、六角形、平板形等，一个完整的分类将包括主体方面(如产品组)和有关细节方面。

5.2.2　**专题分类**

专题分类是对目标按用户关心的问题特征或性质来分类，用户对这种分类有维护和使用的责任。

典型的专题检索准则是按特征，例如按：加工、购置、销售、质量、经济等。原则上，专题分类对公司的专项活动是方便的。

6　检索

通用检索准则应集中建立，而专题准则可以按问题分组留给用户建立，检索准则可写入文件本身，或列成一个独立文件。

检索系统可以购置，但必需和原有体系相适配，甚至能由原体系自身来开发与整修。

对早先设计的检索的再使用(完全的或局部的)，可带来一些优点，如较短的引导时间，对前期准备工作和其他专题信息的再使用，也一样有好处。

6.1　**"承包"系统**

承包系统是软件供应商开发的分类系统和检索系统，它们是一旦安装就能使用的数据处理系统。一般这样的系统必须和公司的专题需要相适配，多数承包系统倾向于只提供一个分类编码，它可以是层次型的(见图 2)如十进制分类或特征型的(见图 3)。

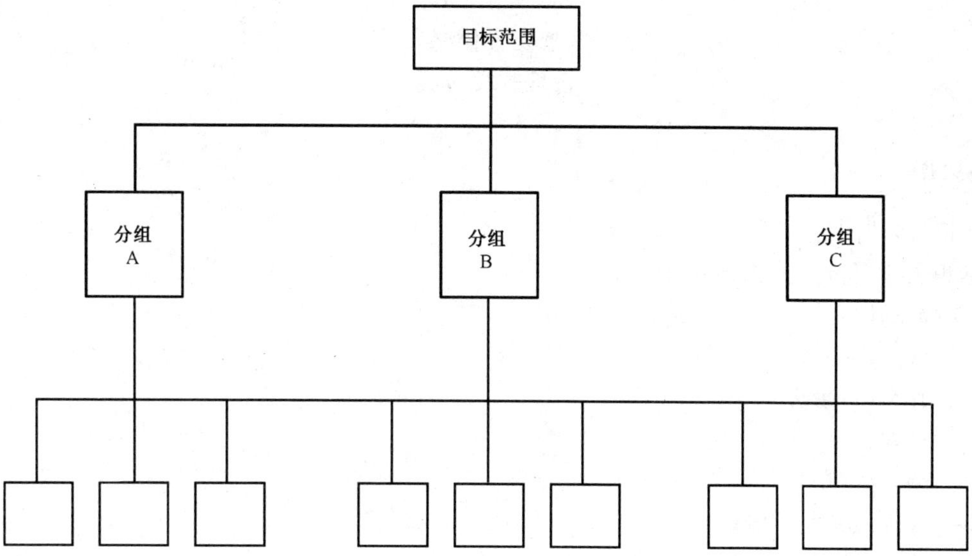

图 2　特征分类编码示例(层次型)

性质分类		分组								
序号	描述	1	2	3	4	5	6	7	8	9
1	外形	形1	形2	形3						
2	内形	无	形1							
3	孔数	0	1-2	3-4	5-8					
4	孔位置	轴向	径向							
5	平板面	外侧	内侧							
6										
7										

图 3　特征型编码示例

一个层次型的编码，在已经熟悉该编码和公司零件标准中已采用该编码的条件下使用是有利的，其缺点是必须说明全部编码。基于特征的编码允许对指定的性质作选择性的查找。然而，这样的编码需要大量的特征，通常这两种分类编码是组合在一起的。

6.2　公司开发的系统

如一个“承包”系统需要和公司作扩充性适配，由原体系作系统开发和整修被证明是较好的办法。在这个工作中，已有的编码系统和新的系统一样，都能使用。

附 录 A
（规范性附录）
管理数据分类

A.1 初始数据

a) 标识号，即图号；
b) 标识文本，即标题，描述；
c) 修改数据即：
——修改指令：
1) 姓名（负责人）；
2) 日期；
3) 编号（登记号）。
——修改原始文件申请：
1) 姓名（执行修改者）；
2) 日期。
——修改数据：
1) 姓名（验收文件修改者）；
2) 日期；
3) 编号（索引号）。
——修改文件的颁发：
1) 日期；
2) 颁发号（索引号）。
d) 文件类型即：
1) 明细表；
2) 装配图；
3) 布线图。
e) 文件大小。
f) 文件介质。
g) 存贮地点。
h) 语言版本。

A.2 状态数据

a) 文件状态（在开发、在生产、取消）：
1) 保留标识号；
2) 初始版本；
3) 最终版本；
4) 取消。
b) 颁发与取消：
1) 颁发；
2) 颁发日期；
3) 取消；

4） 取消日期。

A.3 用户数据

a） 用户；

b） 预订范围；

c） 预订介质类型；

d） 拷贝。

ICS 19.120
A 28

中华人民共和国国家标准

GB/T 16742—2008
代替 GB/T 16742.1—1997

颗粒粒度分布的函数表征　幂函数

Function representation of particle size distribution—Power-function

2008-07-18 发布　　2009-02-01 实施

中华人民共和国国家质量监督检验检疫总局
中国国家标准化管理委员会　发布

前　言

本标准代替 GB/T 16742.1—1997《颗粒粒度分布的函数表征　幂函数》。

本标准与 GB/T 16742.1—1997 相比，主要技术内容改变如下：

——增加了“2　规范性引用文件”；

——对“3　术语和定义”进行了修改，并增加了两条；

——按照汉语习惯对部分文字做了编辑性修改。

本标准的附录 A、附录 B 和附录 C 均为资料性附录。

本标准由全国筛网筛分和颗粒分检方法标准化技术委员会(SAC/TC 168)提出并归口。

本标准起草单位：北京市理化分析测试中心。

本标准主要起草人：邹涛、周素红、高原、王啟锋、陈萦。

本标准所代替标准的历次版本发布情况为：

——GB/T 16742.1—1997。

颗粒粒度分布的函数表征　幂函数

1　范围

本标准规定了颗粒粒度分布的幂函数表征方法。

本标准适用于表示颗粒系统粒度的累积分布。

2　规范性引用文件

下列文件中的条款通过本标准的引用而成为本标准的条款。凡是注日期的引用文件，其随后所有的修改单(不包括勘误的内容)或修订版均不适用于本标准，然而，鼓励根据本标准达成协议的各方研究是否可使用这些文件的最新版本。凡是不注日期的引用文件，其最新版本适用于本标准。

GB/T 16418　颗粒系统术语

3　术语和定义

GB/T 16418 中确立的以及下列术语和定义适用于本标准。

3.1

颗粒体积比表面积　particle volume specific surface area

颗粒表面积与其体积之比。

3.2

颗粒质量比表面积　particle mass specific surface area

颗粒表面积与其质量之比。

3.3

颗粒表面积形状因子　particle surface area shape factor

颗粒的表面积与相同体积的等效球体表面积之比。

4　符号

本标准中引用的符号见表 1 规定。

表 1

符　号	说　明	单　位
C	双对数坐标中幂函数直线截距	—
i	下标	—
m	双对数坐标中幂函数直线斜率	—
$Q(x)$	筛下累积分布	—
$R(x)$	筛上累积分布	—
S_m	颗粒质量比表面积	cm^2/g
S_v	颗粒体积比表面积	cm^{-1}
x	颗粒粒度	cm

表 1（续）

符　　号	说　　明	单　　位
$x_{A,i}$	i 级分下限颗粒直径	cm
$x_{B,i}$	i 级分上限颗粒直径	cm
x_{max}	最大颗粒等效直径	cm
ϕ	颗粒表面积形状因子	—
ρ_s	颗粒密度	g/cm^3

5　颗粒粒度分布的函数表征

各种颗粒系统具有不同的粒度分布，因此用于表征粒度分布的函数种类很多。幂函数是最常见的粒度分布函数之一。用幂函数表征颗粒粒度分布对多数颗粒系统的中间粒度区间较适用，而在粒度分布的两端存在一定的误差。

5.1　幂函数

幂函数定义为：

在粒度范围为：$0 \leqslant x \leqslant x_{max}$

筛下累积分布：

$$Q(x) = 1 - R(x) = \left(\frac{x}{x_{max}}\right)^m \quad \cdots\cdots\cdots\cdots (1)$$

式(1)方程两边取对数，可得：

$$\lg Q(x) = m\lg x + C \quad \cdots\cdots\cdots\cdots (2)$$

式中：$C = -m\lg x_{max}$

因此在 $Q(x)$ 为纵坐标，x 为横坐标的双对数图上二者呈线性，其直线斜率为 m，截距为 $-m\lg x_{max}$。

所以 m 和 x_{max} 可以作为颗粒粒度分布幂函数的两个特征参数。在某些情况下，颗粒系统在各个粒度分布区间具有不同的 m 值，在双对数图上为若干条斜率不同的直线组成的折线。

当 $\frac{x}{x_{max}} \ll 1$ 时，颗粒粒度分布也可用 R-R 分布表示，即可同时采用幂函数或 R-R 分布进行函数表征。

5.2　颗粒系统比表面积

颗粒表面积也是颗粒的重要基本特征，它可用于表征颗粒系统的反应活性。

颗粒体积比表面积与颗粒质量比表面积之间的关系为：

$$S_m = S_v / \rho_s \quad \cdots\cdots\cdots\cdots (3)$$

式中：

S_m——颗粒质量比表面积；

S_v——颗粒体积比表面积；

ρ_s——颗粒密度。

单颗粒比表面积与颗粒粒度和颗粒形状有关，颗粒粒度小则比表面积大，无孔颗粒的体积比表面积为：

$$S_v = \frac{6\phi}{x} \quad \cdots\cdots\cdots\cdots (4)$$

式中：

x——颗粒粒度；

ϕ——颗粒表面积形状因子；颗粒为球体时 $\phi = 1$，颗粒为非球体时 $\phi > 1$。

颗粒系统大多由许多大小不等的颗粒组成，其比表面积还与粒度分布有关。

颗粒系统比表面积可通过实验测得，常用的有 BET 法。也可由其粒度分布计算求得，当其粒度分布可用函数表征时可得到解析解，参见附录 A。

式(4)为单粒度颗粒的比表面积，而存在粒度分布的颗粒系统比表面积可积分求得：

$$S_v(x_A,x_B)=\frac{6\phi}{Q(x_B)-Q(x_A)}\int_{Q(x_A)}^{Q(x_B)}\frac{dQ(x)}{x} \quad\cdots\cdots(5)$$

当 $Q(x)$ 与 x 关系可用式(1)表征时，式(5)可表示为：

$$S_v(x_A,x_B)=\frac{6\phi m}{[Q(x_B)-Q(x_A)]x_{max}^m}\int_{x_A}^{x_B}x^{m-2}dx \quad\cdots\cdots(6)$$

5.2.1 全粒度分布区间 *m* 为定值

当 $m\neq1$ 时，可由式(6)积分求得任意粒度区间的体积比表面积：

$$S_v(x_A,x_B)=\frac{6\phi m}{(m-1)x_B[Q(x_B)-Q(x_A)]}\left[1-\left(\frac{x_A}{x_B}\right)^{m-1}\right] \quad\cdots\cdots(7)$$

式中：

x_A——粒度区间粒径下限；

x_B——粒度区间粒径上限；

$S_v(x_A,x_B)$——x_A 至 x_B 粒度区间内体积比表面积。

若要求得整个颗粒系统的体积比表面积，只需取 $Q(x_A)=0$，$Q(x_B)=1$。

由式(1)可得：$x_A=0$，$x_B=x_{max}$

将上述数据代入式(7)可得：

$$S_v=\frac{6\phi m}{(m-1)x_{max}} \quad\cdots\cdots(8)$$

S_v 为整个颗粒系统体积比表面积，参见附录 B。

当 $m=1$ 时，式(6)积分可得 x_A 至 x_B 粒度区间颗粒的体积比表面积：

$$S_v(x_A,x_B)=\frac{6\phi Q(x_B)}{[Q(x_B)-Q(x_A)]x_B}\ln\frac{x_B}{x_A} \quad\cdots\cdots(9)$$

5.2.2 在各个粒度区间具有不同 *m* 值

某些颗粒系统在不同粒度区间 m 值不同，可由式(7)先求得每个区间的比表面积，再经加权求得全粒度分布区间的颗粒系统体积比表面积，参见附录 C，当 $m\neq1$ 时

$$S_v(x_{A,i},x_{B,i})=\frac{6\phi}{Q(x_{B,n})-Q(x_{A,l})}\sum_i\frac{m_i}{m_i-1}\times\frac{Q(x_{B,i})}{x_{B,i}}\times\left[1-\left(\frac{x_{A,i}}{x_{B,i}}\right)^{m_i-1}\right] \quad\cdots\cdots(10)$$

5.2.3 平方根分布

在式(1)所示的幂函数分布中，当 $m=\frac{1}{2}$ 时为：

$$Q(x)=\left(\frac{x}{x_{max}}\right)^{\frac{1}{2}} \quad\cdots\cdots(11)$$

式(11)称为平方根分布。

同样将式(11)方程两边取对数，可得：

$$\lg Q(x)=\frac{1}{2}\lg x+\lg\frac{1}{\sqrt{x_{max}}} \quad\cdots\cdots(12)$$

在 $Q(x)$ 为纵坐标，x 为横坐标的双对数图上为一直线，直线斜率为 $\frac{1}{2}$，截距为 $\lg\frac{1}{\sqrt{x_{max}}}$。

将 $m=\frac{1}{2}$ 代入式(7)，可求得 x_A 至 x_B 粒度分布区间体积比表面积为：

$$S_v(x_A,x_B)=\frac{6\phi Q(x_B)}{x_B[Q(x_B)-Q(x_A)]}\left(\sqrt{\frac{x_B}{x_A}}-1\right) \quad\cdots\cdots(13)$$

附　录　A
（资料性附录）
由颗粒粒度分析结果求比表面积

表 A.1 为颗粒系统的筛分数据，并测得该系统颗粒表面积形状因子为 1.4，密度为 2.6 g/cm^3，求该颗粒系统体积比表面积和质量比表面积。

表 A.1

i	x_i/mm	ΔQ_i/%	$Q(x_i)$/%
0	0.063		0.00
1	0.090	0.10	0.10
2	0.125	0.09	0.19
3	0.180	0.16	0.35
4	0.250	0.25	0.60
5	0.355	0.50	1.10
6	0.500	1.10	2.20
7	0.710	1.80	4.00
8	1.000	3.70	7.70
9	1.400	6.10	13.80
10	2.000	10.20	24.00
11	2.800	16.00	40.00
12	4.000	21.00	61.00
13	5.600	24.00	85.00
14	8.000	15.00	100.00

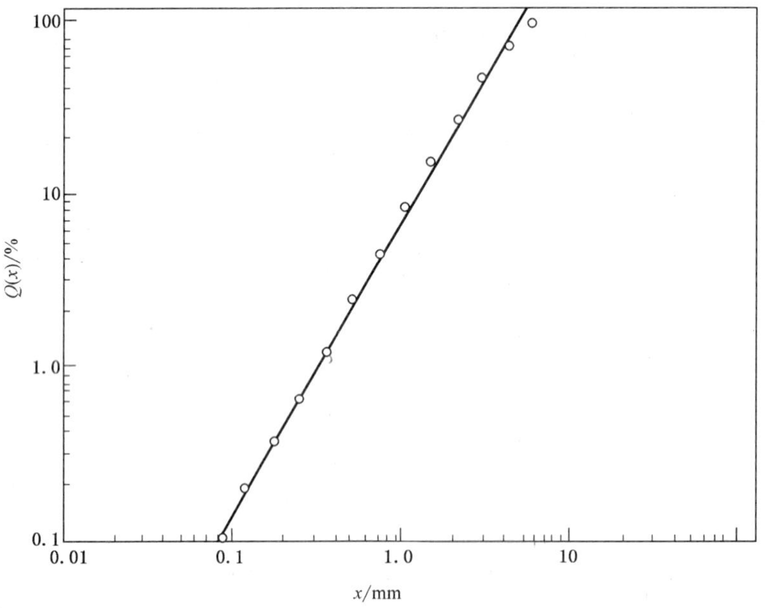

图 A.1　筛下累积分布

将表 A.1 的数据点在 $Q(x)$ 为纵坐标，x 为横坐标的双对数图上作图，得到图 A.1。从图上可以看到，该颗粒系统在双对数坐标图上 $Q(x)$ 和 x 接近线性关系，可由幂函数分布表征。将表 A.1 的数据通过最小二乘法进行对数线性回归，可以得到直线方程为：

$$\lg Q(x) = 1.619 \lg x - 1.214 \quad \cdots\cdots (A.1)$$

相关系数：$r=0.995$

由式(A.1)可求得：$m=1.619$，$x_{max}=4.930$

因此该颗粒系统粒度分布函数为：

$$Q(x) = \left(\frac{x}{4.930}\right)^{1.619} \quad \cdots\cdots (A.2)$$

从图中还可以看出，实验结果与拟合直线除了在颗粒粒度较大端存在较大偏差外，其他粒度区间均较接近。

将 $x_A=0$，$x_B=4.930$ 代入式(8)求得颗粒系统在全粒度分布区间的体积比表面积为：

$$S_v=\frac{6\times1.4\times1.619}{(1.619-1)\times4.930}=4.456\ \text{mm}^{-1}=44.56\ \text{cm}^{-1}$$

质量比表面积为：

$$S_m=\frac{S_v}{\rho_s}=17.14\ \text{cm}^2/\text{g}$$

附 录 B
（资料性附录）
m 为定值的颗粒系统的比表面积计算

某颗粒系统粒度分布可用幂函数 $Q(x)=\left(\frac{x}{x_{\max}}\right)^m$ 表征，特征参数 $x_{\max}=8$ mm，$m=3.34$。颗粒密度 $\rho_s=2.60$ g/cm^3，颗粒表面积形状因子 $\phi=1.4$，求粒度为 1.00 mm～3.00 mm，5.00 mm～7.00 mm 和全粒度区间的体积比表面积和质量比表面积。

表 B.1 中第 4 列 $Q(x_{A,i})$ 和第 5 列 $Q(x_{B,i})$ 由式(1)求得。第 6 列 $S_{v,i}$ 由式(7)求得。第 7 列 $S_{m,i}$ 由式(3)求得。

表 B.1

i	$x_{A,i}$/mm	$x_{B,i}$/mm	$Q(x_{A,i})$	$Q(x_{B,i})$	$S_{v,i}$/cm^{-1}	$S_{m,i}$/(cm^2/g)
1	1.00	3.00	0.000 963	0.037 8	37.9	14.6
2	5.00	7.00	0.208	10.640	13.8	5.31
3	0.00	8.00	0.00	1.00	15.0	5.77

附　录　C
（资料性附录）
各粒度区间 *m* 值不同的颗粒系统的比表面积计算

某颗粒系统在三个粒度区间的 m 值如表 C.1 所示。

表 C.1

i	$x_{A,i}$/μm	$x_{B,i}$/μm	$Q(x_{A,i})$	$Q(x_{B,i})$	m_i
1	0	49.5	0	0.022 5	3.7
2	49.5	430	0.022 5	0.66	1.56
3	430	1 100	0.66	1.00	0.442

该颗粒系统颗粒表面积形状因子 $\phi=1.4$，颗粒密度 $\rho_s=2.6\ g/cm^3$，求每个粒度区间内和整个系统的体积比表面积和质量比表面积。

将上述已知数据代入式(7)可以求得各粒度区间的体积比表面积。全粒度比表面积可由式(10)求得，再由式(3)求得质量比表面积。结果列于表 C.2。

表 C.2

i	粒度区间/μm	$S_{v,i}/cm^{-1}$	$S_{m,i}/(cm^2/g)$
1	0～49.5	2 330	896
2	49.5～430	396	152
3	430～1 100	123	47.3
4	0～1 100	346	133

ICS 75.180.10
E 92

中华人民共和国国家标准

GB/T 16750—2008
代替 GB/T 16750.1～16750.3—1997,GB/T 14816—1993

潜油电泵机组

Electrical submersible pump units

2008-08-28 发布　　2009-03-01 实施

中华人民共和国国家质量监督检验检疫总局
中国国家标准化管理委员会　发布

前　言

本标准代替 GB/T 16750.1—1997《潜油电泵机组　型式、基本参数和连接尺寸》、GB/T 16750.2—1997《潜油电泵机组　技术条件》、GB/T 16750.3—1997《潜油电泵机组　试验方法》和 GB/T 14816—1993《井用潜油三相异步电动机通用技术条件》。

本标准与 GB/T 16750.1～16750.3—1997 和 GB/T 14816—1993 相比主要有以下改变：

a) 对 GB/T 16750.1—1997

——将“油气分离器”更名为“吸入及处理装置”，分为“吸入口”、“分离器”和“气体处理器”三种形式，并分别进行了要求；

——删除了泵、吸入及处理装置、保护器、电机上下接头连接尺寸的要求；

——删除了泵筒内径尺寸与导壳外径尺寸的要求；

——修订了泵、吸入及处理装置、保护器、电机、电缆、变压器、控制柜的型号表示方法；

——修订了潜油电泵机组适用井温的划分，删除了“50 ℃(D)”，增加了 180 ℃(G)；

——修订了机组及各部件某些基本参数。

b) 对 GB/T 16750.2—1997

——修订了“井下工作条件”中的“环境因素”及相应指标，删除了“含水量”，将“井斜度”改为“全角变化率”，同时增加了“腐蚀性气体”和“垢”两项；

——删除了“潜油电泵运行指标”；

——修订了电机相间及对地绝缘电阻值，由 500 MΩ 调整为 1 000 MΩ；

——修订了电机绝缘等级和最高工作温度规定；

——对不同规格型号的保护器的机械损耗进行了分别规定；

——修订了泵的排量允差、泵效允差和扬程允差，增加了轴功率允差要求；

——原标准中试验精度等级为 B 级和 C 级，对应本标准为 1 级和 2 级；

——将“控制柜”分为“定频控制柜”和“变频控制柜”，并增加了“变频控制柜”技术要求；

——删除了附录 A“泵的性能因粘度变化的校正系数”；

——修订了潜油电缆标准绝缘电阻的计算方法。

c) 对 GB/T 16750.3—1997

——修订了潜油泵检验结果两种判定方法；

——修订了定频控制柜模拟运行的试验方法、三相电流显示误差的计算方法。

d) 对 GB/T 14816—1993

——修订了电机型号表示方法；

——删除了电机的连接尺寸；

——删除了电机“井下工作环境条件”，将其有关内容列入了潜油电泵机组“井下工作条件”中；

——修订了电机相间及对地绝缘电阻值，由 500 MΩ 调整为 1 000 MΩ；

——修订了电机性能参数；

——修订了电机绝缘等级和最高工作温度规定；

——删除了附录 A“密封保护器基本技术要求”，将其有关内容列入了相应的条款中；

——删除了附录 B“潜油电机绝缘结构耐油水试验方法”。

e) 增加了术语和定义；

f) 增加了泵、吸入及处理装置、保护器、电机特征代号；

g) 增加了143系列电机、185/188系列电机、172系列泵的技术要求；

h) 增加了电机绕组绝缘电阻温度校正系数要求；

i) 增加了电缆最低绝缘电阻值计算和绝缘材料的电阻常数表；

j) 增加了电缆直流耐压测试值的规定；

k) 增加了电缆头直流耐压测试值的规定；

l) 增加了20 ℃时电缆导体直流电阻标准值规定；

m) 增加了电缆设计时所选材料的温度额定值规定；

n) 增加了电缆氯磺化聚乙烯护套和铅护套的技术要求；

o) 增加了聚酰亚胺-F46复合薄膜的技术要求；

p) 增加了聚全氟乙丙烯的技术要求；

q) 增加了潜油电机、电机保护器、吸入及处理装置、潜油泵、电缆、控制柜和变压器的运输要求；

r) 增加了“潜油电泵专用接线盒”的型号、基本参数、技术要求和试验方法；

s) 增加了潜油变频控制柜的试验方法；

t) 增加了资料性附录“常用电缆最低绝缘电阻”(见附录B)。

本标准的附录A和附录B为资料性附录。

本标准由全国石油钻采设备和工具标准化技术委员会提出并归口。

本标准起草单位：大庆油田力神泵业有限公司、胜利油田胜利泵业有限责任公司、国家电动潜油泵质量监督检验中心、大港油田中成机械制造有限公司。

本标准主要起草人：邵永实、周茂群、刘合、刘军、邓辉、王维、刘宇蕾、刘伟、张洪成、王兆兰、杜香芝、史忠武、付明森、郑贵、殷红雯、姜海峰、陈红、徐福军、孟宪军、汪卫军、王雷。

本标准所代替标准的历次版本发布情况为：

——GB/T 16750.1—1997；

——GB/T 16750.2—1997；

——GB/T 16750.3—1997；

——GB/T 14816—1993。

潜 油 电 泵 机 组

1 范围

本标准规定了潜油电泵机组的型式、基本参数、技术要求、装配要求、试验方法及标志、包装、运输和储存。潜油电泵机组包括潜油电机(简称电机)、电机保护器(简称保护器)、吸入及处理装置、潜油泵(简称泵)、潜油电缆(简称电缆)、潜油电泵专用控制柜(简称控制柜)、潜油电泵专用变压器(简称变压器)和潜油电泵专用接线盒(简称接线盒)。

本标准适用于潜油电泵机组的设计、制造、试验和验收。

2 规范性引用文件

下列文件中的条款通过本标准的引用而成为本标准的条款。凡是注日期的引用文件,其随后所有的修改单(不包括勘误的内容)或修订版均不适用于本标准,然而,鼓励根据本标准达成协议的各方研究是否可使用这些文件的最新版本。凡是不注日期的引用文件,其最新版本适用于本标准。

GB/T 191　包装储运图示标志(GB/T 191—2008,ISO 780:1997,MOD)

GB 1094.1　电力变压器　第1部分　总则

GB 1094.2　电力变压器　第2部分　温升

GB 1094.3　电力变压器　第3部分　绝缘水平、绝缘试验和外绝缘空气间隙

GB 1094.5　电力变压器　第5部分　承受短路的能力

GB/T 2900.1　电工术语　基本术语

GB/T 2900.15　电工术语　变压器、互感器、调压器、电抗器

GB/T 2900.25　电工术语　旋转电机

GB/T 3797—2005　电气控制设备

GB 3836.1　爆炸性气体环境用电气设备　第1部分:通用要求(GB 3836.1—2000,eqv IEC 60079-0:1998)

GB 3836.3　爆炸性气体环境用电气设备　第3部分:增安型"e"(GB 3836.3—2000,eqv IEC 60079-7:1990)

GB/T 6451　油浸式电力变压器技术参数和要求

GB/T 8423　石油钻采设备及专用管材词汇

GB/T 12668.1　调速电气传动系统　第1部分:一般要求　低压直流调速电气传动系统额定值的规定(GB/T 12668.1—2002,IEC 61800-1:1997,IDT)

GB/T 12668.2　调速电气传动系统　第2部分:一般要求　低压交流变频电气传动系统额定值的规定(GB/T 12668.2—2002,IEC 61800-2:1998,IDT)

GB 12668.3　调速电气传动系统　第3部分:产品的电磁兼容性标准及其特定的试验方法(GB 12668.3—2003,IEC 61800-3:1996,IDT)

GB/T 12668.4　调速电气传动系统　第4部分:一般要求　交流电压1 000 V以上但不超过35 kV的交流调速电气传动系统额定值的规定(GB/T 12668.4—2006,IEC 61800-4:2002,IDT)

GB/T 14549　电能质量　公用电网谐波

GB/T 17389　潜油电泵电缆系统的应用

GB/T 18050　潜油电泵电缆试验方法

GB/T 18051—2000　潜油电泵振动试验方法

SY/T 5313　钻井工程术语

SY/T 6598　潜油电泵保护器的使用与检验推荐作法

SY/T 6599—2004　潜油电泵离心泵试验推荐作法

JB/T 5331　聚酰亚胺/氟 46 绕包铜圆线

3　术语和定义

GB/T 2900.1、GB/T 2900.15、GB/T 2900.25、GB/T 8423、GB/T 17389、GB/T 18050、SY/T 5313、SY/T 6598 和 SY/T 6599 确立的以及下列术语和定义适用于本标准。

3.1

保护器动态试验　operating test of the protect

保护器注油后，在规定的工频转速下，空载机械损耗测试。

3.2

保护器机械损耗　mechanical loss of the protect

保护器工作运行时，其内部的止推轴承、机械密封等部件的机械摩擦损失总和。

3.3

吸入口　intake

将井下液体与泵内腔连通的一种装置。

3.4

气体处理器　assistant handling device

潜油电泵在含气井使用的井下设备。它能将井液中的所含气体的状态进行改变。

3.5

轴头尺寸　joint size

潜油电泵的井下各部件联接所需要的轴端与接头法兰面的尺寸。

3.6

盘轴扭矩　running testing torque

将潜油电泵的井下部件组装后水平放置，用专用扭矩扳手测量的扭矩值。

3.7

转子滑行时间　sliding time of the motor rotors

潜油电机在进行空载试验后，从断电开始至电机转轴完全停止的时间。

3.8

机组最大轴向投影尺寸　the maximum O.D. of the total unit

潜油电泵机组正确安装的最大直径，包括井下机组、电缆、电缆护罩等。

4　型式与型号

4.1　潜油电泵机组

4.1.1　型式

驱动方式：电机驱动。

工作方式：连续工作制。

潜油电泵机组常规安装示意图如图 1 所示。

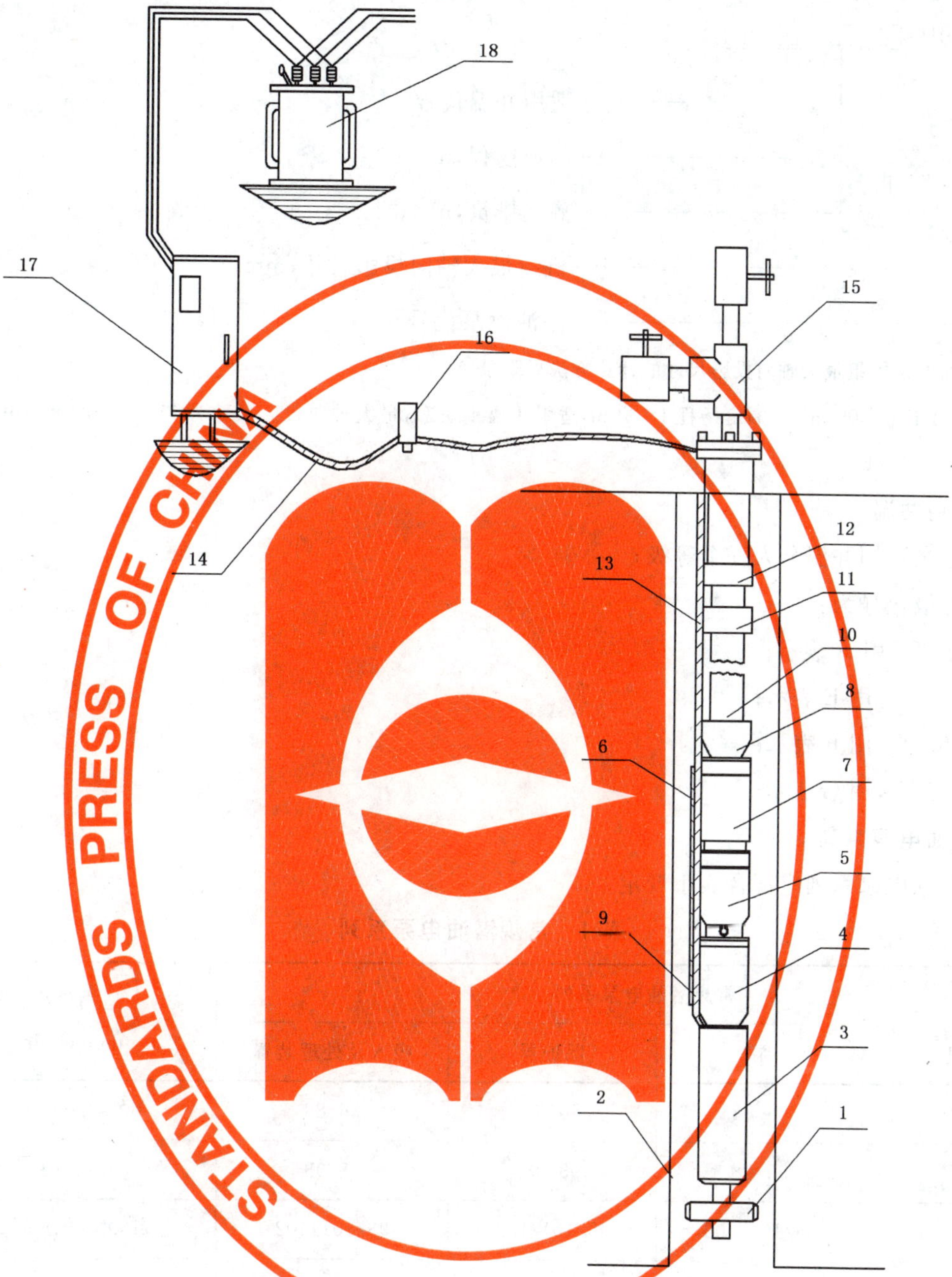

1——扶正器；
2——套管；
3——电机；
4——保护器；
5——吸入及处理装置；
6——电缆护罩；
7——泵；
8——泵出口接头；
9——引接电缆；
10——油管；
11——单流阀；
12——泄油阀；
13——电力电缆；
14——地面电缆；
15——井口装置；
16——接线盒；
17——控制柜；
18——变压器。

图 1 潜油电泵机组安装示意图

4.1.2 型号表示方法

```
QYDB □-□/□ □
 │   │  │ │ └── 适用井温代号
 │   │  │ └──── 额定扬程，m
 │   │  └────── 额定排量，m³/d
 │   └───────── 机组最大轴向投影尺寸，mm
 └───────────── 潜油电泵代号
```

注：潜油电泵机组最大轴向投影尺寸的计算方法见附录 A。

示例：额定排量 200 m^3/d，额定扬程 1 500 m，适用井温 120 ℃，最大轴向投影尺寸为 152 mm 的潜油电泵表示为：QYDB152-200/1500E。

4.1.3 适用井温

潜油电泵适用井温分为五个等级。

井温等级代号为：

——90 ℃，用 A 表示；

——120 ℃，用 E 表示；

——150 ℃，用 F 表示；

——180 ℃，用 G 表示。

4.1.4 潜油电泵系列

常规潜油电泵系列应符合表 1 规定。

表 1 常规潜油电泵系列

常规潜油电泵系列				适用最小套管 mm/(in-lb/ft)
电机	泵	保护器	吸入及处理装置	
95/98	86/88	86/88	86/88	ϕ127.00/(5-18)
107	95/98	95/98	95/98	ϕ139.70/(5 1/2-23)
114	98/101/102	98/101/102	98/101/102	ϕ139.70/(5 1/2-20)
116	98	98	98	ϕ139.70/(5 1/2-20)
138	130	130	130	ϕ168.28/(6 5/8-24)
143	130	130	130	ϕ177.80/(7-32)
185/188	172	172	172	ϕ244.48/(9 5/8-75)
注 1：表中左 4 列的数字为公称外径，单位为毫米。 注 2：非常规潜油电泵系列按协议配套。				

4.2 电机

4.2.1 型式

三相鼠笼式异步电动机。

4.2.2 型号表示方法

YQY □-□ □-□

- 特征代号:GX—— 高效型;FF—— 防腐型;GZ—— 高承载
- 位置代号:D—— 单节;S—— 上节;T—— 通用节;X—— 下节
- 功率,kW
- 电机系列
- 电机代号

特征代号:用字母表示,当共存有多项特征时,可采用相应的多项特征代号表示,特征代号间用左斜杠隔开。

示例:潜油电泵用功率为45 kW的114系列上节防腐型高承载电机表示为:YQY114-45S-FF/GZ。

4.3 保护器

4.3.1 型式

按结构分为:

a) 沉淀式(用C表示);

b) 胶囊式(用J表示)。

4.3.2 型号表示方法

QYH □ □/□-□

- 特征代号:FF—— 防腐型;FS—— 防砂型;GZ—— 高承载
- 位置代号:S—— 上节;X—— 下节
- 结构:C—— 沉淀式;J—— 胶囊式
- 保护器系列
- 保护器代号

特征代号:用字母表示,当共存有多项特征时,可采用相应的多项特征代号表示,特征代号间用左斜杠隔开。

示例:潜油电泵用130系列胶囊式防腐型高承载上节保护器表示为:QYH130J/S-FF/GZ。

4.4 吸入及处理装置

4.4.1 型式

按结构分为:

a) 分离器(用F表示);

b) 吸入口(用K表示);

c) 气体处理器(用Q表示)。

4.4.2 型号表示方法

QYX □ □-□

特征代号：HZ—— 带护罩式；SJ—— 双级串联式；FS—— 防砂型；FF—— 防腐型；GX—— 高效型；C—— 沉降式；X—— 旋转式

结构：F—— 分离器；K—— 吸入口；Q—— 气体处理器

吸入及处理装置系列

吸入及处理装置代号

特征代号：用字母表示，当共存有多项特征时，可采用相应的多项特征代号表示，特征代号间用左斜杠隔开。

示例：潜油电泵机组用98系列旋转式防砂型分离器表示为：QYX98F-X/FS。

4.5 泵

4.5.1 型号表示方法

QYB □-□/□ □-□

特征代号：FS—— 防砂型；FF—— 防腐型；XJ—— 斜井用；FG—— 防垢型；CY—— 稠油用

位置代号：S—— 上节；T—— 通用节；X—— 下节

额定扬程，m

额定排量，m^3/d

泵系列

泵代号

特征代号：用两位字母表示，当共存有多项特征时，可采用相应的多项特征代号表示，特征代号间用左斜杠隔开。

示例：额定排量250 m^3/d，额定扬程1 500 m的98系列防砂防腐型上节泵表示为：QYB98-250/1500S-FS/FF。

4.5.2 泵排出口接头选用

泵排出口接头根据用户要求，可选用不同油管规格尺寸内螺纹。

4.6 电缆

4.6.1 形状特征代号

a) 圆形，用Y表示；

b) 扁形，省略。

4.6.2 绝缘材料代号

a) 聚丙烯(包括改性聚丙烯)，用P表示；

b) 乙丙橡胶，用E表示；

c) 交联聚乙烯，用YJ表示；

d) 聚酰亚胺-F46复合薄膜/乙丙橡胶组合绝缘，用YE表示；

e) 聚酰亚胺-F46复合薄膜/聚全氟乙丙烯组合绝缘，用YF表示。

4.6.3 护套(包括内护套)材料代号

a) 铅(铅合金)，用Q表示；

b) 乙丙橡胶，用E表示；

c) 氯磺化聚乙烯，用H表示；

d) 丁腈聚氯乙烯复合物,用 F 表示;

e) 丁腈橡胶,用 N 表示。

4.6.4 铠装护层代号

a) 蒙乃尔钢带铠装,用 M 表示;

b) 镀锌钢带铠装,省略;

c) 不锈钢带铠装,用 X 表示。

4.6.5 型号表示方法

QY □ □ □ □ □-□/□

- □ 温度等级
- □ 芯线×截面,mm^2
- □ 额定电压,kV
- □ 形状特征代号
- □ 铠装护层代号
- □ 内护层代号
- □ 绝缘代号
- QY 电缆代号(引接电缆用 QYJ 表示)

温度等级:导体最高工作温度分为 90 ℃(90),120 ℃(120),150 ℃(150),180 ℃(180),204 ℃(204)。

示例 1:额定电压 3 kV,聚丙烯绝缘,丁腈橡胶内护套,蒙乃尔钢带铠装 3×16 mm^2 导体最高工作温度 90 ℃扁形潜油电缆,表示为:QYPNM3-3×16/90。

示例 2:额定电压 6 kV,乙丙橡胶绝缘,乙丙橡胶护套,镀锌钢带铠装 3×20 mm^2 导体最高工作温度 120 ℃圆形潜油电缆表示为:QYEEY6-3×20/120。

示例 3:额定电压 6 kV,聚酰亚胺-F46 复合薄膜/乙丙橡胶组合绝缘,铅内护套,蒙乃尔钢带铠装 3×10 mm^2 导体最高工作温度 120 ℃引接电缆,表示为:QYJYEQM6-3×10/120。

4.7 变压器

4.7.1 型式

三相油浸式。

4.7.2 型号表示方法

QYSS □-□/□

- □ 二次电压,kV
- □ 一次电压,kV
- □ 容量,kV·A
- QYSS 变压器代号

示例:容量 100 kV·A,一次电压 6 kV,二次电压 1.5 kV 的潜油电泵用三相油浸三线圈变压器表示为:QYSS100-6/1.5。

4.7.3 电压

变压器一次电压应适合当地电网条件,二次电压应采用多档,以补偿不同泵挂下潜油电缆电压降。

4.7.4 附加绕组

用户需要时,变压器可加附加绕组。

4.8 控制柜

4.8.1 型式

高压式。

4.8.2 型号表示方法

QYK □ □-□

- □——额定电流,A
- □——额定电压,kV
- □——特征代号:SN 室内、SW 室外、HP 海上平台
- QYK——控制柜代号

示例:额定电流 60 A,额定电压 3 kV 室内用的潜油电泵专用控制柜表示为:QYKSN 3-60。

4.9 接线盒

4.9.1 型式

室外高压式。

4.9.2 型号表示方法

GJX □ □-□

- □——额定电流,A
- □——额定电压,kV
- □——特征代号:普通(省略);H(海上平台)
- GJX——接线盒代号

示例:额定电流 60 A,额定电压 3 kV 的海上用潜油电泵用接线盒表示为:GJXH 3-60。

5 要求

5.1 潜油电泵机组要求

5.1.1 井下工作条件

井下工作条件见表 2。

表 2 井下工作条件

环境因素	单位	技术指标	备注
井下环境温度	℃	90,120,150,180	大于 180 ℃时按协议执行
泵吸入口井液黏度	mm^2/s	≤7	当井液黏度大于 7 mm^2/s 时需要校正,按协议执行
泵吸入口气液比 *GLR*	—	≤0.3	大于 0.3 时按协议执行
潜油电泵工作时电机外壳井液流速 v	m/s	≥0.3	小于 0.3 时按协议执行
井液中含砂量	g/m^3	≤500	大于 500 g/m^3 时,按协议执行
全角变化率	(°/30 m)	≤3	大于 3°/30 m 时,按协议执行
腐蚀性气体		无	如有,按协议执行
垢		无	如有,按协议执行

5.1.2 地面环境条件

a) 环境温度:—40 ℃～+40 ℃;

b) 相对湿度:年平均不大于85%;

c) 海拔不超过1 000 m;

d) 地面环境条件特殊时,按制造厂与用户之间的协议执行。

5.2 部件要求

5.2.1 电机

5.2.1.1 应具有良好的密封性能,在0.35 MPa气压下、保持5 min试验,各密封连接部位不应渗漏。

5.2.1.2 25 ℃环境温度下相间、对地绝缘电阻均应大于1 000 MΩ,在其他温度下测得的绝缘电阻应按表3进行转换判定。电机热状态或温升试验后,绝缘电阻应符合此项要求。

表3 电机绕组绝缘电阻在热状态时或温升试验后的阻值

温度/℃	温度系数
100	188
90	94
80	47
70	23.5
60	11.8
50	5.6
40	2.8
30	1.4
25	1
20	0.76
10	0.395
0	0.183
注:将在一定温度下测得的绝缘电阻乘以温度系数,就得到了室温(25 ℃)下相应的绝缘电阻值。根据此绝缘电阻值再进行判定。	

5.2.1.3 三相绕组直流电阻不平衡率不应大于2%。

5.2.1.4 电机装配后应检查轴头尺寸及盘轴情况。检查时将其水平放置,轴头尺寸应符合图纸要求,盘轴扭矩值不应大于20 N·m,且无阻滞现象。

5.2.1.5 电机试验后,取电机油样做交流耐压试验,10 kV/2.5 mm、1 min不应击穿。

5.2.1.6 空载试验后,测定的转子滑行时间应不低于表4规定。

5.2.1.7 电机在额定工作状态下,其性能参数应符合表4的规定。电机允许做泵负载法测试,规定排量点的性能指标也应符合表4规定。

表4 电机性能参数及容差

项目名称	电机系列	保证值	容　差
效率/%	95/98 107 114/116 138 143 188/185	66 75 77 80 80 84	额定功率50 kW以上, $-0.10(1-\eta)$; 额定功率50 kW以下, $-0.15(1-\eta)$

表 4(续)

项目名称	电机系列	保证值	容　差
功率因数	95/98 107 114/116 138 143 185/188	0.74 0.79 0.82 0.84 0.84 0.85	−(1−cosϕ)/6 最小:−0.02 最大:−0.07
堵转转矩倍数	95/98 107 114/116 138 143 185/188	1.8 1.8 1.8 1.6 1.6 1.6	−15%
最大转矩倍数	95/98 107 114/116 138 143 185/188	2.0 2.0 2.0 2.0 1.7 1.7	−10%
转差率/%	95/98 107 114/116 138 143 185/188	7.0 6.0 6.0 6.0 6.0 6.0	+20%
堵转电流倍数	95/98 107 114/116 138 143 185/188	7.0 7.0 7.0 7.0 7.0 7.0	+20%
转子滑行时间	95/98 107 114/116 138 143 185/188	≥1.6 ≥2.5 ≥3.0 ≥3.0 ≥3.0 ≥3.0	

5.2.1.8 电机温度应符合表 5 的规定。

表 5 电机温度限值

耐热等级	E	F	H
电机最高工作温度/℃	120	155	180

5.2.1.9 电机超速试验后，应无永久性变形和妨碍电机正常运行的其他缺陷。

5.2.1.10 当三相电压平衡时，电机三相空载电流中任一相与三相平均值的偏差的绝对值不应大于三相平均值的 10%。

5.2.1.11 电机运行期间电压和频率的偏差

a) 电压与额定值的偏差不得超过±5%；

b) 频率与额定值的偏差不得超过±1%；

c) 电压、频率同时发生偏差(两者偏差分别±5%和±1%)，若两者偏差均为正值，两者之和不超过 6%；两者偏差均为负值或分别为正与负值时，两者绝对值之和不得超过 5%。

5.2.1.12 当用户提出要求时，电机可安装井下压力、温度监测装置。

5.2.1.13 电机可适用变频驱动。

5.2.1.14 电机可串联使用。

5.2.1.15 单节电机长度应满足用户安装使用要求。

5.2.2 **保护器**

5.2.2.1 保护器装配后应检查轴头尺寸及盘轴情况。检查时将其水平放置，轴头尺寸应符合图纸要求，盘轴扭矩值不应大于 7.5 N·m，且无阻滞现象。

5.2.2.2 保护器应具有良好的密封性能，在 0.35 MPa 气压下、保持 5 min 试验，接头与壳体及丝堵等连接处不应渗漏。

5.2.2.3 保护器的机械密封在静态时能承受不低于 0.035 MPa 气压试验，保持 5 min 不应渗漏。

5.2.2.4 保护器动态试验 5 min，驱动电机电流应平稳。QYH86、QYH95、QYH98、QYH101 型单节保护器机械损耗应小于 1.0 kW；QYH130、QYH172 型单节保护器机械损耗应小于 3.0 kW。

5.2.2.5 保护器动态试验后，止推轴承腔的电机油应做交流耐压试验，10 kV/2.5 mm、1 min 不应击穿。

5.2.3 **吸入及处理装置**

5.2.3.1 **吸入口**

吸入口在油井不含气体或在含气量较低的情况下使用。

5.2.3.2 **分离器**

5.2.3.2.1 单级旋转式分离器，在泵吸入口压力下，适应气体占三相总体积小于 30%的混合液。

5.2.3.2.2 双级旋转式分离器，在泵吸入口压力下，适应气体占三相总体积小于 40%的混合液。

5.2.3.2.3 分离器装配后应检查轴头尺寸及盘轴情况。检查时将其水平放置，轴头尺寸应符合图纸要求，盘轴扭矩值不应大于 5 N·m，且无阻滞现象。

5.2.3.3 **气体处理器**

5.2.3.3.1 在不允许气液分离或用户有要求的情况下，使用气体处理器。在泵吸入口压力下，适应气体占三相总体积小于 50%的混合液。在含气量更高时，可将分离器和气体处理器配合使用，提高气体处理能力。

5.2.3.3.2 气体处理器装配后应检查轴头尺寸及盘轴情况。检查时将其水平放置，轴头尺寸应符合图纸要求，盘轴扭矩值不应大于 5 N·m，且无阻滞现象。

5.2.4 **泵**

5.2.4.1 泵装配后应检查轴头尺寸及盘轴情况。检查时将其水平放置，轴头尺寸应符合图纸要求，盘轴扭矩值不应大于 10 N·m，且无阻滞现象。

5.2.4.2 泵出厂应进行水力性能试验，试验介质为清水，相对密度1.0。如果使用其他介质试验，试验结果应转换到清水试验结果。转换按SY/T 6599—2004中4.5进行。

5.2.4.3 叶轮、导壳应按产品规定做水力模型试验，试验结果应符合表6中1级的规定。

5.2.4.4 用标准电机进行泵的水力性能试验，额定参数试验结果应符合表6中2级的规定。在制造商推荐泵运行区域的其他工况点扬程、功率试验曲线允差也应符合表6中2级的规定。

5.2.4.5 对于涂层叶轮、导壳，性能试验结果也应符合表6中的规定。

表6 泵及叶导轮性能参数及容差

<table>
<tr><th rowspan="2">系列</th><th rowspan="2">额定排量/(m³/d)</th><th colspan="2">容差/%</th><th rowspan="2">泵效/%</th><th colspan="2">容差/%</th><th rowspan="2">额定转速/(r/min)</th><th rowspan="2">额定扬程/m</th><th colspan="2">容差/%</th><th rowspan="2">轴功率容差2级/%</th></tr>
<tr><th>1级</th><th>2级</th><th>1级</th><th>2级</th><th>1级</th><th>2级</th></tr>
<tr><td rowspan="7">86/88</td><td>30</td><td rowspan="29">±4</td><td rowspan="29">±5</td><td>35</td><td rowspan="29">−2.8</td><td rowspan="29">−10</td><td rowspan="29">2 850</td><td rowspan="29">根据用户要求配</td><td rowspan="29">±2</td><td rowspan="29">±5</td><td rowspan="29">±8</td></tr>
<tr><td>50</td><td>42</td></tr>
<tr><td>100</td><td>49</td></tr>
<tr><td>150</td><td>52</td></tr>
<tr><td>200</td><td>44</td></tr>
<tr><td>250</td><td>48</td></tr>
<tr><td>300</td><td>53</td></tr>
<tr><td rowspan="9">95</td><td>30</td><td>36</td></tr>
<tr><td>50</td><td>44</td></tr>
<tr><td>100</td><td>52</td></tr>
<tr><td>150</td><td>56</td></tr>
<tr><td>200</td><td>58</td></tr>
<tr><td>250</td><td>59</td></tr>
<tr><td>300</td><td>60</td></tr>
<tr><td>400</td><td>61</td></tr>
<tr><td>500</td><td>59</td></tr>
<tr><td rowspan="13">98/101/102</td><td>30</td><td>38</td></tr>
<tr><td>50</td><td>45</td></tr>
<tr><td>80/70</td><td>52</td></tr>
<tr><td>100</td><td>53</td></tr>
<tr><td>150</td><td>58</td></tr>
<tr><td>200</td><td>59</td></tr>
<tr><td>250</td><td>60</td></tr>
<tr><td>300</td><td>61</td></tr>
<tr><td>400</td><td>61</td></tr>
<tr><td>500</td><td>60</td></tr>
<tr><td>600</td><td>58</td></tr>
<tr><td>700</td><td>56</td></tr>
<tr><td>800</td><td>54</td></tr>
</table>

表 6（续）

系列	额定排量/(m³/d)	容差/% 1级	容差/% 2级	泵效/%	容差/% 1级	容差/% 2级	额定转速/(r/min)	额定扬程/m	容差/% 1级	容差/% 2级	轴功率容差2级/%
130	150	±4	±5	54	−2.8	−10	2 850	根据用户要求配	±2	±5	±8
	200			59							
	250			59							
	300			60							
	350			60							
	400			63							
	450			63							
	550			63							
	600			65							
	700			64							
	800			64							
	900			64							
	1 000			62							
	1 200			60							
	1 600			63							
172	1 300			66							
	2 000			68							
	2 700			68							
	3 500			75							
	4 700			72							

注：当额定排量与本标准规定不一致时，排量与泵效可按用户与厂家协议执行。

5.2.4.6 防砂等特殊要求的泵性能指标按协议执行。

5.2.5 电缆

5.2.5.1 电缆规格、基本参数应符合表 7 的要求。

表 7 电缆规格、基本参数

芯数	标称截面/(mm²/AWG)	导体根数/单线标称直径/mm	外形尺寸不大于 圆电缆/mm² 3 kV	圆电缆/mm² 6 kV	扁电缆/(mm×mm) 3 kV	扁电缆/(mm×mm) 6 kV	引接电缆/(mm×mm) 3 kV	引接电缆/(mm×mm) 6 kV
3	10/7	1/3.57	—	—	—	—	11.5×28.5	12.5×32
3	13/6	1/4.12	—	—	14.5×37.5	—	11.5×29.5	13×34
3	16/5	1/4.62	33	35	15×39	16×41	13×31.5	13.5×35
3	20/4	1/5.19	34	36	16×40	17×42.5	14×33	15×37
3	33/2	1/6.54;7/2.50	38	40	18×46	18.5×48.5	—	—
3	42/1	1/7.35;7/2.85	40	42	19×49	19×51	—	—
3	53/0	7/3.16	42	44	20×50	20.5×53	—	—

5.2.5.2 电缆的最低绝缘电阻值按式(1)计算，计算结果参见附录B：

$$R = K\lg(D/d) \quad \cdots\cdots(1)$$

式中：

R——绝缘电阻值，单位为兆欧千米(MΩ·km)；

K——绝缘材料的电阻常数，见表8；

D——电缆绝缘外径，单位为毫米(mm)；

d——电缆导体标称直径(见表7)，单位为毫米(mm)。

上式中的电缆绝缘外径(D)按式(2)计算：

$$D = d + 2t \quad \cdots\cdots(2)$$

式中：

t——绝缘层的最小厚度(见表20)，单位为毫米(mm)。

表8 绝缘材料的电阻常数(15.6 ℃) 单位为兆欧千米

绝缘类型	制造电缆 100%K	验收电缆 80%K
热塑性塑料(聚丙烯)	15 240	12 192
热固树脂(三元乙丙橡胶)	6 096	4 876
热塑性塑料(聚全氟乙丙烯)	36 647	29 318
热塑性塑料(交联聚乙烯)	5 460	4 368

5.2.5.3 电缆直流耐压测试的试验电压见表9。试验电压维持5 min不击穿，且试验电压下所测得的泄漏电流值经过校正后不得大于标准值。该标准值是在15.6 ℃时根据相应的试验电压与最低绝缘电阻值之比计算得出。

表9 电缆直流耐压测试的试验电压

电缆耐压等级/kV	绝缘层厚度/mm	制造电缆/kV	验收电缆/kV
3	1.9	27	22
6	2.3	35	28

5.2.5.4 三相直流电阻不平衡率不应大于2%。

5.2.5.5 当采用聚酰亚胺薄膜绕包在导体的外部作为电缆内绝缘时，绕包线芯应符合JB/T 5331的技术要求。

5.2.5.6 50 Hz交流耐压试验5 min不击穿。试验电压见表10。

表10 电缆交流耐压测试的试验电压 单位为千伏

电缆的额定电压(相对相)	试验电压
3	9
6	13

5.2.5.7 20 ℃时导体直流电阻标准值见表11。

表 11　20 ℃时导体直流电阻标准值

导体标称截面/(mm²/AWG)	导体根数/导体标称直径/mm	实际导体截面/mm²	20 ℃时导体直流电阻/(Ω/km) ≤	
			不镀锡	镀锡
10/7	1/3.57	10.6	1.83	1.84
13/6	1/4.12	13.3	1.39	1.40
16/5	1/4.62	16.8	1.15	1.16
20/4	1/5.19	21.1	0.84	0.86
33/2	1/6.54	33.5	0.54	0.56
42/1	1/7.35	42.4	0.43	0.44
53/0	1/8.25	53.4	0.34	0.35

5.2.5.8　电缆长度不应小于标称长度。

5.2.5.9　电缆焊口应平整牢固，无铠带开裂、脱扣现象；铠装后的宽度、厚度应符合表 7 规定。

5.2.5.10　井下电缆由动力电缆和引接电缆两部分组成，一般要求引接电缆的长度超出泵出口不应小于 2 m，也可按用户要求执行。

5.2.5.11　带电缆头的引接电缆在与动力电缆连接前，测量其绝缘电阻值热塑性塑料绝缘应大于 1 000 MΩ·km、热固树脂绝缘应大于 800 MΩ·km。

5.2.5.12　电缆头密封性能出厂试验在常温水中进行，型式试验在汽轮机油 HU-20、HU-30 中或硅油中，加温至工作温度下进行，试验压力 0.35 MPa，持续 5 min，不得泄漏；

5.2.5.13　电缆导体标称直径公差符合下列规定：

圆导体：±1%导体标称直径。

镀锡圆导体：$^{+2\%}_{-1\%}$导体标称直径（$d \leqslant 4$ mm）；

$^{+3\%}_{-1\%}$导体标称直径（$d > 4$ mm）。

5.2.5.14　电缆头浸在电机油中，分别做相间、相对地交流耐压试验，试验电压为 2 倍的电机最高工作电压加 1 kV，频率 50 Hz 持续 1 min 不应击穿。

5.2.5.15　电缆头（带引接电缆）做直流耐压试验 5 min 不击穿。试验电压见表 12。

表 12　电缆头直流耐压测试的试验电压　　单位为千伏

电缆的额定电压（相对相）	试验电压
3	18
6	24

5.2.5.16　动力电缆、电缆头应模拟油井温度、压力做高温高压短样检查试验，其绝缘电阻应大于热塑性塑料绝缘 1 000 MΩ、热固树脂绝缘 500 MΩ。

5.2.5.17　动力电缆应做 4 h 高电压试验，电压为 $3U_0$（U_0 为相电压），不应击穿。

5.2.5.18　电缆绝缘层、护套层应做机械物理性能试验，技术指标应符合表 13、表 14、表 15、表 16、表 17、表 18 和表 19 的规定。

5.2.5.19　铅护套由纯铅或铅合金制成，铅套应无砂眼、裂纹和杂质等缺陷。

5.2.5.20　扁形电缆护套层外应绕包一层聚四氟乙烯拉伸薄膜或聚酯薄膜，薄膜标称厚度为 0.05 mm，搭接率≥50%。绕包层外采用涤纶丝或尼龙丝编织，编织密度大于 90%，根据用户的要求允许采用结构稳定的包复层替代编织层。

5.2.5.21　扁形电缆缆芯和圆形电缆护套外应分别有 Z 型和 S 型钢带联锁铠装层。铠装钢带有镀锌铠装钢带、不锈钢铠装钢带和蒙乃尔铠装钢带。

表 13 乙丙橡胶、交联聚乙烯技术指标

序号	项目	单位	指标		
			乙丙橡胶		交联聚乙烯
			E1	E2	
1	老化前试样				
	抗张强度 中间值 min	MPa	5	6	12.5
	断裂伸长率 中间值 min	%	150	90	200
2	空气烘箱热老化试验				
	老化条件 温度	℃	135±2	135±2	135±2
	时间	h	168	168	168
	老化后抗张强度 变化率 max	%	30	30	25
	老化后断裂伸长率 变化率 max	%	30	30	25
3	热延伸试验				
	试验条件 空气温度	℃	250±3	250±3	200±3
	载荷时间	min	15	15	15
	机械应力	kPa	200	200	200
	载荷下伸长率 max	%	175	175	175
	冷却后永久变形 max	%	15	15	15
4	耐油试验(采用 20 号机油)				
	试验条件 温度	℃	121±2	121±2	—
	时间	h	18	18	—
	抗张强度 变化率 max	%	45	40	—
	断裂伸长率 变化率 max	%	45	40	—
注 1：E1 在井温小于或等于 120 ℃使用。 注 2：E2 在井温 120 ℃以上、150 ℃及以下使用。					

表 14 聚丙烯(包括改性聚丙烯)技术指标

序号	项目	单位	指标
1	老化前试样		
	抗张强度 min	MPa	21
	断裂伸长率 min	%	200
2	空气烘箱热老化试验		
	老化条件 温度	℃	135±2
	时间	h	168
	老化后抗张强度 变化率 max	%	30
	老化后断裂伸长率 变化率 max	%	30
3	氧化诱导期，200 ℃铜 min	min	30
4	电性能		
	体积电阻系数，20 ℃ ≥	Ω·cm	10^{16}
	介质损耗角正切(tanδ)50 Hz 或 1 MHz ≤		0.005
	介电常数 50 Hz 或 1 MHz		2～3
	击穿强度，室温 ≥	kV/mm	25

表 14（续）

序号	项　　目		单　　位	指　　标
5	熔融指数	≤		3.0
6	脆化温度	≤	℃	−5
7	高温压力试验			
	试验温度		℃	150
	试验时间		h	4
	压痕深度	≤	%	35

表 15　丁腈橡胶及丁腈聚氯乙烯复合物护套技术指标

序号	项　　目			单　位	指　　标	
					丁腈橡胶	丁腈聚氯乙烯复合物
1	老化前试样					
	抗张强度	min		MPa	12	10
	断裂伸长率	min		%	300	250
2	空气烘箱热老化试验					
	老化条件	温度		℃	100±2	121±2
		时间		h	168	168
	老化后抗张强度	变化率	max	%	50	20
	老化后断裂伸长率	变化率	max	%	50	30
3	耐油试验(采用 20 号机油)					
	试验条件	温度		℃	121±2	121±2
		时间		h	18	18
	抗张强度	变化率	max	%	40	40
	断裂伸长率	变化率	max	%	40	40

表 16　乙丙橡胶护套技术指标

序号	项　　目			单　位	指　标
1	100%伸长时(定伸)的抗张强度	min		MPa	2.2
2	老化前试样				
	抗张强度	min		MPa	5.5
	断裂伸长率	min		%	60
3	空气烘箱热老化试验				
	老化条件	温度		℃	135±2
		时间		h	168
	老化后抗张强度	变化率	max	%	30
	老化后断裂伸长率	变化率	max	%	50
4	耐油试验(采用 20 号机油)				
	试验条件	温度		℃	121±2
		时间		h	18
	抗张强度	变化率	max	%	40
	断裂伸长率	变化率	max	%	40

表 17 氯磺化聚乙烯护套技术指标

序号	项目			单位	指标
1	老化前试样				
	抗张强度	中间值	min	MPa	10
	断裂伸长率	中间值	min	%	250
2	空气烘箱热老化试验				
	老化条件	温度		℃	120±2
		时间		h	168
	老化后抗张强度	变化率	max	%	30
	老化后断裂伸长率	中间值	min	%	—
		变化率	max	%	−40
3	热延伸试验				
	试验条件	空气温度		℃	200±3
		载荷时间		min	15
		机械应力		kPa	200
	载荷下伸长率	max		%	175
	冷却后永久变形	max		%	15
4	浸油试验(采用 20 号机油)				
	试验条件	油液温度		℃	100±2
		浸油时间		h	24
	浸油后抗张强度	变化率	max	%	−40
	浸油后断裂伸长率	变化率	max	%	−40

表 18 聚酰亚胺-F46 复合薄膜技术指标

序号	项目	单位	指标
1	外观	透明或半透明的金黄色薄膜,表面平滑无针孔、气泡和导电杂质,边缘整齐无破损	
2	厚度	mm	0.045~0.075 (±0.006)
3	长度	m	≥40
4	抗张强度	MPa	FHF:≥80 HF:≥90
5	断裂伸长率	%	≥40
6	剥离强度	N/2.5 cm	≥6
7	击穿强度	MV/m	≥120
8	体积电阻率(室温)	Ω·cm	$\geq 10^{15}$
9	表面电阻率	Ω	$\geq 10^{13}$
10	介电常数	10^6 Hz	2~3
11	介质损耗角正切	室温 10^6 Hz	0.001
注:FHF 表示双面复合薄膜,HF 表示单面复合薄膜。			

表 19 聚全氟乙丙烯技术指标

序号	项 目	单 位	指 标
1	抗拉强度	MPa	≥17
2	伸长率	%	≥275
3	介电常数	10^6 Hz	≤2.15
4	介质损耗角正切	10^6 Hz	$\leqslant 7\times10^{-4}$

5.2.5.22 电缆绝缘层、护套层标称厚度及公差应符合表 20 的规定。

表 20 绝缘层、护套层标称厚度及公差

单位为毫米

电缆类型	规 格	绝缘层		内护套层		钢带厚度	典型钢带宽度
		标称值 δ	公 差	标称值 δ	公 差		
引接电缆	3 kV	1.0	厚度平均值≥δ 最薄处厚度≥ 0.9δ−0.1	0.8	厚度平均值≥δ 最薄处厚度 ≥0.8δ−0.2	≥0.3	13
	6 kV	1.5		0.8		≥0.4	13
扁电缆	3 kV	1.9		1.3		≥0.5	15
	6 kV	2.3		1.3		≥0.5	15
圆电缆	3 kV	1.9		2.0		≥0.5	15
	6 kV	2.3		2.0		≥0.5	15
注 1：扁电缆内护套层材料采用铅时，标称厚度为 1.0 mm。 注 2：电缆绝缘层材料采用聚全氟乙丙烯时，标称厚度为 0.8 mm。							

5.2.6 变压器

5.2.6.1 额定容量

额定容量规定为：30 kV·A，40 kV·A，50 kV·A，63 kV·A，80 kV·A，100 kV·A，125 kV·A，160 kV·A，200 kV·A，250 kV·A，315 kV·A，400 kV·A，500 kV·A，630 kV·A，800 kV·A，1 000 kV·A。

5.2.6.2 变压器的总体要求应符合 GB 1094.1，温升应符合 GB 1094.2，绝缘水平、绝缘试验和外绝缘空气间隙应符合 GB 1094.3，承受短路的能力应符合 GB 1094.5 的规定。当环境温度低于−25 ℃时，按协议执行。

5.2.6.3 变压器性能应符合表 21 的规定。

表 21 变压器技术指标

项 目	单 位	指 标
绕组间、对地绝缘电阻： 高压对中压、低压、地 中压对低压、地 低压对地	MΩ	 >2 000 >1 000 >500
直流电阻三相不平衡率	%	≤2
电压变比偏差 额定电流下的实际阻抗电压	%	≤±0.5 ≤规定值±10
外施耐压 不击穿	min	1
感应耐压 不击穿	min	1

表 21（续）

项　目		单　位	指　标
空载电流 空载损耗		%	＜规定值＋30 ＜规定值＋15
负载损耗		%	＜规定值＋15
温升试验 油顶层温升 绕组平均温升		K	 ＜55 ＜65
变压器油击穿电压		kV	≥35
密封性能	不泄漏	MPa h	0.02(≤315 kV·A) 0.015(≥400 kV·A) 12
注：规定值见 GB/T 6451。			

5.2.6.4　变压器二次绕组应按 4.7.3 规定执行(用户有特殊要求时,可与生产厂协商),二次绕组中星点不接地;附加绕组中星点引出。

5.2.6.5　安全保护装置:变压器应装有压力释放阀。

5.2.6.6　油温测量装置:变压器箱盖上应有供玻璃温度计用的管座。

5.2.6.7　变压器油箱及其附件的技术要求

5.2.6.7.1　变压器箱体采用波纹式油箱结构。

5.2.6.7.2　在油箱的下部壁上应装有油样阀门,油箱下部应装有放油阀。

5.2.6.7.3　变压器铁心和较大金属结构零件均应通过油箱可靠接地。箱体外壳具有两个接地点。

5.2.7　控制柜

5.2.7.1　定频控制柜

5.2.7.1.1　基本参数

a）额定工作电压:1.2 kV,2 kV,2.5 kV,3 kV,3.6 kV,5 kV,6 kV;

b）额定工作电流规定为:40 A,60 A,100 A,150 A,200 A,250 A。

5.2.7.1.2　控制柜技术要求应符合 GB/T 3797—2005 中第 4 章的规定。当正常使用条件不能满足 GB/T 3797—2005 中 4.2 时与用户协商执行。

5.2.7.1.3　控制柜至少应具备下列功能:

a）电机运行电流不平衡、短路、单相、过流停机保护;

b）负载电流自动记录;

c）欠载自动停机和延时自动重新启动;

d）手动与自动操作。

5.2.7.1.4　控制柜主、控制电路应做 50 Hz 耐压试验,1 min 不击穿,试验电压有效值为 2 倍额定电压加 1 000 V。

5.2.7.1.5　控制柜主电路相间及对地绝缘电阻应大于 500 MΩ。

5.2.7.1.6　控制柜控制电路对箱体的绝缘电阻应大于 2 MΩ。

5.2.7.1.7　控制柜三相电流显示误差不得大于 5%。

5.2.7.1.8　控制柜的高、低电压区应隔离,控制柜上应有明显的“高压危险”字样和标记。

5.2.7.1.9　电流记录仪为圆盘式(用户有特殊要求,可按要求制作)。

5.2.7.2 变频控制柜

5.2.7.2.1 变频控制柜应满足标准潜油电机(无需任何特殊绝缘措施或降级)的使用。

5.2.7.2.2 变频控制柜可以适应任意长度的动力电缆,保证电机和电缆不受共模电压和 dV/dt(电压变化率)应力的影响。必要时可以使用输出滤波器满足此要求。

5.2.7.2.3 在任何速度和负载下在 1 m 的距离内变频控制柜产生的最大允许噪音为 75 dB。

5.2.7.2.4 对电网反馈谐波符合 GB/T 14549 对谐波失真要求。

5.2.7.2.5 变频控制柜除具有常规变频控制柜的功能外,还应具备下列功能:

a) 过电压保护;

b) 欠电压保护;

c) 过频保护;

d) 自动(用户要求时)/手动调频;

e) 停电后来电自启动。

5.2.8 接线盒

5.2.8.1 基本参数

a) 额定工作电压:1.2 kV,2 kV,2.5 kV,3 kV;3.6 kV,5 kV,6 kV;

b) 额定工作电流规定为:40 A,60 A,100 A,150 A,200 A,250 A。

5.2.8.2 接线盒的通用要求应符合 GB 3836.1 的规定。

5.2.8.3 外壳防护等级应不低于 IP23。

5.2.8.4 接线盒接线柱采取插入式(或端子式)连接。

5.2.8.5 接线柱之间及对地绝缘电阻应大于 1 000 MΩ。

5.2.8.6 接线盒的门为活动式的,其与盒身由轴连接。

5.2.8.7 接线盒的紧固件应设有防止自行松脱的装置。

5.2.8.8 接线盒所有用黑色金属制成的零部件,应进行防锈处理。

5.2.8.9 金属制成的接线盒外壳应设接地螺栓,其规格应符合 GB 3836.1 中的规定,并标注接地符号。

5.2.8.10 接线盒不同电位的裸露导电部分之间的电气间隙应符合 GB 3836.3 中的规定。

5.3 振动测试

5.3.1 电机、保护器应进行空载振动测试,吸入及处理装置、泵应进行负载振动测试。

5.3.2 振动测量位置至少应在外壳的中点、顶部径向轴承处、底部轴承处进行测量。测量时泵转速应保持常数。

5.3.3 机械振动烈度的分级见 GB/T 18051—2000 附录 C。

6 试验方法和检验规则

6.1 试验方法

6.1.1 仪器、仪表的选择要求

试验时采用的电压、电流互感器其精度应不低于 0.2 级;电气测量仪表(兆欧表除外)、转矩仪精度不应低于 0.5 级;频率、转速表精度不低于 0.1 级;直流泄漏仪精度不应低于 0.2 级;流量、扬程(压力)仪表精度不应低于 1.0 级;直流电阻测量仪表精度不应低于 0.2 级;振动测试传感器精度不应低于0.2 级;温度表的精度误差应在±1 ℃以内,其他未作规定的测量仪表精度不应低于 T/3(T 为被检参数允差)。

6.1.2 电机

6.1.2.1 绕组直流电阻不平衡率

6.1.2.1.1 测量要求

测量绕组直流电阻,应在实际冷状态(将被试电机放在室内,使绕组温度与室温差不超过 2 K)下进行。

6.1.2.1.2 **测量方法**

测量时,电机转子应静止不动,在电机每两个出线端测量电阻。

6.1.2.1.3 **测量结果计算**

6.1.2.1.3.1 三相直流电阻之和按式(3)计算。

$$R_{med}=\frac{R_{UV}+R_{VW}+R_{WU}}{2} \qquad \cdots\cdots(3)$$

式中:

R_{UV}、R_{VW}、R_{WU}——绕组出线端 U 与 V、V 与 W、W 与 U 间测得的电阻值,单位为欧姆(Ω);

R_{med}——三相直流电阻之和,单位为欧姆(Ω)。

6.1.2.1.3.2 星接三相直流电阻按式(4)计算。

$$\left.\begin{aligned}R_U&=R_{med}-R_{VW}\\R_V&=R_{med}-R_{WU}\\R_W&=R_{med}-R_{UV}\end{aligned}\right\} \qquad \cdots\cdots(4)$$

式中:

R_U、R_V、R_W——绕组各相电阻,单位为欧姆(Ω)。

6.1.2.1.3.3 角接三相直流电阻按式(5)计算。

$$\left.\begin{aligned}R_U&=\frac{R_{VW}\cdot R_{WU}}{R_{med}-R_{UV}}+R_{UV}-R_{med}\\R_V&=\frac{R_{WU}\cdot R_{UV}}{R_{med}-R_{VW}}+R_{VW}-R_{med}\\R_W&=\frac{R_{UV}\cdot R_{VW}}{R_{med}-R_{WU}}+R_{WU}-R_{med}\end{aligned}\right\} \qquad \cdots\cdots(5)$$

6.1.2.1.3.4 三个线端直流电阻的平均值按式(6)计算。

$$R_{mav}=\frac{R_{UV}+R_{VW}+R_{WU}}{3} \qquad \cdots\cdots(6)$$

式中:

R_{mav}——三个线端直流电阻的平均值,单位为欧姆(Ω)。

6.1.2.1.3.5 对星形接法的绕组按式(7)计算,对三角形接法的绕组按式(8)计算。

$$R=\frac{1}{2}R_{mav} \qquad \cdots\cdots(7)$$

$$R=\frac{3}{2}R_{mav} \qquad \cdots\cdots(8)$$

式中:

R——绕组一相电阻,单位为欧姆(Ω)。

6.1.2.1.3.6 三相直流电阻不平衡率按式(9)计算。

在 R_U、R_W、R_V 中确定 R_{max} 和 R_{min}。

$$\varepsilon_{mR}=\frac{R_{max}-R_{min}}{R}\times 100 \qquad \cdots\cdots(9)$$

式中:

ε_{mR}——三相直流电阻不平衡率,%。

R_{max}——R_U、R_V、R_W 中的最大值,单位为欧姆(Ω);

R_{min}——R_U、R_V、R_W 中的最小值,单位为欧姆(Ω)。

6.1.2.1.4 **检验结果判定**

三相直流电阻不平衡率符合 5.2.1.3 的规定。

6.1.2.2 冷态绕组绝缘电阻

6.1.2.2.1 测量要求

6.1.2.2.1.1 根据被试电机工作电压按表22选择兆欧表。

6.1.2.2.1.2 冷态绝缘电阻测量应在实际冷状态下进行。

表22 兆欧表规格

单位为伏

电机工作电压	兆欧表规格
<500	500
500～3 000	1 000
>3 000	2 500

6.1.2.2.2 测量方法

6.1.2.2.2.1 对于单节或下节电机(尾部有星点)应测量一相对机壳绝缘电阻。

6.1.2.2.2.2 对于通用节和上节电机,应分别测量三相对机壳绝缘电阻及三相绕组间的绝缘电阻。

6.1.2.2.2.3 测量后均应将绕组对地放电。

6.1.2.2.3 检验结果判定

三相对地及相间冷态绝缘电阻符合5.2.1.2的规定。

6.1.2.3 空载试验

6.1.2.3.1 测量要求

根据电机工作在油井的温度,提供相应温度的循环冷却介质,其冷却介质的流速应为该电机所匹配泵在规定套管内的实际工作流速(以下简称工作流速,文中提到的工作流速均为大于或等于表2规定的流速)。出厂检验可不加循环冷却介质且在室温下进行。

6.1.2.3.2 测量方法

6.1.2.3.2.1 出厂空载试验测量方法

电机在工频额定电压下空载启动运行,使机耗达到稳定,即输入功率在5 min内两个读数之差不大于前一个读数的3%时开始测量。

首先将电机工作电压调整到电机额定电压,同时测取三相电压、三相电流、输入功率、频率。

6.1.2.3.2.2 型式空载试验测量方法

电机在工频额定电压下空载启动运行,使机耗达到稳定,即输入功率在半小时前后的两个读数之差不大于前一个读数的3%开始测量。

首先将电机工作电压提高到1.1～1.3倍额定电压,然后逐渐降低电机工作电压至可能达到的最低值(电流开始回升时为止),在此期间测7～9点,每点要同时测取三相电压、三相电流、输入功率、频率,其中额定电压时为必测点。试验结束应立即在电机出线端测量定子绕组的直流电阻(带试验电缆)。

6.1.2.3.3 测量结果计算

6.1.2.3.3.1 空载时定子绕组铜耗按式(10)计算:

$$P_{0Cu1} = 3I_0^2R_{10} \qquad \cdots\cdots(10)$$

式中:

P_{0Cu1}——空载时定子绕组铜耗,单位为瓦特(W);

I_0——定子空载相电流,单位为安培(A);

R_{10}——试验结束后定子绕组相电阻,单位为欧姆(Ω)。

6.1.2.3.3.2 铁耗和机械耗之和按式(11)计算:

$$P'_0 = P_{Fe} + P_{fw} = P_0 - P_{0Cu1} \qquad \cdots\cdots(11)$$

式中：

P'_0——铁耗和机械耗之和，单位为瓦特(W)；

P_0——空载输入功率，单位为瓦特(W)；

P_{Fe}——铁耗，单位为瓦特(W)；

P_{fw}——机械耗，单位为瓦特(W)。

作空载电流特性曲线 $I_0=f(U_0/U_N)$[U_0 为空载试验电压，U_N 为额定电压，单位为伏特(V)]和空载输入功率特性曲线 $P_0=f(U_0/U_N)$。为了分离铁耗和机械耗，作曲线 $P'_0=f[(U_0/U_N)^2]$，延长 P'_0 曲线的直线部分与纵轴交于 P 点(见图 2)，P 点的纵坐标即为机械耗。

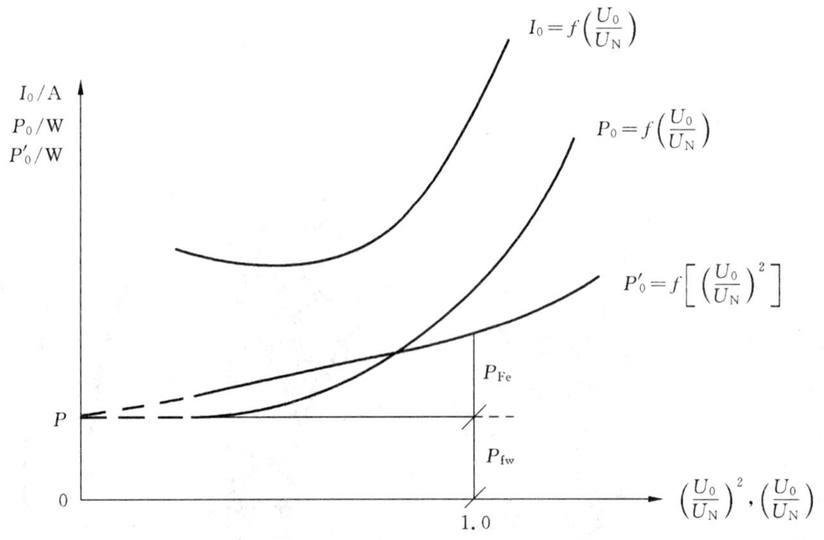

图 2　空载特性曲线

6.1.2.3.3.3　三相空载电流中任何一相与三相电流平均值的不平衡率按式(12)计算：

$$\varepsilon_{mI}=\frac{I_0-I_{av}}{I_{av}}\times 100 \quad\quad\cdots\cdots(12)$$

式中：

ε_{mI}——三相电流不平衡率，%；

I_{av}——三相电流平均值，单位为安培(A)。

6.1.2.3.4　检验结果判定

三相电流不平衡率符合 5.2.1.10 的规定。

6.1.2.4　转子滑行时间

6.1.2.4.1　测量要求

转子滑行时间测定应在电机空载试验后进行。

6.1.2.4.2　测量方法

电机空载运行稳定后(或空载试验完成后)，断电停机并开始计时，至电机转子完全停转为止，所计时间为转子滑行时间。

6.1.2.4.3　检验结果判定

转子滑行时间符合 5.2.1.6 的规定。

6.1.2.5　超速试验

6.1.2.5.1　测量要求

超速试验应在空载状态下进行。

6.1.2.5.2　测量方法

电机在额定电压和 1.2 倍额定转速下启动运行 2 min，试验时监视电机转速、电流、电压，如发现异常应立即停机。

6.1.2.5.3 检验结果判定

超速试验符合 5.2.1.9 的规定。

6.1.2.6 堵转试验

6.1.2.6.1 测量要求

堵转试验应在电机接近实际冷状态下进行。试验时应先试相序，确定转子旋转方向；然后将转子堵住，测取堵转特性。每次堵转连续通电时间不得超过 10 s。

6.1.2.6.2 测量方法

试验应从电机所施最高电压(即 50%额定电压)开始，逐步降低电压并观察电流表到小于额定电流时为止，期间共测 5~7 点，每点同时测取三相电压 U_k、三相电流 I_k、输入功率 P_k、频率 f、转矩 T_k 并停机测定子绕组直流电阻 R。

采用圆图计算法求取最大转矩，堵转试验应在 2.0~2.5 倍额定电流范围内的某一电流值下进行。

6.1.2.6.3 测量结果计算

6.1.2.6.3.1 额定电压下的堵转电流 I_{kN}[单位为安培(A)]按下述作图法求得。

由于堵转试验最大电压低于 0.9 倍额定电压，应作 $\lg I_k = f(\lg U_k)$ 曲线，从最大电流的延长线查得 I_{kN}(见图 3)、堵转特性曲线(见图 4)。

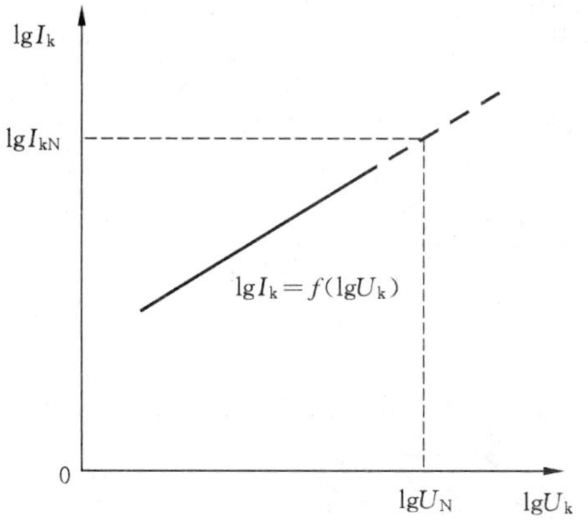

图 3 堵转电流特性曲线

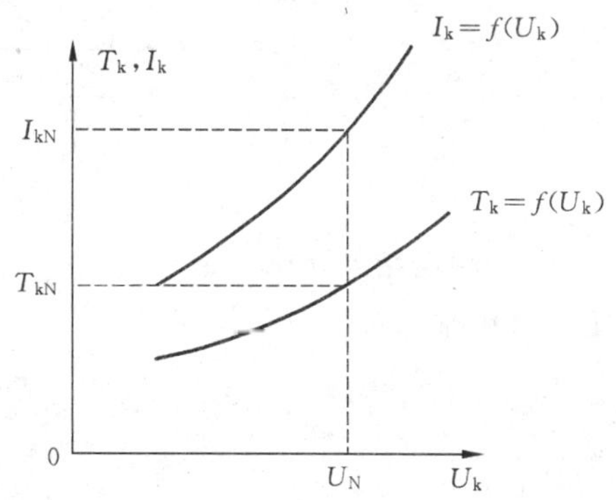

图 4 堵转特性曲线

6.1.2.6.3.2 额定电压下的堵转转矩 T_{kN} 按式(13)计算。

$$T_{kN} = T_k\left(\frac{I_{kN}}{I_k}\right)^2 \qquad \cdots\cdots(13)$$

式中：

T_k——实测堵转转矩，单位为牛顿米(N·m)；或 $T_k = 9.55\times\left(\frac{P_k - P_{kCul} - P_{kS}}{n_s}\right)$；

P_k——堵转时的输入功率，单位为千瓦(kW)；

P_{kCul}——堵转时定子绕组损耗，单位为千瓦(kW)；

I_{kN}——额定电压下堵转电流，单位为安培(A)；

P_{kS}——堵转时的杂散损耗，取 $P_{kS}=0.05P_k$，单位为千瓦(kW)；

n_s——电机同步转速，$n_s=\frac{60f}{p}$，单位为转每分钟(r/min)；

f——实测电源频率，单位为赫兹(Hz)；

p——电机极对数。

6.1.2.6.4 检验结果判定

$\frac{I_{kN}}{I_N}$、$\frac{T_{kN}}{T_N}$ 符合表 4 的规定为合格。

6.1.2.7 温升试验

6.1.2.7.1 测量要求

温升试验采用泵负载法或测功机法。冷热态绕组直流电阻应在同一出线端测量。

6.1.2.7.2 测量方法

试验前将测温计固定在电机与保护器之间，下入试验井，放置一段时间使绕组温度与冷却介质温度相同(视温度差大小确定时间)；高温电机若在规定使用温度下试验，应将冷却介质升温到规定温度并且使绕组温度与冷却介质温度相同。测量并记录绕组电阻(带试验电缆)和冷却介质温度。

电机用泵做负载或测功机在额定条件下运转 2 h～4 h，并且保证入井介质温度在(室温±2)℃或(规定井温±5)℃范围之内，电机达到稳定温升断电，开始测量绕组直流电阻(带试验电缆)和冷却介质温度。用最短的时间(不超过 30 s)测量断电后第一点绕组直流电阻，以后以相等的时间间隔测量并记录绕组电阻和相应时间。采用外推法作 $\lg R = f(t)$ 曲线，并延长曲线交于纵轴，交点的数据即为断电瞬间的绕组热态直流电阻 R_f(见图 5)。

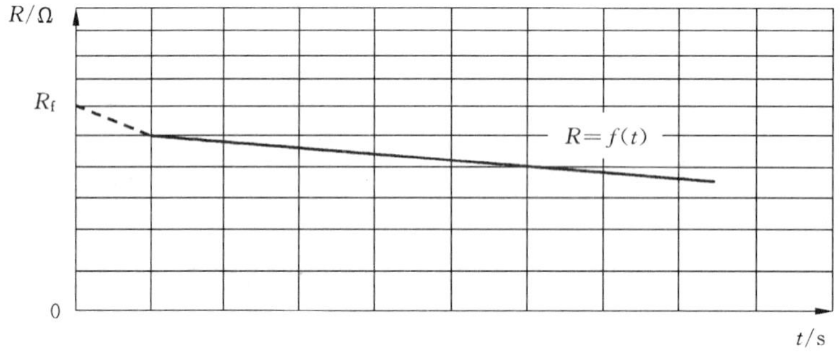

图 5 绕组热态直流电阻测量曲线

6.1.2.7.3 测量结果计算

定子绕组平均温升 $\Delta\theta_1$ 按式(14)计算。

$$\Delta\theta_1 = \frac{R_f - R_0}{R_0}(K_a + \theta_0) + \theta_0 - \theta_f \qquad \cdots\cdots(14)$$

式中：

$\Delta\theta_1$——定子绕组平均温升，单位为开尔文(K)；

R_f——试验结束时绕组直流电阻，单位为欧姆(Ω)；

R_0——试验开始时绕组直流电阻，单位为欧姆(Ω)；

θ_f——试验结束时冷却介质温度，单位为摄式度(℃)；

θ_0——试验开始时冷却介质温度，单位为摄式度(℃)；

K_a——常数，铜绕组 235，铝绕组 225。

电机试验达不到额定电流，应换算到额定功率时的绕组温升 $\Delta\theta_N$。

当$\frac{I_t - I_N}{I_N}$在±10%范围内时，按式(15)换算。

$$\Delta\theta_N = \Delta\theta_1\left(\frac{I_N}{I_t}\right)^2\left[1 + \frac{\Delta\theta_1\left(\frac{I_N}{I_t}\right)^2 = \Delta\theta_1}{K_a + \Delta\theta_1 + \theta_f}\right] \qquad \cdots\cdots(15)$$

当$\frac{I_t - I_N}{I_N}$在±5%范围时，按式(16)换算。

$$\Delta\theta_N = \Delta\theta_1\left(\frac{I_N}{I_t}\right)^2 \qquad \cdots\cdots(16)$$

式中：

$\Delta\theta_N$——额定功率时的绕组温升；

I_N——满载电流，即额定功率时的电流，单位为安培(A)；从工作特性曲线上求得；

I_t——温升试验时的电流，单位为安培(A)；取在整个试验过程最后的1/4时间内，按相等时间间隔测得的几个电流平均值。

6.1.2.7.4 检验结果判定

额定功率时的绕组温升符合5.2.1.8的规定。

6.1.2.8 效率、功率因数、转差率

6.1.2.8.1 测量要求

采用泵负载法或测功机测量电机工作特性曲线，即电机在额定电压和额定频率下，电机实测输入功率 P_{mi}、定子电流 I_1、效率 η_m、功率因数 $\cos\phi$ 及转差率 S_{ref} 与电机输出功率 P_{mu} 的关系曲线(见图6)。

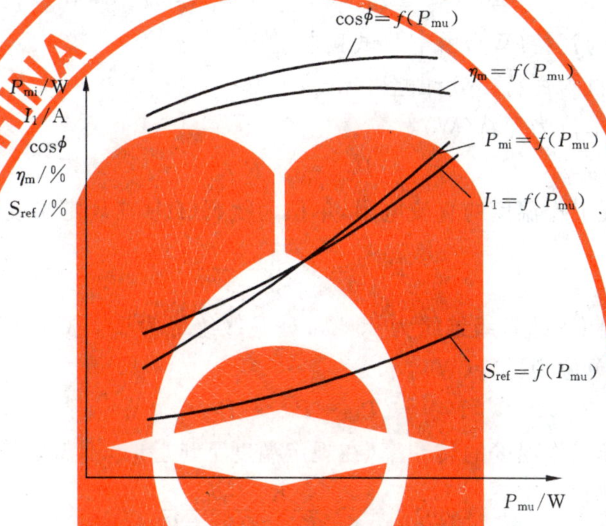

图6 电机工作特性曲线

6.1.2.8.2 测量方法

6.1.2.8.2.1 泵负载法

电机应在额定电压、额定频率、额定排量、规定的工作温度和流速下启动运行2 h～4 h，运行期间保证入井冷却介质温度在规定工作温度的±5 ℃范围内。输入功率稳定后开始测量。

离心泵的试验宜从零流量开始，至少要试到大流量点的115%(大流量点是指泵工作范围内大于规定流量的边界点)。

混流泵、轴流泵和漩涡泵的试验应使阀门从全开状态开始，至少试到小流量点的85%(小流量点是指泵工作范围内小于规定流量的边界点)。Q_{min}、小流量点、额定点、大流量点、Q_{max}，其中测十三点以上。小流量点、额定点、大流量点为必测点。

每点同时记录三相电压、三相电流、输入功率、转速、频率、流量、泵出口压力、泵出入口介质温度。

转速测量建议采用感应线圈法或振动测速仪：感应线圈法是将一只带铁心的多匝线圈密封后，紧贴在被试电机的上端或下端，线圈与磁电式检流计相连，测量检流计光标摆动次数及所需时间；振动测速仪是将振动测速仪的传感器吸附在试验管路上，即可测量电机转速。

停机后应测量定子绕组电阻并用外推法修正到断电瞬时的电阻。

6.1.2.8.2.2 测功机法

试验时，被试电机应达到热稳定状态，并且加规定工作温度的冷却水，其流速为工作流速。电机施加1.25倍的额定功率，然后逐渐降低电机功率至0.25倍额定功率为止，测取6～8点，其中额定功率点为必测点。测量时同时记录三相电压、三相电流、输入功率、转速、转矩和冷却介质温度。

6.1.2.8.3 检验结果计算

6.1.2.8.3.1 效率按式(17)计算。

$$\eta_m = \frac{P_{mu}}{P_{mi}} \times 100 \quad \cdots\cdots(17)$$

式中：

η_m——效率，%；

P_{mi}——电机实测输入功率，单位为千瓦(kW)；

P_{mu}——电机输出功率，单位为千瓦(kW)；按式(18)计算。

$$P_{mu} = P_{mi} - \sum P \quad \cdots\cdots(18)$$

式中：

$\sum P$——总损耗，单位为千瓦(kW)：

$$\sum P = (P_{Fe} + P_{fw} + P_{Cu1} + P_{Cu2} + P_s) \cdot 10^{-3}$$

P_{Fe}——铁耗，单位为瓦特(W)，由空载试验求得；

P_{fw}——机械耗，单位为瓦特(W)，由空载试验求得；

P_{Cu1}——定子铜耗，单位为瓦特(W)：

$$P_{Cu1} = 3I_1^2 R_{1ref}$$

R_{1ref}——换算到基准工作温度的直流电阻，单位为欧姆(Ω)(在规定温度下试验时，不需要换算)：

$$R_{1ref} = R_f \frac{K_a + \theta_{ref}}{K_a + \theta_f}$$

θ_{ref}——基准工作温度，对 E 级绝缘为 75 ℃；对 F 级绝缘为 115 ℃；对 H 级绝缘为 130 ℃；

P_{Cu2}——转子铜耗，单位为瓦特(W)：

$$P_{Cu2} = (P_{mi} - P_{Cu1} - P_{Fe}) \cdot S_{ref}$$

S_{ref}——换算到基准工作温度的转差率(在规定温度下试验时，不需要换算)：

$$S_{ref} = S_t \frac{K_a + \theta_{ref}}{K_a + \Delta\theta_1 + \theta_f}$$

S_t——实际排量下的转差率；

P_s——杂散损耗，单位为瓦特(W)。

对不能实测杂散损耗的电机，其杂散损耗取其输入功率的 0.5%。

6.1.2.8.3.2 转差率按式(19)计算。

$$S_t = \frac{N}{f \cdot t} \text{ 或 } S_t = \frac{n_s - n}{n_s} \quad \cdots\cdots(19)$$

式中：

S_t——转差率；

t——检流计摆动 N 次所用的时间，单位为秒(s)；

N——检流计摆动次数；

f——实测电源频率，单位为赫兹(Hz)；

n_s——电机同步转速，单位为转每分钟(r/min)；

n——实测转速，单位为转每分钟(r/min)。

6.1.2.8.3.3 功率因数按式(20)计算。

$$\cos\phi = \frac{P_{mi} \times 10^3}{\sqrt{3} I_1 U_1} \quad \cdots\cdots(20)$$

式中：

$\cos\phi$——功率因数；

P_{mi}——输入功率，单位为千瓦(kW)；

I_1——定子线电流，单位为安培(A)；

U_1——线电压，单位为伏特(V)。

6.1.2.8.4 **检验结果判定**

额定输出功率下的效率(η_m)、功率因数($\cos\phi$)、转差率(S_{ref})符合表4的规定。

6.1.2.9 **热态绝缘电阻**

6.1.2.9.1 **测量要求**

6.1.2.9.1.1 按6.1.2.2.1.1选择兆欧表。

6.1.2.9.1.2 在6.1.2.8试验结束后断电进行测量。

6.1.2.9.1.3 断电到测量时间不得超过60 s。

6.1.2.9.2 **测量方法**

6.1.2.9.2.1 在试验电缆电源接线端测量一相对地绝缘电阻。

6.1.2.9.2.2 测量后将电缆对地放电。

6.1.2.9.3 **检验结果判定**

热态绝缘电阻(包括试验电缆)符合5.2.1.2的规定。

6.1.2.10 **最大转矩**

采用圆图计算法或测功机实测。

6.1.2.10.1 **测量要求**

采用圆图计算法时电机应按6.1.2.6.2的要求进行试验。

6.1.2.10.2 **测量方法**

圆图计算公式中的电压、电流和电阻为相电压、相电流和相电阻的三相平均值,功率为三相功率值。

圆图计算法所需参数包括:

a) 定子绕组电阻 R_{1ref},换算至基准工作温度时的电阻值;

b) 由空载试验求得的参数;

c) 由堵转试验求得的参数。

6.1.2.10.3 **测量结果计算**

6.1.2.10.3.1 空载电流的有功分量按式(21)计算:

$$I_{0R} = \frac{P_0 - P_{fw}}{3U_N} \quad \cdots\cdots (21)$$

6.1.2.10.3.2 空载电流的无功分量按式(22)计算:

$$I_{0X} = \sqrt{I_0^2 - I_{0R}^2} \quad \cdots\cdots (22)$$

6.1.2.10.3.3 堵转电流按式(23)计算:

$$I_{kN} = I_k \frac{U_N}{U_k} \quad \cdots\cdots (23)$$

6.1.2.10.3.4 堵转功率按式(24)计算:

$$P_{kN} = P_k \left(\frac{U_N}{U_k}\right)^2 \quad \cdots\cdots (24)$$

6.1.2:10.3.5 堵转电流的有功分量按式(25)计算:

$$I_{kR} = \frac{P_{kN}}{3U_N} \quad \cdots\cdots (25)$$

6.1.2.10.3.6 堵转电流的无功分量按式(26)计算:

$$I_{kX} = \sqrt{I_{kN}^2 - I_{kR}^2} \quad \cdots\cdots (26)$$

6.1.2.10.3.7 最大转矩倍数 K_T 按式(27)计算:

$$K_T = \frac{CT}{P_m} \quad \cdots\cdots (27)$$

式中:

取 $C=0.9$

K_T——最大转矩倍数；

$P_m = \frac{P_N + P_{fw} + P_s}{1 - S_{ref}}$

$T = 3rU_N \tan\frac{\beta}{2}$

$r = \frac{1}{2}(H + K^2/H)$

$H = I_{kX} - I_{0X}$

$K = I_{kR} - I_{0R}$

$\tan\beta = \frac{H}{K_1}$求出 β、$\tan\frac{\beta}{2}$

$K_1 = \frac{I_{2K}^2 R_{1ref}}{U_N}$

$I_{2K} = \sqrt{K^2 + H^2}$

6.1.2.10.3.8　最大转矩按式(28)计算：

$$T_{max} = K_T \cdot T_N \qquad \cdots\cdots(28)$$

式中：

T_{max}——最大转矩，单位为牛顿米(N·m)；

T_N——额定转矩，单位为牛顿米(N·m)，按 $T_N = 9\ 550P/n$ 计算。

6.1.2.10.3.9　检验结果判定

$\frac{T_{max}}{T_N}$符合表4的规定。

6.1.2.11　电机油工频耐压

6.1.2.11.1　测量要求

电机空载试验后从尾部取油样做工频耐压试验。

6.1.2.11.2　测量方法

用干燥过的1 000 mL磨口瓶取800 mL油样待无气泡后，倒入油试验器进行工频耐压试验。电极应安装在水平轴上，放电间隙2.5 mm。电极之间的间隙用块规校准，要求精确到0.1 mm。电极轴浸入试油深度应为40 mm左右。电极面上若有因放电引起的凹坑时应更换电极。

6.1.2.11.3　检验结果判定

符合5.2.1.5的规定。

6.1.2.12　密封试验

6.1.2.12.1　测量要求

电机各连接处采用专用护盖密封。

6.1.2.12.2　测量方法

从电机一端往其内腔通入干燥气体，试验气压为0.35 MPa，时间为5 min，同时用肥皂水涂抹各连接处和丝堵，同时应观察有无气泡及渗漏。

6.1.2.12.3　检验结果判定

符合5.2.1.1的规定。

6.1.2.13　电机空载的振动测试

6.1.2.13.1　下井前先将测振架装在电机的外壳上(上、中、下径向轴承测点)，并固定传感器，以防止松动脱落。当电机处于垂直运行位置时，测点的具体部位如下：上测点位于外壳上部对应顶部径向轴承套部位；中测点位于外壳中部；下测点位于外壳下部对应底部径向轴承套部位。

6.1.2.13.2　在每个测振架上安装两个振动传感器，以测取 x、y 方向的振动值。

6.1.2.13.3 电机下井后在额定转速下运转半小时，再分别测取各点的振动值，作好测量数据记录。测试完成后，进行综合数据分析，测得各点的振动速度有效值，将其中的最大值定为振动烈度考核依据。

6.1.2.13.4 检验结果判定

按 GB/T 18051—2000 中附录 C 判定。

6.1.3 保护器

6.1.3.1 气压试验

气压试验是为了检查保护器的密封性能，即机械密封和连接螺纹密封的性能。

6.1.3.1.1 测量方法

采用干燥气体加压。机械密封检验是将压力为 0.035 MPa 干燥气体送入密封腔内，持续时间 5 min；螺纹密封检验是将压力为 0.35 MPa 的干燥气体从保护器下端输入其内腔，同时用肥皂水涂抹各连接处和丝堵，持续时间 5 min。

6.1.3.1.2 检验结果判定

符合 5.2.2.3 的规定。

6.1.3.2 动态试验

6.1.3.2.1 测量方法

6.1.3.2.1.1 标定电机法：采用 2 极标定电机（经法定检验机构检定的并给出特性曲线的电机）与保护器相连固定在保护器动态试验架上，并按要求注油。启动标定电机运行 5 min，观察并记录电压、电流，运行期间电流应平稳。

6.1.3.2.1.2 转矩转速法：采用三相电机、转矩转速传感器与保护器相连固定在保护器动态试验架上，按要求注油。采用转矩转速法，按要求进行仪器调零、且保护器须盘轴灵活。启动试验电机，观察保护器的转速、功率、止推轴承腔体温度。设备运行 5 min 后，测量记录保护器的转速、功率、止推轴承腔体温度。

6.1.3.2.2 检验结果计算

6.1.3.2.2.1 按 6.1.3.2.1.1 进行检验时，应从标定电机曲线上查取保护器机械功率。

6.1.3.2.2.2 按 6.1.3.2.1.2 进行检验时，按 $T=9\ 550P/n$ 计算。

6.1.3.2.3 检验结果判定

符合 5.2.2.4 的规定。

6.1.3.3 运行后电机油工频耐压

6.1.3.3.1 测量要求

保护器动态试验后在尾部取油样做工频耐压试验。

6.1.3.3.2 测量方法

按 6.1.2.11.2 进行。

6.1.3.3.3 检验结果判定

符合 5.2.2.5 的规定。

6.1.3.4 保护器空载振动测试

6.1.3.4.1 将需测试的保护器与电机对接好，启动电机即可进行保护器空载情况下的振动测试，其测振架和传感器的安装方法与 6.1.2.13 电机空载振动测试相同。

6.1.3.4.2 检验结果判定

按 GB/T 18051—2000 中附录 C 判定。

6.1.4 潜油电泵机组

6.1.4.1 潜油电泵机组成套性能试验

6.1.4.1.1 测量要求

6.1.4.1.1.1 将潜油电机（试相序应与泵旋转方向一致）、保护器、吸入及处理装置、各节泵按要求下入试验井内，按其规定的使用温度供给冷却介质（冷却介质为清水）。出厂检验可在室温下进行。

6.1.4.1.1.2　潜油电泵在额定电压、额定频率、额定排量下启动运行，运行时间应不低于 0.5 h。

6.1.4.1.2　测量方法

按 6.1.2.8.2.1 进行。

6.1.4.1.3　测量结果计算

6.1.4.1.3.1　井况为示意图 7 时，扬程按式(29)计算：

$$H=\frac{P_2}{\rho g}+(Z_2-Z_1)+\frac{V_2^2}{2g} \quad \cdots\cdots(29)$$

式中：

H——扬程，单位为米(m)；

P_2——泵出口压力，单位为帕斯卡(Pa)。

出厂检验时式中第二、三项可忽略不计。

井况为示意图 8 时，扬程按式(30)计算：

$$H=\frac{P_2-P_1}{\rho g}+(Z_2-Z_1)+\frac{V_2^2-V_1^2}{2g} \quad \cdots\cdots(30)$$

式中：

P_1——泵入口压力，单位为帕斯卡(Pa)；

ρ——泵输送液体密度，单位为千克每立方米(kg/m³)；

g——重力加速度，g=9.81 m/s²；

Z_2——泵入口到井的地面测压距离，单位为米(m)；

Z_1——泵入口到井口液面距离，单位为米(m)；

V_2——井口出口管线内液体流速，单位为米每秒(m/s)；

V_1——井筒内液体流速，单位为米每秒(m/s)。

出厂检验不加温时式中第二、三项可忽略不计。

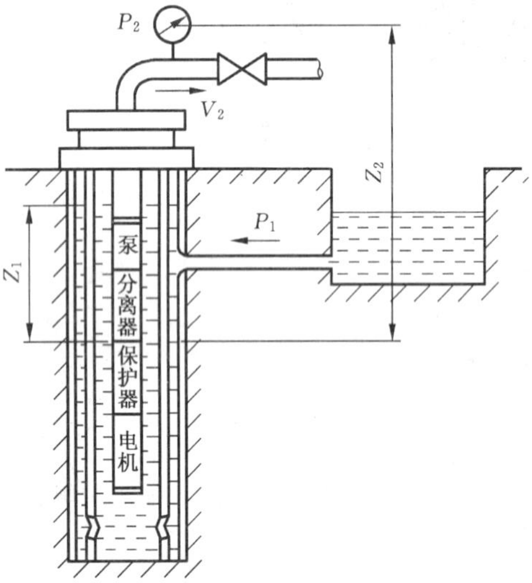

图 7　Ⅰ号井况示意图

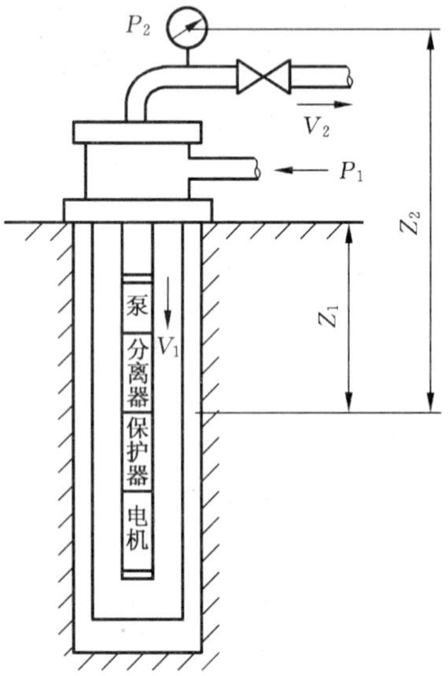

图 8　Ⅱ号井况示意图

6.1.4.1.3.2　流量 Q

Q 为实测流量，单位为立方米每天(m³/d)。

6.1.4.1.3.3　绘制潜油泵性能曲线，即 H、P_{pi}、η_p 与 Q 的关系曲线（见图 9）。

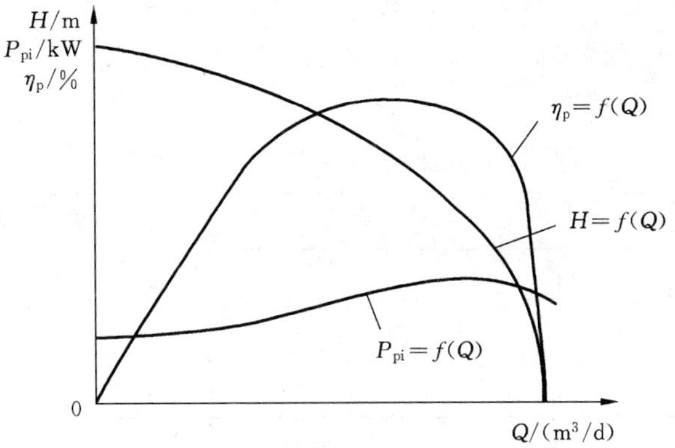

图 9 潜油泵性能曲线

6.1.4.1.3.4 泵轴功率按式(31)计算。

$$P_{pi} = P_{mu} - P_{pfw} \qquad (31)$$

式中：

P_{pi}——泵轴功率，单位为千瓦(kW)；

P_{pfw}——保护器机耗，单位为千瓦(kW)；

P_{mu}——电机输出功率 P_{mu}，单位为千瓦(kW)按式(16)计算。

6.1.4.1.3.5 泵效按式(32)计算。

$$\eta_p = \frac{P_{pu}}{P_{pi}} \times 100 \qquad (32)$$

式中：

η_p——泵效，%；

P_{pu}——泵输出功率，单位为千瓦(kW)；$P_{pu}=\frac{\rho QHg}{86\ 400}$；

ρ——水的密度，单位为千克每立方米(kg/m^3)；

g——重力加速度，$g=9.81\ m/s^2$。

6.1.4.1.3.6 检查泵性能时应换算到规定转速下的泵扬程、流量、轴功率按式(33)计算(机组成套性能试验不需要换算)。

$$\left.\begin{aligned} Q_0 &= \frac{n_{sp}}{n} \cdot Q \\ H_0 &= \left(\frac{n_{sp}}{n}\right)^2 \cdot H \\ P_{pi0} &= \left(\frac{n_{sp}}{n}\right)^3 \cdot P_{pi} \end{aligned}\right\} \qquad (33)$$

式中：

H_0——泵扬程，单位为米(m)；

Q_0——泵流量，单位为(m^3)；

P_{pi0}——泵轴功率，单位为千瓦(kW)；

n_{sp}——规定转速，单位为转每分钟(r/min)；

n——实测转速，单位为转每分钟(r/min)。

6.1.4.1.4 检验结果判定

6.1.4.1.4.1 方法一：保证的流量、扬程和效率的证实

将测量结果换算到规定的转速(或频率)下，然后绘制它们对流量 Q 的关系曲线。与各测量点拟合最佳的曲线代表泵的性能曲线。为简化保证值的证实，建议引入容差系数。t_Q、t_H、t_η，分别为流量、扬程和泵效率的容差系数，应适用于保证点 Q_{sp}、H_{sp}。在没有关于应使用什么样的容差系数值的专门协议的情况下应使用表 23 给出的数值。

表 23 流量、扬程和效率容差系数

参　数	容差系数值/%
流量 t_Q	±5
扬程 t_H	±5
效率 t_η	−10

通过保证点 Q_{sp}、H_{sp} 以水平线段 $\pm t_Q$、Q_{sp} 和垂直线段 $\pm t_H$、H_{sp} 作出容差的十字线。

如果 $H(Q)$ 曲线与垂直线段和/或水平线段（见图 10）相交或至少相切，则对扬程和流量的保证即得到满足。

效率值应由通过规定的工作点 Q_{sp}、H_{sp} 和 QH 坐标轴的原点的直线与测得的 $H(Q)$ 曲线的交点作一条垂直线与 $\eta(Q)$ 曲线相交得到。

如果该交点的效率值高于或至少等于 $\eta_{sp}(1-t_\eta)$（见图 10）则对效率的保证条件的满足是在容差范围内。

注：如果测得的 Q 和 H 值大于保证值 Q_{sp}、H_{sp}，但仍在容差 $Q_{sp}+(t_Q \cdot Q_{sp})$ 和 $H_{sp}+(t_H \cdot H_{sp})$ 范围内，且效率也在容差范围内，则实际的输入功率可能要大于数据表中记载的值。

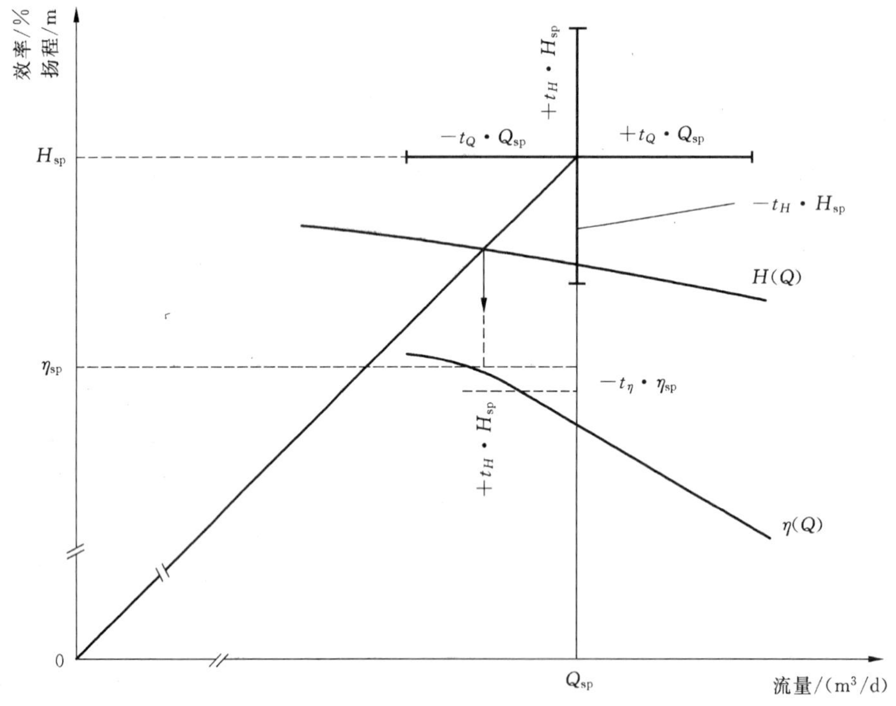

图 10 对流量、扬程和效率的保证的证实

6.1.4.1.4.2 方法二：极限偏差

表 24 中是由公布的特性曲线得出的泵试验验收极限表，列出的极限偏差用于生产商公布的特性曲线。这些极限偏差用图表示，见图 11 和图 12。

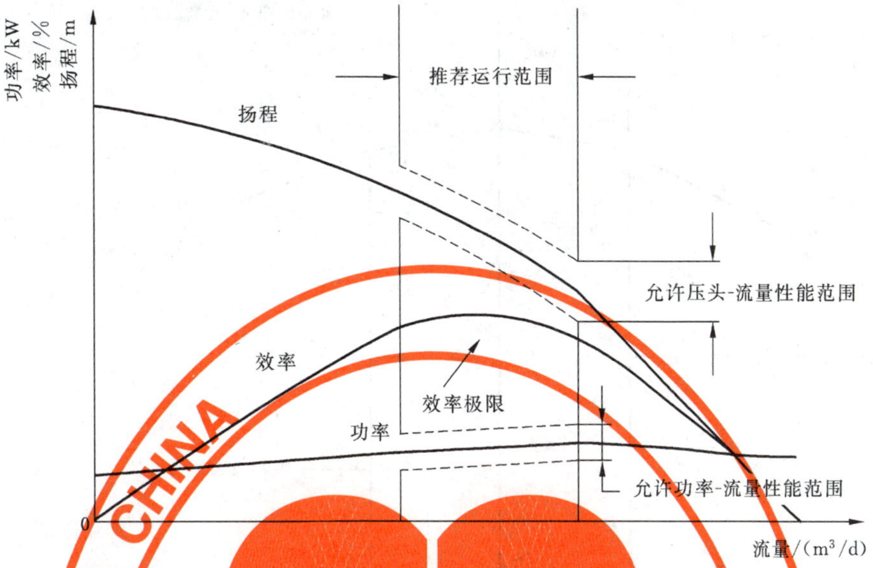

图 11 带有公差表示的典型泵特性曲线

6.1.4.1.4.3 检验结果判定

出厂检验自定,监督检验用统一的一种判定,仲裁检验按协议判定。

表 24 泵试验验收极限

曲 线	极 限 值	验 收 区 域
扬程-流量曲线	扬程±5%,流量±5%	推荐的运行范围
轴功率-流量曲线	轴功率±8%	推荐的运行范围
泵效率-流量曲线	效率 90%	额定流量点
注:推荐的运行范围是由制造商公布的最大运行范围。如果该范围没有确定,用额定流量的±20%确定。		

验收原则:

如果验收试验点泵的扬程在允许的扬程-流量性能变化范围之内,泵的扬程-流量性能是合格的。

如果验收试验点泵的轴功率在允许的轴功率极限偏差范围内,泵的轴功率性能是合格的。

如果由试验结果计算出来的额定流量点的泵效大于规定的极限值,泵效率是合格的。

6.1.4.2 电机油工频耐压

6.1.4.2.1 测量要求

潜油电泵机组运行一段时间后(记录运行时间)起出,在电机尾部按要求取油样 800 mL 并记录运行结束至取样时间。

6.1.4.2.2 测量方法

按 6.1.2.11.2 进行。

6.1.4.2.3 检验结果判定

符合 5.2.1.5 的规定。

6.1.4.3 泵负载振动测试

将需测试的吸入及处理装置和泵与保护器对接好,启动电动机,在额定转速和额定流量下测取各点的振动值。其测振架和传感器的安装方法同 6.1.2.13 电动机空载振动的测试。

6.1.4.3.1 测点振动频率测试

当振动值出现异常情况或需要对振动进行分析时,应测取该测点的振动频率,并作好记录,以便分析振动产生的原因。

6.1.4.3.2 检验结果判定

按 GB/T 18051—2000 中附录 C 判定。

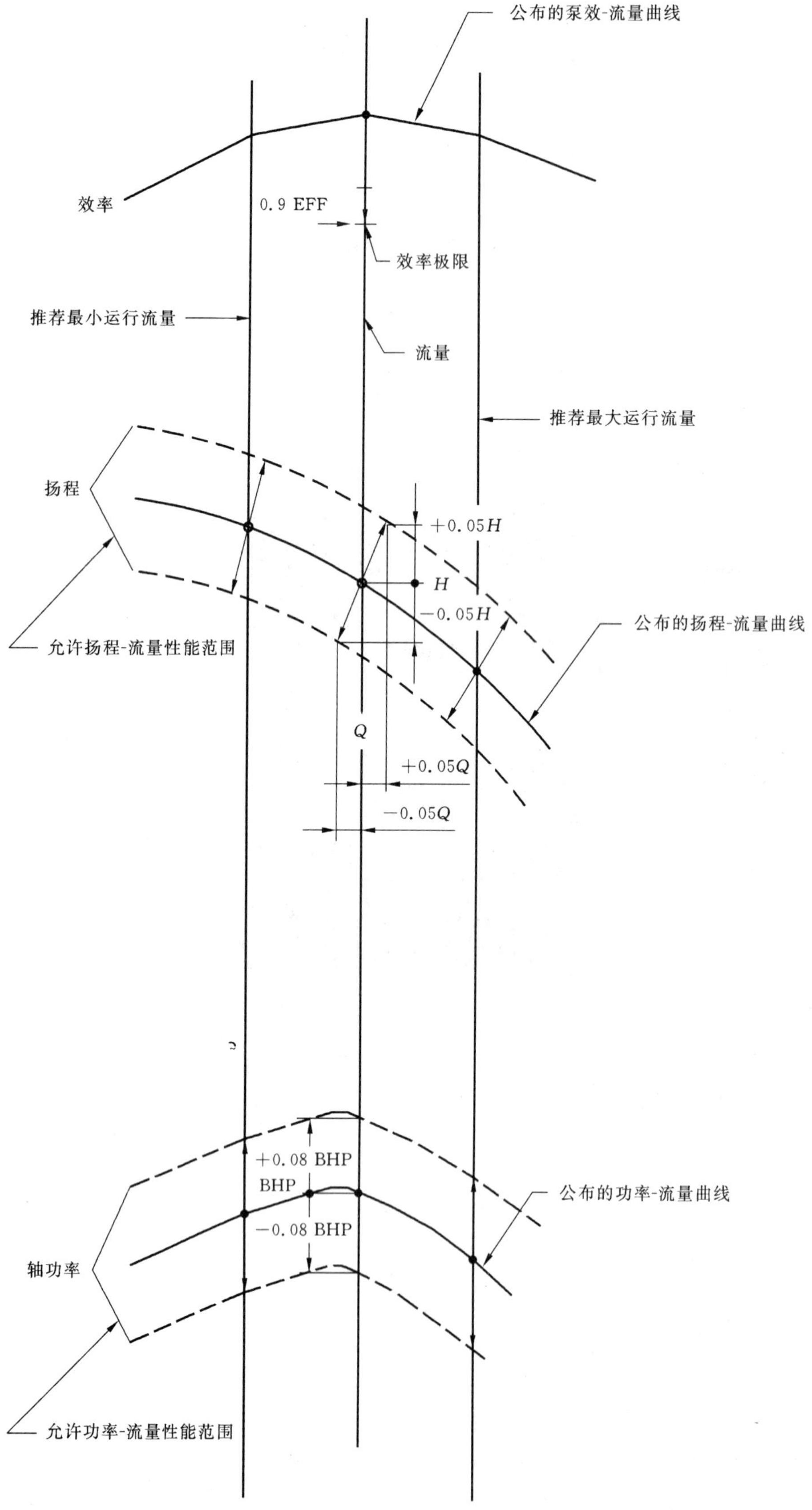

图 12 按特性曲线得出的泵试验验收极限

6.1.5 电缆

6.1.5.1 铠装质量

6.1.5.1.1 测量方法

目力观察铠带搭接处焊口，铠带开裂、脱扣。

6.1.5.1.2 检验结果判定

焊口应平整牢固，无铠带开裂、脱扣为合格。

6.1.5.2 长度

6.1.5.2.1 测量要求

采用电缆计长仪检验电缆长度。

6.1.5.2.2 检验结果判定

符合5.2.5.8的规定。

6.1.5.3 电缆外形尺寸

6.1.5.3.1 测量要求

用卡尺测量电缆宽度和厚度。

6.1.5.3.2 检验结果判定

电缆外形尺寸符合表7的规定。

6.1.5.4 导体标称直径

6.1.5.4.1 测量要求

采用卡尺或千分尺在电缆裸线距端头不少于600 mm处测量。

6.1.5.4.2 测量方法

在600 mm的裸线上均匀取3点各测量一次(精确到小数点后两位)。

6.1.5.4.3 测量结果计算

计算导体标称直径平均值。

6.1.5.4.4 检验结果判定

导体标称直径符合5.2.5.13的规定。

6.1.5.5 绝缘层、护套层厚度

6.1.5.5.1 测量要求

在绝缘层δ_{ic}、护套层δ_{pj}取试样，用投影仪测量其厚度。

6.1.5.5.2 测量方法

在试样上最薄处测量一点，然后以等距离共测6点。

6.1.5.5.3 测量结果计算

计算绝缘层、护套层厚度的平均值δ_{avi}、δ_{avp}。

6.1.5.5.4 检验结果判定

符合表20的规定。

6.1.5.6 绝缘和护套材料机械性能

6.1.5.6.1 测量要求

在成品电缆或原材料上取样，将所取试样制成5～10个Ⅰ号或Ⅱ号哑铃片(一般用Ⅰ号试片，见图13和图14)。试片的厚度应为0.80 mm≤δ≤2.00 mm(δ为试片厚度)。

6.1.5.6.2 测量方法

将制做好的哑铃试片中间印上两条标志线(见图13和图14)。在两标志线之间取三点测试试片厚度，取三点中的最小值。

试片在23 ℃±5 ℃下保存3 h后进行拉力试验。每个试片应在5 min内试验完，试片断裂部位应在标志线之间，且至少应有四个试片。按照不同材料要求，拉伸速度按以下执行：

塑料绝缘材料(特别是聚丙烯):拉伸速度应≤50 mm/min,一般取 50 mm/min;

丁腈聚氯乙烯复合物材料:拉伸速度一般取 200 mm/min;

乙丙胶绝缘材料:拉伸速度一般取 300 mm/min;

丁腈护套材料:拉伸速度一般取 500 mm/min。

单位为毫米

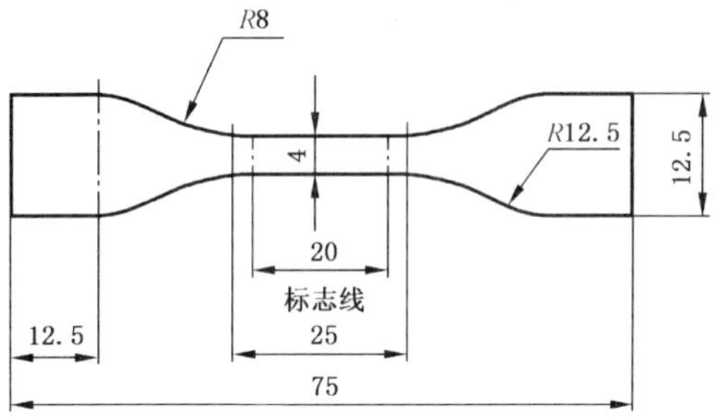

图 13 Ⅰ号哑铃试片

单位为毫米

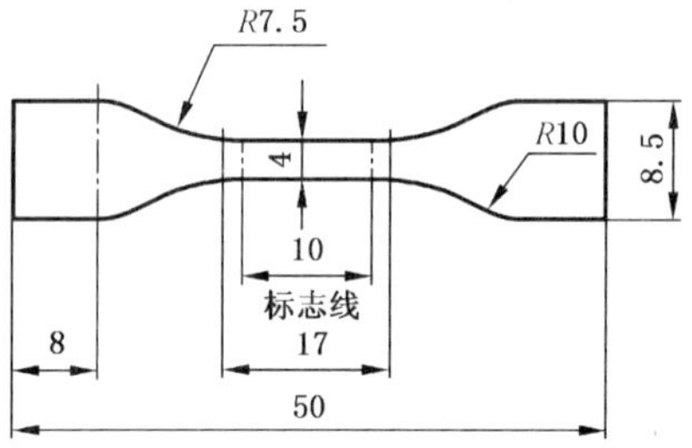

图 14 Ⅱ号哑铃试片

6.1.5.6.3 **测量结果计算**

拉伸强度按式(34)计算。

$$\sigma = \frac{F}{S} \qquad \cdots\cdots(34)$$

式中:

σ——电缆的拉伸强度,单位为牛顿每平方毫米(N/mm^2);

F——试样拉伸至断裂时的负荷,单位为牛顿(N);

S——试片截面积,单位为平方毫米(mm^2)。

断裂伸长率按式(35)计算。

$$\varepsilon = \frac{L_1 - L_0}{L_0} \times 100 \qquad \cdots\cdots(35)$$

式中:

ε——电缆的断裂伸长率,%;

L_0——拉伸前试片标志线间的距离,单位为毫米(mm);

L_1——试片断裂时标志线间的距离,单位为毫米(mm)。

注:试样是从成品电缆上取样而制得的,拉伸强度和断裂伸长率两项结果均取中间值;
试样是从原材料上取样而制得的,拉伸强度和断裂伸长率两项结果均取算术平均值。

6.1.5.6.4 **验结果判定**

绝缘和护套材料机械性能符合 5.2.5.18 的规定。

6.1.5.7 **绝缘和护套材料的热老化**

6.1.5.7.1 **测量要求**

按 6.1.5.6.1 进行。

6.1.5.7.2 **测量方法**

将已测出厚度的试片垂直悬挂在老化箱中,宜根据材料性质(见本标准中的表 13～表 19)按规定的温度老化 168 h。老化后的试片在环境温度下至少存放 16 h,然后做拉力试验。不同材料的试片不应同时放入一个老化箱中老化。

6.1.5.7.3 **测量结果计算**

6.1.5.7.3.1 拉伸强度变化率按式(36)计算。

$$TS = \frac{\sigma_1 - \sigma_0}{\sigma_0} \times 100 \qquad \cdots\cdots(36)$$

式中：

TS——拉伸强度变化率，%；

σ_0——老化前拉伸强度中间值，单位为牛顿每平方毫米（N/mm^2）；

σ_1——老化后拉伸强度中间值，单位为牛顿每平方毫米（N/mm^2）。

6.1.5.7.3.2 断裂伸长率变化率按式(37)计算。

$$EB = \frac{\varepsilon_1 - \varepsilon_0}{\varepsilon_0} \times 100 \qquad \cdots\cdots (37)$$

式中：

EB——断裂伸长率变化率，%；

ε_0——老化前断裂伸长率中间值，%；

ε_1——老化后断裂伸长率中间值，%。

6.1.5.7.4 检验结果判定

拉伸强度变化率、断裂伸长率变化率符合5.2.5.18的规定。

6.1.5.8 绝缘电阻

6.1.5.8.1 测量要求

6.1.5.8.1.1 试样为长样（整盘电缆）。测量应在环境温度15.6 ℃±2 ℃、空气相对湿度不大于85%的室内或水中进行，并保证试样温度与环境温度平衡。

6.1.5.8.1.2 试样的两个端头剥去绝缘层外的覆盖物（不能损伤绝缘表面）。露出的绝缘部分长度，在空气中试验应不小于300 mm；在水中试验应不小于350 mm，并且两个端头露出水面的长度应不小于500 mm。

6.1.5.8.1.3 露出的绝缘表面应保持干燥和洁净。

6.1.5.8.2 测量方法

采用绝缘电阻测试仪分别测量三相电缆（另外两相与铠带相连）对铠带及相间的绝缘电阻。每相测量后对地放电。

6.1.5.8.3 电缆的最低绝缘电阻值的计算

电缆的最低绝缘电阻值按式(1)计算。

计算出的电缆的最低绝缘电阻值R应根据电缆的实际长度换算成兆欧千米（MΩ·km）；

电缆绝缘外径（D）按式(2)计算。

6.1.5.8.4 测量结果计算

6.1.5.8.4.1 温度系数指的是温度为15.6 ℃（60 ℉）时的值，对于现场测试，应该用温度校正系数将其校正为15.6 ℃（60 ℉）时的值。

不同的绝缘材料体现不同的温度系数，实际上大多数电绝缘材料的温度系数是1.03，表25列出了温度系数为1.03的温度校正系数，表中未列出的温度，其温度校正系数按式(38)计算：

$$K_t = 1.03^{1.8(T-15.6\ ℃)} \qquad \cdots\cdots (38)$$

式中：

K_t——测量时温度校正系数，见表25；

T——测试温度，单位为摄氏度（℃）。

每千米绝缘电阻按式(39)计算：

$$R_i = R_{it} \cdot L \qquad \cdots\cdots (39)$$

式中：

R_i——每千米绝缘电阻，单位为兆欧千米（MΩ·km）；

R_{it}——实测绝缘电阻，单位为兆欧（MΩ）；

L——被测电缆的长度，单位为千米（km）。

6.1.5.8.4.2 换算至15.6 ℃时的绝缘电阻按式(40)计算：

$$R_{i15.6} = R_i \frac{K_t}{K_{15.6}} \qquad (40)$$

式中：

$R_{i15.6}$——温度为15.6 ℃时的绝缘电阻，单位为兆欧千米(MΩ·km)；

R_i——三相中每千米绝缘电阻最小值，单位为兆欧千米(MΩ·km)；

K_t——测量时温度校正系数，见表25；

$K_{15.6}$——温度为15.6 ℃时的温度校正系数，见表25。

6.1.5.8.5 **检验结果判定**

换算至15.6 ℃时的绝缘电阻值不应小于6.1.5.8.3计算的电缆最低绝缘电阻值。

表25 温度校正系数

温度/℃	温度校正系数	温度/℃	温度校正系数
10.0	0.75	21.1	1.35
10.6	0.77	21.7	1.39
11.1	0.79	22.2	1.43
11.7	0.82	22.8	1.47
12.2	0.84	23.3	1.52
12.8	0.87	23.9	1.56
13.3	0.89	24.4	1.61
13.9	0.92	25.0	1.66
14.4	0.94	25.6	1.71
15.0	0.97	26.1	1.76
15.6	1.00	26.7	1.81
16.1	1.03	27.2	1.81
16.7	1.06	27.8	1.92
17.2	1.09	28.3	1.98
17.8	1.13	28.9	2.04
18.3	1.16	29.4	2.10
18.9	1.20	32.2	2.43
19.4	1.23	35.0	2.81
20.0	1.27	37.8	3.26
20.6	1.31	40.6	3.78
注：本表适用于乙丙橡胶绝缘电缆，聚丙烯和交联聚乙烯绝缘电缆也可参考使用。			

6.1.5.9 **导体直流电阻及不平衡率**

6.1.5.9.1 **测量要求**

6.1.5.9.1.1 试样为长样(整盘电缆，但要确定其长度)。

6.1.5.9.1.2 除去试样两端导电线芯外表面的绝缘、护套或其他覆盖物，防止损伤导体，其长度应大于芯线周长的2倍，并将三相线芯连成星点。

6.1.5.9.1.3 测量应在环境温度为20 ℃±2 ℃的空气中进行，并保证环境温度与芯线温度平衡。

6.1.5.9.2 **测量方法**

6.1.5.9.2.1 采用直流双电桥或微欧计测量，并使电位夹头和电流夹头之间的距离不应小于芯线圆周长的1.5倍。

6.1.5.9.2.2 分别测量三相电缆两相间的直流电阻R_{UV}、R_{VW}、R_{WU}。

6.1.5.9.3 **测量结果计算**

6.1.5.9.3.1 三相电缆单相的直流电阻按式(41)计算：

$$\left.\begin{aligned} R_U + R_V &= R_{UV} \\ R_V + R_W &= R_{VW} \\ R_W + R_U &= R_{WU} \end{aligned}\right\} \qquad (41)$$

式中：

R_U、R_V、R_W——三相电缆 U、V、W 各单相的直流电阻，单位为欧姆(Ω)；

R_{UV}、R_{VW}、R_{WU}——三相电缆 U 与 V、V 与 W、W 与 U 两相间的直流电阻，单位为欧姆(Ω)。

6.1.5.9.3.2 在 R_U、R_V、R_W 中确定 R_{max}并换算至每千米直流电阻 R，再按式(42)换算 20 ℃时单相的直流电阻 R_{20}，单位为欧姆(Ω)，其中 K_T 是温度校正系数，表 26 规定了在 t ℃时测量导体电阻校正到 20 ℃时的温度校正系数 K_T 值。

$$R_{20} = R \cdot K_T = \frac{R}{1 + 0.004(\theta - 20)} \qquad (42)$$

式中：

R——每千米直流电阻，R_{UV}、R_{VW}、R_{WU}中的最大值，单位为欧姆(Ω)；

R_{20}——换算 20 ℃时单相的直流电阻，单位为欧姆(Ω)；

θ——测量时导体温度，单位为摄氏度(℃)。

表 26 导体直流电阻温度校正系数

测量时导体温度 t/℃	温度校正系数	测量时导体温度 t/℃	温度校正系数	测量时导体温度 t/℃	温度校正系数
5	1.064	16	1.016	27	0.973
6	1.059	17	1.012	28	0.969
7	1.055	18	1.008	29	0.965
8	1.050	19	1.004	30	0.962
9	1.046	20	1.000	31	0.958
10	1.042	21	0.996	32	0.954
11	1.037	22	0.992	33	0.951
12	1.033	23	0.988	34	0.947
13	1.029	24	0.984	35	0.943
14	1.025	25	0.980		
15	1.020	26	0.977		
注：表中温度校正系数 K_T 值是根据 20 ℃电阻温度系数为 0.004/℃计算的。					

三相直流电阻不平衡率按式(43)计算：

$$\varepsilon_{cR} = \frac{R_{max} - R_{min}}{R_{cav}} \times 100 \qquad (43)$$

式中：

ε_{cR}——三相直流电阻不平衡度，%；

R_{max}——R_{UV}、R_{VW}、R_{WU}中的最大值，单位为欧姆(Ω)；

R_{min}——R_{UV}、R_{VW}、R_{WU}中的最小值，单位为欧姆(Ω)；

R_{cav}——R_U、R_V、R_W 的平均值，单位为欧姆(Ω)。

6.1.5.9.4 检验结果判定

换算 20 ℃时单相的直流电阻、三相直流电阻不平衡率符合表 11 及 5.2.5.4 的规定。

6.1.5.10 工频耐压

6.1.5.10.1 测量要求

6.1.5.10.1.1 整盘电缆浸入 20 ℃±2 ℃的恒温水中，且保证芯线温度与环境温度平衡。

6.1.5.10.1.2 电缆两端头露出水面长度应不小于 350 mm;带电缆头的电缆,一端接试验电源,电缆头端放在绝缘油槽内,以使其在施加电压时不发生沿其表面闪络放电。

6.1.5.10.1.3 电压波形应接近正弦波。

6.1.5.10.2 **测量方法**

6.1.5.10.2.1 采用交流耐压试验器,装置内应具有短路速断保护功能,并有可靠的接地。

6.1.5.10.2.2 对三相电缆分别施加表 10 中规定的交流电压,其余两相和铠带相连接,并接地(接线图见图 15)。重复性试验施加为规定电压的 80%。

6.1.5.10.2.3 施压从低于规定电压值的 40%开始,缓慢平稳地升到所规定电压值的±3%为止,持续 5 min;然后降低电压至规定电压的 40%以下再切断电源,禁止在高电压下突然切断电源,以免出现过电压。

6.1.5.10.3 **检验结果判定**

工频耐压符合 5.2.5.6 的规定。

6.1.5.11 **直流耐压**

6.1.5.11.1 **测量要求**

6.1.5.11.1.1 整盘电缆浸入 20 ℃±2 ℃的恒温水中或在空气中进行,且保证芯线温度与环境温度平衡。

6.1.5.11.1.2 电缆两端头露出水面长度应不小于 350 mm;带电缆头的电缆,一端接试验电源,电缆头端放在绝缘油槽内,以使其在施加电压时不发生沿其表面闪络放电。

6.1.5.11.2 **测量方法**

6.1.5.11.2.1 采用直流耐压试验器,装置内应具有短路速断保护功能,并有可靠的接地。

6.1.5.11.2.2 对三相电缆分别施加表 9 中规定的直流电压,其余两相和铠带相连接,并接地(接线图见图 15)。重复性试验施加为规定电压的 80%。

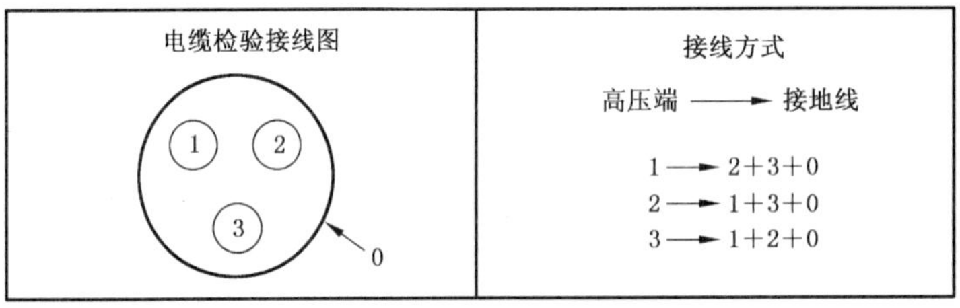

1、2、3——三项电缆芯线;

0——铠带。

图 15 潜油电缆 4 h 高电压检验接线图

6.1.5.11.2.3 施压从低于规定电压值的 40%开始,缓慢平稳地升到所规定电压值的±3%为止,持续 5 min;然后降低电压至规定电压的 40%以下再切断电源,禁止在高电压下突然切断电源,以免出现过电压。

6.1.5.11.3 **检验结果判定**

直流耐压符合 5.2.5.3 的规定。

6.1.5.12 **4 h 高电压**

6.1.5.12.1 **测量要求**

取成品电缆 5 m~10 m,剥去所有外护层,将带绝缘的芯线浸入水中 1 h 以上,两端伸出水面长度不小于 350 mm,露出不带绝缘层的芯线长度应不小于 50 mm。

6.1.5.12.2 **测量方法**

6.1.5.12.2.1 采用交流耐压试验器。

6.1.5.12.2.2 电缆线芯一端接试验装置的高压输出端,试验装置的接地端接电极放入水槽中(接线图见图16)，所施加电压为，时间4 h。

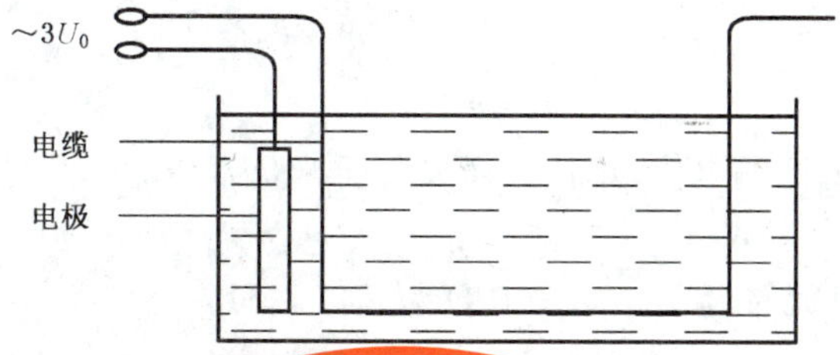

图16　潜油电缆交流耐压检验接线图

6.1.5.12.3　**检验结果判定**

4 h高电压符合5.2.5.17中的规定。

6.1.5.13　**直流泄漏**

6.1.5.13.1　**测量要求**

6.1.5.13.1.1　试样长度不应少于300 m，被测电缆两端去掉外护层，露出绝缘层350 mm；再去掉100 mm绝缘层，露出芯线并处理干净。

6.1.5.13.1.2　测量应在环境温度为20 ℃±2 ℃的空气中进行，并保证环境温度与芯线温度平衡。

6.1.5.13.2　**测量方法**

6.1.5.13.2.1　采用直流泄漏电流测试仪，三相分别对铠带进行测量(接线图见图17)。

6.1.5.13.2.2　试验电压见表9。施压时要均匀平稳，升压至最高电压时间不应少于10 s，达到电压规定值后持续5 min，记录泄漏电流。降压时要缓慢平稳。

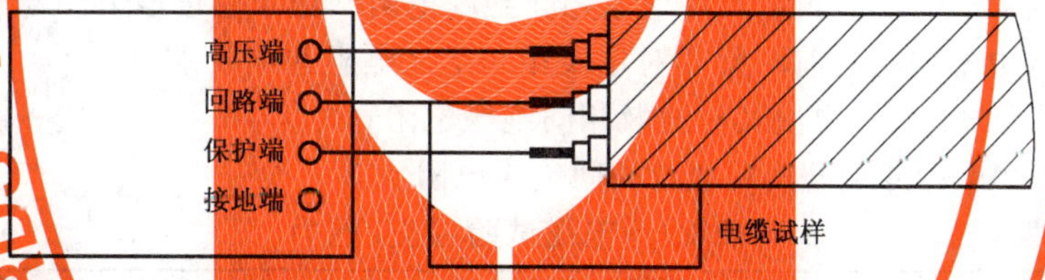

图17　潜油电缆直流泄漏检验接线图

6.1.5.13.3　**标准的直流泄漏电流值的计算**

标准的直流泄漏电流值是在15.6 ℃时，根据相应的试验电压与电缆的最低绝缘电阻值之比，按式(44)计算：

$$I_B = \frac{U}{R} \qquad \cdots\cdots(44)$$

式中：

I_B——标准的直流泄漏电流，单位为微安每千米(μA/km)；

U——试验电压，单位为伏特(V)；

6.1.5.13.4　**测量结果计算**

换算至每千米泄漏电流按式(45)计算：

$$I'_b = \frac{I_{bt}}{L} \qquad \cdots\cdots(45)$$

式中：

I'_b——每千米泄漏电流，单位为微安每千米(μA/km)；

I_{bt}——实测泄漏电流，单位为微安(μA)；

L——被测电缆长度，单位为千米(km)。

6.1.5.13.5 换算至15.6 ℃时每千米泄漏电流按式(46)计算:

$$I'_{bt} = \frac{I'_b}{K_t} \qquad (46)$$

式中:

I'_{bt}——15.6 ℃时每千米泄漏电流,单位为微安每千米(μA/km)。

6.1.5.13.6 检验结果判定

15.6 ℃时每千米泄漏电流符合5.2.5.3中的规定。

6.1.5.14 高温高压试验

6.1.5.14.1 测量要求

6.1.5.14.1.1 试验电缆为短样时,采用高温高压专用装置。在装置容器内按1:1比例加入清水、柴油或汽轮机油HU-20、HU-30。电缆两端密封,伸出试验装置长度应不小于250 mm,芯线裸露长度应不小于50 mm。

6.1.5.14.1.2 试验电缆为整盘时,将电缆放置90 ℃清水、常压容器内。

6.1.5.14.2 测量方法

6.1.5.14.2.1 短样电缆

a) 短样在未放入试验装置之前应测量并记录其对地绝缘电阻、温度、湿度;放入试验装置密封后在加温加压前再测量并记录其对地绝缘电阻、温度;
b) 试验温度、压力应符合表27的规定;
c) 试验装置容器内加压、加温,至规定值并恒定4 h;每隔1 h用兆欧表(2 500 V)测量并记录对地绝缘电阻、温度、压力值。

6.1.5.14.2.2 整盘电缆

a) 在电缆未放入水中之前测量其对地及相间绝缘电阻并记录温度、湿度;
b) 电缆放入水中未加温之前测量其对地及相间绝缘电阻并记录水温;
c) 电缆在加温至90 ℃时测量其对地及相间绝缘电阻;
d) 恒温90 ℃,2 h后再测量其对地及相间绝缘电阻。

表27 电缆试验温度、压力

井下环境温度/℃	电缆导体长期工作温度/℃	容器内温度/℃	容器内压力/MPa	试验持续时间/h	
				一般检验	仲裁检验
90以下	≤90	90±5	10	4	24
90	≤120	120±5	20		
120	≤150	150±5	20		
150	≤180	180±5	20		
180	≤204	204±5	20		

6.1.5.14.3 测量结果计算

整盘电缆按6.1.5.8.4进行。

6.1.5.14.4 检验结果判定

最后一次测量的对地及相间绝缘电阻符合5.2.5.16的规定。

6.1.6 电缆头

6.1.6.1 密封性能

6.1.6.1.1 测量要求

带引接电缆的电缆头与特制的密封接头相连,浸入汽轮机油HU-20、HU-30、硅油或电机油中,加温至规定的工作温度。

6.1.6.1.2　**测量方法**

在特制的密封接头处用干燥气体加压 0.35 MPa，维持 5 min，检查是否有泄漏现象。

6.1.6.1.3　**检验结果判定**

电缆头密封性能符合 5.2.5.12 的规定。

6.1.6.2　**电缆头工频耐压**

6.1.6.2.1　**测量要求**

带引接电缆的电缆头其引接电缆长度应不小于 500 mm。电缆头端浸入绝缘油中，另一端分别在每相与其他两相和铠带间施加 $2U_N+1\ 000$ V 试验电压。重复性试验为规定试验电压的 80%（U_N 为电机最高的额定电压）。

6.1.6.2.2　**测量方法**

按 6.1.5.10.2 进行。

6.1.6.2.3　**检验结果判定**

电缆头工频耐压符合 5.2.5.14 的规定。

6.1.6.3　**电缆头直流耐压**

6.1.6.3.1　**测量要求**

带引接电缆的电缆头其引接电缆长度应不小于 500 mm。电缆头可在空气中或浸在水中进行，另一端分别在每相与其他两相和铠带间施加表 12 规定的直流电压。重复性试验为规定试验电压的 80%。

6.1.6.3.2　**测量方法**

按 6.1.5.11.2 进行。

6.1.6.3.3　**检验结果判定**

电缆头直流耐压符合 5.2.5.15 的规定。

6.1.6.4　**电缆头高温高压**

6.1.6.4.1　**测量要求**

6.1.6.4.1.1　按 6.1.5.14.1.1 进行。

6.1.6.4.1.2　带引接电缆的电缆头与特制的密封接头相连，放在高温高压专用试验装置的容器内，另一端伸出高温高压试验装置且保证端部密封。其伸出长度应不小于 250 mm，芯线裸露长度应不小于 50 mm。

6.1.6.4.2　**测量方法**

按 6.1.5.14.2.1 进行。

6.1.6.4.3　**检验结果判定**

电缆头高温高压符合 5.2.5.16 的规定。

6.1.7　**变压器**

6.1.7.1　**绕组绝缘电阻**

6.1.7.1.1　**测量要求**

测量应在温度 10 ℃～40 ℃、相对湿度小于 85%进行，提供实测值。

6.1.7.1.2　**测量方法**

采用 1.5 级以上 2 500 V 兆欧表分别测量三绕组三相对地绝缘电阻。

6.1.7.1.3　**检验结果判定**

变压器绕组绝缘电阻符合表 21 的规定。

6.1.7.2　**直流电阻**

6.1.7.2.1　**测量要求**

高、低压绕组和中压的各分接绕组均应测量直流电阻，对于星形连接有中性点的应测量中性点对一个线端电阻。

6.1.7.2.2 **测量方法**

采用直流电桥分别测量三绕组的线电阻并记录与绕组温度相平衡的实际温度。

6.1.7.2.3 **测量结果**

三相直流电阻不平衡率按式(47)计算。

$$\varepsilon_{Tr} = \frac{R_{max} - R_{min}}{R_{tav}} \times 100 \quad \cdots\cdots(47)$$

式中：

ε_{Tr}——三相直流电阻不平衡率，%；

R_{tav}——高、中、低压绕组三相直流线电阻平均值，单位为欧姆(Ω)；

R_{max}——分别确定高、低、中压绕组三相中最大一相直流电阻，单位为欧姆(Ω)；

R_{min}——分别确定高、低、中压绕组三相中最小一相直流电阻，单位为欧姆(Ω)。

6.1.7.2.4 **检验结果判定**

变压器三相直流电阻不平衡率符合表21的规定。

6.1.7.3 **电压比测量及电压矢量关系校定**

6.1.7.3.1 **测量要求**

高压绕组对中压各分接下绕组、高压绕组对低压绕组均应测量电压比。

6.1.7.3.2 **测量方法**

采用电压比电桥分别对各绕组间的电压比进行测量，并记录测量值，同时验证连接组标号是否正确。

6.1.7.3.3 **检验结果判定**

变压器电压变比偏差符合表21的规定。

6.1.7.4 **外施耐压**

6.1.7.4.1 **测量要求**

外施试验电压应符合表28的规定，其频率在45 Hz～55 Hz之间。重复性试验按表28规定电压的85%进行。

表28 变压器外施试验电压

单位为千伏

绕组工作电压	外施最高电压
0.38	5
3	18
6	25
10	35
15	45
20	55
35	85

6.1.7.4.2 **测量方法**

采用交流耐压试验装置，装置内应设短路保护功能，分别在高、中、低压绕组从低于规定电压的1/3开始缓慢施压至规定值，持续1 min；然后再将电压降至零，不参加试验的绕组均应接地。接线方法见图18。

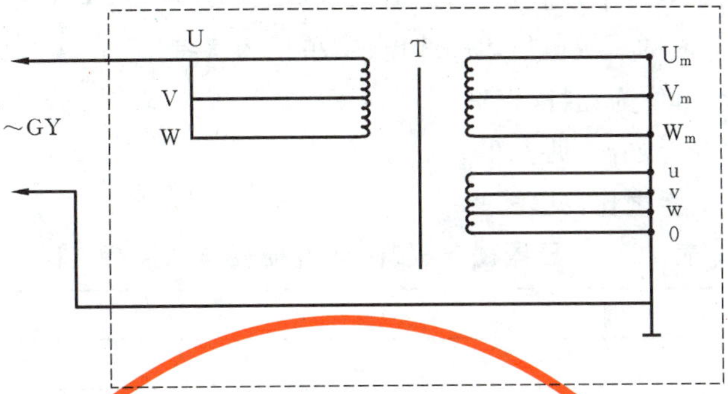

GY——工频耐压实验装置；

T——被式变压器。

图 18 外施耐压试验接线图

6.1.7.4.3 检验结果判定

试验过程中变压器无放电声、电压不突然下降、电流指示不波动为合格。

如果试验过程中仅有放电声，但电流指示比较平稳，重复试验后放电现象消失，亦为合格。

6.1.7.5 感应耐压

6.1.7.5.1 测量要求

6.1.7.5.1.1 在低压绕组施加 100 Hz～200 Hz、2 倍的额定电压，其他绕组开路，接地可靠。

6.1.7.5.1.2 感应耐压应在外施耐压后进行。

6.1.7.5.2 测量方法

采用绕线式异步电动机反拖或中频发电机组对低压绕组施加电压至规定值。持续时间按式(48)计算：

$$T = \frac{6\,000}{f} \qquad \cdots\cdots(48)$$

式中：

f——实测电源频率，单位为赫兹(Hz)；

T——试验持续时间，单位为秒(s)。

6.1.7.5.3 检验结果判定

感应耐压按 6.1.7.4.3 进行。

6.1.7.6 空载损耗与空载电流

6.1.7.6.1 测量要求

在低压绕组或中压绕组的主分接施加额定频率的额定电压，其他绕组开路，器身接地可靠。

6.1.7.6.2 测量方法

首先慢慢给绕组施压至额定值为止，施压以三相线电压的平均值为准，记录三相电压有效值和平均值、三相电流、功率、频率。

当波形畸变，即平均值电压表与有效值电压表读数不同时，应以平均值电压表为准，测量空载损耗、空载电流和电压，然后将电压降至零。

6.1.7.6.3 测量结果计算

当 $U'=U$ 时，空载损耗 P_0，单位为瓦特(W)；不需修正即：$P_0=P_{0m}$；

当 $U'\neq U$ 时，空载损耗需要按式(49)修正。

$$P_0 = P_{0m}/(P_{ho} + K_U P_{V0}) \qquad \cdots\cdots(49)$$

式中：

$K_U=(U/U')^2$

U'——未带试品前测量电压平均值 U_1 时的有效电压表的线电压，单位为伏特(V)；

U——带试品测量 U_1 时的有效电压表的线电压，单位为伏特(V)；

P_{0m}——实测空载损耗，单位为瓦特(W)；

P_{ho}——磁滞损耗与总损耗之比，见表 29；

P_{V0}——涡流损耗与总损耗之比，见表 29。

表 29　变压器磁滞损耗、涡流损耗与总损耗之比

材料	P_{ho}	P_{V0}
取向硅钢片	0.5	0.5
非取向硅钢片	0.7	0.3

6.1.7.6.4　检验结果判定

6.1.7.6.4.1　空载电流

以平均值电压表的有效值施加额定电压所测得的三相电流的算术平均值 I_0 与额定电流 I_N 的百分数表示，即：

$$\frac{I_0}{I_N}\times 100\%$$

空载电流符合表 21 规定。

6.1.7.6.4.2　空载损耗

空载损耗符合表 21 规定。

6.1.7.7　负载损耗与阻抗电压

6.1.7.7.1　测量要求

采用短路法测量负载损耗与阻抗电压。高压绕组施压，中压绕组短路(在主分接下进行)，低压绕组开路，器身接地可靠。

6.1.7.7.2　测量方法

高压从零开始施压至中压绕组达到额定电流(三相电流算术平均值)为止。记录三相电压、三相电流、功率、频率，然后再将电压降至零。

6.1.7.7.3　检验结果判定

6.1.7.7.3.1　阻抗电压

阻抗电压 ΔU 为所测三相电压算术平均值 U_K 与中压绕组额定电压(主分接)U_N 之比的百分数，即：

$$\Delta U=\frac{U_K}{U_N}\times 100$$

阻抗电压符合表 21 规定。

6.1.7.7.3.2　负载损耗

负载损耗符合表 21 规定。

6.1.7.8　温升试验

6.1.7.8.1　测量要求

6.1.7.8.1.1　被试变压器周围 2 m～3 m 处不得有墙壁、热源、杂物堆积及外来辐射气流等干扰。室内自然通风，但不应引起显著的空气回流。

6.1.7.8.1.2　采用短路法进行温升试验，被试变压器一侧短路，另一侧施压(在主分接下进行)。

6.1.7.8.1.3　试验环境温度 10 ℃～40 ℃。

6.1.7.8.1.4　监视油顶层温度，散热器出口温度(称监视部位温升)。在不小于 1 000 mL 的油杯中放入温度计，测量环境温度，放置时间不少于 2 h。

6.1.7.8.2 **测量方法**

6.1.7.8.2.1 采用直流电桥或微欧计分别测量三绕组的线电阻并记录环境温度。应使环境温度与绕组温度平衡。

6.1.7.8.2.2 一侧绕组施压(一般高压绕组施压)至输入功率等于最大总损耗时为止。为了缩短试验时间,开始时可以提高输入功率($1.5I_N$),使温度迅速提高,运行到油顶层温升的预定值的70%时降低功率到输入功率等于总损耗(额定发热状态),并维持输入功率恒定。

6.1.7.8.2.3 每15 min记录一次三相电压、电流、功率、油顶层温度、散热器出口温度。当监视部位温升连续4 h每小时温升小于1 K时,温升即达到稳定状态(冷却介质的温度以最后1/4时程里、相等的时间间隔内的温度的平均值)。降压断电测量绕组热态直流电阻。测量绕组热电阻的第一点时间不大于2 min,每隔60 s测一点,共测10～12点。冷热直流电阻应用同一电桥。

6.1.7.8.2.4 重复送电维持额定发热状态运行1 h后降压断电,测量另一侧绕组电阻。

6.1.7.8.3 **测量结果计算**

6.1.7.8.3.1 绘制 $\lg R=f(t)$ 曲线,见图19,确定断电瞬间绕组热态直流电阻 R_2。

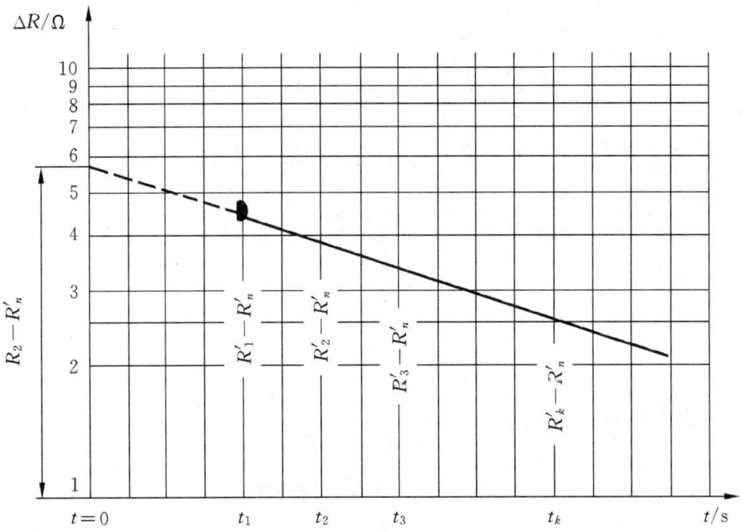

图19 时间和热电阻差值的曲线

6.1.7.8.3.2 油顶层温升 τ_1,单位为开尔文(K);按式(50)计算:

$$\tau_1=\theta_1-\theta_{02} \qquad (50)$$

式中:

θ_1——总损耗下温升稳定后的油顶层温度,单位为摄氏度(℃);

θ_{02}——测热电阻时冷却介质的温度取温升后1/4时程各测试点的冷却介质温度的平均值,单位为摄氏度(℃)。

6.1.7.8.3.3 绕组平均温升 τ_2,单位为开尔文(K);按式(51)计算:

$$\tau_2=\frac{R_2}{R_1}(K_\theta+\theta_{01})-(K_\theta+\theta'_{02})+\frac{\tau_1-\tau'_1}{K_\theta} \qquad (51)$$

式中:

R_1——绕组冷态直流电阻,单位为欧姆(Ω);

R_2——断电时从曲线上查得的热态绕组直流电阻,单位为欧姆(Ω);

θ_{01}——测量绕组冷态电阻时的绕组温度,单位为摄氏度(℃);

τ'_1——额定电流下停电测量前油顶层温升,$\tau'_1=\theta'_{02}-\theta_{01}$,单位为开尔文(K);

θ'_{02}——额定电流下停电测量前油顶层温度,单位为摄氏度(℃);

K_θ——平均油温系数，$K_\theta=\frac{\theta_1}{\theta_p}$；

θ_p——总损耗下的油平均温度，单位为摄氏度(℃)。

6.1.7.8.4 检结果判定

温升符合表21的规定。

6.1.7.9 变压器油击穿电压

6.1.7.9.1 测量要求

用干净、干燥油杯在变压器放油孔取样800 mL。取样时应将放油孔处理干净，防止脏物落入。

6.1.7.9.2 测量方法

6.1.7.9.2.1 按6.1.2.11.2进行。

6.1.7.9.2.2 采用油耐压试验器对变压器油进行六次电压击穿检验，每次记录电压击穿值。

6.1.7.9.3 测量结果计算

以六次击穿电压的算术平均值为击穿电压。

6.1.7.9.4 检验结果判定

变压器油击穿符符合表21的规定。

6.1.7.10 密封性能

6.1.7.10.1 测量要求

变压器箱盖或贮油柜上连接一个气压表，通过贮油柜放气塞输入干燥气体。

6.1.7.10.2 测量方法

变压器油箱及贮油柜施加0.05 MPa干燥气体，恒压24 h。

6.1.7.10.3 检验结果判定

在施加压力期间，无泄漏。

6.1.8 定频控制柜

6.1.8.1 主电路绝缘电阻

6.1.8.1.1 测量要求

6.1.8.1.1.1 测量应在温度10 ℃～40 ℃、相对湿度小于85%进行，提供实测值。

6.1.8.1.1.2 拆除与主电路有关的控制电路、控制变压器、电压互感器、电流互感器二次接线并短接互感器二次回路，并应有可靠接地线。

6.1.8.1.2 测量方法

采用1 000 V兆欧表分别测量主电路相对地绝缘电阻并记录绝缘电阻值。

6.1.8.1.3 检验结果判定

控制柜主电路绝缘电阻符合5.2.7.1.5的规定。

6.1.8.2 控制电路绝缘电阻

6.1.8.2.1 测量要求

6.1.8.2.1.1 测量应在温度10 ℃～40 ℃、相对湿度小于85%进行，提供实测值。

6.1.8.2.1.2 拆除与PCC控制中心有关的线路、电压互感器、电流互感器，并应有可靠接地线。

6.1.8.2.2 测量方法

采用500 V兆欧表测量控制电路对地绝缘电阻并记录绝缘电阻值。

6.1.8.2.3 检验结果判定

控制柜控制电路绝缘电阻符合5.2.7.1.6的规定。

6.1.8.3 主电路工频耐压

6.1.8.3.1 测量要求

6.1.8.3.1.1 拆除与主电路有关的控制电路、控制变压器、电压互感器、电流互感器二次接线并短接电流互感器二次回路。

6.1.8.3.1.2 试验电源的电压应接近正弦波，频率在 45 Hz～62 Hz 之间。

6.1.8.3.1.3 测量接线方法见图 20。

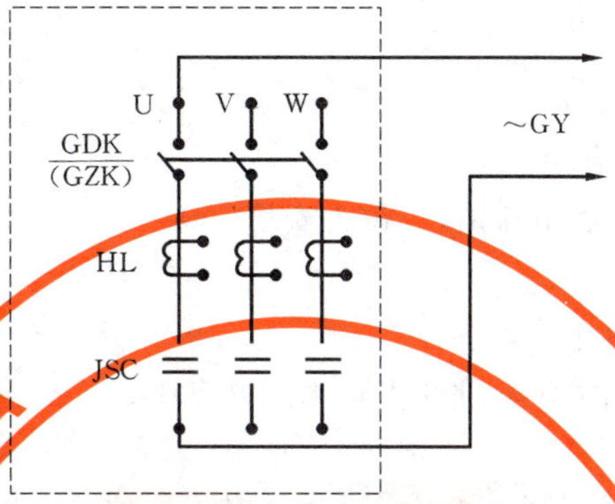

GDK(GZK)——高压刀开关或高压自动开关；
HL——电流互感器；
JSC——真空接触器；
GY——工频耐压实验。

图 20 定频控制柜主电路工频耐压测量图

6.1.8.3.2 **测量方法**

6.1.8.3.2.1 分别对主电路三相进线与接触器出线之间进行测量。

6.1.8.3.2.2 施加试验电压从小于 1/3 规定试验电压开始，逐步升至规定值，试验结束后，逐渐降压至零，然后切断电源。试验电压为 $2U_N+1\ 000$ V（U_N 为控制柜额定工作电压，V），并在该值下持续 1 min。重复性试验为规定试验电压的 80%。

6.1.8.3.3 **检验结果判定**

控制柜主电路工频耐压符合 5.2.7.1.4 的规定。

6.1.8.4 **控制电路工频耐压**

6.1.8.4.1 **测量要求**

测量应在温度 10 ℃～40 ℃、相对湿度小于 85%进行，提供实测值。

6.1.8.4.2 **测量方法**

按 6.1.8.3.2.2 进行（U_N 为控制电路额定电压）。

6.1.8.4.3 **检验结果判定**

控制柜控制电路工频耐压符合 5.2.7.1.4 的规定。

6.1.8.5 **模拟运行**

6.1.8.5.1 **测量要求**

模拟运行，以试验控制柜各项功能。

6.1.8.5.2 **测量方法**

6.1.8.5.2.1 通入额定电流 I_N，试验三相电流最大显示误差。

6.1.8.5.2.2 设定过载电流和过载动作时间。通入过载电流，检验中心控制器过载保护和延时功能。过载停机时实测电流值与设定值的误差应≤±2.5%，延时时间为 0～10 s。

6.1.8.5.2.3 设定欠载电流和欠载动作时间。通入欠载电流检验中心控制器欠载保护和延时功能。欠载停机时实测电流值与设定值的误差应≤±2.5%，延时时间为 0～60 s。

6.1.8.5.2.4 断开三相电流的任意一相，检验中心控制器单相保护功能。

6.1.8.5.2.5 设定欠载延时自动启动时间 T_s，检验在设定的欠载延时时间内自动启动功能。测试值在(T_s±2)min 之内为合格。

6.1.8.5.3 测量结果计算

三相电流显示误差按式(52)计算：

$$\gamma = \frac{|I - I'|}{I} \times 100 \qquad \cdots\cdots(52)$$

式中：

γ——三相电流显示误差，%；

I——电流标准值，单位为安培(A)；

I'——与标准值相差最大的一相电流值，单位为安培(A)。

6.1.8.5.4 检验结果判定

6.1.8.5.4.1 各项功能按设定值动作。

6.1.8.5.4.2 控制柜三相电流显示误差符合5.2.7.1.7的规定。

6.1.9 变频控制柜

变频控制柜的测量见GB/T 12668.1、GB/T 12668.2、GB 12668.3、GB/T 12668.4。

6.1.10 接线盒

6.1.10.1 外观检查

应符合5.2.8.4、5.2.8.6、5.2.8.7、5.2.8.8、5.2.8.9的要求。

6.1.10.2 接线柱之间及对地绝缘电阻

6.1.10.2.1 测量要求

测量应在温度10 ℃～40 ℃、相对湿度小于85%进行，提供实测值。

6.1.10.2.2 测量方法

采用2 500 V、指示量限不低于1 000 MΩ的兆欧表测量接线柱之间相对地绝缘电阻并记录绝缘电阻值。

6.1.10.2.3 检验结果判定

接线盒接线柱之间及对地绝缘电阻符合5.2.8.5的规定。

6.1.10.3 电气间隙

接线盒不同电位的裸露导电部分之间的电气间隙应符合表30的规定。

表30 接线盒不同电位的裸露导电部分之间的电气间隙

工作电压 U/ V	最小电气间隙/ mm
275<U≤420	6
420<U≤550	8
550<U≤750	10
750<U≤1 100	14
1 100<U≤2 200	30
2 200<U≤3 300	36
3 300<U≤4 200	44
4 200<U≤5 500	50

6.2 检验规则

潜油电泵检验合格后方可出厂。

6.3 出厂检验

6.3.1 电机

a) 绕组在实际冷状态下直流电阻的测定及三相直流电阻不平衡率的计算；

b) 绕组对地绝缘电阻的测定；

c） 空载试验；

d） 转子滑行时间的测定；

e） 润滑油耐电压试验。

6.3.2 **保护器**

a） 动态运行试验；

b） 润滑油耐电压试验。

6.3.3 **吸入及处理装置**

与机组配套试验。

6.3.4 **泵**

泵工作范围内的扬程、流量的测定及轴功率、泵效的计算。

6.3.5 **电缆**

a） 外观检查；

b） 电缆长度；

c） 实际冷状态下直流电阻的测定及三相直流电阻不平衡率的计算；

d） 电缆线芯对地和相间绝缘电阻的测定；

e） 直流耐压及泄漏电流试验；

f） 电缆头密封试验。

6.3.6 **变压器**

a） 外观检验；

b） 线圈直流电阻的测定；

c） 绝缘电阻的测定；

d） 电压比测量及电压矢量关系校定；

e） 绝缘油击穿电压试验；

f） 外施电压试验；

g） 感应电压试验；

h） 空载损耗与空载电流试验；

i） 负载损耗与阻抗电压试验；

j） 变压器的密封试验。

6.3.7 **控制柜**

a） 外观检查；

b） 绝缘电阻的测定；

c） 模拟运行试验。

6.3.8 **接线盒**

a） 外观检查；

b） 绝缘电阻的测定；

c） 电气间隙检查。

6.4 **型式检验前提**

凡有下列情况之一者，应进行型式检验：

a） 新产品投产前定型鉴定时；

b） 正常生产后，如结构、材料、工艺等有重大改变足以引起某些性能发生变化时；

c） 当出厂检验结果与以前进行型式检验结果发生不可容许的偏差时；

d） 长期停产恢复生产时。

6.5 型式检验项目

型式检验项目包括全部出厂检验项目再加试以下项目。

6.5.1 电机

a) 超速试验；
b) 空载试验；
c) 堵转试验；
d) 温升试验；
e) 最大转矩试验；
f) 效率、功率因数及转差率的测定；
g) 振动测试。

6.5.2 保护器

振动测试。

6.5.3 吸入及处理装置

分离器及气体处理器的振动测试。

6.5.4 泵

振动测试。

6.5.5 电缆

a) 动力电缆高温高压试验；
b) 动力电缆绝缘层、护套层机械性能试验；
c) 动力电缆 4 h 高电压试验；
d) 动力电缆 50 Hz 耐电压试验；
e) 动力电缆芯线外径的检测；
f) 动力电缆绝缘层、护套层厚度的检测；
g) 电缆头高温高压试验；
h) 电缆头耐电压试验；
i) 电缆头工作温度下密封试验。

6.5.6 变压器

温升试验。

6.5.7 控制柜

50 Hz 耐电压试验。

6.5.8 抽样

潜油电泵型式检验抽样采用随机抽样。

7 标识、防护、运输和储存

7.1 标识

电机、保护器、吸入及处理装置、泵、电缆、变压器、控制柜应打印标记及铭牌，铭牌至少标明以下项目。

7.1.1 电机铭牌

a) 产品名称及型号；
b) 执行标准代号；
c) 额定功率；
d) 额定频率；
e) 额定电压；

f) 额定电流；

g) 额定转速；

h) 出厂日期和产品出厂编号；

i) 质量；

j) 制造厂名称。

7.1.2 保护器铭牌

a) 产品名称及型号；

b) 执行标准代号；

c) 出厂日期和产品出厂编号；

d) 质量；

e) 制造厂名称。

7.1.3 吸入及处理装置铭牌

a) 产品名称及型号；

b) 执行标准代号；

c) 出厂日期和产品出厂编号；

d) 质量；

e) 制造厂名称。

7.1.4 泵铭牌

a) 产品名称及型号；

b) 执行标准代号；

c) 额定排量；

d) 额定扬程；

e) 出厂日期和产品出厂编号；

f) 质量；

g) 制造厂名称。

7.1.5 电缆铭牌

a) 产品名称及型号；

b) 执行标准代号；

c) 长度；

d) 质量；

e) 制造厂名称；

f) 出厂日期和产品出厂编号。

7.1.6 变压器铭牌

a) 产品名称及型号；

b) 执行标准代号；

c) 额定容量；

d) 一次端工作电压及电流；

e) 二次端工作电压及电流；

f) 附加绕组工作电压及电流；

g) 出厂日期和产品出厂编号；

h) 质量；

i) 制造厂名称。

7.1.7 控制柜铭牌

a) 产品名称及型号;

b) 执行标准代号;

c) 额定工作电压;

d) 额定工作电流;

e) 出厂日期和产品出厂编号;

f) 质量;

g) 制造厂名称。

7.2 防护

7.2.1 电机、保护器、泵、吸入及处理装置、变压器、控制柜表面应喷涂防锈漆或其他防腐蚀处理。

7.2.2 电机、保护器、吸入及处理装置、泵检验合格后,应分别置于铁包装箱内。箱体外表面应有吊装标记及机组首尾标记。箱内应有足够的支承块,当电机或泵长度超过 5 m 时,箱内至少放 4 对支承块。

7.2.3 变压器、控制柜均应用带底座的木包装箱。

7.2.4 电缆按要求绕在钢质电缆滚筒上,电缆外层与滚筒的外缘至少有 100 mm 距离,外层加包装保护。

7.2.5 随机文件应封存在塑料袋内,并放入包装箱。随机文件包括:

a) 装箱单;

b) 产品合格证;

c) 产品使用说明书。

7.2.6 包装箱外表面明显位置按 GB/T 191 标注图示,并作如下标志:

a) 制造厂名称及厂址;

b) 产品名称及型号;

c) 出厂编号;

d) 出厂日期;

e) 质量;

f) 收货单位及名称;

g) 发货站;

h) 到货站;

i) 包装外型尺寸。

7.3 运输

7.3.1 电机、保护器、吸入及处理装置、泵

运输车应有足够的长度,以支撑整个包装箱。运输时包装箱应水平放置,并固定好。

7.3.2 电缆

电缆头应牢固地固定在电缆滚筒上,电缆滚筒应固定在运输车上,不应滚动。电缆滚筒中心线应与地面保持水平。

7.3.3 变压器、控制柜

应固定在运输车上,防止移动、翻倒或过度震动。

7.4 储存

7.4.1 电机、保护器内应充满电机油。

7.4.2 泵、吸入及处理装置内应做防锈处理。

7.4.3 电缆头必须有带密封圈的护盖,并牢固地固定在电缆滚筒内。

7.4.4 电缆滚筒上电缆的每端应捆牢,以保护电缆端部。电缆的裸露端应用适当的材料密封,以防止电缆受潮。

7.4.5 控制柜不得露天放置。

7.4.6 潜油电泵在储存 12 个月以上时,使用前应按规定进行复验。

附 录 A
（资料性附录）
常规潜油电泵机组最大轴向投影尺寸计算

常规潜油电泵机组最大轴向投影尺寸计算方法（电缆卡子厚度不计）如图 A.1 和式（A.1）所示。

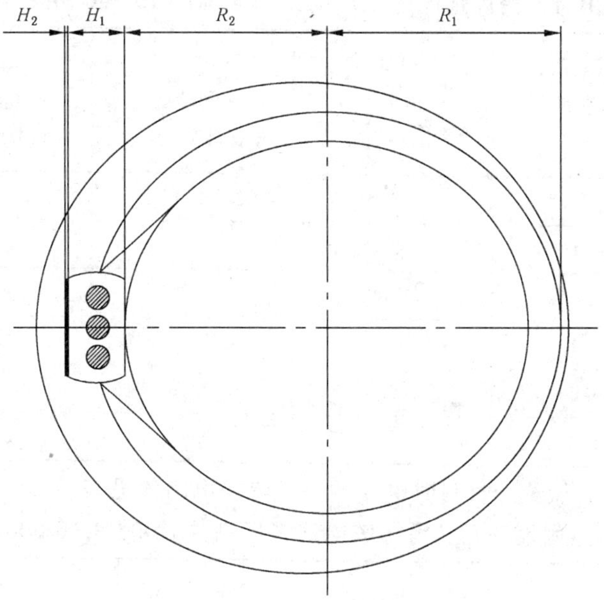

图 A.1 常规潜油电泵机组最大轴向投影

$$S = R_1 + R_2 + H_1 + H_2 \qquad \text{(A.1)}$$

式中：

S——机组最大轴向投影尺寸，单位为毫米（mm）；

R_1——电机轴向投影尺寸半径，单位为毫米（mm）；

R_2——泵轴向投影尺寸半径，单位为毫米（mm）；

H_1——引接电缆厚度，单位为毫米（mm）；

H_2——电缆护罩厚度，单位为毫米（mm）。

附　录　B
（资料性附录）
常用电缆最低绝缘电阻

B.1 聚丙烯做绝缘材料时电缆的最低绝缘电阻值见表 B.1。

表 B.1　聚丙烯电缆工厂测试，100%K(15 240 MΩ·km)

标称截面/(mm²/AWG)	导体(单线)标称直径/mm	1.9 mm 电阻/(MΩ·km)	1.9 mm 电导/[μA/(kV·km)]	2.3 mm 电阻/(MΩ·km)	2.3 mm 电导/[μA/(kV·km)]
10/7	1/3.57	4 255	0.24	4 922	0.20
13/6	1/4.12	3 822	0.26	4 442	0.23
16/5	1/4.62	3 500	0.29	4 082	0.24
20/4	1/5.19	3 195	0.31	3 738	0.27
33/2	1/6.54	2 650	0.38	3 121	0.32
42/1	1/7.35	2 405	0.42	2 841	0.35

B.2 热固性三元乙丙橡胶做绝缘材料时电缆的最低绝缘电阻值见表 B.2。

表 B.2　热固性三元乙丙橡胶电缆工厂测试，100%K(6 096 MΩ·km)

标称截面/(mm²/AWG)	导体(单线)标称直径/mm	1.9 mm 电阻/(MΩ·km)	1.9 mm 电导/[μA/(kV·km)]	2.3 mm 电阻/(MΩ·km)	2.3 mm 电导/[μA/(kV·km)]
10/7	1/3.57	1 702	0.59	1 969	0.51
13/6	1/4.12	1 529	0.65	1 777	0.56
16/5	1/4.62	1 400	0.71	1 633	0.61
20/4	1/5.19	1 278	0.78	1 495	0.67
33/2	1/6.54	1 060	0.94	1 248	0.80
42/1	1/7.35	962	1.04	1 136	0.88

ICS 13.110
J 09

中华人民共和国国家标准

GB 16754—2008/ISO 13850:2006
代替 GB 16754—1997

机械安全　急停　设计原则

Safety of machinery—Emergency stop—Principles for design

(ISO 13850:2006,IDT)

2008-08-25 发布　　2009-04-01 实施

中华人民共和国国家质量监督检验检疫总局
中国国家标准化管理委员会　发布

前　　言

本标准的第4章为强制性的，其余为推荐性的。

本标准等同采用国际标准ISO 13850:2006《机械安全　急停　设计原则》。

本标准与ISO 13850:2006主要有以下几点不同：

——用“本标准”代替“本国际标准”；

——删除了ISO前言，重新编写了前言；

——将规范性引用文件的导语按GB/T 1.1—2000进行了修改，并将ISO 13850:2006引用的国际标准改为对应的国家标准。

本标准代替GB 16754—1997《机械安全　急停　设计原则》。

本标准对GB 16754—1997做了如下技术修改：

——标准的属性由全文强制性变为条文强制性；

——增加了3.4“安全功能”的定义；

——将4.1.4中的两种类型的停机进行了分别论述；

——删除了“图1　急停功能图解表示”；

——删除了“附录A”；

——增加了“参考文献”。

本标准由全国机械安全标准化技术委员会提出并归口。

本标准起草单位：机械科学研究总院中机生产力促进中心。

本标准主要起草人：富锐、李勤、宁燕、王学智、赵宝林、李静、陈润洁、孟宪卫、张晓飞、付大为。

本标准所代替标准的历次版本发布情况为：

——GB 16754—1997。

引　言

机械领域安全标准的结构如下：

——A 类标准(基础安全标准)，给出适用于所有机械的基本概念、设计原则和一般特征。

——B 类标准(通用安全标准)，涉及在机械的一种安全特征或使用范围较宽的一类安全装置：

- B1 类，特定的安全特征(如安全距离、表面温度、噪声)标准；
- B2 类，安全装置(如双手操纵装置、联锁装置、压敏装置、防护装置)标准。

——C 类标准(机器安全标准)，对一种特定的机器或一组机器规定出详细的安全要求的标准。

根据 GB/T 15706.1，本标准属于 B2 类标准。

对于按照 C 类标准设计和构造的机器，如果 C 类标准中的条款与 A 类或 B 类标准不一致时，优先采用 C 类标准。

本标准包括参考文献。

机械安全　急停　设计原则

1　范围

本标准规定了与控制功能所用能量形式无关的急停功能要求和设计原则。

本标准适用于除以下两类机器以外的所有机械：

——急停功能不能减小风险的机器；

——手持式机器和手导式机器。

本标准不涉及可能是急停功能部分的反转、限制运动、偏转、屏蔽、制动或断开等功能。

2　规范性引用文件

下列文件中的条款通过本标准的引用而成为本标准的条款。凡是注日期的引用文件，其随后所有的修改单(不包括勘误的内容)或修订版均不适用于本部分，然而，鼓励根据本部分达成协议的各方研究是否可使用这些文件的最新版本，凡是不注日期的引用文件，其最新版本适用于本部分。

IEC 60204-1:2005　机械安全　机械电气设备　第1部分：一般要求

IEC 60947-5-5:2005　低压开关设备和控制设备　第5-5部分：控制电路电器和开关元件　具有机械锁闩功能的电气紧急制动装置

IEC 60417-DB:2002　设备用图形符号(在线数据库)

3　术语和定义

下列术语和定义适用于本标准。

3.1

急停　emergency stop

急停功能　emergency stop function

急停的预定功能是：

——避免产生或减小存在的对人的各种危险、对机械或正在进行中的工作的损害；

——由单人的动作触发的。

注1：本标准所指的危险可能产生于以下情况：

——功能紊乱(例如机械失灵，被加工材料的性能不合格、人为的差错)；

——正常运行。

注2：根据GB/T 15706.1—2007，定义3.37。

3.2

急停装置　emergency stop device

用于起动急停功能的手动控制装置。

[IEC 60947-5-5:2005，定义3.2]

3.3

机器致动机构　machine actuator

用于使机器产生运动的动力机构。

[IEC 60204-1:2005，定义3.32]

3.4

安全功能 safety function

失效后立即会造成风险增加的机器功能。

[GB/T 15706.1—2007,定义 3.28]

4 安全要求

4.1 一般要求

4.1.1 急停功能在任何时间都应是可用和可操作的,在机器的各种运行模式中,该功能应优先于所有其他功能,并且不应削弱为解脱陷入危险人员而设计的任何便利性。直到急停功能手动复位以前,任何启动指令(预定的,非预定的或意外的)对由于急停功能的作用而停止的那些操作应是无效的。

当急停装置可能被分置时(例如,便携式悬挂操纵板)或机械可能部分被隔离时,应注意避免运行的和不运行的控制装置之间的混淆。

4.1.2 急停功能不应用来代替安全防护措施和其他安全功能,而宜设计作为一种补充防护措施。急停功能不应削弱保护装置或带有其他安全功能装置的有效性。

注:为此,有必要保证辅助设备(如:磁力卡盘或制动装置)的连续运行。

4.1.3 根据风险评价,急停功能的设计应使得在急停装置动作后,以合适的方式停止机器的危险运动和操作,而不产生附加风险,并且无需任何人的进一步干预。

"合适的方式"可能包括:

——选择最合适的减速率;

——选择停机类别(见 4.1.4);

——应用预定的停机顺序。

急停功能的设计应使机器操作者考虑做出使用急停装置的决定时,不需考虑结果的影响。

4.1.4 急停功能应符合以下两类停机类别之一:

0 类停机

通过以下方法停机:

——立即切断机器致动机构的动力源,或

——机械断开(停转)危险元件及其机器致动机构,必要时制动。

1 类停机

通过控制供给机器致动机构的动力以实现停机,并在机器实现停机后断开动力源。

断开动力源的示例包括:

——关闭机器电动机的电源;

——断开以机械能为动力源的机器的运动元件;

——中断机器的液压/气动致动器的流体动力。

4.1.5 根据 4.1.4,不论是选择 0 类停机还是 1 类停机均应通过机器的风险评价来确定(也可见 IEC 60204-1:2005,9.2.5.4)。

注:在 GB/T 16855.1 和 IEC 62061 以及其他的标准中都可能找到有关安全功能的要求。

4.1.6 一旦按照急停指令完成了对急停装置的操作,该指令的作用应始终保持到手动复位为止。应只能对发出急停指令的那一部位进行复位。复位指令不应重新启动机器,但应开启重启功能。只有在某一部位的急停功能被激活的所有急停装置完成手动复位后才能重新启动机器。

4.2 急停用电气设备的要求

急停使用的电气设备应符合 IEC 60204-1 相关要求的规定。急停装置相关要求见 4.4

和IEC 60947-5-5:2005。

4.3 工作条件、环境影响

用于实现急停功能的部件、装置和元件的选择、装配、连接和防护应使其在预期的工作条件和环境影响下能够正确地运行，在这一过程中应考虑：

——操作的频次以及在不常使用的情况下定期检测的需要；

——由于振动、冲击、温度、灰尘、异物、潮湿、腐蚀性物质、流体等产生的影响。

4.4 急停装置

4.4.1 急停装置的设计应使操作者和其他需要启动急停装置的人员易于操作。

可使用的操纵机构的类型包括：

——蘑菇型按钮；

——金属丝、绳、棒；

——手柄；

——在特定应用场合，无防护罩的脚踏板。

4.4.2 急停装置应位于每个操作者控制位置(除非风险评价指出没有必要)，以及通过风险评价确定的其他位置，其配置应易于接近。它应配置得容易接近，并且操作者和其他需要操作它的人在操作时没有危险。防止误操作的措施不应削弱其可接近性。

4.4.3 急停装置应采用机械闩锁的直接打开原理。电气急停装置应符合 IEC 60947-5-5:2005 的规定。

注：上述原理的应用示例是使用具有直接断开动作的电接触急停装置。根据 IEC 60947-5-1:2003，附录 K，(接触元件的)直接打开动作是通过非弹性元件(如：不依靠弹簧)的开关操纵机构的规定运动的直接结果而实现分离的。

4.4.4 在急停装置(包括保持功能)失效的情况下，急停指令的产生应优先于保持功能。急停装置的复位(如解开)应只能在急停功能被激活的那一位置上通过手动来实现。

4.4.5 急停装置的操纵机构应为红色。如果在操纵机构的后面有背景，则背景的颜色应为黄色。

注：使用金属丝或绳时，可在其上系以标志旗以改善其可见性(也可见 IEC 60204-1:2005，10.7.3)。

4.4.6 在提供标志的地方，应使用 IEC 60417-5638 (DB:2002-10)中的符号，见图 1：

图 1 急停符号(5638)

4.5 采用金属丝或绳作为操纵机构

4.5.1 当金属丝或绳用作急停装置的操纵机构时，应将其设计和布置得易于使用。为此，应考虑：

——产生急停指令所需的位移量；

——可能的最大位移；

——金属丝或绳与最接近的物体之间的最小间隙；

——给金属丝或绳做标记(例如：通过使用标志旗)，使操作者易见；

——为了操纵急停装置对金属丝或绳施加的力及其方向。

注：当可能沿金属丝的轴线方向牵拉金属丝来进行操纵时，应确保沿轴线的两个牵拉金属丝都能产生急停指令。见 IEC 60947-5-5:2005。

4.5.2 应采取措施避免由金属线或绳的破断或脱落引起的风险。

4.5.3 急停装置的复位机构应设置在能看见金属丝或绳全长的位置上。

4.5.4 使用说明书中应说明，在急停装置触发及复位前应沿着金属丝或绳的全长检查机器，以查明动作原理。

参 考 文 献

[1] GB/T 15706.1—2007 机械安全 基本概念与设计通则 第1部分:基本术语和方法(ISO 12100-1:2003, IDT).

[2] GB/T 16855.1 机械安全 控制系统有关安全部件 第1部分:设计通则(GB/T 16855.1—2008,ISO 13849-1:2006, IDT).

[3] IEC 60947-5-1:2003, Low-voltage switchgear and controlgear—Part 5-1: Control circuit devices and switching elements—Electromechanical control circuit devices.

[4] IEC 62061, Safety of machinery—Functional safety of safety-related electrical, electronic and programmable electronic control systems.

ICS 13.110
J 09

中华人民共和国国家标准

GB/T 16755—2008
代替 GB/T 16755—1997

机械安全　安全标准的起草与表述规则

Safety of machinery—Rules for drafting and presentation of safety standards

(ISO GUIDE 78:2008,MOD)

2008-12-29 发布　　2009-07-01 实施

中华人民共和国国家质量监督检验检疫总局
中国国家标准化管理委员会　发布

前　言

本标准修改采用国际标准指南 ISO GUIDE 78:2008《机械安全　安全标准的起草与表述规则》(英文版)。

本标准根据 ISO GUIDE 78:2008 重新起草，为便于本标准的使用，本标准对 ISO GUIDE 78:2008 的主要修改如下：

——根据我国的具体情况，将 3.6、6.3.2、6.3.3 和附录 B 中的 GB/T 15706 改为 GB/T 15706.1；

——将 ISO GUIDE 78:2008 条文中对 ISO/IEC 导则 第 2 部分具体条文的引用替换为 GB/T 1.1 的要求。

此外，本标准还按照我国标准的编写规则对 ISO GUIDE 78:2008 做了以下编辑性修改：

——用“本标准”代替“本指南”；

——删除了 ISO 前言，重新编写了前言；

——将规范性引用文件的导语按 GB/T 1.1—2000 进行了修改，并将 ISO GUIDE 78:2008 引用的国际标准改为对应的国家标准。

本标准代替 GB/T 16755—1997《机械安全　安全标准的起草与表述规则》。

本标准对 GB/T 16755—1997 做了如下技术修改：

——删除标准正文中的第 0 章“引言”；

——增加了术语“B1 类标准”、“B2 类标准”、“相关危险”、“重大危险”、“增补内容”及其定义；

——用图 1 给出特定机器或机器组涉及的危险；

——对第 4 章的结构进行了优化调整，并增加了“增补内容”的条款要求；

在 6.10 中增加了噪声、振动标准的要求；

——将 6.11 中的“标准的附录”改为“规范性附录”，“提示的附录”改为“资料性附录”；

——在 6.11.2 中增加了“重大危险列表”的要求；

——删除了“附录 A”，并将附录 B 改为附录 A，附录的性质由资料性附录改为规范性附录，且内容改为无可用 B 类标准时应遵从的程序；

——合并附录 C 和附录 D 为资料性附录 B，并且内容改为规定 C 类标准的结构。

本标准的附录 A 为规范性附录，附录 B 为资料性附录。

本标准由全国机械安全标准化技术委员会(SAC/TC 208)提出并归口。

本标准起草单位：机械科学研究总院中机生产力促进中心。

本标准主要起草人：张晓飞、李勤、宁燕、王学智、王国扣、肖建民、富锐、付大为。

本标准所代替标准的历次版本发布情况为：

——GB 16755—1997。

引　言

机械安全是安全生产的重要组成部分,我国相关的标准化技术委员会已制定了一系列与机械安全有关的标准。因此,有必要制定准备、起草和表述这类安全标准的规则,作为对 GB/T 1.1 中的一般原则和要求的补充。

本标准规定的规则预定供机械安全领域内起草 B 类标准和 C 类标准(见 3.2 和 3.3 中的定义)的标准化技术委员会使用。本标准使用和引用了 GB/T 15706(所有部分)中确立的原则和概念,并且尽可能考虑了 GB/T 20000.4 中的原则和概念。

机械安全　安全标准的起草与表述规则

1　范围

本标准规定了机械安全和安全部件的标准的起草与修订及其表述规则，主要目的是使所制定的各类标准达到协调一致和质量合格。

本标准也规定了新工作项目选择准则的要求，以及快速高效制定、编写或修订标准程序的要求。

由于机械安全标准以及安全部件标准的特殊要求，本标准给出的要求是对 GB/T 1.1 的必要补充。

本标准主要用于 C 类标准的起草。本标准也适用于 B 类标准的起草，然而此类标准在格式上的预期变化会限制本标准的适用范围。当本标准中的要求只适用于 B 类标准时，应予以说明。

2　规范性引用文件

下列文件中的条款通过本标准的引用而成为本标准的条款。凡是注日期的引用文件，其随后所有的修改单（不包括勘误的内容）或修订版均不适用于本标准，然而，鼓励根据本标准达成协议的各方研究是否可使用这些文件的最新版本。凡是不注日期的引用文件，其最新版本适用于本标准。

GB/T 1.1　标准化工作导则　第 1 部分：标准的结构和编写规则（GB/T 1.1—2000，ISO/IEC Directives，Part 3，1997，Rules for the structure and drafting of International Standards，NEQ）

GB/T 15706.1—2007　机械安全　基本概念与设计通则　第 1 部分：基本术语和方法（ISO 12100-1：2003，IDT）

GB/T 15706.2—2007　机械安全　基本概念与设计通则　第 2 部分：技术原则（ISO 12100-2：2003，IDT）

GB/T 16856.1—2008　机械安全　风险评价　第 1 部分：原则（ISO 14121-1：2007，IDT）

3　术语和定义

GB/T 15706.1 中给出的以及下列术语和定义适用于本标准。

3.1

A 类标准　type-A standard

基础安全标准

给出适用于所有机械的基本概念、设计原则和一般特征的标准。

注：见 GB/T 15706.1—2007 的引言。

3.2

B 类标准　type-B standard

通用安全标准

涉及机械的一种安全特征或适用范围较宽的一类安全防护装置的标准。

注：见 GB/T 15706.1—2007 的引言。

3.2.1

B1 类标准　type-B1 standard

关于特定的安全特征（如：安全距离、表面温度、噪声）的 B 类标准。

注：见 GB/T 15706.1—2007 的引言。

3.2.2

B2 类标准　type-B2 standard

关于安全防护装置(如:双手操纵装置、联锁装置、压敏保护装置、防护装置)的B类标准。

注:见GB/T 15706.1—2007的引言。

3.3

C 类标准　type-C standard

机器安全标准

对一种特定的机器或一组机器规定出详细安全要求的标准。

注1:见GB/T 15706.1—2007的引言。

注2:"一组机器"是指有类似的预定使用以及类似的危险、危险状态或危险事件的机器。

3.4

相关危险　relevant hazard

已识别出的机器本身存在的或由机器引起的危险。

注:相关危险是GB/T 16856.1中所述的过程中某一步骤的结果。

[GB/T 15706.1—2007,定义3.7]

3.5

重大危险　significant hazard

属于相关危险,需要设计者根据风险评价采用特殊方法消除或减小的风险。

见图1。

[GB/T 15706.1—2007,定义3.8]

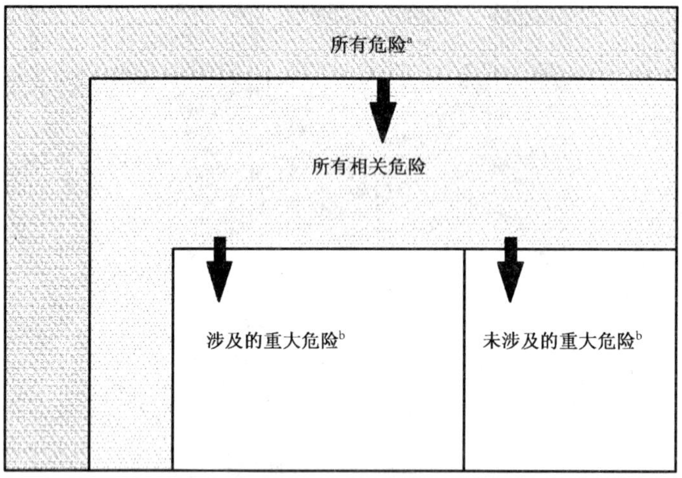

[a] 这些危险在GB/T 16856.1—2008的附录A中列出。

[b] 见6.7。

图1　特定的机器或机器组涉及的危险

3.6

增补内容　added value

根据GB/T 15706.1规定的结构,对现有技术文件的要求提出更详细的描述或规定。

注1:例如在B类标准中给出A类标准中的要求的增补内容,而在C类标准中给出A类标准和B类标准中的要求的增补内容。

注2:增补内容是在起草标准时,由各相关利益方协商一致将设计要求应用于产品的结果。增补内容随着技术进步而增多。

4 一般原则

4.1 所有安全标准

当制定新的安全标准或修订现行的安全标准时，应将 GB/T 1.1、GB/T 15706（所有部分）和 GB/T 16856.1 与本标准结合在一起使用。

安全标准不应与 A 类标准中规定的基本概念和设计通则相矛盾，但在具体要求上可以存在差异。A 类标准的总体目标是为制造商、设计者等提供实现充分减小风险的必要策略或原则[1)]。

通常，标准不宜重复或解释其他引用标准中的条文；然而，为了更好的理解安全标准，允许重复基本定义或概念、标准的范围和/或 GB/T 15706（所有部分）给出的基本要求。

4.2 B 类标准

B 类标准应：

a) 述及一种安全特征（B1 类标准）或一种安全防护装置（B2 类标准）；

b) 对于 B1 类标准，定义安全特征的基本原则，并且通过数据和/或方法说明这些原则如何能应用到 C 类标准中，需要时包括检验方法；

c) 对于 B2 类标准，规定安全防护装置的设计和制造的性能要求以及检验方法；

d) 当必要和可行时，规定基于应用的性能要求（例如：类型、性能等级）。

注：规定不同性能要求的可能原因有：
——所考虑的危险可能造成的伤害的严重程度；
——危险状态的频率和持续时间；
——出现危险事件的概率；
——避免或限制伤害的可能性。

4.3 C 类标准

4.3.1 通则

C 类标准宜在一项标准中，通过以下方式处理关于一种类型的机器或一组机器的所有重大危险：

a) 引用相关的和适用的 B 类标准（见 6.8.4）。
可获得的任何 B 类国际标准草案（ISO/DIS）都可以采用注日期的引用方式引用。
当 B 类标准提供了不同的选择方案时（例如：对于越过保护结构触及危险区的风险，GB/T ×××××—×××× 中提供了低风险的表 1 和高风险的表 2 两种选择），C 类标准应规定所采用的方案。

b) 引用其他详细处理这类重大危险的标准（例如：另一项 C 类标准）。

c) 当不可能引用其他标准或引用其他标准还不够，以及风险评价和优先级表明有必要时（见 5.4～5.6），在标准中规定安全要求。

d) 尽可能规定目标而不是设计细节，使对设计的限制降至最小。

4.3.2 必要条款

C 类标准应明确规定以下内容：

——范围（见 5.3 和 6.4）；

——重大危险（见 6.7）；

——描述保护措施的要求，该要求是 GB/T 15706.2 中源自重大危险的相关条款的增补内容（见 4.3.3、5.7 和 6.8）；

——检验保护措施的方法（见 5.8 和 6.9）。

可能时，一项 C 类标准宜处理所有由于使用该机器引起的重大危险、危险状态或危险事件。当一项 C 类标准处理一种或多种非常重要而需要特殊处理的危险时，不采用这种综合处理重大危险、危险

1) GB/T 15706.1—2007 的 3.17 中给出了充分减小风险的定义。

状态或危险事件的方法是合理的。当C类标准处理特殊危险时，建议在标题和范围中明确给出(例如：纺织机械的安全　噪声的测量)。这些标准可以制定成由几部分构成的系列标准，或者制定成在以后修订中可能会合并的若干独立标准。

对于决定不包括的重大危险、危险状态或危险事件(例如：由于缺乏有关知识或由此会导致标准起草工作无限期的延迟)应在范围中明确规定(见6.4.2)。

一种需要考虑的特殊情况是C类标准规定"通用要求"。这些通用要求定义为现行A类标准或B类标准中某些要求的增补内容，用于将标准适用范围中规定的全部或大多数机器存在的风险消除或降至最小。对没有被通用要求的特殊规定所覆盖的机器宜作为例外情况明确指出。但通用要求中的例外情况太多时，则表明它不再通用。规定了"通用要求"的标准不宜包括非特定的一般原则。

4.3.3　有增补内容的条款

基本原则是C类标准应对现行A类标准和B类标准的要求规定足够的增补内容。增补内容通常包括对处理重大危险、危险状态和危险事件等具体保护措施的描述。这也可包括引用B类标准或其他标准(见6.8)。

在缺少已发布的B类标准、通用要求标准或其他引用标准的情况下，可遵从下列选择：

——全部抄写B类标准草案、通用要求标准草案或其他合适的技术文件中的相关条款；

——注日期引用国际标准草案(ISO/DIS)中的相关章节；

——引用由专业组织制定的技术规范(遵循GB/T 1.1的规定)；

——从起草相关的B类标准的TC/SC/WG(技术委员会/分技术委员会/工作组)处寻求帮助；

——提供自己起草的数据/技术规范。

只有在以下情况下，才允许直接引用GB/T 15706.2中的相关条款来处理重大危险：

a)　当这种引用给出了足够的要求(特别是关于使用信息的那一章，见6.10)；

b)　如果起草安全要求会造成不能按期完成标准制定工作。

然而，对于b)情况：

——应在范围中规定涉及到的危险未在目前版本的标准中处理。

——技术委员会(TC)应尽可能快速的完成所需要求的起草。

4.4　制定B类标准的要求

当适合于一类或一组以上的机器的要求已经明确时，应考虑制定一项B类标准(见6.11.1)。

4.5　C类标准的差异

当C类标准与A类标准或B类标准规定的几个方面或要求存在差异时，则C类标准优先于A类标准或B类标准(见6.3.2)。

应证明所有差异是合理的，并由技术委员会(或标准技术归口单位)保存在标准化文件中。

5　在起草之前和起草过程中需考虑的原则

5.1　通则

在起草机械安全标准之前，根据5.2中给出的准则确定制定该标准的必要性。

注：上述过程的结果所提供的信息可在范围中使用(见5.3)。

在标准的制修订过程中，为了提供允许起草适当标准的信息，应依次按5.3～5.8中的步骤进行。

5.2　确定制定和/或修订标准的必要性

应根据5.2 a)～5.2 j)提出问题的答案，确定制定新标准和/或修订现行标准的必要性，并做出制定新标准或修订现行标准的选择。

a)　是否有感兴趣的团体[例如：行政管理部门、行业协(学)会、标准化技术委员会、消费者协会、企事业单位或个人等]提出制定标准的要求？

b)　是否需要一项标准(例如：术语)来支持其他安全标准？

c) 是否存在对人员安全或健康产生风险的重大危险、危险状态或危险事件?[见 GB/T 16856.1—2008 中的 4.2 c)]

d) 目前或可预见的将来是否存在足够数量的机器或防护装置来证明制定该标准是合理的?

e) 是否存在通过直接规定或引用其他文件规定的特殊要求,并由此造成国际贸易壁垒的国家标准?

f) 是否存在有可利用的、有助于尽快完成标准制定的、经验证的、行业的、地方的文件或国际文件或其他文件?

g) 是否有足够的制修订标准的专业技术、知识和经验?

h) 是否有项目负责人、足够的专家和经费支持?

i) 是否有使用现行安全标准的反馈意见?

j) 是否因现有工艺水平的改变致使现行安全标准至少有一部分过时?

5.3 范围的确定

待标准化的机器或机器组的范围应准确限定,并应确定以下内容(见 GB/T 15706.1—2007 中的 5.2):

a) 适用的机器或类似机器组;

b) 机器的预定使用(见 GB/T 15706.1—2007 中的 3.22);

c) 空间限制(见 GB/T 15706.1—2007 中的 5.2);

d) 适当时,可预见的“寿命极限”;

e) 应用领域。

应在范围中明确规定标准不涵盖的任何机器和/或危险。

应在标准中确定需要规定的机器寿命中的不同阶段[见 GB/T 15706.1—2007 中的 5.3 a)]。

5.4 识别危险、危险状态或危险事件(见 6.7)

考虑将 GB/T 16856.1—2008,尤其是附录 A 作为指南,并考虑 GB/T 15706.1—2007 的第 4 章:

a) 识别机器可能产生的危险;

b) 识别每种危险的危险状态,考虑机器的不同操作模式和操作者不同的干预过程,以及可预见的误用;

c) 识别可能导致伤害的危险时间。

5.5 评估和评定危险产生的风险

见 GB/T 15706.1—2007 中的 5.3 和 5.5,或者见 GB/T 16856.1—2008 中的第 8 章。

5.5.1 风险评估

应综合以下几个步骤进行风险评估。

a) 评估在所考虑的危险可能造成的伤害的严重程度。

b) 评估伤害发生的概率,它是以下几个参数的函数:

——人员在危险中的暴露情况(例如:频率、持续时间);

——危险事件发生的概率;

——避免或限制伤害的技术和人为可能性。

5.5.2 风险评定

风险评估之后,为了确定是否需要风险减小或是否已实现风险减小的目标,应进行风险评定。

5.6 风险减小目标的确定

根据 5.4 和 5.5 过程的结果,进行以下步骤:

a) 根据伤害严重程度的减小和/或该伤害的可能性的减小,规定风险减小的目标;

b) 识别 GB/T 15706.2 中适用于每种重大危险、危险状态或危险事件的相关条款,为了满足风险减小的目标,另外还需确定针对每种重大危险的安全要求和/或保护措施引用其他标准是否足够;

c) 为了满足风险减小目标，确定哪些重大危险、危险状态和危险事件需要特殊的安全要求和/或保护措施。

最好对以上整个过程做记录，例如：用表格的方式。

5.7 确定消除风险和/或限制风险的安全要求和/或保护措施(见 6.8.3)

根据 5.6，应按照以下的顺序进行风险减小过程(与 GB/T 15706.1—2007 中的图 2 描述的三步法一致)：

a) 通过本质安全设计(见 GB/T 15706.2—2007 中的第 4 章)；

b) 通过安全防护装置(见 GB/T 15706.2—2007 中的第 5 章)；

c) 通过使用信息(见 GB/T 15706.2—2007 中的第 6 章)。

针对机器"寿命"的不同阶段，原则是通过本质安全设计而无需依靠防护装置或其他安全防护的方法来尽可能的消除危险或减小风险。如果切实可行，宜规定其他方法以保证安全。

5.8 安全要求和/或保护措施的符合性验证(见 6.9)

对于每种根据 5.6 和 5.7 识别出并确定的安全要求和/或保护措施(除非它是不言而喻的)，应确立以下的验证方法：

a) 通过试验验证(例如：双手控制装置的功能实验，防护装置的强度实验，稳定性实验)；

b) 通过测量验证(例如：噪声排放的测量)；

c) 通过计算验证(例如：质心的位置)；

d) 如果试验验证和计算验证不够充分，通过其他方法验证(例如：通过目视检查)。

应确定：

——其他标准中是否有合适的试验/计算方法(或其他验证方法)；

——是否有必要起草这样的方法。

6 安全标准的格式

6.1 总则

安全标准的格式应符合 GB/T 1.1(见本标准附录 B 中给出的模版格式)以及 6.2～6.11 给出的机械安全标准的特殊要求。

附录 B 中给出的模版格式用于帮助标准制定者，也为所有 C 类标准提供符合第 6 章的一致性表述。

6.2 "前言"

前言是标准中不编号的必备要素。它应符合 GB/T 1.1 的要求。

6.3 "引言"

6.3.1 虽然 GB/T 1.1 规定引言是可选要素，但在机械安全标准中是不编号的必备要素，并应符合 GB/T 1.1 的要求。

当 B 类标准的某项内容包含在 GB/T 15706(所有部分)时，则应引用 GB/T 15706(所有部分)中的相关条款。

6.3.2 作为最低要求，每项 C 类标准都应包含以下陈述：

"根据 GB/T 15706.1 的规定，本标准属于 C 类标准。

所涉及的机械以及所涵盖的危险、危险状态和危险事件的范围在本标准的范围中给出。

当本 C 类标准的要求与 A 类标准或 B 类标准中的要求不同时，对于根据已按照本 C 类标准设计和制造的机器，本 C 类标准中的要求优先于其他标准中的要求。"

6.3.3 作为最低要求，每项 B 类标准都应加入以下陈述：

"根据 GB/T 15706.1 的规定，本标准属于 B 类标准。

本标准中的要求可由 C 类标准补充或修改。

对于C类标准范围涵盖的，并且已按照该标准设计和制造的机器，优先采用该C类标准中的要求。”

6.4 “范围”

6.4.1 范围是必备要素。它应符合GB/T 1.1的要求，并且应根据本标准中5.3的过程结果起草。范围的编号为第1章。

6.4.2 适当时，范围应给出以下内容：

——机器的限制，最好根据物理特征给出，并且考虑预定使用以及可预见的误用等方面(见GB/T 15706.1—2007中的3.22、3.23和5.2)。

——本标准中规定的保护措施是否说明了所有或只有一些重大危险。这适用于GB/T 15706.1—2007的5.3中描述的机器不同“寿命”阶段产生的危险。必要时，应按以下方式表述本标准规定的重大危险(见3.5和图1)：

1) 当重大危险很少时，在范围中列出；

2) 在范围中规定该标准包含的重大危险(见6.11.2.2)。

对于上述情况2)，在范围中还应提及没有包含的那些重大危险。

——对于某些类型的机器是否需要考虑附加的设计保护措施(例如：食品加工机械的卫生要求)。

6.5 “规范性引用文件”给出规范性引用

本章是必要要素。它应符合GB/T 1.1的要求。它的编号为第2章。

a) 只有在安全标准的条文中进行了规范性引用的文件(标准)才应在本章中列出。因此，通常应至少引用以下标准：

“GB/T 15706.1—2007 机械安全 基本概念与设计通则 第1部分：基本术语和方法”

此外，在C类标准中还应引用以下标准：

“GB/T 15706.2—2007 机械安全 基本概念与设计通则 第2部分：技术原则”

标准条文中的规范性引用文件需要使用动词“应”来表示要求[2)]。

示例：“这应符合GB/T ×××××—××××的第×章。”

当只是作为信息来引用时，应表述为“见……”，并且应列出所引用的标准，但不是在本章中列出，而是在参考文献中列出(见6.11.3)。

虽然本标准适用于安全标准的起草和表述，但本标准不应作为规范性引用文件。

b) 标准的引用优先采用注日期的引用。

c) 标准的引用应符合GB/T 1.1的要求，并按GB/T 1.1的要求进行注日期的引用。

需要引用规范性文件(例如：国家标准等)时，安全标准应：

——在标准的主体或标准的规范性附录中重述规范性引用文件中的条文，并通过“摘自GB……”的方式清楚的表明其来源；

——或者对所引用的标准进行注日期的引用具体章或条(无需重述)；

——或者注日期(优先采用)或不注日期的引用规范性引用文件的全文，例如：适当时，在规范性引用文件的主题适用于试验方法时。

6.6 “术语和定义(符号和缩写)”

6.6.1 总则

本章是必要要素。它应符合GB/T 1.1的相关要求，并且编号为第3章。

6.6.2 在每项B类标准和C类标准中，术语和定义一章中引导性的第一段应至少给出以下规定：

“GB/T 15706.1—2007中给出的术语和定义适用于本标准。”

---

2) 本标准中的示例包括对GB/T 1.2的引用。另一种规范性引用包括在6.6中对GB/T 15706.1中的术语和定义等。GB/T 1.1中规定了条款表述的助动词。

6.6.3 对于新的术语和定义，应避免“安全”一词与部件或装置的名称联用。可能时，推荐的办法是用表明目标或特性的词来代替“安全”一词。

示例：“同步双手操纵装置”代替“安全双手操纵装置”。

只要可行，宜使用相关的B类标准和C类标准中定义的术语。

6.6.4 当需要规定符号或缩写时（尤其是针对试验方法），根据GB/T 1.1中的要求，应包含可选要素符合或缩写。

6.7 重大危险清单

见6.11.2.2。

6.8 “安全要求和/或保护措施”

6.8.1 总则

本章是必备要素。它应符合GB/T 1.1中的相关要求。

作为最低要求，在每项C类标准的本章中应有以下规定：

“机械应符合本章中的安全要求和/或保护措施。此外，除了重大危险之外，对于本标准没有涉及的相关危险的机器，应按照GB/T 15706（所有部分）中的原则进行设计。”

除了专门设立一章规定“使用信息”外（见6.10），宜按符合5.6的要求编排本章的结构。

6.8.2 所有的安全标准应包括规定安全要求和/或保护措施的章，以满足减小根据5.6 b）和c）确定的并在该标准中提及的所有危险影响的要求。安全要求和保护措施应根据5.7进行规定。

对于所有涉及的重大危险，为了避免伤害或将伤害降至最低的保护措施，应直接或通过引用另一项标准和/或“使用信息”一章来规定。

6.8.3 对可验证的安全性能而言，所规定的安全要求和/或保护措施应使用性能特征（参数）及其值来表述，而不仅仅是采用描述性的特征。

为了将对设计的限制降至最小，安全标准宜就需要满足的安全目标来规定要求，然后规定实现目标的方法，例如：通过给出例子或规定试验技术规范。安全要求和/或保护措施应足够详细，以便于验证。

注：在很多C类标准中，为了确保安全要求和/或保护措施是适当的，有必要规定实现安全目标采取的可接受的方法（例如：特殊类型的保护措施），或给出公认的和经验证证明能达到和保持安全水平的方案示例。

如果均可达到相同的风险减小目的，可以提供多种减小风险的解决方案。

对于目标以及对于通过数据、限制、结果和给出实现目标可行方法的要求来规定的目标和措施而言，可以在同一节中给出，或分节给出。

6.8.4 当联合相关的A类标准或B类标准中的要求一起使用时，应根据4.3引用这些标准。

当没有B类标准并且在C类标准中不包含通用要求（对几种类型的机器有效）时，这些要求应优先包含在C类标准的规范性附录中（见附录A）。

当采用了另一项标准中给出的要求时，应具体的引用该标准。

6.8.5 B类标准应给出A类标准规定的要求的增补内容（更明确和/或更详细的要求），C类标准应给出A类和B类标准规定的要求的增补内容。“增补内容”详见4.3.3。

6.8.6 应以准确且明确易懂的条款规定保护措施，从而使得：

a） 确保满足了目标；

b） 这些措施在技术上正确且准确；

c） 明确说明一项措施是否为可选的或必备的，并且使用符合GB/T 1.1中要求的助动词；

d） 能根据5.8和6.9进行验证。

不宜使用形容词或词组，除非它们在该标准中有规定或与验证方法是一致的。

6.9 安全要求和/或保护措施的验证

6.9.1 除非用于验证的方法是不证自明的，每项安全标准应包含用于验证与6.8中给出的措施一致性的方法，该方法或者单独在一章中，或者与相关的措施一起给出。

标准不应包含关于必须由“谁”来进行验证的任何说明。

验证的方法应与安全要求和/或防护措施的本质有关，且应符合5.8给出的过程。

如果验证方法在单独的一章中给出，则表述的顺序宜与安全要求和/或防护措施的顺序一致，两者之间应有联系。

宜优先引用现有且标准的检验方法(国际或国家标准规定的)。

当起草一个新的、不是专门针对机器自身的验证方法时(如：皮带打磨机的标准中，粉尘抽吸效率的测量)，该方法应出现在规范性附录中(见6.11.1)，或者出现在标准单独部分中，或者甚至出现在单独的标准中，从而使得另一项安全标准可以引用。

6.9.2 检验方法应用词准确，以保证结果的可重复性。试验方法的结构和采样应符合GB/T 1.1中的相关要求。如果一种安全要求和/或保护措施有几种试验方法，则应确定合适的试验方法。

当只能进行破坏性试验时，以及对于特殊类型的安全要求和/或安全措施，如涉及稳定性的安全要求和/或防护措施，采用计算等方法是合适的。

当试验和计算的方法由于技术原因而行不通，或与要达到的风险减小相比需要更大成本时，可选择其他更合适的方法。只要足够准确，验证可以是目视检查或细察(例如：为了检查警告信号和标志的颜色而采用目视检查的方法)。

6.10 “使用信息”

6.10.1 通则

本章为必备要素，并且应编号。安全标准应参考GB/T 15706.2—2007的第6章，并且应包含标准范围内的机器关于使用信息的附加要求。

注：由于这些安全标准涉及机械的设计，因此只有在这一章中，标准制定者可以规定有关机械的安全安装和使用的要求(例如：安全工作制度)。

6.10.2 信号和报警装置

当机器采用有关安全的符号或图形符号时，应在本章中进行描述。宜使用已在相关标准中有定义的安全符号或图形符号(例如：GB 18209)。

6.10.3 随行文件(特别是使用手册)

6.10.3.1 总则

由于说明书是机器的必备文件，因此每项C类标准都应包含制造商提供说明书的要求。C类标准应参照GB/T 15706.2—2007中的6.5，并且应给出说明书应包括的、由本标准中的5.2～5.7中过程的结果汇集的详细信息(例如：预定使用、可预见的误用、培训、工作制度和个体防护装备)。

注：说明书通常只是将机器使用信息以及使用(包括维护)过程中必要注意事项提供给使用者的有效方法。

6.10.3.2 噪声

如果有噪声，则应在规范性附录中或通过引用具体的标准(噪声测试方法)来规定关于噪声排放测量的要求和声明的要求。

6.10.3.3 振动

如果有振动，则应在规范性附录中或通过引用具体的标准(振动测试方法)来规定关于振动传导测量的要求和声明的要求。

6.10.4 标志

所有安全标准都应至少给出GB/T 15706.2—2007的6.4中规定的标志。

6.11 附录

6.11.1 规范性附录

如果可预见安全标准的某些部分可能用于其他标准(例如：试验方法)，则这些部分应作为规范性附录包含在标准中。

规范性附录应符合 GB/T 1.1 的要求。

注：这种表述形式有助于其他标准引用，并使得那部分内容在不久的将来较容易地转换成一项 A 类或 B 类的标准（见 4.4）。

6.11.2 资料性附录

6.11.2.1 总则

资料性附录应符合 GB/T 1.1 的要求。

6.11.2.2 "重大危险清单"

当 6.4.2 中 2)适用时，重大危险清单应在资料性附录中的"重大危险清单"给出。

对于规定的危险区域，此附录应规定所有的重大危险、重大危险状态（导致人员暴露在这些危险中的环境）以及风险评价过程中评价出的重大危险事件。此附录应给出没有涉及的重大危险。此附录还宜提及"安全要求和/或保护措施"（见 6.8）中具体的条款，以及适当时提及"使用信息"（见 6.10）中述及的危险、危险状态或危险事件的具体条款。

重大危险、危险状态或危险事件的清单最好遵循 GB/T 16856.1—2008 的附录 A 中给出的顺序，但根据实际情况有所取舍。把 GB/T 16856.1 中描述的所有可能的危险、危险状态或危险事件全部列出，并指出其中所涉及的和未涉及的是不合适的。

应注意：GB/T 16856.1—2008 的附录 A 中给出的清单（尤其是危险状态）并非无遗漏。

6.11.3 参考文献

不应参考不能公开获得的标准或文件。只给出信息或已作为标准起草过程中参考的标准或文件不应出现在"规范性引用文件"中。这些标准或文件应根据 GB/T 1.1 的要求在参考文献中列出。

附　录　A
（规范性附录）
无可用 B 类标准时制定安全标准的程序

可能时，首先应制定 B 类标准，从而在制定具体机器的 C 类标准时可以引用 B 类标准。当一项 C 类标准需要使用 B 类要求，并且无可用的此类 B 类标准时，则 C 类标准应在附录中给出这些要求。如果采用这个方法，则当修订该标准并且该标准中的参考资料变为 B 类标准时，可撤销这些附录。

为了方便的使用本方法，应遵从下列步骤：

a） 所有 C 类标准工作组都应与 A 类标准和 B 类标准工作组就正在进行的工作保持联系，并应掌握所有现行的 A 类和 B 类标准，包括草案在内的情况。

b） 如果由于缺少 B 类标准，C 类标准工作组需要规定 B 类要求时，则 C 类标准工作组应包括相应的 B 类工作组和/或归口技术委员会（尤其是 SAC/TC 208　全国机械安全标准化技术委员会）的成员。

c） 适当时，C 类标准工作组宜参与相关 B 类标准工作组的工作，并影响到 B 类标准的起草和其内容。

d） C 类标准中的 B 类要求应放在附录中。

附　录　B
（资料性附录）
C 类标准的结构

目　　次

前言 ………
引言 ………
1　范围………
2　规范性引用文件………………………………………………………………………………………………
3　术语和定义……………………………………………………………………………………………………
4　安全要求和/或保护措施 ……………………………………………………………………………………
5　安全要求和/或保护措施的验证 ……………………………………………………………………………
6　使用信息………………………………………………………………………………………………………
附录 A（规范性附录）…………………………………………………………………………………………
附录 B（资料性附录）…………………………………………………………………………………………
附录 C（资料性附录）　重大危险列表 ………………………………………………………………………
参考文献 ………………………………………………………………………………………………………

前　言

见 GB/T 1.1 中的相关要求。

引　言

按照 GB/T 15706.1 的规定，本标准属于 C 类标准。

本标准涉及的机械以及危险、危险状态或危险事件涵盖的范围在本标准的范围中给出。

当本 C 类标准的要求与 A 类标准或 B 类标准中规定的要求不同时，按照本 C 类标准中的要求设计和制造的机器优先采用本 C 类标准中的要求。

1　范围

本标准规定了……

本标准适用于……

和/或

本标准不适用于……

本标准规定了当……机械按预定用途使用以及在制造商可预见的误用条件下使用时，所有与该机械有关的重大危险、危险状态或危险事件。

或者

本标准规定了当……机械按预定用途使用以及在制造商可预见的误用条件下使用时，除了……之外的所有与该机械有关的重大危险、危险状态或危险事件。

或者

本标准规定了当……机械按预定用途使用以及在制造商可预见的误用条件下使用时，与该机械有关的以下重大危险、危险状态或危险事件：

——(详细说明)

——

——

2　规范性引用文件

下列文件中的条款通过本标准的引用而成为本标准的条款。凡是注日期的引用文件，其随后所有的修改单(不包括勘误的内容)或修订版均不适用于本标准，然而，鼓励根据本标准达成协议的各方研究是否可使用这些文件的最新版本。凡是不注日期的引用文件，其最新版本适用于本标准。

GB/T 15706.1—2007　机械安全　基本概念与设计通则　第 1 部分：基本术语和方法(ISO 12100-1:2003,IDT)

GB/T 15706.2—2007　机械安全　基本概念与设计通则　第 2 部分：技术原则(ISO 12100-2:2003,IDT)

3　术语和定义

GB/T 15706.1—2007 中给出的(以及下列)术语和定义适用于本标准。

4 安全要求和/或保护措施

机械应符合本章中的安全要求和/保护措施。

此外,对于机器相关的但又不是本标准中涉及的重大危险,机器的设计应符合 GB/T 15706(所有部分)中的原则。

5 安全要求和/或保护措施的验证

6 使用信息

附录 A
(规范性附录)

附录 B
(资料性附录)

附录 C
(资料性附录)
重大危险列表

参考文献

参 考 文 献

[1] GB 18209(所有部分) 机械安全 指示、标志和操作.

[2] GB/T 20000.4 标准化工作指南 第4部分:标准中涉及安全的内容(GB/T 20000.4—2003,ISO/IEC Guide 51:1999,Safety aspects—Guidelines for their inclusion in standards,MOD).

[3] ISO 13857:2008 机械安全 防止上下肢触及危险区的安全距离.

ICS 13.340
C 70

中华人民共和国国家标准

GB/T 16758—2008
代替 GB/T 16758—1997

排风罩的分类及技术条件

The classification and technical specification of exhaust hood

2008-12-15 发布　　　　2009-10-01 实施

中华人民共和国国家质量监督检验检疫总局
中国国家标准化管理委员会　发布

前　言

本标准代替 GB/T 16758—1997《排风罩的分类及技术条件》。

本标准与 GB/T 16758—1997 相比主要变化如下：

——更新了部分定义；

——调整了某些排风罩的类别；

——修改了排风罩测定方法中的部分条款。

本标准附录 A 为规范性附录。

本标准由国家安全生产监督管理总局提出。

本标准由全国安全生产标准化技术委员会归口。

本标准起草单位：首都经济贸易大学、北京市疾病预防控制中心、湖南有色冶金劳动保护研究院、中钢集团马鞍山矿山研究院。

本标准主要起草人：郭建中、赵容、唐治亚、郭金峰、姜亢、王勇毅、鲍金玲。

本标准 1997 年 3 月 14 日首次发布，2008 年第一次修订。

本标准所代替标准的历次版本发布情况为：

——GB/T 16758—1997。

排风罩的分类及技术条件

1 范围

本标准规定了排风罩的术语和定义、分类、设计原则、技术要求、测定方法等内容。

本标准适用于为控制尘毒等有害物源使用的排风罩。

2 规范性引用文件

下列文件中的条款通过本标准的引用而成为本标准的条款。凡是注日期的引用文件，其随后所有的修改单(不包括勘误的内容)或修订版均不适用于本标准，然而，鼓励根据本标准达成协议的各方研究是否可使用这些文件的最新版本。凡是不注日期的引用文件，其最新版本适用于本标准。

GB/T 12138 袋式除尘器性能测试方法

GB 50155 采暖通风与空气调节术语标准

3 术语和定义

下列术语和定义适用于本标准。

3.1

排风罩 exhaust hood

设置在有害物源处，捕集和控制有害物的通风部件。

3.2

吹风量 blow air rate

单位时间内从吹风口吹出的空气量。

3.3

排风量 exhaust air rate

单位时间内从排风罩排出的空气量。

3.4

排风罩阻力 hood entry loss

气流通过排风罩时的全压降(压力损失)。

3.5

排风罩阻力系数 coefficient of entry

排风罩的阻力与测定断面动压的比值。

3.6

罩口风速 hood face velocity

罩口处有效断面上的平均风速。

3.7

控制点 capture point

有害物放散直到耗尽最初能量，放散速度降低到环境中无规则气流速度大小时的位置。

3.8

控制距离 capture distance

控制点到罩口中心的距离。

3.9

控制风速　capture velocity

将控制点处的有害物吸入罩内所需的最小风速。

3.10

设置距离　distance from a push nozzle to an exhaust hood

吹、吸风口之间的距离。

4　分类

4.1　密闭罩

将有害物源密闭在罩内的排风罩。

4.1.1　局部密闭罩

只将工艺设备放散有害物的部分加以密闭的排风罩(见图1)。

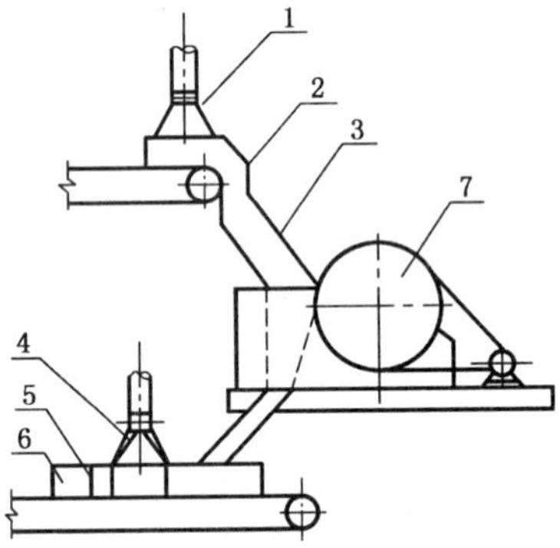

1——排风口；
2——罩体；
3——观察口；
4——排风口；
5——遮尘帘；
6——罩体；
7——产尘设备。

图1　局部密闭罩

4.1.2　整体密闭罩

将放散有害物的设备大部分或全部密闭的排风罩(见图2)。

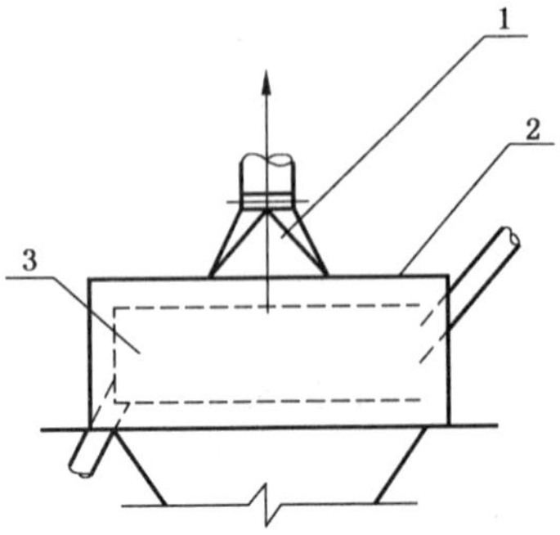

1——排风口；
2——罩体；
3——产尘设备。

图2　整体密闭罩

4.1.3　**大容积密闭罩**

在较大范围内将放散有害物的设备或有关工艺过程全部密闭起来的排风罩(见图 3)。

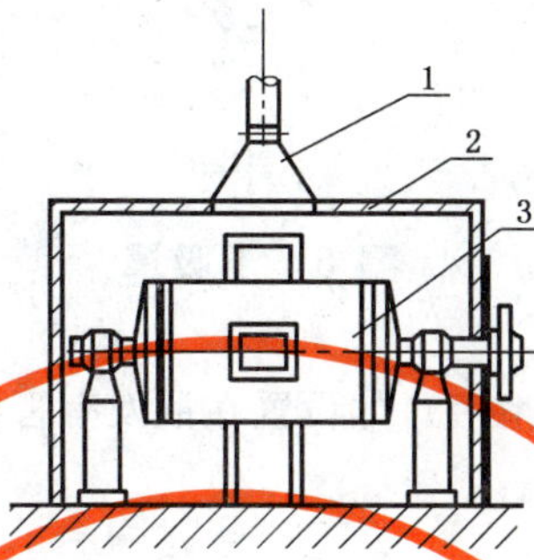

1——排风口；
2——密闭室；
3——产尘设备。

图 3　大容积密闭罩

4.1.4　**排风柜**

三面围挡一面敞开或装有操作拉门工作孔的柜式排风罩(见图 4)。

1——排风口；
2——罩体；
3——观察窗；
4——工作孔。

图 4　排风柜

4.2　**外部罩**

设置在有害物源近旁，依靠罩口的抽吸作用，在控制点处形成一定的风速排除有害物的排风罩。

4.2.1　**上吸罩(顶吸罩)**

设置在有害物源上部的外部罩(见图 5)。

4.2.2　**下吸罩(底吸罩)**

设置在有害物源下部的外部罩(见图 6)。

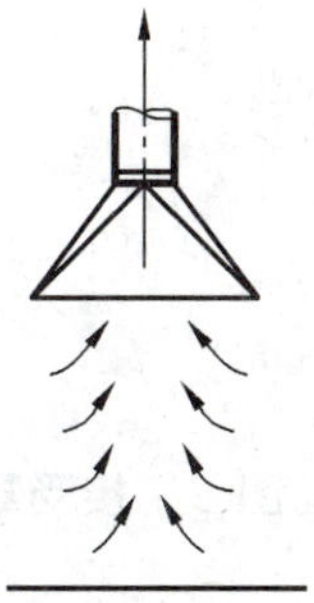

图 5　上吸罩

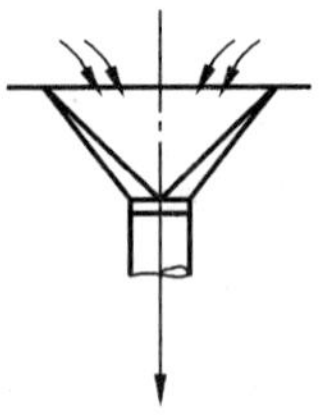

图 6　下吸罩

4.2.3　侧吸罩

设置在有害物源侧面的外部罩(见图 7),如设置在散发有害物的工业槽(电镀槽、酸洗槽等)边的外部罩(见图 8)。

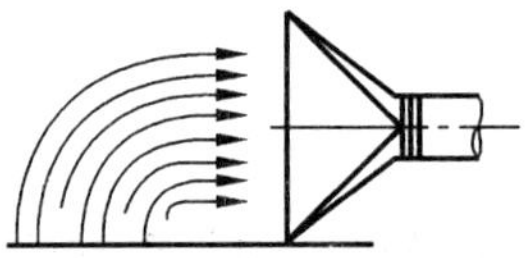

图 7　侧吸罩

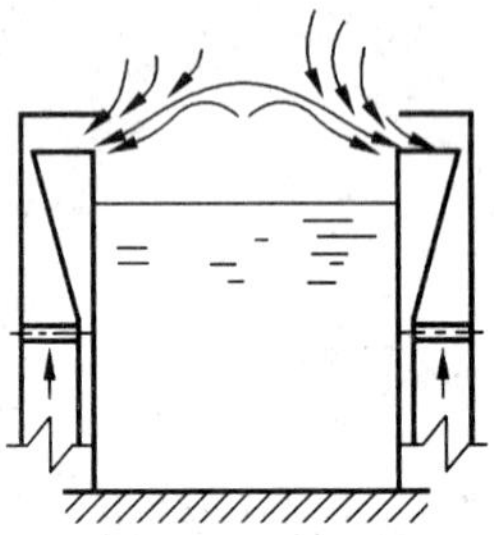

图 8　槽边罩

4.3　接受罩

被动地接受生产过程(如热过程、机械运动过程等)产生或诱导的有害气流的排风罩,如砂轮机的吸尘罩(见图 9a))、高温热源上部的伞形罩(见图 9b))等。

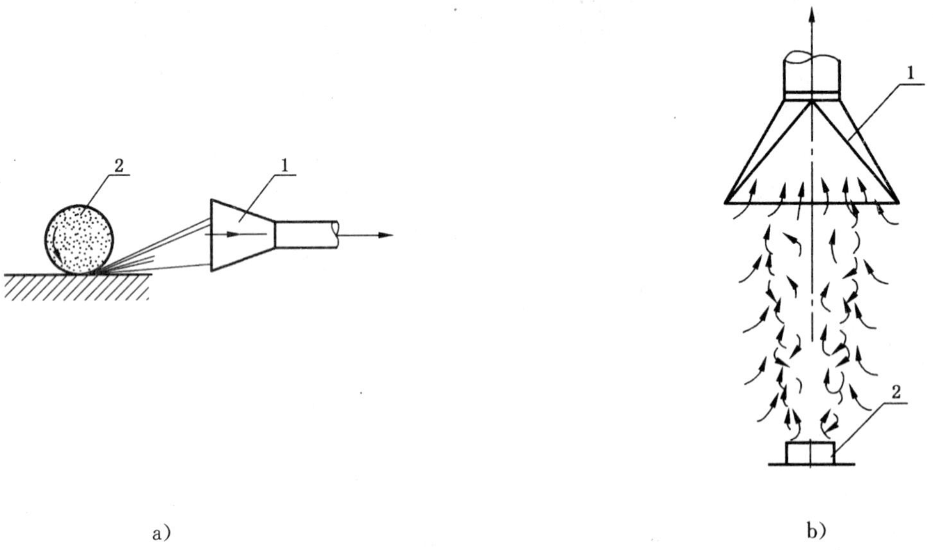

1——排风口;
2——砂轮。

1——排风口;
2——热源。

图 9　接受罩

4.4　吹吸罩

利用吹风口吹出的射流和吸风口前汇流的联合作用捕集有害物的排风罩(见图 10)。

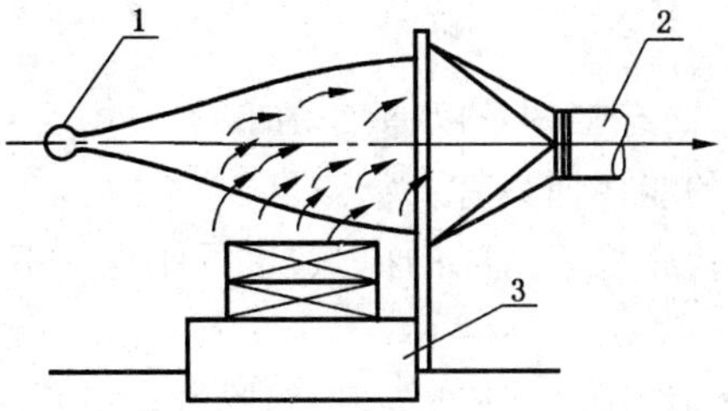

1——吹风口；

2——吸风口；

3——产尘设备。

图 10 吹吸罩

4.5 气幕隔离罩

利用气幕将含有害物的气流与洁净空气隔离的排风罩(见图 11)。

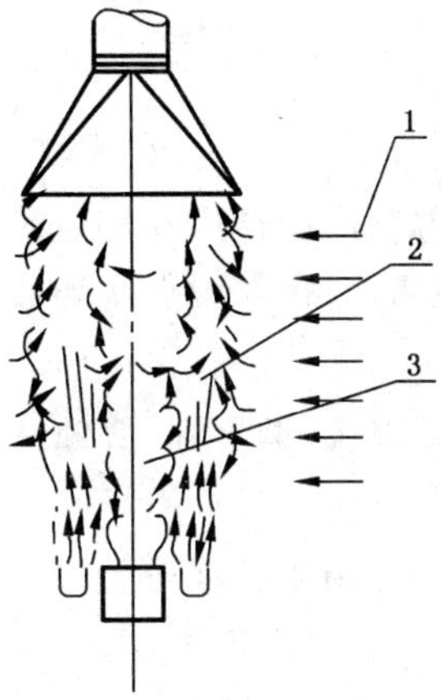

1——干扰气流；

2——空气幕；

3——污染气流。

图 11 气幕隔离罩

4.6 补风罩

利用补风装置将室外空气直接送到排风口处的排风罩，如补风型排风柜等(见图 12)。

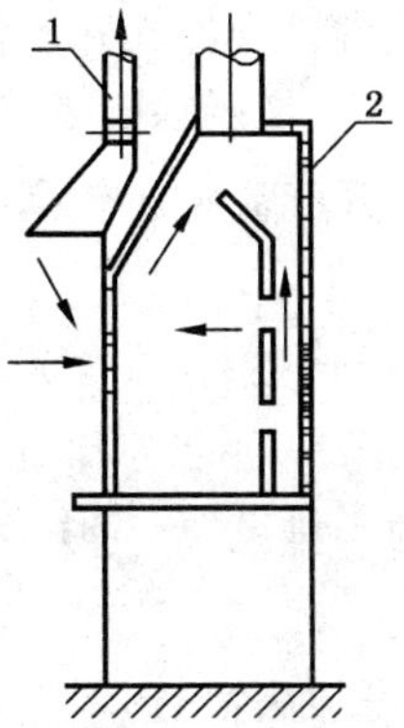

1——补风管道；

2——排风罩。

图 12 补风罩

5 设计原则

5.1 排风罩应能将有害物源放散的有害物予以捕集，在使工作场所有害物浓度达到相应卫生标准要求的前提下，提高捕集效率，以较小的能耗捕集有害物。

5.2 对可以密闭的有害物源，应首先采用密闭的措施，尽可能将其密闭，用较小的排风量达到较好的控制效果。

5.3 当不能将有害物源全部密闭时可设置外部罩，外部罩的罩口应尽可能接近有害物源。

5.4 当排风罩不能设置在有害物源附近或罩口至有害物源距离较大时，可设置吹吸罩。对于有害物源上挂有遮挡吹吸气流的工件或隔断吹吸气流作用的物体时应慎用吹吸罩。

5.5 排风罩的罩口外气流组织宜有利于有害气流直接进入罩内，且排气线路不应通过作业人员的呼吸带。

5.6 外部罩、接受罩应避免布置在存在干扰气流之处。排风罩的设置应方便作业人员操作和设备维修。

6 技术要求

6.1 性能

排风罩的类型、结构形式应根据有害物源的性质和特点确定，做到罩内负压或罩口风速均匀，排风量按防止有害物扩散至工作场所的原则确定，也可根据实测数据、经验数据或模型实验确定。

6.2 材质

6.2.1 排风罩的材料应根据有害气体的温度、磨琢性、腐蚀性等条件选择。除钢板外，罩体材料可采用有色金属、工程塑料、玻璃钢等。

6.2.2 对设备振动小、温度不高的场合，可用小于或等于 2 mm 薄钢板制作罩体；对于振动大、物料冲击大或温度较高的场合，宜用 3 mm～8 mm 厚的钢板制作。对于高温条件下或炉窑旁使用的排风罩，宜采用耐热钢板制作。对于捕集磨琢性粉尘的罩子，应采取耐磨措施。

6.2.3 在有酸、碱作用或存在其他腐蚀性条件的环境，罩体应采用耐腐蚀材料制作或在材料表面作耐腐蚀处理。在可能由静电引起火灾爆炸的环境，罩体应采用防静电材料制作或在材料表面作防静电处理。

6.2.4 排风罩应坚固耐用，其材料应有足够的强度，避免在拆装或受到振动、腐蚀、温度剧烈变化时变形和损坏。

6.3 结构

6.3.1 密闭罩应尽可能采用装配结构，观察窗、操作孔和检修门应开关灵活并且具有气密性，其位置应躲开气流正压较高的部位。罩体如必须连接在振动或往复运动的设备上，应采用柔性连接。密闭罩的吸风口应避免正对物料飞溅区，其位置应避开气流正压较高的部位，保持罩内均匀负压。吸风口的平均风速以基本上不吸走有用物料为准。

6.3.2 外部罩的罩口尺寸应按吸入气流流场特性来确定，其罩口与罩子连接管面积之比不应超过 16∶1，罩子的扩张角度宜小于 60°，不应大于 90°。当罩口的平面尺寸较大而又缺少容纳适宜扩张角所需的垂直高度时，可以将其分成几个独立的小排风罩；对中等大小的排风罩，可在罩口内设置挡板、导流板或条缝口等。

6.3.3 为提高捕集率和控制效果，外部罩可加法兰边。

6.3.4 对于悬挂高度 $H \leqslant 1.5\sqrt{F}$（H 为罩口至热源上沿的距离，F 为热源水平投影面积）或 $H \leqslant 1$ m 的接受罩，罩口尺寸应比热源尺寸每边扩大 150 mm～200 mm；对于悬挂高度 $H > 1.5\sqrt{F}$ 或 $H > 1$ m 的接受罩，应将计算所得的罩口处热射流直径增加为 $0.8H$（H 悬挂高度）作为罩口直径。

6.4 加工要求

排风罩的罩体应规则、无缝隙、无毛刺；罩体内壁应平整、光滑。

7 测定方法

排风罩的测定内容应包括排风量、阻力、阻力系数和控制风速，其测定方法见附录A。

附 录 A
（规范性附录）
排风罩的测定方法

A.1 测定项目

A.1.1 排风罩的排风量

A.1.2 排风罩的阻力及阻力系数

A.1.3 排风罩的控制风速

A.2 排风量的测定

排风罩的排风量可以通过测定罩口平均风速的方法求得，也可以通过测定排风罩连接风管内测定断面的平均风速的方法得到。

A.2.1 罩口风速测定法

A.2.1.1 匀速移动法

A.2.1.1.1 测定仪器

叶轮式风速仪，测定范围：0.3 m/s～40 m/s。

A.2.1.1.2 测定方法

对于开口面积小于 0.3 m^2 的排风罩口，可将风速仪沿整个罩口断面按图 A.1 所示的路线慢慢地匀速移动，移动时风速仪不得离开测定平面，此时测得的结果是罩口平均速度。此法最少进行三次，取其平均值，每次测定误差应在±5%以内。

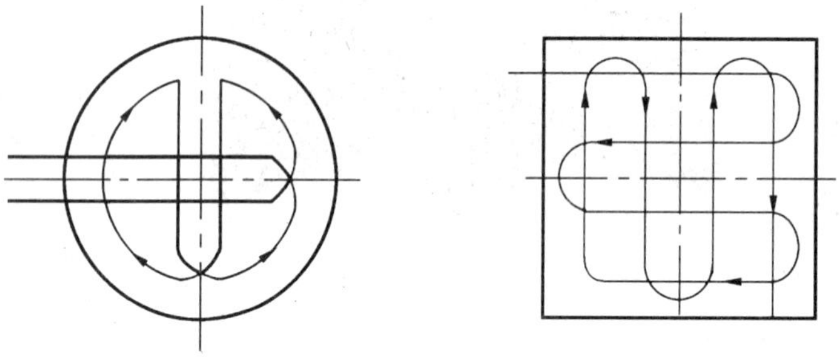

图 A.1 罩口平均风速测定路线

A.2.1.2 定点测定法

A.2.1.2.1 测定仪器

热电式风速计。

A.2.1.2.2 测定方法

对于矩形排风罩，按罩口断面的大小，把它分成若干个面积相等的小块，在每个小块的中心处测量其气流速度。断面面积大于 0.3 m^2 的罩口，可分成 9～12 个小块测量，每个小块的面积小于0.06 m^2（见图 A.2a)）；断面面积小于或等于 0.3 m^2 的罩口，可取 6 个测点测量（见图 A.2b)）；对于条缝形排风罩，在其高度方向至少应有两个测点，沿条缝长度方向根据其长度可以分别取若干个测点，测点间距小于或等于 200 mm（见图 A.2c)）；对于圆形排风罩，则至少取 4 个测点，测点间距小于或等于 200 mm（见图 A.2d)）。最少测定三次，至少取得三组数据，罩口风速为至少三组数据分别求得风速的平均值。

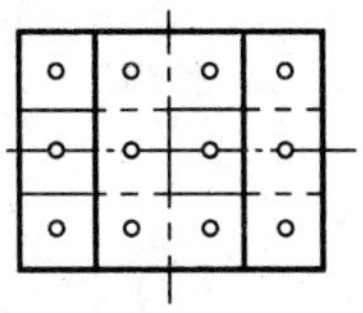

a）较大矩形罩

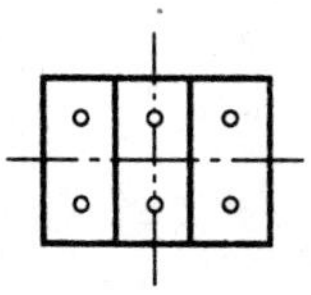

b）较小矩形罩

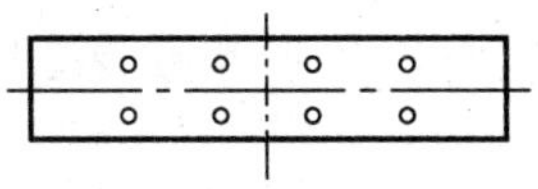

c）条缝罩

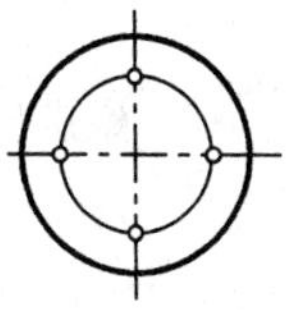

d）圆形罩

图 A.2　各种形式罩口测点布置

A.2.1.2.3　结果计算

a）　排风罩罩口平均风速按式(A.1)计算：

$$\bar{v} = \frac{v_1 + v_2 + v_3 + \cdots + v_n}{n} \quad \cdots\cdots\cdots\cdots \text{(A.1)}$$

式中：

$\bar{v}$——罩口平均风速，单位为米每秒(m/s)；

$v_1, v_2, v_3, \cdots, v_n$——罩口各测点的风速，单位为米每秒(m/s)；

n——测点总数。

b）　排风罩的排风量按式(A.2)计算：

$$Q = F\bar{v} \quad \cdots\cdots\cdots\cdots \text{(A.2)}$$

式中：

Q——排风罩的排风量，单位为立方米每秒(m^3/s)；

F——排风罩罩口面积，单位为平方米(m^2)；

$\bar{v}$——排风罩罩口平均风速，单位为米每秒(m/s)。

A.2.2　排风罩连接风管内平均风速测定法

A.2.2.1　测定仪器

标准毕托管及倾斜微压计。

A.2.2.2　测定位置

在连接排风罩的直风管上，距连接口为 $3D \sim 5D$(D 为连接风管直径)处作为测定断面，在此断面上开设互成 90°的两个测定孔，在孔口接上直径为 25 mm、长度为 15 mm 左右的短管，并装上丝堵。

测定时将测定断面划分成若干个等面积同心环，测定位置按 GB/T 12138 的规定。

A.2.2.3　测定方法

标准毕托管与倾斜微压计的连接方法应与图 A.3 所示相同，按上述测点位置逐个测量各点的动压

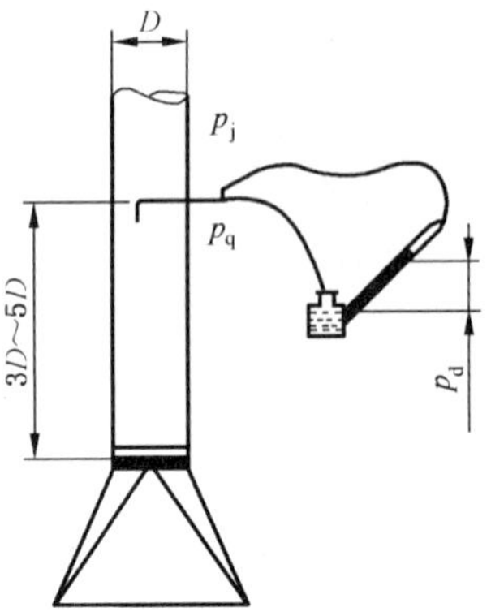

图 A.3 排风罩的排风量和阻力的测定

值和全压值(全压值在计算排风罩的阻力及阻力系数时用)。最少测定三次,至少获得三组动压值,风管内断面风速为至少三组动压值分别求得的风速的平均值。

按 GB/T 12138 的方法,计算出排风罩的排风量。

A.3 排风罩的阻力及阻力系数的测定

排风罩的阻力按式(A.3)计算:

$$p_z = |p_q| - p_m \qquad \cdots\cdots (A.3)$$

式中:

p_z——排风罩的阻力,单位为帕(Pa);

p_q——测定断面各测点的平均全压,单位为帕(Pa);

p_m——排风罩连接口到测定断面处的摩擦阻力,单位为帕(Pa)。

排风罩的阻力系数按式(A.4)计算:

$$\zeta = \frac{p_z}{p_d} \qquad \cdots\cdots (A.4)$$

式中:

p_d——测定断面各测点的平均动压,单位为帕(Pa)。

A.4 控制风速的测定

A.4.1 测定条件

A.4.1.1 测定应在生产和通风系统运行正常时进行;

A.4.1.2 在测点处尽量避免干扰气流。

A.4.2 测定仪器

热电式风速计(包括热球风速仪和热线风速计)。

A.4.3 测定方法

将热球式电风速计的探头置于控制点处,测出此点的风速即为控制点吸入风速。

ICS 03.080.30
A 12

中华人民共和国国家标准

GB/T 16759—2008
代替 GB/T 16759—1997

消费品和有关服务的比较试验 总则

General principles for comparative testing of consumer products and related services

(ISO/IEC Guide 46:1985,MOD)

2008-11-13 发布　　　　2009-05-01 实施

中华人民共和国国家质量监督检验检疫总局
中国国家标准化管理委员会　发布

前　言

本标准修改采用ISO/IEC指南46:1985《消费品和有关服务的比较试验》(英文版)。

本标准根据GB/T 1.1—2000的规则,将ISO/IEC指南46:1985中“0　引言”一章从标准正文中去掉,作为独立的“引言”放到正文前。

本标准与ISO/IEC指南46:1985相比,存在如下少量技术性差异:

——本标准删除了ISO/IEC指南46:1985中2.3的注中的“安全性”,因为“安全性”因素在我国是由法律、法规作出规定;

——本标准在ISO/IEC指南46:1985中2.3的注中增加了“功能”,因为对消费者来说,产品或服务的功能是一个重要的特性;

——本标准在ISO/IEC指南46:1985中3.1的注中,将“参照ISO/IEC Guide36”改为“参照GB/T 16760—1997”,因为ISO/IEC Guide36在我国已经被等同采用为GB/T 16760—1997。

本标准代替GB/T 16759—1997《消费品和有关的服务比较试验　总则》。

本标准与GB/T 16759—1997相比主要变化如下:

——标准名称由原来的《消费品和有关的服务比较试验　总则》修改为《消费品和有关服务的比较试验　总则》;

——考虑到“安全性”因素在我国是由法律、法规作出规定,因此删除2.3注中的“安全性”;

——本标准在2.3的注中增加了“功能”,因为对消费者来说,产品或服务的功能是一个重要的特性;

——将3.2中的“建议其迅速提供数据”修改为“建议其迅速提供根据”更为合适;

——将3.3中的“在已发表的报告中若发现重大失实,都应及时更正”修改为“在已发表的报告中若发现失实,都应及时更正”。

本标准由全国服务标准化技术委员会(SAC/TC 264)提出并归口。

本标准起草单位:中国标准化研究院、中国电子集团公司电子第三研究室。

本标准主要起草人:曹俐莉、柳成洋、卢丽丽、李涵、金江、林维荟。

本标准所代替标准的历次版本发布情况为:

——GB/T 16759—1997。

引　言

本标准阐述了进行比较试验的基本原则。这些原则适用于消费品，有关服务以及两者的组合。这些原则有益于实施比较试验的组织。本标准旨在使试验结果和信息的表述更有意义，以帮助消费者和其他人作出知情选择。对进行比较试验的消费品和有关服务应明确规定范围与界线，可以以国内市场为根据，所试验的消费品和有关服务的特性可以是特定的，也可以是泛指的(本标准的注提供了适用本总则的一些手段，但不是全部)。

消费品和有关服务的
比较试验　总则

1　范围

本标准规定了关于实施消费品和有关服务的比较试验的基本原则。

本标准适用于为消费者提供信息的消费品和有关服务的比较试验。

2　基本原则

2.1　消费品或服务的选择

除非对选择条件有特殊说明，所作的合理选择应能反映市场上现有的消费品或服务。

注：为使“合理选择反映市场上现有的消费品或服务”，可咨询生产者（代理商/商务代表/进口商）或查阅现行的文献和目录。为了消费者和生产者（代理商/商务代表/进口商）的利益，应使他们获得以上信息。

2.2　抽样

获得试验样品的方法应与在通常零售市场消费者所采用的方法一致。在所有情况下，应注意随机选择样品，不应采用特殊样品，注意试验前取样、运送和保管的条件。

应采取预防措施，尽可能地保证获得的结果代表抽样时市场上提供的消费品或服务。

注：抽样应尽可能保证在公布试验结果时仍可获得所试验的消费品或服务。

2.3　特性的选择

除为特殊目的进行试验的情况外，对消费者的使用来说，产品或服务的所有重要特性都应尽可能地加以考虑。

注：选择的特性包括：可靠性、耐用性、功能、性能、能耗、环境效应、运行成本、售价和维修等。

3　试验程序

3.1　试验方法

试验方法应尽可能采用国家或国际认可的标准，如果认为这些方法不适合或者没有这样的标准，应注意所选择的试验方法达到需要的再现性。

注：关于试验方法应参照 GB/T 16760—1997 的规定。

3.2　试验结果的评定

应采取措施使试验中的误差或有缺陷的样品对试验结果的影响减少到最低。可将试验结果通知生产者（代理商/商务代表/进口商），并在公布结果之前留有充分的时间征求意见。提交给生产者（代理商/商务代表/进口商）的试验结果应附有所试特性的清单与所用试验方法。如果生产者（代理商/商务代表/进口商）对试验结果持有异议，则建议其迅速提供根据，以证实试验结果有误或异常，或所用的试验方法不当。在结果异常的情况下，可进一步抽样进行试验。

如果试验结果表明消费品或服务是危险的，使消费者处于不能接受的风险之中，应立即通知生产者（代理商/商务代表/进口商）。

3.3　试验结果的表述

试验结果应使用消费者能理解的术语以及正确合理的方式，如实地表述，以便使消费者根据自身特殊需要进行选择。

不论验证程序怎样，在已发表的报告中若发现失实，都应及时更正。

参 考 文 献

[1] GB/T 16760—1997 制定消费品性能测试标准方法的总则

ICS 25.080.01
J 50

中华人民共和国国家标准

GB/T 16769—2008
代替 GB/T 16769—1997

金属切削机床 噪声声压级测量方法

Metal-cutting machine tools—Measurement method of sound pressure level

2008-08-11 发布 2009-02-01 实施

中华人民共和国国家质量监督检验检疫总局
中国国家标准化管理委员会 发布

前　言

本标准代替 GB/T 16769—1997《金属切削机床　噪声声压级测量方法》。

本标准与 GB/T 16769—1997 相比主要变化如下：

——第 1 章“范围”中，删除了“运转条件”，增加了“评定原则”(1997 版的第 1 章，本版的第 1 章)；

——第 2 章“引用标准”改为“规范性引用文件”(1997 版的第 2 章，本版的第 2 章)；

——第 3 章“定义”改为“术语和定义”。增加了“噪声源”、“噪声”、“噪声发射”、“发射声压”、“发射声压级”、“工作位置，操作者位置”、“操作者”、“规定位置”术语和定义，取消了术语“声压”，修改了“声压级”、“背景噪声”的定义(1997 版的第 3 章，本版的第 3 章)；

——第 5 章中取消 5.3，其内容并入第 7 章作为“7.1　机床噪声值”，增加了噪声测量结果无效时的处理，将“实测值”改为“测量值”，并增加了“注 1”和“注 2”。将表 1 标题“受背景噪声影响的修正值”改为“机床噪声测量值的修正”。对表 1 内容进行了修改和补充(1997 版的第 5 章，本版的第 7 章)；

——将第 5 章的内容作为“5.1 基本条件”，并进行了适当修改和补充(1997 版的第 5 章，本版的第 5 章)；

——取消第 6 章标题“运转条件”，6.4 作为 5.1.6，其余内容作为“5.2　空载噪声测量”和“5.3　工作噪声测量”，并进行了适当修改和补充。在 5.2.1 后增加了“注”(1997 版的第 6 章，本版的第 5 章)；

——第 7 章改为第 6 章，并重新编排。7.2 和 7.3 合并作为“6.1.3　测量点距离”，对内容进行了修改，增加了“操作者位置由制造厂商规定”、“注 3”和“注 4”。7.4 变为“6.1.1 标准测量点位置”和“6.1.2　辅助测点位置”。对 7.4 中括号内的“说明”修改变为 6.1.1 中的“注 1”和“注 2”。7.1 并入“6.2　传声器方向”，正对机床局部有多个噪声源时，对传声器的测量方向增加了新的要求(1997 版的第 7 章，本版的第 6 章)；

——取消了 7.5，其内容作为第 9 章“评定原则”的内容(1997 版的 7.5，本版的第 9 章)；

——“8　测量仪器的使用要求和指示值的读取方法”改为“7　数据处理”，对其内容进行了适当修改。8.1 和 8.2 的内容修改合并作为“6.3　测量要求”。将 8.3.1 变为 7.2.1，将“上限值(L_s)”改为“最大值(L_d)”，“下限值(L_x)”改为“最小值(L_x)”。8.3.2 变为 7.2.2，对内容进行了修改。将 8.3.3 变为 7.2.3，其中“读数变化超过 3 dB，但小于 10 dB”改为“指示值变化超过 3 dB(A)至 10 dB(A)”。表 2 标题“均方声压时的修正值”改为“均方声压时噪声测量值的修正”，取消了表 2 中 L_s-L_x 等于 1、2、3、12 和 15 的相应栏目，并对表 2 内容进行了补充。取消了 8.3.4(1997 版的第 8 章，本版的第 6 章、第 7 章)；

——“9　测量结果的记录”改为“8　数据记录”，对内容进行了修改(1997 版的第 9 章，本版的第 8 章)；

——增加“9　评定原则”(本版的第 9 章)；

——附录 A 中去掉 A.3，标题“机床噪声声压级测量记录示例”改为“普通车床噪声测量值记录内容示例”，内容进行了修改。“机床噪声声压级测量记录表”改为“普通车床噪声声压级测量记录表”，并对内容进行了补充(1997 版的附录 A，本版的附录 A)。

——附录 A 中 A.3 的内容变为附录 B“普通车床和龙门刨床噪声测量点位置示例”(1997 版的附录 A 中 A.3，本版的附录 B)。

本标准的附录 A、附录 B 为资料性附录。

本标准由中国机械工业联合会提出。

本标准由全国金属切削机床标准化技术委员会(SAC/TC 22)归口。

本标准起草单位:广州机床厂有限公司、北京机床研究所、宁夏新瑞长城机床有限公司、广州数控设备有限公司。

本标准主要起草人:谭竞舟、张维、李祥文、凌泽润、张玉洁。

本标准所代替标准的历次版本发布情况为:

——GB/T 16769—1997。

金属切削机床　噪声声压级测量方法

1　范围

本标准规定了金属切削机床噪声声压级测量的术语和定义、测量仪器、测量条件、测量方法、数据处理、数据记录和评定原则等。

本标准适用于金属切削机床(以下简称机床)的噪声声压级(以下简称噪声)的测量。

2　规范性引用文件

下列文件中的条款通过本标准的引用而成为本标准的条款。凡是注日期的引用文件,其随后所有的修改单(不包括勘误的内容)或修订版均不适用于本标准,然而,鼓励根据本标准达成协议的各方研究是否可使用这些文件的最新版本。凡是不注日期的引用文件,其最新版本适用于本标准。

GB/T 3785—1983　声级计的电、声性能及测试方法

3　术语和定义

下列术语和定义适用于本标准。

3.1

噪声源　noise source

主动或被动发射声波的物体。

3.2

噪声　noise

噪声源产生的声音。由噪声源发射的声波使介质中的声压发生变化产生的,用声压级来衡量。

3.3

噪声发射　noise emission

在规定的运行和安装条件下,由给定声源(被测机床)发射的空气传播声。

注:噪声发射值可以包含在产品标牌或产品说明书中。基本噪声发射是声源本身的声功率级与声源附近工作位置或其他指定位置的发射声压级。

3.4

发射声压　emission sound pressure

P

在一个反射平面上(如:地面),在按规定的安装和运行条件进行工作的声源附近指定位置的声压。它不包括背景噪声以及测试所允许的反射面以外其他反射面的反射影响,单位为帕[斯卡](Pa)。

3.5

发射声压级　emission sound pressure level

L_P

发射声压有效值平方 $P^2(t)$ 与基准声压平方 P_0^2 之比取以 10 为底的对数乘以 10,其数学表达式见式(1)。采用 GB/T 3785 规定的时间计权和频率计权进行测量,单位为分贝(dB)。基准声压 P_0 为 20 μPa。

$$L_P = 10\lg\frac{P^2(t)}{P_0^2} \qquad \cdots\cdots(1)$$

3.6

声压级　sound pressure level

在任意位置测量的没有进行校正的发射声压级。

3.7

工作位置,操作者位置　work station,operator's position

被测机床附近,为操作者指定的位置。

3.8

操作者　operator

工作位置在机床附近,操作机床完成工作任务的人员。

3.9

规定位置　specified position

与机床有关的位置,包括但不限于操作者位置。该位置可以是单一固定点、或某一路径上若干点、或离机床规定距离的表面上的若干点。

注:工作位置附近或自动化机床附近的位置可作为"旁观位置"。

3.10

背景噪声　background noise

被测机床以外所有其他声源发射的噪声。

注:背景噪声包括空气传播声、结构振动产生的噪声、仪器电噪声。

3.11

分贝　decibel

贝[尔](bel)的十分之一。贝是一种级的单位,其对数的底是10,可用于与功率类比的量。

3.12

声级　sound level

用一定的仪表特性和A、B、C计权特性测得的计权声压级。

3.13

A[计权]声压级　A-weighted sound pressure level

用A计权网络测得的声压级。

4　测量仪器

测量噪声应使用GB/T 3785—1983规定的2型声级计,也可使用与该型声级计的准确度相当的其他测量仪器。

5　测量条件

5.1　基本条件

5.1.1　测量噪声前,机床应尽量按正常使用情况安装。当存在典型安装条件时,应采用或模拟该安装条件。如果不存在典型安装条件,应采取措施,避免安装条件引起机床噪声的变化。

注:大多数情况下,被测机床的噪声发射取决于机床的支承和安装条件。

5.1.2　测量噪声前,机床应处于正常工作状态(常用或典型的),机床配置有夹持工件的附件(如卡盘)时,应装上随机的夹持附件。

5.1.3　测量噪声时,应包括机床结构元、部件,如电动机、变压器、控制系统、液压系统、冷却系统等噪声源的噪声。

5.1.4　测量噪声时,应有足够的空间使测量表面可以包络被测机床,并应避免机床噪声被周围物体反射的影响。机床与墙壁、周围其他可反射噪声的障碍物之间的距离一般应大于2 m。

5.1.5 测量噪声时，还应避免机床周围电磁场、振动、温度、湿度和直接吹向传声器的气流对测量结果的影响。

5.1.6 背景噪声一般在机床噪声测量前测量，测量位置、方法等与机床噪声的测量相同。

5.2 空载噪声测量

5.2.1 空载噪声在机床主运动正、反方向各级空运转速度下测量。用交换齿轮、皮带变速和无级变速的机床，应在其正、反方向的低、中、高速度下测量。

注：对主运动不能反方向运转的机床，只在其正方向上进行测量。

5.2.2 测量噪声时，机床的运动部件一般应处于运动状态，进给运动的进给速度应选常用的进给量。

5.3 工作噪声测量

工作噪声应在机床正常切削时测量，测量时切削功率宜达到约最大切削功率的 50%，不适合在此条件下测量时，可在适合它的工作条件下测量。预先规定了切削条件的机床，在规定的条件下测量。

6 测量方法

6.1 测量点位置

6.1.1 标准测量点位置

测量点位置沿机床周边布置，一般取机床正面、后面、两侧面共四个位置作标准测量点位置。

注1：具有噪声源的机床辅助设备如独立安装的液压站、冷却系统、气动系统、变压器等，均应作为机床的一部分，其安装位置应符合机床技术文件的规定。

注2：正常工作状态下，水平面内运动部件的位置变化的最大周边作为机床的周边。

6.1.2 辅助测点位置

当取标准测量点位置不充分时，应按下列规定增加辅助测点位置。

a) 对大型机床或自动生产线，沿机床周边每隔 5 m 左右的间距增加一个辅助测点位置。

b) 相邻两测量点位置的噪声测量值之差大于 5 dB(A)时，应在两测量点位置之间增加一个辅助测点位置。

c) 在标准测量点位置之外，测试人员沿机床周边用听力判断，认为有噪声特别大的位置，应将该位置作为一个辅助测点位置。

6.1.3 测量点距离

测量点距地面的高度为 1.55 m±0.075 m，距机床周边的水平距离为 1 m。操作者位置测量点距地面的高度：以站立操作为主的机床为 1.55 m±0.075 m，以坐式操作为主的机床为 0.8 m±0.05 m，操作者位置由制造厂商规定。

注1：地面是指机床正常安装后的工作地面。

注2：机床上的手轮、手柄、罩、盘等局部凸出部分不作为机床周边。

注3：测量点是指测量噪声时，声级计头部传声器放置的位置。

注4：操作者位置在（机床上的或地面上的）操作站台面上时，操作者位置测量点的高度是距操作站台面的高度。

6.2 传声器方向

测量噪声时，将传声器置于测量点，并水平面向噪声源。当机床上某个部位有一个以上的噪声源时，声级计还应在水平面内以这些噪声源的中间位置为基准方向，左右旋转一定的角度来测量，以便测得最大的噪声。

6.3 测量要求

机床噪声应采用声级计的 A[计权]声压级，并一般使用其特性的慢速(SLOW)档测量。

7 数据处理

7.1 机床噪声值

机床噪声值在各测量点噪声的测量值与背景噪声之差大于 10 dB(A)时不需修正；当该差值大于

6 dB(A)至 10 dB(A)时，机床噪声值按表 1 修正；当该差值小于或等于 6 dB(A)时，测量结果无效。如出现这种情况，应待测量环境更加安静时再测量。

注 1：测量值是指用声级计测量噪声时读取的噪声声压级。

注 2：机床噪声值是指在测量转速下某测量点机床的噪声声压级。

表 1　机床噪声测量值的修正　　单位为分贝(A)

测量值与背景噪声之差值	>10	>8～10	>6～8	≤6
修正值	0	0.5	1	
机床噪声值	测量值	测量值－0.5	测量值－1	无效(需重测)

7.2　测量值

7.2.1　噪声测量时声级计的指示值变化范围在 3 dB(A)以内时，取最大值(L_d)及最小值(L_x)的平均值(L_j)作为该测量点位置噪声的测量值。

7.2.2　噪声测量时声级计的指示值变化超过 3 dB(A)至 10 dB(A)而且变化不均匀时，只要大部分时间停留范围小于 3 dB(A)，噪声测量值仍按 7.2.1 的规定取平均值。

7.2.3　噪声测量时声级计的指示值变化超过 3 dB(A)至 10 dB(A)，在最大值及最小值之间没有明显的某个停留区域，则可认为均方声压在此范围内均匀变化，取最大值减去修正值作为该测量点位置噪声的测量值。噪声测量值的修正见表 2。

表 2　均方声压时噪声测量值的修正　　单位为分贝(A)

L_d-L_x	4	5	6	7	8	9	10
修正值	1.5	1.8	2	2.2	2.4	2.5	2.6
测量值	$L_d-1.5$	$L_d-1.8$	L_d-2	$L_d-2.2$	$L_d-2.4$	$L_d-2.5$	$L_d-2.6$

8　数据记录

8.1　数据记录

测量噪声时，对测量仪器、测量条件、测量点位置、各测量点位置的噪声测量值等均应详细记录，并有测量点位置的示意图。

8.2　记录内容及格式

典型机床(普通车床)噪声测量值的记录格式参见附录 A，其他机床噪声测量值的记录格式按附录 A 适当修改。生产、制造厂商在成批生产过程中机床噪声测量值的记录内容，可根据具体情况而定。

8.3　测量点的位置

典型机床(普通车床和龙门刨床)噪声测量点的位置示例见附录 B 中的图 B.1 和图 B.2。

9　评定原则

以各测量点的最大机床噪声值作为评定机床的噪声声压级值。

附　录　A
（资料性附录）
普通车床噪声测量值记录内容示例

A.1　被测机床

机床名称：　　　　　　　　　　　　　　　　机床型号：
出厂编号：　　　　　　　　　　　　　　　　机床规格：
主电机功率：　　　　　　　　　　　kW　机床重量：
机床外形尺寸：　　mm×　　mm×　　mm
制造厂名：

A.2　测量仪器

仪器名称：　　　　　　　　　　　　　　　　仪器型号：
传声器形式：　　　　　　　　　　　　　　　检定有效日期：

A.3　测量条件

A.3.1　空载噪声（噪声值最大时）

主轴转速：　　　　　　r/min　　进给速度：　　　　　mm/min

A.3.2　工作噪声

切削刀具
刀具名称：　　　　　　刀具材料：　　　　　主要尺寸：
切削试件
试件材料：　　　　　　试件尺寸：　　　　　试件硬度：　　　　热处理：
切削条件
主轴转速：　　　　　　r/min　　进给速度：　　　　　mm/min
切削深度：　　　　　　mm　　切削液：
切削功率/最大切削功率：　　　%

A.4　噪声测量值记录（见表 A.1）

测量地点：　　　　　　　　　　　　　　　　测量日期：　年　　月　　日　　时至　　时
传声器形式：　　　　　　　　　　　　　　　最大机床噪声值：　　　　　　　dB(A)

表 A.1　普通车床噪声声压级测量记录表

测量点位置	主轴转速 r/min	进给速度 mm/min	背景噪声 dB(A)	空载噪声		工作噪声		备注
				测量值 dB(A)	机床噪声值 dB(A)	测量值 dB(A)	机床噪声值 dB(A)	
1								
2								
注：5.2.1 规定的机床主运动每个空运转速度的噪声均应记录。								

A.5 测量结果

标准允差：	dB(A)	背景噪声：	dB(A)
机床噪声声压级值：	dB(A)	结论：	（合格或不合格）
测量人员：		测量日期：	年　　月　　日

附　录　B
（资料性附录）
普通车床和龙门刨床噪声测量点位置示例

B.1　测量点位置的标识

噪声测量点的位置采用如下标识。

⊗　标准测量点位置　　　◒　操作者位置　　　○　辅助测量点位置

B.2　测量点位置

普通车床和龙门刨床噪声测量点的位置(垂直投影)示例见图 B.1 和 B.2。

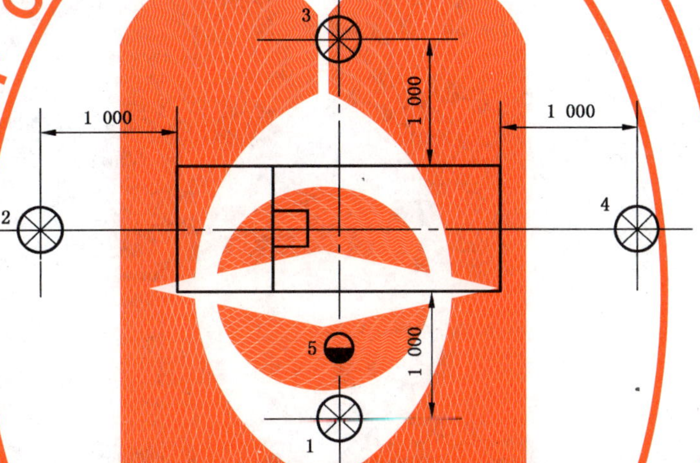

图 B.1　普通车床噪声测量点位置示意图

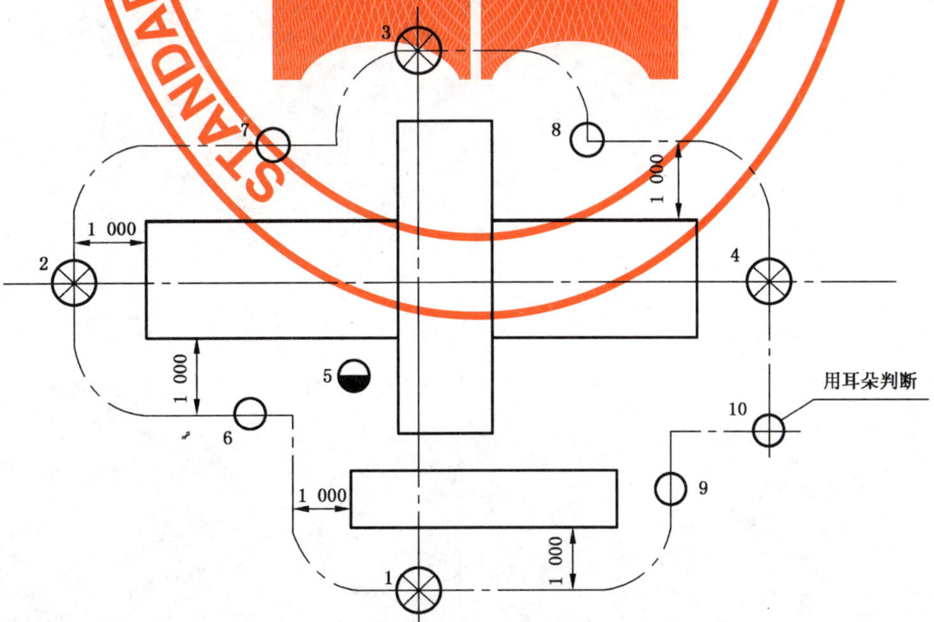

图 B.2　龙门刨床噪声测量点位置示意图

ICS 25.100.20
J 41

中华人民共和国国家标准

GB/T 16770.1—2008
代替 GB/T 16770.1—1997

整体硬质合金直柄立铣刀 第1部分:型式与尺寸

Solid hardmetal end mills with parallel shank—Part 1:Dimensions

(ISO 10911:1994,Solid hardmetal end mills with parallel shank—Dimensions,MOD)

2008-06-03 发布

2009-01-01 实施

中华人民共和国国家质量监督检验检疫总局
中国国家标准化管理委员会 发布

前　言

GB/T 16770《整体硬质合金直柄立铣刀》分为两个部分：

——第1部分：型式与尺寸；

——第2部分：技术条件。

本部分为GB/T 16770的第1部分。

本部分修改采用ISO 10911:1994《整体硬质合金直柄立铣刀　尺寸》。

本部分根据ISO 10911:1994重新起草。

本部分与ISO 10911:1994相比有下列技术差异：

——修改了前言；

——增加了柄部直径 d_2 的公差；

——修改了注及标记。

本部分是对GB/T 16770.1—1997《整体硬质合金直柄立铣刀　第1部分：型式和尺寸》的修订。

本部分与GB/T 16770.1—1997相比主要变化如下：

——修改了规范性引用文件；

——增加了柄部直径 d_2 的公差；

——修改了注及标记。

本部分由中国机械工业联合会提出。

本部分由全国刀具标准化技术委员会(SAC/TC 91)归口。

本部分起草单位：上海工具厂有限公司。

本部分主要起草人：张红、励政伟。

本部分所代替标准的历次版本发布情况为：

——GB/T 16770.1—1997。

整体硬质合金直柄立铣刀
第1部分:型式与尺寸

1 范围

GB/T 16770的本部分规定了整体硬质合金直柄立铣刀(以下简称立铣刀)的型式与尺寸。

本部分适用于直径1 mm~20 mm的立铣刀。

2 规范性引用文件

下列文件中的条款通过GB/T 16770的本部分的引用而成为本部分的条款。凡是注日期的引用文件,其随后所有的修改单(不包括勘误的内容)或修订版均不适用于本部分,然而,鼓励根据本部分达成协议的各方研究是否可使用这些文件的最新版本。凡是不注日期的引用文件,其最新版本适用于本部分。

GB/T 6131.1 铣刀直柄 第1部分:普通直柄型式和尺寸(GB/T 6131.1—2006,ISO 3338-1:1996,IDT)

GB/T 6131.2 铣刀直柄 第2部分:削平直柄型式和尺寸(GB/T 6131.2—2006,ISO 3338-2:2000,MOD)

3 型式与尺寸

3.1 立铣刀的型式与尺寸按图1中所示和表1中给出,柄部尺寸和偏差按GB/T 6131.1的规定。

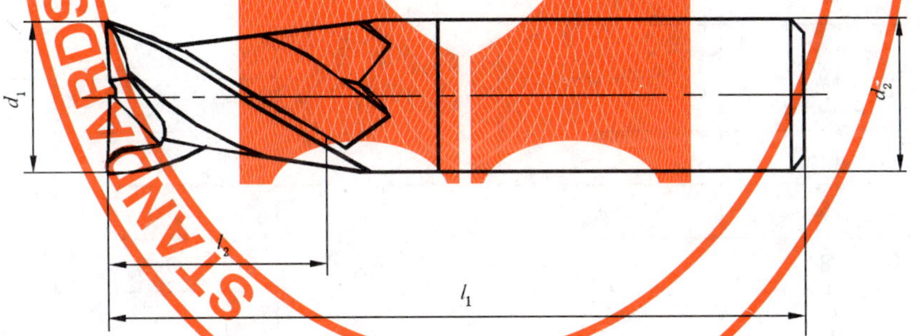

图1

表1

单位为毫米

直径 d_1 h10	柄部直径 d_2 h6	总长 l_1		刃长 l_2	
		基本尺寸	极限偏差	基本尺寸	极限偏差
1.0	3	38	$^{+2}_{0}$	3	$^{+1}_{0}$
	4	43			
1.5	3	38		4	
	4	43			

表 1（续）

单位为毫米

<table>
<tr><th rowspan="2">直　径
d_1
h10</th><th rowspan="2">柄部直径
d_2
h6</th><th colspan="2">总长
l_1</th><th colspan="2">刃长
l_2</th></tr>
<tr><th>基本尺寸</th><th>极限偏差</th><th>基本尺寸</th><th>极限偏差</th></tr>
<tr><td rowspan="2">2.0</td><td>3</td><td>38</td><td rowspan="20">$^{+2}_{0}$</td><td rowspan="2">7</td><td rowspan="8">$^{+1}_{0}$</td></tr>
<tr><td>4</td><td>43</td></tr>
<tr><td rowspan="2">2.5</td><td>3</td><td>38</td><td rowspan="2">8</td></tr>
<tr><td>4</td><td>57</td></tr>
<tr><td rowspan="2">3.0</td><td>3</td><td>38</td><td rowspan="2">8</td></tr>
<tr><td>6</td><td>57</td></tr>
<tr><td rowspan="2">3.5</td><td>4</td><td>43</td><td rowspan="2">10</td></tr>
<tr><td>6</td><td>57</td></tr>
<tr><td rowspan="2">4.0</td><td>4</td><td>43</td><td rowspan="2">11</td><td rowspan="10">$^{+1.5}_{0}$</td></tr>
<tr><td>6</td><td>57</td></tr>
<tr><td rowspan="2">5.0</td><td>5</td><td>47</td><td rowspan="2">13</td></tr>
<tr><td>6</td><td>57</td></tr>
<tr><td>6.0</td><td>6</td><td>57</td><td>13</td></tr>
<tr><td>7.0</td><td>8</td><td>63</td><td>16</td></tr>
<tr><td>8.0</td><td>8</td><td>63</td><td>19</td></tr>
<tr><td>9.0</td><td>10</td><td>72</td><td>19</td></tr>
<tr><td>10.0</td><td>10</td><td>72</td><td>22</td></tr>
<tr><td rowspan="2">12.0</td><td rowspan="2">12</td><td>76</td><td>22</td></tr>
<tr><td>83</td><td>26</td><td rowspan="5">$^{+2}_{0}$</td></tr>
<tr><td>14.0</td><td>14</td><td>83</td><td>26</td></tr>
<tr><td>16.0</td><td>16</td><td>89</td><td rowspan="3">$^{+3}_{0}$</td><td>32</td></tr>
<tr><td>18.0</td><td>18</td><td>92</td><td>32</td></tr>
<tr><td>20.0</td><td>20</td><td>101</td><td>38</td></tr>
<tr><td colspan="6">注 1：2 齿立铣刀中心刃切削(加工键槽)。3 齿或多齿立铣刀可以中心刃切削。
注 2：表内尺寸可按 GB/T 6131.2 做成削平直柄立铣刀。</td></tr>
</table>

3.2　标记示例

直径 d_1=5 mm，总长 l_1=47 mm 的直柄立铣刀。

整体硬质合金直柄立铣刀 5×47　GB/T 16770.1—2008

直径 d_1=5 mm，总长 l_1=57 mm 的削平直柄立铣刀。

整体硬质合金直柄立铣刀 5×57 削平柄　GB/T 16770.1—2008

注：中心刃切削的立铣刀应在规格前注明“端刃过中心”。

ICS 25.100.20
J 41

中华人民共和国国家标准

GB/T 16770.2—2008
代替 GB/T 16770.2—1997

整体硬质合金直柄立铣刀
第2部分:技术条件

**Solid hardmetal end mills with parallel shank—
Part 2:Technical specifications**

2008-06-03 发布　　2009-01-01 实施

中华人民共和国国家质量监督检验检疫总局
中国国家标准化管理委员会　发布

前　　言

GB/T 16770《整体硬质合金直柄立铣刀》分为两个部分：

——第1部分：型式与尺寸；

——第2部分：技术条件。

本部分为GB/T 16770的第2部分。

本部分是对GB/T 16770.2—1997《整体硬质合金直柄立铣刀　第2部分：技术规范》的修订。

本部分与GB/T 16770.2—1997相比主要变化如下：

——将技术规范改为技术条件；

——修改了规范性引用文件；

——工作部分圆柱度改为工作部分倒锥度；

——材料选用代号不作详细规定；

——对外观要求作了部分修改；

——取消了性能试验。

本部分由中国机械工业联合会提出。

本部分由全国刀具标准化技术委员会(SAC/TC 91)归口。

本部分起草单位：上海工具厂有限公司。

本部分主要起草人：张红、励政伟。

本部分所代替标准的历次版本发布情况为：

——GB/T 16770.2—1997。

整体硬质合金直柄立铣刀
第 2 部分:技术条件

1 范围

GB/T 16770 的本部分规定了整体硬质合金直柄立铣刀(以下简称立铣刀)的尺寸、材料、外观和表面粗糙度、标志和包装的技术条件。

本部分适用于直径 1 mm～20 mm 的直柄立铣刀。

2 规范性引用文件

下列文件中的条款通过 GB/T 16770 的本部分的引用而成为本部分的条款。凡是注日期的引用文件,其随后所有的修改单(不包括勘误的内容)或修订版均不适用于本部分,然而,鼓励根据本部分达成协议的各方研究是否可使用这些文件的最新版本。凡是不注日期的引用文件,其最新版本适用于本部分。

GB/T 2075 切削加工用硬切削材料的分类和用途 大组和用途小组的分类代号(GB/T 2075—2007,ISO 513:2004,IDT)

GB/T 6118—1996 立铣刀 技术条件

3 尺寸

立铣刀的形状和位置公差按表 1 规定。

表 1

单位为毫米

圆周刃对柄部轴线的径向圆跳动			端刃对柄部轴线的端面圆跳动	工作部分倒锥度
d_1	一转	相邻		
～6	0.012	0.006	0.020	0.010
>6～12	0.020	0.010		0.011
>12～20				0.015
注:圆跳动的检测方法按 GB/T 6118—1996 附录 A 的规定。				

4 材料

硬质合金材料按 GB/T 2075 选用。

5 外观和表面粗糙度

5.1 立铣刀切削刃应锋利,不应有崩刃,微裂纹等影响使用性能的缺陷。

5.2 立铣刀的表面粗糙度的上限值按下列规定:

——刀齿的前面和后面:$Rz3.2\ \mu m$;

——柄部外圆:$Ra0.4\ \mu m$。

6 标志和包装

6.1 标志

6.1.1 产品上应标志(柄部直径 $d_2 \leqslant 4$ mm 可以不标志):

a) 制造厂或销售商商标;

b) 立铣刀直径;

c) 硬质合金牌号或代号。

6.1.2 包装盒上应标志:

a) 制造厂或销售商名称、地址和商标;

b) 立铣刀标记;

c) 硬质合金牌号或代号;

d) 件数;

e) 制造年月。

注:如包装盒太小,可在合格证、说明书等包装内的文件上标志部分内容。

6.2 包装

立铣刀包装必须牢固,防止运输过程中的损伤。

ICS 73.040
D 26

中华人民共和国国家标准

GB/T 16773—2008
代替 GB/T 16773—1997

煤岩分析样品制备方法

Method of preparing coal samples for the coal petrographic analysis

(ISO 7404-2:1985,Methods for the petrographic analysis of bituminous coal and anthracite—Part 2:Method of preparing coal samples,MOD)

2008-07-29 发布　　2009-05-01 实施

中华人民共和国国家质量监督检验检疫总局
中国国家标准化管理委员会 发布

前　言

本标准修改采用ISO 7404-2:1985(E)《烟煤和无烟煤的煤岩分析方法——第2部分:煤样制备方法》(英文版)。

本标准根据ISO 7404-2:1985(E)重新起草。为了方便比较,在附录A中列出了本标准章条编号与ISO 7404-2:1985章条编号的对照一览表。

由于我国法律要求和实际情况,本标准在采用国际标准时进行了修改。这些技术性差异用垂直单线标识在它们所涉及的条款的页边空白处。附录B中给出了技术性差异及其原因的一览表以供参考。

为便于使用,本标准还做了下列编辑性修改:

a) “本国际标准”一词改为“本标准”;

b) 用小数点“.”代替作为小数点的逗号“,”;

c) 删除国际标准的前言和引言。

本标准代替GB/T 16773—1997《煤岩分析样品制备方法》。

本标准与GB/T 16773—1997相比的主要变化如下:

——按GB/T 1.1—2000《标准化工作导则　第1部分:标准的结构和编写规则》的要求,取消了GB/T 16773—1997中篇的编号,将原来一篇的内容作为一章编写。

——增加了定向块煤光片的制备方法。

——在范围中增加了“焦炭光片的制备也可参照使用”。

本标准的附录A、附录B为资料性附录。

本标准由中国煤炭工业协会提出。

本标准由全国煤炭标准化技术委员会归口。

本标准起草单位:煤炭科学研究总院西安研究院。

本标准主要起草人:肖文钊、钟玲文、惠雪梅。

本标准所代替标准的历次版本发布情况为:

——GB/T 16773—1997。

煤岩分析样品制备方法

1 范围

本标准规定了煤岩样品制备的材料、设备和制备步骤。

本标准适用于粉煤光片、块煤光片、煤岩薄片和光薄片的制备，焦炭光片的制备也可参照使用。

2 规范性引用文件

下列文件中的条款通过本标准的引用而成为本标准的条款。凡是注日期的引用文件，其随后所有的修改单(不包括勘误的内容)或修订版均不适用于本标准，然而，鼓励根据本标准达成协议的各方研究是否可使用这些文件的最新版本。凡是不注日期的引用文件，其最新版本适用于本标准。

GB/T 6003.1 金属丝编织网试验筛(GB/T 6003.1—1997,eqv ISO 3310-1:1990)

GB/T 12937 煤岩术语(GB/T 12937—2008,ISO 7404-1:1994,Methods for the petrographic analysis of bituminous coal and anthracite—Part 1:Vocabulary,MOD)

3 术语和定义

GB/T 12937 确立的术语和定义适用于本标准。

4 材料

4.1 黏结剂

4.1.1 冷胶黏结剂:1)不饱和聚酯树脂以及与之配套的固化剂[过氧化环已酮和二丁酯溶液(1+1)]和促进剂(钴皂液在苯乙烯中6%溶液);2)环氧树脂等。

4.1.2 热胶黏结剂:虫胶。

4.1.3 无荧光黏结剂:506粉或3#树脂。

4.1.4 煮胶配料:松香、石蜡、松节油。

4.1.5 玻璃载片用胶:501胶、502胶。

4.1.6 玻璃盖片用胶:光学树脂胶。

4.2 研磨料

180号、200号、320号碳化硅金刚砂;W20、W10、W5、W3.5、W1白刚玉粉;或碳化硅系列砂纸。

4.3 抛光料

粒度小于0.05 μm的酸性硅溶胶;最大粒度不超过0.1 μm的三氧化二铝粉。

4.4 抛光盘布

聚胺酯双层抛光布，或金丝绒、棉花绒布、双面华达呢、软牛皮等。

4.5 毛玻璃板

面积约为300 mm×300 mm，厚度5 mm以上。

4.6 玻璃棒、玻璃载片及玻璃盖片。

5 仪器设备

5.1 试验筛

符合 GB/T 6003.1 规定的方孔筛,孔径 1.0 mm 和 0.1 mm。

5.2 破碎机或研钵

适合于破碎 0.30 kg~0.45 kg 煤,使其通过试验筛(5.1),细小颗粒的量尽可能少。研磨机可以是人工操作或电动的。

5.3 托盘天平

感量 0.1 g。

5.4 镶嵌机

手动杠杆式镶嵌机,扭力矩式镶嵌机,液压镶嵌机或自动控温镶嵌机。

5.5 环状电加热器

尺寸见图 1。

应有与之配套的控温装置,可将温度控制在 100 ℃之内。

单位为毫米

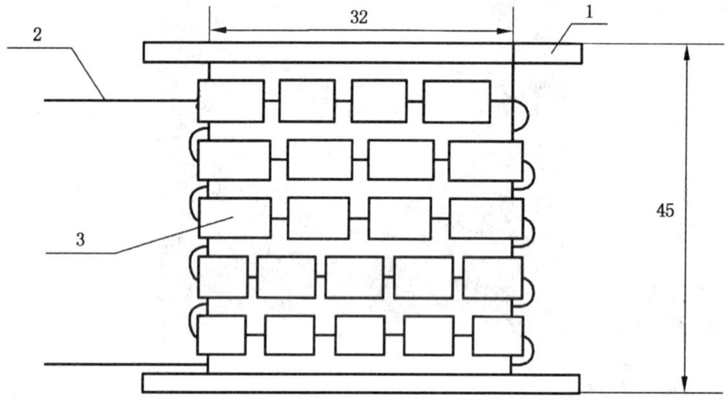

1——耐高温玻璃套;
2——电阻丝;
3——瓷管。

图 1 环状电加热器

5.6 热胶模具

有装煤和黏结剂混合物的环形盛样筒、推卸环、压实棒、成型模、底盘等。尺寸见图 2。

5.7 冷胶模具

煤砖鉴定面为长 25 mm 的测面,尺寸见图 3。

5.8 切片机

转速不低于 1 000 r/min,并附有直径 300 mm 的金刚石刀片。

5.9 磨片机

转速不低于 1 000 r/min,磨盘直径 250 mm 或 300 mm。

单位为毫米

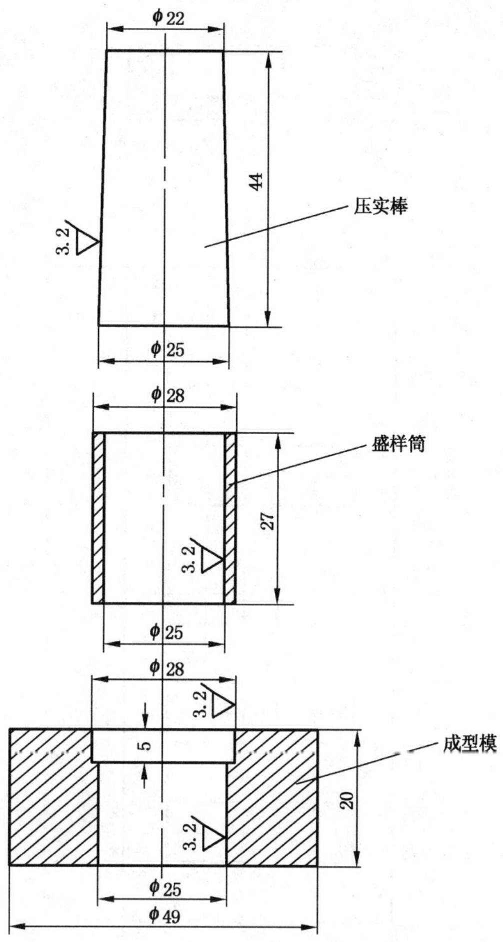

图 2　热胶模具

（以直径 25 mm 的煤砖为例）

5.10　抛光机

转速不低于 1 300 r/min，抛光盘直径 200 mm～300 mm。

5.11　光薄片夹具

尺寸见图 4。

5.12　超声波清洗器

水槽箱容积 0.8 L～2.0 L，频率不低于 30 kHz。

5.13　透光、反光两用显微镜

可放大 400 倍以上。

5.14　封闭式可调万能电炉

功率 1 kW。

单位为毫米

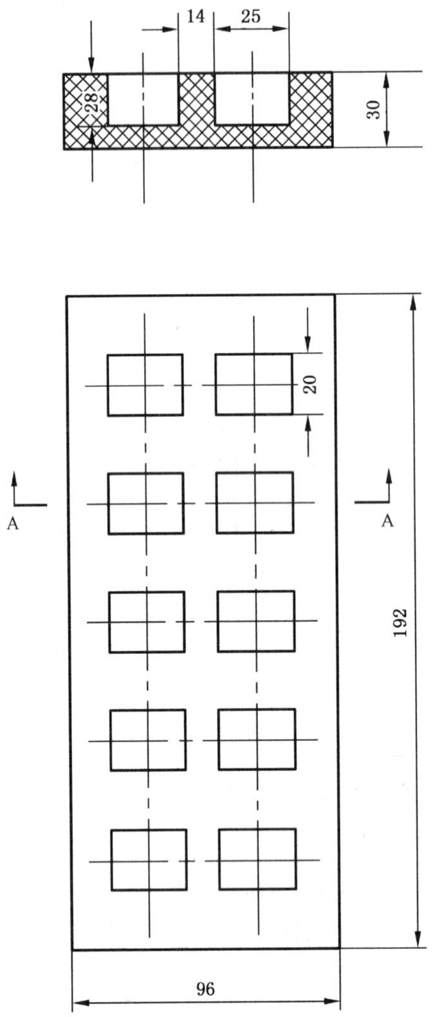

注：热胶模具和冷胶模具制作的煤砖鉴定面积不小于 600 mm^2。

图 3　冷胶模具

（以体积为 25 mm×20 mm×28 mm 的煤砖为例）

5.15　恒温箱

容积不小于 300 mm×300 mm×300 mm。

5.16　调压器

2 kW。

5.17　修饰台

5.18　温度计

0～150 ℃。

单位为毫米

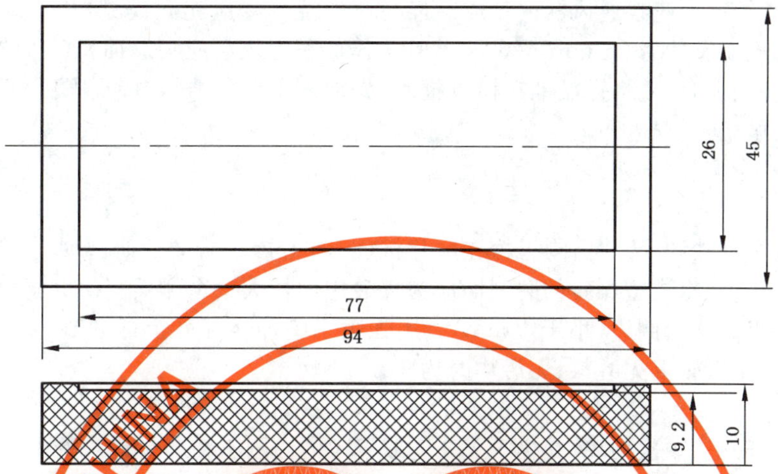

图4 光薄片夹具

6 粉煤光片的制备

6.1 方法提要

把破碎到规定粒度、有代表性的煤样，按一定比例与黏结剂混合，冷凝或加温压制成煤砖。然后将一个端面研磨、抛光成合格的光片。

6.2 粉煤样的制取

6.2.1 煤样的破碎

通过反复过筛和反复破碎筛上煤样，直至完全通过孔径1.0 mm的试验筛(5.1)，并使小于0.1 mm的煤样质量不超过10%(小于0.1 mm的颗粒不得弃去)。

6.2.2 煤样的缩制方法

称取上述粒度小于1.0 mm的空气干燥煤样100 g～200 g，用堆锥四分法将其缩分至10 g～20 g备用。

6.3 煤砖的制备

6.3.1 热胶法

6.3.1.1 按煤样与黏结剂(4.1.2)体积比2∶1取料，掺合均匀后拨入底部粘有纸的环形盛样筒(5.6)内。

6.3.1.2 将装有煤和黏结剂混合物的盛样筒放入环状电加热器(5.5)内加热，盛样筒内温度不应超过100 ℃，不断搅拌直至黏结剂完全熔融。

6.3.1.3 迅速将上述黏结剂完全熔融后的装有煤样混合物的盛样筒放入镶嵌机(5.4)内加压约3.5 MPa，停留约30 s，取出煤砖，编号。

6.3.1.4 及时清理模具和工具，以备下一煤砖的制作。

注：对褐煤特别是年青褐煤不宜使用热胶法。

6.3.2 冷胶法

6.3.2.1 不饱和聚酯树脂冷胶的配制：不饱和聚酯树脂与固化剂[过氧化环已酮和二丁酯溶液(1+1)]和促进剂(钴皂液在苯乙烯中6%溶液)大致按100∶4∶4的质量比进行配比。

6.3.2.2 称取煤样10 g倒入冷胶模具(5.7)槽内，将配制好的不饱和聚酯树脂给每个煤样槽内倒入7 g，边倒边搅拌，使煤、胶均匀混合，搅拌至胶变稠到可以阻止煤粒下沉时，停止搅拌，放置约2 h，为利于排出气泡，可用细钢针垂直地扎动未固结煤砖，待气泡排出后放入不高于60 ℃的恒温箱(5.15)内固结成煤砖，取出，编号。

6.3.2.3 配胶及胶结过程应在通风橱内完成。煤与胶的混合物应充满模具槽，以确保凝固、研磨和抛光之后粉煤光片的表面尺寸为 25 mm×25 mm，且工作面积上煤粒应占总面积的 2/3 以上。

6.3.2.4 当样品特别少时，先将样品铺在模具槽底，先加入少量黏结剂，待凝固后，再加黏结剂，以加高其厚度，便于研磨、抛光。

6.4 研磨

6.4.1 细磨

顺次用 320 号金刚砂和 W20 白刚玉粉在磨片机(5.9)上掺水研磨。研磨时，手执煤砖作与转盘旋转反向运作并稍加压力，冷成型煤砖的磨制面应为煤砖中的最大一个侧面。研磨至煤砖表面平整，煤颗粒显露时为止。将煤砖端面倒边(小于 1 mm)。用强喷水嘴冲净煤砖上的残砂，然后用超声波清洗器(5.12)清洗煤砖，直至煤砖上无磨料、无污物时为止。

6.4.2 精磨

在毛玻璃板(4.5)上，顺次用 W10、W5、W3.5 或 W1 的白刚玉粉与少许水的混合浆逐级研磨，每级研磨后的煤砖均需冲洗干净后方可进入下一道工序。精磨后的煤砖在斜射光下检查，要求煤砖光面无擦痕，有光泽感，无明暗之分，煤颗粒界线清晰。

注：以上两道工序亦可用碳化硅系列砂纸按不同粒度依次研磨至符合 6.4.2 的要求时为止。

6.5 抛光

6.5.1 细抛光

6.5.1.1 加抛光料

将抛光盘布(4.4)牢固地粘到抛光盘(5.10)上。

细抛光宜用三氧化二铝粉浆(4.3)作为抛光料。

为使抛光料均匀地分布在抛光布上，用毛笔浸满抛光浆，将毛笔尖从抛光盘中心开始接触抛光布，慢速均匀地沿一个方向向边缘挪动。

抛光一个煤砖过程中加抛光料的次数取决于煤的硬度，一般 3～6 次。

6.5.1.2 抛光操作方法

用手执粉煤光片，使其表面平行接触旋转的抛光盘。下片位置宜距抛光盘中心较近。

抛光煤砖有两种方法：一种是煤砖与抛光盘作反向旋转(煤砖的转速 20 r/min～30 r/min)；另一种是煤砖在抛光盘上左右摆动，同时不断地转动光片，以使煤砖表面抛光均匀，并无方向性划道。

起片前应减小施于煤砖上的压力。

6.5.2 精抛光

选择更细的抛光盘布，用酸性硅溶胶作抛光料。上料和抛光工艺与 6.5.1.1 和 6.5.1.2 一致。

细抛光和精抛光的每个工序完成后，均应用高压喷水嘴和超声波清洗器(5.12)将煤砖上的残渣和污物清洗干净。

注：抛光的全过程必须在防尘环境中进行。

6.6 抛光面检查

用×20～×50 的干物镜检查煤砖抛光面，抛光面应满足下列要求：

a) 表面平整，无明显突起、凹痕；

b) 煤颗粒表面显微组分界线清晰、无明显划道；

c) 表面清洁、无污点和磨料。

若抛光面未达到上述 a)到 b)的要求，应从 6.4.2 开始，重复上述工序一次。若抛光面未达到 c)的要求，则重新清洗一次。图 5 为合格的和有各种缺陷的粉煤光片抛光面示例。

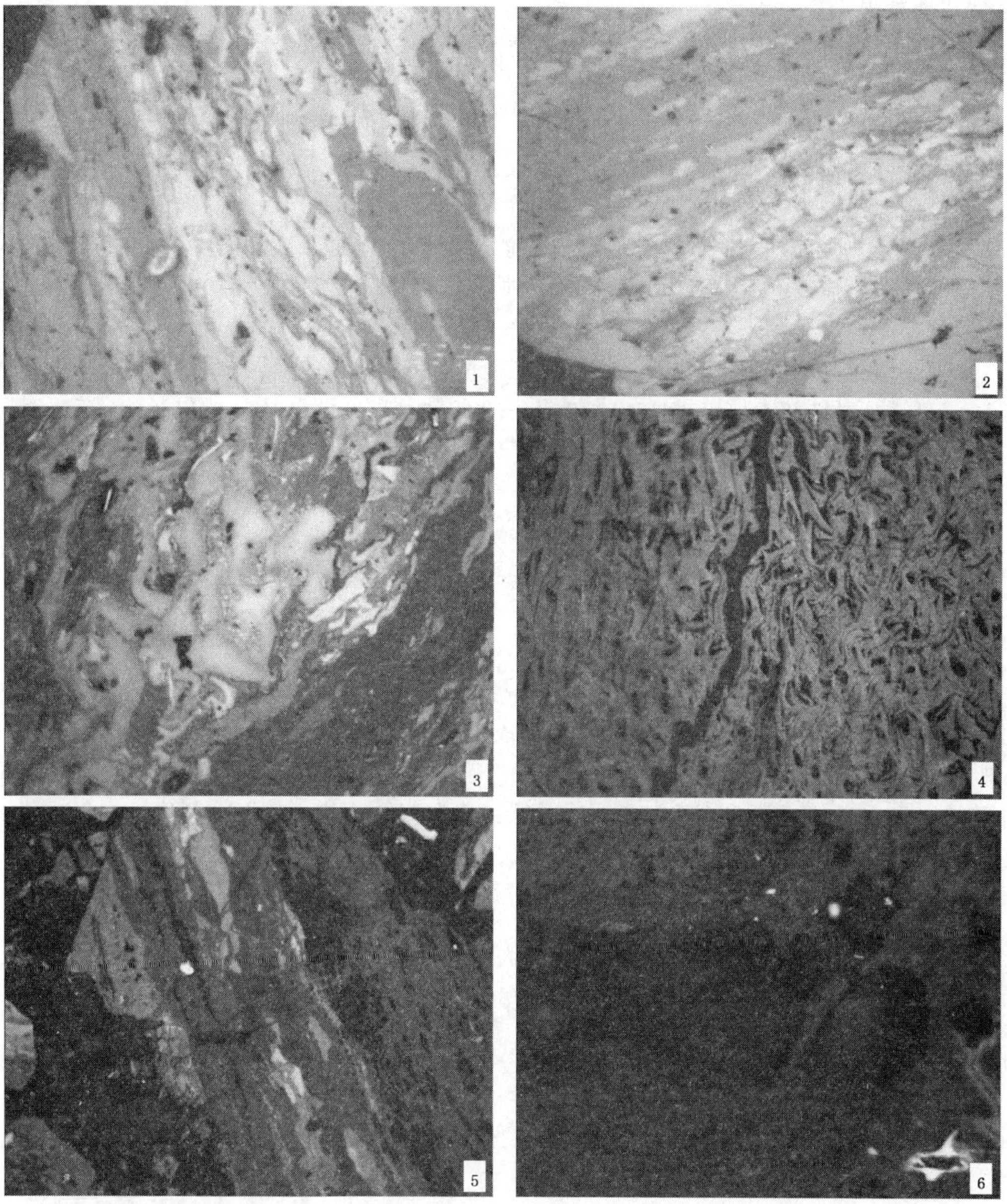

1——干物镜下符合要求的光片；
2——干物镜下见擦痕、小空洞的不符合要求的光片；
3——油浸物镜下符合要求的光片；
4——油浸物镜下符合要求的光片；
5——油浸物镜下见擦痕的不符合要求的光片；
6——油浸物镜下显示突起、麻点的不符合要求的光片。

图5 反射光下显示的合格粉煤光片和不合格的粉煤光片

7 块煤光片的制备

7.1 方法提要

将块煤煮胶、切片、研磨、抛光成合格的光片。褐煤块煤光片的制备可参照本方法，一般不宜直接煮胶，必要时可按7.2.1.2的方法干燥后再煮胶。

7.2 块煤加固

7.2.1 冷胶灌注法

7.2.1.1 将块煤样放在模具内。将配制好的黏结剂(6.3.2.1)倒入模具内或煤块研磨面上，使其渗入裂缝直至黏结剂凝固。

7.2.1.2 若煤样水分过大，灌注前应先在温度不高于60 ℃的恒温箱内干燥。

7.2.2 煮胶法

7.2.2.1 选取块煤样的目标部位，标明方向并编号，煤块过大或不规则时，应适当切下多余的或不规则的部分。如煤样易碎，应用纱布捆扎加固。

7.2.2.2 煮胶用黏结剂为松香与石蜡的混合物，其混合比一般为10∶1到10∶2，以胶能充分渗入到煤样的裂缝中为准。如果配的胶仍达不到要求，可加入少量松节油，用量为松香量的1/10或2/10。

7.2.2.3 用线绳或金属线的一端沿垂直层理的方向捆牢煤样。浸没在胶锅中，另一端系上标签并留在容器外。

7.2.2.4 容器中黏结剂的温度不应超过130 ℃，煮胶时间长短以黏结剂中煤样不再产生气泡为准。停止加温10 min后，从黏结剂中取出煤样。煮胶应在带有封闭式可调变压器的电炉上，在备有防火设备的通风柜中进行。一次配制的黏结剂可多次使用。当黏结剂的脆度增大不宜再适用时，可加入适量石蜡或重新配制新的黏结剂。

7.3 切片

沿垂直层面的方向，在切片机(5.8)上将煤样切成长40 mm、宽35 mm、厚15 mm的长方形煤块。如有特殊需要，则按所要求的规格切割样品。

7.4 研磨

7.4.1 粗磨

用180号或200号金刚砂研磨煤砖各面，使其成为平整的粗糙平面。

7.4.2 细磨和精磨

分别按6.4.1和6.4.2所述方法对需要在显微镜下鉴定的面进行细磨和精磨。

7.5 抛光

按6.5所述方法对需要在显微镜下鉴定的面进行抛光。

按6.6所述方法对抛光面的进行检查。

7.6 定向块煤光片的制备

7.6.1 制备定向块煤光片时，在样品制备的过程中均应清晰地标明样品的方向。定向块煤光片应对相互垂直的三个面(或两个面)进行抛光，其中一个面应基本平行于煤的层理面。

7.6.2 煤样的加固方法按7.2。

7.6.3 沿垂直层面的方向，在切片机上将煤样切成长、宽、厚均为(40±5)mm的长方形煤块。若样品本身尺寸较小时，其光片的尺寸可适当减小。

7.6.4 各抛光面的研磨方法同7.4。所有抛光面均研磨完成后才能进入下一工序。

7.6.5 各抛光面均按6.5抛光。抛光面的检查可参照6.6，但对其光洁度的要求可适当降低。

8 煤岩薄片的制备

8.1 方法提要

对中低煤化程度的块煤，通过加固、切片、研磨、粘片、再研磨、修饰、盖片等工序制成合格的薄片。

8.2 块煤加固

8.2.1 冷胶灌注法

按7.2.1所述方法对煤样进行冷胶灌注。

8.2.2 煮胶法

按7.2.2所述方法对煤样进行煮胶处理。

8.3 切片

沿垂直层理的方向，在切片机(5.8)上将块煤切割成长45 mm、宽25 mm、厚15 mm的煤块。如有特殊需要，则按所要求的规格切割样品。

8.4　第一个面的研磨

按 7.4.1、6.4.1 和 6.4.2 所述方法分别对煤样的第一个面进行粗磨、细磨和精磨。若效果较差，还可按 6.5.1 进行细抛光。

8.5　粘片

8.5.1　冷粘

将黏结剂(4.1.5)均匀地滴在精磨或抛光好的、放置在工作台上的煤块粘合面上，使之与载玻璃片的毛面粘合，来回轻微推动块煤以驱走气泡并使胶均匀分布到整个粘合面。

8.5.2　热粘

加热载玻璃片及其上面的黏结剂(4.1.6)，待其充分熔化并均匀分布在载玻璃上后，将煤块的精磨面或抛光面与载玻璃粘合。轻微来回推动煤块使黏结剂均匀分布并驱走气泡。在常温下冷却凝固。

8.6　第二个面的研磨

8.6.1　粗磨

按 7.4.1 所述方法对粘到载玻璃片上的煤样的另一面进行粗磨。并磨至煤样厚度约 0.5 mm 时为止。

8.6.2　细磨

按 6.4.1 所述方法对上述粗磨面进行细磨。并磨至煤样厚度约 0.15 mm～0.20 mm，此时煤片开始出现透明的现象。

8.6.3　精磨

按 6.4.2 所述方法对上述细磨面进行精磨。磨至煤片全部基本透明、大致均匀、无划道、显微组分界线清晰、四角平整。

8.7　研磨时的注意事项

8.7.1　在上述两个面的每个研磨工序之前，应用喷水嘴和超声波清洗器(5.12)彻底清洗煤片。

8.7.2　研磨时，不能将煤片周围的胶磨掉，因胶可对煤片起保护作用。

8.7.3　研磨时，压力应加到煤片的中部。

8.8　煤岩薄片的质量要求

合格的煤岩薄片应达到：在 10 倍～20 倍的透光显微镜下，煤岩薄片应四角平整，厚度均匀，透明良好，无划道，显微组分界限清晰。

8.9　煤岩薄片的修饰

在修饰台(5.17)上，用软木条或玻璃棒沾上 W5、W3.5 或 W1 粒度的白刚玉粉浆对煤岩薄片进行修饰，将较厚的不均匀的部位研磨薄。直至达到 8.8 的要求时为止。

8.10　剔胶与整型

8.10.1　用锋利的小刀将载玻璃片上多余的胶剔除干净。

8.10.2　将煤岩薄片整形至尺寸不小于 32 mm×24 mm。

8.10.3　清洁并干燥薄片。

8.11　盖片

8.11.1　煮胶：将适量的光学树脂胶(4.1.6)放在坩埚内煮至不粘手、可拉成线时为止。

8.11.2　取适量上述已煮好的胶放在薄片上，并放上盖片，加热并推移盖片，以排除余胶和气泡，并使煤岩薄片与盖片之间的胶均匀分布。常温冷凝。

9　煤岩光薄片的制备

9.1　方法提要

对中低煤化程度的块煤，通过加固、切片、研磨、抛光、粘片、第二个面的研磨和抛光等工序制成合格的光薄片。

9.2 **块煤的加固切片和研磨**

煤岩光薄片的块煤加固、切片、研磨、粘片、第二个面的研磨、修饰、剔胶、整形与第7章所述煤岩薄片的制备方法相同,其不同点是光薄片精磨后的两个面均应抛光。

9.3 **光薄片的抛光**

9.3.1 光薄片抛光与块煤光片的方法一致。见6.5.1、6.5.2。但抛光时间比粉煤光片稍短,所加压力较小,以避免抛光面产生凸起。

9.3.2 光薄片第二个面的抛光应将其放入光薄片夹具(5.11)中进行,抛光过程中改变光薄片的方位时,应提起光薄片后再改变方位。

9.3.3 抛光盘的直径应不小于250 mm,抛光盘转速200 r/min~500 r/min。

9.4 光薄片的抛光质量要求与粉煤光片一致,见6.6;光薄片应整形至尺寸不小于32 mm×24 mm。

附 录 A
(资料性附录)
本标准章条编号与 ISO 7404-2:1985 章条编号对照

表 A.1 中给出了本标准章条编号与 ISO 7404-2:1985 的章条编号对照一览表。

表 A.1 本标准章条编号与 ISO 7404-2:1985 章条编号对照

本标准章条编号	ISO 7404-2:1985 国际标准章条编号
1	1
2	2
3	3
4.1	5.1 和 A.2.1
—	5.2 和 A.2.2
4.2	5.3 和 A.2.3
4.3	5.4 和 A.2.4
4.4	5.5 和 A.2.5
4.5、4.6	—
5.1、5.2	6.1、6.2
5.3	—
5.4	6.3 和 A.3.1
5.5、5.6	6.4 和 A.3.2、A.3.3
5.7	6.5 和 A.3.4
5.8	—
5.9、5.10	6.6 和 A.3.5
5.11	—
5.12	6.7 和 A.3.6
5.13、5.14	—
5.15	6.8 和 A.3.7、A.3.8
5.16、5.17	—
5.18	A.3.9
6.1	4
6.2	7.1
6.3	7.2 和 A.4.1
6.4、6.5	7.3 和 A.4.2、A.4.3
6.6	7.4
—	7.5、7.6
—	A.1
7、8、9	—
附录 A	—
附录 B	—

附　录　B
（资料性附录）
本标准与 ISO 7404-2:1985 技术性差异及其原因

表 B.1 中给出了本标准与 ISO 7404-2:1985 的技术性差异及其原因的一览表。

表 B.1　本标准与 ISO 7404-2:1985 技术性差异及其原因

本标准的章条编号	技术性差异	原　　因
1	增加了块煤光片、煤岩薄片、光薄片的制备方法	有利于标准的推广应用
2	删除了“ISO 1988 硬煤——采样”	将粉煤样的制取方法直接写入本标准的 6.2
4.1	增加了“无荧光黏结剂”	用于制作荧光分析光片
—	删除了 ISO 7404-2 的“磨具”和“脱膜剂”两条	我国制备粉煤光片一般不用磨具和脱膜剂
4.2	将金刚砂、白刚玉粉与碳化硅砂纸同时使用	用金刚砂、白刚玉粉更符合我国实际情况
4.5	增加了毛玻璃板	与白刚玉粉配合使用
4.6	增加了玻璃棒、玻璃载片及玻璃盖片	用于制作煤岩薄片
5.3	增加了“托盘天平”	用于准确配制黏结剂
5.8	增加了“切片机”	用于制备块煤光片、薄片及光薄片
5.11	增加了“光薄片夹具”	用于制备光薄片
5.13	增加了“显微镜”	用显微镜检查抛光面质量
5.14	增加了“封闭式可调万能电炉”	用于热胶制备粉煤光片时加热
5.16	增加了“调压器”	用于热胶制备粉煤光片时调节温度
5.17	增加了“修饰台”	用于制备薄片、光薄片
—	删除了 ISO 7404-2 的“反射率分析样的保存期”和“煤砖的重复检测”两条	将该内容放入其他国家标准中
4.1 至 6.5	将 ISO 7404-2 附录 A(资料性附录)的内容放入到标准正文中	ISO 7404-2 的附录 A 与其正文多数地方相似(技术内容重复)
6.2 至 6.6	用国内常用的工艺流程代替 ISO 7404-2 第 7 章和附录 A 中推荐的工序。技术上无明显差异	符合我国实际情况，有利于操作，不影响光片的质量
7	增加了块煤光片的制备方法	有利于标准的推广应用
8	增加了煤岩薄片的制备方法	有利于标准的推广应用
9	增加了光薄片的制备方法	有利于标准的推广应用

ICS 91.120.30
Q 17

中华人民共和国国家标准

GB/T 16777—2008
代替 GB/T 16777—1997

建筑防水涂料试验方法

Test methods for building waterproofing coatings

2008-06-30 发布　　2009-04-01 实施

中华人民共和国国家质量监督检验检疫总局
中国国家标准化管理委员会　发布

前 言

本标准与JIS A6021—2000《建筑用防水涂料》的一致性程度为非等效。

本标准代替GB/T 16777—1997《建筑防水涂料试验方法》。

本标准与GB/T 16777—1997的主要区别是：

——增加涂膜制备，调整了水乳型涂膜的成膜方法，增加了潮湿基面粘结强度、撕裂强度项目(本版的第4、8、10章)；

——固体含量、干燥时间试验方法进行了调整(1997版的第4、12章，本版的第5、16章)；

——粘结强度增加了A法(1997版的第6章，本版的第7章)；

——删除了延伸性试验项目(1997版的第7章)；

——拉伸性能试验删除了紫外线处理(1997版的第8章，本版的第9章)；

——低温柔性分为低温柔性、低温弯折性项目(1997版的第10章，本版的第13、14章)。

本标准由中国建筑材料联合会提出。

本标准由全国轻质与装饰装修建筑材料标准化技术委员会(SAC/TC 195)归口。

本标准负责起草单位：中国化学建筑材料公司苏州防水材料研究设计所。

本标准参加起草单位：上海市建筑科学研究院(集团)有限公司、北京市建筑材料科学研究院、北京东方雨虹防水技术股份有限公司、四川省宏源防水工程有限公司、大连细扬防水工程集团有限公司、上海汇丽涂料有限公司。

本标准委托中国化学建筑材料公司苏州防水材料研究设计所负责解释。

本标准主要起草人：朱志远、檀春丽、将勤逸、陈文洁、朱晓华、许渊、胡蔚儒、樊细扬、王澜、周荣。

本标准委托中国化学建筑材料公司苏州防水材料研究设计所负责解释。

本标准于1997年首次发布。

建筑防水涂料试验方法

1 范围

本标准规定了建筑防水涂料的标准试验条件、涂膜制备、固体含量、耐热性、粘结强度、潮湿基面粘结强度、拉伸性能、撕裂强度、定伸时老化、加热伸缩率、低温柔性、不透水性、干燥时间等性能的试验方法。

本标准适用于建筑防水涂料。

2 规范性引用文件

下列文件中的条款通过本标准的引用而成为本标准的条款。凡是注日期的引用文件，其随后所有的修改单(不包括勘误的内容)或修订版均不适用于本标准，然而，鼓励根据本标准达成协议的各方研究是否可使用这些文件的最新版本。凡是不注日期的引用文件，其最新版本适用于本标准。

GB/T328.10—2007　建筑防水卷材试验方法　第10部分：沥青和高分子防水卷材　不透水性

GB/T 528　硫化橡胶或热塑性橡胶拉伸应力应变性能的测定(GB/T 528—1998,ISO 37:1994 eqv)

GB/T 529—1999　硫化橡胶或热塑性橡胶撕裂强度的测定(裤形、直角形和新月形试样)(ISO 34-1:1994 eqv)

GB/T 18244　建筑防水材料老化试验方法

3 标准试验条件

实验室标准试验条件为：温度：(23±2)℃，相对湿度：(50±10)%。

严格条件可选择温度：(23±2)℃，相对湿度：(50±5)%。

4 涂膜制备

4.1 试验器具

4.1.1　涂膜模框：如图1所示。

4.1.2　电热鼓风烘箱：控温精度±2 ℃。

4.2 试验步骤

4.2.1　试验前模框、工具、涂料应在标准试验条件下放置24 h以上。

4.2.2　称取所需的试验样品量，保证最终涂膜厚度(1.5±0.2) mm。

单组分防水涂料应将其混合均匀作为试料，多组分防水涂料应生产厂规定的配比精确称量后，将其混合均匀作为试料。在必要时可以按生产厂家指定的量添加稀释剂，当稀释剂的添加量有范围时，取其中间值。将产品混合后充分搅拌5 min，在不混入气泡的情况下倒入模框中。模框不得翘曲且表面平滑，为便于脱模，涂覆前可用脱模剂处理。样品按生产厂的要求一次或多次涂覆(最多三次，每次间隔不超过24 h)，最后一次将表面刮平，然后按表1进行养护。

表1　涂膜制备的养护条件

分类		脱模前的养护条件	脱模后的养护条件
水性	沥青类	在标准条件120 h	(40±2)℃48 h后，标准条件4 h
	高分子类	在标准条件96 h	(40±2)℃48 h后，标准条件4 h
溶剂型、反应型		标准条件96 h	标准条件72 h

应按要求及时脱模，脱模后将涂膜翻面养护，脱模过程中应避免损伤涂膜。为便于脱模可在低温下进行，但脱模温度不能低于低温柔性的温度。

单位为毫米

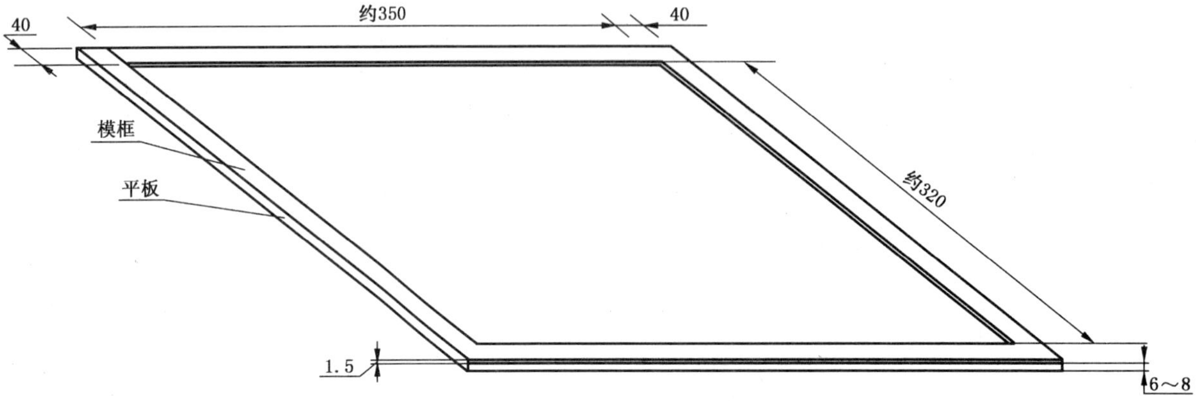

图 1　涂膜模框示意图

4.2.3　检查涂膜外观。从表面光滑平整、无明显气泡的涂膜上按表 2 规定裁取试件。

表 2　试件形状(尺寸)及数量

项　　目		试件形状(尺寸/mm)	数量/个
拉伸性能		符合 GB/T 528 规定的哑铃Ⅰ型	5
撕裂强度		符合 GB/T 529—1999 中 5.1.2 规定的无割口直角形	5
低温弯折性、低温柔性		100×25	3
不透水性		150×150	3
加热伸缩率		300×30	3
定伸时老化	热处理	符合 GB/T 528 规定的哑铃Ⅰ型	3
	人工气候老化		3
热处理	拉伸性能	120×25，处理后取出再裁取符合 GB/T 528 规定的哑铃Ⅰ型	6
	低温弯折性、低温柔性	100×25	3
碱处理	拉伸性能	120×25，处理后取出再裁取符合 GB/T 528 规定的哑铃Ⅰ型	6
	低温弯折性、低温柔性	100×25	3
酸处理	拉伸性能	120×25，处理后取出再裁取符合 GB/T 528 规定的哑铃Ⅰ型	6
	低温弯折性、低温柔性	100×25	3
紫外线处理	拉伸性能	120×25，处理后取出再裁取符合 GB/T 528 规定的哑铃Ⅰ型	6
	低温弯折性、低温柔性	100×25	3
人工气候老化	拉伸性能	120×25，处理后取出再裁取符合 GB/T 528 规定的哑铃Ⅰ型	6
	低温弯折性、低温柔性	100×25	3

5　固体含量

5.1　试验器具

5.1.1　天平：感量 0.001 g。

5.1.2 电热鼓风烘箱：控温精度±2 ℃。

5.1.3 干燥器：内放变色硅胶或无水氯化钙。

5.1.4 培养皿：直径(60～75)mm。

5.2 试验步骤

将样品(对于固体含量试验不能添加稀释剂)搅匀后，取(6±1)g的样品倒入已干燥称量的培养皿(m_0)中并铺平底部，立即称量(m_1)，再放入到加热到表3规定温度的烘箱中，恒温3 h，取出放入干燥器中，在标准试验条件下冷却2 h，然后称量(m_2)。对于反应型涂料，应在称量(m_1)后在标准试验条件下放置24 h，再放入烘箱。

表3 涂料加热温度

涂料种类	水性	溶剂型、反应型
加热温度/℃	105±2	120±2

5.3 结果计算

固体含量按式(1)计算：

$$X=\frac{m_2-m_0}{m_1-m_0}\times 100 \qquad \cdots\cdots(1)$$

式中：

X——固体含量(质量分数)，%；

m_0——培养皿质量，单位为克(g)；

m_1——干燥前试样和培养皿质量，单位为克(g)；

m_2——干燥后试样和培养皿质量，单位为克(g)。

试验结果取两次平行试验的平均值，结果计算精确到1%。

5.4 试验报告

试验报告包括如下信息：

a) 本标准章节编号；

b) 确定试验产品的所有必要细节；

c) 制备试件信息；

d) 试验温度和时间；

e) 试验结果；

f) 试验过程中采用方法的差异或遇到的异常；

g) 试验日期。

6 耐热性

6.1 试验器具

6.1.1 电热鼓风烘箱：控温精度±2 ℃。

6.1.2 铝板：厚度不小于2 mm，面积大于100 mm×50 mm，中间上部有一小孔，便于悬挂。

6.2 试验步骤

将样品搅匀后，将样品按生产厂的要求分2～3次涂覆(每次间隔不超过24 h)在已清洁干净的铝板上，涂覆面积为100 mm×50 mm，总厚度1.5 mm，最后一次将表面刮平，按表1条件进行养护，不需要脱模。然后将铝板垂直悬挂在已调节到规定温度的电热鼓风干燥箱内，试件与干燥箱壁间的距离不小于50 mm，试件的中心宜与温度计的探头在同一位置，在规定温度下放置5 h后取出，观察表面现象。共试验3个试件。

6.3 结果评定

试验后所有试件都不应产生流淌、滑动、滴落，试件表面无密集气泡。

6.4 试验报告

试验报告包括如下信息：

a） 本标准章节编号；

b） 确定试验产品的所有必要细节；

c） 制备试件信息；

d） 试验温度和时间；

e） 试验结果；

f） 试验过程中采用方法的差异或遇到的异常；

g） 试验日期。

7 粘结强度

7.1 A法

7.1.1 试验器具

7.1.1.1 拉伸试验机：测量值在量程的(15～85)%之间，示值精度不低于1%，拉伸速度(5±1) mm/min。

7.1.1.2 电热鼓风烘箱：控温精度±2 ℃。

7.1.1.3 拉伸专用金属夹具：上夹具、下夹具、垫板如图2、图3、图4所示。

单位为毫米

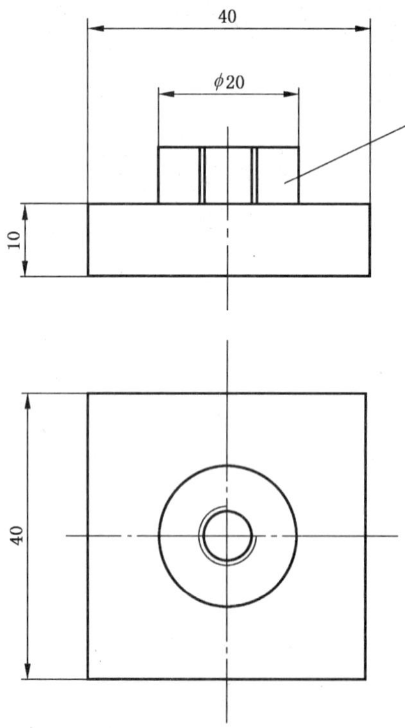

图2 拉伸用上夹具

单位为毫米

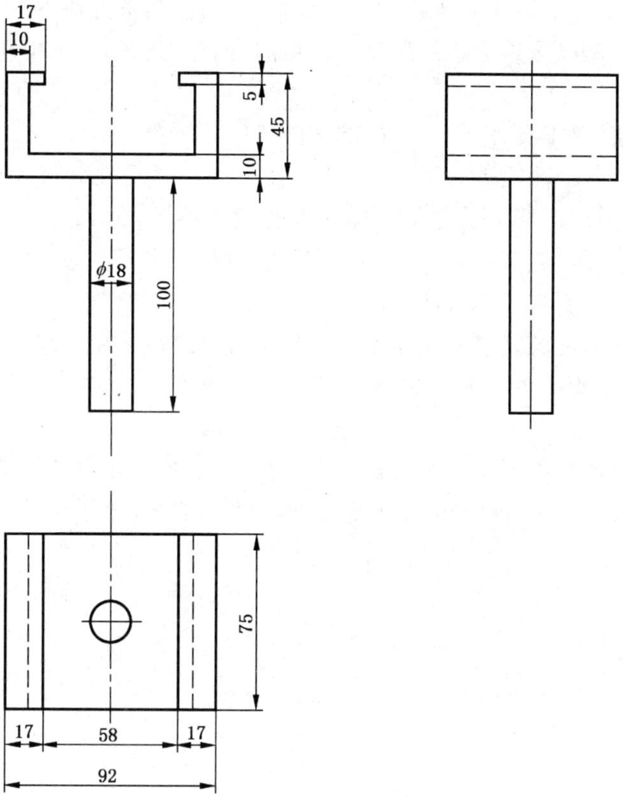

图 3　拉伸用下夹具

单位为毫米

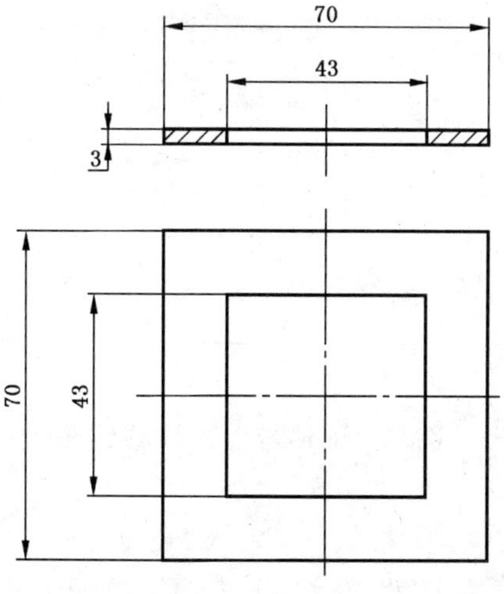

图 4　拉伸用垫板

7.1.1.4　水泥砂浆块：尺寸(70×70×20)mm。采用强度等级 42.5 的普通硅酸盐水泥，将水泥、中砂按照质量比 1∶1 加入砂浆搅拌机中搅拌，加水量以砂浆稠度(70～90)mm 为准，倒入模框中振实抹平，然后移入养护室，1 d 后脱模，水中养护 10 d 后再在(50±2)℃的烘箱中干燥(24±0.5)h，取出在标准条件下放置备用，去除砂浆试块成型面的浮浆、浮砂、灰尘等，同样制备五块砂浆试块。

7.1.1.5　高强度胶粘剂：难以渗透涂膜的高强度胶粘剂，推荐无溶剂环氧树脂。

7.1.2　试验步骤

试验前制备好的砂浆块、工具、涂料应在标准试验条件下放置 24 h 以上。

取五块砂浆块用 2 号砂纸清除表面浮浆，必要时按生产厂要求在砂浆块的成型面[(70×70)mm]上涂刷底涂料，干燥后按生产厂要求的比例将样品混合后搅拌 5 min(单组分防水涂料样品直接使用)涂抹在成型面上，涂膜的厚度(0.5～1.0)mm(可分两次涂覆，间隔不超过 24 h)。然后将制得的试件按表 1 要求养护，不需要脱模，制备五个试件。

将养护后的试件用高强度胶粘剂将拉伸用上夹具与涂料面粘贴在一起，如图 5 所示，小心的除去周围溢出的胶粘剂，在标准试验条件下水平放置养护 24 h。然后沿上夹具边缘一圈用刀切割涂膜至基层，使试验面积为(40×40)mm。

将粘有拉伸用上夹具的试件如图 6 所示安装在试验机上，保持试件表面垂直方向的中线与试验机夹具中心在一条线上，以(5±1)mm/min 的速度拉伸至试件破坏，记录试件的最大拉力。试验温度为(23±2)℃。

单位为毫米

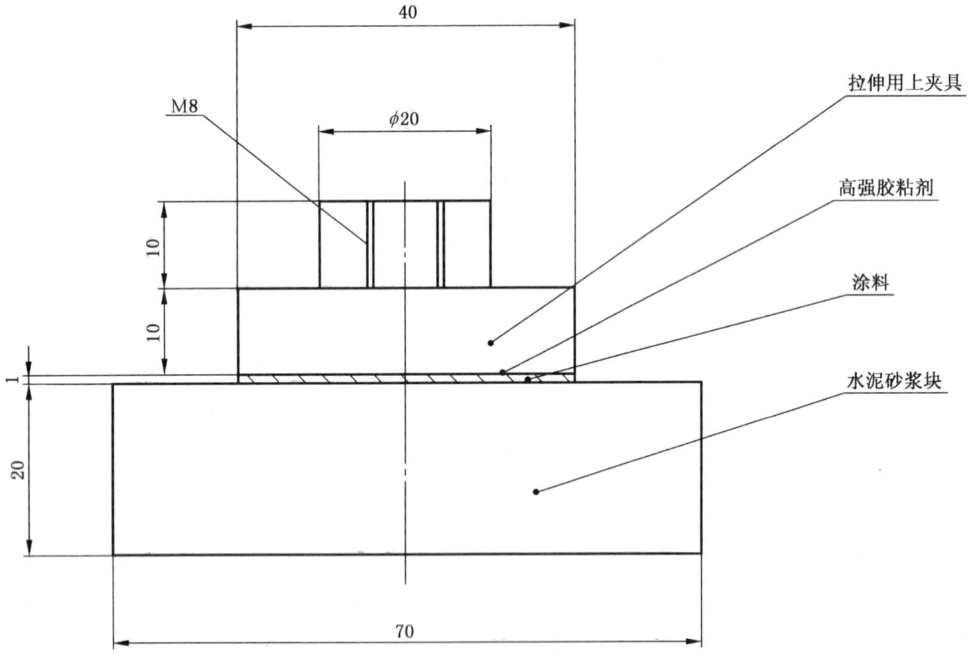

图 5　试件与上夹具粘结图

7.2　B 法

7.2.1　试验器具

7.2.1.1　拉伸试验机：测量值在量程的(15～85)%之间，示值精度不低于 1%，拉伸速度(5±1)mm/min。

7.2.1.2　电热鼓风烘箱：控温精度±2 ℃。

7.2.1.3　“8”字形金属模具：如图 7 所示，中间用插片分成两半。

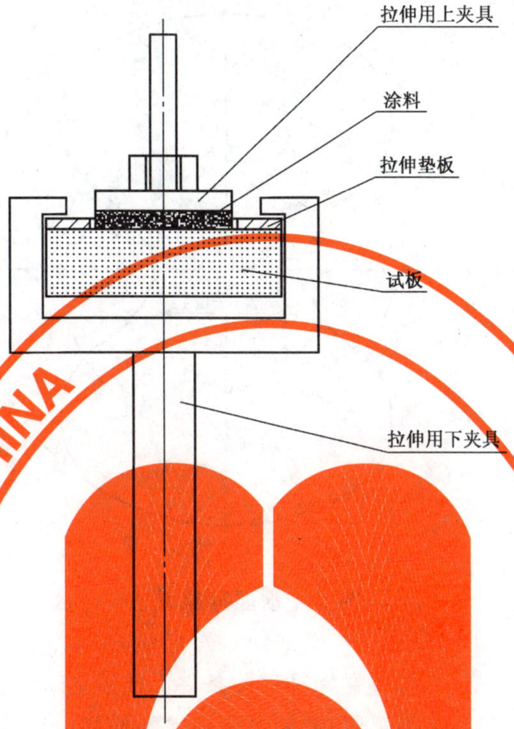

图 6 试件与夹具装配图

单位为毫米

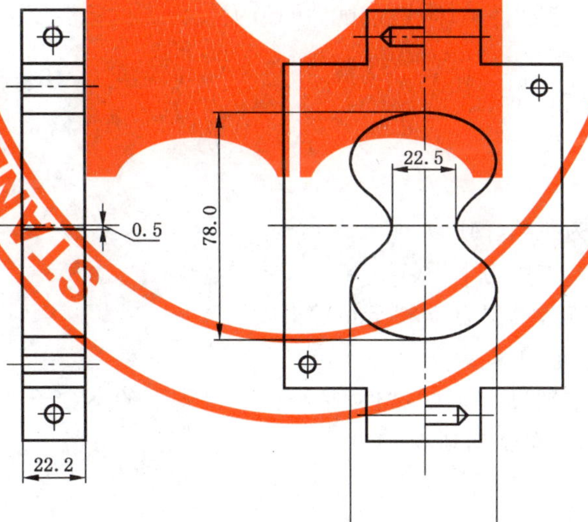

图 7 “8”字形金属模具

7.2.1.4 粘结基材：“8”字形水泥砂浆块，如图 8 所示。采用强度等级 42.5 的普通硅酸盐水泥，将水泥、中砂按照质量比 1：1 加入砂浆搅拌机中搅拌，加水量以砂浆稠度(70～90)mm 为准，倒入模框中振实抹平，然后移入养护室，1 d 后脱模，水中养护 10 d 后再在(50±2)℃的烘箱中干燥(24±0.5)h，取出在标准条件下放置备用，同样制备五对砂浆试块。

单位为毫米

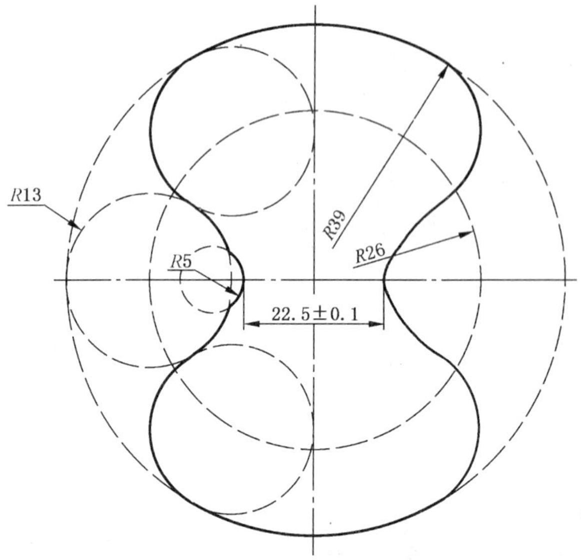

图 8 水泥砂浆块

7.2.2 试验步骤

试验前制备好的砂浆块、工具、涂料应在标准试验条件下放置 24 h 以上。

取五对砂浆块用 2 号砂纸清除表面浮浆，必要时先将涂料稀释后在砂浆块的断面上打底，干燥后按生产厂要求的比例将样品混合后搅拌 5 min(单组分防水涂料样品直接使用)涂抹在成型面上，将两个砂浆块断面对接，压紧，砂浆块间涂料的厚度不超过 0.5 mm。然后将制得的试件按表 1 要求养护，不需要脱模，制备五个试件。

将试件安装在试验机上，保持试件表面垂直方向的中线与试验机夹具中心在一条线上，以(5±1)mm/min的速度拉伸至试件破坏，记录试件的最大拉力。试验温度为(23±2)℃。

7.3 结果计算

粘结强度按式(2)计算：

$$\sigma = F/(a \times b) \qquad \cdots\cdots(2)$$

式中：

σ——粘结强度，单位为兆帕(MPa)；

F——试件的最大拉力，单位为牛顿(N)；

a——试件粘结面的长度，单位为毫米(mm)；

b——试件粘结面的宽度，单位为毫米(mm)。

去除表面未被粘住面积超过 20%的试件，粘结强度以剩下的不少于 3 个试件的算术平均值表示，不足三个试件应重新试验，结果精确到 0.01 MPa。

7.4 试验报告

试验报告包括如下信息：

a) 本标准章节编号；

b) 确定试验产品的所有必要细节；

c) 制备试件信息；

d) 采用的方法类型；

e) 试验结果；

f) 试验过程中采用方法的差异或遇到的异常；

g) 试验日期。

8 潮湿基面粘结强度

按7.2制备"8"字形砂浆块。取5对养护好的水泥砂浆块，用2号砂纸清除表面浮浆，将砂浆块浸入(23±2)℃的水中浸泡24 h。将在标准试验条件下已放置24 h的样品按生产厂要求的比例混合后搅拌5 min(单组分防水涂料样品直接使用)。从水中取出砂浆块用湿毛巾揩去水渍，晾置5 min后，在砂浆块的断面上涂抹准备好的涂料，将两个砂浆块断面对接、压紧，砂浆块间涂料的厚度不超过0.5 mm，在标准试验条件下放置4 h。然后将制得的试件进行养护，条件为温度(20±1)℃，相对湿度不小于90%，养护168 h。制备五个试件。

将养护好的试件在标准试验条件下放置2 h，将试件安装在试验机上，保持试件表面垂直方向的中线与试验机夹具中心在一条线上，以(5±1)mm/min的速度拉伸至试件破坏，记录试件的最大拉力。试验温度为(23±2)℃。

结果计算和试验报告按第7章。

9 拉伸性能

9.1 试验器具

9.1.1 拉伸试验机：测量值在量程的(15～85)%之间，示值精度不低于1%，伸长范围大于500 mm。

9.1.2 电热鼓风干燥箱：控温精度±2 ℃。

9.1.3 冲片机及符合GB/T 528要求的哑铃Ⅰ型裁刀。

9.1.4 紫外线箱：500 W直管汞灯，灯管与箱底平行，与试件表面的距离为(47～50)cm。

9.1.5 厚度计：接触面直径6 mm，单位面积压力0.02 MPa，分度值0.01 mm。

9.1.6 氙弧灯老化试验箱：符合GB/T 18244要求的氙弧灯老化试验箱。

9.2 试验步骤

9.2.1 无处理拉伸性能

将涂膜按表2要求，裁取符合GB/T 528要求的哑铃Ⅰ型试件，并划好间距25 mm的平行标线，用厚度计测量试件标线中间和两端三点的厚度，取其算术平均值作为试件厚度。调整拉伸试验机夹具间距约70 mm，将试件夹在试验机上，保持试件长度方向的中线与试验机夹具中心在一条线上，按表4的拉伸速度进行拉伸至断裂，记录试件断裂时的最大荷载(P)，断裂时标线间距离(L_1)，精确到0.1 mm，测试五个试件，若有试件断裂在标线外，应舍弃用备用件补测。

表4 拉伸速度

产品类型	拉伸速度/(mm/min)
高延伸率涂料	500
低延伸率涂料	200

9.2.2 热处理拉伸性能

将涂膜按表2要求裁取六个(120×25)mm矩形试件平放在隔离材料上，水平放入已达到规定温度的电热鼓风烘箱中，加热温度沥青类涂料为(70±2)℃，其他涂料为(80±2)℃。试件与箱壁间距不得少于50 mm，试件宜与温度计的探头在同一水平位置，在规定温度的电热鼓风烘箱中恒温(168±1)h取出，然后在标准试验条件下放置4 h，裁取符合GB/T 528要求的哑铃Ⅰ型试件，按9.2.1进行拉伸试验。

9.2.3 碱处理拉伸性能

在(23±2)℃时，在0.1%化学纯氢氧化钠(NaOH)溶液中，加入$Ca(OH)_2$试剂，并达到过饱和状态。

在600 mL该溶液中放入按表2裁取的六个(120×25)mm矩形试件，液面应高出试件表面10 mm

以上，连续浸泡(168±1)h取出，充分用水冲洗，擦干，在标准试验条件下放置4 h，裁取符合GB/T 528要求的哑铃Ⅰ型试件，按9.2.1进行拉伸试验。

对于水性涂料，浸泡取出擦干后，再在(60±2)℃的电热鼓风烘箱中放置6 h±15 min，取出在标准试验条件下放置(18±2)h，裁取符合GB/T 528要求的哑铃Ⅰ型试件，按9.2.1进行拉伸试验。

9.2.4 酸处理拉伸性能

在(23±2)℃时，在600 mL的2%化学纯硫酸(H_2SO_4)溶液中，放入按表2裁取的六个(120×25)mm矩形试件，液面应高出试件表面10 mm以上，连续浸泡(168±1)h取出，充分用水冲洗，擦干，在标准试验条件下放置4 h，裁取符合GB/T 528要求的哑铃Ⅰ型试件，按9.2.1进行拉伸试验。

对于水性涂料，浸泡取出擦干后，再在(60±2)℃的电热鼓风烘箱中放置6 h±15 min，取出在标准试验条件下放置(18±2)h，裁取符合GB/T 528要求的哑铃Ⅰ型试件，按9.2.1进行拉伸试验。

9.2.5 紫外线处理拉伸性能

按表2裁取的六个(120×25)mm矩形试件，将试件平放在釉面砖上，为了防粘，可在釉面砖表面撒滑石粉。将试件放入紫外线箱中，距试件表面50 mm左右的空间温度为(45±2)℃，恒温照射240 h。取出在标准试验条件下放置4 h，裁取符合GB/T 528要求的哑铃Ⅰ型试件，按9.2.1进行拉伸试验。

9.2.6 人工气候老化材料拉伸性能

按表2裁取的六个(120×25)mm矩形试件放入符合GB/T 18244要求的氙弧灯老化试验箱中，试验累计辐照能量为1 500 MJ^2/m^2(约720 h)后取出，擦干，在标准试验条件下放置4 h，裁取符合GB/T 528要求的哑铃Ⅰ型试件，按9.2.1进行拉伸试验。

对于水性涂料，取出擦干后，再在(60±2)℃的电热鼓风烘箱中放置6 h±15 min，取出在标准试验条件下放置(18±2)h，裁取符合GB/T 528要求的哑铃Ⅰ型试件，按9.2.1进行拉伸试验。

9.3 结果计算

9.3.1 拉伸强度

试件的拉伸强度按式(3)计算：

$$T_L = P/(B \times D) \quad \cdots\cdots(3)$$

式中：

T_L——拉伸强度，单位为兆帕(MPa)；

P——最大拉力，单位为牛顿(N)；

B——试件中间部位宽度，单位为毫米(mm)；

D——试件厚度，单位为毫米(mm)。

取五个试件的算术平均值作为试验结果，结果精确到0.01 MPa。

9.3.2 断裂伸长率

试件的断裂伸长率按式(4)计算：

$$E = (L_1 - L_0)/L_0 \times 100 \quad \cdots\cdots(4)$$

式中：

E——断裂伸长率，%；

L_0——试件起始标线间距离25 mm；

L_1——试件断裂时标线间距离，单位为毫米(mm)。

取五个试件的算术平均值作为试验结果，结果精确到1%。

9.3.3 保持率

拉伸性能保持率按式(5)计算：

$$R_t = (T_1/T) \times 100 \quad \cdots\cdots(5)$$

式中：

R_t——样品处理后拉伸性能保持率，%；

T——样品处理前平均拉伸强度；

T_1——样品处理后平均拉伸强度。

结果精确到1%。

9.4 试验报告

试验报告包括如下信息：

a) 本标准章节编号；

b) 确定试验产品的所有必要细节；

c) 制备试件信息；

d) 采用处理条件；

e) 拉伸速度；

f) 试验结果；

g) 试验过程中采用方法的差异或遇到的异常；

h) 试验日期。

10 撕裂强度

10.1 试验器具

10.1.1 拉伸试验机：测量值在量程的(15～85)%之间，示值精度不低于1%，伸长范围大于500 mm。

10.1.2 电热鼓风干燥箱：控温精度±2 ℃。

10.1.3 冲片机及符合GB/T 529—1999中5.1.2要求的直角撕裂裁刀。

10.1.4 厚度计：接触面直径6 mm，单位面积压力0.02 MPa，分度值0.01 mm。

10.2 试验步骤

将涂膜按表2要求，裁取符合GB/T 529—1999要求的无割口直角撕裂试件，用厚度计测量试件直角撕裂区域三点的厚度，取其算术平均值作为试件厚度。将试件夹在试验机上，保持试件长度方向的中线与试验机夹具中心在一条线上，按表4的拉伸速度进行拉伸至断裂，记录试件断裂时的最大荷载(P)，测试五个试件。

10.3 结果计算

试件的撕裂强度按式(6)计算：

$$T_S = P/d \tag{6}$$

式中：

T_S——撕裂强度，单位为千牛每米(kN/m)；

P——最大拉力，单位为牛顿(N)；

d——试件厚度，单位为毫米(mm)。

取五个试件的算术平均值作为试验结果，结果精确到0.1 kN/m。

10.4 试验报告

试验报告包括如下信息：

a) 本标准章节编号；

b) 确定试验产品的所有必要细节；

c) 制备试件信息；

d) 拉伸速度；

e) 试验结果；

f) 试验过程中采用方法的差异或遇到的异常；

g) 试验日期。

11 定伸时老化

11.1 试验器具

11.1.1 电热鼓风干燥箱:控温精度±2 ℃。

11.1.2 氙弧灯老化试验箱:符合 GB/T 18244 要求的氙弧灯老化试验箱。

11.1.3 冲片机及符合 GB/T 528 要求的哑铃Ⅰ型裁刀。

11.1.4 定伸保持器:能使标线间距离拉伸 100%以上。

11.2 试验步骤

11.2.1 加热老化

将涂膜按表 2 要求,裁取符合 GB/T 528 要求的哑铃Ⅰ型试件,并划好间距 25 mm 的平行标线,并使试件的标线间距离从 25 mm 拉伸至 50 mm,在标准试验条件下放置 24 h。然后将夹有试件的定伸保持器放入烘箱,加热温度沥青类涂料为(70±2)℃,其他涂料为(80±2)℃,水平放置 168 h 后取出。再在标准试验条件下放置 4 h,观测定伸保持器上的试件有无变形,并用 8 倍放大镜检查试件有无裂纹。同时试验三个试件,分别记录每个试件有无变形、裂纹。

11.2.2 人工气候老化

将涂膜按表 2 要求,裁取符合 GB/T 528 要求的哑铃Ⅰ型试件,并划好间距 25 mm 的平行标线,并使试件的标线间距离从 25 mm 拉伸至 37.5 mm,在标准试验条件下放置 24 h。然后将夹有试件的定伸保持器放入符合 GB/T 18244 要求的氙弧灯老化试验箱中,试验 250 h 后取出。再在标准试验条件下放置 4 h,观测定伸保持器上的试件有无变形,并用 8 倍放大镜检查试件有无裂纹。同时试验三个试件,分别记录每个试件有无变形、裂纹。

11.3 结果评定

每个试件应无裂纹、无变形。

11.4 试验报告

试验报告包括如下信息:

a) 本标准章节编号;

b) 确定试验产品的所有必要细节;

c) 制备试件信息;

d) 试验条件和时间;

e) 试验结果;

f) 试验过程中采用方法的差异或遇到的异常;

g) 试验日期。

12 加热伸缩率

12.1 试验器具

12.1.1 电热鼓风干燥箱:控温精度±2 ℃。

12.1.2 测长装置:精度至少 0.5 mm。

12.2 试验步骤

将涂膜按表 2 要求裁取(300×30)mm 试件三块,将试件在标准试验条件下水平放置 24 h,用测长装置测定每个试件长度(L_0)。将试件平放在撒有滑石粉的隔离纸上,水平放入已加热到规定温度的烘箱中,加热温度沥青类涂料为(70±2)℃,其他涂料为(80±2)℃,恒温(168±1)h 取出,在标准试验条件下放置 4 h,然后用测长装置在同一位置测定试件的长度(L_1),若试件有弯曲,用直尺压住后测量。

12.3 结果计算

加热伸缩率按式(7)计算:

$$S=(L_1-L_0)/L_0\times 100 \qquad \cdots\cdots(7)$$

式中：

S——加热伸缩率，%；

L_0——加热处理前长度，单位为毫米(mm)；

L_1——加热处理后长度，单位为毫米(mm)。

取三个试件的算术平均值作为试验结果，结果精确到0.1%。

12.4 试验报告

试验报告包括如下信息：

a) 本标准章节编号；

b) 确定试验产品的所有必要细节；制备试件信息；

c) 试验温度和时间；

d) 试验结果；

e) 试验过程中采用方法的差异或遇到的异常；

f) 试验日期。

13 低温柔性

13.1 试验器具

13.1.1 低温冰柜：控温精度±2 ℃。

13.1.2 圆棒或弯板：直径10 mm、20 mm、30 mm。

13.2 试验步骤

13.2.1 无处理

将涂膜按表2要求裁取(100×25)mm试件三块进行试验，将试件和弯板或圆棒放入已调节到规定温度的低温冰柜的冷冻液中，温度计探头应与试件在同一水平位置，在规定温度下保持1 h，然后在冷冻液中将试件绕圆棒或弯板在3 s内弯曲180°，弯曲三个试件(无上、下表面区分)，立即取出试件用肉眼观察试件表面有无裂纹、断裂。

13.2.2 热处理

将涂膜按表2要求裁取三个(100×25)mm矩形试件平放在隔离材料上，水平放入已达到规定温度的电热鼓风烘箱中，加热温度沥青类涂料为(70±2)℃，其他涂料为(80±2)℃。试件与箱壁间距不得少于50 mm，试件宜与温度计的探头在同一水平位置，在规定温度的电热鼓风烘箱中恒温(168±1)h取出，然后在标准试验条件下放置4 h，按13.2.1进行试验。

13.2.3 碱处理

在(23±2)℃时，在0.1%化学纯NaOH溶液中，加入$Ca(OH)_2$试剂，并达到过饱和状态。

在400 mL该溶液中放入按表2裁取的三个(100×25)mm试件，液面应高出试件表面10 mm以上，连续浸泡(168±1)h取出，充分用水冲洗，擦干，在标准试验条件下放置4 h，按13.2.1进行试验。

对于水性涂料，浸泡取出擦干后，再在(60±2)℃的电热鼓风烘箱中放置6 h±15 min，取出在标准试验条件下放置(18±2)h，按13.2.1进行试验。

13.2.4 酸处理

在(23±2)℃时，在400 mL的2%化学纯H_2SO_4溶液中，放入按表2裁取的三个(100×25)mm试件，液面应高出试件表面10 mm以上，连续浸泡(168±1)h取出，充分用水冲洗，擦干，在标准试验条件下放置4 h，按13.2.1进行试验。

对于水性涂料，浸泡取出擦干后，再在(60±2)℃的电热鼓风烘箱中放置6 h±15 min，取出在标准试验条件下放置(18±2)h，按13.2.1进行试验。

13.2.5 紫外线处理

按表2裁取的三个(100×25)mm试件，将试件平放在釉面砖上，为了防粘，可在釉面砖表面撒滑石粉。将试件放入紫外线箱中，距试件表面 50 mm 左右的空间温度为(45±2)℃，恒温照射 240 h。取出在标准试验条件下放置 4 h，按 13.2.1 进行试验。

13.2.6 人工气候老化处理

按表 2 裁取的三个(100×25)mm 试件放入符合 GB/T 18244 要求的氙弧灯老化试验箱中，试验累计辐照能量为 1 500 MJ^2/m^2(约 720 h)后取出，擦干，在标准试验条件下放置 4 h，按 13.2.1 进行试验。

对于水性涂料，取出擦干后，再在(60±2)℃的电热鼓风烘箱中放置 6 h±15 min，取出在标准试验条件下放置(18±2)h，按 13.2.1 进行试验。

13.3 结果评定

所有试件应无裂纹。

13.4 试验报告

试验报告包括如下信息：

a) 本标准章节编号；
b) 确定试验产品的所有必要细节；
c) 制备试件信息；
d) 试验温度和圆棒直径；
e) 试验结果；
f) 试验过程中采用方法的差异或遇到的异常；
g) 试验日期。

14 低温弯折性

14.1 试验器具

14.1.1 低温冰柜：控温精度±2 ℃。

14.1.2 弯折仪：如图 9 所示。

14.1.3 6 倍放大镜。

14.2 试验步骤

14.2.1 无处理

按表 2 裁取的三个(100×25)mm 试件，沿长度方向弯曲试件，将端部固定在一起，例如用胶粘带，见图 9，如此弯曲三个试件。调节弯折仪的两个平板间的距离为试件厚度的 3 倍。检测平板间 4 点的距离如图 9 所示。

放置弯曲试件在试验机上，胶带端对着平行于弯板的转轴如图 9 所示。放置翻开的弯折试验机和试件于调好规定温度的低温箱中。在规定温度放置 1 h 后，在规定温度弯折试验机从超过 90°的垂直位置到水平位置，1 s 内合上，保持该位置 1 s，整个操作过程在低温箱中进行。从试验机中取出试件，恢复到(23±5)℃，用 6 倍放大镜检查试件弯折区域的裂纹或断裂。

14.2.2 热处理

按 13.2.2 处理后，按 14.2.1 试验。

14.2.3 碱处理

按 13.2.3 处理后，按 14.2.1 试验。

14.2.4 酸处理

按 13.2.4 处理后，按 14.2.1 试验。

14.2.5 紫外线处理

按 13.2.5 处理后，按 14.2.1 试验。

14.2.6 人工气候老化处理

按 13.2.6 处理，按 14.2.1 试验。

14.3 结果评定

所有试件应无裂纹。

14.4 试验报告

单位为毫米

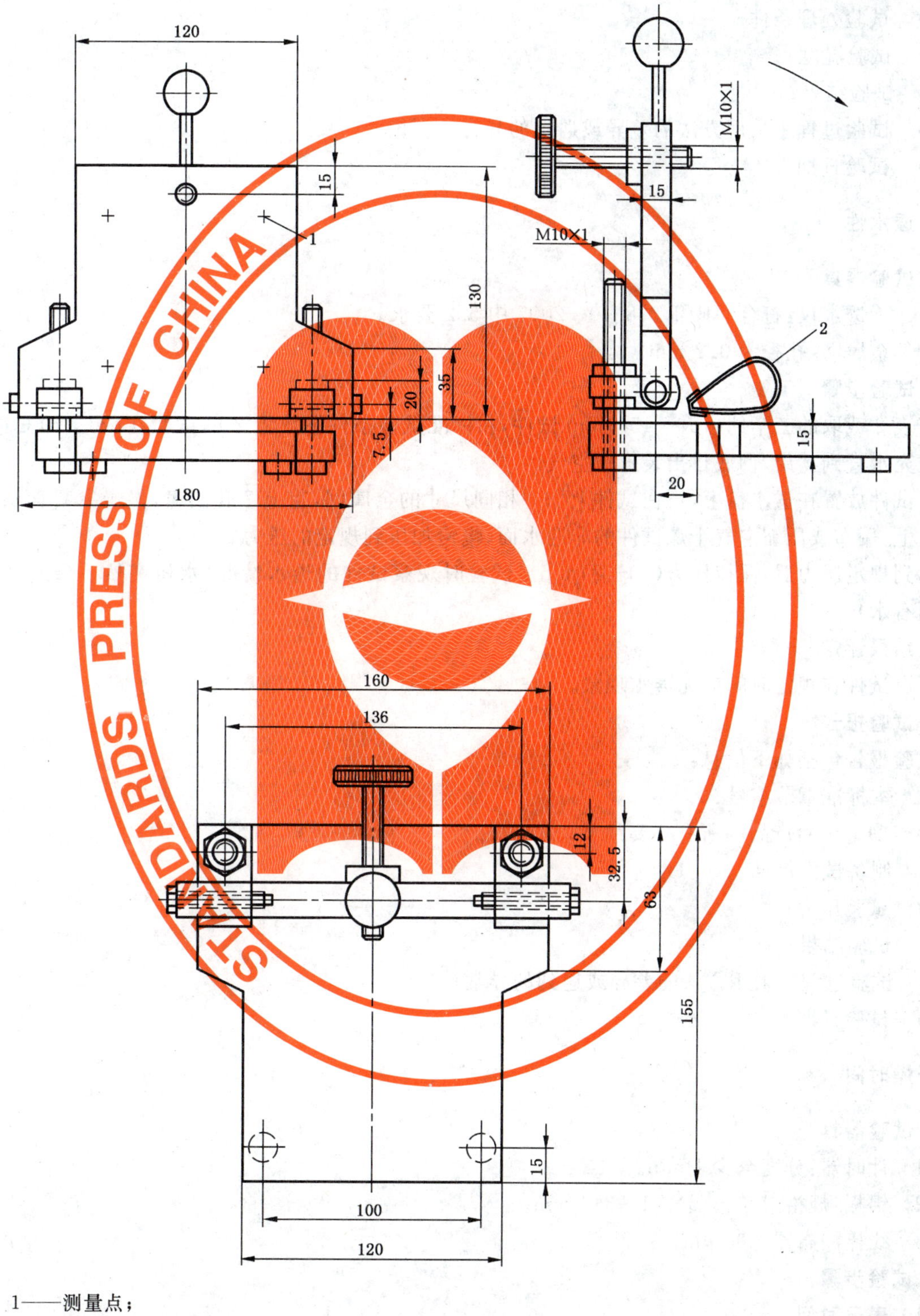

1——测量点；

2——试件。

图9 弯折仪示意图

试验报告包括如下信息：

a） 本标准章节编号；

b） 确定试验产品的所有必要细节；

c） 制备试件信息；

d） 试验处理条件；

e） 试验温度；

f） 试验结果；

g） 试验过程中采用方法的差异或遇到的异常；

h） 试验日期。

15 不透水性

15.1 试验器具

15.1.1 不透水仪：符合 GB/T 328.10—2007 中 5.2 要求。

15.1.2 金属网：孔径为 0.2 mm。

15.2 试验步骤

按表 2 裁取的三个约(150×150)mm 试件，在标准试验条件下放置 2 h，试验在(23±5)℃进行，将装置中充水直到满出，彻底排出装置中空气。

将试件放置在透水盘上，再在试件上加一相同尺寸的金属网，盖上 7 孔圆盘，慢慢夹紧直到试件夹紧在盘上，用布或压缩空气干燥试件的非迎水面，慢慢加压到规定的压力。

达到规定压力后，保持压力(30±2)min。试验时观察试件的透水情况（水压突然下降或试件的非迎水面有水）。

15.3 结果评定

所有试件在规定时间应无透水现象。

15.4 试验报告

试验报告包括如下信息：

a） 本标准章节编号；

b） 确定试验产品的所有必要细节；

c） 制备试件信息；

d） 试验压力；

e） 试验结果；

f） 试验过程中采用方法的差异或遇到的异常；

g） 试验日期。

16 干燥时间

16.1 试验器具

16.1.1 计时器：分度至少 1 min。

16.1.2 铝板：规格[120×50×(1～3)] mm。

16.1.3 线棒涂布器：200 μm。

16.2 试验步骤

16.2.1 表干时间

试验前铝板、工具、涂料应在标准试验条件下放置 24 h 以上。

在标准试验条件下，用线棒涂布器将按生产厂要求混合搅拌均匀的样品涂布在铝板上制备涂膜，涂布面积为(100×50)mm，记录涂布结束时间，对于多组分涂料从混合开始记录时间。

静置一段时间后，用无水乙醇擦净手指，在距试件边缘不小于 10 mm 范围内用手指轻触涂膜表面，若无涂料粘附在手指上即为表干，记录时间，试验开始到结束的时间即为表干时间。

16.2.2 实干时间

按 16.2.1 制备试件，静置一段时间后，用刀片在距试件边缘不小于 10 mm 范围内切割涂膜，若底层及膜内均无粘附手指现象，则为实干，记录时间，试验开始到结束的时间即为实干时间。

16.3 结果评定

平行试验两次，以两次结果的平均值作为最终结果，有效数字应精确到实际时间的 10%。

16.4 试验报告

试验报告包括如下信息：

a） 本标准章节编号；

b） 确定试验产品的所有必要细节；

c） 制备试件信息；

d） 试验结果；

e） 试验过程中采用方法的差异或遇到的异常；

f） 试验日期。

ICS 83.120
Q 23

中华人民共和国国家标准

GB/T 16779—2008
代替 GB/T 16779—1997

纤维增强塑料层合板
拉-拉疲劳性能试验方法

Test method for tension-tension fatigue of fiber reinforced plastic laminates

2008-06-30 发布 2009-04-01 实施

中华人民共和国国家质量监督检验检疫总局
中国国家标准化管理委员会 发布

前　言

本标准参考 ISO 13003:2003(E)《纤维增强塑料在循环载荷下的疲劳性能》和 ASTM D 3479/D 3479M-96(Reapproved 2007)《树脂基复合材料拉-拉疲劳标准试验方法》。

本标准代替 GB/T 16779—1997《纤维增强塑料层合板拉-拉疲劳性能试验方法》。

本标准与 GB/T 16779—1997 相比主要变化如下：

——调整了术语和定义(GB/T 16779—1997 中的第 3 章，本标准的第 3 章)；

——增加原理(见第 4 章)；

——修改增加试验步骤内容(GB/T 16779—1997 中的第 6 章，本标准的第 8 章)；

——修改增加试验结果处理方法(GB/T 16779—1997 中的第 7 章，本标准的第 9 章)。

本标准由中国建筑材料联合会提出。

本标准由全国纤维增强塑料标准化技术委员会归口。

本标准主要起草单位：上海玻璃钢研究院、北京航空材料研究院。

本标准主要起草人：张汝光、张旭、陈新文、姚辉。

本标准于 1997 年首次发布，本次为第一次修订。

纤维增强塑料层合板
拉-拉疲劳性能试验方法

1 范围

本标准规定了纤维增强塑料层合板拉-拉疲劳性能的原理、试验设备、试样、试验条件、试验步骤、试验结果和试验报告等。

本标准适用于测定连续纤维单向、正交和多向对称铺层增强塑料层合板拉-拉疲劳中值 S-N 曲线和条件疲劳极限。

2 规范性引用文件

下列文件中的条款通过本标准的引用而成为本标准的条款。凡是注日期的引用文件，其随后所有的修改单(不包括勘误的内容)或修订版均不适用于本标准，然而，鼓励根据本标准达成协议的各方研究是否可使用这些文件的最新版本。凡是不注日期的引用文件，其最新版本适用于本标准。

GB/T 1446　纤维增强塑料性能试验方法总则

GB/T 3354　定向纤维增强塑料拉伸性能试验方法

GB/T 10623　金属力学性能试验术语

HB/Z 112　材料疲劳试验统计分析方法

3 术语和定义

GB/T 10623 和 HB/Z 112 确立的以及下列术语和定义适用于本标准。

3.1

拉-拉疲劳　tension-tension fatigue

最大应力和最小应力均为拉伸应力时的疲劳称拉-拉疲劳，应力 S 与时间 t 的关系见图 1。

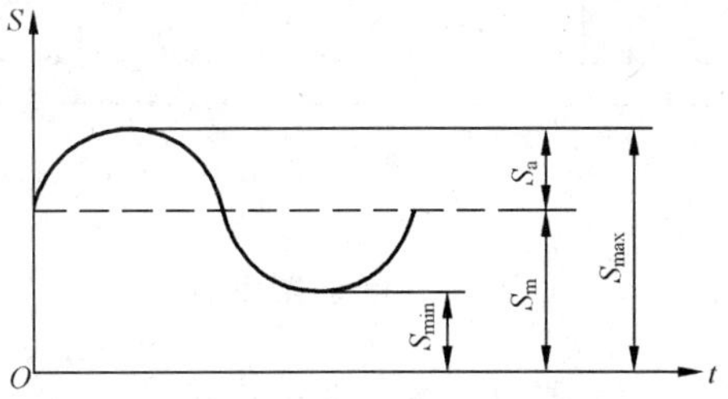

S_{max}——最大应力；

S_{min}——最小应力；

S_m——平均应力 $\left(S_m=\frac{S_{max}+S_{min}}{2}\right)$；

S_a——应力幅 $\left(S_a=\frac{S_{max}-S_{min}}{2}\right)$；

R——应力比 $\left(R=\frac{S_{min}}{S_{max}}\right)$。

图 1　应力 S 与时间 t 的关系

3.2

条件疲劳极限　conditional fatigue limit

在某一应力水平下达到指定的循环次数时，材料不发生疲劳破坏(或达到其他协定失效条件，如达到指定变形等)的最大应力值称为条件疲劳极限。

4　原理

以恒定的应力幅、应力比和频率对试样施加交变拉伸应力，持续至试样失效。

5　试验设备

5.1　试验机

凡载荷范围、波形和频率能满足试验要求并经校准的轴向疲劳试验机均可使用，其静载负荷示值误差应在±1%范围内；动载负荷示值误差应在±3%范围内。试验机应能设定循环次数且循环次数不小于10^8次。

5.2　吹风散热装置和温度计。

6　试样

6.1　试样形状和尺寸

试样分为直条型和哑铃型两种，其试样的型状及尺寸分别见图 2、表 1 和图 3。单向层合板采用直条型试样，正交铺层及多向对称铺层层合板可采用直条型或哑铃型试样。

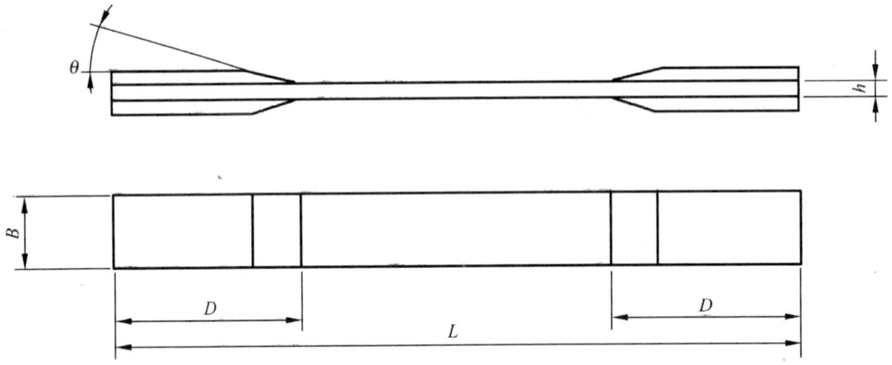

图 2　直条型试样

表 1　直条型试样尺寸

试样铺层	L/mm	B/mm	h/mm	D/mm	θ/(°)
0°	200	10±0.5	1～2	50	15°
0°/90°	200	15±0.5	2～4	50	15°

单位为毫米

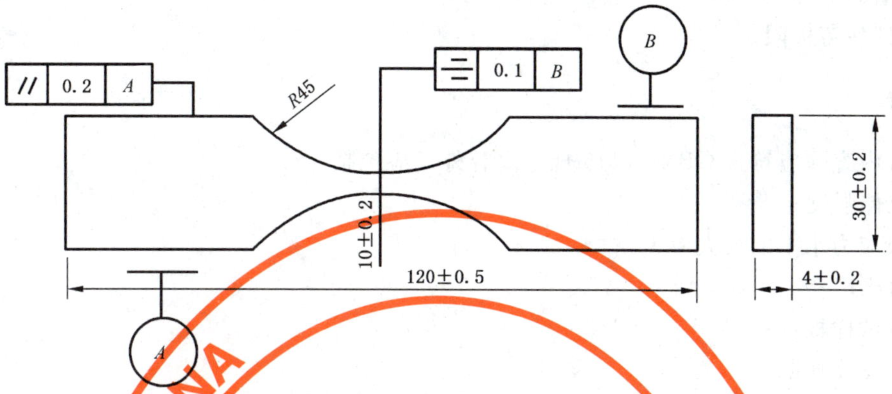

图 3　哑铃型试样

6.2　试样制备

6.2.1　试样制备按 GB/T 1446 规定。

6.2.2　试样加工时需保证试样的轴向与所要求的纤维方向一致，哑铃型试样加工时应保证两圆弧的对称性。

6.3　试样数量

每个应力等级不少于 5 根有效试样。

7　试验条件

7.1　试验标准环境条件按 GB/T 1446 规定。

7.2　试验采用载荷控制。

7.3　试验波形一般为正弦波，工作频率推荐 15 Hz，使用高频疲劳试验机时工作频率不大于 60 Hz。

8　试验步骤

8.1　按 GB/T 1446 检查试样外观。

8.2　按 GB/T 1446 进行试样状态调节。

8.3　对试样编号，直条型试样测量工作段内任三点的宽度和厚度，取其平均值，哑铃型试样测量最小截面处宽度和厚度，三次测量后取其平均值，测量精度按 GB/T 1446 规定。

8.4　按 GB/T 3354 测定试样静拉伸强度。

8.5　按试验目的确定平均应力和应力幅。应力比不宜小于 0.1。

8.6　测定中值 *S-N* 曲线时，至少选取 4 个应力水平，推荐使用 80%，55%，40%，25%的静拉强度作为分级的最大应力。按试验目的可增加多个应力水平，选取应力水平方式见 HB/Z 112。各应力水平应使用相同频率和应力比。

8.7　按试验要求调整试验机的载荷范围，波形和试验频率。

8.8　夹持试样并使试样中心线与上下夹头中心线一致。

8.9　若试样表面温度超过 35 ℃，应启用吹风散热装置以减少温度干扰。

8.10　试验过程中随时检查设备状态，观察试样的变化，记录温度、异常现象。

8.11　试样不能维持其所给定的应力水平或达到协定失效条件，可视为疲劳失效，结束试验。

8.12　试验完成后，应保护好试样断口。

9　试验结果

9.1　按 HB/Z 112 计算处理数据。

9.2 给出每个应力水平下的中值疲劳寿命,通常取对数寿命。

9.3 绘制中值 S-N 曲线。

9.4 给出条件疲劳极限。

10 试验报告

试验报告内容除应符合 GB/T 1446 规定内容外还应包括:

a) 静拉伸强度;

b) 每级应力水平的最大应力;

c) 应力比;

d) 有效试样根数;

e) 疲劳失效判据;

f) 各试样的疲劳寿命;

g) 条件疲劳极限和中值 S-N 曲线并说明拟合的方法;

h) 试验频率;

i) 试样表面温度变化;

j) 试样破坏特征。

ICS 75.060
E 24

中华人民共和国国家标准

GB/T 16781.1—2008
代替 GB/T 16781.1—1997

天然气　汞含量的测定
第1部分:碘化学吸附取样法

Natural gas—Determination of mercury—
Part 1:Sampling of mercury by chemisorption on iodine

(ISO 6978-1:2003,MOD)

2008-12-31 发布　　2009-06-01 实施

中华人民共和国国家质量监督检验检疫总局
中国国家标准化管理委员会
发布

前　言

GB/T 16781《天然气　汞含量的测定》分为以下两个部分：

——第1部分：碘化学吸附取样法；

——第2部分：金铂合金汞齐化取样法。

本部分为GB/T 16781的第1部分。

本部分修改采用ISO 6978-1:2003《天然气——汞含量的测定　第1部分：碘化学吸附取样法》（英文版）。

本部分做了下列技术性修改，与ISO 6978-1:2003的主要差异是：

——第2章规范性引用文件中，将一些适用于国际标准的表述修改为适用于我国标准的表述，部分ISO标准替换为我国对应内容的国家标准，其余章节对应内容也作相应修改，删掉“ISO 14111分析溯源性准则和测量不确定度表达导则(GUM)”两个规范性引用文件；

——删掉第4章有关气体体积计量的标准参比条件的表述；

——5.1.1中有关材质编号改为我国对应的材质编号，其余章节对应内容也作相应修改；

——为了与我国现行的《天然气标准参比条件》等相关标准一致，将ISO 6978-1:2003中第9章“用式(3)计算273.15 K，10.325 kPa条件下抽取的样品体积”改为“用式(3)计算293.15 K，10.325 kPa条件下抽取的样品体积”，并对公式(3)中标准参比条件的标注作相应修改。

为便于使用，本部分还做了下列编辑性修改：

——删除ISO 6978-1:2003的前言，重新编写本部分的前言。

本部分代替GB/T 16781.1—1997《天然气中汞含量的测定　原子吸收光谱法》。本部分与GB/T 16781.1—1997在技术内容，即测量范围、试验原理、仪器、试剂、取样、汞的测定等内容完全不同，作了较大的修改。

本部分由全国天然气标准化技术委员会(SAC/TC 244)提出。

本部分由全国天然气标准化技术委员会(SAC/TC 244)归口。

本部分起草单位：中国石油西南油气田分公司天然气研究院。

本部分主要起草人：涂振权、罗勤、许文晓、黄黎明、常宏岗、张娅娜、何斌。

本部分所代替标准的历次版本发布情况为：

——GB/T 16781.1—1997。

引　言

天然气中可能含一定量汞，这些汞通常以元素形式存在。应对汞含量高的天然气进行净化处理，这样既可避免处理和输送过程中汞的凝析，又符合气体销售合同的要求。天然气液化时规定只能含有低浓度的汞，这是为了避免严重的腐蚀问题，例如液化设备铝制热交换器的腐蚀。

天然气含有的烃类，尤其是低浓度芳香烃的存在会干扰原子吸收光谱（AAS）或原子荧光光谱（AFS）对汞的测定，故此时天然气中的汞不能直接测定。因此，在分析前，应该对汞进行收集使其与芳香烃分离。

测量汞含量的目的为：

——监控气体质量；

——监控气体处理厂脱除汞的操作。

已开发了从天然气中收集或富集汞的几种方法。从干天然气中收集汞通常不涉及特殊问题。但在天然气接近凝析状态时对汞取样则应加小心（见 ISO 6570）。

GB/T 16781 的两个部分描述了汞的取样原理，规定了汞取样方法及测定管输天然气中汞含量的一般要求。本部分规定了碘浸渍硅胶化学吸附取样法，而第 2 部分规定了金铂合金汞齐化取样法。

天然气　汞含量的测定
第1部分：碘化学吸附取样法

警告——GB/T 16781的本部分的应用可能涉及危险物质及其操作和设备。但本部分没有说明与其使用有关的所有安全问题。本部分的使用者有责任制定适当的安全和健康措施，并在使用前确定其适用性或适用范围。

1　范围

本部分规定了用碘浸渍硅胶化学吸附取样法测定天然气中汞含量的方法，取样压力最高达40 MPa。本方法适用于测定天然气中含量为0.1 μg/m³～5 000 μg/m³ 范围内的汞。本方法适用于所取样品体积中硫化氢质量小于20 mg；且在取样条件下液态烃凝析液总量小于10 g/m³ 的样品气。通过测量波长为253.7 nm处汞蒸气的吸光度或荧光度来确定其被收集的量。

2　规范性引用文件

下列文件中的条款通过GB/T 16781的本部分的引用而成为本部分的条款。凡是注日期的引用文件，其随后所有的修改单(不包括勘误的内容)或修订版均不适用于本部分，然而鼓励根据本部分达成协议的各方研究是否可使用这些文件的最新版本。凡是不注日期的引用文件，其最新版本适用于本部分。

GB/T 13609　天然气取样导则(GB/T 13609—1999，eqv ISO 10715：1997)

GB/T 20604　天然气　词汇(GB/T 20604—2006，ISO 14532：2001，IDT)

ISO 6570　天然气　潜在液烃含量的测定　称量法

3　术语和定义

GB/T 20604确立的术语和定义适用于本部分。

4　试验原理

气体通过装有碘浸渍硅胶的玻璃管，气体中以元素汞或有机汞化合物[如二甲基汞 $Hg(CH_3)_2$ 或二乙基汞 $Hg(C_2H_5)_2$]形式存在的汞被化学吸附。

$$Hg + I_2 \longrightarrow HgI_2$$

$$Hg(CH_3)_2 + I_2 \longrightarrow HgI_2 + 2CH_3I$$

在实验室用碘化胺/碘溶液(NH_4I/I_2)溶解生成的碘化汞(HgI_2)，并用真空汽提除去烃凝析物。以水溶性络合物形式存在的汞被碱性锡盐(Ⅱ)溶液还原成元素汞。用惰性气体将汞从溶液中汽提出来，将汞蒸气转移到冷原子吸收光谱仪(AAS)或原子荧光光谱仪(AFS)在波长253.7 nm处进行测定。用基液与样品相匹配的汞标准溶液按同样方式对汞的最终测定进行校准。

5　仪器

影响测量的参数应溯源到国家计量基准。体积测量(体积、温度、气体压力和大气压力)的不确定度直接影响气体中汞含量测定的不确定度。因此应使用合适的、经过可接受的参比器具校准的测量设备将体积测量的不确定度降低到小于1%。

5.1　取样设备[取样压力最高达10 MPa的设备见图1a)和取样压力最高达40 MPa的设备见图1b)]，包括下列部件。

5.1.1　高压取样池(见图1,图2给出详图),材质0Cr15Ni60Mo16W5Fe5(合金牌号为NS333),包括温度表、压力表和下列部件。

5.1.1.1　酸洗玻璃棉。

5.1.1.2　取样管(见图1,图3给出详图),由硼硅(酸盐)玻璃制作,并配有螺帽。

在取样管(图3)内先装一层0.5 cm厚的酸洗玻璃棉(5.1.1.1)托住吸收剂,然后装入4.00 g碘浸渍硅胶(6.2.3)获得5 cm厚的吸收层,最后再装一层0.5 cm厚的酸洗玻璃棉(5.1.1.1)盖在吸收层的上部。用螺帽堵紧取样管。

5.1.2　温度表或温度计(见图1,图2给出详图)。

5.1.3　压力表(见图1,图2给出详图)。

5.1.4　卸压阀(见图1)为下列两者之一:

a)　电加热卸压阀,取样压力最高达10 MPa[见图1a)],或者

b)　与热交换器(5.1.5)耦合的卸压阀,取样压力最高达40 MPa[见图1b)]。

当安装在危险区域时,电加热卸压阀应符合当地的安全规程。

5.1.5　热交换器[见图1b)],具有足够的容量将样品和旁通气加热到90 ℃。

当安装在危险区域时,热交换器卸压阀应符合当地的安全规程。

5.1.6　气体流量计(见图1),配备一个温度计(5.1.2)和一个压力表(5.1.3)。

5.1.7　气压计,测量大气压力。

5.2　分解用玻璃仪器(见图4),分解碘化汞的仪器由下列部件组成。

5.2.1　容器,储存溶液。

5.2.2　带刻度的接收器。

5.2.3　旋塞。

5.2.4　三通。

5.3　盛装碘浸渍硅胶的玻璃仪器(见图5),由下列部件组成。

5.3.1　圆底烧瓶,容量2 L。

5.3.2　进气管。

5.3.3　空气过滤器,充满合适的吸收剂,如脱除空气中汞的浸硫活性碳。

5.4　冷蒸气原子吸收光谱仪(AAS)或原子荧光光谱仪(AFS)。

具有本底校正功能的、采用冷蒸气技术的AAS或具有汞单元的AFS能检测到低至1 ng的汞,要求使用标准实验设备和聚乙烯乙酸纤维素管(PVA)。但是,也可使用其他合适的塑料材质的软管,如聚四氟乙烯(PTFE)或聚酰胺(PA)。

应确保分析系统中转移汞时的流量保持不变。

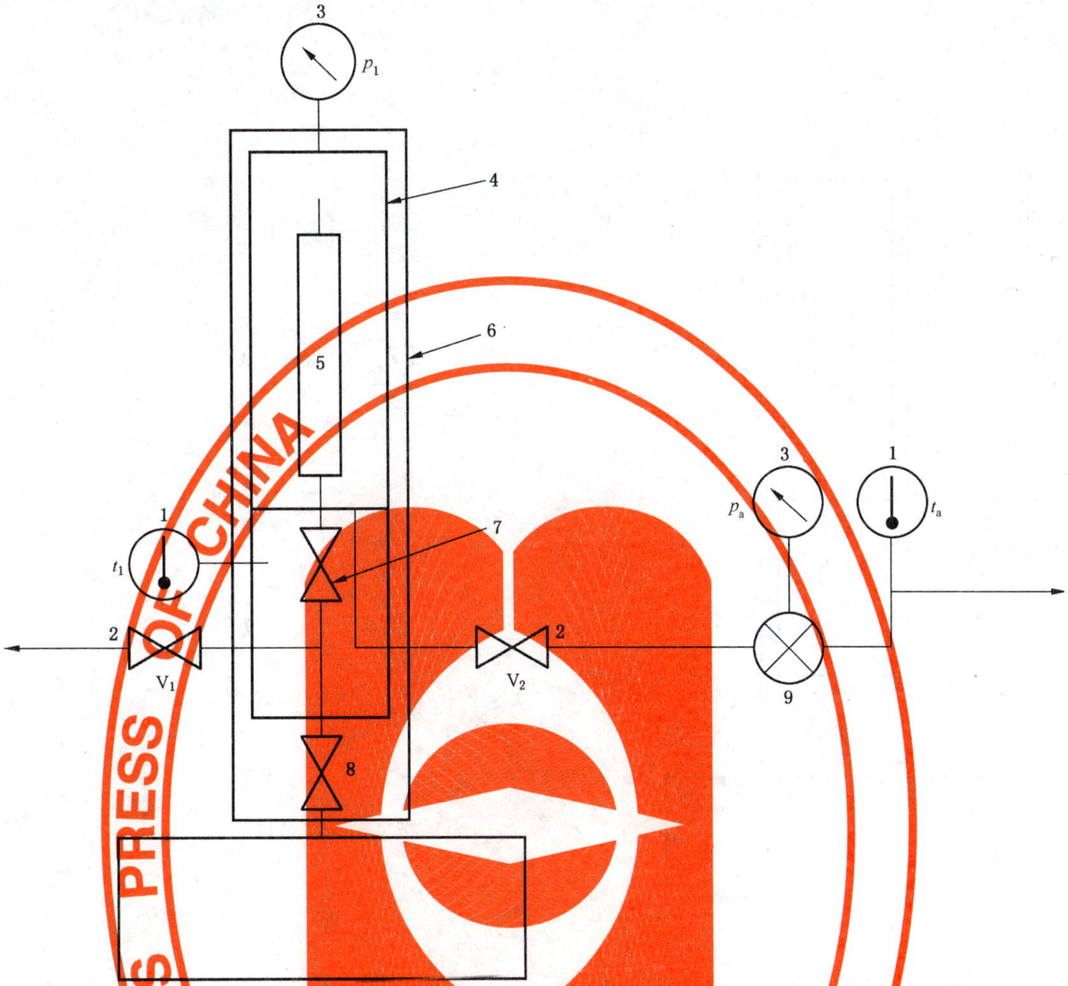

1——温度表(t_1,t_a);

2——卸压阀(V_1,V_2);

3——压力表(p_1,p_a);

4——高压取样池;

5——取样管;

6——绝热体;

7——单元阀;

8——取样阀;

9——气体流量计。

a) 工作压力达 10 MPa 的设备

图 1　高压取样设备

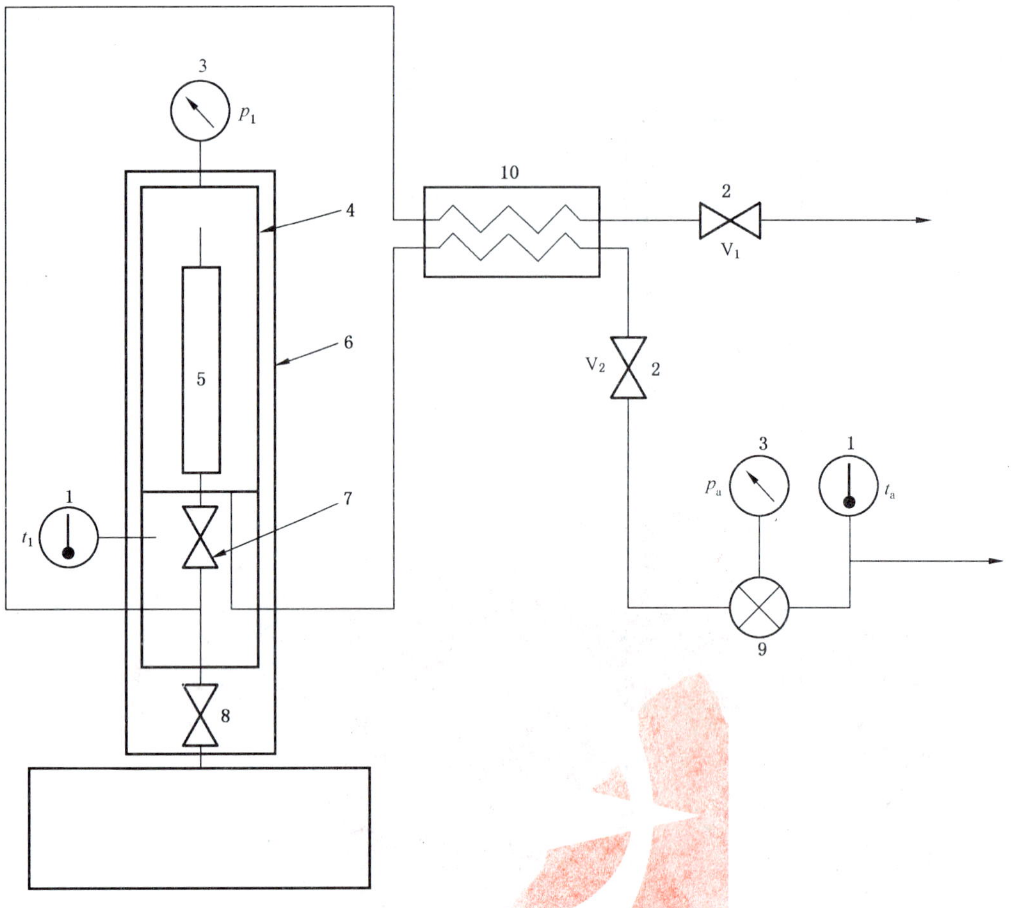

1——温度表(t_1,t_a);

2——卸压阀(V_1,V_2);

3——压力表(p_1,p_a);

4——高压取样池;

5——取样管;

6——绝热体;

7——单元阀;

8——取样阀;

9——气体流量计;

10——热交换器。

注:见7.2。

b) 工作压力达40 MPa的设备

图1(续)

单位为毫米

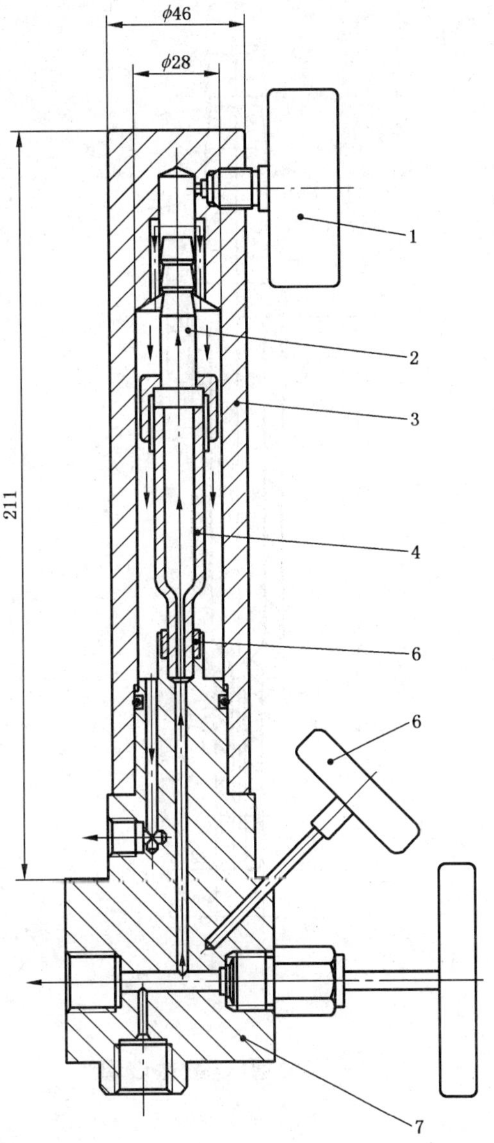

1——压力表；

2——连接管；

3——高压池；

4——取样管；

5——O型密封圈；

6——温度表；

7——带阀的池底座。

图 2　高压取样池

单位为毫米

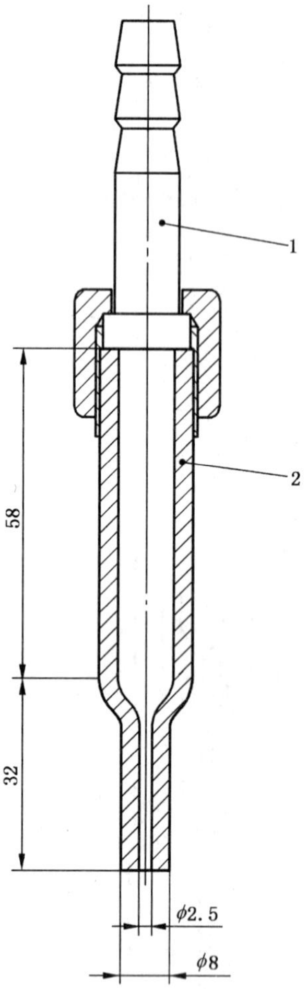

1——连接管；
2——取样管。
注：见 7.2。

图 3 取样管(硅酸盐玻璃)

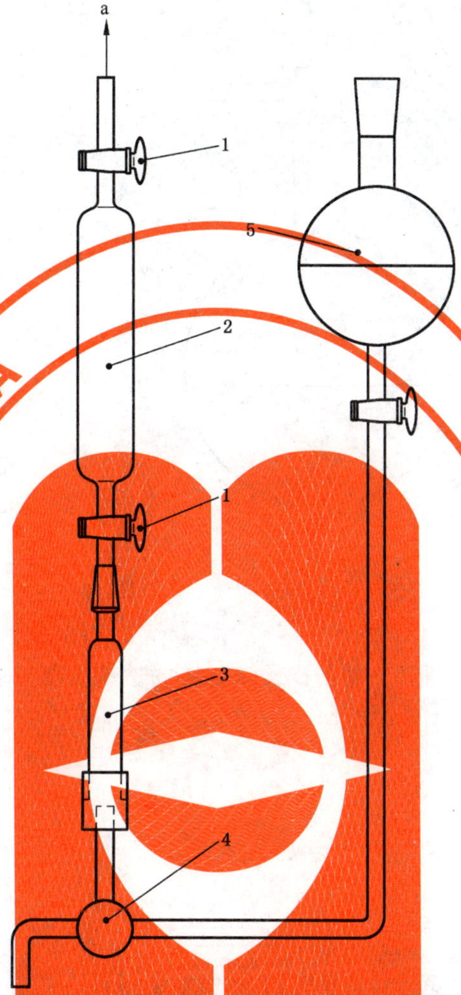

1——旋塞；

2——带刻度的接收器；

3——取样管；

4——三通；

5——圆底容器。

a 抽真空。

图 4 分解用玻璃仪器

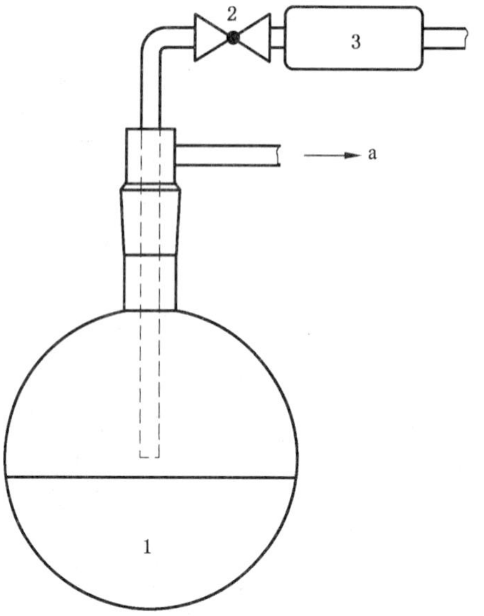

1——圆底烧瓶(2 L);

2——玻璃阀;

3——充满活性碳的空气过滤器。

a 抽真空。

图 5 制备碘浸渍硅胶的玻璃仪器

6 试剂

6.1 蒸馏水

汞含量低于 1 μg/L。

6.2 化学吸附试剂

6.2.1 碘(I_2)。

6.2.2 正戊烷(nC_5H_{12})。

6.2.3 碘浸渍硅胶,粒度为 0.2 mm~0.5 mm,按下列方法制备:

在一个 2 L 圆底烧瓶(5.3.1)中,用 1 L 正戊烷(6.2.2)溶解 12 g 碘(6.2.1)。摇动烧瓶,将 0.5 kg 硅胶分几次加入该溶液中。反应 30 min 后,将烧瓶安装到图 5 所示的具有硫浸渍活性碳或其他合适吸收剂的空气过滤器(5.3.3)组件上。使空气通过过滤器和烧瓶,不时摇动烧瓶内物质,逐渐蒸发正戊烷。最后通过短时间关闭玻璃阀使烧瓶减压到约 3 kPa 条件下蒸发剩余的正戊烷,但是不要完全除去正戊烷,以避免碘的蒸发。将碘浸渍硅胶转移到棕色磨砂玻璃容器内避光保存。硅胶的有效期为 6 个月。

6.3 分解用试剂

6.3.1 碘(I_2)。

6.3.2 碘化胺(NH_4I)。

6.3.3 碘化胺溶液,$c(NH_4I)=1$ mol/L。

6.3.4 碘化胺/碘(NH_4I/I_2)试剂溶液,先将 10 g 碘溶于 1 L 的 NH_4I 溶液(6.3.3)中,然后用水(6.1)将该溶液稀释 10 倍。

分别将 NH_4I/I_2 试剂溶液和 NH_4I 溶液转移到棕色试剂瓶中避光保存。两种溶液的有效期均为 6 个月。

6.4 还原溶液用试剂

6.4.1 氢氧化钾溶液(KOH),质量分数 15%。

6.4.2 二氯化锡(Ⅱ)($SnCl_2$)。

6.4.3 还原溶液,不断搅拌的情况下,将 0.5 g 二氯化锡(Ⅱ)(6.4.2)分几次溶解于 95 g 氢氧化钾溶液(6.4.1)中。

该溶液应过滤，且最多保存 2 d。

6.5 校准溶液

6.5.1 汞储备溶液，质量浓度 $\rho(Hg)=1.000$ g/L，可溯源到国家标准物质。

6.5.2 汞校准溶液，用 NH_4I/I_2 溶液(6.3.4)将汞储备溶液(6.5.1)稀释到适合仪器工作范围的适当的质量浓度。

汞校准溶液保存在棕色试剂瓶中时，有效期为一年。

7 取样

警告——如果处理不正确汞会危害健康。避免吸入汞蒸气。

安全预防措施——取样应遵守 GB/T 13609 的所有安全规程。使用的所有设备应符合国家的安全法规。

7.1 总则

7.1.1 注意事项

天然气中的汞处于极低的浓度水平。因此，测定如此低含量的汞，为了得到可靠的结果采取一定的措施是必要的。痕量分析尤其受下列因素的影响：

a) 取样设备对汞的吸附，导致结果偏低；

b) 实验室空气、设备和化学试剂中汞的本底污染，导致测定结果偏高。

因此，本方法中用到的设备和化学试剂使用前需对其进行检查。

汞容易被通常用于取样的大多数材质吸附。因此，为了得到可接受的结果，应使用石英玻璃、硅酸盐玻璃和不锈钢。建议根据管线的长度、使用的材质和流量对取样系统进行预处理。将汞蒸气转移到光谱仪的连接管建议使用聚乙酸乙烯酯(PVA)导管；但也可使用其他合适的塑料，如聚四氟乙烯(PTFE)或聚酰胺(PA)。

7.1.2 代表性取样条件

天然气取样的一般要求见 GB/T 13609。

由于存在 7.1.1 提到的吸附现象，因此只进行直接取样。

取样前吹扫取样系统(取样探头和取样阀)以除去沉积物或杂质。避免过度吹扫，因为气体膨胀(焦耳-汤姆逊效应)可引起取样阀结冰。

取样管线和转移管线应尽可能短。

强烈推荐使用快速回路绕过吸附管。这样可保证取样系统(取样探头和取样阀)中气体高速流动，并使吸附现象降低到最小。

7.1.3 高压取样

高压取样(高于大气压)允许大量的气体，在其压力和温度不变的情况下短时间内通过取样管。高压取样还可防止烃类的反凝析。降压前需用热交换器加热气体以保证准确测量气体样品的体积。由于安全原因，应将旁通气流再次引入低压管线或火炬和/或放空口。

7.1.4 适用性

本方法适用于天然气中汞含量的测定，测量范围为 0.1 $\mu g/m^3$～5 000 $\mu g/m^3$。样品气中的硫化氢质量应低于 20 mg；按 ISO 6570 规定的取样条件测定的液态烃凝析物含量应低于 10 g/m^3。

7.2 取样步骤

在工作压力下按 GB/T 13609 取样(例如不连续地取样)。

打开取样阀(见图 1)吹扫沉积物或杂质。注意避免过度吹扫，否则焦耳-汤姆逊效应可使阀结冰。

到高压取样池的取样管线尽可能短(见图 1)，避免由于取样管线内表面吸附或温度下降造成的汞损失。

连接高压取样池底座(见图 2)时，应使其固定在垂直位置。如果需要连接管，应使用不锈钢管。

取样管(见图3)上螺帽用连接管置换后,将取样管插入取样池底座(见图2),底座用O型密封圈密封。将高压取样池体(见图2)旋到取样池底座上,并用手旋紧(O型密封圈)。

为了防止卸压阀(见图1)冷凝和结冰,可加热卸压阀[取样压力达10 MPa,见图1a)],或用交换器加热卸压阀上游的气体[见图1b)];卸压阀通过两根管线(0Cr15Ni60Mo16W5Fe5钢,合金牌号为NS333,或PTFE涂层的高压软管)连接到高压取样池[取样压力最高达40 MPa,见图1b)]。

当被加热的卸压阀温度达到约50 ℃,或热交换器温度 t_2 达到约90 ℃,慢慢打开取样阀和卸压阀 V_1(见图1)。根据取样管线的直径和长度以及上游压力,通过旁通调节系统的体积流量为10 m^3/h。

将带取样阀的取样头(见图1)和取样池底座(见图2)加热到气体温度。用温度表(见图1)测量温度 t_1。当温度达到恒定时(如温度变化小于2 K/10 min)开始取样。

慢慢打开取样单元阀(见图1),使取样池加压。注意取样单元阀不要打开太快,否则会引起取样管爆裂。

然后通过气泡检漏试验检查系统的气密性。如果系统漏气,更换取样池底座的O型密封圈。如果在取样过程中,气体温度高于大气温度,则用足够的保温材料对高压取样池和带取样阀的取样头进行保温。

建议取样开始前执行一次上述步骤以对取样池进行预热。

记录压力表(见图1)读数 p_1。

记录气体流量计(见图1)的初始读数 V_i,然后调节卸压阀 V_2 得到以下流量:

——对于压力 $p>6.0$ MPa的系统　气体流量=6 m^3/h~8 m^3/h;

——对于压力 $p\leqslant6.0$ MPa的系统　气体流量=p 的数值,m^3/h。

以一定时间间隔记录气体流量计的气体温度 t_G 和表压 p_G。至少记录取样开始和取样结束时的读数。

同时,记录气压计的大气压力 p_a。

一旦要求的取样体积(0.15 m^3 到2 m^3)通过了系统,慢慢关闭单元阀(见图1),记录气体流量计的最终读数 V_f。

在每次取样后,尽快用一支新的、干净的管更换取样管,以避免热损失。

如果在取样过程中取样管内吸收层几乎完全变色,例如碘已蒸发或取样管已饱和,则应插入一支新的取样管以较少的取样体积重新取样。

7.3 样品处理

将取样管安装在分解设备(见图4)上。用真空泵从带刻度的50 mL接收器的上端旋塞抽空取样管并保持三通阀关闭。关闭带刻度的接收器下端旋塞后,打开三通阀,使取样管内的所有硅胶与来自圆底容器的 NH_4I/I_2 溶液完全接触。

轻轻打开带刻度接收器的下端活塞,使 NH_4I/I_2 溶液进入带刻度的接收器,大约在10 min内使50 mL该溶液通过取样管进入带刻度的接收器。

在上述过程中,保持连接真空泵的带刻度接收器的上端旋塞开启。由于真空仍然存在,因此吸附的烃类被大部分蒸发,避免对后续测试产生不利影响。

关闭带刻度接收器的两端旋塞和三通阀,取下连接件。将装有 NH_4I/I_2 溶液的接收器摇动几次,然后将溶液转移到棕色样品瓶中。

8 汞的测定

警告——如果处理不正确汞会危害健康。避免吸入蒸气。

8.1 汞转移到AAS或AFS仪器

用具有本底校正功能的AAS(5.4)或具有还原单元的AFS(5.4)仪器进行分析测定,下列步骤中可以使用分批法、流动注射法和连续流动法。

将 20 mL 氢氧化钾溶液(6.4.1)和 20 mL 水(6.1) 注入 AAS 或 AFS 仪器的汞还原容器中。然后加入 10 μL～100 μL 样品溶液。确保汞含量处于 AAS 或 AFS 的线性范围内。用 NH_4I/I_2 溶液(6.3.4) 稀释汞含量高的样品。

加入 1.25 mL 还原溶液(6.4.3)将含汞化合物还原为元素汞。用惰性气体汽提出汞并使用 AAS 或 AFS 仪器检测。采用流动注入和连续流动系统时,使用同样还原溶液。溶液中冷凝物的存在会影响汞的测定,除非使用具有本底校正功能的 AAS。

8.2 校准

按 8.1 规定的方式分析已知浓度的汞校准溶液(6.5.2)对 AAS 或 AFS 的积分仪进行校准。

重复此步骤直到三次连续测量的相对标准偏差小于 3%。对于通过原点的一级校准曲线,在测定范围内至少需要两个不同浓度校准点,不通过原点的曲线至少需要三个校准点。

从校准曲线获得样品测量信号的合适响应因子。

汞校准溶液的测量信号可用来建立表明仪器和方法是否正常工作的控制图表。

8.3 空白试验

使用的试剂可能含有微量的汞。通过从测量的汞减去空白值对样品的汞含量进行校正。对使用的每一批新的试剂均要检测空白值。至少使用三支新的取样管按 7.3 和 8.1 规定的相同步骤操作。用于按 8.1 的规定进行测定的最终溶液中汞的空白值应小于 1 μg/L。

9 计算

用式(1)计算收集在样品管中汞的质量,以纳克表示:

$$m_{Hg}=\frac{A\times V_1}{R_f\times V_2} \qquad \cdots\cdots(1)$$

式中:

A——AAS 或 AFS 显示的积分信号,任意单位;

R_f——从校准曲线获得的响应因子,任意单位每纳克(任意单位/ng);

V_1——总样品溶液的体积,单位为毫升(mL);

V_2——被测样品溶液的体积,单位为毫升(mL)。

用式(2)校正试剂对汞质量的影响:

$$m_{Hg,corr}=m_{Hg}-m_{blank} \qquad \cdots\cdots(2)$$

式中:

$m_{Hg,corr}$——校正后样品中汞的质量,单位为纳克(ng);

m_{blank}——根据式(1)计算的汞的空白质量,单位为纳克(ng)。

用式(3)计算 293.15 K 和 101.325 kPa 条件下抽取的样品体积,以升表示:

$$V_G=\frac{(V_f-V_i)\times(p_a+p_G)T_N}{P_N(T_N+t_G)} \qquad \cdots\cdots(3)$$

式中:

V_f——气体流量计的最终体积读数,单位为升(L);

V_i——气体流量计的初始体积读数,单位为升(L);

p_a——大气压力,单位为千帕斯卡(kPa);

p_G——气体流量计表压(取样期间的平均值),单位为千帕斯卡(kPa);

t_G——气体流量计内的气体温度(取样期间的平均值),单位为摄氏度(℃);

T_N——标准参比温度,293.15 K;

P_N——标准参比压力,101.325 kPa。

用式(4)计算在标准状态下以质量浓度表示汞含量 β_{Hg},单位为纳克每升(ng/L),相当于微克每立方米(μg/m³):

$$\beta_{Hg} = \frac{m_{Hgcorr}}{V_G} \qquad \cdots\cdots(4)$$

10 精密度

10.1 总则

方法的精密度是通过对实验室间的试验结果进行统计检验得到的，表示如下。

10.2 重复性和再现性

10.2.1 重复性

目前尚未获得可用的试验统计数据，预期同一操作人员使用同一仪器在同一操作条件下对同一气样重复分析获得的结果中，任意两个结果的差值在±3%(95%置信限)的范围内。

10.2.2 再现性

目前尚未获得可用的试验统计数据，预期不同实验室的不同操作人员在正常和正确使用本试验方法的情况下，对同一气样进行分析获得的两个独立的重复结果的差值在±7%(95%置信限)的范围内。

10.3 不确定度

以样品溶液中汞浓度测量值的实验室间比对为基础的不确定度一般优于±20%，包括测量偏差和测量不确定度。

11 试验报告

试验报告应包括以下信息：

——依据 GB/T 16781.1；

——取样日期和取样时间；

——取样地点；

——取样条件，如温度、压力、取样量；

——取样方法；

——分析方法(AAS 或 AFS 仪器)；

——汞含量($\mu g/m^3$)；

——校准数据；

——相应空白测量；

——在取样和测定过程中记录的异常现象。

ICS 03.080.01
A 12

中华人民共和国国家标准

GB/T 16784—2008
代替 GB/T 16784.1—1997

工业产品售后服务　总则

General principles for after-sale service of industrial products

2008-11-13 发布　　2009-05-01 实施

中华人民共和国国家质量监督检验检疫总局
中国国家标准化管理委员会　发布

前　言

本标准代替了 GB/T 16784.1—1997《工业产品售后服务　第1部分:总则》。

本标准与 GB/T 16784.1—1997 相比主要变化如下:

——第1章"范围"中,将"本标准适用于企业售后服务文件的编制、实施及售后服务活动。"修改为"本标准适用于工业企业售后服务文件的编制、实施及售后服务活动;"

——删除原标准第2章"引用标准";

——第2章"术语和定义"中,修改了"顾客"、"供方"定义。删除原标准中"3.4 质量"术语。

——第3章"基本原则",考虑到原标准中"生产企业"的概念狭小,将"生产企业"修改为"供方";删除 3.1 中"对工业配套产品、国防工业重要产品、国家规定实施三包的产品、以及顾客需要服务的其他产品"内容;鉴于产品使用说明、产品保证文件应在交付产品时提供,因此删除原标准中 4.3.1、4.3.2;将原标准中 4.3.4 修改为本标准中 3.4"供方应及时建立产品故障、缺陷情况早期预警系统,必要时启动召回程序,以保证及时提供售后服务"。

——第4章,考虑到顾客正常使用所需要的技术文件和技术资料应在交付产品时提供,因此修改原标准 5.1、5.3 中的内容;删除原标准 5.6.4;增加了现标准 4.7"供方应及时处理顾客投诉"内容。

本标准由全国服务标准化技术委员会(SAC/TC 264)提出并归口。

本标准起草单位:中国标准化研究院、半球实业集团公司。

本标准主要起草人:柳成洋、曹俐莉、卢丽丽、李涵、毛婕、王世川。

本标准所代替标准历次版本发布情况为:

——GB/T 16784.1—1997。

工业产品售后服务　总则

1　范围

本标准规定了工业产品售后服务的基本原则和基本内容。

本标准适用于工业企业售后服务文件的编制、实施及售后服务活动。

2　术语和定义

下列术语和定义适用于本标准。

2.1

售后服务　after-sale service

产品售出后，为满足顾客的需要，供方与顾客之间的接触活动。

2.2

顾客　customer

接受产品的组织或个人。

2.3

供方　supplier

提供产品的组织或个人。

3　基本原则

3.1　供方应制定产品售后服务标准或文件，并随产品交付，作为售后服务活动的技术依据。售后服务标准或文件不得低于相应国家标准或行业标准的要求。

3.2　供方应有负责售后服务的组织机构和相应的服务网络，并明确其职责。

3.3　供方应有适应售后服务要求的资源、手段和条件。供方应有足够的后勤保障，包括技术咨询、备件、配件的供应及维修服务。

3.4　供方应及时建立产品故障、缺陷情况早期预警系统，必要时启动召回程序，以保证及时提供售后服务。

3.5　供方应建立产品使用功能的反馈系统，以监控产品在其寿命期内的质量特征。该系统应能连续分析产品满足顾客对质量、安全性和可靠性要求的程度。

3.6　供方应建立产品售后服务档案。

4　基本内容

4.1　供方向顾客提供售后服务保证文件

售后服务保证文件一般应包括修换退期限、范围、条件、方式、记录等。

4.2　供方向顾客提供技术培训

供方应根据顾客的需要或双方的协议对顾客及有关人员进行技术培训，以便使用者了解产品的性能和结构特点，并能正常使用、操作。

4.3　供方向顾客提供维修服务

供方在一般情况下根据产品特点和使用的需要，提供维修服务。必要时，可根据顾客的紧急需要提供紧急维修服务。

4.4 供方向顾客提供零配件

供方按规定向顾客提供产品所必需的零件、配件。

4.5 供方向顾客提供技术服务

4.5.1 供方应在产品保证期内定期提供技术服务。

4.5.2 供方提供的技术服务一般应包括以下内容：

——承担安装、调试和指导正确使用、维护产品；

——进行有关技术咨询；

——协助解决因保管、贮存、使用、维护不当所造成的问题；

——根据需要参与产品的定期检查。

4.6 供方应对产品使用中的质量问题及时处理

4.6.1 供方在得到产品出现质量问题的信息后，应及时查明情况、迅速处理，并通知顾客。

4.6.2 在规定的贮存期、保证期内，发生设计、制造质量问题时，由供方进行修复、更换、退货。

4.6.3 在规定的贮存期、保证期外，供方根据顾客的要求，可给予有偿服务。

4.7 供方应及时处理顾客投诉

供方应向顾客公布如何进行投诉的信息，应及时处理每件投诉。投诉处理过程应对投诉者免费。

参 考 文 献

[1] GB/T 19000—2000 质量管理体系 基础和术语
[2] GB 5296.1—1997 消费品使用说明 总则

ICS 85.060
Y 32

中华人民共和国国家标准

GB/T 16797—2008
代替 GB 16797—1997

无碳复写纸

Carbonless copy paper

2008-12-30 发布　　　　2009-09-01 实施

中华人民共和国国家质量监督检验检疫总局
中国国家标准化管理委员会　发布

前 言

本标准代替 GB 16797—1997《无碳复写纸》。

本标准与 GB 16797—1997 相比，主要变化如下：

——由强制性国家标准改为推荐性国家标准。

——标准中补充了对自感纸(SC/CB)的定义。

——产品的质量分为优等品、一等品、合格品三个等级。其中优等品为国际先进水平，一等品为国际一般水平、国内先进水平，合格品为国内合格水平。

——部分技术指标有一定提高，增加了印刷表面粗糙度和横向伸缩率项目。

本标准的附录 A、附录 B、附录 C 均为规范性附录。

本标准由中国轻工业联合会提出。

本标准由全国造纸工业标准化技术委员会归口。

本标准负责起草单位：广东省造纸研究所、中国制浆造纸研究院。

本标准参加起草单位：金华盛纸业(苏州工业园区)有限公司、东莞市天盛特种纸制品有限公司。

本标准主要起草人：陈洋、梁健文、马学逵、胡芬、肖思聪。

本标准所代替标准的历次版本发布情况为：

——GB 16797—1997。

本标准由全国造纸工业标准化技术委员会负责解释。

无 碳 复 写 纸

1 范围

本标准规定了无碳复写纸的分类、要求、试验方法、检验规则及标志、包装、运输、贮存。

本标准适用于压感型记录仪上打印或书写一式多层用纸,也适用于印刷后制成各类票据、表格等多层复写用纸。

2 规范性引用文件

下列文件中的条款通过本标准的引用而构成为本标准的条款。凡是注日期的引用文件,其随后所有的修改单(不包括勘误的内容)或修订版均不适用于本标准,然而,鼓励根据本标准达成协议的各方研究是否可使用这些文件的最新版本。凡是不注日期的引用文件,其最新版本适用于本标准。

GB/T 450 纸和纸板 试样的采取及试样纵横向、正反面的测定(GB/T 450—2008,ISO 186:2002,MOD)

GB/T 451.1 纸和纸板尺寸及偏斜度的测定

GB/T 451.2 纸和纸板定量的测定(GB/T 451.2—2002,eqv ISO 536:1995)

GB/T 451.3 纸和纸板厚度的测定 (GB/T 451.3—2002,idt ISO 534:1988)

GB/T 456 纸和纸板平滑度的测定(别克法)(GB/T 456—2002,idt ISO 5627:1995)

GB/T 459 纸和纸板伸缩性的测定(GB/T 459—2002,eqv ISO 5635:1978)

GB/T 462 纸、纸板和纸浆 分析试样 水分的测定(GB/T 462—2008;ISO 287:1985,MOD;ISO 638:1978,MOD)

GB/T 1543 纸和纸板 不透明度(纸背衬)的测定(漫反射法)(GB/T 1543—2005,ISO 2471:1998,MOD)

GB/T 2679.9 纸和纸板粗糙度测定法(印刷表面法)(GB/T 2679.9—1993,eqv ISO 8791-4:1992)

GB/T 2828.1 计数抽样检验程序 第1部分:按接收质量限(AQL)检索的逐批检验抽样计划(GB/T 2828.1—2003,ISO 2859-1:1999,IDT)

GB/T 7974 纸、纸板和纸浆亮度(白度)的测定 漫射/垂直法(GB/T 7974—2002,neq ISO 2470:1999)

GB/T 7975 纸和纸板 颜色的测定(漫反射法)

GB/T 10342 纸张的包装和标志

GB/T 10739 纸、纸板和纸浆试样处理和试验的标准大气条件(GB/T 10739—2002,eqv ISO 187:1990)

GB/T 13528 纸和纸板表面 pH 值的测定法

3 术语和定义

下列术语和定义适用于本标准。

3.1

CB 纸 coated back paper

背面涂发色剂,作为无碳复写纸的上层纸使用。

3.2

CFB 纸　coated front and back paper

正面涂显色剂，背面涂发色剂，作为无碳复写纸的中层纸使用。

3.3

CF 纸　coated front paper

正面涂显色剂，作为无碳复写纸的下层纸使用。

3.4

SC 自感纸　self contained paper

在同一面上涂显色剂和发色剂。

3.5

SC/CB 自感纸　self contained/coated back paper

自感纸背面涂发色剂，作为无碳复写纸的上层纸使用。

4　分类

4.1　无碳复写纸主要分上层纸(CB)、中层纸(CFB)、下层纸(CF)、自感纸(SC/CB)四种。

4.2　无碳复写纸按显色不同分为黑色字迹纸、蓝色字迹纸或其他颜色字迹纸。

4.3　无碳复写纸一般为白色或彩色。

4.4　无碳复写纸按质量分为优等品、一等品、合格品。

4.5　无碳复写纸分为平板纸和卷筒纸。

5　要求

5.1　无碳复写纸的技术指标应符合表1或订货合同的规定。

表 1

项　目		单　位	优等品	一等品	合格品
定量		g/m²	<50.0 50.0～60.0 60.0～90.0 >90.0		
定量偏差	CB、CF、SC/CB ≤ CFB、SC ≤	%	±5.0 ±6.0	±6.0 ±7.0	
紧度 ≥		g/cm³	0.67		
亮度(白纸) ≥		%	80.0	75.0	
不透明度	<50 g/m² 50 g/m²～90 g/m² ≥ >90 g/m²	%	60.0 70.0 75.0		
CF 面平滑度	印刷表面粗糙度[a] ≤	μm	6.00	6.50	7.00
	别克平滑度 ≥	s	50	40	30
CF 面表面 pH		—	6.0～9.0		
横向伸缩率 ≤		%	2.5	3.0	
翘曲最大值(平板纸) ≤		mm	5	10	15
耐摩擦性 ΔE 动 ≤ 静		—	5.0 没有明显显色点		

表 1（续）

项目		单位	优等品	一等品	合格品
显色性能[b]	显色密度 24 h(三联)ΔE D ≥	—	60 0.7	55 0.6	50 0.5
	显色灵敏度(三联)ΔE D ≥	%	80.0 85.0		
耐光性(ΔE 保留率)144 h ≥		%	60.0	50.0	40.0
交货水分		%	6.5±2.0		

[a] 平滑度两者中任一项合格均可判合格，仲裁时以印刷表面粗糙度为准。

[b] 显色性能中 ΔE 和 D 两者任一项合格均可判合格。

5.2 平板纸规格为 559 mm×864 mm、584 mm×914 mm、787 mm×1 092 mm，或根据订货合同的规定生产其他规格的纸。尺寸偏差应不超过±3 mm，偏斜度应不超过 3 mm。

5.3 卷筒纸规格：宽度大于 400 mm 的其偏差应不超过$^{+4\,mm}_{-2\,mm}$；宽度小于 400 mm 的其偏差应不超过$^{+3\,mm}_{-1\,mm}$；或根据订货合同的规定。

5.4 纸面应平整光滑、洁净，涂布应均匀，不应有折子、皱纹、孔洞、明显条痕、裂口、斑点、着色等外观纸病。

5.5 每批纸的色调不应有明显的差别。

5.6 纸张切边应整齐，卷筒端面应平整光洁。

5.7 纸张在印刷时不应有明显透印、掉粉、掉毛现象。

5.8 无碳复写纸应适于书写。

5.9 卷筒纸托卷取时应张力均匀，CF 纸的涂显色剂面应向外，CB 纸的涂发色剂面应向内。

5.10 卷筒纸的接头不应与上下层纸粘连，接头处应在卷筒纸的端面作出标志。每卷纸允许的接头数为：

卷筒长度<3 500 m　　1 个接头
卷筒长度 3 500 m～6 000 m　　2 个接头
卷筒长度>6 000 m　　3 个接头

6 试验方法

6.1 试样的采取和处理按 GB/T 450 和 GB/T 10739 进行。

6.2 定量及定量偏差按 GB/T 451.2 测定。

6.3 紧度按 GB/T 451.3 测定。

6.4 亮度按 GB/T 7974 测定。

6.5 不透明度按 GB/T 1543 测定。

6.6 印刷表面粗糙度按 GB/T 2679.9 测定，试验压力为 1 000 kPa，使用硬垫。

6.7 平滑度按 GB/T 456 测定。

6.8 表面 pH 按 GB/T 13528 测定。

6.9 横向伸缩率按 GB/T 459 测定。

6.10 翘曲最大值按附录 A 测定。

6.11 耐摩擦性按附录 B 测定。

6.12 显色灵敏度、显色密度及耐光性按附录 C 测定。

6.13 交货水分按 GB/T 462 测定。

6.14 尺寸偏差及偏斜度按 GB/T 451.1 测定。

6.15 外观质量采用目测。

7 检验规则

7.1 无碳复写纸应符合本标准或合同的规定，以一次交货数量为一批，每批产品应附产品合格证。

7.2 型式检验项目为表1所规定的全部项目，交货水分除外，每半年检验一次。当原料、配方或工艺改变时，需进行型式检验。

7.3 需方在验收检查时应先检查外包装情况，然后从中抽样进行检验。计数抽样检验按 GB/T 2828.1 规定进行，样本单位为件或卷。接收质量限(AQL)：表面 pH、显色灵敏度、耐光性 AQL＝4.0，定量、定量偏差、紧度、亮度、不透明度、平滑度、横向伸缩率、耐摩擦性、显色密度、翘曲、尺寸偏差、交货水分、接头 AQL＝6.5。抽样方案采用正常检验二次抽样方案，检查水平为一般检查水平Ⅰ。见表2。

表2

批量/卷	正常检查二次抽样方案　一般检查水平Ⅰ				
	样本量	AQL＝4.0		AQL＝6.5	
		Ac	Re	Ac	Re
≤25	3	0	1	0	1
26～90	3	0	1	—	—
	5	—	—	0	1
	5(10)	—	—	1	2
91～280	8	0	2	0	3
	8(16)	1	2	3	4

7.4 可接收性的确定：第一次检验的样品数量应等于该方案给出的第一样本量。如果第一样本中发现的不合格品数小于或等于第一接收数，应认为该批是可接收的；如果第一样本中发现的不合格品数大于或等于第一拒收数，应认为是不可接收的。如果第一样本中发现的不合格品数介于第一接收数与第一拒收数之间，应检验由方案给出样本量的第二样本并累计在第一样本和第二样本中发现的不合格品数。如果不合格品累计数小于或等于第二接收数，则判定批是可接收的；如果不合格品累计数大于或等于第二拒收数，则判定该批是不可接收的。

7.5 需方有权按本标准或合同的全部或部分技术规定进行验收检验，在检查时，先检查外部的包装情况，然后从中抽样进行检验。如检查结果不符合本标准或合同规定，需方应在到货后三个月内(或按订货合同规定)通知供方共同复验，或委托共同商定的检验部门进行复验。复验结果若不符合本标准或合同的规定，则判为该批不可接收，由供方负责处理；若符合本标准或合同的规定，则判为该批可接收，由需方负责处理。

8 标志、包装、运输、贮存

8.1 无碳复写纸的包装和标志应按 GB/T 10342 规定进行。

8.2 每件纸交货时应附一份产品质量合格证，外包装上应注明生产厂、生产日期、等级、品种、批号、定量、纸的颜色、显色的颜色、印刷面，卷筒纸应注明卷筒宽度，平板纸应注明规格尺寸。

8.3 无碳复写纸的外包装应防潮，防压，并贴有标记。

8.4 平板纸分品种包装，每500张为一令，如有要求可装入瓦楞纸箱。

8.5 无碳复写纸在运输过程中应使用有篷而洁净的运输工具，防止重压、相互摩擦和撞击，防止日晒雨淋。搬运和堆垛时，不应将成品从高处扔下。

8.6 无碳复写纸应保存在干燥通风，不受阳光直接照射的室内，严防雨、雪和地面湿气的影响。

8.7 无碳复写纸在规定的条件下贮存，其保质期为5年。

附 录 A
（规范性附录）
翘曲度的测定法

A.1 范围

本附录规定了无碳复写纸翘曲的测定方法，即规定了放在平整表面上的无碳复写纸试样翘曲程度的测定方法。

A.2 原理

在规定的湿度和温度条件下，将无碳复写纸试样放在一个平整的表面上，经规定暴露时间后，试样边缘距平整表面的高度。

A.3 仪器

刻度尺：150 mm 的尺子，精确至 1 mm，零刻度应在尺子的边缘，以便刻度尺能以正直角竖立于平整表面上。

A.4 试样采取和准备

A.4.1 按 GB/T 450 和 GB/T 10739 的规定进行试样的采取和测定。

A.4.2 纸面应平整，不应有皱纹和褶子，应避免阳光直射。

A.5 试验步骤

沿试样的横向等距切取 100 mm×100 mm 试样 6 张，标出试样的纵向和使用时正面及层别（CB、CFB、CF 和 SC/CB），在相对湿度（25±3）%下放置 2 h 以上，然后移入规定的相对湿度（50±2）%，三张试样正面朝上，另外三张试样正面朝下，暴露 2 h，用刻度尺垂直接触平整表面，测定试样翘离平面的高度。

A.6 试验结果评定

试样的翘曲程度评定如下：

微翘曲：试样任一处或边、角上翘高度小于等于 5 mm；

中等翘曲：试样任一处或边、角上翘高度大于 5 mm，且小于等于 10 mm；

重翘曲：试样任一处或边、角上翘高度大于 10 mm，且小于等于 15 mm；

严重翘曲：试样任一处或边、角上翘高度大于 15 mm。

A.7 结果报告

报告每组试样翘离平面高度的最大值，如果一个试样若干次试验的差别很大，可进行重复试验，并以 95%的置信区间报告试验结果。

附 录 B
（规范性附录）
耐摩擦性的测定法

B.1 范围

本附录规定了无碳复写纸耐摩擦性(动、静)的测定方法。

B.2 原理

在规定面积的显色纸(CF)试样的下面放入发色纸(CB)试样，在规定的压力下，用机械方法使试样CF面与CB面相接触，并作相对运动，以试样显色状况评价动态耐摩擦性能[测定SC和SC/CB(自感)纸时，涂布面应与未涂布面相接触]。

在没有滑动但有压力控制的条件下，将面积相同的CF和CB试样相互叠放，确保两试样的CF面与CB面相接触。放置规定时间后，用试样间的对比度来表明CF试样上的显色程度[测定SC和SC/CB(自感)纸时，涂布面应与未涂布面相接触]。

B.3 仪器

B.3.1 耐摩擦仪：佛格拉(FORGRA)耐摩仪。

B.3.2 标定的重砣：4 kg。

B.3.3 平滑硬质塑料板：50 mm×50 mm×25 mm。

B.4 试样采取

试样采取按GB/T 450规定进行，试样的处理和测定按GB/T 10739进行。

B.5 试验步骤

B.5.1 动态耐摩擦

切取规定尺寸的CB试样放在耐摩擦仪的摩擦板上，用耐摩擦仪(B.3.1)带有的冲刀切取CF试样。将切取的CF试样放入磨头内，安装好磨头。确保CF面与CB面相接触，在附加压力为0 kPa下摩擦3次，测定显色区与非显色区图像的色差ΔE。重复上述步骤两次，将三次测定结果取平均值[测定SC和SC/CB(自感)纸时，涂布面应与未涂布面相接触]。

B.5.2 静态耐摩擦

切取大于50 mm×50 mm的CB和CF试样各三张，将其中一张试样的CB面与相配的CF面相接触，放在玻璃平面上。然后覆盖测定面积为50 mm×50 mm的平滑硬质塑料板(B.3.3)及4 kg重砣(B.3.2)，保持压力(30±1)s后，小心移去重砣(B.3.2)及平滑硬质塑料板(B.3.3)。观察CF面上显色区与非显色区的ΔE，按上述步骤进行其余试样的测定，用目测观察[测定SC和SC/CB(自感)纸时，涂布面应与未涂布面相接触]。

附 录 C
（规范性附录）
显色密度、显色灵敏度及耐光性的测定

C.1 范围

本附录规定了无碳复写纸经电动打印机打印后显色密度、显色灵敏度及色迹保存期的测定方法。

C.2 术语和定义

下列术语和定义适用于本附录。

C.2.1

显色密度 developed density

无碳复写纸显色 24 h 后色迹的密度或色差。

C.2.2

显色灵敏度 developed sensitivity

无碳复写纸显色 5 min 后色迹的密度或色差与放置 24 h 后色迹的密度或色差的百分数。

C.3 仪器

C.3.1 反射光度计，选用 $L^* a^* b^*$ 1976 均匀色空间，为简便以下均不标“*”号。

C.3.2 反射光密度计。

C.3.3 打印机：24 针电动打印机。

C.3.4 照度计。

C.3.5 老化灯箱：采用荧光灯，荧光灯管与试样的距离应不小于 100 mm。用照度计(C.3.4)测定被照试样面上的照度，该照度应达到(3 400±200)lx。由于荧光灯的亮度有差异，灯箱内放置试样的平面可做成能上下调节的。灯箱的参考尺寸为 900 mm×600 mm×600 mm(见图 C.1)。

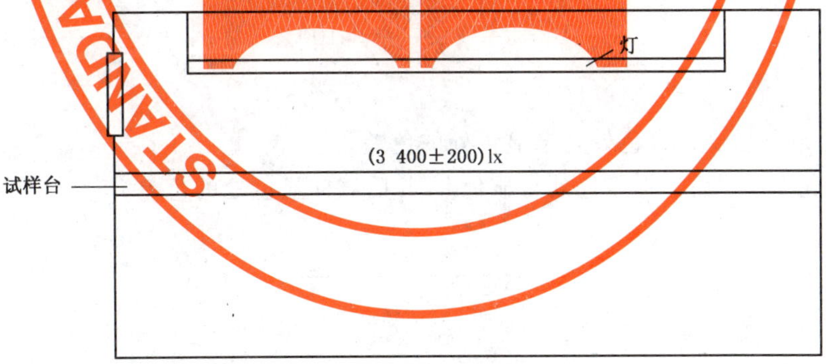

图 C.1

C.4 试样的采取和处理

C.4.1 按 GB/T 450 规定采取试样。

C.4.2 纸面应平整，且避免有显色出现。

C.5 试验步骤

C.5.1 整理成组

测定时，取CB纸、CFB纸和CF纸各一张(共三张)组成一组。将同一生产厂、同一类型和同批生产的无碳复写纸组合在一起,CB纸作为上层纸、CFB纸作为中层纸(也可作为上层纸或下层纸)、CF纸作为下层纸。为保证CB、CFB、CF层相匹配,可在第一联作一个“×”记号,然后检查各CF面的显色。如有问题,应进行调整,试样沓的一端用胶水粘好备用[测定SC和SC/CB(自感)纸时,可用一层定量相近的纸作为上层纸]。

C.5.2　无碳复写纸用电动打印机显色的步骤

将试样沓放入打印机,尽量避免打印前显色。检查打印机的色带,如果磨损严重应更换。调节打印压力至最重档,分辨率调至180 dpi×180 dpi,以稳定速度打印出图案(见图C.2):宽度不小于32 mm且长度适宜的长方形。

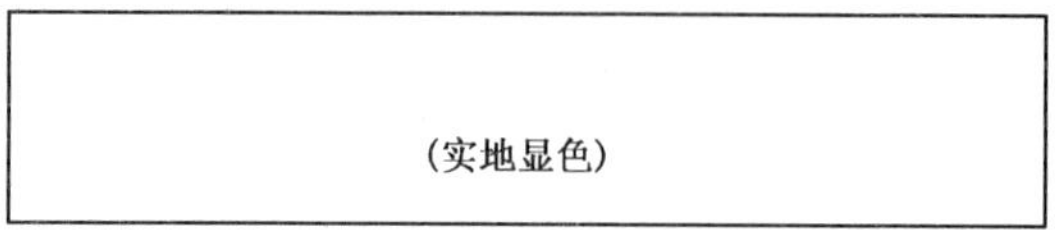

图 C.2

C.6　评定

C.6.1　按GB/T 7975规定,用反射光度计(C.3.1)和反射光密度计(C.3.2),分别测定显色5 min后试样显色处与未显色的色差 ΔE_0 值或显色密度 D_0 值。

C.6.2　将显色试样避光放置24 h后,再次测定显色处与未显色处的色差 ΔE_1 或显色密度 D_1 值,按式(C.1)计算显色灵敏度 A:

$$A = \frac{\Delta E_0}{\Delta E_1} \times 100\% \left(或 \frac{D_0}{D_1} \times 100\%\right) \quad \cdots\cdots\cdots\cdots (C.1)$$

式中:

ΔE_0——显色5 min后试样显色处与未显色处的色差;

ΔE_1——显色24 h后试样显色处与未显色处的色差;

D_0——显色5 min后试样显色处与未显色处的显色密度差;

D_1——显色24 h后试样显色处与未显色处的显色密度差。

C.6.3　将上述测定后的试样在荧光灯箱内照射144 h,测定 ΔE_i 值,按式(C.2)计算评定耐光性 B:

$$B = \frac{\Delta E_1 - \Delta E_i}{\Delta E_1} \times 100\% \quad \cdots\cdots\cdots\cdots (C.2)$$

式中:

ΔE_1——显色24 h后试样显色处与未显色处的色差;

ΔE_i——光老化144 h后试样显色处与显色24 h后试样显色处的色差。

ICS 59.140.30
Y 46

中华人民共和国国家标准

GB/T 16799—2008
代替 GB/T 16799—1997

家 具 用 皮 革

Furniture leather

2008-07-31 发布　　　　2009-05-01 实施

中华人民共和国国家质量监督检验检疫总局
中国国家标准化管理委员会　发布

前 言

本标准参考了ISO/DIS 16131:2000《装饰用皮革特性 家具用皮革》(Upholstery leather characteristics—Leather for furniture)。

本标准代替GB/T 16799—1997《家具用皮革》。

本标准与GB/T 16799—1997相比,主要变化如下:

——产品分类由两类细分为三类;

——取消“抗张强度”指标;

——用“撕裂力”指标替换“撕裂强度”;

——改变了“摩擦色牢度”试验方法;

——增加“碱性汗液”摩擦色牢度指标,分别规定了光面革、绒面革的摩擦色牢度;

——增加“耐折牢度”、“耐光性”、“耐磨性”、“气味”等指标;

——增加“禁用偶氮染料”、“游离甲醛”有害物质限量要求;

——修改了产品合格判定原则。

本标准由中国轻工业联合会提出。

本标准由全国皮革工业标准化技术委员会(SAC/TC 252)归口。

本标准起草单位:兴业皮革科技股份有限公司、中国皮革和制鞋工业研究院。

本标准主要起草人:蔡建设、胡斌、孙辉永、罗丰旭、袁清禄。

本标准所代替标准的历次版本发布情况为:

——GB/T 16799—1997。

家具用皮革

1 范围

本标准规定了家具用皮革的产品分类、要求、分级、试验方法、检验规则及标志、包装、运输、贮存。

本标准适用于各种家具用皮革。

2 规范性引用文件

下列文件中的条款通过本标准的引用而成为本标准的条款。凡是注日期的引用文件，其随后所有的修改单(不包括勘误的内容)或修订版均不适用于本标准，然而，鼓励根据本标准达成协议的各方研究是否可使用这些文件的最新版本。凡是不注日期的引用文件，其最新版本适用于本标准。

GB/T 4689.20 皮革 涂层粘着牢度测定方法(GB/T 4689.20—1996,eqv ISO 11644:1993)

GB/T 19941 皮革和毛皮 化学试验 甲醛含量的测定(GB/T 19941—2005,ISO/TS 17226:2003,MOD)

GB/T 19942 皮革和毛皮 化学试验 禁用偶氮染料的测定(GB/T 19942—2005,ISO/TS 17234:2003,MOD)

GB 20400 皮革和毛皮 有害物质限量

QB/T 2464.23 皮革 颜色耐汗牢度测定方法(QB/T 2464.23—1999,eqv ISO 11641:1993)

QB/T 2537 皮革 色牢度试验 往复式摩擦色牢度(QB/T 2537—2001,eqv ISO 11640:1993)

QB/T 2710 皮革 物理和机械试验 抗张强度和伸长率的测定(QB/T 2710—2005,ISO 3376:2002,MOD)

QB/T 2711 皮革 物理和机械试验 撕裂力的测定:双边撕裂(QB/T 2711—2005,ISO 3377-2:2002,MOD)

QB/T 2714 皮革 物理和机械试验 耐折牢度的测定(QB/T 2714—2005,ISO 5402:2002,MOD)

QB/T 2724 皮革 化学试验 pH的测定(QB/T 2724—2005,ISO 4045:1977,MOD)

QB/T 2725 皮革 气味的测定

QB/T 2726 皮革 物理和机械试验 耐磨性能的测定

QB/T 2727 皮革 色牢度试验 耐光色牢度:氙弧

QB/T 2802 皮革成品的包装、标志、运输和保管

3 产品分类

产品分类见表1。

表1 产品分类

类 别	厚度/mm
一 型	<0.9
二 型	0.9～1.5
三 型	>1.5

4 要求

4.1 理化性能

应符合 GB 20400 和表2的规定。

表 2　理化性能指标

项　　目			指　　标		
			一　型	二　型	三　型
撕裂力/N			≥20	≥30	≥40
断裂伸长率/%			35～60		
摩擦色牢度/级	光面革	干擦(500 次)	≥4		
		湿擦(250 次)	≥3		
		碱性汗液(80 次)	≥3		
	绒面革	干擦(50 次)	≥4/3		
		湿擦(20 次)	≥3		
		碱性汗液(20 次)	≥3		
耐折牢度(光面革)(20 000 次)			无裂纹		
耐光性/级			≥4		
耐磨性(光面革)(CS-10,1 000 g,500 r)			无明显损伤、剥落		
涂层粘着牢度/(N/10 mm)			≥2.5		
气味/级			≤3		
pH			3.5～6.0		
稀释差(当 pH 值<4.0 时,检验稀释差)			≤0.7		
禁用偶氮染料含量/(mg/kg)			≤30		
游离甲醛含量(分光光度法)/(mg/kg)			≤75		

注:被禁芳香胺名称见 GB 20400 附录 A。如果 4-氨基联苯和(或)2-萘胺的含量超过 30 mg/kg,且没有其他的证据,以现有的科学知识,尚不能断定使用了禁用偶氮染料。

4.2　感官要求

4.2.1　全张革厚薄基本均匀,无油腻感。

4.2.2　革身平整、柔软、丰满有弹性。

4.2.3　正面革不裂面、无管皱,主要部位不得松面。涂饰革涂饰均匀,不掉浆,不裂浆。绒面革绒毛均匀,颜色基本一致。

5　分级

产品经过检验合格后,根据全张革可利用面积的比例进行分级,应符合表 3 的规定。

表 3　分级

项　　目	等　　级			
	一级	二级	三级	四级
可利用面积/%	≥85	≥75	≥65	≥55
可利用面积内允许轻微缺陷/%	≤5			

注:轻微缺陷是指不影响产品的内在质量和使用,只略影响外观的缺陷,如轻微的色花、革面粗糙、色泽不均匀等。

6 试验方法

6.1 理化性能

6.1.1 撕裂力

按 QB/T 2711 进行检验。

6.1.2 断裂伸长率

按 QB/T 2710 进行检验。

6.1.3 摩擦色牢度

按 QB/T 2537 进行检验，光面革，测试头质量 1 000 g；绒面革，测试头质量 500 g。

碱性汗液：符合 QB/T 2464.23 的规定，pH 为 8.0±0.1。

6.1.4 耐折牢度

按 QB/T 2714 进行检验。

6.1.5 耐光性

按 QB/T 2727 进行检验，按曝晒方法 3 进行，其中：

亮周期：黑色标准温度计温度 89 ℃，箱体温度 62 ℃，相对温度 50%±5%，时间 3.8 h；

暗周期：温度 38 ℃，相对湿度 95%±5%，时间 1 h；

控制波长 340 nm 时的光照强度为 0.55 W/m^2±0.01 W/m^2，终点以辐射能量为基础，曝晒终点的总辐射能量为 451.2 kJ/m^2。用灰色变色卡进行等级评定。

6.1.6 耐磨性

按 QB/T 2726 进行检验，取样三个，磨轮：CS-10，1 000 g，500 r。三个试样全部符合要求，即为合格。

6.1.7 涂层粘着牢度

按 GB/T 4689.20 进行检验。

6.1.8 气味

按 QB/T 2725 进行检验。

6.1.9 pH 和稀释差

按 QB/T 2724 进行检验。

6.1.10 禁用偶氮染料

按 GB/T 19942 进行检验。

6.1.11 游离甲醛

按 GB/T 19941 分光光度法进行检验。

6.2 感官要求

在自然光线下，选择能看清的视距，以感官进行检验。

7 检验规则

7.1 组批

以同一品种原料投产、按同一生产工艺生产出来的同一品种的产品组成一个检验批。

7.2 出厂检验

产品出厂前应经过检验，经检验合格并附有合格证方可出厂。

7.3 型式检验

7.3.1 有下列情况之一者，应进行型式检验：

a) 原料、工艺、化工材料有重大改变时；

b) 产品长期停产（六个月）后恢复生产时；

c) 国家各级质量监督机构提出进行型式检验要求时；

d) 正常生产时，每半年至少进行一次型式检验。

7.3.2 抽样数量

从经检验合格的产品中随机抽取 3 张(片)进行检验。

7.3.3 合格判定

7.3.3.1 单张(片)判定原则

撕裂力、摩擦色牢度、耐折牢度、耐光性、耐磨性、涂层粘着牢度、气味、禁用偶氮染料、游离甲醛中如有一项不合格，或出现裂面、裂浆等影响使用功能的缺陷，即判该张(片)不合格。要求中其他各项，累计三项不合格，则判该张(片)不合格。

7.3.3.2 整批判定原则

在 3 张(片)被测样品中，全部合格，则判批产品合格。如有 1 张(片)及以上不合格，则加倍取样 6 张(片)进行复验。6 张(片)中如有 1 张(片)及以上不合格，则判该批产品不合格。

8 标志、包装、运输、贮存

标志、包装、运输、贮存应符合 QB/T 2802 的规定。

ICS 83.140.30
G 33

中华人民共和国国家标准

GB/T 16800—2008
代替 GB/T 16800—1997

排水用芯层发泡硬聚氯乙烯(PVC-U)管材

Unplasticized polyvinyl chloride (PVC-U) pipes with a cellular core for drainage

2008-08-19 发布　　　　2009-05-01 实施

中华人民共和国国家质量监督检验检疫总局
中国国家标准化管理委员会　发布

前　言

本标准参考了欧洲标准 EN 1453-1:2000《建筑内排污、废水(高、低温)用热塑性塑料结构壁管道系统　硬聚氯乙烯(PVC-U)　第 1 部分:管材和系统的规范》。

本标准代替 GB/T 16800—1997《排水用芯层发泡硬聚氯乙烯(PVC-U)管材》。

本标准与 GB/T 16800—1997 相比主要区别如下:

——材料规定中对 PVC 树脂含量描述参照 EN 1453-1 进行适当调整;

——材料规定中增加弹性密封圈和胶黏剂要求;

——增加管材不圆度要求;

——增加管材承口处壁厚的规定;

——管材内外表层最小壁厚按 EN 1453-1:2000 作相应调整;

——落锤冲击试验要求,仅保留"真实冲击率法",删除"通过法";

——管材纵向回缩率由 5%调整为 9%;

——取消原标准关于落锤冲击试验冲头规格说明的附录 A;

——增加关于管材系统适用性规定。

本标准由中国轻工业联合会提出。

本标准由全国塑料制品标准化技术委员会管材、管件及阀门分技术委员会(TC 48/SC 3)归口。

本标准起草单位:福建亚通新材料科技股份有限公司、成都川路塑胶集团有限公司、四川川科塑胶有限公司、重庆顾地塑胶电气有限公司、中国公元塑业集团。

本标准主要起草人:陈鹊、魏作友、贾立蓉、杨慧丽、吴晓芬、黄剑。

本标准代替标准的历次版本发布情况为:

——GB/T 16800—1997。

排水用芯层发泡硬聚氯乙烯(PVC-U)管材

1 范围

本标准规定了以聚氯乙烯树脂为主要原料加入必要的添加剂,经复合共挤成型的芯层发泡复合管材(以下简称管材)的材料、产品分类、要求、试验方法、检验规则及标志、运输、贮存。

本标准适用于建筑物内外或埋地无压排水用管材,在考虑材料许可的耐化学性和耐温性后,也可用于工业排污用管材。

2 规范性引用文件

下列文件中的条款通过本标准的引用而成为本标准的条款。凡是注日期的引用文件,其随后所有的修改单(不包括勘误的内容)或修订版均不适用于本标准,然而,鼓励根据本标准达成协议的各方研究是否可使用这些文件的最新版本。凡是不注日期的引用文件,其最新版本适用于本标准。

GB/T 1033—1986 塑料密度和相对密度试验方法(eqv ISO/DIS 1183:1984)

GB/T 2828.1—2003 计数抽样检验程序 第1部分:按接收质量限(AQL)检索的逐批检验抽样计划(ISO 2859-1:1999,IDT)

GB/T 2918—1998 塑料试样状态调节和试验的标准环境(idt ISO 291:1997)

GB/T 5836.1—2006 建筑排水用硬聚氯乙烯(PVC-U)管材

GB/T 6111—2003 流体输送用热塑性塑料管材 耐内压试验方法(ISO 1167:1996,IDT)

GB/T 6671—2001 热塑性塑料管材 纵向回缩率的测定(eqv ISO 2505:1994)

GB/T 8802—2001 热塑性塑料管材、管件 维卡软化温度的测定(eqv ISO 2507:1995)

GB/T 8804.2—2003 热塑性塑料管材 拉伸性能的测定 第2部分:硬聚氯乙烯(PVC-U)、氯化聚氯乙烯(PVC-C)和高抗冲聚氯乙烯(PVC-HI)管材(ISO 6259-2:1997,IDT)

GB/T 8805—1988 硬质塑料管材弯曲度测量方法

GB/T 8806—2008 塑料管道系统 塑料部件尺寸的测定(ISO 3126:2005,IDT)

GB/T 9647—2003 热塑性塑料管材环刚度的测定(ISO 9969:1994,IDT)

GB/T 13526—2007 硬聚氯乙烯(PVC-U)管材 二氯甲烷浸渍试验方法

GB/T 14152—2001 热塑性塑料管材耐外冲击性能试验方法 时针旋转法(eqv ISO 3127:1994)

HG/T 3091—2000 橡胶密封件 给、排水管及污水管道用接口密封圈 材料规范(idt ISO 4633:1996)

QB/T 2568—2002 硬聚氯乙烯(PVC-U)塑料管道系统用溶剂型胶粘剂(ASTM D 2564—1996a,MOD)

3 材料

3.1 材料基本要求

生产管材所用材料应以聚氯乙烯树脂为主,加入为生产符合本标准要求的管材所必需的添加剂,添加剂应分散均匀。

生产管材的材料中聚氯乙烯树脂质量分数不宜低于80%。

生产管材表层用的材料性能应符合表1规定。

表 1 材料性能

性　　能	技术要求	试验方法
维卡软化温度/℃	≥79	GB/T 8802—2001
拉伸屈服强度/MPa	≥43	GB/T 8804.2—2003
断裂伸长率/%	≥80	GB/T 8804.2—2003

3.2 回收料的使用

在保证最终产品满足本标准技术要求的条件下,允许在芯层中使用本厂清洁回收料。

3.3 胶黏剂

胶黏剂应符合 QB/T 2568—2002 的要求。

3.4 弹性密封圈

弹性密封圈性能应符合 HG/T 3091—2000 的相关要求。

4 产品分类

4.1 管材按连接型式分为直管、弹性密封圈连接型管材、胶黏剂黏接型管材。

4.2 管材按环刚度分级,见表 2。

表 2 管材环刚度分级

级　　别	S_2	S_4	S_8
环刚度/(kN/m²)	2	4	8

注:S_2 管材供建筑物排水选用。
　　S_4、S_8 管材供埋地排水选用,也可用于建筑物排水。

4.3 管材截面结构见图 1。

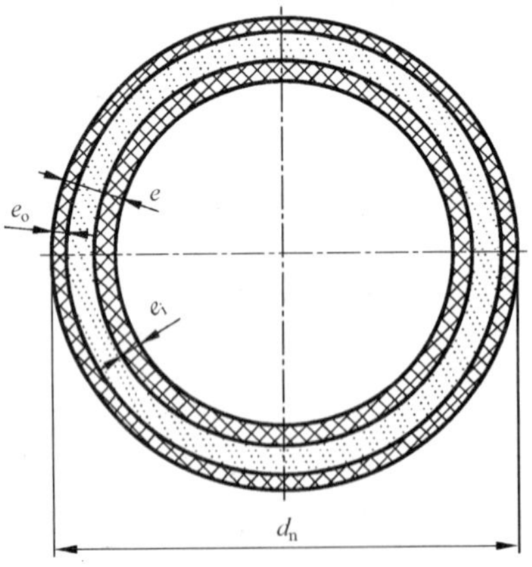

图 1 管材截面结构示意图

5 要求

5.1 颜色

管材内外表层一般为白色或灰色,也可由供需双方商定。

5.2 外观

管材内外壁应光滑平整,不允许有气泡、砂眼、裂口和明显的痕纹、杂质、色泽不均及分解变色线;管材端口应平整且与轴线垂直;管材芯层与内外表层应紧密熔接,无分脱现象。

5.3 规格尺寸

5.3.1 管材平均外径、壁厚

管材平均外径、壁厚应符合表 3 的规定。

管材内表层与外表层最小壁厚不得小于 0.2 mm。

表 3 管材平均外径、壁厚

单位为毫米

公称外径 d_n	平均外径及偏差	壁厚 e 及偏差		
		S_2	S_4	S_8
40	$40.0^{+0.3}_{0}$	$2.0^{+0.4}_{0}$	—	—
50	$50.0^{+0.3}_{0}$	$2.0^{+0.4}_{0}$	—	—
75	$75.0^{+0.3}_{0}$	$2.5^{+0.4}_{0}$	$3.0^{+0.5}_{0}$	—
90	$90.0^{+0.3}_{0}$	$3.0^{+0.5}_{0}$	$3.0^{+0.5}_{0}$	—
110	$110.0^{+0.4}_{0}$	$3.0^{+0.5}_{0}$	$3.2^{+0.5}_{0}$	—
125	$125.0^{+0.4}_{0}$	$3.2^{+0.5}_{0}$	$3.2^{+0.5}_{0}$	$3.9^{+1.0}_{0}$
160	$160.0^{+0.5}_{0}$	$3.2^{+0.5}_{0}$	$4.0^{+0.6}_{0}$	$5.0^{+1.3}_{0}$
200	$200.0^{+0.6}_{0}$	$3.9^{+0.6}_{0}$	$4.9^{+0.7}_{0}$	$6.3^{+1.6}_{0}$
250	$250.0^{+0.8}_{0}$	$4.9^{+0.7}_{0}$	$6.2^{+0.9}_{0}$	$7.8^{+1.8}_{0}$
315	$315.0^{+1.0}_{0}$	$6.2^{+0.9}_{0}$	$7.7^{+1.0}_{0}$	$9.8^{+2.4}_{0}$
400	$400.0^{+1.2}_{0}$	—	$9.8^{+1.5}_{0}$	$12.3^{+3.2}_{0}$
500	$500.0^{+1.5}_{0}$	—	—	$15.0^{+4.2}_{0}$

5.3.2 管材长度

管材长度 L 一般为 4 m 或 6 m，其他长度由供需双方协商确定，管材长度不允许有负偏差，管材长度 L，有效长度 L_1 见图 2。

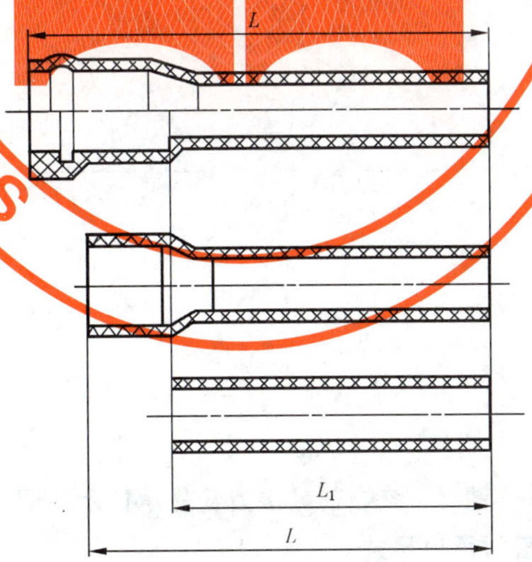

图 2 管材长度示意图

5.3.3 不圆度

管材不圆度应不大于 $0.024d_n$。

5.3.4 弯曲度

管材的弯曲度应不大于 1.0%。

5.3.5 管材承口尺寸

5.3.5.1 胶黏剂连接型管材承口尺寸

胶黏剂连接型管材承口尺寸应符合表4规定,见图3。

当管材需要进行倒角时,倒角方向与管材轴线夹角 α 应在15°～45°之间。倒角后管端所保留的壁厚应不小于最小壁厚 e_{min} 的三分之一。

管材承口壁厚 e_1 不应小于同规格管材壁厚的0.75倍。

表4 胶黏剂连接型管材的承口尺寸

单位为毫米

公称外径 d_n	承口中部平均内径		承口深度 $L_{0,min}$
	$d_{sm,min}$	$d_{sm,max}$	
40	40.1	40.4	26
50	50.1	50.4	30
75	75.2	75.5	40
90	90.2	90.5	46
110	110.2	110.6	48
125	125.2	125.7	51
160	160.3	160.7	58
200	200.4	200.9	66
250	250.4	250.9	66
315	315.5	316.0	66

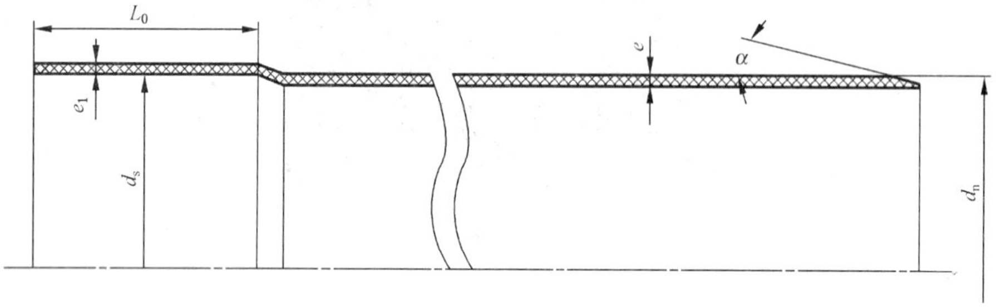

d_n——公称外径;

d_s——承口中部内径;

e——管材壁厚;

e_1——承口壁厚;

L_2——承口深度;

α——倒角。

图3 胶黏剂黏接型管材承口示意图

5.3.5.2 弹性密封圈连接型管材承口尺寸

弹性密封圈连接型管材承口尺寸应符合表5规定,见图4。

当管材需要进行倒角时,倒角方向与管材轴线夹角 α 应在15°～45°之间。倒角后管端所保留的壁厚应不小于最小壁厚 e_{min} 的三分之一。

管材承口壁厚 e_2 不宜小于同规格管材壁厚的0.9倍,密封圈槽壁厚 e_3 不宜小于同规格管材壁厚0.75倍。

表 5　弹性密封圈连接型管材的承口尺寸及偏差

单位为毫米

公称外径 d_n	承口端部最小平均内径 $d_{sm,min}$	承口配合深度 A_{min}
75	75.4	20
90	90.4	22
110	110.4	26
125	125.4	26
160	160.5	32
200	200.6	40
250	250.8	70
315	316.0	70
400	401.2	70
500	501.5	80

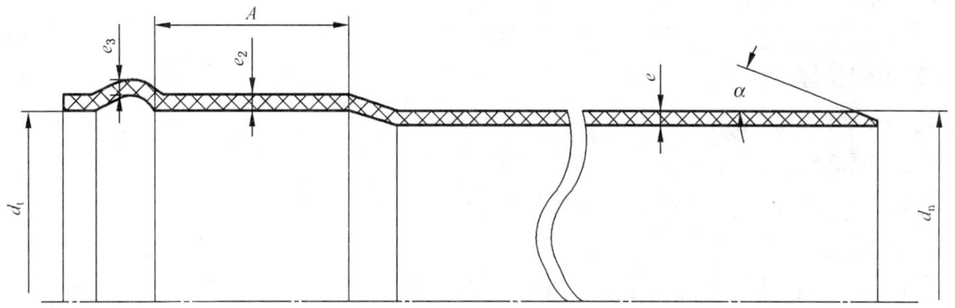

d_n——公称外径，

d_t——承口端部内径；

e——管材壁厚；

e_2——承口壁厚；

e_3——密封圈槽壁厚；

A——承口配合深度；

α——倒角。

图 4　弹性密封圈连接型管材承口示意图

5.4　管材的物理力学性能

管材物理力学性能应符合表 6 的规定。

表 6　管材物理力学性能

项　　目	要　　求			试验方法
	S_2	S_4	S_8	
环刚度/(kN/m^2)	≥2	≥4	≥8	6.4
表观密度/(g/cm^3)	0.90～1.20			6.5
扁平试验	不破裂、不分脱			6.6
落锤冲击试验 *TIR*	≤10%			6.7
纵向回缩率/%	≤9%，且不分脱、不破裂			6.8
二氯甲烷浸渍	内外表面不劣于 4 L			6.9

5.5 系统适用性

弹性密封圈连接型接头，管材与管材和/或管件连接后应进行水密性、气密性的系统适用性试验，并应符合表7的规定。

表7 系统适用性

项　　目	要　　求	试验方法
水密性试验	无渗漏	6.10.1
气密性试验	无渗漏	6.10.2

6 试验方法

6.1 试样预处理

除有特殊规定外，按GB/T 2918—1998规定，在(23±2)℃条件下对试样状态调节24 h并在同样条件下进行试验。

6.2 颜色和外观检查

用肉眼直接观察，内壁可用光源照看。

6.3 尺寸测量

6.3.1 平均外径和壁厚

按GB/T 8806的规定测量。

6.3.2 内外表层壁厚

用精度不低于0.01 mm的读数显微镜测量管材内、外表层壁厚。

6.3.3 长度和承口深度

用精度不低于1 mm的卷尺按图2所示测量管材长度。

用精度不低于0.02 mm的游标卡尺按图3或图4所示测量管材承口深度。

6.3.4 不圆度

按GB/T 8806测量同一断面的最大外径和最小外径，最大外径与最小外径之差为不圆度。

6.3.5 承口平均内径

用精度不低于0.02 mm的内径千分尺按图3或图4所示测量管材承口同一截面相互垂直的两内径，取两内径的算术平均值为测量结果。也可采用精度不低于0.02 mm的内径量表测量。

6.3.6 弯曲度

按GB/T 8805—1988规定测量。

6.4 环刚度

6.4.1 试样

从3根管子上各取300 mm试样一段，两端应与轴线垂直切平。

6.4.2 试验步骤

按GB/T 9647—2003进行。上压板下降速度按表8规定，当试样在垂直方向的内径变形量为原内径的3%时，记录此时试样所受的负荷。

表8 环刚度试验速度

公称外径/mm	≤200	>200
速度/(mm/min)	5±1	10±2

6.4.3 试验结果

试验结果按式(1)计算。

$$S = \left(0.0186 + 0.025 \times \frac{\Delta Y}{d_i}\right) \times \frac{F}{\Delta Y \times L} \quad \cdots\cdots(1)$$

式中：

S——试样的环刚度，单位为千牛每平方米（kN/m^2）；

ΔY——试样内径垂直方向3%变形量，单位为米（m）；

F——试样内径垂直方向3%变形时所受的负荷，单位为千牛（kN）；

d_i——试样内径，单位为米（m）；

L——试样长度，单位为米（m）。

试样取3个试验结果的算术平均值，保留两位有效数字。

6.5 表观密度

按GB/T 1033—1986 A法规定测量。所取试样的厚度应是管材的整体壁厚(即包含管材内外表层及发泡层)。

6.6 扁平试验

从3根管材上各取一段长度为(50±1.0)mm管段为试样，两端垂直切平。试验按GB/T 9647—2003规定进行，试验速度按表8的规定，当试样在垂直方向外径变形量为原外径的50%时，立即卸荷。观察试验过程中试样是否破裂或分脱。

6.7 落锤冲击试验

按GB/T 14152—2001规定测试，试验温度为(0±1)℃，落锤质量、冲击高度应符合表9规定。

表9 落锤质量、冲击高度和冲头型号

公称直径 d_n/mm	落锤质量/kg	冲击高度/m
40	0.25	0.5
50	0.25	0.5
75	0.25	1.5
90	0.25	2
110	0.50	2
125	0.75	2
160	1.0	2
200	1.60	2
250	2.50	2
≥315	3.2	2

6.8 纵向回缩率

按GB/T 6671—2001的规定测量。

6.9 二氯甲烷浸渍试验

按GB/T 13526—2006测定，试验温度为(15±0.5)℃，浸渍时间为15 min。浸渍后，试样内、外表层表面变化不劣于4 L为合格。

6.10 系统适用性

6.10.1 水密性试验

按GB/T 5836.1—2006附录A进行试验。

6.10.2 气密性试验

按GB/T 5836.1—2006附录B进行试验。

7 检验规则

7.1 产品须经生产厂质量检验部门检验合格并附有合格标识，方可出厂。

7.2 组批

同一原料配方、同一工艺和同一规格连续生产的管材作为一批，每批数量不超过 50 t。如果生产 7 d 尚不足 50 t，则以 7 d 产量为一批。

7.3 出厂检验

7.3.1 出厂检验项目为 5.1～5.3 及 5.4 中的纵向回缩率、落锤冲击试验、扁平试验。

7.3.2 5.1～5.3 检验按 GB/T 2828.1—2003 采用一般检验水平 Ⅰ、接收质量限(AQL)为 6.5 的正常检验一次抽样方案，其批量、样本量、判定数组见表 10。

表 10 接收质量限(AQL)为 6.5 的抽样方案

单位为根

批量 N	样本量 n	接收数 Ac	拒收数 Re
≤150	8	1	2
150～280	13	2	3
281～500	20	3	4
501～1 200	32	5	6
1 201～3 200	50	7	8
3 201～10 000	80	10	11

7.3.3 在计数抽样合格的产品中，随机抽取足够样品进行 5.4 中的纵向回缩率、落锤冲击试验和扁平试验。

7.4 型式检验

型式检验项目为第 5 章要求项中全部内容。并按 7.3.2 规定对 5.1～5.3 进行检验，在检验合格的样品中随机抽取足够的样品，进行 5.4 及 5.5 中的各项检验，一般情况下，两年至少一次。若有以下情况，应进行型式检验：

a) 新产品或老产品转厂生产的试制定型鉴定；

b) 结构、材料、工艺有较大变动可能影响产品性能时；

c) 产品长期停产后恢复生产时；

d) 出厂检验结果与上次型式检验结果有较大差异时；

e) 国家质量监督机构提出进行型式检验时。

7.5 判定规则

5.1～5.3 中任意一条不符合表 10 规定时则判为不合格，物理力学性能中有一项达不到指标时，可随机在该批中抽取双倍样品进行该项的复验。如果仍不合格，则判该批为不合格。

8 标志、运输及贮存

8.1 标志

管材上应至少有下列永久性标志，且每根管材上至少应含有一处完整标志，标志间距不应大于 2 m：

a) 生产厂名(或厂名简称)；

b) 商标(可选)；

c) 产品名称(或简称)；

d) 产品规格(外径×壁厚,环刚度);

e) 本标准号;

f) 生产日期。

8.2 运输

产品在装卸和运输时,不得受到撞击、曝晒、抛摔和重压。

8.3 贮存

管材存放场地应平整,堆放整齐,堆放高度不得超过 2 m,远离热源。承口部位宜交错放置,避免挤压变形。当露天存放时,应遮盖,防止曝晒。

ICS 13.220.20
C 81

中华人民共和国国家标准

GB 16808—2008
代替 GB 16808—1997

可燃气体报警控制器

Combustible gas alarm control units

(IEC 61779:1998,NEQ)

2008-12-15 发布

2010-02-01 实施

中华人民共和国国家质量监督检验检疫总局
中国国家标准化管理委员会 发布

前　言

本标准的第4章、第5章、第6章、第7章、第8章为强制性，其余为推荐性。

本标准对应于IEC 61779：1998《可燃性气体的检测和测量的电气装置》(英文版)，与IEC 61779的一致性程度为非等效。

本标准代替GB 16808—1997《可燃气体报警控制器技术要求和试验方法》。

本标准与GB 16808—1997相比主要变化如下：

——将原标准的基本功能试验改为可燃气体浓度显示功能试验、可燃气体报警功能试验、故障报警功能试验、屏蔽功能试验、自检功能试验、电源功能试验；

——增加了射频场感应的传导骚扰抗扰度试验、浪涌(冲击)抗扰度试验、电压暂降、短时中断和电压变化的抗扰度试验；

——增加了检验规则和使用说明书的要求。

本标准由中华人民共和国公安部提出。

本标准由全国消防标准化技术委员会第六分技术委员会(SAC/TC 113/SC 6)归口。

本标准起草单位：公安部沈阳消防研究所。

本标准主要起草人：宋希伟、费春祥、张学军、李瑞、谢锋、冯万波。

本标准所代替标准的历次版本发布情况为：

——GB 16808—1997。

可燃气体报警控制器

1 范围

本标准规定了可燃气体报警控制器(以下简称控制器)的分类、一般要求、要求与试验方法、标志、检验规则和使用说明书。

本标准适用于一般工业与民用建筑中安装使用的可燃气体报警控制器,也适用于其他环境中安装的具有特殊性能的控制器(特殊要求由有关标准另行规定)。

2 规范性引用文件

下列文件中的条款通过本标准的引用而成为本标准的条款。凡是注日期的引用文件,其随后所有的修改单(不包括勘误的内容)或修订版均不适用于本标准,然而,鼓励根据本标准达成协议的各方研究是否可使用这些文件的最新版本。凡是不注日期的引用文件,其最新版本适用于本标准。

GB/T 156—2007 标准电压(IEC 60038:2002,MOD)

GB 9969.1 工业产品使用说明书 总则

GB 12978 消防电子产品检验规则

GB 15322(所有部分) 可燃气体探测器

GB 16838 消防电子产品 环境试验方法及严酷等级

3 产品分类

控制器按工作方式分为:

a) 总线制;

b) 多线制。

4 一般要求

4.1 整机性能

4.1.1 一般要求

4.1.1.1 控制器主电源应采用 220 V、50 Hz 交流电源,电源线输入端应设接线端子。

4.1.1.2 控制器应设有保护接地端子。

4.1.1.3 控制器应能为其连接的部件供电,直流工作电压应符合 GB/T 156—2007 规定,可优先采用直流 24 V。

4.1.1.4 控制器应具有中文功能标注,用文字显示信息时应采用中文。

4.1.1.5 控制器应具有向消防控制室图形显示装置等设备发送报警、故障、屏蔽等信息的功能。

4.1.2 可燃气体浓度显示功能

4.1.2.1 控制器应具有可燃气体浓度显示功能,其全量程指示偏差应满足表 1 的要求。

表 1

配接可燃气体探测器类型		误差范围
测量范围为 0～100%LEL 的点型可燃气体探测器		5%LEL
测量人工煤气的点型可燃气体探测器	氢气敏感型	200×10^{-6}(体积分数)
	一氧化碳敏感型	80×10^{-6}(体积分数)

4.1.2.2 控制器应能显示所有可燃气体探测器探测的可燃气体浓度值；总线制控制器在不能显示所有可燃气体探测器探测的可燃气体浓度值时，应能显示探测器探测的可燃气体浓度最高值，其他探测器探测的可燃气体浓度值应可查。

4.1.2.3 控制器的报警状态不应影响控制器的浓度显示功能。控制器的故障状态不应影响任何非故障回路的浓度显示功能。

4.1.3 可燃气体报警功能

4.1.3.1 控制器应具有低限报警或低限、高限两段报警功能。

4.1.3.2 控制器应能直接或间接地接收来自可燃气体探测器及其他报警触发器件的报警信号，发出可燃气体报警声、光信号，指示报警部位，记录报警时间，并保持至手动复位。

4.1.3.3 当有可燃气体报警信号输入时，控制器应在 10 s 内发出报警声、光信号。对来自可燃气体探测器的报警信号可设置报警延时，其最大延时时间不应超过 1 min，延时期间应有延时光指示，延时设置信息应能通过本机操作查询。

4.1.3.4 控制器在可燃气体报警状态下应至少有两组控制输出。

4.1.3.5 控制器应有专用可燃气体报警总指示灯(器)。控制器处于可燃气体报警状态时，总指示灯(器)应点亮。

4.1.3.6 可燃气体报警声信号应能手动消除，当再次有可燃气体报警信号输入时，应能再次启动。

4.1.3.7 控制器应满足下述要求：

a) 应能显示当前可燃气体报警部位的总数；

b) 应能区分最先报警部位；

c) 后续报警部位应按报警时间顺序连续显示。当显示区域不足以显示全部报警部位时，应按顺序循环显示；同时应设手动查询按钮(键)。

4.1.3.8 控制器应设手动复位按钮(键)，复位后，仍然存在的状态及相关信息应保持或在 20 s 内重新建立。

4.1.3.9 控制器应有报警计时装置，计时装置的日计时误差不应超过 30 s，使用打印机记录报警时间时，应打印出月、日、时、分等信息，但不能仅使用打印机记录报警时间。

4.1.3.10 具有报警历史事件记录功能的控制器，应能至少记录 999 条相关信息，且在控制器断电后能保持信息 14 d。

4.1.3.11 通过控制器可改变与其连接的可燃气体探测器报警设定值时，该报警设定值应能在控制器上手动可查。

4.1.3.12 除复位操作外，对控制器的任何操作均不应影响控制器接收和发出可燃气体报警信号。

4.1.4 故障报警功能

4.1.4.1 控制器应设专用故障总指示灯(器)，无论控制器处于何种状态，只要有故障信号存在，该故障总指示灯(器)应点亮。

4.1.4.2 有下列情形之一时，可燃气体报警控制器应能在 100 s 内发出与可燃气体报警信号有明显区别的声、光故障信号：

a) 控制器与可燃气体探测器及所连接的报警触发器件间连接线断路、短路(短路时发出可燃气体报警信号除外)和影响可燃气体报警功能的接地；

b) 与控制器连接的可燃气体探测器的气敏元件脱落(仅适用于气敏元件采用插拔方式连接)；

c) 控制器主电源欠压；

d) 给控制器备用电源充电的充电器与备用电源之间连接线断路、短路；

e) 控制器与其备用电源之间连接线断路。

对于 a)、b)类故障应指示出部位，c)、d)、e)类故障应指示类型；声故障信号应能手动消除，光故障信号在故障存在期间应能保持；故障期间，如非故障回路有可燃气体报警信号输入，可燃气体报警控制器应能发出可燃气体报警信号。故障信息在控制器有报警信号时可以不显示，但应手动可查。

4.1.4.3　控制器应能显示所有故障信息。在不能同时显示所有故障信息时，未显示的故障信息应手动可查。

4.1.4.4　当主电源断电，备用电源不能保证控制器正常工作时，控制器应发出故障声信号并能保持1 h以上。

4.1.4.5　控制器的故障信号在故障排除后，可以自动或手动复位。复位后，控制器应在100 s内重新显示尚存在的故障。

4.1.4.6　任一故障均不应影响非故障部分的正常工作。

4.1.4.7　当控制器采用总线工作方式时，应设有总线短路隔离器。短路隔离器动作时，控制器应能指示出被隔离部件的部位号。当某一总线发生一处短路故障导致短路隔离器动作时，受短路隔离器影响的部件数量不应超过32个。

4.1.5　屏蔽功能（仅适于具有此项功能的控制器）

4.1.5.1　控制器应有专用屏蔽总指示灯（器），无论控制器处于何种状态，只要有屏蔽存在，该屏蔽总指示灯（器）应点亮。

4.1.5.2　控制器应具有对每个部位、回路进行单独屏蔽、解除屏蔽操作功能（应手动进行）。

4.1.5.3　控制器应在屏蔽操作完成后2 s内启动屏蔽指示。在有可燃气体报警信号时，屏蔽信息可以不显示。

4.1.5.4　控制器应能显示所有屏蔽信息，在不能同时显示所有屏蔽信息时，则应显示最新屏蔽信息，其他屏蔽信息应手动可查。

4.1.5.5　控制器在同一个回路内所有部位均被屏蔽的情况下，才能显示该回路被屏蔽。

4.1.5.6　屏蔽状态应不受控制器复位等操作的影响。

4.1.6　自检功能

4.1.6.1　控制器应能检查本机的可燃气体报警功能（以下称自检），控制器在执行自检功能期间，受其控制的外接设备和输出接点均不应动作。控制器自检时间超过1 min或其不能自动停止自检功能时，控制器的自检功能应不影响非自检部位和控制器本身的可燃气体报警功能。

4.1.6.2　控制器应能手动检查其面板所有指示灯（器）、显示器的功能。

4.1.7　电源功能

4.1.7.1　控制器的电源部分应具有主电源和备用电源转换装置。当主电源断电时，能自动转换到备用电源；主电源恢复时，能自动转换到主电源；应有主、备电源工作状态指示，主电源应有过流保护措施。主、备电源的转换不应使控制器产生误动作。

4.1.7.2　控制器按设计容量连接真实负载（总线制控制器至少一个回路按设计容量连接真实负载，其他回路连接等效负载）。主电源容量应能保证控制器在下述条件下连续正常工作4 h：

a）控制器容量不超过10个报警部位时，所有报警部位均处于报警状态；

b）控制器容量超过10个报警部位时，百分之二十的报警部位（不少于10个报警部位，但不超过32个报警部位）处于报警状态。

4.1.7.3　控制器按设计容量连接真实负载（总线制控制器至少一个回路按设计容量连接真实负载，其他回路连接等效负载）。备用电源在放电至终止电压条件下，充电24 h，其容量应可提供控制器在监视状态下工作1 h后，在下述条件下工作30 min：

a）控制器容量不超过10个报警部位时，所有报警部位均处于报警状态；

b）控制器容量超过10个报警部位时，十五分之一的报警部位（不少于10个报警部位，但不超过32个报警部位）处于报警状态。

4.1.8　操作级别

控制器的操作级别应符合表2要求。

表 2

序号	操作项目	Ⅰ	Ⅱ	Ⅲ	Ⅳ
1	查询信息	O	M	M	
2	消除控制器的声信号	O	M	M	
3	复位	P	M	M	
4	进入自检状态	P	M	M	
5	调整计时装置	P	M	M	
6	屏蔽和解除屏蔽	P	O	M	
7	输入或更改数据	P	P	M	
8	分区编程	P	P	M	
9	延时功能设置	P	P	M	
10	接通、断开或调整控制器主、备电源	P	P	M	M
11	修改或改变软、硬件	P	P	P	M

注 1：P—禁止本级操作；O—可选择是否由本级操作；M—可进行本级及本级以下操作。

注 2：进入Ⅱ、Ⅲ级操作功能状态应采用钥匙、操作号码，用于进入Ⅲ级操作功能状态的钥匙或操作号码可用于进入Ⅱ级操作功能状态，但用于进入Ⅱ级操作功能状态的钥匙或操作号码不能用于进入Ⅲ级操作功能状态。

注 3：Ⅳ级操作功能不能仅通过控制器本身进行。

4.2 主要部(器)件性能

4.2.1 基本要求

控制器的主要部(器)件，应采用符合相关标准的定型产品。

4.2.2 指示灯(器)

4.2.2.1 可燃气体报警状态指示灯(器)和延时状态指示灯应采用红色；故障、屏蔽状态指示灯(器)应采用黄色；电源工作状态指示灯(器)应采用绿色。

4.2.2.2 指示灯(器)功能应有中文标注。

4.2.2.3 在 5 lx～500 lx 环境光条件下，在正前方 22.5°视角范围内，状态指示灯(器)和电源指示灯(器)应在 3 m 处清晰可见；其他指示灯(器)应在 0.8 m 处清晰可见。

4.2.2.4 采用闪亮方式的指示灯(器)每次点亮时间应不小于 0.25 s，其报警指示灯(器)闪动频率应不小于 1 Hz，故障指示灯(器)闪动频率应不小于 0.2 Hz。

4.2.2.5 用一个指示灯(器)显示具体部位的故障、屏蔽和自检状态时，应能明确分辨。

4.2.3 字母(符)-数字显示器

在 5 lx～500 lx 环境光条件下，显示字符应在正前方 22.5°视角内、0.8 m 处可读。

4.2.4 音响器件

4.2.4.1 在正常工作条件下，音响器件在其正前方 1 m 处的声压级(A 计权)应大于 65 dB，小于 115 dB。

4.2.4.2 在控制器 85％额定工作电压供电条件下音响器件应能正常工作。

4.2.5 熔断器

用于电源线路的熔断器或其他过电流保护器件，其额定电流值一般应不大于控制器最大工作电流的 2 倍。当最大工作电流大于 6 A 时，熔断器电流值可取其 1.5 倍。在靠近熔断器或其他过电流保护器件处应清楚地标注其参数值。

4.2.6　**接线端子**

每一接线端子上都应清晰、牢固地标注其编号或符号，相应用途应在有关文件中说明。

4.2.7　**充电器及备用电源**

4.2.7.1　电源正极连接导线应为红色，负极应为黑色或蓝色。

4.2.7.2　充电电流应不大于电池生产厂规定的额定值。

4.2.8　**开关和按键**

应在其上或靠近的位置用中文清楚标注开关和按键的功能。

5　要求与试验方法

5.1　总则

5.1.1　试验程序见表3。

5.1.2　试样为控制器2台，试样应在试验前予以编号。

5.1.3　试样应连接其配套的可燃气体探测器进行试验，并按GB 15322(所有部分)要求进行标定、调零。

5.1.4　如在有关条文中没有说明，则各项试验均在下述大气条件下进行：

——温度：15 ℃～35 ℃；

——湿度：25% RH～75% RH；

——大气压力：86 kPa～106 kPa。

5.1.5　如在有关条文中没有说明时，各项试验数据的容差均为±5%，环境条件参数偏差应符合GB 16838要求。

5.1.6　试验中提出的正常监视状态是指试样按5.1.3要求配接好可燃气体探测器并通电预热20 min(或制造商提出的预热时间)后，无报警、故障报警、屏蔽、自检等发生时所处的状态。

5.1.7　试样在试验前均应进行外观及主要部(器)件检查，符合下述要求时方可进行试验。

a)　文字、符号和标志清晰齐全，使用说明书满足相关要求；

b)　试样表面无腐蚀、涂覆层脱落和起泡现象，无明显划伤、裂痕、毛刺等机械损伤；

c)　紧固部位无松动；

d)　主要部(器)件性能应能满足4.2的要求。

表3

序　号	章　条	试　验　项　目	控制器编号	
			1	2
1	5.1.7	主要部(器)件检查	√	√
2	5.2	可燃气体浓度显示功能试验	√	√
3	5.3	可燃气体报警功能试验	√	√
4	5.4	故障报警功能试验	√	√
5	5.5	屏蔽功能试验(选择性)	√	√
6	5.6	自检功能试验	√	√
7	5.7	电源功能试验	√	√
8	5.8	绝缘电阻试验	√	
9	5.9	电气强度试验	√	
10	5.10	射频电磁场辐射抗扰度试验		√

表 3（续）

序号	章条	试验项目	控制器编号	
			1	2
11	5.11	射频场感应的传导骚扰抗扰度试验		√
12	5.12	静电放电抗扰度试验		√
13	5.13	电快速瞬变脉冲群抗扰度试验		√
14	5.14	浪涌（冲击）抗扰度试验		√
15	5.15	电源瞬变试验	√	
16	5.16	电压暂降、短时中断和电压变化的抗扰度试验	√	
17	5.17	低温（运行）试验		√
18	5.18	恒定湿热（运行）试验	√	
19	5.19	振动（正弦）（运行）试验		√
20	5.20	振动（正弦）（耐久）试验		√
21	5.21	碰撞试验	√	

5.2　可燃气体浓度显示功能试验

5.2.1　目的

检验控制器的可燃气体浓度显示功能。

5.2.2　要求

试样的可燃气体浓度显示功能应满足4.1.2要求。

5.2.3　方法

5.2.3.1　使试样处于正常监视状态，检查试样是否具有浓度显示功能。并分别将达到试样显示范围的10%、25%、50%、75%、90%浓度的试验气体输送到可燃气体探测器的传感元件上至少1 min，记录试样在每一种情况下的显示值。

5.2.3.2　对于多线制试样，将每个回路的可燃气体探测器通入适量浓度的可燃气体，记录试样的显示情况。对于总线制试样，将8只可燃气体探测器（容量少于8只按实际数量）分别通入适量的浓度值不同的可燃气体，查询并记录试样的显示情况。

5.2.3.3　将试样分别处于报警状态、故障状态，将任何非报警、故障回路可燃气体探测器通入适量浓度的可燃气体，记录试样的显示情况。

5.3　可燃气体报警功能试验

5.3.1　目的

检验控制器的可燃气体报警功能。

5.3.2　要求

试样的可燃气体报警功能应满足4.1.3要求。

5.3.3　方法

5.3.3.1　检查试样高限、低限报警功能及控制输出点数及手动直接控制按钮（键）的设置情况。

5.3.3.2　将试样处于正常监视状态，使可燃气体探测器发出可燃气体报警信号，测量试样报警响应时间，观察并记录试样发出可燃气体报警声、光信号（包括报警总指示、部位指示等）情况、控制输出接点动作及计时、打印情况。

5.3.3.3　检查试样消音功能、可燃气体报警声信号再启动功能和可燃气体报警信息显示功能。

5.3.3.4　观察并记录首次报警显示情况。

5.3.3.5　观察并记录后续报警部位显示情况。对采用字母（符）-数字显示的试样，操作手动查询按钮，观察并记录每个可燃气体报警信号的显示情况和可燃气体报警总数显示情况及可燃气体报警事件记录情况。

5.3.3.6 手动复位试样，20 s 后观察并记录试样的指示情况。

5.3.3.7 撤除所有可燃气体探测器的可燃气体报警信号，手动复位试样，20 s 后观察并记录试样的指示情况。

5.3.3.8 对可设置可燃气体探测器延时功能的试样，检查其可燃气体报警延时时间和延时光指示情况。

5.3.3.9 对具有可改变与其连接的可燃气体探测器报警设定值功能的试样，检查可燃气体探测器报警设定值的查询情况。

5.4 故障报警功能试验

5.4.1 目的

检验控制器的故障报警功能。

5.4.2 要求

试样的故障报警功能应满足 4.1.4 的要求。

5.4.3 方法

5.4.3.1 将试样处于正常监视状态，分别按 4.1.4.3 和 4.1.4.4 要求，对试样各项故障报警功能进行测试，观察并记录试样故障声、光信号、故障总指示灯(器)、故障时间及部位和类型区分情况。

5.4.3.2 检查试样消音功能、故障声信号再启动功能和故障信号显示功能。

5.4.3.3 手动复位试样，观察并记录试样发出尚未排除故障信号的指示情况；排除所有输入的故障信号，手动复位试样后(故障自动恢复时不复位)，观察并记录试样的指示情况。

5.4.3.4 当备用电源单独工作至不足以保证试样正常工作时，观察并记录试样故障声信号及其保持时间。

5.4.3.5 使任一部件或部位处于故障状态，检查并记录试样非故障部分工作状态。

5.4.3.6 对采用总线工作方式的试样，使总线任一处短路，观察并记录隔离器动作及隔离部件的指示情况。

5.5 屏蔽功能试验(选择性试验)

5.5.1 目的

检验控制器的屏蔽功能。

5.5.2 要求

试样的屏蔽功能应满足 4.1.5 的要求。

5.5.3 方法

5.5.3.1 将试样处于正常监视状态，手动操作试样的屏蔽功能，对可燃气体探测器分别进行单独屏蔽和回路屏蔽，观察并记录试样屏蔽指示灯(器)启动情况、屏蔽完成并启动屏蔽指示的时间及屏蔽信息显示和手动查询情况。

5.5.3.2 操作处于屏蔽状态试样的手动复位机构，观察并记录试样显示情况。

5.5.3.3 手动操作试样屏蔽解除功能，分别解除所有屏蔽操作，观察并记录试样显示情况。

5.6 自检功能试验

5.6.1 目的

检查控制器的自检功能。

5.6.2 要求

试样的自检功能应满足 4.1.6 的要求。

5.6.3 方法

5.6.3.1 将试样处于正常监视状态，手动操作试样自检机构，观察并记录试样可燃气体报警声、光信号及输出接点动作情况；对于自检时间超过 1 min 或不能自动停止自检功能的试样，在自检期间，使任一非自检回路处于可燃气体报警状态，观察并记录试样可燃气体报警显示情况。

5.6.3.2 手动操作试样指示灯、显示器自检功能，观察并记录所有指示灯(器)和显示器的指示情况。

5.7 电源功能试验

5.7.1 目的

检验控制器对交流电网供电电压波动和负载变化的适应能力以及电源的容量。

5.7.2 要求

试样的电源功能应满足 4.1.7 的要求。

5.7.3 方法

5.7.3.1 在试样处于正常监视状态下，切断试样的主电源，使试样由备用电源供电，再恢复主电源，检查并记录试样主、备电源的转换、状态的指示情况及其主电源过流保护情况。

5.7.3.2 主电源试验

5.7.3.2.1 将试样一个回路按设计容量连接真实负载，其他回路连接等效负载。

5.7.3.2.2 按 4.1.7.2a)、b)的要求，使试样处于可燃气体报警状态 4 h，观察并记录试样工作情况，然后使试样恢复到正常监视状态，按 5.3～5.6 的规定进行功能试验。

5.7.3.3 备用电源试验

5.7.3.3.1 将试样一个回路按设计容量连接真实负载，其他回路连接等效负载。将试样的备用电源放电至终止电压，再对其进行 24 h 充电。

5.7.3.3.2 关闭试样主电源，1 h 后观察并记录试样的状态。

5.7.3.3.3 按 4.1.7.3a)、b)的要求，使试样处于可燃气体报警状态 30 min，观察并记录试样工作情况，然后使试样恢复到正常监视状态，按 5.3～5.6 的规定进行功能试验。

5.8 绝缘电阻试验

5.8.1 目的

检验控制器的绝缘性能。

5.8.2 要求

试样有绝缘要求的外部带电端子与机壳间的绝缘电阻值应不小于 20 MΩ；试样的电源输入端与机壳间的绝缘电阻值应不小于 50 MΩ。

5.8.3 方法

通过绝缘电阻试验装置，分别对试样的下述部位施加 500 V±50 V 直流电压，持续 60 s±5 s 后，测量其绝缘电阻值：

a) 有绝缘要求的外部带电端子与机壳之间；

b) 电源插头(或电源接线端子)与机壳之间(主电源开关置于接通位置，但电源插头不接入电网)。

5.9 电气强度试验

5.9.1 目的

检验控制器的电气强度。

5.9.2 要求

试样的电源插头与机壳间应能耐受频率为 50 Hz，有效值电压为 1 250 V 的交流电压历时 1 min 的电气强度试验，试验期间试样不应发生击穿现象，试验后其性能应满足 4.1.3～4.1.6 的要求。

5.9.3 方法

试验前，将试样的接地保护元件拆除。通过试验装置，以 100 V/s～500 V/s 的升压速率，对试样的电源线与机壳间施加 50 Hz，1 250 V 的试验电压。持续 60 s±5 s，观察并记录试验中所发生的现象。试验后，以 100 V/s～500 V/s 的降压速率使电压降至低于额定电压值后，方可断电。接通试样电源，按

5.3～5.6 的规定进行功能试验。

5.10 射频电磁场辐射抗扰度试验

5.10.1 目的

检验控制器在射频电磁场辐射环境下工作的适应性。

5.10.2 要求

试验期间，试样应保持正常监视状态；试验后，试样性能应满足 4.1.3～4.1.6 的要求，其显示值误差应满足表 1 的要求。

5.10.3 方法

5.10.3.1 将试样按 GB 16838 规定进行试验布置，使试样处于正常监视状态。

5.10.3.2 按 GB 16838 规定的试验方法对试样施加表 4 所示条件的电磁干扰试验。试验期间观察并记录试样状态。试验后，按 5.3～5.6 的规定进行功能试验，并对其所配接的任一只可燃气体探测器通入浓度为 50％显示范围的可燃气体，观察并记录试样的显示情况。

表 4

场强/(V/m)	10
频率范围/MHz	80～1 000
扫频速率/十倍频程每秒	$\leqslant 1.5\times10^{-3}$
调制幅度	80％(1 kHz，正弦)

5.10.4 试验设备

试验设备应满足 GB 16838 的规定。

5.11 射频场感应的传导骚扰抗扰度试验

5.11.1 目的

检验控制器对射频场感应的传导骚扰的适应性。

5.11.2 要求

试验期间，试样应保持正常监视状态；试验后，试样性能应满足 4.1.3～4.1.6 的要求，其显示值误差应满足表 1 的要求。

5.11.3 方法

5.11.3.1 将试样按 GB 16838 规定进行试验配置，使试样处于正常监视状态。

5.11.3.2 按 GB 16838 规定的试验方法对试样施加表 5 所示条件的电磁干扰试验。试验期间观察并记录试样状态。试验后，按 5.3～5.6 的规定进行功能试验，并对其所配接的任一只可燃气体探测器通入浓度为 50％显示范围的可燃气体，观察并记录试样的显示情况。

表 5

频率范围/MHz	0.15～100
电压/dBμV	140
调制幅度	80％(1 kHz，正弦)

5.11.4 试验设备

试验设备应满足 GB 16838 的规定。

5.12 静电放电抗扰度试验

5.12.1 目的

检验控制器对带静电人员、物体接触造成的静电放电的适应性。

5.12.2 要求

试验期间，试样应保持正常监视状态；试验后，试样性能应满足 4.1.3～4.1.6 的要求，其显示值误差应满足表1的要求。

5.12.3 方法

5.12.3.1 将试样按GB 16838规定进行试验布置,使试样处于正常监视状态。

5.12.3.2 按GB 16838规定的试验方法对试样及耦合板施加表6所示条件的电磁干扰试验。试验期间观察并记录试样状态。试验后,按5.3～5.6的规定进行功能试验,并对其所配接的任一只可燃气体探测器通入浓度为50%显示范围的可燃气体,观察并记录试样的显示情况。

表6

放电电压/kV	空气放电(外壳为绝缘体试样) 8
	接触放电(外壳为导体试样和耦合板) 6
放电极性	正、负
放电间隔/s	≥1
每点放电次数	10

5.12.4 试验设备

试验设备应满足GB 16838的规定。

5.13 电快速瞬变脉冲群抗扰度试验

5.13.1 目的

检验控制器抗电快速瞬变脉冲群干扰的能力。

5.13.2 要求

试验期间,试样应保持正常监视状态;试验后,试样性能应满足4.1.3～4.1.6的要求,其显示值误差应满足表1的要求。

5.13.3 方法

5.13.3.1 将试样按GB 16838规定进行试验配置,使其处于正常监视状态。

5.13.3.2 按GB 16838规定的试验方法对试样施加表7所示条件的电磁干扰试验。试验期间观察并记录试样状态。试验后,按5.3～5.6的规定进行功能试验,并对其所配接的任一只可燃气体探测器通入浓度为50%显示范围的可燃气体,观察并记录试样的显示情况。

表7

瞬变脉冲电压/kV	AC电源线 2×(1±0.1)
	其他连接线 1×(1±0.1)
重复频率/kHz	AC电源线 2.5×(1±0.2)
	其他连接线 5×(1±0.2)
极性	正、负
时间	每次1 min

5.13.4 试验设备

试验设备应满足GB 16838的规定。

5.14 浪涌(冲击)抗扰度试验

5.14.1 目的

检验控制器对附近闪电或供电系统的电源切换及低电压网络、包括大容性负载切换等产生的电压瞬变(电浪涌)干扰的适应性。

5.14.2 要求

试验期间,试样应保持正常监视状态;试验后,试样性能应满足4.1.3～4.1.6的要求,其显示值误差应满足表1的要求。

5.14.3 **方法**

5.14.3.1 将试样按 GB 16838 规定进行试验配置，使其处于正常监视状态。

5.14.3.2 按 GB 16838 规定的试验方法对试样施加表 8 所示条件的电磁干扰试验。试验期间观察并记录试样状态。试验后，按 5.3～5.6 的规定进行功能试验，并对其所配接的任一只可燃气体探测器通入浓度为 50%显示范围的可燃气体，观察并记录试样的显示情况。

5.14.4 **试验设备**

试验设备应满足 GB 16838 的规定。

表 8

浪涌(冲击)电压/kV	AC 电源线	线—线 1×(1±0.1)
		线—地 2×(1±0.1)
	其他连接线	线—地 1×(1±0.1)
极性		正、负
试验次数		5

5.15 **电源瞬变试验**

5.15.1 **目的**

检验控制器抗电源瞬变干扰的能力。

5.15.2 **要求**

试验期间，试样应保持正常监视状态；试验后，试样性能应满足 4.1.3～4.1.6 的要求，其显示值误差应满足表 1 的要求。

5.15.3 **方法**

5.15.3.1 按正常监视状态要求，连接试样到电源瞬变试验装置上，使其处于正常监视状态。

5.15.3.2 开启试验装置，使试样主电源按“通电(9 s)～断电(1 s)”的固定程序连续通断 500 次，试验期间，观察并记录试样的工作状态；试验后，按 5.3～5.6 的规定进行功能试验，并对其所配接的任一只可燃气体探测器通入浓度为 50%显示范围的可燃气体，观察并记录试样的显示情况。

5.16 **电压暂降、短时中断和电压变化的抗扰度试验**

5.16.1 **目的**

检验控制器在电压暂降、短时中断和电压变化(如主配电网络上，由于负载切换和保护元件的动作等)情况下的抗干扰能力。

5.16.2 **要求**

试验期间，试样应保持正常监视状态；试验后，试样性能应满足 4.1.3～4.1.6 的要求，其显示值误差应满足表 1 的要求。

5.16.3 **方法**

5.16.3.1 按正常监视状态要求，连接试样到主电压暂降和中断试验装置上，使其处于正常监视状态。

5.16.3.2 使主电压下滑至 40%，持续 20 ms，重复进行 10 次；再将使主电压下滑至 0 V，持续 10 ms，重复进行 10 次。试验期间，观察并记录试样的工作状态；试验后，按 5.3～5.6 的规定进行功能试验，并对其所配接的任一只可燃气体探测器通入浓度为 50%显示范围的可燃气体，观察并记录试样的显示情况。

5.16.4 **试验设备**

试验设备应满足 GB 16838 的相关规定。

5.17 **低温(运行)试验**

5.17.1 **目的**

检验控制器在低温条件下工作的适应性。

5.17.2 要求

试验期间，试样应保持正常监视状态；试验后，试样无破坏涂覆和腐蚀现象，其性能应满足4.1.3～4.1.6的要求，其显示值误差应满足表9的要求。

表9

配接可燃气体探测器类型		误差范围
测量范围为0～100%LEL的点型可燃气体探测器		10%LEL
测量人工煤气的点型可燃气体探测器	氢气敏感型	400×10^{-6}(体积分数)
	一氧化碳敏感型	160×10^{-6}(体积分数)

5.17.3 方法

5.17.3.1 试验前，将试样在正常大气条件下放置2 h～4 h。然后使试样处于正常监视状态。

5.17.3.2 调节试验箱温度，使其在20 ℃±2 ℃温度下保持30 min±5 min，然后，以不大于1 ℃/min的速率降温至0 ℃±3 ℃。

5.17.3.3 在0 ℃±3 ℃温度下，保持16 h后，立即按5.3～5.6的规定进行功能试验。

5.17.3.4 调节试验箱温度，使其以不大于1 ℃/min的速率升温至20 ℃±2 ℃，并保持30 min±5 min。

5.17.3.5 取出试样，在正常大气条件下放置1 h～2 h后，检查试样表面涂覆情况，并按5.3～5.6的规定进行功能试验，并对其所配接的任一只可燃气体探测器通入浓度为50%显示范围的可燃气体，观察并记录试样的显示情况。

5.17.4 试验设备

试验设备应符合GB 16838的相关规定。

5.18 恒定湿热(运行)试验

5.18.1 目的

检验控制器在相对湿度高(无凝露)的环境下正常工作的能力。

5.18.2 要求

试验期间，试样应保持正常监视状态；试验后，试样无破坏涂覆和腐蚀现象，其性能应满足4.1.3～4.1.6的要求，其显示值误差应满足表9的要求。

5.18.3 方法

5.18.3.1 试验前，将试样在正常大气条件下放置2 h～4 h，然后将试样处于正常监视状态。

5.18.3.2 调节试验箱，使温度为40 ℃±2 ℃，相对湿度90%～95%(先调节温度，当温度达到稳定后再加湿)，连续保持4 d后，立即按5.3～5.6的规定进行功能试验。

5.18.3.3 取出试样，在正常大气条件下，处于正常监视状态1 h～2 h后，检查试样表面涂覆情况，并按5.3～5.6的规定进行功能试验，并对其所配接的任一只可燃气体探测器通入浓度为50%显示范围的可燃气体，观察并记录试样的显示情况。

5.18.4 试验设备

试验设备应符合GB 16838的相关规定。

5.19 振动(正弦)(运行)试验

5.19.1 目的

检验控制器承受振动影响的能力。

5.19.2 要求

试验期间，试样应保持正常监视状态；试验后，试样不应有机械损伤和紧固部位松动现象，其性能应满足4.1.3～4.1.6的要求，其显示值误差应满足表1的要求。

5.19.3 方法

5.19.3.1 将试样按正常安装方式刚性安装，使同方向的重力作用像其使用时一样(重力影响可忽略时除外),试样在上述安装方式下可放于任何高度,试验期间试样处于正常监视状态。

5.19.3.2 依次在三个互相垂直的轴线上,在 10 Hz～150 Hz 的频率循环范围内,以 0.981 m/s^2 的加速度幅值,1 倍频程每分的扫频速率,各进行 1 次扫频循环。

5.19.3.3 试验后,立即检查试样外观及紧固部位,并按 5.3～5.6 的规定进行功能试验,并对其所配接的任一只可燃气体探测器通入浓度为 50%显示范围的可燃气体,观察并记录试样的显示情况。

5.19.4 试验设备

试验设备(振动台及夹具)应符合 GB 16838 的规定。

5.20 振动(正弦)(耐久)试验

5.20.1 目的

检验控制器长时间承受振动影响的能力。

5.20.2 要求

试验期间,试样应保持在该试验要求的工作状态;试验后,试样不应有机械损伤和紧固部位松动现象,其性能应满足 4.1.3～4.1.6 的要求,其显示值误差应满足表 1 的要求。

5.20.3 方法

5.20.3.1 将试样按正常安装方式刚性安装(重力影响可忽略时除外),试样在上述安装方式下可放于任何高度,试验期间试样不通电。

5.20.3.2 依次在三个互相垂直的轴线上,在 10 Hz～150 Hz 的频率循环范围内,以 4.905 m/s^2 的加速度幅值,1 倍频程每分的扫频速率,各进行 20 次扫频循环。

5.20.3.3 试验后,立即检查试样外观及紧固部位,然后使试样处于正常工作状态,按 5.3～5.6 的规定进行功能试验,并对其所配接的任一只可燃气体探测器通入浓度为 50%显示范围的可燃气体,观察并记录试样的显示情况。

5.20.4 试验设备

试验设备(振动台及夹具)应符合 GB 16838 的规定。

5.21 碰撞试验

5.21.1 目的

检验控制器表面部件在经受碰撞时的可靠性。

5.21.2 要求

试验期间,试样应保持正常监视状态;试验后,试样不应有机械损伤和紧固部位松动现象,其性能应满足 4.1.3～4.1.6 的要求,其显示值误差应满足表 1 的要求。

5.21.3 方法

5.21.3.1 将试样处于正常监视状态。

5.21.3.2 对试样表面上的每个易损部件(如指示灯、显示器等)施加 3 次能量为 0.5 J±0.04 J 的碰撞。在进行试验时应小心进行,以确保上一组(3 次)碰撞的结果不对后续各组碰撞的结果产生影响,在认为可能产生影响时,应不考虑发现的缺陷,取一新的试样,在同一位置重新进行碰撞试验。试验期间,观察并记录试样的工作状态;试验后,按 5.3～5.6 进行功能试验,并对其所配接的任一只可燃气体探测器通入浓度为 50%显示范围的可燃气体,观察并记录试样的显示情况。

5.21.4 试验设备

试验设备应符合 GB 16838 的相关规定。

6 检验规则

6.1 产品出厂检验

企业在产品出厂前应对控制器进行下述试验项目的检验:

a) 主要部(器)件检查;

b) 可燃气体浓度显示功能试验;

c) 可燃气体报警功能试验；

d) 故障报警功能试验；

e) 屏蔽功能试验；

f) 自检功能试验；

g) 绝缘电阻试验；

h) 电气强度试验。

每台控制器在出厂前均应进行上述试验。以组件形式出厂的控制器，应配接相关部分组成整机，进行上述试验。其中任一项不合格，则判定该产品不合格。

6.2 型式检验

6.2.1 型式检验项目为 5.1.7、5.2～5.21 的规定的试验项目。检验样品在出厂检验合格的产品中抽取。

6.2.2 有下列情况之一时，应进行型式检验：

a) 新产品或老产品转厂生产时的试制定型；

b) 正式生产后，产品的结构、主要部(器)件或元器件、生产工艺等有较大的改变，可能影响产品性能或正式投产满 5 年；

c) 产品停产一年以上，恢复生产；

d) 出厂检验结果与上次型式检验结果差异较大；

e) 发生重大质量事故。

6.2.3 检验结果按 GB 12978 规定的型式检验结果判定方法进行判定。

7 标志

7.1 产品标志

每台控制器均应有清晰、耐久的产品标志，产品标志应包括以下内容：

a) 产品名称；

b) 执行标准代号；

c) 制造商名称或商标；

d) 产品型号；

e) 接线柱标注；

f) 制造日期、产品编号、产地。

7.2 质量检验标志

每台控制器均应有质量检验合格标志。

8 使用说明书

控制器应有相应的中文说明书。说明书的内容应满足 GB 9969.1 要求。

ICS 13.220.50
C 82

GB

中华人民共和国国家标准

GB 16809—2008
代替 GB 16809—1997

STANDARDS PRESS OF CHINA

防火窗

Fire resistant windows

2008-04-22 发布　　　　2009-01-01 实施

中华人民共和国国家质量监督检验检疫总局
中国国家标准化管理委员会　发布

前　言

本标准的7.1.6、7.2.1、7.2.3、7.2.4、9.2为强制性条款，其余为推荐性条款。

本标准代替GB 16809—1997《钢质防火窗》。

本标准与GB 16809—1997相比，主要变化如下：

——扩大了标准的适用范围；

——将术语与定义单列一章，给出了本标准涉及到的一些关键术语及其定义，便于更好地理解标准内容(1997版的3.1，本版的3)；

——修改了防火窗耐火性能分类方法，1997版按甲、乙和丙分类，本版按“隔热性(A类)”和“非隔热性(C类)”分类，且增加耐火等级分级方法(1997版的4.2，本版的4.2.2)；

——明确防火窗的型号编制方法(见5.2)；

——将要求分为防火窗通用要求和活动式防火窗附加要求两部分，便于标准的实施(见7.1、7.2)；

——增加了防火窗上使用的防火玻璃的质量要求和试验方法(见7.1.2、8.3)；

——增加了防火窗抗风压性能和气密性能要求和试验方法(见7.1.4、7.1.5、8.9、8.10)；

——对活动式防火窗活动窗扇的扭曲度提出要求，并增加相应的试验方法(见7.2.3、8.8)；

——增加了活动式防火窗的热敏感元件静态动作温度、窗扇关闭可靠性、窗扇自动关闭时间要求和试验方法(见7.2.1、7.2.3、7.2.4、8.4、8.11、8.12)；

——将防火窗的耐火性能试验方法由GB 7633修订为GB/T 12513(1997版的7.6，本版的8.13)；

——修改了防火窗的型式检验抽样方法和判定准则(1997版的6.3，本版的9.2)；

——增加了资料性附录A、规范性附录B和参考文献。

本标准的附录A为资料性附录，附录B为规范性附录。

本标准由中华人民共和国公安部提出。

本标准由全国消防标准化技术委员会建筑构件耐火性能分技术委员会(SAC/TC 113/SC 8)归口。

本标准负责起草单位：公安部天津消防研究所。

本标准参加起草单位：广东金刚玻璃科技股份有限公司、天津名门防火建材实业有限公司。

本标准主要起草人：韩伟平、赵华利、周国平、李博、姜晖、曹顺学、王颖、张明罡。

本标准所替代标准的历次版本发布情况为：

——GB 16809—1997。

请注意本标准的一些内容有可能涉及专利。本标准的发布机构不应承担识别这些专利的责任。

防　火　窗

1　范围

本标准规定了防火窗的产品命名、分类与代号、规格与型号、要求、试验方法、检验规则、标志、包装、运输和贮存等。

本标准适用于建筑中具有采光功能的钢质防火窗、木质防火窗和钢木复合防火窗，建筑用其他防火窗可参照执行。

2　规范性引用文件

下列文件中的条款通过本标准的引用而成为本标准的条款。凡是注日期的引用文件，其随后所有的修改单(不包括勘误的内容)或修订版均不适用于本标准，然而，鼓励根据本标准达成协议的各方研究是否可使用这些文件的最新版本。凡是不注日期的引用文件，其最新版本适用于本标准。

GB/T 5823—1986　建筑门窗术语

GB/T 5824—1986　建筑门窗洞口尺寸系列

GB/T 7106—2002　建筑外窗抗风压性能分级及检测方法

GB/T 7107—2002　建筑外窗气密性能分级及检测方法

GB/T 12513　镶玻璃构件耐火试验方法(GB/T 12513—2006，ISO 3009：2003，Fire resistance tests—Elements of building construction—Glazed elements，MOD)

GB 15763.1—2001　建筑用安全玻璃　防火玻璃

3　术语和定义

GB/T 5823—1986 和 GB/T 12513 确立的以及下列术语和定义适用于本标准。

3.1

固定式防火窗　fixed style fire window

无可开启窗扇的防火窗。

3.2

活动式防火窗　automatic-closing fire window

有可开启窗扇，且装配有**窗扇启闭控制装置**(见 3.5)的防火窗。

3.3

隔热防火窗(A 类)　insulated fire window

在规定时间内，能同时满足耐火隔热性和耐火完整性要求的防火窗。

3.4

非隔热防火窗(C 类)　un-insulated fire window

在规定时间内，能满足耐火完整性要求的防火窗。

3.5

窗扇启闭控制装置　sash closing equipment

活动式防火窗中，控制活动窗扇开启、关闭的装置，该装置具有手动控制启闭窗扇功能，且至少具有易熔合金件或玻璃球等热敏感元件自动控制关闭窗扇的功能。

注：窗扇的启闭控制方式可以附加有电动控制方式，如：电信号控制电磁铁关闭或开启、电信号控制电机关闭或开启、电信号气动机构关闭或开启等。

3.6

窗扇自动关闭时间 automatic-closing time

从活动式防火窗进行耐火性能试验开始计时，至窗扇自动可靠关闭的时间。

4 产品命名、分类与代号

4.1 产品命名

防火窗产品采用其窗框和窗扇框架的主要材料命名，具体名称见表1。

表1 防火窗产品名称

产品名称	含 义	代 号
钢质防火窗	窗框和窗扇框架采用钢材制造的防火窗	GFC
木质防火窗	窗框和窗扇框架采用木材制造的防火窗	MFC
钢木复合防火窗	窗框采用钢材、窗扇框架采用木材制造或窗框采用木材、窗扇框架采用钢材制造的防火窗	GMFC
其他材质防火窗的命名和代号表示方法，按照具体材质名称，参照执行。		

4.2 分类与代号

4.2.1 防火窗按其使用功能的分类与代号见表2。

表2 防火窗的使用功能分类与代号

使用功能分类	代 号
固定式防火窗	D
活动式防火窗	H

4.2.2 防火窗按其耐火性能的分类与耐火等级代号见表3。

表3 防火窗的耐火性能分类与耐火等级代号

耐火性能分类	耐火等级代号	耐火性能
隔热防火窗（A类）	A0.50(丙级)	耐火隔热性≥0.50 h，且耐火完整性≥0.50 h
	A1.00(乙级)	耐火隔热性≥1.00 h，且耐火完整性≥1.00 h
	A1.50(甲级)	耐火隔热性≥1.50 h，且耐火完整性≥1.50 h
	A2.00	耐火隔热性≥2.00 h，且耐火完整性≥2.00 h
	A3.00	耐火隔热性≥3.00 h，且耐火完整性≥3.00 h
非隔热防火窗（C类）	C0.50	耐火完整性≥0.50 h
	C1.00	耐火完整性≥1.00 h
	C1.50	耐火完整性≥1.50 h
	C2.00	耐火完整性≥2.00 h
	C3.00	耐火完整性≥3.00 h

5 规格与型号

5.1 规格

防火窗的规格型号表示方法和一般洞口尺寸系列应符合GB/T 5824—1986的规定，特殊洞口尺寸由生产单位和顾客按需要协商确定。

5.2 型号编制方法

防火窗的型号编制方法见图 1。

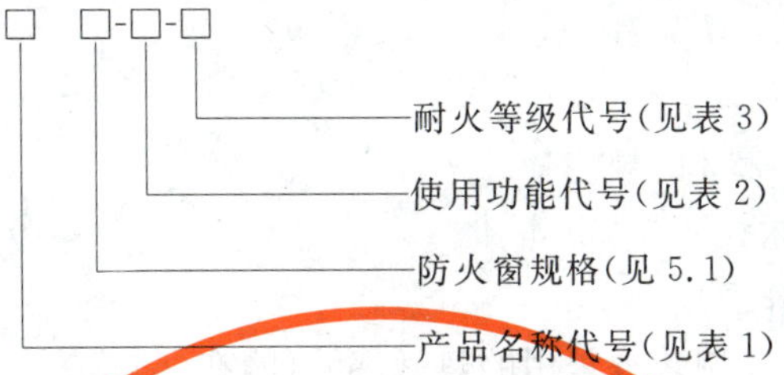

图 1 防火窗的型号编制方法

示例 1:防火窗的型号为 MFC 0909-D-A1.00(乙级),表示木质防火窗,规格型号为 0909(即洞口标志宽度 900 mm,标志高度 900 mm),使用功能为固定式,耐火等级为 A1.00(乙级)(即耐火隔热性≥1.00 h,且耐火完整性≥1.00 h)。

示例 2:防火窗的型号为 GFC 1521-H-C2.00,表示钢质防火窗,规格型号为 1521 (即洞口标志宽度 1 500 mm,标志高度 2 100 mm),使用功能为活动式,耐火等级为 C2.00(即耐火完整性时间不小于 2.00 h)。

6 材料及配件

6.1 防火窗用材料性能应符合有关标准的规定,参见附录 A。

6.2 密封材料应根据具体防火窗产品的使用功能、框架材料与结构、耐火等级等特性来选用。

6.3 五金件、附件、紧固件应满足功能要求,其安装应正确、齐全、牢固,具有足够的强度,启闭灵活,承受反复运动的五金件、附件应便于更换。

7 要求

7.1 防火窗通用要求

7.1.1 外观质量

防火窗各连接处的连接及零部件安装应牢固、可靠,不得有松动现象;表面应平整、光滑,不应有毛刺、裂纹、压坑及明显的凹凸、孔洞等缺陷;表面涂刷的漆层应厚度均匀,不应有明显的堆漆、漏漆等缺陷。

7.1.2 防火玻璃

7.1.2.1 防火窗上使用的复合防火玻璃的外观质量应符合 GB 15763.1—2001 表 4 的规定,单片防火玻璃的外观质量应符合 GB 15763.1—2001 表 5 的规定。

7.1.2.2 防火窗上使用的复合防火玻璃的厚度允许偏差应符合 GB 15763.1—2001 表 2 的规定,单片防火玻璃的厚度允许偏差应符合 GB 15763.1—2001 表 3 的规定。

7.1.3 尺寸偏差

防火窗的尺寸允许偏差按表 4 的规定。

表 4 防火窗尺寸允许偏差

单位为毫米

项　目	偏差值
窗框高度	±3.0
窗框宽度	±3.0
窗框厚度	±2.0
窗框槽口的两对角线长度差	≤4.0

7.1.4 抗风压性能

采用定级检测压力差为抗风压性能分级指标。防火窗的抗风压性能不应低于 GB/T 7106—2002 表 1 规定的 4 级。

7.1.5 气密性能

采用单位面积空气渗透量作为气密性能分级指标。防火窗的气密性能不应低于 GB/T 7107—2002 表 1 规定的 3 级。

7.1.6 耐火性能

防火窗的耐火性能应符合表 3 的规定。

7.2 活动式防火窗的附加要求

7.2.1 热敏感元件的静态动作温度

活动式防火窗中窗扇启闭控制装置采用的热敏感元件,在(64±0.5)℃的温度下 5.0 min 内不应动作,在(74±0.5)℃的温度下 1.0 min 内应能动作。

7.2.2 活动窗扇尺寸允许偏差

活动窗扇的尺寸允许偏差按表 5 的规定。

表 5 活动窗扇尺寸允许偏差

单位为毫米

项 目	偏差值
活动窗扇高度	±2.0
活动窗扇宽度	±2.0
活动窗扇框架厚度	±2.0
活动窗扇对角线长度差	≤3.0
活动窗扇扭曲度	≤3.0
活动窗扇与窗框的搭接宽度	$^{+2}_{-0}$

7.2.3 窗扇关闭可靠性

手动控制窗扇启闭控制装置,在进行 100 次的开启/关闭运行试验中,活动窗扇应能灵活开启,并完全关闭,无启闭卡阻现象,各零部件无脱落和损坏现象。

7.2.4 窗扇自动关闭时间

活动式防火窗的窗扇自动关闭时间不应大于 60 s。

8 试验方法

8.1 一般原则

用于检验的防火窗试件,其结构、材料及配件应与实际使用的同一型号、规格的产品相符。

8.2 外观质量

防火窗的外观质量采用目测及手试相结合的方法进行检验。

8.3 防火玻璃

8.3.1 按 GB 15763.1—2001 中 6.2 的规定检验每一块防火玻璃的外观质量。

8.3.2 选防火窗上任意一块防火玻璃作为试样,按 GB 15763.1—2001 中 6.1 的规定检验该块防火玻璃厚度值,与图纸标注或图纸技术要求规定的防火玻璃厚度值相减,差值为其厚度偏差。

8.4 热敏感元件的静态动作温度

热敏感元件的静态动作温度试验见附录 B。

8.5 防火窗的尺寸偏差

8.5.1 试验设备

钢卷尺:分度值为 1 mm;游标卡尺:分度值为 0.02 mm。

8.5.2 试验步骤

8.5.2.1 防火窗窗框高度采用钢卷尺测量,测量位置为距防火窗两边框各不少于 100 mm 处(如图 2

的 A-A 位置和 A′-A′位置)，测量的高度值分别与图纸标注的防火窗高度值相减，取绝对值最大的差值为防火窗窗框高度偏差值。

8.5.2.2 防火窗宽度采用钢卷尺测量，测量位置为距防火窗上框、下框各不少于 100 mm 处(如图 2 的 B-B 位置和 B′-B′位置)，测量的宽度值分别与图纸标注的防火窗宽度值相减，取绝对值最大的差值为防火窗窗框宽度偏差值。

8.5.2.3 防火窗窗框厚度采用游标卡尺测量，测量位置为防火窗两边框、上框、下框的中部(如图 2 中的圆圈位置)，测量的厚度值分别与图纸标注的窗框厚度值相减，取绝对值最大的差值为窗框厚度偏差值。

8.5.2.4 防火窗的两对角线长度采用钢卷尺测量，测量位置为窗框内角，测量值之差的绝对值，即为防火窗对角线长度差。

单位为毫米

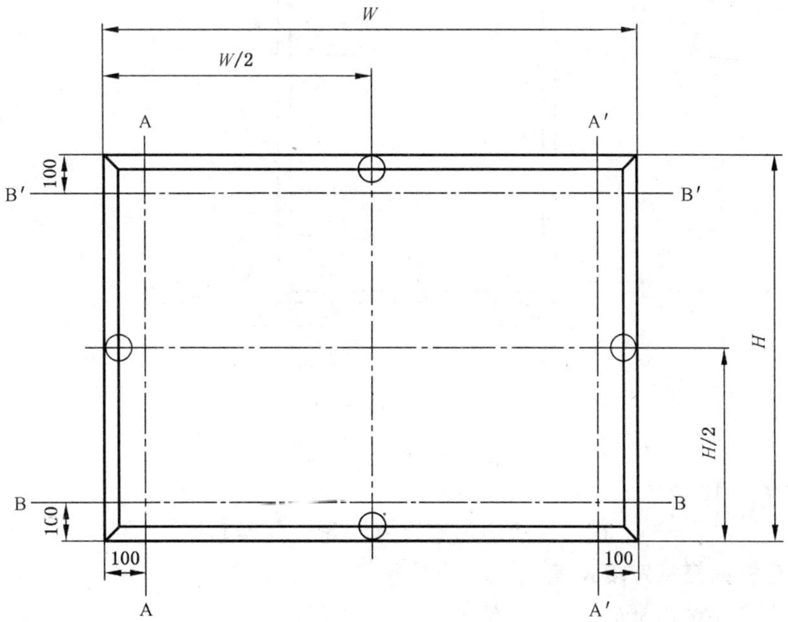

H——防火窗高度；
W——防火窗宽度；
○——窗框厚度测量位置。

图 2 防火窗外形尺寸测量位置示意图

8.6 活动窗扇的尺寸偏差

8.6.1 试验设备

钢卷尺：分度值为 1 mm；游标卡尺：分度值为 0.02 mm。

8.6.2 试验步骤

8.6.2.1 活动窗扇高度采用钢卷尺测量，测量位置为距窗扇两边挺各不少于 50 mm 处(如图 3 的 A_1-A_1 位置和 A_1′-A_1′位置)，测量的高度值分别与图纸标注的窗扇高度值相减，取绝对值最大的差值为活动窗扇高度偏差值。

8.6.2.2 活动窗扇宽度采用钢卷尺测量，测量位置为距窗扇上挺、下挺各不少于 50 mm 处(如图 3 的 B_1-B_1 位置和 B_1′-B_1′位置)，测量的宽度值分别与图纸标注的窗扇宽度值相减，取绝对值最大的差值为活动窗扇宽度偏差值。

8.6.2.3 活动窗扇框架厚度采用游标卡尺测量，测量位置为窗扇两边挺、上挺、下挺的中部(如图 3 中的圆圈位置)，测量的厚度值分别与图纸标注的窗扇框架厚度值相减，取绝对值最大的差值为活动窗扇框架厚度偏差值。

8.6.2.4 活动窗扇的两对角线长度采用钢卷尺测量，测量位置为窗扇外角，两测量值之差的绝对值，即为窗扇对角线长度差。

单位为毫米

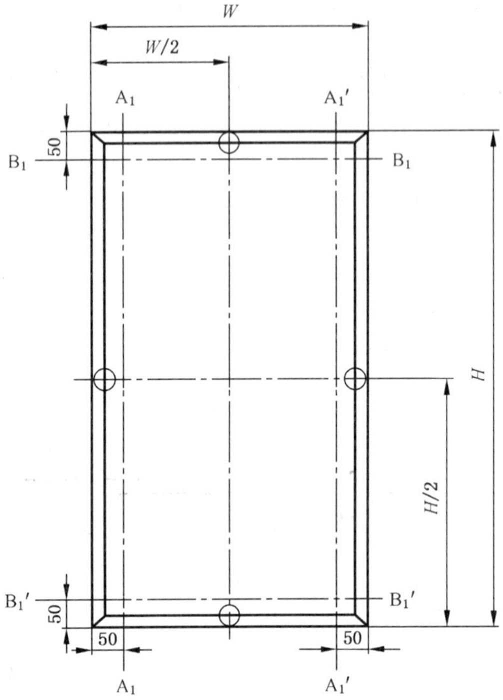

H——窗扇高度；

W——窗扇宽度；

○——窗扇框架厚度测量位置。

图 3 活动窗扇尺寸测量位置示意图

8.7 活动窗扇与窗框的搭接宽度偏差

8.7.1 将防火窗安装在试验框架上，活动窗扇处于关闭状态。

8.7.2 用划刀在活动窗扇上作搭接宽度测量标记线，标记线位置为活动窗扇与窗框各搭接边缘的中部。

8.7.3 采用深度游标卡尺测量活动窗扇上各标记线与对应窗扇边沿间的距离，测量的搭接宽度值分别与图纸标注的值相减，取绝对值最大的差值为活动窗扇与窗框的搭接宽度偏差值。

8.8 窗扇扭曲度

8.8.1 试验设备

试验平台：试验平台的长、宽尺寸应满足测量需求，其平面度不应低于三级；三个顶尖：高度差不大于 0.5 mm；高度尺：分度值为 0.02 mm。

8.8.2 试验步骤

8.8.2.1 任意选定窗扇的三个角为顶尖支撑角，标记为 P_1、P_2、P_3 角，并在其正反面分别标记出顶尖的顶放位置点，每个点与两角边等距，且不小于 5 mm；窗扇剩余一角为测量角，标记为 P_4 角，见图 4。

8.8.2.2 在试验平台上，将三个顶尖分别顶在窗扇 P_1、P_2 和 P_3 角正面的三个顶放位置点上，并平稳放置，用高度尺测量试验平台与窗扇 P_4 角正面间的距离 h_1。

8.8.2.3 将窗扇反转，将三个顶尖分别顶在窗扇 P_1、P_2 和 P_3 角反面的三个顶放位置点上，并平稳放置，用高度尺测量试验平台与窗扇 P_4 角反面间的距离 h_2。

8.8.3 试验结果

窗扇的扭曲度(D)按下式计算，结果保留小数后一位有效数字：

$$D = |h_2 - h_1| / 2$$

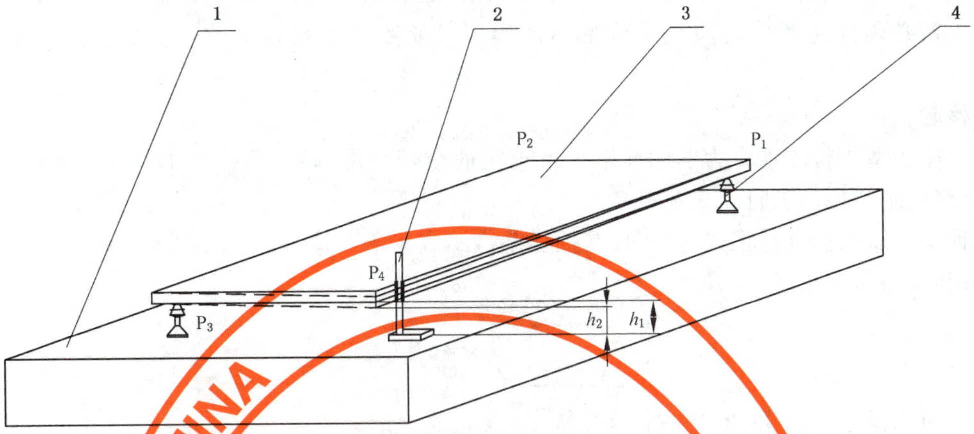

1——试验平台；

2——高度尺；

3——防火窗活动窗扇；

4——顶尖。

图 4 扭曲度测量示意图

8.9 抗风压性能

防火窗的抗风压性能按 GB/T 7106—2002 的规定进行检测。

8.10 气密性能

防火窗的气密性能按 GB/T 7107—2002 的规定进行检测。

8.11 窗扇关闭可靠性

8.11.1 将防火窗试件安装在试验框架上。

8.11.2 开启窗扇，采用手动控制窗扇关闭装置关闭窗扇，完成 1 次开启/关闭运行试验。

8.11.3 重复 8.11.2 规定的试验，使窗扇共进行 100 次开启/关闭运行试验。

8.11.4 每次试验时，仔细观察窗扇的关闭运行状况。

8.12 窗扇自动关闭时间

活动式防火窗的窗扇自动关闭时间按 8.13.2 的规定测试。

8.13 耐火性能

8.13.1 防火窗的耐火性能按 GB/T 12513 的规定进行试验。

8.13.2 活动式防火窗的耐火性能试验，除满足 8.13.1 的规定外，还应满足下述规定：

a) 开始试验前，活动窗扇处于开启状态；

b) 开始进行耐火试验的同时，采用秒表计时，观察并记录窗扇自动关闭时间；

c) 若窗扇在耐火试验开始 60 s(含 60 s)内可靠地自动关闭，则继续进行耐火试验，否则耐火试验可以停止。

8.13.3 防火窗的耐火性能判定准则为：

a) 隔热性防火窗的耐火性能按 GB/T 12513 关于隔热性镶玻璃构件判定准则的规定进行判定。

b) 非隔热性防火窗的耐火性能按 GB/T 12513 关于非隔热性镶玻璃构件判定准则的规定进行判定。

9 检验规则

9.1 出厂检验

9.1.1 防火窗的出厂检验项目至少应包括 7.1.1、7.1.2、7.1.3、7.2.1、7.2.2、7.2.3，出厂检验的抽样方法参见 GB/T 2828.1,抽样方案由生产企业自主确定。

9.1.2 防火窗的出厂检验项目中任一项不合格时,允许通过调整、修复后重新检验,直至合格为止。

9.1.3 防火窗必须经生产厂的质量检验部门按出厂检验项目逐项检验合格,并签发合格证后方可出厂。

9.2 型式检验

9.2.1 防火窗的型式检验项目为本标准第 7 章规定的全部要求内容,防火窗的通用检验项目见表 6,活动式防火窗的附加检验项目见表 7。

9.2.2 一种型号防火窗进行型式检验时,其抽样基数不应小于 6 樘,且应是出厂检验合格的产品,抽取样品的数量和检验程序见图 5。

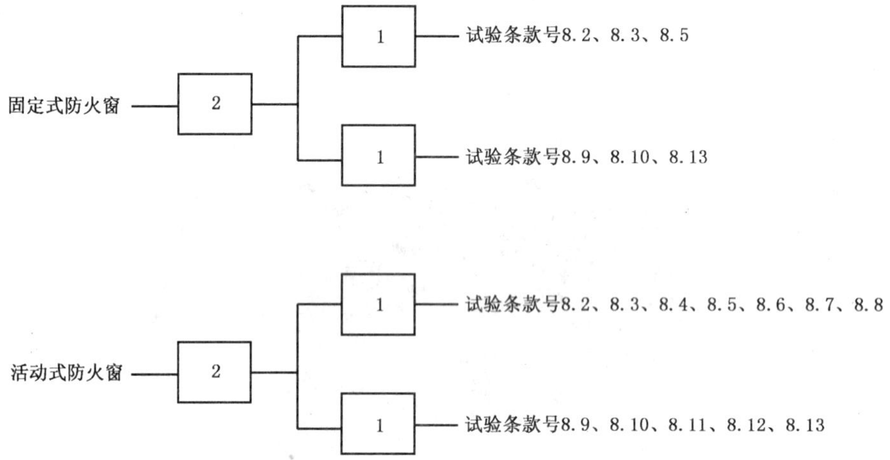

注:方框中数字为样品数量。

图 5 防火窗试验程序和样品数量

9.2.3 有下列情况之一时应进行型式检验:

a) 新产品投产或老产品转厂生产时;
b) 正式生产后,产品的结构、材料、生产工艺、关键工序的加工方法等有较大改变,可能影响产品的性能时;
c) 正常生产,每三年不少于一次;
d) 产品停产一年以上,恢复生产时;
e) 出厂检验结果与上次型式检验结果有较大差异时;
f) 发生重大质量事故时;
g) 质量监督机构依法提出型式检验要求时。

9.2.4 防火窗型式检验的判定准则为:

a) 固定式防火窗按表 6 所列项目的型式检验结果,不含 A 类不合格项,B 类和 C 类不合格项之和不大于二项,且 B 类不合格项不大于一项,判型式检验合格;否则判型式检验不合格。
b) 活动式防火窗按表 6 和表 7 所列项目的检验结果,不含 A 类不合格项,B 类和 C 类不合格项之和不大于四项,且 B 类不合格项不大于一项,判型式检验合格;否则判型式检验不合格。

表 6 防火窗通用检验项目

序号	检验项目	要求条款	试验方法条款	不合格分类
1	外观质量	7.1.1	8.2	C
2	防火玻璃外观质量	7.1.2.1	8.3	C
3	防火玻璃厚度公差	7.1.2.2	8.3	B

表 6（续）

序号	检验项目	要求条款	试验方法条款	不合格分类
4	窗框高度公差	7.1.3	8.5	C
5	窗框宽度公差	7.1.3	8.5	C
6	窗框厚度公差	7.1.3	8.5	C
7	窗框对角线长度差	7.1.3	8.5	C
8	抗风压性能	7.1.4	8.9	B
9	气密性能	7.1.5	8.10	B
10	耐火性能	7.1.6	8.13	A

表 7　活动式防火窗附加检验项目

序号	检验项目	要求条款	试验方法条款	不合格分类
1	热敏感元件的静态动作温度	7.2.1	8.4	A
2	活动窗扇高度公差	7.2.2	8.6	C
3	活动窗扇宽度公差	7.2.2	8.6	C
4	活动窗扇框架厚度公差	7.2.2	8.6	C
5	活动窗扇对角线长度差	7.2.2	8.6	C
6	活动窗扇与窗框的搭接宽度偏差	7.2.2	8.7	C
7	活动窗扇扭曲度	7.2.2	8.8	C
8	窗扇关闭可靠性	7.2.3	8.11	A
9	窗扇自动关闭时间	7.2.4	8.12	A

10　标志、包装、运输和贮存

10.1　标志

10.1.1　在产品明显部位应标明下列标志：

a）制造厂名称与商标(如果有)；

b）产品名称、型号和规格；

c）产品贴有标牌，标牌内容参见 GB/T 13306 的规定；

d）产品生产日期或生产批号、出厂日期。

10.1.2　产品包装箱的箱面标志要求参见 GB/T 6388 的规定。

10.1.3　产品包装箱上有明显的“怕湿”、“小心轻放”、“向上”字样和标志，其图形要求参见 GB/T 191 的规定。

10.2　包装

10.2.1　产品用无腐蚀作用的材料包装。

10.2.2　包装箱有足够的强度，确保运输中不受损坏。

10.2.3　包装箱内的各类部件，避免发生相互碰撞、窜动。

10.2.4　产品装箱后，箱内附有装箱单、产品合格证和安装使用说明书，说明书的编制方法参见 GB 9969.1 的规定，且宜将此类资料装在防水袋内。

10.3　运输

10.3.1　产品在运输过程中避免包装箱发生相互碰撞。

10.3.2　产品搬运过程中要轻拿、轻放，严禁摔、扔、碰击。

10.3.3 产品运输工具有防雨措施,并保持清洁无污染。

10.4 **贮存**

10.4.1 产品放置在通风、干燥的地方;避免与酸、碱、盐等腐蚀性介质接触,并有必要的防潮、防雨、防晒、防腐等措施。

10.4.2 产品严禁与地面直接接触,底部垫高大于 100 mm。

10.4.3 产品堆放时用垫块垫平,水平码放的高度不超过 2.0 m,立放时的角度不小于 70°。

附 录 A
（资料性附录）
常用材料及配件标准

A.1 材料及表面处理

GB/T 708—2006 冷轧钢板和钢带的尺寸、外形、重量及允许偏差
GB/T 716—1991 碳素结构钢冷轧钢带
GB/T 2518—2004 连续热镀锌薄钢板和钢带
GB/T 3280—2007 不锈钢冷轧钢板和钢带
GB/T 3880.1—2006 一般工业用铝及铝合金板、带材 第1部分：一般要求
GB/T 3880.2—2006 一般工业用铝及铝合金板、带材 第2部分：力学性能
GB/T 3880.3—2006 一般工业用铝及铝合金板、带材 第3部分：尺寸偏差
GB/T 4237—2007 不锈钢热轧钢板和钢带
GB/T 4238—2007 耐热钢钢板和钢带
GB/T 5213—2001 深冲压用冷轧薄钢板及钢带
GB 5237.1—2004 铝合金建筑型材 第1部分：基材
GB 5237.2—2004 铝合金建筑型材 第2部分：阳极氧化、着色型材
GB 5237.3—2004 铝合金建筑型材 第3部分：电泳涂漆型材
GB 5237.4—2004 铝合金建筑型材 第4部分：粉末喷涂型材
GB 5237.5—2004 铝合金建筑型材 第5部分：氟碳漆喷涂型材
GB/T 8814—2004 门、窗用未增塑聚氯乙烯(PVC-U)型材
GB/T 9799—1997 金属覆盖层 钢铁件上的锌电镀层
GB/T 11253—2007 碳素结构钢冷轧薄钢板及钢带
GB/T 15675—1995 连续电镀锌冷轧钢板及钢带
GB/T 17102—1997 不锈复合钢冷轧薄钢板和钢带
JG/T 122—2000 建筑木门、木窗

A.2 配件

GB/T 7276—1987 合页通用技术条件
GB 8624—2006 建筑材料及制品燃烧性能分级
GB/T 13828—1992 多股圆柱螺旋弹簧
GB 16807—1997 防火膨胀密封件
GB 18428—2001 自动灭火系统用玻璃球
GB/T 18983—2003 油淬火 回火弹簧钢丝
YB/T 5318—2006 合金弹簧钢丝

附 录 B
（规范性附录）
热敏感元件的静态动作温度试验方法及判定准则

B.1 抽样

热敏感元件的抽样基数不少于100件，任意抽取15件作为试验样品。

B.2 试验设备

恒温水浴设备：试验区域内浴液的温度偏差不得超过0.5℃，其温度测量仪表的最小温度读数值不大于0.1℃；秒表：分度值为0.1 s。

B.3 试验方法

B.3.1 从15件热敏感元件试验样品中任意抽取5件，作为热敏感元件的静态动作温度试样。

B.3.2 将恒温水浴的浴液升温至(64±0.5)℃，并保持恒温；把热敏感元件试样置于恒温水浴浴液内并开始计时，观察热敏感元件试样在5.0 min内的动作情况。

B.3.3 取出经B.3.2试验的所有热敏感元件试样，自然冷却至室温；同时，将恒温水浴的浴液升温至(74±0.5)℃，并保持恒温，将已冷却至室温的在B.3.2试验中未动作的所有热敏感元件试样置于浴液内并开始计时，观察热敏感元件试样在1.0 min内的动作情况。

B.4 判定准则

B.4.1 若5件热敏感元件试样在B.3.2规定的试验中有4件以上(包括4件)不动作，且在B.3.3规定的试验中每个试样均动作，则判定受检的热敏感元件的静态动作温度合格。

B.4.2 若5件热敏感元件试样在B.3.2规定的试验中有4件以上(包括4件)不动作，但在B.3.3规定的试验中有任意试样不动作，则取B.3.1中剩余的10件热敏感元件试验样品作为静态动作温度试样，重新按B.3.2、B.3.3的规定进行复验，并按下述规定进行判定：

a) 若10件热敏感元件试样在B.3.2规定的试验中有9件以上(包括9件)不动作，且在B.3.3规定的试验中每个试样均动作，则判定受检的热敏感元件的静态动作温度复验合格；

b) 若10件热敏感元件试样在B.3.2规定的试验中有9件以上(包括9件)不动作，但在B.3.3规定的试验中有任意试样不动作，则判定受检的热敏感元件的静态动作温度复验不合格；

c) 若10件热敏感元件试样在B.3.2规定的试验中只有8件以下(包括8件)不动作，则可不必继续进行B.3.3规定的试验，直接判定受检的热敏感元件的静态动作温度复验不合格。

B.4.3 若5件热敏感元件试样在B.3.2规定的试验中只有3件以下(包括3件)不动作，则可不必继续进行B.3.3规定的试验，直接取B.3.1中剩余的10件热敏感元件试验样品作为静态动作温度试样，重新按B.3.2、B.3.3的规定进行复验，并按下述规定进行判定：

a) 若10件热敏感元件试样在B.3.2规定的试验中有9件以上(包括9件)不动作，且在B.3.3规定的试验中每个试样均动作，则判定受检的热敏感元件的静态动作温度复验合格；

b) 若10件热敏感元件试样在B.3.2规定的试验中有9件以上(包括9件)不动作，但在B.3.3规定的试验中有任意试样不动作，则判定受检的热敏感元件的静态动作温度复验不合格；

c) 若10件热敏感元件试样在B.3.2规定的试验中只有8件以下(包括8件)不动作，则可不必继续进行B.3.3规定的试验，直接判定受检的热敏感元件的静态动作温度复验不合格。

参 考 文 献

［1］ GB/T 191 包装储运图示标志

［2］ GB/T 2828.1 计数抽样检验程序 第1部分:按接收质量限(AQL)检索的逐批检验抽样计划

［3］ GB/T 6388 运输包装收发货标志

［4］ GB 9969.1 工业产品使用说明书 总则

［5］ GB/T 13306 标牌